π

원주율 소수점 아래
1,000,000 자리

π =3.

0000001-0005000

1415926535	8979323846	2643383279	5028841971	6939937510	5820974944	5923078164	0628620899	8628034825	3421170679	0000001-0000100
8214808651	3282306647	0938446095	5058223172	5359408128	4811174502	8410270193	8521105559	6446229489	5493038196	0000101-0000200
4428810975	6659334461	2847564823	3786783165	2712019091	4564856692	3460348610	4543266482	1339360726	0249141273	0000201-0000300
7245870066	0631558817	4881520920	9628292540	9171536436	7892590360	0113305305	4882046652	1384146951	9415116094	0000301-0000400
3305727036	5759591953	0921861173	8193261179	3105118548	0744623799	6274956735	1885752724	8912279381	8301194912	0000401-0000500
9833673362	4406566430	8602139494	6395224737	1907021798	6094370277	0539217176	2931767523	8467481846	7669405132	0000501-0000600
0005681271	4526356082	7785771342	7577896091	7363717872	1468440901	2249534301	4654958537	1050792279	6892589235	0000601-0000700
4201995611	2129021960	8640344181	5981362977	4771309960	5187072113	4999999837	2978049951	0597317328	1609631859	0000701-0000800
5024459455	3469083026	4252230825	3344685035	2619311881	7101000313	7838752886	5875332083	8142061717	7669147303	0000801-0000900
5982534904	2875546873	1159562863	8823537875	9375195778	1857780532	1712268066	1300192787	6611195909	2164201989	0000901-0001000
3809525720	1065485863	2788659361	5338182796	8230301952	0353018529	6899577362	2599413891	2497217752	8347913151	0001001-0001100
5574857242	4541506959	5082953311	6861727855	8890750983	8175463746	4939319255	0604009277	0167113900	9848824012	0001101-0001200
8583616035	6370766010	4710181942	9555961989	4676783744	9448255379	7747268471	0404753464	6208046684	2590694912	0001201-0001300
9331367702	8989152104	7521620569	6602405803	8150193511	2533824300	3558764024	7496473263	9141992726	0426992279	0001301-0001400
6782354781	6360093417	2164121992	4586315030	2861829745	5570674983	8505494588	5869269956	9092721079	7509302955	0001401-0001500
3211653449	8720275596	0236480665	4991198818	3479775356	6369807426	5425287625	5181841757	4672890977	7727938000	0001501-0001600
8164706001	6145249192	1732172147	7235014144	1973568548	1613611573	5255213347	5741849468	4385233239	0739414333	0001601-0001700
4547762416	8625189835	6948556209	9219222184	2725502542	5688767179	0494601653	4668049886	2723279178	6085784383	0001701-0001800
8279679766	8145410095	3883786360	9506800642	2512520511	7392984896	0841284886	2694560424	1965285022	2106611863	0001801-0001900
0674427862	2039194945	0471237137	8696095636	4371917287	4677646575	7396241389	0865832645	9958133904	7802759009	0001901-0002000
9465764078	9512694683	9835259570	9825822620	5224894077	2671947826	8482601476	9909026401	3639443745	5305068203	0002001-0002100
4962524517	4939965143	1429809190	6592509372	2169646151	5709858387	4105978859	5977297549	8930161753	9284681382	0002101-0002200
6868386894	2774155991	8559252459	5395943104	9972524680	8459872736	4469584865	3836736222	6260991246	0805124388	0002201-0002300
4390451244	1365497627	8079771569	1435997700	1296160894	4169486855	5848406353	4220722258	2848864815	8456028506	0002301-0002400
0168427394	5226746767	8895252138	5225499546	6672782398	6456596116	3548862305	7745649803	5593634568	1743241125	0002401-0002500
1507606947	4811987524	6550540905	0940252268	7971089314	5669136867	2287489405	6010150330	8617928680	9208747609	0002501-0002600
9009714909	6759852613	6554978189	3129784821	6829989487	2265880485	7564014270	4775551323	7964145152	3746234364	0002601-0002700
5428584447	9526586782	1051141354	7357395231	1342716610	2135969536	2314429524	8493718711	0145765403	5902799344	0002701-0002800
0374200731	0578539062	1983874478	0847884968	3321445713	8687519435	0643021845	3191048481	0053706146	8067491927	0002801-0002900
8191197939	9520614196	6342875444	0643745123	7181921799	9839101591	9561814675	1426912397	4894090718	6494231961	0002901-0003000
5679452080	9514655022	5231603881	9301420937	6213785595	6638937787	0830390697	9207734672	2182562599	6615014215	0003001-0003100
0306803844	7734549202	6054146659	2520149744	2850732518	6660021324	3408819071	0486331734	6496514539	0579626856	0003101-0003200
1005508106	6587969981	6357473638	4052571459	1028970641	4011097120	6280439039	7595156771	5770042033	7869936007	0003201-0003300
2305587631	7635942187	3125147120	5329281918	2618612586	7321579198	4148488291	6447060957	5270695722	0917567116	0003301-0003400
7229109816	9091528017	3506712748	5832228718	3520935396	5725121083	5791513698	8209144421	0067510334	6711031412	0003401-0003500
6711136990	8658516398	3150197016	5151168517	1437657618	3515565088	4909989859	9823873455	2833163550	7647918535	0003501-0003600
8932261854	8963213293	3089857064	2046752590	7091548141	6549859461	6371802709	8199430992	4488957571	2828905923	0003601-0003700
2332609729	9712084433	5732654893	8239119325	9746366730	5836041428	1388303203	8249037589	8524374417	0291327656	0003701-0003800
1809377344	4030707469	2112019130	2033038019	7621101100	4492932151	6084244485	9637669838	9522868478	3123552658	0003801-0003900
2131449576	8572624334	4189303968	6426243410	7732269780	2807318915	4411010446	8232527162	0105265227	2111660396	0003901-0004000
6655730925	4711055785	3763466820	6531098965	2691862056	4769312570	5863566201	8558100729	3606598764	8611791045	0004001-0004100
3348850346	1136576867	5324944166	8039626579	7877185560	8455296541	2665408530	6143444318	5867697514	5661406800	0004101-0004200
7002378776	5913440171	2749470420	5622305389	9456131407	1127000407	8547332699	3908145466	4645880797	2708266830	0004201-0004300
6343285878	5698305235	8089330657	5740679545	7163775254	2021149557	6158140025	0126228594	1302164715	5097925923	0004301-0004400
0990796547	3761255176	5675135751	7829666454	7791745011	2996148903	0463994713	2962107340	4375189573	5961458901	0004401-0004500
9389713111	7904297828	5647503203	1986915140	2870808599	0480109412	1472213179	4764777262	2414254854	5403321571	0004501-0004600
8530614228	8137585043	0633217518	2979866223	7172159160	7716692547	4873898665	4949450114	6540628433	6639379900	0004601-0004700
9769265672	1463853067	3609657120	9180763832	7166416274	8888007869	2560290228	4721040317	2118608204	1900042296	0004701-0004800
6171196377	9213375751	1495950156	6049631862	9472654736	4252308177	0367515906	7350235072	8354056704	0386743513	0004801-0004900
6222247715	8915049530	9844489333	0963408780	7693259939	7805419341	4473774418	4263129860	8099888687	4132604721	0004901-0005000

0005001-0010000

0005001-0005100	5695162396	5864573021	6315981931	9516735381	2974167729	4786724229	2465436680	0980676928	2382806899	6400482435
0005101-0005200	4037014163	1496589794	0924323789	6907069779	4223625082	2168895738	3798623001	5937764716	5122893578	6015881617
0005201-0005300	5578297352	3344604281	5126272037	3431465319	7777416031	9906655418	7639792933	4419521541	3418994854	4473456738
0005301-0005400	3162499341	9131814809	2777710386	3877343177	2075456545	3220777092	1201905166	0962804909	2636019759	8828161332
0005401-0005500	3166636528	6193266863	3606273567	6303544776	2803504507	7723554710	5859548702	7908143562	4014517180	6246436267
0005501-0005600	9456127531	8134078330	3362542327	8394497538	2437205835	3114771199	2606381334	6776879695	9703098339	1307710987
0005601-0005700	0408591337	4641442822	7726346594	7047458784	7787201927	7152807317	6790770715	7213444730	6057007334	9243693113
0005701-0005800	8350493163	1284042512	1925651798	0694113528	0131470130	4781643788	5185290928	5452011658	3934196562	1349143415
0005801-0005900	9562586586	5570552690	4965209858	0338507224	2648293972	8584783163	0577775606	8887644624	8246857926	0395352773
0005901-0006000	4803048029	0058760758	2510474709	1643961362	6760449256	2742042083	2085661190	6254543372	1315359584	5068772460
0006001-0006100	2901618766	7952406163	4252257719	5429162991	9306455377	9914037340	4328752628	8896399587	9475729174	6426357455
0006101-0006200	2540790914	5135711136	9410911939	3251910760	2082520261	8798531887	7058429725	9167781314	9699009019	2116971737
0006201-0006300	2784768472	6860849003	3770242429	1651300500	5168323364	3503895170	2989392233	4517220138	1280696501	1784408745
0006301-0006400	1960121228	5993716231	3017114448	4640903890	6449544400	6198690754	8516026327	5052983491	8740786680	8818338510
0006401-0006500	2283345085	0486082503	9302133219	7155184306	3545500766	8282949304	1377655279	3975175461	3953984683	3936383047
0006501-0006600	4611996653	8581538420	5685338621	8672523340	2830871123	2827892125	0771262946	3229563989	8989358211	6745627010
0006601-0006700	2183564622	0134967151	8819097303	8119800497	3407239610	3685406643	1939509790	1906996395	5245300545	0580685501
0006701-0006800	9567302292	1913933918	5680344903	9820595510	0226353536	1920419947	4553859381	0234395544	9597783779	0237421617
0006801-0006900	2711172364	3435439478	2218185286	2408514006	6604433258	8856986705	4315470696	5747458550	3323233421	0730154594
0006901-0007000	0516553790	6866273337	9958511562	5784322988	2737231989	8757141595	7811196358	3300594087	3068121602	8764962867
0007001-0007100	4460477464	9159950549	7374256269	0104903778	1986835938	1465741268	0492564879	8556145372	3478673303	9046883834
0007101-0007200	3634655379	4986419270	5638729317	4872332083	7601123029	9113679386	2708943879	9362016295	1541337142	4892830722
0007201-0007300	0126901475	4668476535	7616477379	4675200490	7571555278	1965362132	3926406160	1363581559	0742202020	3187277605
0007301-0007400	2772190055	6148425551	8792530343	5139844253	2234157623	3610642506	3904975008	6562710953	5919465897	5141310348
0007401-0007500	2276930624	7435363256	9160781547	8181152843	6679570611	0861533150	4452127473	9245449454	2368288606	1340841486
0007501-0007600	3776700961	2071512491	4043027253	8607648236	3414334623	5189757664	5216413767	9690314950	1910857598	4423919862
0007601-0007700	9164219399	4907236234	6468441173	9403265918	4044378051	3338945257	4239950829	6591228508	5558215725	0310712570
0007701-0007800	1266830240	2929525220	1187267675	6220415420	5161841634	8475651699	9811614101	0029960783	8690929160	3028840026
0007801-0007900	9104140792	8862150784	2451670908	7000699282	1206604183	7180653556	7252532567	5328612910	4248776182	5829765157
0007901-0008000	9598470356	2226293486	0034158722	9805349896	5022629174	8788202734	2092222453	3985626476	6914905562	8425039127
0008001-0008100	5771028402	7998066365	8254889264	8802545661	0172967026	6407655904	2909945681	5065265305	3718294127	0336931378
0008101-0008200	5178609040	7086671149	6558343434	7693385781	7113864558	7367812301	4587687126	6034891390	9562009939	3610310291
0008201-0008300	6161528813	8437909904	2317473363	9480457593	1493140529	7634757481	1935670911	0137751721	0080315590	2485309066
0008301-0008400	9203767192	2033229094	3346768514	2214477379	3937517034	4366199104	0337511173	5471918550	4644902636	5512816228
0008401-0008500	8244625759	1633303910	7225383742	1821408835	0865739177	1509682887	4782656995	9957449066	1758344137	5223970968
0008501-0008600	3408005355	9849175417	3818839994	4697486762	6551658276	5848358845	3142775687	9002909517	0283529716	3445621296
0008601-0008700	4043523117	6006651012	4120065975	5851276178	5838292041	9748442360	8007193045	7618932349	2292796501	9875187212
0008701-0008800	7267507981	2554709589	0455635792	1221033346	6974992356	3025494780	2490114195	2123828153	0911407907	3860251522
0008801-0008900	7429958180	7247162591	6685451333	1239480494	7079119153	2673430282	4418604142	6363954800	0448002670	4962482017
0008901-0009000	9289647669	7583183271	3142517029	6923488962	7668440323	2609275249	6035799646	9256504936	8183609003	2380929345
0009001-0009100	9588970695	3653494060	3402166544	3755890045	6328822505	4525564056	4482465151	8754711962	1844396582	5337543885
0009101-0009200	6909411303	1509526179	3780029741	2076651479	3942590298	9695946995	5657612186	5619673378	6236256125	2163208628
0009201-0009300	6922210327	4889218654	3648022967	8070576561	5144632046	9279068212	0738837781	4233562823	6089632080	6822246801
0009301-0009400	2248261177	1858963814	0918390367	3672220888	3215137556	0037279839	4004152970	0287830766	7094447456	0134556417
0009401-0009500	2543709069	7939612257	1429894671	5435784687	8861444581	2314593571	9849225284	7160504922	1242470141	2147805734
0009501-0009600	5510500801	9086996033	0726347870	8108175450	1193071412	2339053942	5786970516	4310063835	1983438934	
0009601-0009700	1596131854	3475464955	6978103829	3097164651	4384070070	7360411237	3599843452	2516105070	2705623526	6012764848
0009701-0009800	3084076118	3013052793	2054274628	6540360367	4532865105	7065874882	2569815793	6789766974	2205750596	8344086973
0009801-0009900	5020141020	6723585020	0724522563	2651341055	9240190274	2162484391	4035998953	5394590944	0704691209	1409387001
0009901-0010000	2645600162	3742880210	9276457931	0657922955	2498872758	4610126483	6999892256	9596881592	0560010165	5256375678

0010001-0015000

5667227966	1988578279	4848855834	3975187445	4551296563	4434803966	4205579829	3680435220	2770984294	2325330225	0010001-0010100
7634180703	9476994159	7915945300	6975214829	3366555661	5678736400	5366656416	5473217043	9035213295	4352916941	0010101-0010200
4599041608	7532018683	7937023488	8689479151	0716378529	0234529244	0773659495	6305100742	1087142613	4974595615	0010201-0010300
1384987137	5704710178	7957310422	9690666702	1449863746	4595280824	3694457897	7233004876	4765241339	0759204340	0010301-0010400
1963403911	4732023380	7150952220	1068256342	7471646024	3354400515	2126693249	3419673977	0415956837	5355516673	0010401-0010500
0273900749	7297363549	6453328886	9844061196	4961627734	4951827369	5588220757	3551766515	8985519098	6665393549	0010501-0010600
4810688732	0685990754	0792342402	3009259007	0173196036	2254756478	9406475483	4664776041	1463233905	6513433068	0010601-0010700
4495397907	0903023460	4614709616	9688688501	4083470405	4607429586	9913829668	2468185710	3188790652	8703665083	0010701-0010800
2431974404	7718556789	3482308943	1068287027	2280973624	8093996270	6074726455	3992539944	2808113736	9433887294	0010801-0010900
0630792615	9599546262	4629707062	5948455690	3471197299	6409089418	0595343932	5123623550	8134949004	3642785271	0010901-0011000
3831591256	8989295196	4272875739	4691427253	4366941532	3610045373	0488198551	7065941217	3524625895	4873016760	0011001-0011100
0298865925	7866285612	4966552353	3829428785	4253404830	8330701653	7228563559	1525347844	5981831341	1290019992	0011101-0011200
0598135220	5117336585	6407826484	9427644113	7639386692	4803118364	4536985891	7544264739	9882284621	8449008777	0011201-0011300
6977631279	5722672655	5625962825	4276531830	0134070922	3343657791	6012809317	9401718598	5999338492	3549564005	0011301-0011400
7099558561	1349802524	9906698423	3017350358	0440811685	5265311709	9570899427	3287092584	8789443646	0050410892	0011401-0011500
2669178352	5870785951	2983441729	5351953788	5534573742	6085902908	1765155780	3905946408	7350612322	6112009373	0011501-0011600
1080485485	2635722825	7682034160	5048466277	5045003126	2008007998	0492548534	6941469775	1649327095	0493463938	0011601-0011700
2432227188	5159740547	0214828971	1177792376	1225788734	7718819682	5462981268	6858170507	4027255026	3329044976	0011701-0011800
2778944236	2167411918	6269439650	6715157795	8675648239	9391760426	0176338704	5499017614	3641204692	1823707648	0011801-0011900
8783419689	6861181558	1587360629	3860381017	1215855272	6683008238	3404656475	8804051380	8016336388	7421637140	0011901-0012000
6435495561	8689641122	8214075330	2655100424	1048967835	2858829024	3670904887	1181909094	9453314421	8287661810	0012001-0012100
3100735477	0549815968	0772009474	6961343609	2861484941	7850171807	7930681085	4690009445	8995279424	3981392135	0012101-0012200
0558642219	6483491512	6390128038	3200109773	8680662877	9239718014	6134324457	2640097374	2570073592	1003154150	0012201-0012300
8936793008	1699805365	2027600727	7496745840	0283624053	4603726341	6554259027	6018348403	0681138185	5105979705	0012301-0012400
6640075094	2608788573	5796037324	5141467867	0368809880	6097164258	4975951380	6930944940	1515422221	9432913021	0012401-0012500
7391253835	5915031003	3303251117	4915696917	4725074943	3151558854	6124609269	7229101129	0355218157	6282236084	0012501-0012600
2342548324	1119128009	2825256190	2052630163	9114772473	3148573910	7775874425	3876117465	7867116941	4776421441	0012601-0012700
1112635835	5387136101	1023267987	7564102468	2403226483	4641766369	8066378576	8134920453	0224081972	7856471983	0012701-0012800
9630878154	3221166912	2464159117	7673225326	4335686146	1865452226	8126887268	4459684424	1610785401	6768142080	0012801-0012900
8850280054	1436131462	3082102594	1737562389	9420757136	2751674573	1891894562	8352570441	3354375857	5342698699	0012901-0013000
4725470316	5661399199	9682628247	2706413362	2217892390	3176085428	9437339356	1889165125	0424404008	9527198378	0013001-0013100
7386480584	7268954624	3882343751	7885201439	5600571048	1194988423	9060613695	7342315590	7967034614	9143447886	0013101-0013200
3604103182	3507365027	7859089757	8272731305	0488939890	0992391350	3373250855	9826558670	8924261242	9473670193	0013201-0013300
9077271307	0686917092	6462548423	2407485503	6608013604	6689511840	0936686095	4632500214	5852930950	0009071510	0013301-0013400
5823626729	3264537382	1049387249	9669933942	4685516483	2611341461	1068026744	6637334375	3407642940	2668297386	0013401-0013500
5220935701	6263846485	2851490362	9320199199	6882851718	3953669134	5222444708	0459239660	2817156551	5656661113	0013501-0013600
5982311225	0628905854	9145097157	5539002439	3153519090	2107119457	3002438801	7661503527	0862602537	8817975194	0013601-0013700
7806101371	5004489917	2100222013	3501310601	6391541589	5780371177	9277522597	8742891917	9155224171	8958536168	0013701-0013800
0594741234	1933984202	1874564925	6443462392	5319531351	0331147639	4911995072	8584306583	6193536932	9699289837	0013801-0013900
9149419394	0608572486	3968836903	2655643642	1664425760	7914710869	9843157337	4964883529	2769328220	7629472823	0013901-0014000
8153740996	1545598798	2598910937	1712621828	3025848112	3890119682	2142945766	7580718653	8065064870	2613389282	0014001-0014100
2994972574	5303328389	6381843944	7707794022	8435988341	0035838542	3897354243	9564755568	4095224844	5541392394	0014101-0014200
1000162076	9363684677	6413017819	6593799715	5746854194	6334893748	4391297423	9143365936	0410035234	3777065888	0014201-0014300
6778113949	8616478747	1407932638	5873862473	2889645643	5987746676	3847946650	4074111825	6583788784	5485814896	0014301-0014400
2961273998	4134427260	8606187245	5452360643	1537101127	4680977870	4464094758	2803487697	5894832824	1239292960	0014401-0014500
5829486191	9667091895	8089833201	2103184303	4012849251	6203534280	1441216172	8583024355	9830032042	0245120728	0014501-0014600
7253558119	5840149180	9692533950	7577840006	7465526031	4461670508	2768277222	3534191102	6341631571	4740612385	0014601-0014700
0425845988	4199076112	8725805911	3935689601	4316682831	7632356732	5417073420	8173322304	6298799280	4908514094	0014701-0014800
7903688786	8789493054	6955703072	6190095020	7643349335	9106024545	0864536289	3545686295	8531315337	1838682656	0014801-0014900
1786227363	7169757741	8302398600	6591481616	4049449650	1173213138	9574706208	8474802365	3710311508	9842799275	0014901-0015000

0015001-0020000

0015001-0015100	4426853277 9743113951 4357417221 9759799359 6852522857 4526379628 9612691572 3579866205 7340837576 6873884266
0015101-0015200	4059909935 0500081337 5432454635 9675048442 3528487470 1443545419 5762584735 6421619813 4073468541 1176688311
0015201-0015300	8654489377 6979566517 2796623267 1481033864 3913751865 9467300244 3450054499 5399742372 3287124948 3470604406
0015301-0015400	3471606325 8306498297 9551010954 1836235030 3094530973 3583446283 9476304775 6450150085 0757894954 8931393944
0015401-0015500	8992161255 2559770143 6858943585 8775263796 2559708167 7643800125 4365023714 1278346792 6101995585 2247172201
0015501-0015600	7772370041 7808419423 9487254068 0155603599 8390548985 7235467456 4239058585 0216719031 3952629445 5439131663
0015601-0015700	1345308939 0620467843 8778505423 9390524731 3620129476 9187497519 1011472315 2893267725 3391814660 7300089027
0015701-0015800	7689631148 1090220972 4520759167 2970078505 8071718638 1054967973 1001678708 5069420709 2232908070 3832634534
0015801-0015900	5203802786 0990556900 1341371823 6837099194 9516489600 7550493412 6787643674 6384902063 9640197666 8559233565
0015901-0016000	4639138363 1857456981 4719621084 1080961884 6054560390 3845534372 9141446513 4749407848 8442377217 5154334260
0016001-0016100	3066988317 6833100113 3108690421 9390310801 4378433415 1370924353 0136776310 8491351615 6422698475 0743032971
0016101-0016200	6746964066 6531527035 3254671126 6752246055 1199581831 9637637076 1799191920 3579582007 5956053023 4626775794
0016201-0016300	3936307463 0569010801 1494271410 0939136913 8107258137 8135789400 5599500183 5425118417 2136055727 5221035268
0016301-0016400	0373572652 7922417373 6057511278 8721819084 4900617801 3889710770 8229310027 9766593583 8758909395 6881485602
0016401-0016500	6322439372 6562472776 0378908144 5883785501 9702843779 3624078250 5270487581 6470324581 2908783952 3245323789
0016501-0016600	6029841669 2254896497 1560698119 2186584926 7704039564 8127810217 9913217416 3058105545 9880130048 4562997651
0016601-0016700	1212415363 7451500563 5070127815 9267142413 4210330156 6165356024 7338078430 2865525722 2753049998 8370153487
0016701-0016800	9300806260 1809623815 1613669033 4111138653 8510919367 3938352293 4588832255 0887064507 5394739520 4396807906
0016801-0016900	7086806445 0969865488 0168287434 3786126453 8158342807 5306184548 5903798217 9945996811 5441974253 6344399602
0016901-0017000	9025100158 8827216474 5006820704 1937615845 4712318346 0072629339 5505482395 5713725684 0232268213 0124767945
0017001-0017100	2264482091 0235647752 7230820810 6351889915 2692889108 4555711266 0396503439 7896278250 0161101532 3516051965
0017101-0017200	5904211844 9499077899 9200732947 6905868577 8787209829 0135295661 3978884860 5097860859 5701773129 8155314951
0017201-0017300	6814671769 5976099421 0036183559 1387778176 9845875810 4466283998 8060061622 9848616935 3373865787 7359833616
0017301-0017400	1338413385 3684211978 9389001852 9569196780 4554482858 4837011709 6721253533 8758621582 3101331038 7766827211
0017401-0017500	5726949518 1795897546 9399264219 7915523385 7662316762 7547570354 6994148929 0413018638 6119439196 2838870543
0017501-0017600	6777432242 7680913236 5449485366 7680000010 6526248547 3055861598 9991401707 6983854831 8875014293 8908995068
0017601-0017700	5453076511 6803337322 2651756622 0752695179 1442252808 1651716677 6672793035 4851542040 2381746089 2328391703
0017701-0017800	2754257508 6765511785 9395002793 3895920576 6827896776 4453184040 4185540104 3513483895 3120132637 8369283580
0017801-0017900	8271937831 2654961745 9970567450 7183320650 3455664403 4490453627 5600112501 8433560736 1222765949 2783937064
0017901-0018000	7842645676 3388188075 6561216896 0504161139 0390639601 6202215368 4941092605 3876887148 3798955999 9112099164
0018001-0018100	6464411918 5682770045 7424343402 1672276445 5893301277 8158686952 5069499364 6101756850 6016714535 4315814801
0018101-0018200	0545886056 4550133203 7586454858 4032402987 1709348091 0556211671 5468484778 0394475697 9804263180 9917564228
0018201-0018300	0987399876 6973237695 7370158080 6822904599 2123661689 0259627304 3067931653 1149401764 7376938735 1409336183
0018301-0018400	3216142802 1497633991 8983548487 5625298752 4238730775 5955595546 5196394401 8218409984 1248982623 6737714672
0018401-0018500	2606163364 3296406335 7281070788 7581640438 1485018841 1431885988 2769449011 9321296827 1588841338 6943468285
0018501-0018600	9006664080 6314077757 7257056307 2940049294 0302420498 4165654797 3670548558 0445865720 2276378404 6682337985
0018601-0018700	2827105784 3197535417 9501134727 3625774080 2134768260 4502285157 9795797647 4670228409 9956160156 9108903845
0018701-0018800	8245026792 6594205550 3958792298 1852648007 0683765041 8365620945 5543461351 3415257006 5974881916 3413595567
0018801-0018900	1964965403 2187271602 6485930490 3978748958 9066127250 7948282769 3895352175 3621850796 2977851461 8843271922
0018901-0019000	3223810158 7444505286 6523802253 2843891375 2738458923 8442253547 2653098171 5784478342 1582232702 0690287232
0019001-0019100	3300538621 6347988509 4695472004 7952311201 5043293226 6282727632 1779088400 8786148022 1475376578 1058197022
0019101-0019200	2630971749 5072127248 4794781695 7296142365 8595782090 8307332335 6034846531 8730293026 6596450137 1837542889
0019201-0019300	7557971449 9246540386 8179921389 3469244741 9850973346 2679332107 2686870768 0626399193 6196504409 9542167627
0019301-0019400	8409146698 5692571507 4315740793 8053239252 3947755744 1591845821 5625181921 5523370960 7483329234 9210345146
0019401-0019500	2643744980 5596103307 9941453477 8457469999 2128599999 3996122816 1521931488 8769388022 2810830019 8601654941
0019501-0019600	6542616968 5867883726 0958774567 6182507275 9929508931 8052187292 4610689763 9589161458 5505839727 4209800097
0019601-0019700	8172923393 0106766386 8240401113 0402470073 5085782872 4627134946 3685318154 6969046696 8693925472 5194139929
0019701-0019800	1465242385 7762550047 4852954768 1479546700 7050347999 5888676950 1612497228 2040303995 4632788306 9597624936
0019801-0019900	1510102436 5553522306 9061294938 8599015734 6610237122 3547891129 2547696176 0050479749 2806072126 8039226911
0019901-0020000	0277722610 2544149221 5765045081 2067717357 1202718024 2968106203 7765788371 6690910941 8074487814 0490755178

0020001-0025000

2038565390	9910477594	1413215432	8440625030	1802757169	6508209642	7348414695	7263978842	5600845312	1406593580	0020001-0020100
9041271135	9200419759	8513625479	6160632288	7361813673	7324450607	9244117639	9759746193	8358457491	5988097667	0020101-0020200
4470930065	4634242346	0634237474	6660804317	0126005205	5928493695	9414340814	6852981505	3947178900	4518357551	0020201-0020300
5412522359	0590687264	8786357525	4191218887	7371766374	8602766063	4960353679	4702692322	9718683277	1739323619	0020301-0020400
2007774522	1262475186	9833495151	0198642698	8784717193	9664976907	0825217423	3656627259	2844062043	0214113719	0020401-0020500
9227852699	8469884770	2323823840	0556555178	8908766136	0130477098	4386116870	5231055314	9162517283	7327286760	0020501-0020600
0724817298	7637569816	3354150746	0883866364	0693470437	2066886512	7568826614	9730788657	0156850169	1864748854	0020601-0020700
1679154596	5072342877	3069985371	3904300266	5307839877	6385032381	8215535597	3235306860	4301067576	0838908627	0020701-0020800
0498418885	9513809103	0423595782	4951439885	9011318583	5840667472	3702971497	8508414585	3085781339	1562707603	0020801-0020900
5639076394	7311455495	8322669457	0249413983	1634332378	9759556808	5683629725	3867913275	0555425244	9194358912	0020901-0021000
8405045226	9538121791	3191451350	0993846311	7740179715	1228378546	0116035955	4028644059	0249646693	0707769055	0021001-0021100
4810288502	0808580087	8115773817	1917417760	1733073855	4758006056	0143377432	9901272867	7253043182	5197579167	0021101-0021200
9296996504	1460706645	7125888346	9797964293	1622965520	1687973000	3564630457	9308840327	4807718115	5533090988	0021201-0021300
7025505207	6804630346	0865816539	4876951960	0440848206	5967379473	1680864156	4565053004	9881616490	5788311543	0021301-0021400
4548505266	0069823093	1577765003	7807046612	6470602145	7505793270	9620478256	1524714591	8965223608	3966456241	0021401-0021500
0519551052	2357239739	5128818164	0597859142	7914816542	6328920042	8160913693	7773722299	9833270820	8296995573	0021501-0021600
7727375667	6155271139	2258805520	1898876201	1416800546	8736558063	3471603734	2917039079	8639652296	1312801782	0021601-0021700
6797172898	2293607028	8069087768	6605932527	4637840539	7691848082	0410219447	1971386925	6084162451	1239806201	0021701-0021800
1318454124	4782050110	7987607171	5568315407	8865439041	2108730324	0201068534	1947230476	6667217498	6986854707	0021801-0021900
6781205124	7367924791	9315085644	4775979853	7997322344	5612278584	3296846647	5133365736	9238720146	4723679427	0021901-0022000
8700425032	5558992688	4349592876	1240075587	5694641370	5625140011	7971331662	0715371543	6006876477	3186755871	0022001-0022100
4878398908	1074295309	4106059694	4315847753	9700943988	3949144323	5366853920	9946879645	0665339857	3888786614	0022101-0022200
7629443414	0104988899	3160051207	6781035886	1166020296	1193639682	1349607501	1164983278	5635316145	1684576956	0022201-0022300
8710900299	9769841263	2665023477	1672865737	8579085746	6460772283	4154031144	1529418804	7825438761	7707904300	0022301-0022400
0156698677	6795760909	9669360755	9496515273	6349811896	4130433116	6277471233	8817406037	3174397054	0670310967	0022401-0022500
6765748695	3587896700	3192586625	9410510533	5843846560	2339179674	9267844763	7084749783	3365557900	7381491473	0022501-0022600
1988627135	2595462518	1604342253	7299628632	6749682405	8060296421	1436638648	6422472488	7283434170	4415734824	0022601-0022700
8183330164	0566959668	8667695634	9141632842	6414974533	3499994800	0266998758	8815935073	5781519588	9900539512	0022701-0022800
0853510357	2613736403	4367534714	1048360175	4648830040	7846416745	2167371904	8310967671	1344349481	9262681110	0022801-0022900
7399482506	0739495073	5031690197	3185211955	2635632584	3390998224	9862406703	1076831844	6607291248	7475403161	0022901-0023000
7969941139	7387765899	8685541703	1884778867	5929026070	0432126661	7919223520	9382278788	8098863359	9116081923	0023001-0023100
5355570464	6349113208	5918979613	2791319756	4909760001	3996234445	5350143464	2686046449	5862476909	4347048293	0023101-0023200
2941404111	4654092398	8344435159	1332010773	9441118407	4107684981	0663472410	4823935827	4019449356	6516108846	0023201-0023300
3125678529	7769734684	3030614624	1803585293	3159734583	0384554103	3701091676	7763742762	1021370135	4854450926	0023301-0023400
3071901147	3184857492	3318167207	2137279355	6795284439	2548156091	3728128406	3330393735	6242001604	5664557414	0023401-0023500
5881660521	6660873874	8047243391	2129558777	6390696903	7078828527	7538940524	6075849623	1574369171	1317613478	0023501-0023600
3882719416	8606625721	0368513215	6647800147	6752310393	5786068961	1125996028	1839309548	7090590738	6135191459	0023601-0023700
1819510297	3278755710	4972901148	7171897180	0469616977	7001791391	9613791417	1627070189	5846921434	3696762927	0023701-0023800
4591099400	6008498356	8425201915	5937037010	1104974733	9493877885	9894174330	3178534870	7603221982	9705797511	0023801-0023900
9144051099	4235883034	5463534923	4982688362	4043327267	4155403016	1950568065	4180939409	9820206099	9414021689	0023901-0024000
0900708213	3072308966	2119775530	6659188141	1915778362	7292746156	1857103721	7247100952	1423696483	0864102592	0024001-0024100
8874579993	2237495519	1221951903	4244523075	3513380685	6807354464	9951272031	7448719540	3976107308	0602699062	0024101-0024200
5807602029	2731455252	0780799141	8429063884	4373499681	4582733720	7266391767	0201183004	6481900024	1308350884	0024201-0024300
6584152148	9912761065	1374153943	5657211390	3285749187	6909441370	2090517031	4877734616	5287984823	5338297260	0024301-0024400
1361109845	1484182380	8120540996	1252745808	8109948697	2216128524	8974255555	1607637167	5054896173	0168096138	0024401-0024500
0381191436	1143992106	3800508321	4098760459	9309324851	0251682944	6726066613	8151745712	5597549535	8023998314	0024501-0024600
6982203613	3808284993	5670557552	4771247745	3977621404	9318201465	8008021254	5360677655	0878380430	9143984314	0024601-0024700
8046068008	3459113664	0834887408	0057412725	8670479225	8319127415	7390809143	8313845642	4150940849	1339180968	0024701-0024800
4025116399	1936853225	5573389669	5374902662	0923261318	8558915808	3245557194	8453875628	7861288590	0410600607	0024801-0024900
3746501402	6278240273	4696252821	7174941582	3317492396	8353013617	8653673760	6421667781	3773995100	6589528877	0024901-0025000

0025001-0030000

Range	Numbers
0025001-0025100	4276626368 4183068019 0804609849 8094697636 6733566228 2915132352 7888061577 6827815958 8669180238 9403330764
0025101-0025200	4191240341 2022316368 5778603572 7694154177 8826435238 1319050280 8701857504 7046312933 3537572853 8660588890
0025201-0025300	4583111450 7739429352 0199432197 1171642235 0056440429 7989208159 4307167019 8574692738 4865383343 6145794634
0025301-0025400	1759225738 9858800169 8014757420 5429958012 4295810545 6510831046 2972829375 8416116253 2562516572 4980784920
0025401-0025500	9989799062 0035936509 9347215829 6517413579 8491047111 6607915874 3698654122 2348341887 7229294463 3517865385
0025501-0025600	6731962559 8520260729 4767407261 6767145573 6498121056 7771689348 4917660771 7052771876 0119990814 4113058645
0025601-0025700	5779105256 8430481144 0261938402 3224709392 4980293355 0731845890 3553971330 8844617410 7959162511 7148648744
0025701-0025800	6861124760 5428673436 7090466784 6867027409 1881014249 7111496578 1772427934 7070216688 2956108777 9440504843
0025801-0025900	7528443375 1088282647 7197854000 6509704033 0218625561 4733211777 1174413350 2816088403 5178145254 1964320309
0025901-0026000	5760186946 4908868154 5285621346 9883554445 6024955666 8436602922 1951248309 1060537720 1980218310 1032704178
0026001-0026100	3866544718 1260397190 6884623708 5751808003 5327047185 6594994761 2424811099 9288679158 9690495639 4762460842
0026101-0026200	4065930948 6215076903 1498702067 3533848349 5508363660 1784877106 0809804269 2471324100 0946401437 3603265645
0026201-0026300	1845667924 5666955100 1502298330 7984960799 4988249706 1723674493 6122622296 1790814311 4146609412 3415935930
0026301-0026400	9585407913 9087208322 7335495720 8075716517 1876599449 8569379562 3875551617 5754380917 8052802946 4200447215
0026401-0026500	3962807463 6021132942 5591600257 0735628126 3873310600 5891065245 7080244749 3754318414 9401482119 9962764531
0026501-0026600	0680066311 8382376163 9663180931 4446712986 1552759820 1451410275 6006892975 0246304017 3514891945 7636078935
0026601-0026700	2855505317 3314164570 5049964438 9093630843 8744847839 6168405184 5273288403 2345202470 5685164657 1647713932
0026701-0026800	3775517294 7951261323 9822960239 4548579754 5865174587 8771331813 8752959809 4121742273 0035229650 8089177705
0026801-0026900	0682592488 2232215493 8048371454 7816472139 7682096332 0508305647 9204820859 2047549985 7320388876 3916019952
0026901-0027000	4091893894 5576768749 7308569559 5801065952 6503036266 1597506622 2508406742 8898265907 5106375635 6996821151
0027001-0027100	0949669744 5805472886 9363102036 7823250182 3237084597 9011154847 2087618212 4778132663 3041207621 6587312970
0027101-0027200	8112307581 5982124863 9807212407 8688781145 0165582513 6178903070 8608701989 7588980745 6643955157 4153631931
0027201-0027300	9198107057 5336633738 0382721527 9884935039 7480015890 5194208797 1130805123 3933221903 4662499171 6915094854
0027301-0027400	1401871060 3546037946 4337900589 0957721180 8044657439 6280618671 7861017156 7409676620 8029576657 7051291209
0027401-0027500	9079443046 3289294730 6159510430 9022214393 7184956063 4056189342 5130572682 9146578329 3340524635 0289291754
0027501-0027600	7087256484 2600349629 6116541382 3007731332 7298305001 6025672401 4185152041 8907011542 8857992081 2198449315
0027601-0027700	6999059182 0118197335 6002112772 8036812481 9958770702 0753240636 1259313438 5955425477 8196114293 5163561223
0027701-0027800	4966615226 1473539967 4051584998 6035529533 2924575238 8810136202 3476246690 5581643896 7863097627 3655047243
0027801-0027900	4864307121 8494373485 3006063876 4456627218 6661701238 1277156213 7974614986 1328744117 7145524447 0899714452
0027901-0028000	2885662942 4402301847 9120547849 8574521634 6964489738 9206240194 3518310088 2834802492 4908540307 7863875165
0028001-0028100	9113028739 5878709810 0772718271 8745290139 7283661484 2142871705 5317965430 7650453432 4600536361 4726181809
0028101-0028200	6997693348 6264077435 1999286863 2383508875 6683595097 2655748154 3194019557 6850437248 0010204137 4983187225
0028201-0028300	9677387154 9583997184 4490727914 1965845930 0839426370 2087563539 8216962055 3248032122 6749891140 2678528599
0028301-0028400	6734052420 3109179789 9905718821 9493913207 5343170798 0023736590 9853755202 3891164346 7185582906 8537118979
0028401-0028500	5262623449 2483392496 3424497146 5684659124 8918556629 5893299090 3523923333 3647435203 7077010108 4388003290
0028501-0028600	7598342170 1855422838 6161721041 7603011645 9187805393 6744747205 9985023582 8918336929 2233732399 9480437108
0028601-0028700	4196594731 6265482574 8099482509 9918330069 7656936715 9689364493 3488647442 1350084070 0660883597 2350395323
0028701-0028800	4017958255 7036016936 9909886711 3210979889 7070517280 7558551912 6993067309 9250704070 2455685077 8679069476
0028801-0028900	6126298082 2516331363 9952117098 4528092630 3759224267 4257559989 2892783704 7444521893 6320348941 5521044597
0028901-0029000	2618838003 0067761793 1381399162 0580627016 5102445886 9247649246 8919246121 2531027573 1390840470 0071435613
0029001-0029100	6231699237 1694848132 5542009145 3041037135 4532966206 3921054798 2439212517 2540132314 9027405858 9206321758
0029101-0029200	9494345489 0684639931 3757091034 6332714153 1622328055 2297297953 8018801628 5907357295 5416278867 6498274186
0029201-0029300	1642187898 8574107164 9069191851 1628152854 8679417363 8906653885 7642291583 4250067361 2453849160 6741373401
0029301-0029400	7357277995 6341043326 8835695078 1493137800 7362354180 0706191802 6732855119 1942676091 2210359874 6924117283
0029401-0029500	7493126163 3950012395 9924050845 4375698507 9570462226 6461900010 3500490183 0341535458 4283376437 8111988556
0029501-0029600	3187777925 3720116671 8539541835 9844383052 0376281944 0761594106 8207169703 0228515225 0573126093 0468984234
0029601-0029700	3315273213 1162116582 8080752126 3154773060 4423774753 5059522871 7442066638 9148817173 0864361113 8906942027
0029701-0029800	9088143119 4487994171 5404210341 2190847094 0802540239 3294294549 3878640230 5129271190 9751353600 0921971105
0029801-0029900	4120966831 1151632870 5423028470 0731206580 3262641711 6165957613 2723515666 6253667271 8998534199 8952368848
0029901-0030000	3099930275 7419916463 8414270779 8870887422 9277053891 2271724863 2202889842 5125287217 8260305009 9451082478

0030001-0035000

3572905691	9885554678	8607946280	5371227042	4665431921	4528176074	1482403827	8358297193	0101788834	5674167811	0030001-0030100
3989547504	4833931468	9630763396	6572267270	4339321674	5421824557	0625247972	1997866854	2798977992	3395790575	0030101-0030200
8189062252	5473582205	2364248507	8340711014	4980478726	6919901864	3882293230	5382318559	7328697809	2225352959	0030201-0030300
1017341407	3348847610	0556401824	2392192695	0620831838	1454698392	3664613639	8910121021	7709597670	4908305081	0030301-0030400
8547041946	6437131229	9692358895	3849301363	5657618610	6062228705	5994233716	3102127845	7446463989	7381885667	0030401-0030500
4626087948	2018647487	6727272220	6267646533	8099801966	8836809941	5907577685	2639865146	2533363124	5053640261	0030501-0030600
0569605513	1838131742	6118442018	9088853196	3569869627	9503673842	4313011331	7533053298	0201668881	7481342988	0030601-0030700
6815855778	1034323175	3064784983	2106297184	2518438553	4427620128	2345707169	8853051832	6179641178	5796088881	0030701-0030800
5032960229	0705614476	2209150947	3903594664	6916235396	8092013945	7817589108	8931992112	2600739281	4916948161	0030801-0030900
5273842736	2642980982	3406320024	4024495894	4561291670	4950823581	2487391799	6486411334	8032475777	5219708932	0030901-0031000
7722623494	8601504665	2681439877	0516153170	2669692970	4928316285	5042128981	4670619533	1970269507	2143782304	0031001-0031100
7687528028	7354126166	3917082459	2517001071	4180854800	6369232594	6201900227	8087409859	7719218051	5853214739	0031101-0031200
2653251559	0354102092	8466592529	9914353791	8253145452	9059841581	7637058927	9069098969	1116438118	7809435371	0031201-0031300
5213322614	4362531449	0127454772	6957393934	8154691631	1624928873	5747188240	7150399500	9446731954	3161938554	0031301-0031400
8520766573	8825139639	1635767231	5100555603	7263394867	2082078086	5373494244	0115799667	5073607111	5935133195	0031401-0031500
9197120948	9647175530	2453136477	0942094635	6969822266	7377520994	5168450643	6238242118	5353488798	9395673187	0031501-0031600
8066061078	8544000550	8276570305	5874485418	0577889171	9207881423	3511386629	2966717964	3468760077	0479995378	0031601-0031700
8338787034	8718021842	4373421122	7394025571	7690819603	0920182401	8842705704	6092622564	1783752652	6335832424	0031701-0031800
0661253311	5294234579	6556950250	6810018310	9004112453	7901533296	6156970522	3792103257	0693705109	0830789479	0031801-0031900
9990049993	9532215362	2748476603	6136776979	7856738658	4670936679	5885837887	9562594646	4891376652	1995882869	0031901-0032000
3380183601	1932368578	5585581955	5604215625	0883650203	3220245137	6215820461	8106705195	3306530606	0650105488	0032001-0032100
7167245377	9428313388	7163139559	6905832083	4168984760	6560711834	7136218123	2462272588	4199028614	2087284956	0032101-0032200
8796393254	6428534307	5301105285	7138296437	0999035694	8885285190	4029560473	4613113826	3878897551	7885604249	0032201-0032300
9874831638	2804046848	6189381895	9054203988	9872650697	6202019955	4841265000	5394428203	9301274816	3815853039	0032301-0032400
6439925470	2016727593	2857436666	1644110962	5663373054	0921951967	5148328734	8089574777	7527834422	1091073111	0032401-0032500
3518280460	3634719818	5655572957	1447476825	5285786334	9342858423	1187494400	0322969069	7758315903	8580393535	0032501-0032600
2135886007	9600342097	5473922967	3331064939	5601812237	8128545843	1760556173	3861126734	7807458506	7606304822	0032601-0032700
9409653041	1183066710	8189303110	8871728617	5195796753	4718853722	9309616143	2040063813	2246584111	1157758358	0032701-0032800
5811350185	6904781536	8938137718	4728147519	9835050478	1297718599	0847076219	7460588742	3256995828	8925350419	0032801-0032900
3795826061	6211842368	7685114183	1606831586	7994601652	0577405294	2305360178	0313357263	2670547903	3840125730	0032901-0033000
5912339601	8801378254	2192709476	7337191987	2873852480	5742124892	1183470876	6296672072	7232565056	5129333126	0033001-0033100
0595057777	2754247124	1648312832	9820723617	5057467387	0128209575	5443059683	9555568686	1188397135	5220844528	0033101-0033200
5264008125	2027665557	6774959696	2661260456	5245684086	1392382657	6858338469	8499778726	7065551918	5446869846	0033201-0033300
9478495734	6226062942	1962455708	5371272776	5230989554	5019303773	2166649182	5781546772	9200521266	7143463209	0033301-0033400
6378918523	2321501897	6126034373	6840671941	9303774688	0999296877	5824410478	7812326625	3181845960	4538535438	0033401-0033500
3911449677	5312864260	9252115376	7325886672	2604042523	4910870269	5809964759	5805794663	9734190640	1003636190	0033501-0033600
4042033113	5793365424	2630356145	7009011244	8008900208	0147805660	3710154122	3288914657	2239314507	6071670643	0033601-0033700
5568274377	4396578906	7972687438	4730763464	5167756210	3098604092	7170909512	8086309029	7385044527	1828927496	0033701-0033800
8921210667	0081648583	3955377359	1913695015	3162018908	8874842107	9870689911	4804669270	6509407620	4650277252	0033801-0033900
8650728905	3285485614	3316081269	3005693785	4178610969	6920253886	5034577183	1766868859	2368148847	5276498468	0033901-0034000
8219497397	2970773718	7188400414	3231276365	0481453112	2850990020	7424092558	5925292610	3021067368	1543470152	0034001-0034100
5234878635	1643976235	8604191941	2969769040	5264832347	0099111542	4260127343	8022089331	0966863678	9869497799	0034101-0034200
4001260164	2276092608	2349304118	0643829138	3473546797	2539926233	8791582998	4864592717	3405922562	0749105308	0034201-0034300
5315371829	1168163721	9395188700	9577881815	8685046450	7699343940	9874335144	3162633031	7247747486	8979182092	0034301-0034400
3948083314	3970840673	0840795893	5810896656	4775859905	5637695252	3265361442	4780230826	8118310377	3588708924	0034401-0034500
0613031336	4773710116	2821461466	1679404090	5186152603	6009252194	7218890918	1073358719	6414214447	8654899528	0034501-0034600
5823439470	5007983038	8538860831	0357193060	0277119455	8021911942	8999227223	5345870756	6246926177	6631788551	0034601-0034700
4435021828	7026685610	6650053510	5021631820	6017609217	9846849368	6316129372	7951873078	9726373537	1715025637	0034701-0034800
8733579771	8081848784	5886650433	5824377004	1477104149	3492743845	7587107159	7315594394	2641257027	0965125108	0034801-0034900
1155482479	3940359768	1188117282	4721582501	0949609662	5393395380	9221955919	1818855267	8062149923	1727631632	0034901-0035000

0035001-0035100	1833989693	8075616855	9117529984	5013206712	9392404144	5938623988	0938124045	2191484831	6462101473	8918251010
0035101-0035200	9096773869	0664041589	7361047643	6500068077	1056567184	8628149637	1118832192	4456639458	1449148616	5500495676
0035201-0035300	9826903089	1118568798	6929470513	5248160917	4324301538	3684707292	8989828460	2223730145	2655679898	6277679680
0035301-0035400	9146979837	8268764311	5988321090	4371561129	9766521539	6354644208	6919756737	0005738764	9784376862	8768179249
0035401-0035500	7469438427	4652563163	2300555130	4174227341	6464551278	1278457777	2457520386	5437542828	2567141288	5834544435
0035501-0035600	1325620544	6424101103	7955464190	5811686230	5964476958	7054072141	9852121067	3433241075	6767575818	4569906930
0035601-0035700	4604752277	0167005684	5439692340	4171108988	8993416350	5851578873	5343081552	0811772071	8803791040	4698306957
0035701-0035800	8685473937	6564336319	7978680367	1873079693	9242363214	4845035477	6315670255	3900654231	1792015346	4977929066
0035801-0035900	2415083288	5839529054	2637687668	9688050333	1722780018	5885069736	2324038947	0047189761	9347344308	4374437599
0035901-0036000	2503417880	7972235859	1342458131	4404984770	1732361694	7197657153	5319775499	7162785663	1190469126	0918259124
0036001-0036100	9890367654	1769799036	2375528652	6375733763	5269693443	5440047306	7198868901	9681474287	6779086697	9688522501
0036101-0036200	6369498567	3021752313	2529265375	8964151714	7955953878	4278499866	4563028788	3196209983	0494519874	3963690706
0036201-0036300	8276265748	5810439112	2326187940	5994155406	3270131989	8957037611	0532360629	8674803779	1537675115	8304320849
0036301-0036400	8720920280	9297526498	1256916342	5000522908	8726469252	8466610466	5392171482	0801305022	9805263783	6426959733
0036401-0036500	7070539227	8915351056	8883938113	2497570713	3102950443	0346715989	4487868471	1643832805	0692507766	2745001220
0036501-0036600	0352620370	9466023414	6489983902	5258883014	8678162196	7751945831	6771876275	7200505439	7944124599	0077115205
0036601-0036700	1546199305	0983869825	4284640725	5540927403	1325716326	4079293418	3342147090	4125425335	2324802193	2277075355
0036701-0036800	5467958716	3835875018	1593387174	2360615511	7101312352	5633485820	3651461418	7004920570	4372018261	7331947157
0036801-0036900	0086757853	9336078622	7395581857	9758725874	4102542077	1054753612	9404746010	0094095444	9596628814	8691590389
0036901-0037000	9071865980	5636171376	9222729076	4197755177	7201042764	9694961105	6220592502	4202177042	6962215495	8726453989
0037001-0037100	2276976603	1052498085	5759471631	0758701332	0886146326	6412591148	6338812202	8444069416	9488261529	5776253250
0037101-0037200	1987035987	0674380469	8219420563	8125583343	6421949232	2759372212	8905642094	3082352544	0841108645	4536940496
0037201-0037300	9271494003	3197828613	1818618881	1118408257	8659287574	2638445005	9944229568	5864604810	3301538891	1499486935
0037301-0037400	4360302218	1094346676	4000022362	5505736312	9462629609	6198760564	2599639461	3869233083	7196265954	7392346241
0037401-0037500	3459779574	8524647837	9807956931	9865081597	7675350553	9189911513	3525229873	6112779182	7485420086	8953965835
0037501-0037600	9421963331	5028695611	9201229888	9887006079	9927954111	8826902307	8913107603	6176347794	8943203210	2773359416
0037601-0037700	9086500719	3280401716	3840644987	8717537567	8118532132	8408216571	1075495282	9497493621	4608215583	2056872321
0037701-0037800	8557406516	1096274874	3750980922	3021160998	2633033915	4694946444	9100451528	0925089745	0748967603	2409076898
0037801-0037900	3652940657	9201983152	6541065813	6823791984	0906457124	6894847020	9357761193	1399802468	1340520039	4781949866
0037901-0038000	2026240089	0215016616	3813538381	5150377350	2296607462	7952910384	0686855690	7015751662	4192987244	4827194293
0038001-0038100	3100485482	4454580718	8976330032	3252582158	1280327467	9620028147	6243182862	2171054352	8983482082	7345168018
0038101-0038200	6131719593	3247110746	6222850871	0666117703	4653528395	7762599774	4672185715	8161264111	4327179434	7885990892
0038201-0038300	8084866949	1413909771	6736900277	7585026866	4654056595	0394867841	1107901161	0400857274	4562938425	4941675946
0038301-0038400	0548711723	5946429105	8509099502	1495879311	2196135908	3158826206	8233215615	3086833730	8381732793	2819698387
0038401-0038500	5087083483	8804638847	8441884003	1847126974	5437093732	9836240287	5197920802	3218787448	8287284372	7378017827
0038501-0038600	0080587824	1074935751	4889978911	7397461293	2035108143	2703251409	0304874622	6294234432	7571260086	6425083331
0038601-0038700	8768865075	6429271605	5252895449	2153765175	1492196367	1810494353	1785838345	3865255656	6406572513	6357506435
0038701-0038800	3236508936	7904317025	9787817719	0314867963	8408288102	0946149007	9715137717	0990619549	6964007086	7667102330
0038801-0038900	0486726314	7551053723	1757114322	3174114116	8062286420	6388906210	1923552235	4671166213	7499693269	3217370431
0038901-0039000	0598722503	9456574924	6169782609	7025335947	5020913836	6737728944	3869640002	8110344026	0847128990	0074680776
0039001-0039100	4844088711	3413525033	6787731679	7709372778	6821661178	6534423173	2264637847	6978751443	3209534000	1650692130
0039101-0039200	5464768909	8505020301	5044880834	2618452087	3053097318	9492916425	3229336124	3151430657	8264070283	8984098416
0039201-0039300	0295030924	1897120971	6016492656	1341343342	2298827909	9217860426	7981245728	5345801338	2609958771	7811310216
0039301-0039400	7340256562	7440072968	3406619848	0676615805	0216918337	2368039902	7931606420	4368120799	0031626444	9146190219
0039401-0039500	4582296909	9212278855	3948783538	3056468648	8165556229	4315673128	2743908264	5061162894	2803501661	3366978240
0039501-0039600	5177015521	9626522725	4558507386	4058529983	3791801634	0379180436	0925216790	7571204061	2375963276	8567484507
0039601-0039700	9151147313	4400018325	7034492090	9712435809	4479004624	9431345502	8900680648	7042935340	3763603262	5820535790
0039701-0039800	1183956490	8935434510	1342969617	5452495739	6062149028	8728932792	5206965353	8639644322	5388327522	4996059869
0039801-0039900	7475988232	9916263545	9733244451	6375533437	7492928990	5811757863	5555562693	7426910947	1170021654	1171821975
0039901-0040000	0519831787	1371060510	6379555858	8905568852	8879890847	5091576463	9074693619	8815078146	8526213325	2473837651

0040001-0045000

1929901561 0918977792 2008705793 3964638274 9068069876 9168197492 3656242260 8715417610 0430608904 3779766785	0040001-0040100
1966189140 4144925270 4808819714 9880154205 7787006521 5940092897 7760133075 6847966992 9554336561 3984773806	0040101-0040200
0394368895 8876460549 8387147896 8482805384 7017308711 1776115966 3505039979 3438693391 1978988710 9156541709	0040201-0040300
1330826076 4740630571 1411098839 3880954814 3782847452 8838368079 4188843426 6622207043 8722887413 9478010177	0040301-0040400
2139228191 1992365405 5163958934 7426395382 4829609036 9002883593 2774585506 0801317988 4071624465 6399794827	0040401-0040500
5783650195 5142215513 3928197822 6984278638 3916797150 9126241054 8725700924 0700454884 8569295044 8110738087	0040501-0040600
9965474815 6891393538 0943474556 9721289198 2717702076 6613602489 5814681191 3361412125 8783895577 3571949863	0040601-0040700
1721084439 8901423948 4966592517 3138817160 2663261931 0653665350 4147307080 4414939169 3632623737 6777709585	0040701-0040800
0313255990 0957627319 5730864804 2467701212 3270205337 4266705314 2448208168 1303063973 7873664248 3672539837	0040801-0040900
4876909806 0218278578 6216512738 5635132901 4890350988 3270617258 9325753639 9397905572 9175160097 6154590447	0040901-0041000
7169226580 6315111028 0384360173 7474215247 6085152099 0161585823 1257159073 3421736576 2671423904 7827958728	0041001-0041100
1505095633 0928026684 5893764964 9770232973 6413190609 8274063353 1089792464 2421345837 4090116939 1964250459	0041101-0041200
1288134034 9881063540 0887596820 0544083643 8651661788 0557608956 8967275315 3808194207 7332597917 2784376256	0041201-0041300
6118431989 1025007491 8290864751 4979400316 0703845549 4653859460 2745244746 6812314687 9434416109 9333890899	0041301-0041400
2638411847 4252570445 7251745932 5738989565 1857165759 6148126602 0310797628 2541655905 0604247911 4016957900	0041401-0041500
3383565748 6925280074 3025623419 4982864679 1447632277 4005529460 9039401775 3633565547 1931000175 4300475047	0041501-0041600
1914489984 1040015867 9461792416 1001645471 6551337074 0739502604 4276953855 3834397550 5488710997 8520540117	0041601-0041700
5169747581 3449260794 3368954378 3221172450 6873442319 8987884412 8542064742 8097356258 0706698310 6979935260	0041701-0041800
6933921356 8588139121 4807354728 4632277849 0808700246 7776303605 5512323866 5629517885 3719673034 6347012229	0041801-0041900
3958160679 2509153217 4890308408 8651606111 9011498443 4123501246 4692802880 5996134283 5118847154 4977127847	0041901-0042000
3361766285 0621697787 1774382436 2565711779 4500644777 1837022199 9106695021 6567576440 4499794076 5037999954	0042001-0042100
8450027106 6598781360 3802314126 8369057831 9046079276 5297277694 0436130230 5178708054 6511542469 3952651271	0042101-0042200
0105292707 0306673024 4471259739 3995051462 8404767431 3637399782 5918454117 6413327906 4606365841 5292701903	0042201-0042300
0276017339 4748669603 4869497654 1752429306 0407270050 5903950314 8522921392 5755948450 7886797792 5253931765	0042301-0042400
1564161971 6844352436 9794447355 9642606333 9105512682 6061595726 2170366985 0647328126 6724521989 0605498802	0042401-0042500
8078288142 9796336696 7441248059 8219214633 9567545722 1022986775 9974673812 6069367069 1340815594 1201611596	0042501-0042600
0190237753 5255563006 0624798326 1249881288 1929373434 7686268921 9239777833 9107331065 8825681377 7172328315	0042601-0042700
3290825250 9273304785 0724977139 4483338925 5208117560 8452966590 5539409655 6854170600 1179857293 8139982583	0042701-0042800
1929367910 0391844099 2865756059 9359891000 2969864460 9747147184 7010153128 3762631146 7742091455 7404181590	0042801-0042900
8800064943 2378558393 0853082830 5476076799 5243573916 3122188605 7549673832 2431956506 5546085288 1201902363	0042901-0043000
6447127037 4863442172 7257879503 4284863129 4491631847 5347531435 0413920961 0879605773 0987201352 4840750576	0043001-0043100
3719925365 0470908582 5139368634 6386336804 2891767107 6021111598 2887553994 0120076013 9470336617 9371539630	0043101-0043200
6139863655 4922137415 9790511908 3588290097 6566473007 3387931467 8913181465 1093167615 7582135142 4860442292	0043201-0043300
4453041131 6065270097 4330088499 0346754055 1864067734 2603583409 6086055337 4736276093 5658853109 7609942383	0043301-0043400
4738222208 7292464497 6845605795 6251676557 4088410321 7313456277 3585605235 8236389532 0385340248 4227337163	0043401-0043500
9123973215 9954408284 2166663602 3296545694 7035771848 7344203422 7706653837 3875061692 1276801576 6181095420	0043501-0043600
0977083636 0436111059 2409117889 5403380214 2652394892 9686439808 9261146354 1457153519 4342850721 3534530183	0043601-0043700
1587562827 5733898268 8985235577 9929572764 5229391567 4775666760 5108788764 8453493636 0682780505 6462281359	0043701-0043800
8885879259 9409464460 4170520447 0046315137 9754317371 8775603981 5962647501 4109066588 6616218003 8266989961	0043801-0043900
9655805872 0863972117 6995219466 7898570117 9833244060 1811575658 0742841829 1061519391 7630059194 3144346051	0043901-0044000
5404771057 0054339000 1824531177 3371895585 7603607182 8605063564 7997900413 9761808955 3636696031 6219311325	0044001-0044100
0223851791 6720551806 5926351803 6251214575 9262383693 4822266589 5576994660 4919381124 8660909979 8128571823	0044101-0044200
4940066155 5219611220 7203092277 6462009993 1524427358 9488710576 6238946938 8944649509 3960330454 3408421024	0044201-0044300
6240104872 3328750081 7491798755 4387938738 1439894238 0117627008 3719605309 4383940063 7561164585 6094312951	0044301-0044400
7597713935 3960743227 9248922126 7045808183 3137641658 1826956210 5872892447 7400359470 0926866265 9651422050	0044401-0044500
6300785920 0248829186 0839743732 3538490839 6432614700 0532423540 6424049009 9921025040 4726781059 0836440074	0044501-0044600
6638002087 0126664209 4571817029 4675227854 0074508552 3777208905 8168391844 6592829417 0182882330 1497155423	0044601-0044700
5235911774 8186285929 6760504820 3864343108 7795628929 2540563894 6621948268 7110428281 6389397571 1757786915	0044701-0044800
4301650586 0296521745 9581988878 6804081103 2843273986 7198621306 2055598552 6603640504 6282152306 1545944744	0044801-0044900
8990883908 1999738747 4529698107 7620148713 4000122535 5222466954 0931521311 5337915798 0269795557 1050850747	0044901-0045000

0045001-0050000

Range	Numbers
0045001-0045100	3874750758 0687653764 4578252443 2638046143 0428892359 3485296105 8269382103 4980004052 4840708440 3561167817
0045101-0045200	1705128133 7880570564 3450616119 3304244407 9826037795 1198548694 5591520519 6009304127 1007277849 3015550388
0045201-0045300	9536033826 1929343797 0818743209 4991415959 3396368110 6275572952 7800425486 3060054523 8391510689 9891357882
0045301-0045400	0019411786 5356821491 1852820785 2130125518 5184937115 0342215954 2244511900 2073935396 2740020811 0465530207
0045401-0045500	9328672547 4054365271 7595893500 7163360763 2161472581 5407642053 0200453401 8357233829 2661915308 3540951202
0045501-0045600	2632916505 4426123619 1970516138 3935732669 3760156914 4299449437 4485680977 5696303129 5887191611 2929468188
0045601-0045700	4936338647 3927476012 2696415884 8900965717 0861605981 4720446742 8664208765 3347998582 2209061980 2173211614
0045701-0045800	2304194777 5499073873 8567941189 8246609130 9169177227 4207233367 6350326783 4058630193 0193242996 3972044451
0045801-0045900	7928812285 4478211953 5308989101 2534297552 4727635730 2262813820 9180743974 8671453590 7786335301 6082155991
0045901-0046000	1314144205 0914472935 3502223081 7193663509 3468658586 5631485557 5862447818 6201087118 8976065296 9899269328
0046001-0046100	1787055764 3514338206 0141077329 2610634315 2533718224 3385263520 2177354407 1528189813 7698755157 5745469397
0046101-0046200	2715048846 9793619500 4777209705 6179391382 8989845327 4262272886 4710888327 0173723258 8182446584 3624958059
0046201-0046300	2560338105 2156062061 5571329915 6084892064 3403033952 6226345145 4283678698 2880742514 2256745180 6184149564
0046301-0046400	6861116354 0497189768 2154227722 4794740335 7152743681 9409892050 1136534001 2384671429 6551867344 1537416150
0046401-0046500	4256325671 3430247655 1252192180 3578016924 0326699541 7460875924 0920700466 9340396510 1781348578 3569444076
0046501-0046600	0470232540 7555577647 2845075182 6890418293 9661133101 6013111907 7398632462 7782190236 5066037404 1606724962
0046601-0046700	4901374332 1724645409 7412995570 5291424382 0807609836 4823465973 8866913499 1978401310 8015581343 9791948528
0046701-0046800	3043673901 2482082444 8141280954 4377389832 0059864909 1595053228 5791457688 4962578665 8859991798 6752055455
0046801-0046900	8099004556 4611787552 4937012455 3217170194 2828846174 0273664997 8475508294 2280202329 0122163010 2309772151
0046901-0047000	5694464279 0980219082 6689868834 2630716092 0791408519 7695235553 4886577434 2527753119 7247430873 0436195113
0047001-0047100	9611908003 0255878387 6442060850 4473063129 9277888942 7291897271 6989057592 5244679660 1897074829 6094919064
0047101-0047200	8764693702 7507738664 3239191904 2254290235 3189233772 9316673608 6996228032 5571853089 1928440380 5071030064
0047201-0047300	7768478632 4319100022 3929785255 3723755662 1364474009 6760539439 8382357646 0699246526 0089090624 1059042154
0047301-0047400	5392790441 1529580345 3345002562 4410100635 9530039598 8644661695 9562635187 8060688513 7234627079 9732723313
0047401-0047500	4693971456 2855426154 6765063246 5676620279 2452085813 4771740852 1631340946 5203076733 9184114750 4140168924
0047501-0047600	1213198268 8156866456 1485380287 5393311602 3229255561 8941042995 3356400957 8649534093 5115266454 0244187759
0047601-0047700	4931693056 0448686420 8627572011 7231952640 5023099774 5676478384 8897346431 7215980626 7876718380 0524769688
0047701-0047800	4084989185 0861490034 3240347674 2686245952 3958903585 8213500645 0998178244 6360873177 5437885967 7672919526
0047801-0047900	1112138591 9472545140 0301180503 4378752776 6440276261 8941017576 8726804281 7662386068 0477885242 8874302591
0047901-0048000	4524707395 0546525135 3394595987 8961977891 1041890292 9438185672 0507096460 6263541732 9446495766 1265195349
0048001-0048100	5701860015 4126239622 8641389779 6733329070 5673769621 5649818450 6842263690 3678495559 7002607986 7996261019
0048101-0048200	0393312637 6855696876 7029295371 1625280055 4310078640 8728939225 7145124811 3577862766 4902425161 9902774710
0048201-0048300	9033593330 9304948380 5978566288 4478744146 9841499067 1237647895 8226329490 4679812089 9848571635 7108783119
0048301-0048400	1848630254 5016209298 0582920833 4813638405 4217200561 2198935366 9371336733 3924644161 2522319694 3471206417
0048401-0048500	3754912163 5700857369 4397305979 7097197266 6664226743 1117762176 4030686813 1035189911 2271339724 0368870009
0048501-0048600	9686292254 6465006385 2886203938 0050477827 6912835603 3725482557 9391298525 1506829969 1077542576 4748832534
0048601-0048700	1412132800 6267170940 0909822352 9657957997 8030182824 2849022147 0748111124 0186076134 1515038756 9830918652
0048701-0048800	7806588966 8236252393 7845272634 5304204188 0250844236 3190383318 3845505223 6799235775 2929106925 0432614469
0048801-0048900	5010986108 8899914658 5518818735 8252816430 2520939285 2580779697 3762084563 7482114433 9881627100 3170315133
0048901-0049000	4402309526 3519295886 8069082135 5853680161 0002137408 5115448491 2685841268 6958991741 4913382057 8492800698
0049001-0049100	2551957402 0181810564 1297250836 0703568510 5533178784 0829000041 5525118657 7945396331 7538532092 1497205266
0049101-0049200	0783126028 1961164858 0986845875 2512999740 4092797683 1766399146 5538610893 7587952214 9717317281 3151793290
0049201-0049300	4431121815 8710235187 4075722210 0123768721 9447472093 4931232410 7065080618 5623725267 3254073332 4875754482
0049301-0049400	9675734500 1932190219 9119960797 9893733836 7324257610 3938985349 2787774739 8050808001 5544764061 0535222023
0049401-0049500	2540944356 7718794565 4304067358 9649101761 0775948364 5408234861 3025471847 6485189575 8366743997 9150851285
0049501-0049600	8020607820 6233020522 2914886959 3997299742 9747115157 1859201834 4938558585 9540130810 4882624648
0049601-0049700	7880533042 7146301194 1589896328 7926783273 2245610385 2197011130 4665871005 0008328517 7311776489 7352309266
0049701-0049800	6123458887 3102883515 6264460236 7199664455 4727608310 1187883891 5114934093 9344750073 0258558147 5619088139
0049801-0049900	8752357812 3313422798 6650352272 5367171230 7568610450 0454897036 0079569827 6263923441 0714658489 5780241408
0049901-0050000	1584052295 3693749971 0665594894 4592462866 1996355635 0652623405 3394391421 1127181069 1052290024 6574236041

0050001-0055000

3009369188	9255865784	6684612156	7955425660	5416005071	2766417660	5687427420	0329577160	6434486062	0123982169	0050001-0050100
8271723197	8268166282	4993871499	5449137302	0518436690	7672357740	0053932662	6227603236	5975171892	5901801104	0050101-0050200
2903842741	8550789488	7438832703	0632832799	6300720069	8012244365	1163940869	2222074532	0244624121	1558043545	0050201-0050300
4206421512	1585056896	1573564143	1306888344	3185280853	9759277344	3365538418	8340303517	8229462537	0201578215	0050301-0050400
7373265523	1857635540	9895403323	6382319219	8921711774	4946940367	8296185920	8034038675	7583411151	8824177439	0050401-0050500
1450773663	8407188048	9358256868	5420116450	3135763335	5509440319	2367203486	5101056104	9872726472	1319865434	0050501-0050600
3545040913	1859513145	1812764373	1043897250	7004981987	0521762724	9406521461	9959232142	3144397765	4670835171	0050601-0050700
4749367986	1865527917	1582408065	1063799500	1842959387	9915835017	1580759883	7849622573	9851212981	0326379376	0050701-0050800
2183224565	9423668537	6799113140	1080431397	3233544909	0824910499	1433258432	9882103398	4698141715	7560108297	0050801-0050900
0658306521	1347076803	6806953229	7199059990	4451209087	2757762253	5104090239	2888779424	6304832803	1913271049	0050901-0051000
5478599180	1969678353	2146444118	9260631526	6181674431	9355081708	1875477050	8026540252	9410921826	4858213857	0051001-0051100
5266881555	8411319856	0022135158	8872103656	9608751506	3187533002	9421186822	2189377554	6027227291	2905042922	0051101-0051200
5978771066	7873840000	6167721546	3844129237	1193521828	4998243509	2089180168	5572798156	4218581911	9749098573	0051201-0051300
0570332667	6464607287	5743056537	2602768982	3732597450	8447964954	5648030771	5981539558	2777913937	3601717422	0051301-0051400
9960273531	0276871944	9444917939	7851446315	9731443535	1850491413	9415573293	8204854212	3508173912	5497498193	0051401-0051500
0871439661	5132942045	9193801062	3142177419	9184060180	3479498876	9105155790	5554806953	8785400664	5337598186	0051501-0051600
2846419905	2204528033	0626369562	6490910827	6271159038	5699505124	6529996062	8554438383	3032763859	9800792922	0051601-0051700
8466595035	5121124528	4087516229	0602620118	5777531374	7949362055	4964010730	0134885315	0735487353	9056029089	0051701-0051800
3352640071	3274732621	9603117734	3394367338	5759124508	1493357369	1166454128	1788171454	0230547506	6713651825	0051801-0051900
8284898099	5121391939	9563324133	6556777098	0030819102	7204099714	8687418134	6670060940	5102146269	0280449159	0051901-0052000
6465453301	0775469541	3088714165	3125448130	6119240782	1188690056	0277818242	3502269618	9344352547	6335735364	0052001-0052100
8561936325	4417756613	9817039306	3287216690	5722259745	2091929172	6219984440	9646158269	4563802395	0283712168	0052101-0052200
6446561785	2355651641	2771282691	8688615572	7162014749	3405227694	6595712198	3149433816	2211400693	6307430444	0052201-0052300
1732847861	0177774383	7977037231	7952554341	0722344551	2555589998	6461838767	6490397246	1167959018	1000350989	0052301-0052400
2864120419	5163551108	7632042676	1297982652	9425882951	1412758412	6273279079	8807559751	8515768412	6474220947	0052401-0052500
9721843309	3529726652	1001566251	4552994745	1276315509	1763673025	9462132930	1904028379	5424632325	8550301096	0052501-0052600
7069227202	2740476341	9005438302	6586621241	4213505715	4175057508	6399076739	4633514620	9082888934	9383764393	0052601-0052700
9925690060	4067311422	0933121959	3620298297	2351163259	3867722414	7791162957	2780752395	0562515816	0313335938	0052701-0052800
2311500518	6268905306	5836812998	8108663263	2719806112	7154885879	8093487912	9137074982	3057592909	1862939195	0052801-0052900
0147211975	8606727009	2547718025	7503377307	9939713453	9532646195	2699965963	8565491759	0458333585	7991020127	0052901-0053000
1320458390	3200853878	8816336376	8518208372	7885131175	2277696097	8796214237	2162545214	5912818317	9821604411	0053001-0053100
1311671406	9148271709	8101545778	1939202311	5638719508	0502467972	5792497605	7726259133	2855972637	1211201905	0053101-0053200
7207714091	4864507409	4926718035	8151575715	1405039761	0963846755	5692989703	8354731410	0223802583	4687673501	0053201-0053300
2977541327	9532060971	1545064842	1218593649	0997917766	8747744818	8287063231	5515865032	8981642282	8823274686	0053301-0053400
6106592732	1979071623	8464215348	9852476216	7890502609	9804526648	3929542357	2873439776	8049577409	1449538391	0053401-0053500
5755654854	5905897649	5198513801	0079580107	8375994577	5299196700	5476022525	5203445398	8712538780	1719607181	0053501-0053600
6407812484	7847257912	4078245443	6168234523	9570689514	2722697504	3187363326	3011103053	4233358216	0933319121	0053601-0053700
8806608268	3414289104	1517324721	6053355849	9932245487	3077882290	5252324234	8615315209	7693846104	2582849714	0053701-0053800
9634753418	3756200301	4915703279	6853018686	3157248840	1526639835	6895636346	5743532178	3493199825	5421173084	0053801-0053900
6774529708	5839507616	4582296303	2442432823	7737450517	0285606980	6788952176	8198156710	7816334052	6675953942	0053901-0054000
4926280756	9683261074	9532339053	6223090807	0814559198	3735537774	8742029039	0181429373	1152933464	4468151212	0054001-0054100
9450975965	3430628421	5319445727	1186149000	1765055817	7095302468	8752632501	1970520947	6159416768	7277844720	0054101-0054200
0019278913	7251841622	8577837922	8443908430	1181121496	3664246590	3363419454	0657183544	7719124466	2125939265	0054201-0054300
6620306888	5200555991	2123536371	8226922531	7814587925	9375044144	8933981608	6579008761	6502463519	7045828895	0054301-0054400
4817937566	8104647461	4105142498	8702521399	3687050937	2305447734	1126413548	9280684105	9107716677	8212383328	0054401-0054500
1026218558	7751312721	1793444482	0144042574	5083063944	7383637928	0628300897	3306241380	6145894142	2769474793	0054501-0054600
1665717623	1824721683	5067807648	7573420491	5576282175	8397297513	4478990696	5895325489	4033561561	3167403276	0054601-0054700
4724692125	0575911625	1529654568	5446334981	1431767025	7295661844	7754874693	7846423373	7238981920	6620485118	0054701-0054800
9437886822	4807279352	0225017965	4534375727	4163910791	9729529508	1294292220	5347717304	1844779156	7399173841	0054801-0054900
8311710362	5243957161	5271466900	5814700002	6330104526	4354786590	3290733205	4683388720	7873544476	2647925297	0054901-0055000

0055001-0060000

0055001-0055100	6901709120 0787418373 6735087713 3769776834 9634425241 9949951388 3150748775 3743384945 8259765560 9965559543
0055101-0055200	1804092017 8497184685 4973706962 1208852437 7013853757 6814166327 2241263442 3982152941 6453780004 9250726276
0055201-0055300	5150789085 0712659970 3670872669 2764308377 2296859851 6912230503 7462744310 8529343052 7307886528 3977335246
0055301-0055400	0174635277 0320593817 9125396915 6210636376 2588293757 1373840754 4064689647 8310070458 0613446731 2715911946
0055401-0055500	0843593582 5987782835 2665311510 6504162329 5329047772 1740835593 4972375855 2138048305 0900096466 7608830154
0055501-0055600	0612824308 7406455944 3185341375 5220166305 8121110334 5312074508 6824339432 1590435944 3031243122 7471385842
0055601-0055700	0303901060 7094031523 5556172767 9941600203 9397509989 7629335325 8555756248 0899669182 9864222677 5023601932
0055701-0055800	5797472674 2578211119 7347094023 5745722227 1212526852 3842958742 7350156366 0093188045 4933389897 4157149054
0055801-0055900	4182559738 0808715652 8143010267 0460284316 8192303925 3529779576 5862414392 7015497408 7927313105 1636119137
0055901-0056000	5770089295 6482332364 8298263024 6079758757 6774537716 0102490804 6243018565 2416175665 5600160859 1215345562
0056001-0056100	6760219268 9982855377 8725831451 4408265458 3484409478 4631787773 7479465358 0169960779 4055687011 9232860804
0056101-0056200	1130904629 3508718271 2593466871 2766694873 8998245985 2778649956 9165464029 4589350649 6433580982 4765965165
0056201-0056300	1420909867 5520380830 9203230487 3427034682 8875160407 1546653834 6196112230 1375945157 9252696743 6425319273
0056301-0056400	9003603860 8236450762 6988274976 1872357547 6762889950 7521148048 5252795084 5033958570 8381304769 3788132112
0056401-0056500	3674281319 4879502280 6632017002 2460331989 6719706491 6374117585 4851878484 0120548446 7258885140 1562725019
0056501-0056600	8217190669 6081262778 5485964818 3696214107 2171421498 6361918774 7545096503 0895709947 0934337856 9816744658
0056601-0056700	2826791194 0611956037 8453978558 3924076127 6344105766 7510243075 5981455278 6167815949 6570625597 5507430652
0056701-0056800	1085301597 9080733437 3607943286 6757890533 4836695554 8680391343 3720156498 8342208933 9997164147 9746938696
0056801-0056900	9054800891 9306713805 7171505857 3071488156 4992071408 6758259602 8760564597 8242377024 2469805328 0566327870
0056901-0057000	4192676846 7116266879 4634869504 6450742021 9373945259 2626686135 5294062478 1361206202 6364981999 9949840514
0057001-0057100	3868285258 9563422643 2870766329 9304891723 4007254717 6418868535 1372332667 8779217383 4754148002 2803392997
0057101-0057200	3579361524 1275582956 9276837231 2347989894 4627433045 4566790062 0324205163 9628258844 3085438307 2014956721
0057201-0057300	0646053323 8537203143 2421126074 2448584509 4580494081 8209276391 4000854042 2023556260 2185643489 9414543995
0057301-0057400	0410980591 8179488826 2805206644 1086319001 6885681551 6922948620 3010738897 1810077092 9059048074 9092427141
0057401-0057500	0189335428 1842999598 8169660993 8369616443 8152887721 4085268088 7574882932 5873580990 5670755817 0179491619
0057501-0057600	0611400190 8553744882 7262009366 8560447559 6557476485 6740081773 8170330738 0305476973 6097865438 5938218722
0057601-0057700	0583902344 4435088674 9986650604 0645874346 0053318274 3629617786 2518081893 1443632512 0510709469 0813586440
0057701-0057800	5192295129 3245007883 3398788429 3393424351 2634336520 4385812912 8343452973 0865290978 3300671261 7981303167
0057801-0057900	9438553572 6296998740 3595704584 5223085639 0098913179 4759487521 2639707837 5944861139 4519602867 5121056163
0057901-0058000	8976008880 0927461158 6080020780 3341591451 7970730368 3519697776 6076373785 3330120241 2011204698 8609209339
0058001-0058100	0853657732 2239241244 9051532780 9509558664 5947763448 2269986074 8132973026 3097502881 2103517723 1244650953
0058101-0058200	4965369309 0018637764 0940943498 3731325132 1862080214 8099226855 0294845466 1814715557 4447096695 3017769043
0058201-0058300	4272031892 7706047177 8452793916 0472281534 3798035396 7986142437 0956683221 4914654380 1459382927 7393396032
0058301-0058400	7540480095 5223181666 7380357183 9327570771 4204672383 8624617803 9762923771 3120958078 9363841447 9298025880
0058401-0058500	6552212926 2093623930 6373134966 4018661951 0811583471 1733120258 0586672763 9992763579 0780638188 1306915636
0058501-0058600	6274125431 2595899361 1964762610 1405563503 3995231403 2311381965 6236327198 9618372548 4533370206 2563464223
0058601-0058700	9527669435 6837676136 8711962921 8187545760 8161705303 1590728828 7007123136 6630872275 4918661395 7737305460
0058701-0058800	6599743781 0987649802 4140112421 4277366808 2751390959 3134041558 2626678951 0846776118 6659576601 6599817808
0058801-0058900	9414985754 9762843878 5610026379 6543178313 6340251358 1416115190 2096499133 5487331311 1502270068 1930135929
0058901-0059000	5959716401 9719605362 5033558479 9809634887 1803911161 2813595968 5654788683 2585643789 6173159762 0024196215
0059001-0059100	5289629790 4819822199 4622694871 3746244472 9093456470 0285376949 5885959160 6789282491 0544125159 9630078136
0059101-0059200	8367490209 3749157328 9627002865 6829344431 3423473512 3929825916 6739503425 9958689706 9726733258 2735903121
0059201-0059300	2887466604 5146148785 0346142827 7659916080 9039865257 5717263081 8334944418 2019353338 5071292345 7743755793
0059301-0059400	4406217871 1330063106 0332340539 9169368260 3746176638 5657588775 8020122936 6353270267 1006812618 2517291460
0059401-0059500	8202541892 8859352444 9107013820 6211553827 7935652969 1476500204 8643282865 5579347072 0963480737 2692141186
0059501-0059600	8954673227 6775133569 0190153723 6690368653 8916129168 8887876407 5254934942 4973342718 1178892759 9315967193
0059601-0059700	5475898809 7924525262 3636590363 2007085444 0784544797 3482918020 8204492667 0634420437 5553250505 2752283377
0059701-0059800	8887040804 0335319234 0768563010 9347772125 6390886404 1310107381 7853338316 0381352808 2811904083 2564401842
0059801-0059900	0537467929 9262203769 8718018061 1226244909 0924264198 5820861751 1771137890 5160914038 1575003366 4241560952
0059901-0060000	1632819712 2335023167 4226005679 4128140621 7219641842 7057843289 5980288233 5059828208 1966662490 3585778994

0060001-0065000

0333152274	8177769528	4368163008	8531769694	7836905806	7106482808	3598046698	8410981351	5865490693	3319522394	0060001-0060100
3632879239	9053481098	7830274500	1720654336	9906611778	4554364687	7236318444	6476806914	2828004551	0746866453	0060101-0060200
9280539940	9108754939	1660957316	1971503316	6968309929	4663491427	9878084225	7220697148	8755806374	8030886299	0060201-0060300
5118473187	1247772919	1007022758	8893486939	4562895158	0296537215	0409603107	7612898312	6358996489	3410247036	0060301-0060400
0366450586	8728758905	1406841238	1242473863	8542790828	2733827973	3268855049	3587430316	0274749063	1295723497	0060401-0060500
4261122151	7417153133	6186224109	1386950068	8835898962	3492763173	1647834007	7460886655	5987333821	1382992877	0060501-0060600
6911495492	1841920877	7160606847	2874673681	8861675072	2101726110	3830671787	8566948129	4878504894	3063086169	0060601-0060700
9487987031	6051588410	8282351274	1535385133	6589533294	8629494495	0618685147	7910580469	6039069372	6626703865	0060701-0060800
1290520113	7810858616	1888869479	5760741358	5534585151	7680519733	3443349523	0120395770	7396237713	1603024288	0060801-0060900
7200537320	9982530089	7761897312	9817881944	6717311606	4723147624	8457551928	7327828251	2718244680	7824215216	0060901-0061000
4695678192	9409823892	6284943760	2488522790	0362021938	6696482215	6280936053	7317804086	3727268426	6964219299	0061001-0061100
4681921490	8701707533	3610947913	8180406328	7387593848	2695355830	7739576144	7997270003	4728801827	8528138950	0061101-0061200
3217986345	2161110666	0883931405	3226944905	4555278678	9441757920	2440021450	7801920998	0446138254	7805858048	0061201-0061300
4424164047	7503153605	4906591430	0781583724	3012313751	1562284015	8386442708	9071828481	6757527123	8467824595	0061301-0061400
3433444962	2010096071	0513706084	6180118754	3120725491	3349942476	1711563332	1408934609	1565615506	0031738421	0061401-0061500
8701570226	1031019166	0388706466	1438897736	3187809407	1152752817	4689576401	5810470169	6524755774	0891644568	0061501-0061600
6777171585	0058326994	3401677202	1567677240	6812836656	5264122982	4394651331	9735919970	9403275938	5026695574	0061601-0061700
7023181320	3243716420	5861410336	0652453693	9160050644	9530601612	6782264894	2437397166	7176612310	4897503188	0061701-0061800
5732165554	9883421218	0284691252	9086101485	5278152776	2562375045	6375769497	7343368460	1560772703	5509629049	0061801-0061900
3924870884	0628106794	3622418704	7470083688	4267102255	8302403599	8416459511	2248527263	3632645114	0173952480	0061901-0062000
8619463584	0783753556	8856223171	1552094722	3065437092	6067973510	0056554938	1224575483	7285457117	9739361575	0062001-0062100
6167641692	8958052572	9752233855	8611388322	1711073622	6581621884	2443178857	4887981090	2665379342	6664216990	0062101-0062200
9140565364	3224930133	4867988154	8866286650	5234699723	5574738424	8305904236	7714327879	2316422403	8777643301	0062201-0062300
9260019228	4778313837	6325361210	2533693581	2624086866	6997382759	7736568222	7907215832	4788886423	6934639616	0062301-0062400
4363308730	1398142114	3030600873	0666164803	6789840913	3592629340	2304324974	9268878316	4360268101	1309570716	0062401-0062500
1419128306	8657732353	2639653677	3903176613	6131596555	3584999398	6005651559	2193675997	7717933019	7446881483	0062501-0062600
7110320650	3693192894	5214026509	1546518430	9936553493	3371834252	9843367991	5939417466	2239003895	2767381333	0062601-0062700
0617747629	5749438687	1697845376	7219493506	5908757119	1772087547	7107189937	9608947745	1265475750	1871194870	0062701-0062800
7387367858	9020061737	3321075693	3022163206	2843206567	1192096950	5857611739	6163232621	7708945426	2146098584	0062801-0062900
1023781321	5817727602	2227381334	9541048100	3073275107	7999489919	7796388353	0734443457	5329759142	6376840544	0062901-0063000
2264784216	0631227696	4696715647	3999043715	9033239065	6072664411	6438605404	8388471619	1210900870	1019130726	0063001-0063100
0710441141	4324197679	6828547885	5247794764	8180295973	6049439700	4795960402	9274629920	3572099761	9501403483	0063101-0063200
1538094771	4601056333	4469988208	2212058728	1510729182	9712119178	7642488035	4672316916	5418522567	2923442918	0063201-0063300
7128163232	5969654135	4858957713	3208339911	2887759172	2611527337	9010341362	0856145779	9239877832	5083550730	0063301-0063400
1998184590	2595835598	9260553299	6737704917	2245493532	9683300002	2301815172	2657578752	4058832249	0858212800	0063401-0063500
8974790932	6100762578	7704286560	0699617621	2176845478	9964407050	6624171021	3327486796	2374302291	5535820078	0063501-0063600
0141165348	0656474882	3061500339	2068983794	7662550365	4982280532	9662862117	9306284301	7049240230	1985719978	0063601-0063700
9488368971	8304380518	2174419147	6604297524	3725168343	5411217038	6313794114	2209529588	5798060152	9387527537	0063701-0063800
9903093887	1683572095	7607152219	0027937929	2786303637	2687658226	8124199338	4808166021	6037221547	1014300737	0063801-0063900
7537792699	0695871212	8928801905	2031601285	8618254944	1335382078	4883465311	6326504076	4242839087	0121015194	0063901-0064000
2319616522	6842200371	1230464300	6734420647	4771802135	3070124098	8603533991	5266792387	1101706221	8658835737	0064001-0064100
8121093517	9775604425	6346949997	8725112544	0854522274	8109148743	0725986960	2040275941	1789425812	8188215995	0064101-0064200
2359658979	1811440776	5335432175	7595255536	1581280011	6384672031	9346507296	8079907939	6371496177	4312119402	0064201-0064300
0212975731	2516525376	8017359101	5573381537	7200195244	4543620071	8484756634	1540744232	8621060997	6132434875	0064301-0064400
4884743453	9665981338	7174660930	2053507027	1952983943	2714253711	5576660002	5784423031	0734295515	3394506048	0064401-0064500
6222764966	6876240793	2435319299	2639253731	0768921353	5257232108	0889819339	1686682789	4828117047	2624501948	0064501-0064600
4097009757	6092098372	4090074717	9733407881	4182519584	2598096241	7476101382	5264395513	5259311885	0456362641	0064601-0064700
8830033853	9652435997	4169313228	9471987830	8427600401	3680747039	0409723847	3945834896	1865397905	9411859931	0064701-0064800
0356168436	8692194853	8205578039	5773881360	6795499000	8512325944	2529724486	6667668346	4140218991	5944565309	0064801-0064900
4234406506	6785194841	7766779470	4720419588	2204329538	0326310537	4948831221	8039127967	8446100139	7267538921	0064901-0065000

0065001-0070000

0065001-0065100	9511911783 6587662528 0836900532 4900459741 0947068772 9123282143 0463533728 3519953648 2743258331 1914445901
0065101-0065200	7809607782 8835837301 1185754365 9958982724 5319253105 8811502630 7542571493 9430244539 3187017992 3608166611
0065201-0065300	3054262539 9583389794 2971602070 3387678150 3301028012 0095997252 2222808014 2357109476 0351925544 4349299867
0065301-0065400	6781789104 5559063015 9538097618 7592035893 7341978962 3589311259 8390259831 0267193304 1892151096 8915622506
0065401-0065500	9659119828 3234555030 5908173073 5195503721 6658702880 5399213857 6037035377 1051780212 8012956684 1984140362
0065501-0065600	8727256232 1442875430 2210909472 7210734741 3497551419 0737043318 2766261772 7599688882 6027225247 1336833534
0065601-0065700	5281669277 9591328861 3817663498 5772893690 0965749562 2871030243 6259077241 2219094300 8717556926 2575806570
0065701-0065800	9912016659 6224360802 4287002454 7362036394 8412559548 8172727247 3653467783 6472019183 0399871762 7037515724
0065801-0065900	6499222894 6793232269 3619177641 6146187956 1395669956 7783068290 3165896994 3076733350 8234990790 6241002025
0065901-0066000	0613405734 4300695745 4746821756 9044165154 0636584680 4636926212 7421107539 9042188716 1276177870 1425886482
0066001-0066100	5775223889 1845995233 7629237791 5585744549 4773612955 2595222657 8636462118 3775984737 0034797140 8206994145
0066101-0066200	5807190802 1359073226 9233100831 7595106590 1912129479 5408603640 7573587502 0589020870 4579670007 0552625058
0066201-0066300	1142066390 7459215273 3094068236 4944159089 1009220296 6805233252 6619891131 1842016291 6310768940 8472356436
0066301-0066400	6808182168 6572196882 6835840278 5500782804 0434537101 8365109695 1782335743 0305048526 5373807353 1074185917
0066401-0066500	7056103973 9506264035 5442275156 1011072617 7937063472 3804990666 9221619711 9425912044 5084641746 3835899382
0066501-0066600	3994651739 5509000859 4799901360 2667426149 4290066467 1150671754 2217703877 4507673563 7421547829 0591101261
0066601-0066700	9157555870 2389570014 0511782264 6989944917 9083017954 7587676016 8094100135 8376135785 9135692445 5647764464
0066701-0066800	1786671153 9195135769 6104864922 4900834467 1548638305 4477914330 0976804868 7834818467 2733758436 8927243104
0066801-0066900	4740680768 5278625585 1650920882 6381323362 3148733336 7147645204 5087662761 4950389949 5048095604 6098960432
0066901-0067000	9123358348 8599902945 2640028499 4280878624 0398118148 8476730121 6754161106 6299955536 6819312328 7425702063
0067001-0067100	7383520200 8686369131 1733469731 7412191536 3324674532 5630871347 3027921749 5622701468 7325867891 7345583799
0067101-0067200	6435135880 0959350877 5563562488 1049385299 9007675135 5135277924 1242927748 8565888566 5132473025 1471021057
0067201-0067300	5352516511 8148509027 5047684551 8252096331 8990685276 1443513821 3662152368 8905787866 9943228881 6028377482
0067301-0067400	0355060160 2989400911 9713850179 8716836337 4413927597 3644017007 0147637066 5570350433 8121113576 4150184518
0067401-0067500	2141361982 3495159601 0647527125 7593518530 4332875537 7830575095 6742544268 4712219618 7091785607 8393614451
0067501-0067600	1383335649 1032564057 3389866717 8123972237 5193164306 1701385953 9474367843 3926709867 1245221118 9690840236
0067601-0067700	3274114966 0124348309 8929941738 0305884171 6661307304 0067588380 4321115553 7944060549 7721705942 8215148861
0067701-0067800	6567277124 0903387727 7456290971 1013488518 4374118695 6554497457 3684521806 6982911045 0580042998 8795389902
0067801-0067900	7804383596 2824094218 6055628778 8428802127 5538848037 2864001944 1614257499 9042720095 9520465417 0598104989
0067901-0068000	9675045119 3647117277 2220436102 6140797508 0968697517 6600237187 7483480161 2031023468 0567112644 7661237476
0068001-0068100	2785219024 1202569943 5347162266 6089367521 9833111813 5111465038 5489502512 0655772636 1454736044 2685949807
0068101-0068200	4396932331 2971273771 5734709971 3952291182 6534851555 8713733662 9120242714 3025037632 6950135091 1612952993
0068201-0068300	7858646813 0722648600 8270881333 5381937036 8259886789 3321238327 0532976258 5738279009 7826460545 5985551318
0068301-0068400	3668884462 8265133798 4916678394 0976135376 6251798258 2496634587 7195012438 4040359140 8492097337 5464247448
0068401-0068500	8176184070 0235695801 7741017769 6925077814 8933866725 5789856458 9851056891 9609243988 4156928069 6983352240
0068501-0068600	2256345704 9731224526 9354193837 0048431833 5719651662 6721575524 1934019330 9901831930 9196582920 9696562476
0068601-0068700	6768365964 7019595754 7393455143 3741370876 1517323677 2042273856 7427917069 8204549953 0959188724 3493952409
0068701-0068800	4441678998 8463198455 0485239366 2972079777 4528143994 1825678945 7795712552 4268260899 4086331737 1538896262
0068801-0068900	8896294021 1210888442 7376568624 5276121303 7101730078 5135715404 5330415079 5944777614 3597437803 7424366469
0068901-0069000	7324713841 0492124314 1389035790 9241603640 6314038149 8314819052 5172093710 3964026808 9948325722 9795456404
0069001-0069100	2701757722 9041732347 9607361878 7889913318 3058430693 9482596131 8713816423 4672187308 4513387721 9086975104
0069101-0069200	9428437693 2502498165 6673816260 6159417682 5250999374 1672883951 7440669325 4965340310 1452225316 1890092353
0069201-0069300	7648637848 2881344209 8700480962 2717122640 7489571939 0029185733 0746010436 0729190945 7679946149 2929042798
0069301-0069400	1687729426 4877299528 5843464777 5386906950 1489841339 2454039414 4680263625 4021186143 1703125111 7577642829
0069401-0069500	9146445334 0892097696 1699098372 6523617687 4560589470 4968170136 9749095230 7208268288 7890730190 0182534258
0069501-0069600	0534342170 5928713931 7379931424 1085264739 0948284596 4180936141 3847583113 6130576108 4623668372 3769591349
0069601-0069700	2615824516 2215521348 7924414504 1756848064 1206365201 7038633012 9532777699 0231186480 2006755690 5682295016
0069701-0069800	3549319923 0591424639 6217025329 7475731140 9422018019 9368035026 4956369558 6642590676 2685687372 1103391567
0069801-0069900	9383989576 5565193177 8830002416 1353956243 7777840801 7488193730 9502069990 0890899328 0883974303 6773659552
0069901-0070000	4891300156 6332940779 0713961546 4534088791 5103006513 2193448667 3248275907 9468078798 1942501958 2622320395

0070001-0075000

1312520141	0996053126	0696555404	2486705499	8678692302	1746989009	5478507256	7297879476	9888831093	4874644264	0070001-0070100
0071818316	0331655511	5342761556	2240547447	3378049246	2149521332	5852769884	7336269182	6491743389	8782478927	0070101-0070200
8468918828	0546699823	0368993978	3413747587	0258057163	4941356843	3929396068	1920617733	3179173820	8562436433	0070201-0070300
6353598634	9449689078	1064019674	0744365836	6707158692	4521182997	8938040771	3750129085	8646578905	7714268335	0070301-0070400
8276897855	4717687184	4277261205	0926648610	2051535642	8406323684	8180728794	0717127966	8200607275	5955590404	0070401-0070500
0233178749	4473464547	6062818954	1512139162	9184442976	5106694796	9354016866	0100551960	7768733539	6511614930	0070501-0070600
9375709685	5455938151	3789569039	2510149532	6562814701	1998326992	2000663928	7537471313	5236421589	2651262040	0070601-0070700
7288771657	8358405219	6460541054	3544364216	6562244565	0429990102	5658692727	9142752931	1720827939	3775132610	0070701-0070800
6052881235	3734510683	7293989358	0871243869	3859343891	7571337630	0720319760	8166044646	8393772580	6909237297	0070801-0070900
5234867029	1691042636	9262090199	6052041210	2407764819	0316014085	8635584276	0953708655	8164273995	3493465463	0070901-0071000
1450404019	9528537252	0049578052	5465625115	4109252437	9913262627	1360909940	2902262062	8367521323	0506518393	0071001-0071100
4057450112	0993414649	1843332364	6569371725	9144893241	5900624202	0612885732	9261335968	0872650004	5628284557	0071101-0071200
5745965921	2053034131	0111827501	3069615098	3551563200	4310784601	9065654938	0654252522	9161991819	9596027523	0071201-0071300
2770224985	5738824899	8827074659	3635576858	2560518068	9642853768	5077201222	0347920993	9361792682	0659014216	0071301-0071400
5615925306	7379445689	4907085326	3568196831	8617722682	4991147261	5732035807	6462981162	4401331673	7892788689	0071401-0071500
2290325933	4986179702	1994981925	7396176730	7583441709	8559222170	1718257127	7753449150	8205278430	9046194608	0071501-0071600
3521740200	5838672849	7094110232	6695392144	5461066215	0064106747	4020700918	9911951376	4669044812	6725369153	0071601-0071700
7162290791	3854039375	6007783515	3374167747	9421003840	0230895185	0994548779	0393461222	2086506016	0500351776	0071701-0071800
2648316111	5332558770	5073541279	2499098593	7347378708	1194253055	1214369797	4991495186	0535920403	8302357163	0071801-0071900
5272763087	4693219622	1900642608	8618367610	3346002255	4774778136	4101269190	6569686495	0126883762	9690723396	0071901-0072000
1276287223	0411418136	1006026404	4030035996	9889199458	2739762411	4613744804	0596970625	7676472376	6065541618	0072001-0072100
5746905272	2923822827	5186799156	9833907476	7114610302	2776606020	0612468764	7772881909	6791613354	0198814027	0072101-0072200
5799217416	7678799231	6039635694	9285151363	3647219540	6111717673	8737255572	8522940054	3617851765	0230754469	0072201-0072300
3869307873	4991103521	8253292972	6044553210	7978877114	4989887091	1511237250	6042387537	3484125708	6064069052	0072301-0072400
0584521227	5453384800	8205302450	4565176695	1857691320	0042816758	0549248117	8051983264	6032445792	8297301291	0072401-0072500
0531838563	6821206215	5312886685	6495651261	3892261367	0640939533	3457052698	6959692350	3530942245	4386527867	0072501-0072600
7673027540	4027022463	8448355323	9914751363	4410440500	9233036127	1496081355	4905315390	2100229959	5756583705	0072601-0072700
3812619656	8314428605	7956696622	1547216956	2087001372	7768536960	8407048333	2513279311	2232507148	6302069512	0072701-0072800
4539500373	5723346807	0946564830	8920980153	4878705633	4910923660	5755405086	4111521441	4814346304	3727327104	0072801-0072900
5027768661	9531078583	2333485784	0297160925	2153260925	5893265560	0672124359	4642550659	9677177038	8445396181	0072901-0073000
6328796144	6081778927	2171836908	8801267782	0743010642	2524634807	4543004764	9288555340	9062185153	6543554741	0073001-0073100
2547615276	9772667769	7727770583	1580141218	5688011705	0283652755	4321480348	8004442979	9980621579	0456416195	0073101-0073200
7212784508	9284898064	2649742709	0579129069	2178072987	6947797511	2447305991	4060506299	4689428093	1034216416	0073201-0073300
6299356148	2813099887	0745292716	0484336308	1840412646	9637925843	0941854422	1635908457	6146078558	5452940842	0073301-0073400
3142707826	4219456689	6508302068	7698040174	7400808324	3436653823	5455510944	9498431093	4947599446	7267366535	0073401-0073500
2517662706	7721941831	9197719637	8015702169	9336750837	6005716345	4643671776	7233875886	4340564487	1566964321	0073501-0073600
0412825956	4534984138	8412890420	6820470076	1559691684	3038999348	3667935425	4921032811	3363184722	5923055543	0073601-0073700
8305820694	1675629992	0133731754	8912203723	0349072681	0685344540	3599356182	3576312837	7676406310	1312533521	0073701-0073800
2141994611	8693508331	7658785204	7112364331	2267651299	6417132521	7513553261	8676819423	3879036546	8908001827	0073801-0073900
1352835848	8844411176	1234101179	9187092365	0718485785	6221021104	0097769944	5312179502	2479578069	5065329659	0073901-0074000
4038398736	9907240797	6790408267	9400761872	9547835963	4927939045	7697366164	3405359792	2192858705	7495748169	0074001-0074100
6694062334	2726197335	1813662606	3735982575	5524965098	0726012366	8283605928	3418558480	2695841377	2558970883	0074101-0074200
7899429105	4980033111	3884603401	9391661221	8669605849	1571485733	5682861495	0901909759	1125218800	3964197621	0074201-0074300
6355937574	3718011480	5594422987	3041819680	8085647265	7135476128	3162920044	9880315402	1055305970	7666636274	0074301-0074400
9328308916	8809323592	9008178741	1985738317	1926167288	3491840242	9721290434	9655269427	2640255964	1463525914	0074401-0074500
3484006758	6769035038	2320572934	1329815935	3304444649	6829441367	3234421583	8076169483	1219333119	8190610961	0074501-0074600
4295220153	6170298575	1055943264	6146850545	2684975764	8078080092	2133581137	8197749271	7685450755	3832876887	0074601-0074700
4474591593	7311624706	0109124460	9829424841	2875202244	6259447763	8749491997	8404468292	5736096853	4549843266	0074701-0074800
5368628444	8936570411	1817793806	4416165312	2360021491	8768769467	3984075171	7630751684	9856359201	4868929431	0074801-0074900
0594020245	7969622924	5666448819	6757629434	9535326382	1716133957	5779076637	0764569570	2597388004	3841580589	0074901-0075000

0075001-0080000

Range	Numbers
0075001-0075100	4336137106 5518599876 0075492418 7211714889 2952217377 2114608115 4344982665 4798725800 5667472405 1122007383
0075101-0075200	4592715757 2771521858 9946948117 9406444663 9943237004 4291140747 2181802248 2583773601 7346685300 7449855647
0075201-0075300	1542003612 3593397312 9144585915 2288740871 9508708632 2188372882 6282288463 1843717261 9033057771 4765156414
0075301-0075400	3822306791 8473860391 4768310814 1358275755 8536435977 2165002827 7803713422 8696887873 4979509603 1108899196
0075401-0075500	1433866640 6845069742 0787700280 5093672033 8723262963 7856038653 2164323488 1555755701 8469089074 6478791224
0075501-0075600	3637555666 8678067610 5449550172 6079114293 0831285761 2544819444 4947324481 9093795369 0082063846 3167822506
0075601-0075700	4809531810 4065702543 2760438570 3505922818 9198780658 6541218429 9217273720 9551032422 5107971807 7833042609
0075701-0075800	0867942734 2895573555 9252723805 5114404380 0123904168 7716445180 2264916816 4192740110 6451622431 1017000566
0075801-0075900	9112173318 9423400547 9596846698 0429801736 2570406733 2821299621 5368488140 4102194463 4246462207 4557564396
0075901-0076000	0452985313 0714090846 0849965376 7803793201 8991408658 1466217531 9337665970 1143306086 2500982956 6917638846
0076001-0076100	0567629729 3146491149 3704624469 3519840395 3444913514 1193667933 3019366176 6365255514 9174982307 9870722808
0076101-0076200	6085962611 2660504289 2969665356 5251668888 5572112276 8027727437 0891738963 9772257564 8905334010 3885593112
0076201-0076300	5679991516 5890250164 8696142720 7005916056 1661597024 5198905183 2969278935 5503039346 8121976158 2183980483
0076301-0076400	9605625230 9146263844 7386296039 8489243861 8729850777 5928792722 0685548072 1049781765 3286210187 4767668972
0076401-0076500	4884113956 0349480376 7270363169 2100735083 4073865261 6845074824 9644859742 8134936480 3724261167 0426687083
0076501-0076600	1925040997 6153190768 5577032742 1785010006 4419841242 0739640013 9603601583 8105659284 1368457411 9102736420
0076601-0076700	2741637234 8821452410 1347716529 6031284086 5841978795 1116511529 8278146203 7913985500 6399960326 5912485253
0076701-0076800	0849369031 3130100799 9771913622 3086601109 9929142871 2493885416 1203802041 1340188887 2196934779 0449752745
0076801-0076900	4288072803 5093058287 5442075513 4816660927 8793535665 2125562013 9988249628 4787262144 3236285367 6502591450
0076901-0077000	4683776352 8258765213 9156480972 1419296755 4938437558 2600253168 5363567313 7926247587 8049445944 1834291727
0077001-0077100	5698837622 6261846365 4527434976 6241113845 1305481449 8363117897 8448973207 6719508784 1586188796 9295581973
0077101-0077200	3250699951 4026015116 7552975057 5437810242 2389579257 8656212843 2731202200 7167305740 6928686936 3930186765
0077201-0077300	9582513264 9914595026 0917069347 5194089753 5746401683 0811798846 4524736189 5605647942 6358070562 5632811892
0077301-0077400	6966302647 9535951097 1276591362 3318086692 1535788607 8127599105 3717140220 4506186075 3748663063 5059148391
0077401-0077500	6467656723 2057145168 8617079098 4695932236 7249467375 8309960704 2589220481 5507991327 5208858378 1117685214
0077501-0077600	2693347869 2189524062 2657921043 6203488529 2626798401 3953216458 7911515790 5046057971 0838983371 8640380244
0077601-0077700	1751134722 6472547010 7947939969 5355466961 9726763255 2299146549 3349966323 4185951450 3609803440 9221220671
0077701-0077800	2567698723 4279407088 5707047429 3173329188 5238967219 7135392449 2426178641 1886377909 6281448691 7869468177
0077801-0077900	5917171506 6911148002 0759432012 0619696377 9510322708 9029566085 5622254526 0261046073 6131368869 0092817210
0077901-0078000	6819861855 3780982018 4711541636 3032626569 9283424155 0236009780 4641710852 5537612728 9053350455 0613568414
0078001-0078100	3775854429 6779770146 6029438768 7225115363 8011917581 5402812081 8255606485 4107879335 9892106442 7244898618
0078101-0078200	9616294134 1800129513 0683638609 2941000831 3667337215 3008352696 2357371753 3073865333 8204842190 3081864491
0078201-0078300	8409372394 4033405244 9095545580 1640646076 1581010301 7674884750 1766190869 2946098769 2016912021 8168829104
0078301-0078400	0870709560 9514704169 2114702741 3390052253 3408348128 7035303102 3919699978 5974139085 9360543359 9697075604
0078401-0078500	4601342424 5368249609 8772581311 0247327985 6207212657 2490003468 2938868123 0489556225 3204466302 6398542252
0078501-0078600	5841646432 4271611419 8178024825 9556354490 7219226583 8636626637 5083594431 4877635156 1457107455 2801615967
0078601-0078700	7048442714 1944351832 7569840755 2677926411 2617652506 1596523545 7187956673 1709133193 5876162825 5920783080
0078701-0078800	1852068901 5150471334 0386100310 0559148178 5211038475 4542933389 1884441205 1794396997 0194112695 1195265649
0078801-0078900	1959418997 5418393234 6474242907 0271887522 3534393673 6336632003 0723274703 7407123982 5620246626 5197409019
0078901-0079000	9762452056 1985576257 6000870817 3083288344 3818310700 5451449354 5885422678 5785519153 7229237955 5494333410
0079001-0079100	1744201696 0009069641 5612732297 7702212179 5186837635 9082255128 8164700219 9234886404 3959153018 4640047143
0079101-0079200	2118636062 2527011541 1222838027 7853891109 8490201342 7410141215 5976996543 8877197485 3764311582 2983853312
0079201-0079300	3071751132 9619045590 0793806427 6695819014 8426279912 2179294798 7348901868 4716765038 2732855205 9082984529
0079301-0079400	8062592503 5212845192 5927986593 5061329619 4679625237 3972565584 1578537445 6755899803 2405492186 9628884903
0079401-0079500	3256085145 5344391660 2262577755 1291620077 2796852629 3879375304 5418108072 9285891989 7153817973 4349618723
0079501-0079600	2927614747 8501926114 5041327487 3242970583 4084711123 3374627461 7274626582 4153242710 5932250625 5302314738
0079601-0079700	7592517247 8732288149 1455915605 0363345754 2423377916 0374952502 4930223514 8196138116 2563911415 6103268449
0079701-0079800	5807250827 3431765944 0540982697 6526934457 9863479709 7431244982 7193311386 3873159636 3612186234 9726140955
0079801-0079900	6079920628 3169994200 7205481152 5353393946 0768500199 0988655386 1433495781 6500899616 4907967814 2901148387
0079901-0080000	6456821749 1407562376 7618453775 1440314754 1120676016 0726460556 8592577993 2207033733 3398916369 5043466906

0080001-0085000

9482843662	9980037414	5276277165	4762382554	6170883189	8108688068	4785370553	6480469350	9588180253	6052974079	0080001-0080100
3538676511	1950793732	8208314626	8960071075	1755206144	3378411454	9950136432	4463281933	4638905093	6545714506	0080101-0080200
9008644834	4018042836	3390513578	1572739733	3453728426	3372174065	7757710798	3051755572	1036795976	9018899584	0080201-0080300
9413019599	9573017901	2401939086	8135658553	9661941371	7944876320	7986880037	1607303220	5474235722	6689680188	0080301-0080400
2123424391	8859841689	7227765219	4032493227	3147936692	3400484897	6059037958	0946960417	5427961378	2553781223	0080401-0080500
9476461478	3292697654	5162290281	7011004378	4603875654	4151739433	9600489153	1881757665	0500951697	4024156447	0080501-0080600
7129365661	4253949368	8842305174	0012992055	6854289853	8979426699	5677702708	9146513736	8922061044	1548166215	0080601-0080700
6804219838	4767308717	8759027920	9175900695	2734566820	2651337311	1518000181	4341209626	0165862982	1076663523	0080701-0080800
3617740078	3778342370	9152644063	0540718078	4335806107	2961105550	0204151316	9637304684	9213356837	2654003075	0080801-0080900
0982908936	4612047891	1147530370	4989395283	3457824082	8173864413	2271000296	8311940203	3234564208	2647327623	0080901-0081000
3830294639	3789983758	3655455991	9340866235	0909679611	3400486702	7123176526	6637107787	2511186035	4037554487	0081001-0081100
4186935197	3365662177	2359229396	7764632515	6202348757	0113795712	0962377234	3137021203	1004965152	1119760131	0081101-0081200
7641940820	3437348512	8526029133	3491512508	3119802850	1778557107	2537314913	9215709105	1309650598	8599993156	0081201-0081300
0863655477	4035518981	6673353588	0048214665	0997414337	6118277772	3351910741	2175728415	9258087259	1315074606	0081301-0081400
0256349037	7726337391	4461377038	0213183474	4730111303	2670296917	3350477016	3210661622	7830027269	2833655840	0081401-0081500
1179141944	7808748253	3607144032	9625228577	5009808599	6090409363	1263562132	8162071453	4061042241	1208301000	0081501-0081600
8587264252	1122624801	4264751942	6184325853	3867538740	5474349107	2710049754	2811594660	1713612259	0440158991	0081601-0081700
6002298278	0179603519	4080046513	5347526987	7760952783	9984368086	9089891978	3969353217	9980139135	4425527179	0081701-0081800
1022539701	0810632143	0485113782	9149851138	1969143043	4975001899	8068164441	2123273328	3071928243	6240673319	0081801-0081900
6554692677	8511931527	7511344646	8905504248	1133614349	8460484905	1258345683	2664415284	8971397237	6040328212	0081901-0082000
6602535166	9391408204	9947320486	0216277597	9177123475	1097502403	0789357599	3771509502	1751693555	8270725339	0082001-0082100
1189233407	0223832077	5858021371	7477837877	8391015234	1320984894	2345961369	2340497998	2793041444	6316270721	0082101-0082200
4796117456	9757196812	3929191374	0982925805	5619552074	3424329598	2898980529	2333664154	1925636738	0689494201	0082201-0082300
4712413405	2507220406	1794355252	5552250087	4879008656	8314542835	1677505422	9480327478	3044056438	5815919526	0082301-0082400
6675828292	9705226127	6287110401	3480178722	4801789684	0524079243	6058274246	7443076721	6452703134	5135416764	0082401-0082500
9668901274	7868010102	9513386269	8649748212	1186290403	3769156857	6240699296	3724930972	0162870720	0189835423	0082501-0082600
6903641492	7023696193	8547372480	3298550451	1208919287	9829874467	8641291594	1753167560	2533435310	6267452545	0082601-0082700
0711418148	3239880607	2971402347	2552071349	0798398982	3552687239	5090936566	7878992383	7125789762	4875599044	0082701-0082800
3228895388	3773173489	4112275707	1410959790	0479193010	4674075041	1435381782	4646307959	8955563899	1884773781	0082801-0082900
3413470702	4674736211	2048986226	9918885174	5625173251	9341352038	1158633501	2391305444	1910073628	4475675141	0082901-0083000
6105041097	3505852762	0444891909	7890198431	5485280533	9857778443	1393388399	4310444465	6692445508	8594631408	0083001-0083100
1751220331	3906815965	9251054685	8013133838	1521764182	1043342978	8826119630	4431113887	9625874609	0226130900	0083101-0083200
8499754303	9577124323	0616906262	9194039214	3974027089	4777663702	4881554993	2245882597	9020631257	4369109463	0083201-0083300
9325280624	1642476868	4954553249	3801763937	1615636847	8598237159	0238542126	5840615367	2286071317	0267474013	0083301-0083400
1145261063	7653833903	1592194346	9817605358	3803106128	8785205154	6933639241	0884676320	0956708971	8367490578	0083401-0083500
1630851581	3816196688	2222047570	4375906143	3804072585	3862083565	1769984267	7452319582	4182683698	2701602374	0083501-0083600
1493836349	6629351576	8540613973	4274647089	9685618170	1605511048	8097155485	9118617189	6680259735	4170542398	0083601-0083700
5135560018	7203350790	6094642127	1143993196	0465274240	5088222535	9773481519	1354385712	5325854049	3946010865	0083701-0083800
7937980586	2014336607	8825219717	8090258173	7087091646	0452727977	1535099103	4073642502	0386386718	2205228796	0083801-0083900
9445838765	2947951048	6607173902	2932745542	6785669776	8659399234	1683412227	4663015062	1553205026	5534146099	0083901-0084000
5249356050	8549217565	4913483095	8906536175	6938176374	7364418337	8974229700	7035452066	6317092960	7591989627	0084001-0084100
7324230902	5239744386	1014263098	6877339138	8251868431	6501027964	9114977375	8288891345	0341148865	9486702154	0084101-0084200
9210108432	8080783428	0894172980	0898329753	6940644969	9031253998	6391958160	1468995220	8806622854	0841486427	0084201-0084300
4786281975	5466292788	1462160717	1381880180	8405720847	1586890683	6919393381	8642784545	3795671927	2397972364	0084301-0084400
6516675920	1105799566	3962598535	5127635587	6814021340	9829016296	8734298507	9247184605	6874828331	3812591619	0084401-0084500
6247615690	2875901072	7331032991	4062386460	8333378638	2579263023	9159000355	7609032477	2813388873	3917809696	0084501-0084600
6601469615	0317542267	5112599331	5529674213	3363002229	6490648093	4582008181	0618021002	2766458040	0278213336	0084601-0084700
7585730190	1137175467	2763059044	3531313190	3609248909	7246427928	4555499134	9000518029	5707082919	0525567818	0084701-0084800
8991389962	5138662319	3800536113	4622429461	0248954072	4048571232	5662888893	1722116432	9478161905	5486805494	0084801-0084900
3441034090	6807160880	2822795968	6950133643	8142682521	7047287086	3010137301	1552368614	1690837567	5747637239	0084901-0085000

0085001-0090000

0085001-0085100	7631857570 3810944339 0564564468 5241830281 4810799837 6918512127 2019350440 4180460472 1626939445 7883770901
0085101-0085200	0597469321 9720558114 0787759897 7207200968 9382249303 2368305158 6265728111 4637996983 1375179376 2321511125
0085201-0085300	2349734305 2406221052 4423435373 2905655163 4066695061 6589287821 8707756794 1760807129 7378133518 7117931650
0085301-0085400	0331555238 2248773065 3444179453 4153952024 2444970341 0120874072 1881093882 6816751204 2299404948 1794494727
0085401-0085500	3289477011 1574139441 2284555218 2842492224 0658752689 1722727806 0711675404 6973008037 0396187877 9669488255
0085501-0085600	5614674384 3925701158 2954666135 8678671897 6612973112 6720007297 1553613027 5035561678 1776544228 7442114729
0085601-0085700	8816148027 0524380681 7653573275 5786025058 4708401320 8837932816 0087690813 0049249147 3682517035 3822196190
0085701-0085800	3901499952 3495387105 9973511434 7829233949 9187936608 6923013755 9636853237 3806703591 1442432685 6151210940
0085801-0085900	4259582639 3016780171 2866923928 3231057658 8517140202 1119695706 4799814031 5056330451 4156441462 3163763809
0085901-0086000	9044028162 5691757648 9142569714 1635984393 1743327023 7812336938 0430128926 2637538266 7795034169 3343236075
0086001-0086100	0024817574 1808750388 4750949394 5489620974 0485442635 6371649959 4992098088 4294790363 6662975260 0324386563
0086101-0086200	2945844728 9445471662 0929749549 6616877414 1208821304 7702281611 6456044007 2363515811 4972973921 8966737382
0086201-0086300	6472047226 4222124201 6560150284 9713063327 9581430251 6013694825 5670147809 3579088965 7134926158 1613469018
0086301-0086400	0696508955 6310121218 4918058479 2272069187 1696316330 0448580201 0286065785 8591269974 6376617414 6393415956
0086401-0086500	9539554203 3146280265 1895116793 8074573315 7598460861 7370268786 7602943677 7805002446 7339133243 1669880354
0086501-0086600	0732323882 8184750105 1641331189 5370364884 2269027047 8052742490 6034920829 5475505400 3457160184 0725745369
0086601-0086700	3814553117 5354210726 5578356154 9987444748 0427323457 8800618731 4934156604 6352979779 4550753593 0479568720
0086701-0086800	9316724536 5472083816 8585560604 3801977030 7642460834 8987610134 5709394877 0029461757 9206195254 9255757109
0086801-0086900	0385251714 8852526567 1045349813 4198033906 4152987634 3695420256 0802776144 2191431892 1393908834 5431317696
0086901-0087000	8510184010 3844472348 9488695209 8194353190 6506555354 6173358140 4554483788 4752526253 9496658699 9205841765
0087001-0087100	2780125341 0338964698 1864243003 4146791380 6190280596 0785488801 0789705516 9462152287 7309010446 7462497979
0087101-0087200	9926271209 5168477956 8482583341 4022664772 1084336243 7593741610 5367340419 5473896419 7895425335 0363018614
0087201-0087300	0095153476 6961476255 6518738232 9246854735 6935802896 0115367917 8730355315 9378363082 2486151777 7054157757
0087301-0087400	6561759358 5120166929 4311113886 3582159667 6188303261 0416465171 4846979385 4226216871 6140012237 8213779774
0087401-0087500	1312689772 6671299202 5922071408 7700769562 8347393220 1088159356 2862819285 6357189338 4958850603 8531581797
0087501-0087600	6067947984 0878360975 9601497334 2057270460 3521790605 6476032855 6927627349 5182203236 1441125841 8242624771
0087601-0087700	2012035776 3888959743 1823282787 1314608053 5335744942 9762179678 9034568169 8895535185 0447832561 6380709476
0087701-0087800	9516990862 4710001974 8809205009 5219436323 7871976487 0339223811 5403634754 8862684595 6159755193 7654101150
0087801-0087900	1406700122 6927474393 8885899438 5973024541 4801061235 9080362745 8528849356 3251585384 3832424932 5266608758
0087901-0088000	8908318700 7091002373 7710657698 5056433928 8543376583 4259675065 3715005333 5144899082 9388773735 2051459333
0088001-0088100	0496265314 1514138612 4437935885 0709446880 4548697535 8170212908 4907873478 0681436632 3322819415 8273456713
0088101-0088200	5644317153 7967818058 1958524648 4008403290 9981943781 7181773023 1700398973 3050495387 3561162610 2399943325
0088201-0088300	9780126893 4326005841 1027876490 1070923443 8846340117 3555686590 3585244919 3701810416 2620850429 9258697435
0088301-0088400	8170981338 9404593447 1937493877 6242324098 5283276226 6604942385 1297094532 4558625210 3600829286 6497241749
0088401-0088500	1914198896 6129558076 7709795947 9530601311 9159011773 9431042090 4907942444 8868513086 8444937059 0902600612
0088501-0088600	0649425744 7103535476 5785924270 8130410618 5462198818 3009063458 8187038755 8562749115 8737542106 4667951346
0088601-0088700	4875867715 4383801852 1348281915 8124625993 3516019893 5595167968 9328522058 2479942103 4512715877 1633452229
0088701-0088800	9541883968 0448835529 7533612868 3722593539 0079201666 9413390911 6875880398 8828869216 0023732573 6158820716
0088801-0088900	3516271332 8105181876 0210485218 0675526648 6739089009 0719513805 8626735124 3122156916 3790227732 8705410842
0088901-0089000	0378415256 8328871804 6987952513 0732663402 7851905941 7338920358 5403956770 3561132935 4482585628 2876106106
0089001-0089100	9822972142 0961993509 3313121711 8789107876 6872044548 8760894101 7479864713 7882462153 9559333332 7556200943
0089101-0089200	9580434537 9197822805 9039595992 7436913793 7786649409 6404877784 1748336432 6840262829 3240626008 1908081804
0089201-0089300	3909145563 5193685606 3045089142 2896452199 8779884934 7477729132 7972660276 5840166789 0136490508 7411421268
0089301-0089400	6196986204 4126965282 9810870454 7986155954 5338021201 1556469799 7678573892 0186243599 3267776894 5406050821
0089401-0089500	8838227909 8336271671 2449002676 1178498264 3770330020 8184459000 9717235204 3319947082 4209877151 4449751017
0089501-0089600	0556430295 4282181967 0009202515 6158441742 0593365814 8134902693 1115170938 7226002645 8630561325 6057925609
0089601-0089700	2733226557 9346280805 6834439213 7368840565 0434307396 5740610177 7937014142 4615493070 7413608054 4210029560
0089701-0089800	0095663588 9778992676 3051771878 1943706761 4982175641 8659011616 0865408635 3915130392 0131680576 9034172596
0089801-0089900	4536923508 0641744656 2351523929 0504094799 5318407486 2151210561 8338545661 7665260639 3713658802 5216662235
0089901-0090000	7613220194 1701372664 9660732520 1077194793 1265282763 3024138051 6490717456 5964853748 3546691945 2358031530

0090001-0095000

1969160480	9946068149	0403781982	9732360930	0871357607	9862142542	2096419004	3679054790	4993007837	2421581954	0090001-0090100
5354183711	2936865843	0553842717	6280352791	2882112930	8351575656	5999447417	8843838156	5148434229	8587042455	0090101-0090200
9243469329	5232821803	5083337262	8379183021	6591836181	5542171574	4846577842	0134329982	5945668845	5826617197	0090201-0090300
9012180849	4803324487	8725818377	4805522268	1510113717	4536841787	0280274452	4429054745	1823467491	9564188551	0090301-0090400
2444213377	8352142386	5979925988	2032870851	0933838682	9906571994	6149062902	5742768603	8850511032	6385445404	0090401-0090500
1918495886	6538545040	5713236296	8106914681	4847869659	1668618427	5679846004	1868762298	0555629630	4595322792	0090501-0090600
3051616721	5919686758	4952363529	8935788507	7460815373	2145464298	4792310511	6763577494	9462295256	9497660359	0090601-0090700
4739624309	9534331040	4994209677	8838270027	1447849406	9037073249	1064441516	9605325656	0586778757	4174721108	0090701-0090800
2743577431	5194060757	9835636291	4332639781	2218946287	4477981198	0722564671	4664054850	1310096567	8631488009	0090801-0090900
0303749338	8753641831	6513498254	6694673316	1181233648	5439764932	5026179549	3572043054	0218297487	1251107404	0090901-0091000
0116114058	9991109306	2492312813	1163405492	6257135672	1818628932	7861388337	1802853505	6503591952	7414008695	0091001-0091100
1092616754	1476792668	0321092374	6708721360	6278332922	3864136195	9412133927	8036118276	3241060047	4097111104	0091101-0091200
8140003623	3427145144	8333464167	5466354699	7314947566	4342365949	3496845884	5515241507	5637660508	6632827424	0091201-0091300
7941360628	7604129064	4913828519	4564026431	5322585862	4043141838	6695906332	4506300039	2213192647	6259626915	0091301-0091400
1090445769	5301444054	6180378575	0303668621	2462278639	7527466678	7012100339	2984873375	0144756003	2210062235	0091401-0091500
8029343774	9550320370	1273846816	3061026570	3008722754	6296679688	0890587127	6763610662	2572235222	9739206443	0091501-0091600
0935243272	2810085997	3095132528	6306011054	9791564479	1845004618	0467624089	2892568091	2930592960	6423570210	0091601-0091700
6152464620	5023248966	5939873249	3396737695	2023991760	8984745718	4353193664	6529125848	0644801965	2016283879	0091701-0091800
5189499336	7592414856	2613699594	5307287254	5324632915	2911012876	3770605570	6095313775	2775186792	3292134955	0091801-0091900
2451330898	6796916512	9073841302	1675732386	3757582008	0363575728	0027544903	2795307990	0799442541	1087256931	0091901-0092000
8801466793	5595834676	4328688769	6661009739	5749967836	5933978463	4695994895	0610490383	6474095046	9522606385	0092001-0092100
8046758073	0699122904	7408987916	6872117147	5276447116	0440195271	8169508289	7335371485	3092893704	6384420893	0092101-0092200
2997711258	5684084660	8339934045	6890267875	1600877546	1267988015	4658565220	6121095349	0796707365	5397025761	0092201-0092300
9943137663	9960606061	1064069593	3082817187	6426043573	4253617569	4378484849	5250108266	4883951597	0049059838	0092301-0092400
0812105221	1110919433	2395113605	1446459834	2107990580	8209371646	4523127704	0231600721	3854372346	1267260997	0092401-0092500
8703856570	9199850759	5634613248	4601884098	5019428768	7902268734	5565005191	2154654406	3829253851	2763176639	0092501-0092600
2205093834	5204300773	0170299403	6261543400	1322763910	9129883278	6392041230	0445551684	0548898090	8077917463	0092601-0092700
6092439334	9126411642	4009388074	6356607262	3366958427	6458369826	8734815881	9610585718	3576746200	9650526065	0092701-0092800
9292635482	9149904576	8307210893	2458570737	0166071739	8194485028	8426039636	6074603118	4786225831	0565808708	0092801-0092900
7030556759	5861341700	7454029656	8763477417	6431051751	0367328692	4555858208	2372038601	7817394051	7513043799	0092901-0093000
4868822320	0443780431	0317092103	4261674998	0000730160	9481458637	4488778522	2730763304	9538394434	5382770608	0093001-0093100
7607635420	9844500830	6247630253	5727810327	8341176697	0544287155	3153400164	9707665719	5985041748	1990872014	0093101-0093200
9087568603	7783591994	7193433527	7294728553	7925787684	8323011018	5936580071	7291186967	6176550537	7503029303	0093201-0093300
3830706448	9128114120	2250615089	6411007623	8245744886	5518258105	8140345320	1247547232	6908754750	7078577659	0093301-0093400
7325428444	5935304499	2070014538	7489482265	5644222369	6365544194	2254413382	1222547749	7535494624	8276805333	0093401-0093500
3698328415	6138692363	4433585538	6847111143	0498248398	9918031654	5863828935	3799130535	2228334301	3795337295	0093501-0093600
4016257623	2280811384	9949187614	4141322933	7671065634	9252881452	8239506209	0223578766	8465011666	0097382753	0093601-0093700
6604054469	4165342223	9052108314	5858470355	2935221992	8272760574	8212660652	9138553034	5549744551	4703449394	0093701-0093800
8686342945	9658431024	1907859236	8022456076	3936784166	2705185551	7870290407	3557304620	6396924533	0779578224	0093801-0093900
5949710420	1880430001	8388142900	8173039450	5073427870	1312446686	0092778581	8110409115	1172937487	3627887874	0093901-0094000
9074652855	6543474888	6831064110	0510230208	7510776891	8781525622	7352515503	7953244485	7787277617	0019648537	0094001-0094100
0355516765	5209119339	3437628662	8461984402	6295252183	6785223674	7510880978	1507098978	4130862458	8152266096	0094101-0094200
3551401874	4958369269	1779904712	0726494905	7372642860	0521140358	1231076006	6995185361	2486274675	6375896225	0094201-0094300
2991164960	6687650826	1734178484	7893372950	5673900787	8617925351	4406210453	6625064046	3728815698	2323175005	0094301-0094400
9626108092	1955211150	8593029556	5496753886	2612972339	9146283584	7604862762	7027309739	2020014322	4870758233	0094401-0094500
7354915246	0856082103	2888297418	3906478869	9232736913	6004883743	6615223517	0584377055	4521081551	3361262142	0094501-0094600
9118156153	0175888257	3594892507	1088792621	2864139244	3309383797	3338678061	3179523731	5266773820	8580247014	0094601-0094700
3352700924	3803266951	7421195076	7088432634	6442749127	5589077468	6358216216	6042741315	1702124585	8605623363	0094701-0094800
1493164646	9139465624	9747174195	8354218607	7487110573	3845843368	9939645913	7406033821	5935224359	4751626239	0094801-0094900
1886853078	2282176398	3237306180	2042465604	7752794310	4796189724	2995330297	9249748168	4052893791	0449470045	0094901-0095000

0095001-0100000

0095001-0095100	9086499187 2727345413 5081019838 8186467360 9392571930 5119686456 0185578245 0218231065 8894379865 2243205067
0095101-0095200	7379966196 9554724405 8592241795 3006820451 7953700434 7245176289 3566770508 4902131077 3662575169 7335527462
0095201-0095300	3029430312 0359626095 3423574397 2496592110 1065781782 6108745318 8748031874 3082357369 9195156340 9571627009
0095301-0095400	9244492974 9105489851 5196586647 4014822510 6335367949 7371425102 2934188258 5117371994 4991150975 8374613010
0095401-0095500	5505064197 7215319293 5487537119 1630262030 3285886585 2848019350 9225875775 5974252765 8401172134 2323648084
0095501-0095600	0271433563 6754204637 5182552524 9443296570 4386138786 5901965738 8028684018 9408767281 6714137033 6617326501
0095601-0095700	2057865391 5780703088 7142615190 7500149257 6112927675 1930967284 5397116021 3606303090 5422439663 2067432358
0095701-0095800	2797889332 3244057791 9927848463 3339777737 6559018705 7480682867 8347965624 1461028995 0848739969 2970750432
0095801-0095900	7530299728 7229732793 4442988646 4127253481 6060377970 7298299173 0292963086 9580199631 2413304939 3504933254
0095901-0096000	1235507105 4461182591 1411164545 3471032988 1047844067 7801380771 3146540009 9386306481 2666143308 5820681139
0096001-0096100	5838319169 5455582594 2689576984 1428893743 4670841079 4631893253 9106963955 7807060212 4597489829 3564613560
0096101-0096200	7889834724 1997947856 4362042094 6134123876 1319886535 2358312996 8622689486 0840845665 5606876954 5012744866
0096201-0096300	3140505473 5351746873 0098063227 8046891224 6821460806 7276277084 0240226615 5485024008 9528916571 1761743902
0096301-0096400	0337584877 8429112896 2324705919 1874691042 0058483261 4067733375 1027195653 9946971625 1724831223 0633919328
0096401-0096500	7079838007 4848572651 6123434933 2733566644 7335855643 0235280883 9243482787 6088616494 3289399166 3992104883
0096501-0096600	0784777704 8045728491 4563033532 6507002958 8906265915 4985094079 7276756712 9795010098 2294762289 6189159144
0096601-0096700	1520032283 8787734851 3097908101 9129267227 1037788980 5396415636 2364169154 9857684083 9846886168 4375407065
0096701-0096800	1210390625 0612810766 3799047908 8796747780 6973847317 0475253442 1563903872 0123880632 3688037017 9493089549
0096801-0096900	0077633152 3063548374 2568166533 6160664198 0030188287 1237674818 9833024683 6371488309 2592833759 0227894258
0096901-0097000	8060087286 0388591688 4973069394 8020511221 7663591382 5152427867 0094406942 3551202015 6837777885 1824670025
0097001-0097100	6517085092 4962374772 6813694284 3500629388 1442998790 5301056217 3754591826 7997321773 5029368928 0652100253
0097101-0097200	9626880749 8092643458 0116557158 8670044350 3976505323 4782873273 6884086354 0002740676 7838219635 2222653929
0097201-0097300	0939807367 3913640828 9872201777 6747168118 1958561337 2158311905 4682936083 2369761134 5028175783 0202934845
0097301-0097400	9829250008 9568263027 1263295866 2921476531 4223335179 3093387951 3570953463 7718368409 2444422096 3193312956
0097401-0097500	2030557551 7340067973 7406141621 0792363342 3805646850 0920371671 5264255637 1853889571 4164197723 8742261059
0097501-0097600	6667396997 1731681694 1543509528 3193556417 7056686222 1521799115 1355639707 1433128936 5755384464 8326201206
0097601-0097700	4243380169 5586269856 1022460646 0693307938 4785881436 7407000599 7697036490 1927332882 6135329363 1124036506
0097701-0097800	9865216063 8987250267 2380874033 9674439783 0258296894 2568967418 6433613497 9475245526 2914265228 4241924308
0097801-0097900	3388103580 0537870239 9954217211 3686550275 3413622116 9314069466 9513186928 1025747959 8560514500 5021715913
0097901-0098000	3177516099 5786555198 1886193211 2821107094 4228724044 2481153406 0558959583 5581523201 2184605820 5635926993
0098001-0098100	0347885113 2068626627 5887714460 3599665610 8430725696 5005630644 8918759946 6596772847 1715395736 1210818084
0098101-0098200	1547273142 6617489331 3417463266 2354222072 6001460127 0120693463 9520564445 5432916629 8666078308 9068118790
0098201-0098300	0908152950 6362678207 5614388815 7813511346 9536630387 8412092346 9428687308 3932043233 3872775496 8052103028
0098301-0098400	2154432472 3388845215 3437272501 2858974769 1460808314 4412092346 8154004918 7772287869 8018534545 3700652665
0098401-0098500	5649170915 4295227567 0922221747 4112062720 6566229898 0603289167 2068743654 9482461086 9736722554 7404812889
0098501-0098600	2424718543 2360575341 1672850757 5520571311 5669795458 4887398742 2281358879 8584078313 5060548290 5514827852
0098601-0098700	9489112190 5383195624 2287194847 5940785939 8047901094 1940706717 6443903273 0712135887 3850499936 3883820550
0098701-0098800	1683402777 4960702768 4488028191 2220636888 6368110435 6952930065 2195528261 5269912716 3727738841 8993287130
0098801-0098900	5634646882 2739828876 3198645709 8363089177 8648708667 6185485680 0476725526 7541474285 1028145807 4031529921
0098901-0099000	9781455775 6843681110 1853174981 6701642664 7884090262 6828244482 5802753209 4549915104 5185177165 4631180490
0099001-0099100	4567985713 2575281179 1365627815 8111288816 5622858760 3087597496 3849435275 6766121689 5926148503 0785362045
0099101-0099200	2745077529 5063101248 0341804584 0594329260 7985443562 0093708091 8215239203 7179067812 1992280496 0697382387
0099201-0099300	4331262673 0306795943 9609549571 8957721791 5597300588 6936468455 7667609245 0906088202 2122357192 5453671519
0099301-0099400	1834872587 4239194108 9044411595 9932760044 5065562064 6116465566 5487594247 3692523369 5599303035 5095817626
0099401-0099500	1762318495 6190649483 9673020037 7638743693 4399982943 0209147073 6189479326 9276244518 6560239559 0537051289
0099501-0099600	7816345542 3320114975 9948962784 2432748378 8032701418 6769526211 8097500640 5149755889 6502930048 6760520801
0099601-0099700	0491537885 4139094245 3169171998 7628941277 2211294645 6829486028 1493181560 2496778879 4981377721 6229359437
0099701-0099800	8110044480 6079767242 9276249510 7841534464 2915084276 4520002042 7694706980 4177583220 9097020291 6573472515
0099801-0099900	8290463091 0359037842 9775726517 2087724474 0952267166 3060054697 1638794317 1196873484 6887381866 5675127929
0099901-0100000	8575016363 4113146275 3049901913 5646823804 3299706957 7015078933 7728658035 7127909137 6742080565 5493624646

0100001-0105000

4126002437	9684543777	3390264725	1281941632	0076848736	2517640659	6754069362	1758879307	8559164787	7727473927	0100001-0100100
2002910342	9495624476	6130820072	9250734529	1707642266	2104767303	7863169954	2374551174	5652202278	3324096803	0100101-0100200
5246676631	9086101120	6745856287	3174135111	6229207886	5132941244	8154716281	8207987716	8346341322	3622341177	0100201-0100300
8823102765	9825109358	8923591620	5510876329	8087993165	1725289380	0123781743	4896832151	5905624933	4737020683	0100301-0100400
2232100118	6373957705	6747386710	2173212375	2243252416	2635803437	6253606808	6691635715	9455152781	7803921774	0100401-0100500
3228234366	3377281118	6390511893	0759016666	5074295275	8384008544	6354193171	9053136365	9724905158	4091065822	0100501-0100600
0181473479	9022359067	1381469051	1605192230	1269482316	1134174399	4471483304	0862484269	1395023367	1341242512	0100601-0100700
3864026657	2581309439	6762193965	5407386524	2298978797	8219863791	8299709557	9247473203	0323911641	0445906907	0100701-0100800
9778623155	1834959303	5305923789	8175158914	5765040802	5109479123	4217584828	4188195013	8546165680	3017550355	0100801-0100900
8005494489	4884871351	6053755934	0234574897	9516602442	3383214060	3009593710	5588457052	5157042662	8460035440	0100901-0101000
2823678768	5509826781	6176552037	5795655481	6778960389	2749835560	8791541177	7494235734	0076416109	3294003899	0101001-0101100
9821992672	5708695732	6068774974	2248020233	0752518765	0255968420	7606932299	8858757989	8896460744	3817881700	0101101-0101200
8154889522	6516722834	0452772191	0699141576	4639485231	1267947308	6580319507	6455197675	6289574288	8179681209	0101201-0101300
0026387145	2578583152	7761510908	8631740243	6956805678	7301523542	7804793414	2664952238	3370711751	1265375503	0101301-0101400
9423720987	8466804913	9473446530	7140796225	9728713050	3077258714	8755705025	8257346686	6613802351	4260561161	0101401-0101500
9740554343	6548698005	4448792959	7028759035	2258409782	6835986664	4658604569	4241390729	0952662499	3290297344	0101501-0101600
0568160683	8057266260	5727708840	7073471496	0600645614	5407073443	2782514087	4742755067	2230484535	7006092214	0101601-0101700
3900029929	8160821171	7047917614	5051910081	3267037521	4930740567	8533111060	5835291278	1007391749	9491978451	0101701-0101800
1291591368	1107394055	1752080196	3053935074	0248509553	7725003670	5466516233	0430425087	4423242624	0463211507	0101801-0101900
8997336929	9854070416	5626104197	6700202415	0948924118	5609240963	7604429612	0023645907	0644977062	7207919019	0101901-0102000
2359648070	4892363697	9860198283	0872842285	6475235316	2882791324	2955248144	4750552190	9672046080	6895451817	0102001-0102100
1220493032	1853740627	2474215197	4030576904	3602686360	7807920047	7623242955	1829473522	0272443763	3902772139	0102101-0102200
2087767065	7162416397	5178585925	4426923428	5352743288	5633685078	9651962072	5194165560	6187037055	0218462845	0102201-0102300
4342578503	8300009537	4518292958	4404649188	3868579348	3961151297	1605816657	4509670367	7495836666	6931218817	0102301-0102400
6367964494	3617130416	0372430506	5848513174	9264055855	1940180051	8090847521	1868224616	9761492432	3831948643	0102401-0102500
4415908558	0110730703	1120150224	3416073157	9295287529	3683582039	7003389112	1141706852	1936658978	9459503154	0102501-0102600
3895890153	0382714300	1929589074	1499435928	9408309707	7078362875	9144840370	4503861896	6975811201	8523192318	0102601-0102700
6865996803	8583812370	3291562075	7883594878	0941688205	5316051281	9015264759	2807574958	1545642213	4145937816	0102701-0102800
7056992868	2998956119	8235383715	7880480478	7045841753	9466549769	0173220310	8900703033	6291176730	8448450372	0102801-0102900
1456696444	0146954517	3857434157	8101586187	8383927855	2609399130	5702555755	5906094705	1498093487	7733200727	0102901-0103000
9757303824	5989466809	6808222213	4848587382	2999281794	0908256652	0958165547	2475244566	7436975944	7468637633	0103001-0103100
2428904269	7761067919	3391098330	0422310293	7282987989	0320939109	2682836306	1736101738	7812367989	8645149311	0103101-0103200
7024371282	8388226648	6298884492	2074156406	0714705913	7405524963	7569718702	1735528724	5439427714	8091793644	0103201-0103300
3765063786	1861324348	6357974112	5852086345	9927803688	7924983543	6329845768	7650165065	1153450086	9572123950	0103301-0103400
7544785683	1736315571	5352704652	4235259737	5134088254	6160966144	0746675514	2268360319	5980107215	2463551069	0103401-0103500
1718713357	3168548563	1280857834	4356236709	5965094994	6968820661	1851180860	3420282133	1801249410	9915026014	0103501-0103600
3545001743	2730793625	1130702982	5049941799	4284451146	4793291545	9955590958	7807621636	6685917910	6543596606	0103601-0103700
5253525320	2736507259	8912125568	6842802077	2464877220	1099663182	9559552903	3933122843	6486447597	3560859840	0103701-0103800
7609472983	8954243393	2623153239	9189818522	6418083219	6333546356	8748288634	6561850481	0632288805	5967378445	0103801-0103900
6200094146	5603499280	8794051153	1005758712	9552571964	1115068503	4077371060	4380371259	5755969859	4936205847	0103901-0104000
7512026354	9473475347	4818926225	4190352671	6144292848	9985753674	0692165271	6300860606	5437373682	3556588626	0104001-0104100
4863436891	5321809557	2204456777	1373683104	5807558452	9612832832	6063196297	2852796667	4362974800	8213186279	0104101-0104200
2186904428	4342630735	7607039996	6943078950	8147269730	2538173756	9492275179	5354326156	9120405948	3286094999	0104201-0104300
2366412287	8812264191	4850485632	8072066418	5570595203	7503032291	6894489427	5783060909	1085241060	1400683274	0104301-0104400
2055839697	7382315073	4996108758	7637042555	6496408685	5071942256	3449667324	3065625925	0474581762	7332818160	0104401-0104500
1701969816	6542426378	7636014530	3594653845	0325476674	9997373408	3566513818	6025156520	2836373891	7101654541	0104501-0104600
4882674448	0091057041	8616262683	7971120886	1413572796	1109908829	2970229692	1281809787	9895139150	4270936786	0104601-0104700
4449831964	2013456683	3908775943	0064424856	2301212461	4511697921	9396344095	0808322928	1294270436	5991464827	0104701-0104800
4998437594	2113020418	2973084171	7881309037	9558545603	2471708191	9530277146	5794555475	5447542844	3440813938	0104801-0104900
8908609776	0178573893	0751866190	6505018077	1650018407	4432585402	4184360501	1182429907	0232341724	3674525365	0104901-0105000

0105001-0110000

0105001-0105100	3495947990	6333454075	4371812699	3998337192	1848541873	5979845348	9345922685	1506818266	2490078029	3350126588
0105101-0105200	2497422624	1885352526	6367028276	6249934982	9488748331	0617642084	2901692305	2899608978	6041300651	0902817980
0105201-0105300	5040587107	6711790411	3021748279	6682353001	9602202531	8557678984	3317586806	3783599687	9160153892	2220236575
0105301-0105400	7655815866	1140919939	4861599209	1599175533	4178303334	7643131635	0127053906	9707932656	7812415906	4342847213
0105401-0105500	6023521823	6741214733	1244999443	3415591527	4315931687	4778825331	5509277033	6202901222	5977948098	5539220006
0105501-0105600	4527162280	8553982789	0658423344	7552821276	5176505726	6326769114	1075034845	8718969964	3487577513	8479148183
0105601-0105700	6351006214	6681858509	6348887081	4569767220	2016799119	9462417776	6889079171	3686594596	0726468538	8107787830
0105701-0105800	0216136827	6697026223	4594187374	7673353799	8884403427	0468030425	5169412715	8739320398	4443746045	4781611305
0105801-0105900	6625176412	7598211819	3966110185	0562880555	9425660600	3231211618	0994622129	3010024709	1334715068	2268430458
0105901-0106000	6803009042	4286168202	5562140946	0879000651	9109949557	0815816505	8289833407	3946608445	7565780636	6902728434
0106001-0106100	6201858732	8252924796	5052866814	0850353851	9837523637	4519526227	9549029055	7907030283	9501048548	3592983454
0106101-0106200	2814487304	3580470533	1508151050	3001521428	1171753936	4913316617	2621235405	5278633080	0208317705	5630294963
0106201-0106300	5942016543	3309409417	7196326234	1193871051	6157010179	8053551679	3708602913	6675698609	7124120368	5838129576
0106301-0106400	9530779814	1365700174	7613569669	8614606849	1439699573	8376316958	2460251334	2108072621	7136019430	1808720988
0106401-0106500	8551415024	1638183259	7525959316	5531865833	1171268579	4152720661	2218422661	4118251546	5748487831	2610347834
0106501-0106600	5467492583	0872998544	7421206445	0952332450	5087743149	6166555251	7971680209	9172002640	9374921907	5699368963
0106601-0106700	3028139164	7208963581	7717355558	4859270652	4504862516	4195405508	0134351032	3389813378	3024977018	2275490638
0106701-0106800	1499964723	3340796130	4146973947	6372650869	2733471084	1568560843	0921316240	4346298639	2084166005	5904598506
0106801-0106900	4912435052	6476606760	0344441618	1864036700	8377411410	1094320588	9555986586	7007786367	1896944089	6223213740
0106901-0107000	3411359719	9133135946	5536854466	9236765258	9012108413	7774324821	9181274784	7892287264	8929700323	7187345615
0107001-0107100	7981599834	8391004126	0105074696	4599430331	9788106349	1392381249	0503061433	4079183280	0406390709	8672596197
0107101-0107200	0983112659	6014747372	5330526853	7177421465	5400587392	4623727617	3649051987	1336806772	3952570781	3606866832
0107201-0107300	6139501432	9509474851	5947246675	2720168431	6586608807	5127685847	5554118438	1169011622	0055521134	8448896066
0107301-0107400	8259227431	3190079630	1158708467	0117654935	3930465633	5622531124	4727796669	0058311906	1610197266	3073970542
0107401-0107500	5314398184	5737944948	6780134618	2178759390	7699960202	9083965677	2878469057	3640156401	5047696448	9939475414
0107501-0107600	7460833991	8696889271	1569423454	9265124664	5507792554	0281050376	2203596753	0558601856	4920560628	7909076945
0107601-0107700	3339208808	8494778288	9485112215	4743230191	3832455629	9388102061	4490266876	0102077532	1091568497	7830740859
0107701-0107800	6498579671	5261701003	9475494539	9176987913	2354655010	6407355816	9994097562	4814996744	3278429202	7626441897
0107801-0107900	9391815839	4562708173	3015821602	2551965989	8769376164	0198612074	6675504886	1110855726	7645070526	2244613022
0107901-0108000	2335852072	2736204850	5728923881	5884938754	5352291863	9971438088	4061757286	2209501225	0651586310	4258884134
0108001-0108100	3554319737	2985621775	3072022629	4755524830	4444534043	4888878581	1703413453	4252235431	9407877972	8467601815
0108101-0108200	8322709774	5180929342	1931898158	1248283265	8950040704	5260600998	9378390034	1914163044	6391638805	4965878650
0108201-0108300	1375046341	6956551566	1829887863	0705842306	9945825940	5302481147	1007899784	2118304890	1046405689	4950702885
0108301-0108400	5955309525	5863605215	8957375114	0895649058	4415677493	7105859648	0143158746	1449125054	9525391164	6538215851
0108401-0108500	9737009328	0194530320	5726284526	5804604633	7816631429	9330766466	4653076059	0548962888	7241897160	6022588261
0108501-0108600	7577539922	0551315093	7720062486	3085562820	4935757527	2499556708	9221634233	9836025653	2873102919	4007041176
0108601-0108700	9192208500	1511673567	0101958971	0017970195	7812089291	0969417754	3699043682	0256302405	4822625401	9056965077
0108701-0108800	1058157424	0721496339	5603652702	8333440730	5750073674	5622605846	4988611510	1689612181	1190584717	1446106871
0108801-0108900	9761017456	5873737967	4069713742	3238753839	0303172002	0020720592	8488785123	9117464716	7374373792	3283881966
0108901-0109000	2016876221	9134623389	3762599527	0256721386	2211245898	0212130501	4072889043	0032253550	4095866818	7241393699
0109001-0109100	3819306914	8744717186	6461831119	4260316166	4070377316	4870018647	9960024304	4003242241	8094022785	3330901150
0109101-0109200	9880870678	2688353172	0076752255	3138008818	7804316901	9007280483	1799287414	1254761230	8960683309	5828377667
0109201-0109300	6882875786	8868309297	6001011974	5338983319	5258861963	0132917094	3858166153	7417179449	6319177154	3125069598
0109301-0109400	5348128568	4619377669	8942774591	7091880252	0012749905	5594072896	9659479333	1672243621	5678967769	6670803522
0109401-0109500	9039018485	7308062756	7086765862	7104769409	2035655930	2535274341	8965927002	2270492331	8682999156	0936413757
0109501-0109600	0049885373	0459639615	2734629396	9749517480	6269645179	3018719986	7885375814	1597579931	4806608557	2325683743
0109601-0109700	0528276417	5670050288	0404894298	9958094810	3534833934	1449278859	2526219241	5547231997	1433850866	3732092663
0109701-0109800	2728243514	9336407045	8968385234	5624744361	1752567669	8776759722	3439206357	5074715529	1810276261	4012992480
0109801-0109900	4228839902	9787992541	8517499129	6302839907	2963558857	9890593317	7959087690	7390564602	5623533567	2215522594
0109901-0110000	6883829845	2882922966	2751371624	2217295467	8670715840	9241840841	4755758253	9385240963	3020513497	0474069539

0110001-0115000

9567897981 7278609204 6228683973 5779815111 8681526598 8460694975 8965481314 6511503926 2637774951 3761557248   0110001-0110100

1951161198 7725034456 4710738513 4359273555 3871246237 5598193813 2142384415 8192907004 6389771683 8872079163   0110101-0110200

6174143249 7079109658 1627464297 1707287172 5142745898 3568970955 3462682016 9085356108 9448984071 0058192030   0110201-0110300

2176945120 7717745887 9551951047 3384184739 9807963067 6788584516 7575729904 3069715426 4238349800 9870869933   0110301-0110400

6709121083 9445350624 5922432312 3482785496 6037465718 8014892937 9451478705 4060792457 5900601219 6221239287   0110401-0110500

2001721558 8666345734 9714095337 2115165598 5757941724 4198890261 6701610161 1557834315 0254603287 8119842402   0110501-0110600

7484608510 7224066767 7876085524 7617773833 0895026100 6438835055 0205456324 3461678594 5194179566 9874968515   0110601-0110700

2448838475 1361818066 7108316165 5642093692 7052061189 8517292617 1417144346 5550870630 6063551012 9494003097   0110701-0110800

5916779915 8426049197 1209543227 0267843265 4296572403 2720887143 2199964531 3202587109 6771651285 4966996255   0110801-0110900

2698607311 7637182074 9882739977 0601991362 0930832307 3683820645 5732563765 9829125781 3149222422 0427971241   0110901-0111000

4416299512 6594563979 2759380383 8047826231 6042432539 9132851123 0322470375 6194232173 3047854078 5762440132   0111001-0111100

9171799297 9240783390 7157579814 2681686465 5382946847 3992058886 3165593491 9867896962 8404473449 6802407709   0111101-0111200

2831376408 1033522552 4271740410 7673565424 4410044833 4744010172 6441052954 7872963458 9864050120 3608024451   0111201-0111300

1903509949 7449397361 7181575277 0937802092 3666813584 1636268319 2634067141 8279742134 2546220705 4156000509   0111301-0111400

5967404561 6840451771 7479527903 5325493258 9120483385 7465900967 8173041600 0521088934 6107687540 0424197780   0111401-0111500

3082885181 2001733695 5912713771 4195011361 3044097532 7919050489 1583246399 1434835316 4868154857 9178632935   0111501-0111600

1239255525 1021118278 8573696060 2769313014 6966143344 9642302114 3824837056 3353279385 8895267672 0766889712   0111601-0111700

7443581563 2088106650 1495681435 5879657690 9857765902 7687074536 5927636497 5553449617 3080781609 8710324801   0111701-0111800

3795136170 3677634575 9497568620 8013996374 5517624251 4778062872 2265971455 4829067692 9571364357 2152674468   0111801-0111900

9878894188 2075129222 5756509143 5528288746 1419509786 2427527881 5715664007 6372103780 3194043095 8442725492   0111901-0112000

6998716923 4331890022 1415031139 9876526068 8761566740 2101972017 1960239086 1082974927 6395695411 5303227546   0112001-0112100

0173870795 6259935797 8530244347 6716399591 4623179312 3998998692 8437975702 4923695515 8729768385 4005227651   0112101-0112200

4956144471 0597196288 9888157109 4151717015 1811474351 3643854005 1162462021 3117480079 1983749700 1004713634   0112201-0112300

3252328157 8911355450 4533719052 7506822915 6185003328 4695679262 2620819044 2473340362 5038927920 7158596003   0112301-0112400

9363153368 8427243753 6679969864 7934741133 1983286194 4146065392 2784099903 1438403545 6504705678 9552024827   0112401-0112500

1760118743 3564369024 3503085631 3095590552 5039049273 1613311734 9225846446 0902453507 9190184411 2993216997   0112501-0112600

7045183285 3586480428 5568222087 3721361649 0586303256 3689130841 0376021567 9927020005 3223554398 0465311933   0112601-0112700

9775459044 0450785680 2139846500 9693429547 3102692499 4758646605 8091669984 1606846460 8729394380 8274308285   0112701-0112800

8174796941 7287299031 1013192675 5738979840 9136425347 9694943480 3777033646 3495847686 2982590103 4707278612   0112801-0112900

1862300198 6607987782 6842459338 3563891957 0206853521 6032116352 3006498874 4600200170 4130569853 6515466875   0112901-0113000

2023859375 1832803728 5114327481 1699683692 8492204473 8057063349 6618711240 9478359158 6962685864 3589141359   0113001-0113100

8542535776 8877493274 3634514754 4886408688 1803036965 2431755688 3002058607 7325695971 6086485415 8344684324   0113101-0113200

8996307701 1371344675 1569302448 8548207712 4133557732 3069494580 6726784523 5943631507 8727281579 1573070003   0113201-0113300

3178796854 4362795257 1902362327 4614262868 7327380094 9774112285 6237169324 9046532940 7202619753 9071740422   0113301-0113400

2595392428 8816455979 6570030957 1413891069 3684503626 8213053986 7437532400 5270153474 5893325679 5149418545   0113401-0113500

3780882706 3457295962 1690853835 3537038141 8115573816 3782090325 6151986974 5357646412 1254980760 0515614170   0113501-0113600

7298046994 8135934831 5056811664 2793219335 2798227147 1576734018 6088721518 7996693502 5270075755 6099719882   0113601-0113700

8630642854 4812827513 9280694702 7501481632 8972731434 7348528529 5046048832 7167397898 1563678804 7804436021   0113701-0113800

0900732072 7369749344 6304997314 4257156043 3133690387 6181009488 7312071348 2710815889 8574832658 5420751007   0113801-0113900

7953118326 8617080370 7093592761 4936782530 8583404823 5100363216 6378957426 2025503501 1686154340 7379504516   0113901-0114000

4828967556 9835893552 2020173679 5480757819 0950269798 1271148703 4311903631 1224612829 5303820512 8704309294   0114001-0114100

7197459469 0821025634 7889954317 7152437969 6211281224 5034260663 9926885213 3079196370 2777804488 5792057304   0114101-0114200

6990800923 4401866381 1325209712 3096476059 9899479257 5985100817 3039606822 2199753273 0160658262 8527582576   0114201-0114300

6950785472 6034938298 1335825281 7867060851 2656002268 8717811253 5978293373 4779141273 6284188656 1759208328   0114301-0114400

7944741096 9703879854 7369840254 5806329483 5022359393 5435874802 2398976091 6296250110 4739311694 4910066690   0114401-0114500

7230634693 1301697118 2063253526 9244043840 0937242844 2820970936 4856909468 9200873717 5325255703 0543539828   0114501-0114600

7278123011 3980809386 7015474885 8034456318 7131960267 8548793893 3162050076 7526411204 4390237583 3427242986   0114601-0114700

9965478636 8534102848 8573702547 2550236566 3418680919 0383886707 8790720840 3619402164 6701215348 3797815183   0114701-0114800

2826472578 6288152071 0108149955 8980338118 9615694417 5676134071 7046538512 1709021237 7788433364 9651872119   0114801-0114900

9054075818 7739439752 8364143953 0442459139 0317881300 4188791887 1145531482 6746998705 5587931040 2403888840   0114901-0115000

0115001−0120000

0115001−0115100	8385068734 1625071657 2741851349 5208496367 0955542450 4394839480 4597915622 8282483787 9341527203 6226336956
0115101−0115200	1805556371 0768148888 9361927574 2659935823 5594315308 8793305276 7558747512 3650658439 6947560429 7192002319
0115201−0115300	8680243517 1993786810 0361102312 5683642560 7959741057 4153628297 1800464977 4857371837 8639037039 0153973749
0115301−0115400	1165468549 9716453941 6112164176 1071714540 1765190565 0525206622 7788312904 5719693205 9902413753 9598386198
0115401−0115500	2603205495 8395016755 5250964413 7118222561 4960140030 2303540789 9209698677 5078672000 3807426797 0530307167
0115501−0115600	9322960156 4862280851 8403352350 1706085895 1291222324 6117830253 1636289439 4607365277 1336511631 6464461990
0115601−0115700	9902122492 2412315168 9927678558 6373631552 6002503488 4878132330 0191018939 9616702731 4169996265 1194574263
0115701−0115800	6761965002 4347371727 2902846220 9798394871 0659822700 0995491887 7696188505 4326532118 0221944428 2228425152
0115801−0115900	5561411874 3401804194 6141394514 7128725275 9239125596 4437356833 9728963312 6767823491 0356332961 2947191015
0115901−0116000	1571431157 9549093390 3261411918 6547523762 4721531102 0793691158 4874220582 2747343201 7355850771 2243796985
0116001−0116100	7965491580 6279502740 9771688611 4807616315 1618553068 5669245717 1769220443 6684331273 9893379411 1629722451
0116101−0116200	6999854685 6221570241 7594711769 9529165502 1168550010 8985761934 6394559088 2627077531 1465775223 8846343519
0116201−0116300	3765397349 8480245497 6076024403 0808448901 0683878697 2612370978 3578245166 8011714859 8367940552 9046198262
0116301−0116400	1656691720 2742628548 2393396001 8254599409 2543081696 9103297841 1234022885 6001905493 4275022318 5294712829
0116401−0116500	6096939768 1373419770 4278121300 1473286776 0571940596 9979275512 4617184349 5698564171 2872481183 4654206423
0116501−0116600	1871455182 4152867630 5675131162 6771773506 1751124546 3387994265 2912701057 8995671805 7214365579 1835069177
0116601−0116700	7930704075 7329043974 9499582241 0623810514 9176502385 0418273009 6620171750 9405908054 0895728375 5406355152
0116701−0116800	2199658207 5735131570 7592361539 8639459211 1558640009 8809755261 0538382568 9927215847 8504174606 5161511337
0116801−0116900	8833609760 1211484870 0556016581 2492470682 5684427204 5472896309 4203066504 4529864622 3594226008 5549915891
0116901−0117000	4995360649 8428034579 4927570094 9795945060 2378775019 4706246323 9495495782 3082283066 8408188025 2107663907
0117001−0117100	4230973720 9162853371 7680621644 6935432317 9178553058 3317142084 7988630340 8465726426 9395570026 8576057539
0117101−0117200	3478885870 9460058272 3230519108 1175142349 1268733658 5960799891 7329289158 9600181509 1816337400 8060354752
0117201−0117300	0005151175 1029012299 2487096154 5928026206 0761698272 1810291673 1554892942 3740851967 4330791660 7849905578
0117301−0117400	2101935713 6624359908 8361385980 8516156417 4769460547 8554008195 3530670803 0896976304 5294686823 3210532878
0117401−0117500	2374389441 1568517627 1711636309 4014799096 4945635459 2950130739 0036268210 0732637008 2356150691 2696431833
0117501−0117600	5171625439 0304698989 3142615442 6359511363 4660573786 5495124457 4752621678 9547036289 0483048499 6804037722
0117601−0117700	5134319373 7344123661 8586944588 0640185840 7314763379 2940386340 4359194198 7235526301 5654608051 8686760680
0117701−0117800	4316084512 8459160424 4132698791 2538560299 1599672787 6619519505 3176488313 4693257366 8946443825 5813910848
0117801−0117900	6209663742 6745798313 0122234387 2583124422 0330945714 5754147047 9293875858 2389977385 1521352372 3895596643
0117901−0118000	1223564326 2628601147 4890868171 5928106687 2708400820 3377186921 5352352692 6347226809 0825989889 8400262081
0118001−0118100	5217828261 1229313118 2086600709 9686036540 9818326807 5582477670 6950410997 5861436243 5521619453 5302920025
0118101−0118200	4667367996 4850433731 3349520821 0751199258 9266389956 4756985870 7901856123 7915788643 7446903787 1509500112
0118201−0118300	5502100388 4531192365 2965599461 9004748466 2064234794 2329670060 5290037091 7557818870 8193522146 8714272352
0118301−0118400	7763255989 8086948721 1138459800 1412384216 3827824412 7365424467 4883338167 9716201128 8619141540 1936712909
0118401−0118500	4789902646 6644315609 8372961501 9686242282 5067230616 6720943546 5714251493 0864248877 8598682759 5887490650
0118501−0118600	7726025095 1829536765 1811823686 1694472436 0783764294 7624692263 1949892196 4644068316 9287661615 0605081384
0118601−0118700	6319415116 2025779078 6307180123 1159458603 8965625265 5422334623 4454507394 7886902681 5949751311 6885143694
0118701−0118800	5210216883 1904461686 2976332522 9863851818 8500492869 3572764766 8238555646 3655449640 0631764828 5575785866
0118801−0118900	6102285515 6485990882 0958689444 3625469867 9523822686 1159699100 5636608292 6791533753 8160661122 4786953132
0118901−0119000	6158531871 7638859893 7792918890 2998793879 8100036973 0784895927 0625410484 8593158543 2339568310 4239029907
0119001−0119100	0263443797 8756918554 3408976440 7601308444 8197862650 7947644083 0134942435 8342818859 1525929347 1436317533
0119101−0119200	7495897010 7287350127 0788980481 6350456766 6769320755 3051840432 4461007403 2167647183 6083708475 0651269307
0119201−0119300	0766084982 5299000317 8503058536 8213951273 5038638246 0564251033 7775580986 4643398017 1862081426 6307417259
0119301−0119400	2226000511 0913426810 7467012901 4301654101 0649332122 8379082751 5001003530 0156545975 0832377296 5439697382
0119401−0119500	0477416265 7106574082 1649960626 2274961879 5334790706 5988974871 7795643340 6484174564 5747906925 1701494998
0119501−0119600	1009535341 3548908754 8363275795 2240720698 6291024671 7035792514 4176670388 6609906985 7262605812 4082533622
0119601−0119700	5218992000 4189757457 6531512300 0064445715 9317017716 8863548333 3051921582 0559461173 5771632113 2233931965
0119701−0119800	3203861990 0511617817 1334001070 5766526899 1970816920 2219464704 3237953564 1186606392 0558609034 4570641517
0119801−0119900	9778214505 4722278852 9872101978 5884607004 7420028468 8737958442 2894997433 3656271877 9917211379 1616449254
0119901−0120000	1329715652 8795295326 3975953853 5920950138 6333805075 6136953089 9547584883 0242619627 5898594151 3780515805

0120001-0125000

0257675404	0178579585	2448831172	1050892770	8922727343	1973823884	6873071682	3024878868	8585510108	0735227814	0120001-0120100
0537140652	0758107270	8481672639	7709873145	5162646911	4232861030	3693298433	0300323676	1627142640	6758780673	0120101-0120200
1883971515	0027981633	7477907877	5038307986	7594045910	7392103458	7404219617	0349258081	8990720596	1291586420	0120201-0120300
2028857340	0911495523	8865107911	3714953346	3976389818	3948804530	0750747403	7228093682	0535430494	9519483328	0120301-0120400
3347007516	1979008687	2854399629	8157560589	1637624723	0691628711	1113767608	6480323752	4596649304	1175394613	0120401-0120500
6464337804	6711650555	0467067183	6221285795	0480671656	3042762671	1429999113	4876984470	5037063790	0181096888	0120501-0120600
6297217579	5173243380	2780617470	4963020424	9291661917	1886243355	5992820932	4391944571	1886321556	3201616542	0120601-0120700
4705537593	8696624656	3341215410	1403228699	0930159132	8858088312	4124288287	6373872742	8380385907	1029274863	0120701-0120800
3351503090	4453280525	9779565892	0554562434	2979827941	3489175638	2400771612	1733247364	2854016061	0044337641	0120801-0120900
4572207859	2171559140	1037832020	1321338330	9638077890	4095723810	5588293927	9637438166	0686835195	0592770195	0120901-0121000
1536160172	2158904287	8567848206	8291944169	8718192862	7308270444	1630396254	7130532843	8833791337	4768735826	0121001-0121100
1221162583	6027289616	2455904189	6770247453	8275839665	2299371235	1630489833	0124214174	5578859159	4256059792	0121101-0121200
4277218199	0855627984	8605617453	6844789237	9690797559	4555154646	8531630244	6232567403	4895845462	2567448582	0121201-0121300
0204245739	1994253094	2642245042	0268903815	0152683602	4125598075	9752364816	2809304891	2746151196	2315461140	0121301-0121400
0822056396	7806585354	0766868822	7542650381	2259991620	7601708955	6747446524	2344520176	6165032594	5665912966	0121401-0121500
7863246213	7991922296	1458671422	4824928806	4768032108	6477994100	4100600339	0679275237	3625460277	4296007347	0121501-0121600
8803835668	7522003482	4576949084	5686269605	7715701919	1748922606	3520812973	8797443835	4832861369	3956245039	0121601-0121700
2976805783	2234021716	7655591776	6840375723	4844094617	6293128849	2689936871	3898388222	7106027903	7990019045	0121701-0121800
5833600797	3927741092	6655739233	1470259092	3389065438	8422351324	1153880185	5923495613	9930223919	6450504503	0121801-0121900
6935292701	1566305153	3519186418	6482344249	9919272027	2953459599	0630487236	0804159576	0029668121	1168317236	0121901-0122000
6038110542	8035914457	2024825645	6105714055	4624208213	4352094810	8417158289	5724450720	6354681600	2305120140	0122001-0122100
8480543587	4252617101	7681853883	5575587174	1542477544	9772221419	2613155252	6910917556	3331932322	2432185254	0122101-0122200
2218272914	9159810583	6897025035	2281300214	1192486014	2480680797	5369964777	1939490680	4683552808	3473276103	0122201-0122300
0604940973	3091690316	7830979346	3661183278	4531868716	4626807388	3365670456	6010423768	5058013950	7443647963	0122301-0122400
9222841126	9794513477	3004924987	8649656367	9490992913	2712528977	6519181754	2796280608	4932375520	8153611132	0122401-0122500
4033971316	5504391887	9601983821	3858500077	3242461778	8491875814	5964264233	7889793330	8194881600	4011312652	0122501-0122600
5635693244	6593984006	3689031525	4722923991	4144743770	6963389357	6192603918	9247936317	8008310261	1419548543	0122601-0122700
6051577871	6004955788	6565797066	5885510428	8246636305	7207778902	2667770425	1268157197	9533225107	6389036819	0122701-0122800
7628440286	1025880539	2339329474	6720240885	4127649238	6447602161	1626208242	1299166036	2299184923	7822363009	0122801-0122900
8347811952	2913821847	3263422857	5912097980	5478285250	5918379833	6801787411	2426447460	0225624149	8069140074	0122901-0123000
0979721023	2785395756	1512834580	6165411117	9267104279	9057939449	7134946328	9504565128	6884784187	1758020504	0123001-0123100
5832838748	5313736911	3510255062	0102775345	8094391050	0102183397	3245650472	8894768792	9892594501	9875076712	0123101-0123200
2363791875	8647201214	9660611512	8048709648	8630562284	4083936944	3872169212	0849200851	5583812510	7074195518	0123201-0123300
7208093744	9424597311	7281172105	1928903896	3703942357	7686212766	8210931827	6366498404	2124938144	0979598631	0123301-0123400
1422543648	3465499983	4790843070	2176438555	4351257436	8282281530	3222238083	4767951113	5570148063	1820045322	0123401-0123500
0723794891	8635721491	0624252699	3994671015	3668462341	0515333814	2684770627	5852035240	9920797208	6991453730	0123501-0123600
1095516415	0331762820	0196916411	5460268207	2366925527	5141842996	9920539853	4330730680	5737238050	4167197221	0123601-0123700
1273740507	8927266340	6388506867	3445856077	3266648384	5780277189	1147580132	3105519878	4133652185	1907146068	0123701-0123800
1389868867	1031475982	6461129379	5439526672	8672759948	3359025974	4587868768	4964626834	8443441413	5917714587	0123801-0123900
7660880778	4535718393	2937193739	3236408356	3375766884	6821111799	3505541020	8556188490	1020160050	5639541687	0123901-0124000
4510822060	3555410817	6664605241	2496622442	2804545243	2160320360	1946413560	9792001959	0240497929	2367329892	0124001-0124100
4553990101	9801121402	9086869992	0575891777	1880741461	2220502472	8585715367	5307478143	8973057178	7268366360	0124101-0124200
1576136100	7722863196	3885264623	5125538077	3194595635	6796538236	2499926551	8043307963	5962110674	5528521429	0124201-0124300
0262949826	5675533527	3100468788	6573104724	6649332656	7927331345	1229550591	8623293739	3326086077	4513507753	0124301-0124400
0901574443	8294873397	7960532284	9358301361	8379586264	8032129736	8474817516	4769136621	1036036950	9106666505	0124401-0124500
1717115082	7820093278	8358722598	3940463068	3763181180	8904423626	2199881236	8268078579	5262197216	6872017455	0124501-0124600
1747262781	8032683058	5488039709	7704793483	1035439855	9078435527	7667603313	9884605271	5031388563	3246768892	0124601-0124700
7104595851	9328951391	6782385773	5772658100	4798256393	5519352005	5204080028	7059678249	7393747886	0528356493	0124701-0124800
5914978380	3779649600	0521244583	4779001756	0424658666	5199807702	8839438516	3809550430	4921960324	4360903400	0124801-0124900
8517466042	9627430976	8387151945	9826447359	4023424821	1044757291	1177795877	3134155360	9527595708	9861258677	0124901-0125000

0125001-0130000

0125001-0125100	1456252399 4500759380 2060935502 4892008476 7332293085 7422225502 0645569023 9126543663 5785242724 2905605320
0125101-0125200	5754030821 0145123820 9021746697 5797653475 1725014658 3747884808 0537735150 4222240429 5760361375 4324861996
0125201-0125300	5589193922 0504699982 1062931609 6756517907 5132296077 7857553310 2658584257 6086686764 5355209277 4827556754
0125301-0125400	5177169950 8789411805 9363052499 4496701237 5980065534 9987396663 9539441701 7059698101 5127193331 1840767923
0125401-0125500	2718539539 8097640485 2784674387 2316432910 0290654953 0861283330 2664007580 1296184992 0702200255 5972156957
0125501-0125600	5883761687 8436434679 2755863573 9722535648 8413306011 9289574642 8093578580 8113233143 3115287482 1797660397
0125601-0125700	1257952890 0364071989 2332813161 1640416937 7366280132 5973822223 7426818917 6489596422 7033803905 9295964969
0125701-0125800	6482133114 4731667650 4197678110 8490966469 4257170694 5700787126 4014486522 4284694889 7617256746 5352205061
0125801-0125900	6210730010 1926248314 6821203551 6995015220 0731638400 4132030333 2423121670 8268546893 1758436630 4307843507
0125901-0126000	8592810447 8492663952 6523987186 4417338008 5681692321 3474297545 8326940216 1253332837 9009606486 2778549412
0126001-0126100	6679513674 0458774169 4559614076 2656625029 9006922672 6787603658 7137932796 0418488393 9339346926 3543415480
0126101-0126200	9518362332 3317522937 0352102914 6413312752 0371171667 5487206347 3892329378 5107290295 1446292741 5467619479
0126201-0126300	4274716691 6030497829 2889614745 8702649979 7079206387 2408250230 0642554499 5904011974 1085351678 4440901880
0126301-0126400	6462937483 5443961440 0353523310 3040411784 5722890295 8180581032 1237438258 9870274737 0401068377 7715925126
0126401-0126500	4535706508 3009214792 5834989247 5127453622 0061058545 7599736931 3529707814 3742841340 5519544467 2148941505
0126501-0126600	7452839171 6037154530 8252555834 3202512542 4166244575 2456296445 7910769717 1521470951 8505500355 0543906316
0126601-0126700	8825810578 5074635656 2047914467 6805569843 8455202770 9969719889 8072337148 6956356703 1776877637 8974327349
0126701-0126800	2829343905 1455670607 4460797047 6931646278 1214171381 8274378561 4621970880 8702106421 1057377851 4713588373
0126801-0126900	7738824076 5280451914 2713748811 0559744718 3100939375 1976598021 0024101251 1230813682 6033847449 1087716132
0126901-0127000	2857660263 9388492849 5989823656 5727204263 5720263748 2564949491 2629141917 1306462805 9566982549 3603261320
0127001-0127100	1925280434 6170439028 9260279931 4043613702 6582012131 2851488158 5731117821 0413103357 2888718172 9526271120
0127101-0127200	0081475064 0268304641 8988769747 8791731737 0381399918 8824241699 4212152776 0451859567 1190941807 3734793310
0127201-0127300	9970928315 5468165639 5271010461 1376254066 4495861838 5463898220 8996778329 5501114314 9959368039 8222303713
0127301-0127400	6329574232 1735744647 3421097414 9174364199 4731958840 0526387269 5923183642 3254918455 9550453437 7846709470
0127401-0127500	4509594201 2021142208 6419127904 9359945213 7392487110 7432314951 1380429379 3655436372 1726348190 7571135312
0127501-0127600	7093079527 2952211247 9531498969 9080894665 7476955651 2436056114 2008663990 5609900038 0302506124 2360775032
0127601-0127700	9341347289 0501316772 8097131626 8349596340 9292243031 1950848788 6710353352 0023712730 2029165929 7525265703
0127701-0127800	9210421496 3495238570 8560572343 4621576956 9851340683 0454833154 5907536471 1469968242 0910232143 1171769227
0127801-0127900	7385347704 1779407644 1001301048 5960927072 1132052318 5382227444 8702433271 0398781147 9127546080 8361156877
0127901-0128000	9215131131 0450083663 6310075175 1102590028 0864277150 2096271366 2397401075 2884454683 3161821150 2789264307
0128001-0128100	2976355761 0551124620 3324800531 0599511150 5431484829 5534329598 3057427245 1737886527 1930007323 2173623758
0128101-0128200	7327314890 9109455374 0720481185 5571990516 8393874535 2067970859 2118964078 5489504109 4056996598 8715988633
0128201-0128300	6207795504 5219321563 3612468530 3174705443 9402941829 2635524015 5452316098 6825531389 7018801539 7045962501
0128301-0128400	6917966481 2501555932 3114826730 0563383579 7260328601 7784741496 6650937257 8349562058 7128730124 5145557634
0128401-0128500	5230298648 1495441009 0788352980 1207012654 1095251846 0666201767 4204525736 7994690771 9084537874 8206080290
0128501-0128600	4825167017 6619820730 6183312392 1935356900 4070521549 8939034465 9388090475 0772416954 3651858075 0664904594
0128601-0128700	4318886297 8723571603 0224813522 0460109063 5214508280 6397492755 1284769435 4996203399 1644887919 7437902095
0128701-0128800	7188863200 2475020791 0237907307 2963746326 3366745942 7556378453 5691367345 5240148971 2590948036 8566282321
0128801-0128900	0050039400 7310663207 5257283147 1151926332 8928520696 7239347175 0982952602 1254947643 3019535743 8350925828
0128901-0129000	3111339115 3906337661 7373077236 3027988986 9985799450 1659237690 6754883798 8929400605 1628261400 4815046948
0129001-0129100	2814033083 9164342486 5093963545 8909132805 9511163345 5036563482 4519150583 1794980831 8272813479 5050772717
0129101-0129200	3359496633 7188214919 2837871164 6390356692 5779942457 3943554730 4493555939 6848032790 2086141968 1508260648
0129201-0129300	1092468854 3383329866 3907454780 5263629161 5627988031 8782827074 5163032786 3907566533 6219750632 2424864576
0129301-0129400	9459753596 6732006038 9826293000 0761251494 7980089567 1245256955 9827585485 7690124636 8659494224 2277271771
0129401-0129500	5184964175 1071598416 3572072412 2437196806 7203927064 7894278942 1712842641 3342711831 8479441334 6064724314
0129501-0129600	1150155098 5511712414 6682433123 5206284065 7226926069 0474791964 4729752832 2749569819 6327787281 6259540120
0129601-0129700	2053807329 5825004974 4593080978 2409529912 9654233184 9879880077 1681631986 0865120883 1586725650 6594414061
0129701-0129800	8446837496 3189291374 5993421603 4848228831 5828973094 2161473689 2558516992 7155311558 8887600721 7034102443
0129801-0129900	8744020844 3428273004 6730979555 5666811501 3003388895 8380231464 3138290026 0076322850 3475830780 8788951803
0129901-0130000	1398102076 2788985174 3534782251 2084675949 7430024437 8958428956 8075266320 3627696299 4601808349 4199491270

0130001-0135000

6559130840	0058626563	9963911040	6851041282	0071532462	5642637145	6355757694	5284927112	6355771963	2506589654	0130001-0130100
5536482125	4592633552	5729259528	1499341587	8776515692	2311915102	3373440716	9916564763	9820008969	8462984399	0130101-0130200
7759385398	1121332181	0328198969	9457926176	4935829748	3733877523	5285946403	5138238230	6269453634	5810031936	0130201-0130300
7250206982	8073843334	1175283157	3143426398	9641634712	7053034775	6991558003	1181591809	1137880268	8385475769	0130301-0130400
7292339888	2860323029	9770430666	2886955301	2102727057	6339598976	8941024996	8479498168	4201199256	1348075644	0130401-0130500
0406559462	3837087236	8881254894	9148794873	4808614168	1055211400	1845517008	4444842948	4755073273	6642827222	0130501-0130600
0633658240	1745498808	2913018839	1401568090	5000084954	6573730003	2747797209	9175074617	8595157995	3202237285	0130601-0130700
2359204007	4251522563	8616675620	3188398117	6186119602	2162847431	9079702503	6745928280	4678178536	6473935600	0130701-0130800
3540382782	8184576694	7823374571	1382212193	2616729501	0427069409	5202650280	5228985909	3500239449	0874562620	0130801-0130900
5345221731	1940957783	0195360518	5038549614	0621825306	1820365182	7337062111	9893902448	8975386358	1809944918	0130901-0131000
1578487833	6528865436	5422483020	2789241704	9689651104	1727594750	1781226785	8143917486	4942435730	0909171264	0131001-0131100
8771605959	2097445811	4629554223	1002200851	2052258976	4778114827	0394267766	6427827462	5939511743	8071986187	0131101-0131200
2226558650	4030028469	1469278646	8003183603	4638172640	5702707422	6203429718	7555809938	6871240465	6223338914	0131201-0131300
6465830554	3013155095	2851097263	0050805188	2652726853	3537293733	8569182693	7171677303	1611864749	4810424215	0131301-0131400
1279159101	4606569795	3331337740	9593674932	6441463702	4275245393	3503013099	2833648540	7069840343	9912124524	0131401-0131500
9275580299	7988240920	6644640425	8596620088	8741916498	7730275403	7292042158	1093781471	3136226288	6666945474	0131501-0131600
2124495528	4909149219	3371936234	0294337125	5755699886	5296623645	0353519202	6777637942	4820828605	6893623152	0131601-0131700
1523178850	1452131321	4914698685	4835944706	8658501098	1314205892	6764161151	6210940535	6780736810	0897342458	0131701-0131800
7293270521	0853572676	3805642288	4092966588	4477795279	5467107351	9329547471	3015079220	8403282322	0442894467	0131801-0131900
8218396547	1109021173	4072513972	4757357008	5553127432	1999675125	9582568063	2358808838	8436620326	2266191414	0131901-0132000
9347404364	9800024739	8332092411	8386674296	0926946070	1418388178	1107142824	3965779638	8439864782	3137154249	0132001-0132100
8947258304	1145149526	8724236189	9676305881	6820846327	4374412103	9055276521	8710735564	5257133601	1455804558	0132101-0132200
5684558650	4328599176	7651961932	7114349866	5407774514	5004730727	1171479571	2227572018	1288644644	0777517460	0132201-0132300
3282423173	3853376529	8981044232	2404677246	3204795179	8097157602	5800885768	9751340594	8054826877	2884776293	0132301-0132400
8464549604	0270370508	5394190927	6993706680	4551719416	0403763511	8018551365	7545109524	7034602260	0207417428	0132401-0132500
2384948178	2254906365	9920847490	3758320574	4677959106	7556606407	7500934712	9817005818	7694080279	9269046059	0132501-0132600
4987211763	4151914882	2518670439	5573100179	3710004665	7292180372	8487979715	6922788883	9704198254	5657064289	0132601-0132700
0898582795	8625659901	3759687500	7856985342	0944399597	1523667673	5599115570	9006141301	8853956006	9330508261	0132701-0132800
1578831597	9018829128	7776539696	4067539208	0848582290	4755619051	8637549059	4176472080	9084852392	9966365377	0132801-0132900
7468709856	8014236137	0763704674	2361802921	8679592476	9777652926	2929041798	3927505343	2943384476	5333985012	0132901-0133000
2828362798	5150263745	4279667177	1484197573	3906572871	5430543215	7523544932	0534653754	2382048448	5088463459	0133001-0133100
0853386677	2925385204	4498441313	6863751894	1176848426	1360368193	7363513393	2540806852	2692147430	7239134467	0133101-0133200
6252932264	0845330844	9386471515	6181394136	3435036481	7794755097	6339255988	2786903696	3238633034	2579445292	0133201-0133300
2923775203	2874489020	0405326681	3935475285	5017464531	7172145995	0814556136	4692526650	2271153373	8181759785	0133301-0133400
5795041988	0754858113	3628915490	0903908060	7754157573	6137375598	8018757307	5362487370	0129122382	6113438103	0133401-0133500
9234372313	5368988915	3374949378	6324984941	7642814170	4528408296	9399172432	3286772564	1504837657	7311449335	0133501-0133600
2155385230	0178110827	6163630370	9020525950	3779092534	1104705700	4656525197	7925679331	4108866326	4059262317	0133601-0133700
8893126031	5285758716	4242119033	3798725775	8742901290	3759362697	2723431489	3572572418	8379418627	6864566775	0133701-0133800
8686920276	0143980501	6387143520	4776738809	0057892836	3381779738	8457344100	1499664332	3582225792	5351711059	0133801-0133900
4856078918	2401521998	2852269465	0958763149	2471279520	1644676474	0270468954	5435103069	8261799914	0223407285	0133901-0134000
4891546806	8420957432	0750662115	4487626644	6757986364	4388023258	6360886918	7594422715	2142965066	4161384963	0134001-0134100
8150279721	7307126592	0578266002	7847181400	3420926569	3070309044	5702459646	7576490185	2781393148	1315092036	0134101-0134200
4104984596	9060225314	4748229457	0702527043	6304061114	4551422276	6936650125	4252372074	3940182775	2508941432	0134201-0134300
9152151705	9974545931	2594682121	4351062276	3303318504	3394889512	7672063729	1512493681	9357031910	4693572905	0134301-0134400
2762887687	8250048505	4800597323	0753265227	7925524199	1315961791	1522069419	6854791873	4156699781	0967025629	0134401-0134500
9399320816	4507174173	4905643398	6521998663	9055709352	1198524390	6798615021	4486239284	3873982018	7602285471	0134501-0134600
2303949459	6615725875	0965032007	1247665759	3813721248	0113415355	0616754720	3695791055	9746106711	2541711745	0134601-0134700
3695430147	1914199373	1972279716	9021161357	2625243116	4722893666	4414262124	3854981362	3694963571	2821160368	0134701-0134800
5441607108	2317751078	0129830425	3814190892	2492085953	6461082139	5648113205	3160737077	7207605599	3498150342	0134801-0134900
4064077512	3315121589	9924629749	7845474385	7855952270	8926710247	9199199645	0430401660	0562176296	2340149282	0134901-0135000

0135001-0140000

0135001-0135100	1816115205 0464381405 1201017632 7979026932 7122270125 9270816304 5794086959 3885030885 8577776769 8805771202
0135101-0135200	7746185837 2818585997 0177211160 3710982739 3241471979 3766386484 3160008415 7927253061 1640850151 5001652030
0135201-0135300	0200142743 3763904187 8862263527 4702258984 8494690776 9474761327 6391052599 4056603823 8237163694 3555470658
0135301-0135400	1748273071 8247418272 6362724046 2399440284 4447364245 8644475104 6902997652 6749734435 6985708539 0578191599
0135401-0135500	5859960967 5061283091 0194748865 6507512613 9713632927 6415834913 0420830095 0851100414 0745574437 8492789857
0135501-0135600	6072610576 9741819633 6967907551 8838322017 3443764398 0536829626 8732851893 9530815972 1384099875 3657746635
0135601-0135700	4932531139 3625597895 4300091191 4267407538 5925496901 5797341918 3710401699 9179009456 7835962857 3224471479
0135701-0135800	0732045696 4719786315 4908628412 3332517481 2784828809 8487610221 0097427834 7516462790 5539385196 6889569651
0135801-0135900	0876062872 9574590889 2017023867 2074010602 4538941519 5473932814 2466223126 8923626502 7205640264 3021776903
0135901-0136000	1895555206 1127114631 4671703891 5773390065 4528692327 2080811157 8757374991 0353244466 9361653517 5221246886
0136001-0136100	6080593973 8054689486 7556025887 0687103081 1898922024 2174952934 5821953530 0991561355 3607315909 5673456348
0136101-0136200	9924874268 0019538217 5246210534 9862701061 3215907572 6024080430 0827868356 2931983842 7105219835 4727511764
0136201-0136300	2330279958 9268727305 3118355805 6875276124 0919742444 7633568095 6874844410 4546702835 2365141527 6562700804
0136301-0136400	3630974774 5376780982 0873498038 4982599248 8106702977 5494953522 8299516546 5598506874 2831762852 0857196139
0136401-0136500	3797828505 7790149962 3213922046 2341524168 2380388944 6624267373 0018965433 7647650363 4125182850 9512088864
0136501-0136600	8562947143 9877956655 9280749164 8962562185 9267154146 9217676839 6054500821 6421626056 1064231444 3579823069
0136601-0136700	1965780470 5747148460 0729681823 7228797756 0496089158 1786867293 6323790241 5792047283 6469702103 1397518009
0136701-0136800	7841598550 0070553649 3875321257 4961674875 8725832599 2595761507 4339186228 4379883013 4604454088 0817809685
0136801-0136900	4911945411 9347026896 5059919860 4109976532 1119658106 2966550051 1618365170 6202928808 7760914984 6167316442
0136901-0137000	6864197089 2306484630 5675457388 7202476016 5257760852 9377210933 5844538710 7402729259 1915246267 6235381797
0137001-0137100	8693064215 3401316337 0113573563 5111098141 8211296622 1073672626 9615672674 8307752488 7444841676 6573702400
0137101-0137200	4850839370 2558385910 1226694835 8068391545 4791660164 5691486305 2393597793 2446725588 6717416048 5503871149
0137201-0137300	0317607553 7321944728 3058221915 5807880752 4536969327 4460174736 0524205864 6968697577 0612186776 1972058749
0137301-0137400	1045165142 7154954238 5392023252 6975123495 4654630906 1329460056 6507283098 7280338737 3515537522 3563183570
0137401-0137500	2537006494 0926380803 1737463485 4036114660 0048468762 4231089472 3791650074 5179705248 6284672766 3375517303
0137501-0137600	6873683856 4403704980 6617909200 8317107882 1049818331 5526148505 3735407503 5108223939 2474456301 0969204227
0137601-0137700	8844737169 6889509111 8573692689 0336659718 5225377703 2962201670 8106551812 6758009408 5251506847 7579219138
0137701-0137800	9321380928 6961195312 2090503801 8107658748 8368317882 7814252786 2618796676 0682197703 9093260067 2961512755
0137801-0137900	7125278643 7069898354 4440961391 7379035454 8518040397 3331374805 2358791095 5583040481 5348045391 8785403824
0137901-0138000	3236907304 3102740626 4177265745 7301034703 3840211296 6908481804 6162496487 3947345844 1215530258 1522214994
0138001-0138100	5822249941 9419547256 4103175021 1442280865 2302802213 4240931939 3272767819 5990608112 5986239673 3945898961
0138101-0138200	9071679777 7802595116 3147757626 4028588262 5148158216 4399441350 6196081175 8904619511 5853908261 3354960388
0138201-0138300	0323713522 2451696811 8059751218 9590028591 7973908665 2449528040 7827130270 0453774372 6785553250 4850397463
0138301-0138400	7573946460 9840856589 3018482234 1614986583 1503466082 1862236058 0194811455 4903515474 2662660612 9502687840
0138401-0138500	9754779814 0726823956 9314724876 0982803450 8118938340 4096153431 4863011248 6764653154 7875845494 6522227531
0138501-0138600	8773560890 8350438370 8112088244 1759938586 4663093970 4811725300 4020305813 4090447450 5115637705 4103501416
0138601-0138700	6861912485 2526949334 8297851018 1114723298 7404539612 7540222219 0958440508 7230662326 8888497042 2345670001
0138701-0138800	1949751859 7964940991 4897138536 2279458874 0760990432 8542281277 3058183040 2494510870 6336986946 8674008948
0138801-0138900	1097539710 0908494768 3041071152 9550638887 6524905456 5999426077 3886347394 5525114489 7203610479 3757254472
0138901-0139000	3966023547 7481274941 6069835101 3147640236 4194914610 5980556375 7044651556 6712365256 8282701574 4528476022
0139001-0139100	0781753972 3371640969 8626492055 7668761564 4577446446 6492547734 6729725557 0538828590 7892317597 0676863982
0139101-0139200	4966294555 6019387315 2710362720 1242931201 7642522464 4803181954 4683337639 9461313836 1445704160 8883422253
0139201-0139300	7155878358 0701611560 2717754142 4723331527 8135669400 9898004445 8238998420 0640748958 9238923892 7522891473
0139301-0139400	2945531240 4247755208 3805237951 0123938435 8587754549 9900127206 8286659998 5790984293 0384600732 9623842629
0139401-0139500	0797218233 3727476694 6401526920 4881430422 7394388383 8698807236 5034008809 5245127260 0136152570 4157749789
0139501-0139600	5464274592 8669621641 5427519072 0789657656 7620470876 2910259298 8877128340 5806131718 2068879509 6273552308
0139601-0139700	0228036658 8530930270 4619400614 4644918627 8566424494 2081621020 3832761116 9622442138 6397311571 3011899185
0139701-0139800	3169915158 1650258342 8128487414 9275360507 3550149275 1649655689 4986881445 7828072415 4009011617 6936589862
0139801-0139900	8113745927 9032257848 9093397688 1608670857 0029953457 2157942098 0997220532 1457514271 5411220939 8869874562
0139901-0140000	8011653320 7925455196 9851910384 2815726835 1201092367 9952429068 6799545683 0838859301 3667218521 1353641724

0140001-0145000

4228370492	0603648154	4497177998	8618739061	9701265066	8437064042	5124459951	9090062260	8217984541	5139874086	0140001-0140100
1561892465	9308440274	7014710167	2547160166	8601739769	1997662011	1199893015	5354062817	7813282386	7987398831	0140101-0140200
8548093651	4175269040	5027399232	6953229393	1036045698	4252059471	0877602232	1016774679	2793562530	7683377220	0140201-0140300
6929809952	1332754934	1076406829	3696256538	0979829922	1502007619	0656713323	3307191753	1109537696	7431445827	0140301-0140400
0474521918	5656561730	5618532166	0425946455	3856168837	5993453276	7382788781	2223153728	1113417355	4517073553	0140401-0140500
2082760440	7745254423	0785453748	1125966546	3557459604	3270368542	1573869622	4447960925	9367500830	9891400068	0140501-0140600
5383635881	7787486427	1068825787	8740799283	4182519771	4084223048	9497915517	9876782746	8475408492	8993864763	0140601-0140700
4983917539	2445932931	2913808073	8765005052	2006666627	2734384454	0498968011	8343255349	9976250119	2176787558	0140701-0140800
0980672332	4167826178	2570891163	0179808819	5583791075	4011805096	2160109308	0422570180	5492976467	8411538769	0140801-0140900
1430708824	7531217231	3794037236	5928771043	4554469626	6599992623	3933298641	1371001268	0408116027	6969402287	0140901-0141000
1365072981	0644525201	6551733860	4686504062	1292457892	7147227426	7638614268	2367640851	6411947662	6514371013	0141001-0141100
9385568064	2700778296	5968048607	7517949221	2156291738	6716354649	8898538357	5153249743	1583541399	1322136505	0141101-0141200
1551384109	0309027554	3323644120	2253007704	2821114714	1918147570	9618331378	2294342072	5434103155	5828186693	0141201-0141300
2838668366	0726916383	6967793201	0214202904	6813370491	5343805924	6547114970	8354012272	4100650394	9742164188	0141301-0141400
6692274473	6899506252	8945027771	8989469132	9634675858	7926423521	1633546474	6864260548	5613157784	0361143149	0141401-0141500
0269544275	0564803847	8887943295	6556048443	3918406020	2704514682	7824231514	0650702210	4851959207	2312004933	0141501-0141600
7176738352	3709308856	5264344841	9467734538	2413296885	4306302477	8255435028	1959571754	3326873583	1728279337	0141601-0141700
7410102634	7172525800	0551089980	8792042744	7783853642	7497206543	0922479605	7214003306	6159793981	5697061366	0141701-0141800
0983964055	2028766999	1722547240	2063960609	6429945427	0591546000	7353673154	9880773908	3001581335	1603573011	0141801-0141900
1114109280	1541228066	6670587855	5092703338	5009831156	7628516164	9242550929	2830390877	0988934946	0723490286	0141901-0142000
5856020542	2067037156	8046350038	2605276371	0823986597	9318483093	6764165636	0790706605	2334341113	7793121612	0142001-0142100
0205880951	4614377394	7683538839	5047212945	2834986548	0864837885	0194676769	4562326701	9987133184	5545348373	0142101-0142200
6084512767	1800567875	4235887195	1058956527	9780453783	4484650468	1469516775	3813695184	5103083239	0374965716	0142201-0142300
2143307963	8601544816	1449552393	5111212189	4430238269	5405786011	6467373664	7956520658	7250815927	5305713134	0142301-0142400
3835699200	4899961804	3254950205	2195550206	1792779930	5642458366	5872167535	1928175033	4499239183	3256236162	0142401-0142500
6502081490	3557861244	0518344040	3815991358	2717384337	3404529744	9996405991	8656664153	5612424308	0016261793	0142501-0142600
3750921429	6580882832	2195705784	3171697946	2845513309	6838246000	3698996180	5929879506	6037607124	3272559753	0142601-0142700
6508820386	3609588090	4003800176	0475078669	7443325877	2321543832	5998399864	3950114495	4150770097	2822653695	0142701-0142800
8394380850	9128411041	6290966370	1274249881	7616344101	6674234005	0683616764	8232710388	9422394820	2530869672	0142801-0142900
2292524340	7506026512	9885763587	8137500851	0056886874	3282747187	3232428984	7733542581	5041625895	5023854489	0142901-0143000
0684967676	4892829707	2811584351	1676077617	2604891355	8510981478	9508429849	8360559365	9371053202	0599790443	0143001-0143100
6973534016	6287645320	6371886938	2189780157	3219076299	8103612568	3876483872	6985360129	4481607317	6186580668	0143101-0143200
0596837338	9411982650	0873262426	6960024090	8832076226	1178399915	7440210584	2789845063	0360141993	3928362455	0143201-0143300
4027683509	9897204218	5962090201	6210156519	2235842119	4882020912	3783927557	1856055416	5620545534	7196978661	0143301-0143400
2350583489	6282128608	2084034973	1199881077	2590454586	3749938450	5095823850	3075128425	9646829749	4715967542	0143401-0143500
5924034955	8609796434	0196646672	1757237237	0707851846	4663837067	1702995419	9832988691	2472818768	0273812549	0143501-0143600
6293898760	7223408465	7095098943	2016548760	4793394679	4685134373	2630392230	9331790687	3031699418	0074048000	0143601-0143700
6872513659	7857958599	4780199496	5234272868	8988717813	5161715505	7783915871	3864040578	9565918232	1370814005	0143701-0143800
8713808836	5230471671	2718220060	1860881125	7260339862	4035420675	2127690892	1081552260	3293004441	0189063723	0143801-0143900
6591957119	5303028824	8586847825	6488300525	1812608103	5421351812	2471584004	6275105924	4487058370	9540835318	0143901-0144000
9752152361	0342040845	0764137674	2347300588	2203432316	0474633043	5062814232	1082948724	0902594764	4118910322	0144001-0144100
3374049794	7408578277	6220482618	2195142821	7981124372	6766258468	9519510699	8673740227	3230026026	1505970642	0144101-0144200
1527460232	6999497006	1582359282	8222978328	6840199729	0365378168	1600288411	7306733244	9662838403	2435365041	0144201-0144300
3975362055	0910521974	9095799860	5957269413	8402426755	5967486377	4293085831	4066480318	4453153290	8153215494	0144301-0144400
3458288044	2937355680	0527667018	0009478873	3588609136	4949458385	2689279136	5594342881	7418645559	4102961792	0144401-0144500
9958126080	9706454746	5090234261	8403450108	1240335390	0061073469	4120978386	7162772161	3708361451	5110500772	0144501-0144600
0117042140	5751029551	1491370255	4533502068	1411652447	6917845869	4354034118	7913507194	7286833389	6624761011	0144601-0144700
8301700497	2618956118	3989816053	9092008911	7277245282	7329958680	8380107378	1314001876	0672501269	2645464509	0144701-0144800
7673374700	2367678201	3523567324	2624788804	8234362900	9996330109	7657305710	7450862132	1877968280	7434398964	0144801-0144900
8355242714	4875730583	0321802494	5210923199	1204178629	8321106456	1898234504	9505439716	1803039568	5126538014	0144901-0145000

0145001-0150000

0145001-0145100	9225169487 8479554724 1863827862 7582327821 2993978207 4286755471 0924982182 4468614795 8081408355 0046687559
0145101-0145200	6261579061 7175902192 7186972378 4547241129 8557573179 3747953518 2955842991 3369281405 8848042157 1538074685
0145201-0145300	3113023354 9462721418 4400563239 7445875377 2751807146 6016570650 3537500007 8000547610 0367863699 1113239858
0145301-0145400	6213221822 4624643435 0103632239 8596701728 9928425234 1131543432 6293039073 5953429144 1393387428 2187214841
0145401-0145500	8613127907 1626858266 8472059546 6403565113 3279272928 3670421533 3378156489 7878724347 2316577108 1189058811
0145501-0145600	5922053413 4477675212 9774635506 5511098018 1145470892 1701244106 3492394924 2422673834 9439407865 4658363868
0145601-0145700	5970026019 9154168385 5861557896 7012722002 3220031686 1954197028 9247574216 6676680152 4808240221 1115619098
0145701-0145800	2909528829 3422784064 9039533967 2008649956 9654470752 1184613434 0977857777 3642631658 6916987627 4954188683
0145801-0145900	1332475145 3159002335 4409517149 1408135927 3191146192 0067757921 5856331076 1254707093 3961164415 0880072729
0145901-0146000	3945636849 2532718589 1551688147 2096011415 4056640038 9210281186 4854595041 1900558007 9283947161 9967600301
0146001-0146100	8770007299 1661348781 0389918979 9277933082 6033333833 4057919338 6012599266 3543506471 0091260634 6252385743
0146101-0146200	4635268474 9297906578 0017287665 9682562194 6854107798 7421844550 4710482511 3899365427 9944593202 4438989851
0146201-0146300	3442567266 9327861329 5048517020 4267041681 0423988787 7662828350 1931254549 5101087037 6696381206 0312761799
0146301-0146400	6218893187 7783052045 0194812047 4270520457 3212548733 9039302866 8085392898 5514539518 3070167737 2533915679
0146401-0146500	2769039073 3624859034 3351476117 8705177976 6471010750 2450768161 6557253954 8200948091 1058631732 9891753118
0146501-0146600	4160364021 9503463573 2195947558 6008320829 2675123788 4955166725 0649220720 6097412031 2931357435 3745218554
0146601-0146700	5498302580 4156517986 2278016468 9374817239 7133811236 9536373581 1057393910 5369179739 2934319775 1880325243
0146701-0146800	5258608082 7553740999 7210154008 0046979927 9434223454 4768970758 0313149065 4997645727 1996996280 3326920908
0146801-0146900	9155838176 0321398926 4488023769 1008274209 0668080043 7399250454 1223684971 9409774670 4673167378 8785204941
0146901-0147000	6564473707 1325437283 1395409623 1813376473 8488941218 2775687605 8275472115 3484064111 9286609198 0614228229
0147001-0147100	5524907588 5258711407 2134140163 5238119989 1274778913 1397574682 8093424728 2311021898 4300702443 9996429064
0147101-0147200	4450844788 0276686539 4635783597 8633014357 4307385522 4801180578 5516300305 9480351702 3052917619 3766804489
0147201-0147300	7455190062 2981417402 2546879385 9809142285 8374494142 9466840567 8447862996 8730373668 6339751013 9100798455
0147301-0147400	8831971893 9840420585 1783126255 6099075164 2566660914 4857660683 6793744806 5297240370 9933396292 8343483326
0147401-0147500	6104136871 3447259629 4417153661 6832569298 7460751934 9004367548 7124501251 7388228959 4264322061 7183770595
0147501-0147600	1665664903 8896234159 0342836592 4676238921 5431621094 7396500986 9257089507 5041141578 1971894579 9485168292
0147601-0147700	3997676852 6059094084 7692555560 3209473017 9889261822 9473834688 6884787742 1474782112 4629005048 7616242097
0147701-0147800	5722951786 0733959886 9641860539 9569127426 1105379964 8648272882 1472986544 7937270511 4310364153 9950430249
0147801-0147900	2489038987 1904738048 1217370572 5663713465 1471541312 2205631956 9952971074 4845423257 8540931960 7037480624
0147901-0148000	3288730574 0374143132 3821583556 2671427568 7557551361 8201917633 0108628379 7258551156 7417230504 7190608736
0148001-0148100	1627708326 2964429580 4827975636 3082376436 1615455540 6169800458 1964467066 7810243347 8459880692 4847727489
0148101-0148200	5298262045 1694370037 1120191295 3531129197 1380175955 7797453217 9706899810 7869799671 1614064725 8355731385
0148201-0148300	2803781447 9461864582 1634745203 9855897512 3171364079 7468385145 5920414500 5217721229 1446699278 6476520100
0148301-0148400	3653978899 7094195677 9542290004 1438454871 4348852855 6517630802 9925167644 4247682186 4906215121 9172342568
0148401-0148500	6851600605 8597808966 2366883201 2839653122 7030746548 1821199948 2253881430 0401681144 5036211672 0244027548
0148501-0148600	2829677761 6016563789 7576349795 5487255108 0910578133 9420347277 4484748769 8984192182 8085630416 4926029917
0148601-0148700	6230362632 2504418296 2965215438 5628760703 7421868140 0473863094 5015910913 2542103032 5613511075 7558287347
0148701-0148800	8656260809 3256450743 4633723342 2408558581 6338537153 0694587826 9202052395 0672724753 6900139801 1496431659
0148801-0148900	4582971648 6863220484 1795219642 4498327948 8063134646 2010891393 2870531345 5615037887 6921145927 2685051467
0148901-0149000	7135599589 0632238650 7647782826 9016803601 3061708569 8288633635 3398216641 1661335548 0403703821 0034458380
0149001-0149100	8150538303 4017971208 2249390950 3856609585 5713953746 3476283240 4217519342 6566863925 5917743378 3255482070
0149101-0149200	3861056330 1262376287 6981734728 2242509461 5318907021 5082050421 8103977489 4076572149 9083247852 8545951002
0149201-0149300	4679597393 0841106272 5225415696 4938923682 7358143460 7727598033 4626431259 8278889441 8184917380 2687044960
0149301-0149400	3886707186 4770831564 7875891178 0354308201 3186565820 3435407342 2928347455 7696514986 8391503976 1412613360
0149401-0149500	7894809975 5916482490 6255168553 6794824740 5098464960 8568188917 2036998737 5796439800 1165295270 2772372260
0149501-0149600	1935755572 0232631014 7686928476 2636285189 3048492690 9264098547 2493648181 4128316893 8328312579 5662135988
0149601-0149700	3554452066 7408958409 2314862575 5911051962 2000503080 2042573700 2899660124 1363556488 0280339995 6946560958
0149701-0149800	8576321992 6030004685 3975598028 7655583171 0706399750 6660476148 6777635632 2611612715 2242671096 7361840252
0149801-0149900	9108255244 6153885776 6602779608 0898302837 0687781398 4923812545 1717898757 7906769165 1324603108 7551814796
0149901-0150000	0012167620 1685543613 8875351111 4464644596 5948986286 8500384293 8167759796 1912729990 4591343960 4283622782

0150001-0155000

1457438491	0806626737	2039815968	3311458313	2775573719	3964762139	4703694871	3448379653	3672088650	7609494431	0150001-0150100
0674893862	8101668608	0935487620	4062953142	6836790162	2324344216	2500961919	8865282501	8478075009	3092989616	0150101-0150200
8789351440	4852784485	2101949729	3149122933	6642838361	0958359117	9266973210	5032865863	7196191306	4985733208	0150201-0150300
6615243198	9177517561	3307253369	0606289440	1403624673	5791686124	1907679730	7215389609	9260914778	0039218290	0150301-0150400
9660567805	1574245394	8127051582	7865608617	6628088767	5485282643	5345792975	1091037432	4314804905	0997201340	0150401-0150500
0938712099	6799226673	2745697219	9757397498	3529556634	4453243455	7032626027	8293136893	8896296769	1490051117	0150501-0150600
9164157396	4151622345	9624143879	9849972397	2106259104	5242665562	8296014596	7901286176	4153524786	4330478558	0150601-0150700
1496257111	3956032515	0363183745	0619425879	0732974799	0654033781	2932343549	6477095994	1597021691	8103681473	0150701-0150800
3833330641	5138771322	1517339840	9381746568	3332375212	4521204263	5149480179	5737064857	4825588129	6241114146	0150801-0150900
4692661774	7817386015	6155696776	8080635428	0813392622	2268057358	6043957391	6273877143	5084847701	8662653169	0150901-0151000
7488864738	6824309419	6018928758	9120213872	7709615384	8809506565	3207344205	8984978568	2144810993	4432714379	0151001-0151100
4129234072	9754793264	7618296204	0361443641	1274652404	3691754283	5856614059	5943326100	9132314486	4164204976	0151101-0151200
4947955201	7171086517	0698122416	0848217072	1710164948	2479807749	1801666631	8076045716	3952518386	0958271832	0151201-0151300
7208657052	9825589266	4923127405	0673123487	7203497799	8295609410	6360305165	8168190384	8011147030	4239018204	0151301-0151400
5758372731	6520859225	3994751093	8900121122	1942666544	5908677926	9137115495	0789666576	6765460962	8827777519	0151401-0151500
9570554507	2979236662	0852350781	6894340032	0475437404	0076217990	9188135109	4993966943	1342798599	2158062927	0151501-0151600
0421382675	6214353405	9246720235	0206425854	1096859551	2829598880	1679474853	4882762322	6089882142	6027966949	0151601-0151700
4883399735	3809115310	2615727526	0615166467	5747231126	7311304563	0210164427	5628278219	1487924669	8975320978	0151701-0151800
3265292168	2584330479	0854783365	4269758433	0779557195	2000101207	8724019881	3494984438	4367638270	4117421003	0151801-0151900
6951169011	1801683269	9946612010	0860532094	1579019288	9761397840	3516511159	9346420444	1482768205	4550634184	0151901-0152000
8306161979	9460270489	6489524389	7025843417	1773190315	3309321479	8054202089	6195125075	9293649016	2781474077	0152001-0152100
3224772573	2201913504	5680559997	8569277543	0546578798	4285946840	8586784134	1145382412	4072065675	5982648262	0152101-0152200
5761903033	8341742518	4853854038	4703710069	0876508085	3508640217	6210101567	2829143567	3677110351	1643978363	0152201-0152300
4404283023	4780735456	6914381770	4745089458	7211787839	1541665309	2472697951	9526863928	2330037168	5067876207	0152301-0152400
8775481783	9108197321	8290478799	3291396078	8741768330	8186531819	9940659792	6782213227	1345963247	1409529463	0152401-0152500
0761973967	4998463493	6360975806	7253661551	8078598145	3495358216	0148026023	3176252015	0636639939	1351428775	0152501-0152600
1153532124	1122515057	0657231152	0853765028	4322101584	0618982570	0470439171	8649072412	0891714561	2024917300	0152601-0152700
4379934999	4206586637	9857873460	6048061922	8119464331	5629256867	1087969712	3496236406	1937388112	1802073791	0152701-0152800
5981801097	5908011327	2257843002	5011137880	3495792043	9189928830	0516242921	7600337641	0793371968	1331920675	0152801-0152900
8299182607	8485247571	1775242016	8349348194	1400539164	6393521827	3710489150	0365804792	5976158343	6513553494	0152901-0153000
3843191509	2146293081	9950183591	6709425302	6540329803	2496761584	3963471143	5324714370	3922148617	8438282611	0153001-0153100
3866885521	5984613445	0580330263	6914394174	3559917537	8716668814	0045296893	4351987652	7320084584	6550156565	0153101-0153200
9895211301	1048528618	9394156867	0635178319	2213555053	0500029864	8325444774	7771995501	6508265889	6713964088	0153201-0153300
9880567958	0669160658	0609404851	3928010222	7697615613	8260831907	6033245484	6528661464	9429483966	7733008070	0153301-0153400
7320067510	4262514142	9624471453	6875097068	7850660059	3940265187	7861032765	4702806325	7299061968	9759188738	0153401-0153500
6672305110	1237949329	2597649574	8262551959	2739447176	4009255618	5211857724	4308889458	9313045709	7527258670	0153501-0153600
7145565142	3603418198	9031519545	7218862114	9171034530	5965784508	2618680743	6497735831	7577008647	5879964322	0153601-0153700
7445489500	7809667119	6162151367	6950853089	2336123866	6283481102	9398046074	3553427272	4428104903	2807567670	0153701-0153800
0337727112	0949128434	4874508135	6882215603	3050438835	1754108148	3037534434	2084122081	6836058132	6234576775	0153801-0153900
4279316198	6045430504	4485105558	0041167943	3767132055	8147058727	2088253604	7310649679	3184796373	5278844788	0153901-0154000
5205873182	8660065633	4932560235	9088898353	7772507970	2005054144	0210559461	0720764924	4091363372	2789739946	0154001-0154100
6397512341	1788366312	5090061416	2322765702	8541048506	7974498127	1814676430	8414103002	3752565373	0495276727	0154101-0154200
5484545999	7871633253	3105061902	4021518146	8100146512	6285103975	9839412882	3698621131	8315247764	9679577744	0154201-0154300
1913323947	9855287165	3023199869	8023983984	7319817881	7133310344	3398908379	5800005131	9653452338	3390109097	0154301-0154400
0444714347	9426502628	5740315181	5203546507	2823118385	1986580293	6213522437	9754319380	1983432914	3125027577	0154401-0154500
6675431686	9888602865	6770135003	7258969644	5868683417	6473878390	6654442181	9235857731	0787002319	1744542871	0154501-0154600
4160030268	2837240494	6436034787	6903573326	1881143101	0813218855	2798589730	3450534403	3037227691	5140453182	0154601-0154700
3618783217	1998898905	5082908966	2419765855	9805783414	2873730648	0985290782	1459411264	9499219651	1361256777	0154701-0154800
3076994605	8020640723	9180866900	2017569564	1759552721	1359337589	7911604759	8231558725	3564456825	7143746585	0154801-0154900
6688982037	3705497045	2907158469	7376355587	0609280120	1769780532	9357967838	0795022792	2001052016	7689887325	0154901-0155000

0155001-0160000

0155001-0155100	4108389319 2509071742 8881081070 8623207551 0184800417 6969682629 0392399839 3811623663 8478713081 9320185559
0155101-0155200	2678658980 7098502295 3739494217 5424696253 5470439547 3241339247 6485210376 1177731123 1385001618 7130471064
0155201-0155300	7783932487 5850063619 9119677877 5326807139 2468984403 8826593605 1085465236 9222619272 4034991210 3831622629
0155301-0155400	7241144083 5568680499 8074604837 1359252075 3901701446 9373916409 2864863919 0537573932 9455653677 5435632948
0155401-0155500	9530854791 9735618116 8943469443 4436430308 7144425491 0609829482 8815811595 6356299337 7947392209 7851104067
0155501-0155600	2166448032 0531067091 3037594884 3457873439 8473707653 7474047930 8090343824 4339705830 5326958562 9984793830
0155601-0155700	4808177975 0890193239 7881964474 7281348548 6485639973 6790769039 3025212859 1950959453 3031379751 8529818662
0155701-0155800	6201176126 0953213926 3391827182 5632758305 9118937210 6915776438 3887227842 2852900912 2612514080 5231508120
0155801-0155900	2726247737 0667161537 2979623651 7171183091 8171522805 2653759337 3755812823 4864296932 2667847133 8695988769
0155901-0156000	1580950811 5049936337 3569059008 4289200705 4825254617 6895416471 0778011758 6071432866 2404483055 2364259377
0156001-0156100	5798552448 6960807267 3059076502 4885140814 7618917999 8962929079 5406069165 0986275070 3309100886 6119931836
0156101-0156200	5347811068 9500553232 1232310409 9431566975 7128432110 5892729075 6266529830 6834612688 1743502763 4457348731
0156201-0156300	3081278785 3966825948 0450244508 9945385062 6222815657 2066562590 8071060090 7194741580 6434289617 3131515706
0156301-0156400	0558113998 9607656842 7723954812 0624654927 9224664410 8673930170 5267840652 2475041053 6043235086 8815254382
0156401-0156500	1884057815 2295198789 5606499560 6982745328 9227327038 5375845209 2709242946 6734689593 3777896580 6769512859
0156501-0156600	0449057399 1307948762 5397989989 4685344867 0842763284 7644098046 5348855120 9436064288 9373837105 3515595879
0156601-0156700	5075103681 9995860092 4794052205 1548807777 4998306131 3790264128 2737157571 0612817362 4978364745 0207227756
0156701-0156800	1952126743 2735816854 9611969888 2583112616 6950522240 2188114669 3062574953 8470869958 6574599887 8927868473
0156801-0156900	8719864383 7904804637 4622281612 6871276345 1130947831 6617599707 5950853325 7460284937 4001043645 0345565804
0156901-0157000	4944295034 5318338129 0785088833 3858378697 7108498206 6510206279 5707669833 4451779345 2718037691 1410207557
0157001-0157100	4774315429 3290326295 3211497882 6203515987 4125464228 8439527779 5499289564 7543471058 9858515900 5508490056
0157101-0157200	9690369399 4638054127 4407827207 9588120610 9501826667 5052829100 4286440115 9690915602 6024587211 7456045510
0157201-0157300	9407684697 9736827481 4597904045 5219048418 0115456634 7833534380 8815341403 7239817881 9077576306 4723383684
0157301-0157400	8076617187 8875254440 7318658305 0118647563 2030171398 3390078987 5424411026 2777492594 5578726315 1608748702
0157401-0157500	5048062038 1626062841 5675429971 1008457236 0794368388 3177569711 6071774760 1977362998 6084709225 6124190334
0157501-0157600	4303868060 7516077836 5027891666 2836093176 7596955301 4936812797 9354666523 9389865492 2082126132 7763789820
0157601-0157700	2946799581 6243987059 3623917051 1750705049 3924429371 2287520721 0047900369 5203530541 7470268810 0313142753
0157701-0157800	1174456246 4073545200 1303351544 1611612845 3063638220 6203182714 1203471057 3330570609 5610419997 7441294378
0157801-0157900	9723336195 2936807116 2946497417 4674606161 9442841957 7150642124 4911540670 7312213842 0641412696 7154566438
0157901-0158000	9159471777 9694935195 8346843367 8322141303 7431073429 1743734376 3544159073 7738077683 3554545220 4160755832
0158001-0158100	4500141271 2899741014 9470548864 7243415899 1296092282 9862407455 1605891496 3102100059 5871347192 0979723983
0158101-0158200	6831280110 1752643186 8611183517 0173586754 0649265791 9960413516 0468808608 2725590610 4828222575 7674635819
0158201-0158300	6585248661 0373552463 6051974175 8718234908 7381977451 9960413516 6297242018 8375102977 2027692280 7801732353
0158301-0158400	1662903439 0705475970 3480904400 4304333317 4134614234 5412745677 9872589232 4090915108 7305920242 7900149673
0158401-0158500	7015134772 1514257148 0238781897 2789099319 2321188518 0400304976 2893873119 8868763397 7056903190 7414517629
0158501-0158600	7505582950 7905515712 8977260343 5467222518 7519472277 7503478062 9888158027 6408830585 8873211408 9935625654
0158601-0158700	4526325626 2930428543 9933282550 3295028936 9907770549 0294707962 2008390293 2214441126 5738208956 8543447852
0158701-0158800	2535584373 1269337547 9376599430 6991005699 0821560314 5081988649 4389488679 5977365202 3776380526 9495558714
0158801-0158900	5427065851 7474445964 6823526941 0568519337 3700491448 6237606597 9574374294 9313762849 5423747696 2984236204
0158901-0159000	0406990322 3286254828 2233542016 5228291288 4434215751 2706020215 3831784521 8564841150 6693943643 6446339032
0159001-0159100	9462869215 0012003317 3722315945 9937024404 6654644010 7095463778 6273667690 4564259977 5860341423 3762759258
0159101-0159200	5363126437 0897307579 5526996850 3132069091 8306791326 5420306400 3148245598 6239265759 7573177591 2862530894
0159201-0159300	6541251662 2840716337 0149790267 3843253016 1901013729 7886469540 3425694557 2630522038 7629423264 8064996238
0159301-0159400	1630855003 1265168054 4788556819 9731089679 5755442683 9220485130 9190268824 0337712017 7863986046 3980025603
0159401-0159500	7206069295 3460153673 5130093516 6490475996 9041534844 2284064946 4357839627 3959796970 1199959968 9705500713
0159501-0159600	9802671431 5391239146 1161358183 4068087605 3466725530 5042239792 8096566221 0911118477 8965033519 0031281930
0159601-0159700	8140470647 8740367155 5521140340 7030398907 2232339159 4235126529 7171121449 1591287469 6964544557 0922804347
0159701-0159800	3384101385 8874280507 2514932018 3676549865 4426190687 6750303979 5693902421 3437475259 2028444937 0703219824
0159801-0159900	0950852874 3929412781 5958647543 0366953365 4646504381 2295538569 6018708146 3036000681 0223193535 6775884221
0159901-0160000	7066271778 7522895393 7497394498 4606881958 9926057904 2663242818 1883297682 5708783089 0164354054 6417536779

0160001-0165000

7521401491	6981613499	3044910420	4274172990	7318379698	5131245595	8606399199	6596689961	0800504940	0729639709	0160001-0160100
8959517574	6349501131	5239540543	6384247715	7673057968	9978093511	2310127000	6068315601	3470561688	4208186210	0160101-0160200
5906584385	4685352265	3099408095	5068645181	9643104550	0569852864	0369722726	4496407220	9107280506	5651759005	0160201-0160300
3633194257	1882619016	8520911094	4462304938	7276226013	0096650980	1815021611	6189314991	7554486648	4510193964	0160301-0160400
0892424535	1858629668	5358807237	0252086290	3963751354	4240841676	7961062540	7745354397	1872022038	9829258815	0160401-0160500
0488174626	3214401932	4591263846	7764538782	1490032187	3605288401	6158146769	3409724342	4966959679	7455129521	0160501-0160600
5247541300	3838241759	6775542251	5486890349	8467584610	6631594198	8121179713	3452509275	3070140856	1426350301	0160601-0160700
5271473708	7979022966	3568300178	7990288084	1938939224	9188448911	7670080380	3875888780	1697701113	4533491153	0160701-0160800
4802106585	0875700255	1736325688	2009759552	7487122535	7182551697	8753150955	6908689854	6483794843	0351870614	0160801-0160900
9231357340	2963136527	9127615262	3061043140	9239565352	2974932610	1802357414	4940020107	5752924889	5892932458	0160901-0161000
0351889348	3362322662	1107047222	7951789643	1135332221	5133111281	3026996570	5654236666	0712427360	6758337678	0161001-0161100
3519101251	0994437030	4629076346	6149644955	9967303212	5852284006	8128863206	0138439153	5239320911	5790604734	0161101-0161200
1393629732	3492759180	8942336565	2609394831	3364810290	6435863118	3082596587	8597847150	2344907874	7678799566	0161201-0161300
7424852051	0401039997	5710394022	0630691734	7420208969	9175600528	8898736759	3966293674	0172098219	5418337128	0161301-0161400
2339328624	7731719643	8625665314	5512699222	3677667770	8198643496	7998415260	4519464045	9016395789	6049279139	0161401-0161500
2910434902	7568381726	8404705229	8140890671	3149152625	0441754527	1011235786	8012989368	2849339139	6383366078	0161501-0161600
1422917945	5434491680	9706649131	8845378120	2579621552	3212883988	8294830960	2541545158	3015564562	3132845031	0161601-0161700
7418576979	9799107895	5656799608	2529165537	5861223383	8070069219	5796394198	3742611767	6769100507	3575014710	0161701-0161800
4127391778	3596347944	1159241607	4096491892	3864162314	4315098433	7999995741	2386084556	8790650179	6604659040	0161801-0161900
1190093106	4914597645	5087441691	7093615978	0546717465	8993017041	3753904682	5444198493	0697739630	3361433004	0161901-0162000
0322637044	1388424564	8531960009	1024035914	8604341956	7188919858	5615655465	7750890144	3177712861	6456862190	0162001-0162100
0128459460	7421607429	5710458314	0046201246	3901102101	9323688746	2318746390	6390518460	9082474661	2222586831	0162101-0162200
7169890636	0640254048	9350875060	0193538323	5847779777	7718415669	2711224004	4551677054	1931073038	8369438797	0162201-0162300
8890462421	7590046666	0910401636	2270064506	7167256329	8135619169	5775856133	3390398277	5996522509	9040387093	0162301-0162400
2789862215	9549437997	0630648070	9649417708	0058122705	5933091621	1844004635	8937856324	3586419106	1540068204	0162401-0162500
7879016214	0445787717	3981029526	0717300099	1217971137	5424333488	2266618671	8059345350	0359794062	6101694558	0162501-0162600
9487985287	3823946192	5927383005	8657862369	0127192963	8265926393	7819596877	7634491927	8138391527	3468510317	0162601-0162700
1283501167	7541289696	3401763368	8033476132	4250065479	4483551600	2423125664	6080107867	0258603760	9939080045	0162701-0162800
1756260090	6555541309	8404273574	3005006687	7433135282	0617072990	3389370532	2254670042	0588964046	5239361428	0162801-0162900
3079185404	1696667832	4070955958	7709423200	9415610955	5343344349	1385438840	8610824862	4289859619	7412565717	0162901-0163000
0424006787	6712368953	5372271091	5670406062	1943472602	0409941395	4720131755	2449158345	9442749191	9291350235	0163001-0163100
5834404187	2069743458	8605383370	1858976572	0622546686	3899147406	1713844091	1140542444	8924181252	8058737844	0163101-0163200
4375990337	0271443232	0785204641	9314755947	5831429194	1697190629	7697904498	8213080192	5875904858	7570102804	0163201-0163300
9890092764	6674318174	1931273879	8791908667	0564601741	4104518365	4736392112	0183127264	2135299075	0753167418	0163301-0163400
6041139085	0791740441	7265800928	8966400350	8561829937	2472136843	4131495692	9570401981	3001606087	5412795746	0163401-0163500
6419031797	3325939240	2107416767	0242353517	4221182857	1516183297	6814222607	3090296369	4871330880	7785556663	0163501-0163600
2397283342	2527065650	7307251890	3090395022	9751455450	8141344442	8165414364	4104921750	6227064362	8610175717	0163601-0163700
1120483665	8149705824	6357800755	0456264537	4462805259	3284156788	5798506901	0580452797	5626285722	0830478354	0163701-0163800
3668131330	3172332381	3526470752	5779523301	5289166395	2865431899	9573174578	0167826728	1460222640	3818995669	0163801-0163900
3799484242	1098248974	2008823311	1400134104	4095160930	8313090546	5503159555	1547397748	0221462406	7611052716	0163901-0164000
1375799862	8354396966	5783552456	7007936049	7518767958	5004347859	4444834874	7345525999	6323925882	0104452878	0164001-0164100
9576723339	1108520813	7994842347	1531895261	2818751089	0512135465	4969246066	5576734518	5717740511	3980900507	0164101-0164200
4932280070	9405692065	5442879928	9768091385	3288239231	2742649637	9071979978	5249090304	6095850203	2813011881	0164201-0164300
9189798753	8612770509	8311267968	6721178100	6094288603	3416074080	2044853244	1414457945	4721054698	9291664998	0164301-0164400
1941599750	8117083997	5855253125	3479307072	3771948237	3833676065	5418502113	3373575357	1160498408	8630696264	0164401-0164500
9890151155	6298277922	3043334984	4936783915	1985626850	4325200844	7985546296	9126299788	3130293630	6463370450	0164501-0164600
3315526375	2040473922	4157072857	7799880296	3532890069	8400767818	9697563540	2176619429	4424753725	6498457226	0164601-0164700
5506787359	0934057238	9793781914	6080319827	1139248049	7941100492	2981431759	4991993103	2808979574	7253376814	0164701-0164800
6061745433	1326448924	8037013462	6426692631	7342443574	2705177475	6506755634	1333600591	7831376373	7592038902	0164801-0164900
0426517169	1865422448	4136094659	8636267754	3332217290	9728067721	2181229450	1776642327	1673310919	2752337724	0164901-0165000

0165001-0170000

0165001-0165100	2450590808	5892756556	4344115484	4388895321	3270285605	4060064352	4034011774	3942638314	9269420366	7677312492
0165101-0165200	3344604615	2792228711	7473732068	2073795040	7753807024	8751397369	7487220807	9418362724	5792671586	0587568437
0165201-0165300	3825696601	5288450159	3636057997	6487955466	6897963172	7641445826	7140983930	2605844437	3118321952	7357824299
0165301-0165400	2380530460	9792532175	9529437646	6967178599	5655479752	6010481116	0900192559	8770316036	9289053546	4219693617
0165401-0165500	9009854720	7855125725	9753257687	8034184282	3941930116	7647127802	0013244905	4170687194	0608748642	5099249004
0165501-0165600	1243777990	2567236238	7521344875	4686801805	7002677165	9045717416	7509358537	4663278466	1471702229	1277538164
0165601-0165700	8935814037	5420413163	1796620462	6016830058	3584027808	4250847061	0285632146	7634921644	1559656539	9512441115
0165701-0165800	2722520988	5576318078	8086283744	4395373363	8662891394	3990459186	9356297993	1691320743	1084912387	8269670817
0165801-0165900	3798380276	0073283523	7130570383	5388120192	1780745570	5392131250	4821976693	4063942802	3453350969	8054521919
0165901-0166000	6416496966	4205192232	2293325224	9809906809	4382986082	3933868677	3954452673	6321944401	5986590406	6528670206
0166001-0166100	5100494097	8671302450	8960506363	1147497897	5431863273	7637932022	7953001087	7176844026	1821800385	9090607702
0166101-0166200	9345978640	9329695112	3385326149	4565585967	7117544246	1946208674	1789881434	7780270237	8918386547	5073672507
0166201-0166300	0123164595	4210423036	8253015499	2729230497	0650068874	4552908893	6646551481	9384805637	4554470319	7171864227
0166301-0166400	2096587063	0049834366	5718303094	5852528562	9892546132	6079017237	4623360138	2089476404	7217671021	0783635306
0166401-0166500	3283918528	9426309708	3524184268	8066639724	5435194987	4594952723	6882351106	4759383705	3136149452	3326299006
0166501-0166600	0613544202	0790080078	4435918514	2381095406	2463592880	0749174723	2601428291	5066473564	6949149075	3130404119
0166601-0166700	4874612758	4251725422	9933765619	1322834413	6159688451	2305097922	9080934778	0610001202	4307933675	4606956718
0166701-0166800	8678475890	2916716281	5104791098	4819968795	0537574761	0343839289	2981834755	9135337283	4288849228	5393965950
0166801-0166900	1645942296	8490216357	6984603656	6677068849	7906149378	9586623897	8513950301	9552520711	5947916243	0380571339
0166901-0167000	1044123512	7977174258	9499718132	0899397240	9457630504	3817654202	3774937292	9236666408	5826356304	7018894284
0167001-0167100	7136621796	2807794758	1410647203	9686900573	3588378323	8393851564	3676929109	5321263095	3023723418	8776377595
0167101-0167200	1325585719	8868415635	1143465444	9213461836	2582001773	9111963565	9736209174	8028951071	1911931216	1615049356
0167201-0167300	6140019891	5406771914	7406045020	0848900785	2104489840	7155872491	3181424123	7453147390	9585928549	1926195512
0167301-0167400	7528154045	5554894860	5304395183	0551638652	9635114358	5542678957	8843322470	3032239846	2969403700	3638667059
0167401-0167500	7551896228	2166849472	1551679940	1023726052	7619206175	0456049663	7170762638	4595300533	4443878994	4328543663
0167501-0167600	0146414207	5150267652	9987148414	8385924204	6843515052	8589264835	4129599964	1906383622	2550061620	2985179080
0167601-0167700	7999551716	1428927433	2216280696	3512162902	9650503454	5598002429	2038066113	1224998757	4877781454	3334957813
0167701-0167800	6558008300	4587905455	6552375964	3089947282	9415658468	9806294311	2725975546	9302188791	2731035300	2168642276
0167801-0167900	3366103189	0511086335	9639860709	7473741955	2934178507	8013653378	6877679115	1473833252	5130023719	1023587588
0167901-0168000	6798039385	5297049983	2183038998	5333735331	5103458044	3402573042	2758682609	7239834223	1501764080	3327317622
0168001-0168100	6319675659	8977297183	9422971652	2776196734	0857344413	7457914779	3179333989	2435994058	1396032281	3465924785
0168101-0168200	5875655057	5159428611	6131767395	5283481508	0851852071	5479514392	6672875105	7441386769	7189020877	7611959245
0168201-0168300	9359290863	8396962005	7686509962	9303818145	4912807341	8097204032	0363366766	4994439199	3626414522	7145073503
0168301-0168400	7059076093	8575244000	0947482297	1362377215	9263083602	2139158855	9094614074	0697630129	7086569690	6676244218
0168401-0168500	6183635520	4727903533	1753093607	7977879847	0802390218	5958744878	9607452374	9056283747	4189310268	0628048174
0168501-0168600	3381300198	2212777060	9218470081	5252327145	9867234378	5431049783	9043649305	8607645357	5602598382	8162540984
0168601-0168700	9639983181	1297188143	8639542654	4082800861	9305729179	9568887988	1825724409	2308607770	8626351313	6094630976
0168701-0168800	7740997028	4727668296	6685429084	5405202291	9003034322	4718982049	9382480607	5163872794	5668940849	7366651622
0168801-0168900	8133694882	8583395313	5050217053	6111817502	1010169609	3737288217	4683892618	0687188721	1712203206	7336498312
0168901-0169000	8125457269	2763105648	2587901068	5752080806	3392875136	4817583758	1096955969	9338484199	1062692241	1365611711
0169001-0169100	2954796777	8123862393	4934140085	4705378458	3782851512	3279873088	4093735721	1004586036	5454494530	1868107329
0169101-0169200	3761108679	7828280343	6613333978	0538614863	5943716350	0877119311	9559848021	8289926777	9769409139	3084926892
0169201-0169300	3971610875	1625981364	6427951911	6303391796	1291900176	0953221655	7349110374	7120945790	0418602899	2215511759
0169301-0169400	1568303624	9471608650	5186322797	4295613651	9830351897	1428760223	7507160599	9046852270	2848242025	7009629938
0169401-0169500	2791478180	1540664169	1792596965	0230616749	6772478419	4741420092	4297729713	8883251166	5522273033	8964447305
0169501-0169600	2704902414	7727564715	4092376806	6416528226	1122166055	1903510495	3216953829	9957017411	4651029984	8982516439
0169601-0169700	0569909394	5986820498	5525831287	6445683898	4342109365	8943105114	0755583849	2789369974	0950138919	8821247991
0169701-0169800	6209888392	4355873655	5452375362	3890641072	6631365733	8688715014	3766765743	9282983207	3461314039	4952617095
0169801-0169900	3084489658	0056558463	0952329631	8712451836	6166304277	4985273620	2349067859	1557693622	0534724261	1125326389
0169901-0170000	1430252893	7667373926	2860646099	1664258399	9874647434	1416395267	7732246933	3134089892	2821352367	1609562825

0170001-0175000

1349234859	2680407355	1815360719	6567395027	0691353576	3434376744	3117249084	5537767032	6669884144	9114808884	0170001-0170100
8013249302	5843817701	1878566635	7293539878	1140646588	3694172838	7365708433	7575104479	9123597365	9724344557	0170101-0170200
4271838473	3620516409	8603931021	9592121122	5720343651	0013963890	6494529671	4205608908	6176982883	1638828382	0170201-0170300
5229707658	1896118954	5729825810	7339454017	2774978345	4068776411	0778004407	4292966398	0795802668	9312946890	0170301-0170400
8915006186	1841892185	3041643322	1694927821	3392118277	1902167520	2080596726	2749463002	8053887779	4596218568	0170401-0170500
3074384298	9256463024	0890633667	6064738970	4968736267	7347143193	4643782695	2783760286	1465838927	8933623236	0170501-0170600
1603686965	8885994407	1709014385	7650085623	7035707472	8812300427	7647474703	7794632000	5543727473	6584724026	0170601-0170700
1839025081	8502039941	3109503970	8124812210	7761283245	9563995640	7303784228	2949417904	1799135365	3370609295	0170701-0170800
3580412844	9019567717	4363265587	3343028440	1481499075	4651032818	1387821090	7214339837	4541509572	1808723321	0170801-0170900
6393141184	8854048824	7613315649	9354030311	3131971438	8566683380	2176668360	8295032360	4059513677	5927155165	0170901-0171000
6796802958	5973380361	3440693078	1375730116	1300265797	0242655917	8634319436	2646623018	6872587963	0575563660	0171001-0171100
7828996953	6349814522	3886600730	1477187919	8641606614	3908057772	5519244870	7082910976	7355499112	0061231753	0171101-0171200
6184781317	6543955729	5038545292	3653669413	3485621787	8926154740	4561504523	0885311843	8978335074	8069944802	0171201-0171300
0815830478	0292913950	2742186788	6919801765	5546818144	5443074191	1022927219	3186444074	9790317259	9397713621	0171301-0171400
8099711176	1468900013	7724070092	3484996330	8320304297	3219675827	8940008466	5235071155	1118348103	2014483529	0171401-0171500
4744885188	6324133039	6067639585	7662392727	4353864765	5332592611	3916010589	7206949121	6041943843	6276922502	0171501-0171600
0408360183	4811827158	5534392555	3745823628	2552372625	3314359699	6463666782	5593382100	9175987444	4027185225	0171601-0171700
1290642515	7453594796	1305271895	9948884782	4353172256	2754131095	9985044277	4753526388	8711892649	7707170550	0171701-0171800
2201056823	2530711543	8956475830	3122551162	8763968835	1432627286	2981524075	5887995962	0980439465	9688932951	0171801-0171900
9044901057	4191419981	4985879000	0533489612	0691631117	5468253485	8290076839	5376626414	5205273936	0786513805	0171901-0172000
7224150689	7185582776	5389521513	5856589764	0730148811	1133738692	4588890982	2760229733	9512441350	7510038725	0172001-0172100
8948206647	8544539290	5511604925	4655683017	9223635263	7755462684	0904947800	3726847161	0264950882	6206935748	0172101-0172200
4631643968	9789627008	3376303743	0175619457	3890788481	0424309285	5236310298	3551745174	5446606529	7670819947	0172201-0172300
4320599516	5291596008	7156521154	6129673541	3957327751	6784434848	6459833913	7584856250	5546017507	9220988358	0172301-0172400
7719338601	3948967514	8337638021	3903415290	4283626453	7637458087	8281537904	7085445759	6761421037	7236123296	0172401-0172500
1964022920	2289514696	8811447058	2893098035	7001504103	6948417054	7286922751	9704469469	7292034951	9697662176	0172501-0172600
6414362032	1098749717	2990814400	0371573928	1891528408	3197422943	7336774778	2587092187	1722529840	6930555693	0172601-0172700
5225836786	2538776990	3710832987	7979505169	1696299576	0702662487	7256111532	1024522871	7970309373	8005633540	0172701-0172800
5929310890	1874004957	5133056457	5546846588	1925344372	2717048411	0760458345	0525724291	7684423561	0013945668	0172801-0172900
2456604288	0004740729	2619165754	4095336500	0544583331	3333486658	1972749276	0012423238	2251718468	9306940857	0172901-0173000
2324615542	3928138874	2202766169	3797935663	4410450371	1559823675	7714312491	2796231411	5016452888	0440942390	0173001-0173100
0517346456	3780362939	5327787801	6360441042	7591864202	5167711823	5910812494	7844895488	0725855125	7454960799	0173101-0173200
5691801297	1317205403	8424909608	7363621351	3109752862	0986224262	4187424357	8376772912	6417918801	3767520032	0173201-0173300
0563326189	2410186165	1303481024	4006856808	6061104811	2942740900	9375274857	8585868409	2297315779	3668860861	0173301-0173400
9964429073	6159470533	0345107467	9213921393	5734146937	8267840533	1399235544	3303460719	5155205700	6610011693	0173401-0173500
0106114645	5648916805	0091450055	6137849404	5436931348	5910618419	3301895454	8638521986	0080820040	2863322268	0173501-0173600
5779286594	7499006936	0751057802	3474201503	5317737300	8364949891	6728935090	9354212097	5207472725	0436661880	0173601-0173700
0613349590	9306114071	1046459924	4759717542	4019965407	3065408416	9735239250	4156355003	9026440029	2275155191	0173701-0173800
0862941367	2360002694	1207127811	3087636531	6152244335	1622669190	1231017136	2950133169	8077009767	0312259233	0173801-0173900
4099542352	7648984420	8910924390	2756481617	0040721739	2725660242	9583715571	0671685414	1871300357	1310230544	0173901-0174000
7259377064	5420643730	2838147841	9102186882	1846656713	8326128263	7806975309	8860829066	3303966984	6839624674	0174001-0174100
7688511450	6491315186	1552462947	9248111598	7311090797	7115298058	8092092858	1622770652	7567771953	9311203573	0174101-0174200
1943345934	3473372951	8994157214	7227619036	7800430879	5904799926	6424281962	0163009888	3714884504	3980122446	0174201-0174300
2455602660	4086161331	9972328497	8761593171	2681400404	5056189668	6909847082	3941370855	1813261996	3768897021	0174301-0174400
2415231378	1873313001	5601121995	6570354141	0653535638	4524396556	4267272174	3450531708	9708620347	6547586741	0174401-0174500
2814640719	7922805744	6954086492	7959945904	5820901873	1765866162	5178733129	6935726248	7630182748	0530656002	0174501-0174600
9462418101	5143131869	0240874938	4112421582	1508373074	1283373100	3222686395	7690735069	8817682754	8481773049	0174601-0174700
9539131031	8465327838	3865626717	4760018062	7887580492	5400887840	3927985646	4964515527	8927345020	0154100313	0174701-0174800
1905096271	0809628895	2376898287	2651391408	1945116719	5916663181	8853373127	9822794780	9638418633	0812324934	0174801-0174900
3682732708	8471684840	8230651068	0498401989	9661418486	8219292371	2432262932	8442483023	6101798391	0042699040	0174901-0175000

0175001-0180000

0175001-0175100	7744799190 8376102111 1239606725 0719299793 1365177067 3164504798 6232255197 9702992566 5315101596 6045966901
0175101-0175200	5088706888 2982527286 4059895142 5047655646 4386139713 9093020257 1945855825 2713927198 1132775888 6955446292
0175201-0175300	0605202687 6752213679 6682746877 5874528760 7786344913 8269956348 0082544144 1318253472 0494801421 2654329829
0175301-0175400	6784668605 4377906133 8910206076 5389746783 7990904198 2264282917 1356980043 4724666969 9301575114 9537152043
0175401-0175500	7403191810 7954868943 2406229094 5862326245 2209667574 4952856601 6465787368 8424654026 5604576973 2900129583
0175501-0175600	7874201711 5100574265 9749253328 6825866257 0245837811 5218220127 7576078722 7875362544 1767851681 8491979949
0175601-0175700	4976491000 3693490955 0819450205 5638112249 6479676624 9650785802 3271236894 4622866979 6319715390 2499010991
0175701-0175800	1767205329 6592010243 2741583664 6285103519 4005414571 9071486388 2469446903 8224568838 8500782441 0392501635
0175801-0175900	9715374849 0569452456 0531254037 9176033101 6534775001 9986495805 8355366142 0716997411 7331055254 0420552110
0175901-0176000	7731858104 5894610462 7355807094 7146683528 7835222442 4395195109 5964801933 9972822544 1237291197 5335233397
0176001-0176100	8820050032 0948307780 6628336460 6324667100 1800870666 2889771576 1318039445 3085177859 9796791617 5623642457
0176101-0176200	9913187479 9529518736 7560206724 3360786278 3164465504 7133342557 7456220329 7058370652 0846148146 1803279556
0176201-0176300	5723112891 3791506107 8782367241 7063157427 9086027582 6804832820 4825305959 4486535530 5335573608 9436683787
0176301-0176400	7887790883 5773316581 5665640463 3363117896 5577553867 4513596547 4379288244 3277617766 5299775378 8443212262
0176401-0176500	6758789612 6638330684 3849005800 5776137309 4604324573 3141597876 1655537226 3016164233 5345100237 4635368298
0176501-0176600	9424782425 5806480766 4336180523 7741563140 3789337126 9990081154 6084081424 0586928446 4087423891 2457751936
0176601-0176700	6466994637 3591584411 9317795008 5848065280 5204513861 7897232991 0964611770 9762971698 8054741486 4040358883
0176701-0176800	9279500405 6809668826 8252678332 5875358351 6005057945 8531484837 7702967618 3263606491 3660564711 8508049163
0176801-0176900	5911181680 5735686256 7675748362 7962595423 1444084268 6944417808 4654590010 9830083247 0127327673 2518629652
0176901-0177000	8101198756 6742512371 8547191741 9644610996 3814369225 2764876865 2429643328 4880267104 8804488801 5591064476
0177001-0177100	9829183364 4325638379 8347892249 9242473473 4749255855 7293151861 1034534137 3356722746 2578276718 7551285229
0177101-0177200	6157193501 8632517217 5999942277 9441251276 9491665964 1176453311 3076783943 5875570151 1268339788 0778230893
0177201-0177300	2767292196 7390656501 6790988495 9899971836 2018377246 6979164681 5888400401 5083264133 9017024402 8639070088
0177301-0177400	3106649068 3497676288 0088097131 5772643341 6470525153 6471773066 1392722405 6325710013 9729989909 5593747730
0177401-0177500	5596363485 6006159849 6125351831 0745042828 0599101135 6152764613 7187323074 0548644387 0951037623 9129317441
0177501-0177600	3926799644 7473236182 1363311858 5804069936 5837776065 5841495332 8326602877 8546968943 0022926853 1019343019
0177601-0177700	8737058717 3582180980 0669389125 0766257084 7465950628 9918468346 9499119620 5056288100 6235243400 5024075121
0177701-0177800	2565976218 3568345522 5766840491 6525157075 8414614413 2895209700 9306872902 2716370563 8590610592 1696945735
0177801-0177900	1312296992 9258356753 1883445210 9537570173 5632618166 4424591830 7191732592 8053735184 8183098722 9456262172
0177901-0178000	5404441898 6403975038 4513606111 0062107180 8868929053 8855653803 2123197766 4500797880 8922913907 1971832155
0178001-0178100	3376607146 8815888614 6659370802 1811848640 9491244157 8015869647 3723909595 8580311735 4939639342 3239812188
0178101-0178200	3858322269 0622730436 9154796477 3290362031 0231584622 8211866082 8589608169 0940900061 8964421346 1734468252
0178201-0178300	1433863060 8641076491 3030963038 6061561226 9477567270 5661641983 2266128295 5940541852 6700993894 4181452669
0178301-0178400	9815121965 3967190513 8431353655 0321313806 8242451734 8894759250 3124192484 1752557403 8182351139 0261635537
0178401-0178500	0936846688 4710152598 6682006296 6604332671 5884702846 7252827367 5136369158 9349857215 1495769695 7393793129
0178501-0178600	3333878685 8701558643 8472121908 8131194713 3708733823 2750005623 9923744771 7210347921 6899958700 1504698058
0178601-0178700	9562635188 5426829398 5666712723 0583317473 9467989387 9179844757 2639669972 5651509335 0494496239 3298941183
0178701-0178800	8095115220 2738593619 9162089315 5937352131 9380127029 8481882968 2456924664 0158910245 2240833407 3529472376
0178801-0178900	7660187190 8356625734 3946835470 4836224454 6199371292 1994552160 7705226537 9834751066 6769463255 5115664949
0178901-0179000	1168070523 0528173086 9088268238 0129412541 8146730584 5934358127 3433407463 4710981016 9733784511 3700036146
0179001-0179100	6614777973 7566767622 1187825394 2360370654 9237225664 7519270025 0824888860 4062234098 1154511333 4223901773
0179101-0179200	6841135991 5337237318 4676634050 7156896681 9381035854 8079907399 6134538888 2685756724 3504591899 7400691044
0179201-0179300	7041116287 8652679201 0616132471 9998448237 1523349978 3637523014 3135132826 9553952901 0864942058 1860439615
0179301-0179400	9053058259 7540015734 7529974982 7230953870 5772100053 9641886970 4874528973 5915687927 0799441658 1049442687
0179401-0179500	9390222782 0026173884 2463895922 1139263874 9541141959 4330027084 6714237068 1281377822 9848743892 2580196067
0179501-0179600	3229557664 6222560726 5008320437 3463689206 9742573101 4887778328 1459700550 6211252970 9439551348 2069706780
0179601-0179700	9204578900 9005563599 3193030074 6710425701 7918474679 9520164509 8538151015 3969617354 5527780430 6267757948
0179701-0179800	7710979913 6259366223 4937064837 0598168419 1440900869 2838417581 3696077026 2652637398 4217927518 6558553400
0179801-0179900	1802494738 8424795076 3593696251 6581598005 4901107970 7269532448 8613743499 3884408366 1468592090 2013874629
0179901-0180000	2972909384 5395689309 1552470325 4564948483 4255843539 2750026839 8089195124 3857147278 8922881800 4727979105

0180001-0185000

9416493716	6417567650	9443374654	0972890144	0632813018	9143863392	8063344349	4240026022	8810471699	9725533939	0180001-0180100
5707641070	6789505905	2416329022	1291761570	7202813379	6306498598	8232242671	0298264264	5482279327	1548045876	0180101-0180200
4992124132	1268182767	2309034755	9579303115	8482489483	0141731719	3431046635	6199829342	2660845241	9772743000	0180201-0180300
8947575190	6443642507	0401157381	3177948095	9953392691	5579884005	4782895365	2395636741	6572964880	4634630573	0180301-0180400
6737117215	8099902098	9445373325	5406649244	5556570479	7720791458	1230450618	8806693477	3161154921	3528598081	0180401-0180500
1109640356	4201032065	0313878329	8144430856	3872065793	8940705623	2795868744	6085284069	8062839012	8319940403	0180501-0180600
1753698172	9101193027	4216487446	0186196321	5944684538	0755709872	2129647584	2610580437	1014414489	1074881337	0180601-0180700
6672138354	5414247871	3666653871	8207128484	7617070028	0230771398	6200152328	5284674980	5171600941	7700848306	0180701-0180800
0781630740	6741291585	7045857980	9143541609	2906134945	9709688925	7105679100	5567529007	4750437994	6338211192	0180801-0180900
1199900912	2153965563	1726332987	3593583866	6500189702	1037681056	5539125811	2742565036	5892142910	1919356774	0180901-0181000
0079666127	1382307140	8188284186	4932545670	0504789023	5799834629	6652053903	4526722973	6797112229	6475763842	0181001-0181100
7953370703	0794156328	9311746634	8996286910	5186047227	2688877875	8797953654	8113309718	5257748836	2549950780	0181101-0181200
8962383116	8239465051	1685470862	6136402178	2044527622	6218509468	7714584666	7658899947	9371028457	0278582886	0181201-0181300
4945578192	1024708840	9805488404	9428920275	8632513512	0327683691	6550933375	7568774231	1036161066	8383215808	0181301-0181400
0256433346	4542717220	2495621806	0593586057	7836839825	4618223644	9833541991	9081817549	2396216871	0528049514	0181401-0181500
2246375891	2011361597	9984380345	5389874368	6379416430	0305130378	8958312792	4845498683	9906586006	4078993352	0181501-0181600
8127851940	9840167197	2972706993	2213390718	4209551782	4752068026	8463616539	7716512345	7434030443	2466147817	0181601-0181700
7119961085	5372824309	1711263519	5011915381	0332261700	9607819792	2946035526	0187876692	3621248636	2488512903	0181701-0181800
5442839737	9232513895	5506401423	9130766546	7538114524	4024706837	6528064142	4872089134	5137963859	9944935160	0181801-0181900
8677107460	1432747723	8510284749	4666363346	1941723016	0773629762	8897725128	3002580846	8772653015	1682029250	0181901-0182000
8730013462	1992315653	8719904106	0550741930	3633901844	4239787442	3384998260	6967605702	0535368456	4642727270	0182001-0182100
3489439236	6484590024	5979494739	4860416671	1335717028	1209226805	2781568833	5313264331	7590299465	3857485218	0182101-0182200
4710972047	7182480567	2156192313	1996627637	8282067062	7977864382	2558087274	0355388755	7637225829	9905067359	0182201-0182300
1541471494	7437264983	9787057663	3115053342	1161217453	4089654152	1554977462	4788862911	8303526040	3687328220	0182301-0182400
2507089353	0843523458	0815071956	9588924126	0528757183	9649630550	7662860091	1167261753	0072817388	8458812373	0182401-0182500
5985372692	9926264266	6002172976	9040932291	6645780080	2861573105	0138340599	6052151802	0233746749	3294109576	0182501-0182600
9139999676	6385217537	4648850721	4642276836	4860918319	7332363921	5924903900	0696788812	1011297463	5837340525	0182601-0182700
8687854457	0222146208	7368587279	6641453017	6263354155	8879405907	3212225394	6707378265	4675608107	4649604180	0182701-0182800
4339579538	7211330646	4679928612	2948571393	3856329761	6178508911	5582766119	7902337999	8663577047	4963796822	0182801-0182900
3993509579	5450820550	5111893034	7793570244	3035283044	2834702410	5904612246	8081137539	9707428743	4351207241	0182901-0183000
7982710008	2933191371	4192887714	0989863705	4627113614	2170603160	3887715873	4107562660	3462603469	3205757463	0183001-0183100
6326530612	0596147410	9678643663	2812848924	6217276990	6044003564	8313727017	1843261107	6286907062	9628767824	0183101-0183200
8337252181	6784952087	0187388883	5266818806	8856155382	1029179384	6881259759	2238717575	6873776636	5217279182	0183201-0183300
9359888912	4812904849	9965476445	9655545951	5319230198	6734214396	2690524533	7463449860	3717927205	4279681688	0183301-0183400
9295558794	5755341314	6588128331	0245574792	8050200866	6957169395	7780153414	3906770746	8844437199	7229473142	0183401-0183500
0962430984	6450531853	9652190602	6711006056	6217145056	5239616762	9158214100	3930733389	2918625670	3337144724	0183501-0183600
1709240794	4822081957	9349698115	5249255732	5408808831	6481951994	8492518859	7971817916	5071886497	5353694319	0183601-0183700
5763660262	4261722924	2548005605	9572174815	3559340925	3828324333	4477794234	5089465946	8295480156	1640088402	0183701-0183800
3550373234	9654987866	2171076680	1062510274	4723405477	7387228233	7063244223	4657130998	3353563617	9045129664	0183801-0183900
5359207727	9387939270	0954660146	1050918027	3269755513	5713654909	4051709869	1433383437	3538622395	6625316705	0183901-0184000
0813221234	6736878144	2761854788	3058500581	0785155567	8807693973	2421220873	0661826200	9083050415	0607987867	0184001-0184100
2078008638	7483147104	6796221804	3947575563	0990862442	4438280907	0751636039	2136097396	7193494081	9820051893	0184101-0184200
0846341841	8513775869	4213859700	2519235721	0352359781	4756562837	0064989358	0619427747	8376736716	5686044012	0184201-0184300
4253539425	4608374734	6222496082	9827247240	2187537341	5104438842	7140893032	9039663170	5985272743	5757224919	0184301-0184400
8043964068	9369083307	0460690336	3403761135	6692720080	1720601652	5870166209	2465653183	2178359034	8318466849	0184401-0184500
6336231773	5446303933	7934892379	5838233801	4835246620	7076888417	7564682572	7171361914	8355289440	3611579624	0184501-0184600
6825347099	9577854148	1648466735	7356113380	3192065822	1354967829	6294583794	8992590906	5715085858	9924036877	0184601-0184700
7247095602	2520603041	0594547223	5734307619	9202003870	3424402223	4909496718	0951194798	1181231766	2161328126	0184701-0184800
5741888792	6717804023	8578005598	5292325615	6882467651	6359048340	5880044838	4582302419	9841762420	3975028214	0184801-0184900
4203323781	3646956129	1816090880	7052269274	4785023579	4371561428	5496103309	9970139477	2146061745	0078824754	0184901-0185000

0185001-0190000

0185001-0185100	1700679178 1881337307 3553878679 6010124219 2434173987 3289763228 0986762293 7453437289 9811725930 0822232462
0185101-0185200	4375985400 1837266087 3832647120 7255449130 6433644995 1001947825 4452554256 1198544468 9633861923 3410886119
0185201-0185300	0236636252 0061671773 4072684448 7670870786 3399288518 7857488689 0695595205 7560806553 5972362554 8665768065
0185301-0185400	9973002696 1449979138 6394913764 3343951178 1865616972 4575011955 5271398766 6331024199 3649615936 7342333676
0185401-0185500	5935189951 0821050854 5586590240 4524395014 9586570975 1688017729 8008199222 5972528916 1528326432 8713301912
0185501-0185600	0720262250 5599302105 5200593642 7206720674 3658081959 1983894686 2415075380 2751656622 8260425584 4872369634
0185601-0185700	2315273704 9647360124 7293747058 2351894637 7728760858 6271395235 9990692232 5870359910 7092753607 7178731275
0185701-0185800	4815094035 1270138170 7948704002 7946364336 8842771692 4012826404 4475383002 1680605559 7399111532 7567430425
0185801-0185900	0791689664 9365346106 6490303392 6454798262 4507527529 7035511702 9389549392 6050261167 3280508063 6191135041
0185901-0186000	5038722553 5480524950 3072592208 3212991676 9939385789 6052191904 0226593296 8932015280 5385584883 2676736515
0186001-0186100	6858379942 8685543148 8484598780 4319937107 8484089337 4197790800 3386369665 9632700048 0075341073 3130286958
0186101-0186200	2860135928 7661350885 6941307268 9527062211 9444657090 1350002850 7817008173 2969360699 4478080116 5089977469
0186201-0186300	8383275335 4462231178 9004142445 6125659236 1906713778 2218830990 1262050387 1386374611 0754713824 3333426066
0186301-0186400	1119112499 6043119748 7300355784 6753855809 3194053656 4143872408 7159307028 0022336202 4034209266 9248410365
0186401-0186500	4139246032 5281513910 6025806900 8679246947 8464151377 4253049081 1333748592 5659032521 0843787058 3690180305
0186501-0186600	9338532970 0109696000 8742504481 4184589259 8569653455 6980827237 1276255400 4837927076 4101702087 0006758524
0186601-0186700	4432577526 4579036182 6803605262 3878996687 5626868457 5871134948 2617027872 6420774053 2779178396 6059302468
0186701-0186800	0537612528 7836224216 3181476420 4764333456 5869242915 6194617414 7929303267 2745331987 9627590510 5825564390
0186801-0186900	6412796059 9605162941 0558357700 3536563242 8567139724 3309359986 1784854409 7181817255 4477791409 3209591840
0186901-0187000	5016499843 8612807378 8718816754 7887565056 6319631976 7304705864 8946240459 4926976645 3285109198 7443373512
0187001-0187100	1566448881 4513250978 2997998568 2830183029 2718126587 5799749152 5942142606 6384493476 1823669436 1301000778
0187101-0187200	3474504544 3839405946 3825316417 4696216796 3754039491 5211600835 5340458730 0703416744 7688538635 3724175911
0187201-0187300	9191257302 9628757699 8669830602 8450551254 2557781304 9196573537 0810975388 9805144982 8195851720 9632887924
0187301-0187400	9759668785 8557626872 8363857714 2823352346 6567958926 9485489195 4487424195 2228540275 8101327257 2588484604
0187401-0187500	6549518516 2225272148 5896972726 3289515266 1007419195 9717832883 6594559768 5705772628 4785595448 8372407579
0187501-0187600	1628836314 8490647791 4553487265 7558501119 4226486996 2439109009 5948421950 5011828545 7021898741 0345718389
0187601-0187700	8179048636 4649082967 7731508367 7699733551 5074170081 2202580538 8524519536 3983453187 6177812318 2923384516
0187701-0187800	1492018946 7872021748 0245281591 9012422558 6516987472 5902155076 2497491226 7376594563 3076166021 1943484032
0187801-0187900	3979914407 0248817343 4330292725 7109286573 8989424064 9561810909 7976549851 1842477113 3900728809 2990163018
0187901-0188000	6941142126 1170343722 4966747668 2598881833 7774891530 0135800231 4602426047 2055275799 3198994096 4316114429
0188001-0188100	8528316114 8698973174 8642308262 6493416316 8452780162 2286945217 6524878906 9955609915 1096015879 4169103884
0188101-0188200	5956359668 5293612599 1245729283 7693574949 9600063745 4051029331 2523537194 2115650133 1547537362 8090714281
0188201-0188300	5773185118 5927633100 1448478115 7730515727 7411636321 7629955597 1064374278 7164040829 8307104630 5419155993
0188301-0188400	7148153916 1255478112 6437438903 9745212073 5757677775 0742115050 8298100857 3752383518 3835753993 3202975989
0188401-0188500	1578248805 0412070590 4644073227 6884830874 3534512264 5470626940 9754445136 9757257089 1505730232 4257356727
0188501-0188600	2108516847 0673901113 7210182805 8046032247 9166007383 2691454159 3198292432 5433746486 0496339653 4224817293
0188601-0188700	8325475111 4037593843 7780558100 2679023593 3847989586 5486078741 9414168840 7304341734 9690424069 1742895829
0188701-0188800	1133881573 9432277101 5619624776 3551902402 1712746862 7824721979 9676266290 0919176955 6438105385 6926401859
0188801-0188900	1476166954 3194077693 4896555906 0313034157 9094455197 5602966248 7545487909 1117532699 3709371263 8067225675
0188901-0189000	1463060740 2334459831 4820578077 8552538169 3436480535 6807945204 5386888722 1458052022 8137165269 8201162506
0189001-0189100	1657297379 7480750029 7233921909 7501220494 7494170065 9392967296 0287387671 9522255063 0864385036 0228641843
0189101-0189200	7662400917 4719032833 9083995367 4746861310 1093275450 8537010324 8816456357 5489558603 6799189361 1297876190
0189201-0189300	8356737312 2748237818 2701853106 4263096134 7248714360 5493189037 7026133291 2020741185 7020396549 2336859086
0189301-0189400	3272900347 8722237659 8941863189 5233975752 6448262322 8467814741 6783941758 7877928413 4112230198 8055483719
0189401-0189500	1966208599 3112969783 0338865167 5854462279 1340538447 6083942355 5344903316 3300012475 7996527616 8526319453
0189501-0189600	2930959627 3131467261 9266181983 2194566480 0489127240 4216573041 3638330422 2664897851 5562645655 3219711447
0189601-0189700	2973260582 1321486152 8010097276 8015104029 8965202063 8606860045 9816142852 3749991208 5209347292 3079773503
0189701-0189800	0153390597 7647834289 0747487781 5173481573 6268828728 8473096086 4188664530 3294760075 3309358538 0277049260
0189801-0189900	0732884329 4119520864 8297113175 9375253443 8895881425 5548385173 2952836011 3779153290 1133575981 1747590808
0189901-0190000	2955904750 6576584568 6049895198 6993050662 5060170970 7832987606 3046816009 5210972977 8751360186 3205458955

0190001-0195000

7818005958	7571719117	2323509157	8713751539	9125515052	6069594760	5933157635	0909179773	3208336136	8071945515	0190001-0190100
6407495330	3571884225	6369317118	3439732516	0573650377	4732145350	0563595638	2624749363	8224705836	8475214260	0190101-0190200
7279199552	5107455130	4244338336	4054939700	3333713488	0029978594	6575449427	6518303412	1119702102	9987336199	0190201-0190300
1177647930	0476493264	9152190991	7772362558	0527127257	7992841862	2127220259	4729578364	2415695183	8904261862	0190301-0190400
9319498502	3980882790	1822770867	0870719353	9801835763	8280472176	2702614902	4918463402	5236129564	5126001797	0190401-0190500
5449613122	0872848373	8833193857	4020189082	8176785029	8505262156	3352750833	9394101455	5472125637	6368546407	0190501-0190600
9094647653	8165508050	0179673737	4314099089	4748416914	3006508118	2103990094	1917142905	5442874348	6917780828	0190601-0190700
4127163283	3493337387	6018980519	2382363730	2197650070	2991998409	5395364081	9293935448	4433786725	2570777295	0190701-0190800
9596138710	0715792147	2183707580	4150054413	4986004929	0749969893	7903488102	0827925069	3005742360	1746771263	0190801-0190900
9825044479	8794775513	8368875388	8207757212	0635319586	5003008391	0654471490	7549279711	5572184609	0155394573	0190901-0191000
3251863898	1285824687	7695980082	7417655549	9255652637	8718474988	7063291494	3908030741	7260367589	6802548718	0191001-0191100
3739999619	6829326612	2412170677	1339713788	0925201702	6230147178	2080063916	2135982052	9738550555	8209594033	0191101-0191200
3264708915	6195552235	6638062641	2574791346	3825374925	9912880143	1261443620	1171810061	0472258584	1850028634	0191201-0191300
1562115688	4418566202	8272766006	5536243416	5318617270	5470460182	9523329536	4896057333	0745306473	0077394581	0191301-0191400
7405562218	0102965869	5455429623	2136268085	1935845002	5873573058	6665195617	4463718111	3447756361	0293164229	0191401-0191500
2999771284	8473992479	1499752469	7574616765	2401333988	7118993502	9199507259	4035417767	8878427586	3173386202	0191501-0191600
1231433122	3245499952	1022646419	1705902063	7215636487	0441042698	3363333138	2169588483	1981209369	3683591904	0191601-0191700
1149316234	7872763662	7592154568	4107024174	0529792569	4298191498	1740639527	1447869051	1842343371	9559261231	0191701-0191800
9193757906	2117858090	9320588479	4836305795	6121560105	6518207521	6489529364	7504997836	4259687880	4760925999	0191801-0191900
7018653611	1131360484	4810434313	7267327149	3251764067	7959128270	4180928409	9302148095	7457866349	3779227121	0191901-0192000
3755371254	9498364613	2191054790	1195080548	1637782317	5531880540	4834474568	2348295528	2130638303	5954647975	0192001-0192100
5313386037	1316576407	8334088593	5945737671	9674086252	5180978181	7880369860	1166138834	7129991537	7112383415	0192101-0192200
4528740489	9564690282	6030068854	2763451896	2357355461	8158222214	0719678668	4310268265	5738115194	9371316182	0192201-0192300
3492530436	5477918872	7730395772	9166760359	8906829849	7927532644	5793020562	5004198215	8178336797	5832458201	0192301-0192400
6703344016	3751943613	0793606687	7060596155	0745818730	0740588554	1857077712	9376539546	1112355201	7737452675	0192401-0192500
3650277123	6010262637	1140850249	3754519972	3881184972	0048529540	7605375755	0486334985	1760393434	0365895296	0192501-0192600
0860734480	5531229553	3568821456	7118057604	7588419420	5834963384	5421653770	2022628873	2032814262	7192419113	0192601-0192700
4698071535	0623640604	8801061017	6139643065	5066646671	4597747927	5127501313	3465967646	3960699440	5703118605	0192701-0192800
6087812280	6328967816	5765372750	6296728357	6263974828	3846472950	1891798560	4824919850	0799160923	2399766719	0192801-0192900
6476783301	2638465080	8804283111	0985025546	6129686185	5650350012	3610685297	4356644656	1984920921	1012663758	0192901-0193000
3119546240	1126619489	3008382843	8659999992	8333379487	6598213558	8393330975	9653943516	8747702542	0380520337	0193001-0193100
3382317893	8782825430	4773685927	3772357478	8865668587	3609256869	1056377446	8511315594	7867365164	8492178603	0193101-0193200
8920469205	7392137396	5976293426	6179938759	8861055713	8473901586	9538001440	0337739429	9635248692	6368960908	0193201-0193300
7053952625	1096127290	8873767982	2241074767	8488299026	2592141720	6513544327	1991645998	3330333820	5097023670	0193301-0193400
3791891297	7711390002	1796464556	8170138089	4182584629	7286849363	5924393798	0370126043	7000195453	7532269250	0193401-0193500
5656686261	8691377693	2365553855	3373664018	1142604011	7126345320	5372512446	8808392504	5538064254	7662809345	0193501-0193600
0603910861	5119488314	2464773935	9453611346	2632539790	3053106155	1540475704	3183508698	8891168508	8278357540	0193601-0193700
6260470081	3348942775	6419881104	6150339108	1966974360	3856073267	0871560877	6658858910	6089607208	7471582697	0193701-0193800
0169056266	8719926815	8483351741	0241095060	4976133322	1030468320	0931629481	9666417866	4108925963	3540386292	0193801-0193900
4130152476	4041519532	7618247072	3527897727	6957745431	4914572040	5417995318	5788374981	0850505715	7671110581	0193901-0194000
5852167055	2201100240	3121471715	7984645854	3324890734	1098761099	2956496761	5654471880	6244284933	7194222747	0194001-0194100
4044983798	5964755841	3348941074	2608333615	2120775019	2980151294	6567208421	1550763881	6459889661	7646436976	0194101-0194200
0328924324	5105302982	5051224268	0703731212	8083935122	0225540841	5132029479	9980575137	6864933655	6761678499	0194201-0194300
4713349269	5625773907	8483718248	2831556792	9819728778	6862903631	0560685800	9907222402	1538766147	1364480196	0194301-0194400
5614811245	3886271654	2334288756	1979792048	5573019299	9750041758	8186220355	0843526937	4224183477	5423575605	0194401-0194500
3467255495	6154189883	8178560292	6769085061	3136595288	0391735556	0245687971	7723106032	1745760497	5950232256	0194501-0194600
2941963790	6309379558	1044909587	6213591677	8658295393	0306576530	9230704398	6757062576	0671427063	8526055475	0194601-0194700
9595253213	0478006326	1071076808	3216210014	5794640977	6926800691	3907193727	2531922852	6274289573	8950413768	0194701-0194800
5477459296	0335922726	2526666835	2170703189	4962827245	6528458241	4254606303	7280407774	7979885412	9463539799	0194801-0194900
9246474691	3355243372	3183045353	8489080808	9315251813	5768485272	8589173285	9174645036	5612006882	9470503204	0194901-0195000

0195001-0200000

0195001-0195100	7169041537 6867800192 9305063669 5778550885 5054236989 0122298087 7912670610 5235629735 8060222018 2943158073
0195101-0195200	5552190937 5865774736 2647369928 8881279782 9333934998 6977352324 1375993155 4636311929 8207065372 7478607258
0195201-0195300	9973120693 0627210401 5723943842 6087560393 2638706392 9022190308 5890987772 2019855938 5372688147 9322882922
0195301-0195400	3698259046 4309339788 1652299859 7111438879 1916811255 6374983131 6110931906 1156325528 9261205865 1598514939
0195401-0195500	7612705562 4087676714 0605906275 9367897286 3204655894 0753192715 9129511701 8443755758 5352369782 0603460308
0195501-0195600	1114085616 2220429042 8905287093 4871938753 6681994211 9678716034 4751165632 1704404160 5351341390 1731366894
0195601-0195700	6388738555 3138636824 3369975985 9706164570 6267041304 5912643728 4989148356 8904556090 9348101158 0923180730
0195701-0195800	1845998408 7990904615 7493109861 4313315919 7840606356 8318841950 5707596210 3268508407 5395110460 7136774315
0195801-0195900	0631865568 1175045684 2910985936 0948634686 9593672277 5807730607 2883798814 2468100342 6858744195 3320342225
0195901-0196000	9222591131 5687185512 9884383997 7181848177 5752765286 8727478679 9756095598 1443326979 8023224692 5174800848
0196001-0196100	0437354026 7386844464 8250945683 7198696619 8330889858 7835257932 3281004784 9800001659 2407290314 6602815056
0196101-0196200	4724110345 2031576527 6577171450 5108046030 5129759639 0336904878 2270839013 3104005385 1493735374 9729516134
0196201-0196300	8972263979 0211988963 4448662018 8190295769 2950434647 2305784526 5200580679 9064539004 9554274873 9603331115
0196301-0196400	1334342323 9392815392 8575524189 2542753368 9936707673 6032707695 3407153977 8317693299 8580029024 7380912222
0196401-0196500	7024700301 4973214830 9934933241 8808211182 5695862329 4651857563 6897541635 7468959866 0266517287 1063731782
0196501-0196600	1154407328 3084095822 9371768628 0368564515 9152570329 0275690368 5712988312 7811874734 5960741731 0097884731
0196601-0196700	5628386494 8619310435 0166181226 6303769593 7267645885 3838094304 9453023030 2680142109 7550250389 0721484246
0196701-0196800	0093398754 3991538384 2137754597 2464098687 3792660279 4166204708 6632843876 6273660878 2721500359 8927765170
0196801-0196900	7445477065 3839619602 8343102852 3840913387 2378563979 5368257883 7058304894 7266348134 8213171908 8833963367
0196901-0197000	2412315363 9729520379 9561405420 2652355733 1822605360 3015161076 7270161366 7753472021 0899524060 1901907310
0197001-0197100	7167115721 3153131399 1087346049 9485588793 0555732907 4866756924 9917791477 7762752572 1533153059 1915437576
0197101-0197200	4020855624 3114944537 2545956809 7025647576 4244423090 4740701449 3872009314 8556612673 8641899425 4949313631
0197201-0197300	0475961893 3034909499 3072843240 9009866042 9647764160 6362128947 6951726567 4169221041 2679197620 2629175585
0197301-0197400	3059616058 8359815094 3813988815 5464739539 0022108597 8718592405 9647802767 8892392428 0477323241 6801150880
0197401-0197500	9942907513 0067286149 7273785041 6001553809 7278691011 6538163760 2995600199 8756771052 8743417964 8634948759
0197501-0197600	0228434508 1024845232 4285061945 6464928288 3380246745 3143600766 5393932531 6906934715 3411102590 9155950980
0197601-0197700	9996077710 8192404340 0817401909 0499522416 9459367084 1551263350 4468374235 4082912646 5380354941 6953846871
0197701-0197800	9159478644 8216907197 1882790453 7417589786 5653963543 6417496421 1383323912 7266085382 9567746264 2204374861
0197801-0197900	3750869656 0381441154 4678174631 8241578012 5489762580 2405672218 1651902552 5646655104 1784031399 3155273497
0197901-0198000	0128274640 7837967734 3103957500 1167643501 2323921872 1736939561 5725612096 2946586125 8179225997 1229360156
0198001-0198100	0483252932 4660590007 4675382891 1358876966 0502304327 5464415772 7204135535 3431069230 2099040958 8280284249
0198101-0198200	2545660922 5504736786 6335359776 7011475477 9378951221 6395039174 8837006069 2083214313 1056511403 2165914971
0198201-0198300	6054503315 2608756244 3039751201 6270444756 6549744508 2910844914 2753286512 5788432014 3371916195 0742434585
0198301-0198400	4267127681 1826007996 9773273109 1087404071 3888398593 0205685477 0568128370 0324106099 4880891203 7233751569
0198401-0198500	1677129447 6770105736 2851752692 2673867332 4904110576 1883634334 3739931740 5736193536 9077705806 9918700110
0198501-0198600	3875506825 8651233963 4192984733 0966787573 2032904837 0056903353 6216837286 9158682248 4931645864 1309955612
0198601-0198700	8076135431 5839479796 5036457984 4225293998 0325213460 9728622695 3626724707 6289971779 6327633461 4112070415
0198701-0198800	4148305304 4019675458 1623598606 3466572733 0574033424 6756825399 8855700384 2039565097 7199541002 6837628297
0198801-0198900	5119707156 9287780588 2319026171 0147580089 7373783464 9921004305 7076158595 3225073361 0872957027 1507431229
0198901-0199000	7920313721 1031512057 8694581824 2017418320 5651511753 3812845799 8173296130 0097228591 1308282090 9053314760
0199001-0199100	1196781850 3836753034 7047000578 7483609975 9090912963 0344182765 5051198429 4261174212 5017453108 8376152772
0199101-0199200	1032091623 3088335710 2085772162 5950992529 8643641820 6894396569 0856477512 4318290301 8353395109 1146751371
0199201-0199300	8534246305 8517707443 4321613169 1304544562 0729557791 4988904854 7850294942 5186992301 5642048236 7299678208
0199301-0199400	5432770817 1399372971 3647285516 2369102809 4394904980 9571114798 7353263361 0861544909 2136210719 5786271826
0199401-0199500	5898464545 9587009069 2492488205 2343511286 8738626912 5293356955 6562440153 3344756716 2409478118 2657115595
0199501-0199600	4756699368 4235624999 7922772333 2856784786 2452694981 3038295767 1588368253 9034846167 1496801413 8599194055
0199601-0199700	5979179178 5828197578 4812372478 0229627342 7132738070 1712131593 4540225441 6861464162 0641854955 6220175802
0199701-0199800	7171741932 9604030724 2855759140 3748752412 5583648684 7826530579 0211293015 0460093009 7911328939 1102092842
0199801-0199900	2212628874 3972398792 9998722171 2680244269 5704364082 6917512394 7288580976 6317352190 3477402078 3010825008
0199901-0200000	2306867481 6599291621 4204378559 6907008396 3431749157 0400704911 1330970230 4687661585 7483135080 1444759928

0200001-0205000

5202072786	0406246909	8624581837	1056631825	4920666633	9286894164	2231681397	8537417455	8983550239	8141347627	0200001-0200100
5686616221	1863675611	3454018506	1230145050	6414647662	0025479372	7370169115	0910570058	8058385528	7751553568	0200101-0200200
3461355508	8814313744	9856363777	3694334730	7792236920	2328195126	0198833485	3193084139	1296921034	5115664615	0200201-0200300
5817184516	0918653048	9711953801	1024852574	9893158647	2339992674	5372521914	8787799788	8075626737	5063872378	0200301-0200400
0564697643	5268613067	7476116156	4030889810	7229900613	6202913855	3864683684	2458354434	2072490652	6943131926	0200401-0200500
3630645579	1910328174	6224652305	0868114539	2237903469	9935761819	2283841178	3111273426	6093171716	0547230274	0200501-0200600
8587000104	7866059835	3687620423	4909356314	6793544370	0708676044	4160809343	0388964169	1229384629	3502166110	0200601-0200700
0210761640	5466145328	2613302509	8992955391	9275962994	6278263263	2116565874	3195517335	9427872479	9548287227	0200701-0200800
8107931497	7711035342	5543816635	0502182004	7559845719	4707642967	8271587726	8483623611	1806592445	1595282915	0200801-0200900
2301818089	7167227176	3496522837	5068073131	7414453350	9330105586	2157197336	7591051672	0488567454	1572816321	0200901-0201000
7259397927	0182677659	2787907269	7595865244	4479862784	8766953949	1461017760	5776036071	1075086603	4557555712	0201001-0201100
9623454066	3775844877	3140658050	2181444145	7012161388	9442942543	0127261439	9603975154	8809684175	3887787099	0201101-0201200
7710531568	9605779553	6359670078	0699856501	1955361699	5819109185	3337403661	9990661867	7458653659	3782895158	0201201-0201300
6192168358	3853720551	7181966990	0290622524	4297196477	6076579212	0834997981	4831084253	3800664605	6465462844	0201301-0201400
1059597587	0105383783	7669513414	4117115765	8015291972	3932831823	7419072418	2705562114	2924812595	0086219348	0201401-0201500
2545185655	3970125840	6477745909	4161077898	4486679878	7983603594	3067050826	4698506509	6507142428	7984166501	0201501-0201600
3303364759	5971329458	3569058759	6970583659	8402375264	5595142841	5274309347	6002848059	7374451154	8230400857	0201601-0201700
7453819441	4235491878	3809292297	8318441402	2384436112	3221688505	6243354185	8843251154	4720643284	9620845632	0201701-0201800
8119410827	0588318935	4288454365	0548453563	3008842668	5693563642	8902027669	2308486633	6118299142	9872638798	0201801-0201900
8068299808	6123949763	2951046359	1338269125	2518794669	4508941539	6493327345	4972994489	8362994739	9175474416	0201901-0202000
4719717317	7987268394	3602401052	1661014981	5265541625	4038545177	9521584002	4958798797	4104952480	0475355816	0202001-0202100
4544116079	6496743747	6718422118	3581573767	3704896816	5761864668	4473995745	7386389528	4956651895	7447866597	0202101-0202200
7781950752	2588829870	2478900964	0653185204	7423769523	8933550121	8478599660	0740896503	8385951470	1804072345	0202201-0202300
7768783856	0758095616	4533921688	4897542598	3059917537	6101323206	3543253442	4048860000	3090822619	0037306341	0202301-0202400
8486886143	8763736494	1788740120	4826095051	2759863390	5097702424	7252980175	8826392293	8707936732	5221116705	0202401-0202500
7926441409	0854374014	8530459025	0371696374	7745860719	1405425694	3815611701	4437888441	8883091592	2927192035	0202501-0202600
8412987162	2866850532	4603894356	5002307341	6708375186	4595368025	2758240520	9237446765	7335127060	1601170349	0202601-0202700
0806822232	7234121408	4695966733	2516156575	8066590243	1013032064	1153751168	7407756787	4060359258	7886171973	0202701-0202800
6349367711	1426543048	4708113330	3231866339	8550949431	4397480484	0787647767	8327705348	8015967141	0169844356	0202801-0202900
6978084548	7805182319	9575640739	7883177027	1135643924	2044520333	0076097643	6796999004	0958549556	2013135848	0202901-0203000
0587537494	7256934033	0909172832	3941836921	9324915186	8723547739	3921275611	7946640185	1180013807	5010277721	0203001-0203100
7130642042	5326555361	1432390788	2035094537	7075084348	8923010206	9364851728	4976129383	3257931632	8040240236	0203101-0203200
6224770735	8488505586	1960214818	9507568896	1464986471	0858464453	7329496552	3337264188	3832621271	1782724069	0203201-0203300
3226571570	7864175572	8961453382	9164489186	5204955272	9526330028	1049823109	8573394308	1602256698	1711150564	0203301-0203400
2180307494	3611078136	1389682204	8773651856	6702091978	7109427227	6503470633	8508550084	2117094040	5082569924	0203401-0203500
5756282826	2781375133	2708052945	5232216084	5405765437	8540071799	0812768836	6953749752	2864067146	1534564901	0203501-0203600
1269387426	7114036215	1382047758	7549428565	7227853366	5848729086	9174951010	2375874976	6072301695	1857365090	0203601-0203700
5794918186	9154204951	4818950633	1367322336	0017919244	3975940164	1677198359	4510693427	2172934837	1331527082	0203701-0203800
5228587814	7644954066	1682660663	2817385906	4681708480	9801956309	5401910023	0303837721	0748322781	3901168208	0203801-0203900
2582389277	9361395612	0621621339	1578640790	4096277774	3062394588	7116813593	2412443371	0944830874	2299489657	0203901-0204000
2704969668	9190976787	2956785683	7491826622	8075947073	0876390942	9179184646	7289893503	8166571603	2383413004	0204001-0204100
8221490735	5731011475	6043910764	2307049971	4171792722	4988936251	1853771844	5653611243	5366803341	5834710999	0204101-0204200
9781275045	9310729492	0164004043	8736891084	8900002206	5896894950	9883554543	3034480634	6906836264	2692622526	0204201-0204300
0480503822	2965665856	4454638172	5787202422	3930603167	4501605397	7551655424	6030743256	9145384140	6677000933	0204301-0204400
4817262533	7857836954	9688018197	1420758304	7902504544	9329434408	0654706966	7092081966	8718095745	1822379033	0204401-0204500
3116866601	0658854646	1622251368	0755807281	7839904993	8203254035	2222147912	7873573379	2405058170	4793436111	0204501-0204600
6046575203	5096499203	0094306338	5151507010	3965436156	0042502091	7540836802	5107569627	2405400706	1307391483	0204601-0204700
9978215497	5269620067	7717461253	7517747408	0770421469	4980724656	6921031380	3655901391	4463193378	5249560765	0204701-0204800
1289588470	3956836005	2405603773	2266484889	7675986472	2223687045	7260025131	4653302789	4907366831	7542852793	0204801-0204900
0436416844	9130901482	2977944414	5397767000	5047645453	9441997442	5340090220	6497079506	5778667625	6257904167	0204901-0205000

0205001-0210000

0205001-0205100	8795171932 2821604842 7904222814 5745555525 8501105051 1185320512 8248170449 3408500651 1105859679 6611348054
0205101-0205200	3157990100 2711637041 4625588451 4695315016 1376530986 3467935139 8306442172 1253914210 4848401806 9955555893
0205201-0205300	3864698447 0972207292 0441600174 4645744857 8988521913 3254971330 2548209802 1992094686 7055130885 0411232159
0205301-0205400	8940306060 7764070886 2153022528 3963061061 4984492974 7045128120 6439250952 6839331630 1653540689 2928056518
0205401-0205500	7157265787 4119402174 7809172799 5418741181 1373735348 2320492402 8544437285 4241447866 7353172039 7284099921
0205501-0205600	0753385213 7685218992 0275476375 1550880323 8203451410 4490336878 6105511397 4555644534 4133528058 9331495072
0205601-0205700	4154536504 2536863587 6511464557 7638528618 4222500373 5443386084 1945720257 8083624670 5161354412 1936052124
0205701-0205800	9265478557 9790112658 1591993322 5542147336 1025220356 4003582790 8575507305 2788354315 9467417937 4264974074
0205801-0205900	0947948944 7795731660 9623021732 3972884026 0162155089 9074510246 2967183685 9160378905 9816357439 2667278295
0205901-0206000	0299181795 7028068636 5101245445 1544131814 2965418452 4519788730 5202002880 2043389552 0952126242 5068207362
0206001-0206100	5164648296 8883150509 5970100022 6437213534 8785826025 3357898428 4992642598 4938269865 5591574552 2772230447
0206101-0206200	8367004512 9262032590 7284470070 7182646394 2993971057 9650492402 7215130909 0201632257 8929364662 0690791141
0206201-0206300	8909170955 4858581709 9969398458 2418886230 4346386468 5370946029 1908664425 0014237049 0706054794 4016363622
0206301-0206400	4484204946 1414540733 4077205613 6753779947 1743464186 9614416355 6429471591 9709591245 7298893923 3815001041
0206401-0206500	2294395852 8812429031 6381893911 8293640475 6748013200 5483777642 2413083227 3379016805 5134561187 8652637873
0206501-0206600	9084602983 2484496777 6765267144 6090984272 4092219442 0872905077 7247422712 8491998627 5288409545 3612244260
0206601-0206700	8122367302 6362416664 6367695658 2340509347 8650114354 5223017211 0431829674 6118127124 7726747558 4183473918
0206701-0206800	2964689242 4390835898 3041077861 2221646674 1392745808 4410934467 0914076889 0811548042 6990464476 6179037069
0206801-0206900	1318643164 4872934811 6247531427 0947951218 3711895430 8016061368 6742330865 2068568392 6148047844 5664749457
0206901-0207000	4832329837 1127834849 4575681848 2357381296 7298602509 4456310021 3870768049 0430110884 1043560659 5632913551
0207001-0207100	3636595379 0577450863 4658418379 3785502138 5507306606 2032361892 0265343796 5542409138 8667805176 4866023556
0207101-0207200	8680102444 3819982174 0818683080 6326579344 5013660695 8831163527 6590196371 0912216830 2179943178 1781159756
0207201-0207300	2569334811 8175901637 0453954880 0254386919 5029394842 9633387880 2324540268 6831159207 7147266096 4081472974
0207301-0207400	2564135237 7071326558 6567292609 3521313563 2697386334 5139232379 4912727416 0440716533 2837276663 6069920782
0207401-0207500	8988515818 9007406817 8835600338 3955024910 5442191369 4943840259 2897576804 1647987388 7544190710 1007388250
0207501-0207600	2600250529 3715712059 8821799751 9052515481 3512892650 7035031295 3887973951 9680714631 2979739398 8552240677
0207601-0207700	1074781329 6611251424 4409452462 0586560563 8648411769 7376509322 2320058137 3898885989 3022336308 0952193426
0207701-0207800	5228150675 3067731168 3499200307 4978449533 3173923562 8772498890 1104982913 5380994323 4673870647 9293918382
0207801-0207900	9847365091 7415993442 2418013609 0702185376 8394823719 7255148813 8816352825 0823780875 6177303718 5933102376
0207901-0208000	9015518148 9566802645 1066955667 6356270331 6375504282 1846935526 0793128677 1716300815 2297052501 3994404111
0208001-0208100	0995237587 8216898707 2283241554 0437859493 6488165971 0601941701 1177530819 7796006102 0610758095 4184382263
0208101-0208200	7717441589 3089344024 5480776358 9859838646 0044819130 6329182121 2522007280 6340890562 7313615628 2514259729
0208201-0208300	1169096962 1167408247 1631451891 7473600695 9669914230 8087833837 8686590159 8670223214 2869157014 1424807045
0208301-0208400	8972191054 2004790420 7261838945 6591675766 2433748165 2334310131 9777787506 2648144789 6237968544 9183339325
0208401-0208500	4452263282 3898399552 1435086472 3998824618 2346783334 1203496969 6346523102 9709800703 1272981130 0298748758
0208501-0208600	8451556284 4310131560 9908946158 7840584003 8361454306 2750283843 4516836793 9943115519 4067233688 0332618381
0208601-0208700	3019065159 3168620191 8396364388 1182869704 1164945876 9422113657 6981495173 1860439447 6819223940 0670145512
0208701-0208800	7928254056 5303246423 5241908378 9115209165 2075345011 4775133761 7613160303 4635001583 0432411983 0345045973
0208801-0208900	1115480235 2914726755 6528539615 4982517322 1870281189 1475582192 5109751881 4749962701 8320123866 4665544709
0208901-0209000	6270322119 6735206682 5688348737 5964507251 2079691451 6873963998 7295089292 8615057450 9391835248 9864171151
0209001-0209100	5633710772 0704371942 9897852585 4106512202 0872198511 5201196820 0668515495 0907756992 1619316805 7612255084
0209101-0209200	1079956447 3572362115 1384426059 1187852361 1115766746 2461676058 9490884732 1882511881 8916537294 1301847563
0209201-0209300	6508362290 4096877270 7590630759 5173734465 3812358167 2056998615 4493374413 5511580828 5999797250 7000542569
0209301-0209400	5844829042 1570329632 9695418372 0611253277 8185078243 5323918726 7379753901 0604218982 1333568001 4917629276
0209401-0209500	3589739749 1510336102 9448548755 4126594588 3082627308 7297415813 5998785058 9708156429 3241595652 0572243886
0209501-0209600	0158420781 0475042628 1129044255 2635054829 6613431983 4755788519 3222267186 9303645667 2710264959 9400511663
0209601-0209700	0866373172 7404454569 4973748748 5211033177 5493646253 8061133447 4310806832 6308466220 3937077310 5244279995
0209701-0209800	1374501935 2661423522 5514186805 5104005021 4387677859 2990110859 2518674991 3131450008 7258371166 9369824976
0209801-0209900	9940841616 0624284063 0833289799 7161870505 7651962404 9243165999 5151896649 7547503900 1147398903 1896878326
0209901-0210000	4557847453 7251804522 3597268776 6876242850 7538166167 9248800082 3409032034 8071465228 9022230806 1496574270

0210001-0215000

4477221250	2661923714	2356260929	1226018250	5837318119	7103907517	5338577137	8077621317	7245287947	9158317148	0210001-0210100
4322731473	5068371778	8157985202	3035280059	9998697766	6937008226	7088042043	3042717610	3604436021	1957405318	0210101-0210200
3239775082	5376243533	5992587448	0669523131	4095082672	9742008271	9591871616	9601534065	4578147571	0124329470	0210201-0210300
3404989011	7240314562	7070070858	9135551306	5947483050	1092675331	0504767668	5100687279	5324432368	9649387243	0210301-0210400
4914018868	5802176697	0655158850	2561741520	7031509272	6514587358	8577166907	4118956676	2941681340	5784240677	0210401-0210500
3388665298	4335828209	9209279600	0256053731	6119574865	1729717114	0435836830	2333102692	4475563496	3018267857	0210501-0210600
3511105639	7494733570	8175806329	8707668034	2130966827	2612847950	6043615265	4421703635	5406583290	1954741126	0210601-0210700
3216179414	3686238782	4468108851	0060879820	6571969473	1531688727	6558292548	4100600262	8870847072	6414636981	0210701-0210800
4546760230	6906484800	0195089152	9208834752	0029483301	1835707147	4860460032	3180366466	3011378346	1481020801	0210801-0210900
0408241624	6439862858	0275352540	5414811787	7257844982	4401215358	0883263111	5767938834	4399416742	5526718127	0210901-0211000
0687048579	0500170018	8276611540	2598966456	3822695284	0861257000	0031201513	4146214627	4358818811	3752159623	0211001-0211100
5509096186	9348253038	1968085084	9675713080	2652210017	5445215043	8824469635	3913545222	9483822752	1939781610	0211101-0211200
0630815713	9473475716	4331002885	7201156174	7191922667	7195436928	3128266043	9606992546	3721960291	4253777973	0211201-0211300
9831674438	1208097218	8188312362	2660338707	5326789425	3855916918	2977283327	3126155084	1748495123	5989157986	0211301-0211400
0193104630	2040883658	1232828339	3282877527	4859787053	6473295156	1411429853	2461034302	5553130194	9643011670	0211401-0211500
3792865637	6695698547	9637443740	4695144047	5248627476	7380255896	7408496302	7253885817	3832095777	7270442659	0211501-0211600
6764502346	2419588725	7359338615	5268081204	7751364027	8605967148	9936812371	2011862123	4905481712	9245481543	0211601-0211700
0238041036	5014875356	7454311180	0604500426	1307876822	1588514426	7302962084	0482261369	4974262081	7609999350	0211701-0211800
0334461976	8841879030	4159595153	9264111965	4647748208	4960353618	8945761220	4857186264	6143232749	7191880858	0211801-0211900
4172165024	9255612284	8670444079	4528091825	3914446987	6181366331	9439606463	7822450816	1381778729	2827839764	0211901-0212000
8591104634	5562271722	2178176922	9741153867	8621460572	4201588982	1754945547	4948636317	6722743647	0898021546	0212001-0212100
2007325013	0237057212	1626662522	0053039613	5167883101	3008568016	7987713860	0808744144	9608596103	0410411974	0212101-0212200
8536983111	3671070824	7974741971	7080824301	6916661770	7713127633	3136381545	3158913375	2541683984	0847864317	0212201-0212300
7506675039	4884663677	7214679211	2185361223	6316721888	0380661069	8593702379	0963186922	4025911914	6345846149	0212301-0212400
7417121925	5019925474	7960048460	0633459818	6460801159	3744703731	6631953518	9087920564	8107281187	7724020397	0212401-0212500
4402460212	9739110134	9926966489	8978223364	6553651294	9732934154	3406894694	3373818266	3778605034	7493433270	0212501-0212600
2908375618	0110549346	9017933942	8739905663	7969763478	1069552896	1987646189	8507220863	4587475775	3558684468	0212601-0212700
7233572491	7904765480	7751039237	3639618546	6753334959	7089174705	0103139694	3809023634	0457990307	0724852963	0212701-0212800
2851430888	7866880742	4981635856	3633931419	4762523066	1525205658	9630703714	2091574467	8667376833	5155822444	0212801-0212900
2263717555	2905493953	2882366689	6153326331	4935839281	2822458493	2540555941	0719507137	9970356374	2340097316	0212901-0213000
1309864621	3937953087	0947165361	2565080331	5785044573	0000941413	9460014745	2544140381	6920993360	4115965838	0213001-0213100
0050630368	2545663080	6282500948	8020034180	0214558417	5546348018	7653567764	4115164771	0438436690	0853706114	0213101-0213200
9050325303	1468354371	3358180929	2400768050	9581888880	3131922996	6049866511	9235533344	2715995130	7690820852	0213201-0213300
6629677403	1025947302	2591776820	1325910777	3158578447	7312075886	4509339877	5618726625	3938362357	5762515880	0213301-0213400
5620309231	2138665780	7216261161	8127003756	0534462263	4949838625	2566652422	9234436513	9697208237	8259957626	0213401-0213500
1080998493	7542273567	5122410923	2447930724	2828029176	2353753386	3708763873	5181552748	2111244800	2459124640	0213501-0213600
5111511149	9664462619	8433900579	2546353949	6228889243	6232521864	0252481049	0595955408	3650286893	5748905420	0213601-0213700
0091253386	7434313407	3422651959	9814488762	6448318552	7327749412	2878561306	2258218781	2001162857	3521338086	0213701-0213800
0436525201	2350790830	1505963245	4682818922	4759891328	7169435985	1422675732	5815092498	2124899051	8465907278	0213801-0213900
2376396492	3211904205	6438491725	5643187344	1622962006	0447190161	1612786080	6915970507	2338317990	2400106211	0213901-0214000
6474775843	9023757467	8913169570	1182264621	7702894571	1913641268	5871868635	8249327174	6562706728	0751367431	0214001-0214100
5975075657	7475837640	6338044944	8206683521	7833213332	7896776383	6574467462	0172883957	2367211098	1540162132	0214101-0214200
7006816874	0231366194	8332501044	6485646460	3641253174	1333323796	0756729373	3052122974	5793335256	6168558920	0214201-0214300
0437596251	3420306383	4294306097	1584740953	8019741154	9530010282	1650559592	5945919485	3348227327	1554448735	0214301-0214400
2136534472	9423949559	6453047880	5317945586	2934189010	7779349027	6022180849	9185141257	1653165137	4508750314	0214401-0214500
0146677425	1976476204	6166931133	2604538789	6451657290	8438615194	4311401615	1423070224	7163939901	0043790686	0214501-0214600
4103416236	7907418506	4637682566	0389550334	7734896731	1334313629	4285431488	7603124731	3354196709	8000845264	0214601-0214700
2740142097	6313695876	2258591009	3111299737	9360013553	3529207482	9853672042	7612698476	4006676698	6610534552	0214701-0214800
0728721873	8180679105	8162907487	0107673696	5216687344	8787438277	1997327186	4925542480	6684238330	2741069609	0214801-0214900
1855007115	3548924174	4407943370	4231825456	0683867024	2052339330	5803173064	7788593322	9299655466	2168705712	0214901-0215000

0215001-0220000

0215001-0215100	8180663158 1075969880 3795419028 6710515896 8218399861 7226456523 7272159212 7269985616 6884308596 8396028717
0215101-0215200	1538526694 1479317328 9354584495 3150218593 0086689117 9713664949 2410539530 1740136078 5889154713 4085003976
0215201-0215300	8036453811 1157208612 9563947096 4557427082 3873126874 9887309705 9005337318 3461689693 4170930000 0861680278
0215301-0215400	0058956741 5228443663 0022965265 0701385626 5684358886 2975858927 1228973122 5045019397 5398801959 9295859466
0215401-0215500	7444885279 2346410372 4733413533 8390259480 7739551764 0674147646 5801453303 7551258783 9152060027 3054598058
0215501-0215600	2800834158 6750878202 1829802912 4179773152 3538577064 0677116684 5213658665 0109064439 9184664729 1438415228
0215601-0215700	4355957780 5241786922 1343902620 9703590303 5025270328 3979867654 8711129716 4150657689 1539350909 4042163002
0215701-0215800	9212623423 4712852108 3954216649 1175188768 4890160163 5079499087 2514594428 4090769519 6996180377 1282792923
0215801-0215900	3063139463 2150965793 6648852867 1853658985 4282324046 3873382817 8481530209 2030883156 9726734392 5583364321
0215901-0216000	6320660898 8845807113 6277639996 6495706481 3332430080 4430706922 8179629683 2861316394 9834158178 8714262196
0216001-0216100	6549905140 4499949051 3227583290 2039733890 2854257513 6640742837 7198389513 7584603568 5933196763 6542297879
0216101-0216200	5979675682 8399831018 1525423666 5985727858 8886806485 1894597071 6203467370 3516804567 8974108321 0206877691
0216201-0216300	5310505668 7668773293 3492002389 3505744369 5445160234 2979457806 0306718931 5767951908 9580811282 7048686785
0216301-0216400	6517949494 2531798989 8545584635 1101662924 1506701611 7622197572 9255773222 2995795702 6951427313 4125870360
0216401-0216500	2132593747 6429476772 3385539394 9608034943 2963081459 0799338159 4311461023 7436482609 0527489260 9114997817
0216501-0216600	5992425233 9697286952 5241668731 5009238204 1212854261 3616353249 1366251378 6628744172 8736927773 2668533899
0216601-0216700	9050914428 8059316961 7682577285 5927778554 8891224880 8866962902 2220090710 5319867273 3203501256 0832761865
0216701-0216800	4686069004 6121765511 4103453283 1271204435 2295100167 9479031335 0534253556 7838691922 3431249052 1332794361
0216801-0216900	2569046803 3045406425 9314334859 8935298788 2254953185 7424881037 6413754148 4499829522 7489027969 5089814986
0216901-0217000	4690761644 3895752343 5665064979 8259415250 3242632552 9441165969 4055989586 6507612153 3992974864 1052808309
0217001-0217100	8879197123 7287616972 9073029530 1586338095 4319401820 2669104693 1393035266 3628358321 9629341950 2205582156
0217101-0217200	2811510082 7837021914 2231861577 5289443074 0125120698 2236257041 3511621279 3447479373 7507085853 4490402518
0217201-0217300	9467769147 4206491390 2473152404 7392237570 3568331255 3974447363 6977591310 1672485564 2522704985 5871329918
0217301-0217400	4758438211 8515249153 2108660870 9389477465 5589097681 5009091552 4531843711 0167970439 4227200606 5934727864
0217401-0217500	9237655946 9584717164 2902578632 7183436043 8706061526 7993199251 7807196060 1819978896 1891441329 6815327355
0217501-0217600	3656553178 2787898770 4548492565 6831540484 3368663589 3482791153 7849960146 2943301785 3591892226 8713560211
0217601-0217700	5638066888 7360245242 8615177077 1110671285 1439717394 6256684077 7072585891 9518657200 2830268782 7488064624
0217701-0217800	8625804514 3333445413 3086163786 8233257296 2579538006 7350910605 3396523255 7596824150 4827951961 9749459051
0217801-0217900	0082179623 6567014770 5645902747 8980181006 3095188896 2137903769 3653372987 2681282088 4788701063 0825541585
0217901-0218000	0421334101 4958285427 7180694946 3381388168 2451903444 8050492243 5510003314 1429208942 2576831348 0195104195
0218001-0218100	3956483428 3831689946 9970689361 2395299336 4773605967 3795630161 7803184226 1826199208 1634867619 6602758664
0218101-0218200	4711808760 3253007087 4535085357 5490894833 1667080132 5348249711 8067652281 5802360708 2333904142 8117022941
0218201-0218300	3525360033 0633026112 4551686492 2753389765 3332750883 7308735465 9141118979 8341977081 2191200847 1374423563
0218301-0218400	2419974361 9581423276 7405600444 6749156949 4557871493 5547922254 1764298223 0757366515 9603939567 8729520830
0218401-0218500	7621299572 9056463332 7979056087 3601966838 0684152160 0534098228 7176820543 0304948296 4071437795 8967789178
0218501-0218600	5265134420 9014796569 9695860332 1761028398 3223252420 9091874975 6952825023 6244494235 6873501034 7018741990
0218601-0218700	5300293809 6986090876 1494567287 1126806871 9599242400 6465327711 5700461234 6955067259 6301566722 9090544456
0218701-0218800	8896694903 6381979374 6846586653 4067955971 9446297756 3164582434 3862403793 4898047300 5757098395 1582161392
0218801-0218900	1444041889 4226816655 3489541432 8206155392 6819933381 3234143139 8790872065 5644117610 0519791030 7921159446
0218901-0219000	4124822986 9540395866 9789629636 0224807663 2631118560 9381709075 5322596581 7149254580 9500486428 1930723758
0219001-0219100	6533109347 4102684608 8351017655 2329792792 5886429690 5772257139 0829119090 7196417085 3845945443 3599189629
0219101-0219200	6182581379 5766195253 3777093959 3093755869 5979150585 4695906008 1600343557 0792205728 4184858559 9616477156
0219201-0219300	1906337685 0432936554 5474742979 3082284034 0104214779 4004948180 6545729224 4834261048 0152048933 2597893682
0219301-0219400	3575947758 4893907965 3986132009 7773887838 9002306649 6506731865 2650568283 9582196258 0338070209 7089887141
0219401-0219500	4621585654 4262375254 3139384253 2127573407 4533191162 9551711879 1369927035 3917235081 4998662377 9442841884
0219501-0219600	3345714929 2710333226 6309932715 9181177798 4273789750 1478943326 8497205154 3072375606 3998772961 6687253234
0219601-0219700	7099071746 4054024073 9876530764 9992827255 5573339710 2244685228 1974406356 7415442339 8952240404 2548339746
0219701-0219800	5537147315 9903911519 9581609495 9851210374 5365994424 3964558662 1895120731 4020177355 6781853195 7450015913
0219801-0219900	8619106408 9978693283 1364839009 6137571062 7234780052 2824211842 6427552831 6128586976 0156604643 1833533610
0219901-0220000	3972337460 1999153889 3157302858 8269160920 4948845413 0092262588 3777140487 9655160155 4359374511 0789847180

0220001-0225000

8847009606	0778907622	0693684073	7849633609	6342509584	7082572563	3681267006	4291029822	2799915761	9394123050	0220001-0220100
1066561932	4385291312	2708830715	6747196820	2186272019	4847446914	7750995873	7748660296	3126211239	3626268432	0220101-0220200
3153391719	3569137898	9196606671	2770973432	2808251984	7506195406	2034493330	7037842679	8379941771	8823847785	0220201-0220300
7304923986	2558566116	3352861527	9571343531	4524810391	6383517055	0778772229	7623979208	4070887115	8662399192	0220301-0220400
3319336495	5741099493	7541006679	6880142650	2073106663	3219037296	8824698040	8070541863	1788519380	4782714122	0220401-0220500
5654179999	4252084728	8328203476	8584897255	2574718194	1141110041	7415667999	9964197532	8403240933	1190631921	0220501-0220600
0471346702	3378515181	6822986613	4384617955	9222892272	7247929512	6971190232	4963913804	4043995740	5009271208	0220601-0220700
1861325429	4374946808	0349527402	8786638624	3934171088	5765745650	9859476694	8921845006	4054656300	7857601863	0220701-0220800
3790396114	2713096570	4638609176	3460387568	1169616742	4770017570	1209622415	9952976060	3853488570	0148140313	0220801-0220900
7001128029	6945431637	2351125088	0211913858	5426221056	8994899518	3018091417	1906159263	6934736495	3071541759	0220901-0221000
0666788072	2820148829	1988205155	7077635832	9567219112	2035770424	9516850618	8295308898	8913377428	0092605574	0221001-0221100
8231190883	1910313193	9299334559	2313428229	0824495258	0052392312	0354684095	9181180376	7004110412	4295206004	0221101-0221200
1674976055	5822753840	2785572289	9442909707	9220373479	8808673500	1702235402	8870748724	1568779150	6214652489	0221201-0221300
1733255247	7018448633	3604237917	4274985534	3362819513	7659386276	4032817426	3624814720	0965705761	7273393219	0221301-0221400
7137016249	9437607223	2561327874	2493777785	8926933033	5964016213	3441364984	0271139133	8427470757	7695437786	0221401-0221500
0117566491	0861942707	1829174412	4265444598	1363785943	4402043228	6589754638	6434827291	4836757909	0612462084	0221501-0221600
3234390391	9234433434	9677277355	6111421320	0143944432	2732038136	9085729795	7363267447	7894386577	4890385918	0221601-0221700
0992598862	9697792589	1374705285	7795461303	2054330367	7522033550	8550526418	5246835194	9293468352	4328602941	0221701-0221800
6899457532	8382103070	0597142644	5390140901	8029918233	3664744077	8847072021	6230623856	0559758221	3448377296	0221801-0221900
2995988321	1943413369	4583446147	8359693702	8326827141	0484814528	8290526166	4032814940	8184024376	8279808314	0221901-0222000
9452046334	0131479318	7522373778	0641449565	7562106053	0337373631	4667499714	2819907423	9705585981	5350366620	0222001-0222100
9046505844	8358290370	6278821795	1701095497	6396032910	4655406069	2645863021	2687402703	3337628709	0086360775	0222101-0222200
7172312759	1619507653	9133776329	1958221560	2395743429	3446887129	8084612180	2689710424	3417090833	0991098588	0222201-0222300
8888352540	8594227691	7768288120	7561794396	9011907566	3452417006	1632008101	4184753329	0811300309	3109758677	0222301-0222400
0730363184	2545293345	3097666152	9175236632	3656474216	9042280616	9751560533	3059925079	1768250223	6464599957	0222401-0222500
0337747610	8414750188	5998830265	5204068322	5323910587	2448941321	4920420150	7636619728	9000406059	2720424962	0222501-0222600
7607199929	9976515689	8504788208	5190980357	3311574154	4655500524	1314901243	9899507673	7791147971	4212766615	0222601-0222700
5536570002	9980643522	3585594633	4029151965	5744773725	7745255173	6846772411	4822876372	6800196358	4486242603	0222701-0222800
7986498657	5821308051	2548677536	7180449618	7001591044	7387934243	0418785461	7870457854	3664944284	3850304116	0222801-0222900
4819266671	8497525267	0736583993	0254006188	6594630044	2593498642	1887367466	7791401028	9921935190	3419847325	0222901-0223000
7602258531	9484839338	2061146480	7036489978	6708653140	5317348151	4324651853	4005640853	0192899076	3601600914	0223001-0223100
0767076874	8649878661	4472416438	4262549228	5981679108	1292052188	2291519447	4347041036	1926198224	9688650183	0223101-0223200
2878812286	5526149448	7243355986	4067055348	8667642160	7699601535	5082328241	8270715618	1963143431	0929628040	0223201-0223300
5256938017	2100643874	5609358563	6653375409	6152099368	4410900642	3455594967	8992586527	1737498298	0371763864	0223301-0223400
4155408339	9323473281	3959450090	9116944267	6470996060	5136670340	1744118303	6622504899	1020282241	4630485920	0223401-0223500
6393922465	1764328196	3200444786	4310710645	1818292490	1554707046	3013665850	2775050796	7666944709	2311169507	0223501-0223600
4284579269	1986465479	6897698574	4247120250	2619936276	9049186893	8537969774	8241302056	0763043389	2247367574	0223601-0223700
7538314713	4175467829	7496244770	6654093819	8182940533	9527866772	8983884828	2991142392	7736324571	6014373375	0223701-0223800
2630480263	2494216545	5657671976	7519347205	4649944251	6009891508	5265375080	0251075605	4326553772	7234223071	0223801-0223900
9696794527	2246615973	8660217416	8903912272	2547133825	9155322845	2515226694	6972817303	1755253671	0851911358	0223901-0224000
8765425443	5790412982	4103543174	4232764343	2713706542	0996321570	6364060968	7138452462	4566335269	1301220789	0224001-0224100
2078038541	2037602063	4119553945	3469466949	3091620795	8199116593	0757419826	9298778666	5036590825	8531021071	0224101-0224200
7015018441	3675291384	8473908192	2356470866	5621950319	8651985556	9037476710	9471408761	3531548718	1593027818	0224201-0224300
8382078139	4000869999	6704517400	5890292947	2049512466	8073909517	2243055169	3010480382	7814754464	1937702694	0224301-0224400
2493272433	6812520246	0157153486	1044060759	0563320374	1788371475	3521439572	7778827463	8618416087	2134325498	0224401-0224500
2369004837	3821826384	0092510215	5997628249	2414832391	1002469278	9253625384	8077699875	2416827751	5798144534	0224501-0224600
5592180912	3520162309	2356187262	0356180637	1374370501	2462568124	8863511622	6947566896	8136190873	9138611682	0224601-0224700
7810422466	4184881377	4916377582	3530717510	9336365159	2078320285	0748781773	2945679572	2880270292	5330393035	0224701-0224800
6296096550	9081112345	9904500640	9831462600	1133976600	3729813388	1316144986	2460738400	4103873895	2334677015	0224801-0224900
6047656476	7743753091	3530360277	3064948548	1818157985	5584587136	2783153768	0464822152	4841805002	4360485920	0224901-0225000

0225001-0230000

Range										
0225001-0225100	4248195328	8367840363	8789956319	3321631831	7783975299	1937552421	9659608965	0655373940	4460898228	9650830886
0225101-0225200	0509089024	9651264721	1910969229	4038660590	9137826663	5979448407	8326763625	4438297382	6316123851	2713588318
0225201-0225300	9511072580	9941985723	9426389659	0594982782	4178092350	4759958072	8228798338	3670661002	0415953764	5690875936
0225301-0225400	0820905304	6464560549	8351090377	8477908765	1974600057	4937826856	9622689236	5647368966	4002376142	1391404088
0225401-0225500	5302285301	4229240229	3423918474	6072891824	4015840316	1965703700	5116503748	3283612130	5179276792	0294958449
0225501-0225600	6107578731	2193123627	9249070877	4704940277	2076686395	1289959581	0379182555	2757370199	0356398551	2824029479
0225601-0225700	3513430470	1498533163	4148827241	4708705113	7221073263	7816770795	7042443525	4240265878	4910323099	4421850476
0225701-0225800	5710476292	6221526379	9117735029	4554041471	9797361893	9164136467	9582508105	2536221009	5673087070	5995351102
0225801-0225900	3282255406	8808184242	4613290550	3411246368	2062595644	2929175740	1920097057	4675178378	7094973834	6200035152
0225901-0226000	0235096582	2051323495	1881288097	4170138280	0727749270	6073842957	8676545651	2232806960	1873592793	8422502982
0226001-0226100	3945265456	6153768909	5003761204	1625651830	1073537003	9070291502	0475371427	7894368805	9173203027	1185778991
0226101-0226200	7666634257	1642695371	6695933183	1417686469	9203932928	7314780654	5499610556	3585878580	3559889382	5325627842
0226201-0226300	7797527748	6959058290	1784353170	3864196779	1407650481	2980943838	7688116335	9953474978	3496325840	4256655648
0226301-0226400	8352302309	7152638961	0852632841	3993551737	0055701579	2433145571	3392635064	9126910328	7457433680	1684708832
0226401-0226500	1019831805	7258996356	4174994799	9141176464	0878309858	7388760126	2243929152	5135127431	6311424091	6595798544
0226501-0226600	2311940742	6391419957	3700819368	6324395428	8891892159	0733557117	7725165886	9544944649	0515695732	4223604942
0226601-0226700	9106113988	1878797814	5692300825	6816350893	3768853608	7849150976	1407672722	0176526327	0063040429	8829853236
0226701-0226800	0410002404	0182990715	0582095348	6678658549	1475231039	1765304392	4444519665	1342514858	8659357253	0618789331
0226801-0226900	7329084163	4035522164	7410415435	2613758218	1818791279	0652821080	5664458170	0818846212	0953276418	8236193739
0226901-0227000	3715845416	5450046137	6347557269	1672524761	0255780211	1982212191	6167692479	9468148510	2211083546	8697760470
0227001-0227100	6507970232	6979179446	6405825458	7841235137	8391598786	8576580174	7173575840	0554500216	9915662489	3432775705
0227101-0227200	3162343985	7465121125	5669761595	7941655004	3092783958	0643678562	0176109369	5343227442	0323727782	9212641072
0227201-0227300	7927331538	8054265718	7195231461	4760851241	2071162145	3707052346	0987352852	5352639855	5173759886	2152283252
0227301-0227400	7062331717	7105764683	4420711218	4896971626	3292124906	1416662418	8760417868	3965335208	1340399319	9974584851
0227401-0227500	6368676490	8868591045	2680787306	2160502149	5859193782	2714926533	3228609685	3650503986	1403799578	3932359268
0227501-0227600	0910778905	4855586108	8592428224	2259277447	7365117818	2700198138	8531607305	6803365796	7627178457	7742916999
0227601-0227700	7919369629	6290729972	6810304970	9697061750	3617848728	0491571455	3234024897	0086518250	5718413909	7089981443
0227701-0227800	2108632743	0762953464	8301060291	7603173983	1629885580	7697144339	5677290152	9479249489	2573053103	6288092988
0227801-0227900	5710977420	3433903894	2417749608	4967853115	8757524460	7210626352	2179995794	4832824964	9817968808	7770356049
0227901-0228000	0697406097	5581511209	5162050132	7709107803	9134611475	1004969867	7195780467	2823682217	5885085551	2187378823
0228001-0228100	8435502397	1353564767	5312848875	1114558439	4413075616	6908021940	4705402509	2561638873	0579959357	1007095421
0228101-0228200	5242402389	7386614498	4302696436	1569759383	5035800086	5252066344	8232509342	8912815946	8246881311	0767064807
0228201-0228300	2715392133	8085490889	2130453545	9788581127	4425344881	3196217550	7453904692	2922607786	8286365875	1566809447
0228301-0228400	5047862672	2735707695	3714897264	8601362808	0150844226	3265972211	4711872171	5445818774	2615869707	9388695592
0228401-0228500	3103553477	4484427102	7727918126	5419391255	4760484431	8093436796	6463340428	2833273374	1850629865	4994600120
0228501-0228600	9056686091	0949503520	8441838991	6340306963	3435199713	7223404510	1839365628	3949057157	4119917388	1420686449
0228601-0228700	1885648968	1633355195	0660009288	4333252480	6735584171	3374961715	0550934263	7189402325	3035425993	8439418771
0228701-0228800	8742088145	5435435616	4303489103	1481520576	5886944478	2706449109	9533521284	3251910491	2469054321	7380510679
0228801-0228900	4185988054	4012894251	2325899099	6231232405	3877398210	1446405849	6559741586	5952320581	4498852510	3769306549
0228901-0229000	7489313506	0329360744	8181499898	2011182749	2778152011	3240464303	8340009302	2310805472	5959755121	6746706659
0229001-0229100	2294443857	1075829356	8651598011	7901994804	5358247172	3450301763	9891490221	4494890216	0198684151	7587379191
0229101-0229200	6826610983	8573845376	5280418900	9337550323	4876758875	7658350816	8084898048	8994613463	8467583582	7589450046
0229201-0229300	6480260224	7079596073	1123470870	1901229396	3842199250	8876853711	1998543312	9372429484	7578836115	1740833584
0229301-0229400	3753310906	6594270132	5803295439	8152692068	1054804215	5210247965	1145454331	9711530574	0995493783	8369320017
0229401-0229500	0656410239	9396852034	1513173309	2513860829	8396103448	3756434854	7094563741	1060456166	6832802636	9760559410
0229501-0229600	7860053014	8540321252	8253223272	5173232493	5578822659	3959508373	3400950598	4530084486	1549376083	0772932369
0229601-0229700	7805390206	9489843652	2867928580	7815810808	5806495326	3317305646	8160917851	4712540008	8072257937	1359859196
0229701-0229800	0203211769	8516618138	2057266644	8797145605	0564764174	2736841891	4506734245	6756416048	2903098189	7917595674
0229801-0229900	4799704418	4815439560	4702337843	5681267617	7157987374	8731652445	8821001641	0619287671	5295197730	9612579504
0229901-0230000	0132799512	5123044607	1737653304	4348897583	7750220067	4146778016	9732280054	5673449942	5372413845	8236775963

0230001-0235000

9957228554	5930783851	9140395047	4413617589	1007414622	6819297696	9498861286	5298551788	0249933196	6356382483	0230001-0230100
8294192474	3192355842	6763507319	8580303015	3430748618	2437832522	7933579938	3568537811	3275565386	4730024767	0230101-0230200
4306723758	4455570664	3322396705	8378975019	4011098458	4530312039	7416081495	2863365122	4839511514	2651395213	0230201-0230300
6199492804	7761456722	8484431285	6596156497	3138278595	3307673696	0149415863	7070362175	6586701043	0358696114	0230301-0230400
5791714834	4582054822	9597116654	7021136277	2824935407	9462907060	1403720169	0357789239	9326303272	6072545060	0230401-0230500
0403646050	2838092961	0076000676	2109358216	1548809682	7981804590	8769907558	2797111496	7485871036	5979817790	0230501-0230600
0559920461	9921086218	8333938643	6767545357	8236336989	0881619356	4218210955	9511009398	3753747755	4658607786	0230601-0230700
5594330622	4849127897	8754508135	5800095536	1863224778	9455782167	2858215655	8348574169	2055782234	3615032535	0230701-0230800
5191306945	1960052894	9869404686	5586452883	9323919612	4043995947	7905755435	1905822581	2702468257	3216026993	0230801-0230900
5312376217	3162563897	3247571162	8596069997	0829394959	8146454681	2429119289	4493216757	8936358775	2365870831	0230901-0231000
2626129768	9522140371	2133337137	3636570097	4961114679	5473894021	6254866841	4635249814	8656843712	9932566103	0231001-0231100
6903209843	2452443637	4578928327	4532540101	3787354608	7085784915	3391330184	8796502158	8810929903	7143501149	0231101-0231200
6211919724	3727036331	8901179929	3100919897	2066058919	4991838526	9867800580	9392309173	7819542985	0851684668	0231201-0231300
1299233425	9466707617	7767558862	0801261412	6146408861	5606370386	7564612888	1437886181	6884069210	5737310071	0231301-0231400
4712755602	8255238461	0494287319	9498380141	9274943751	0069479060	9597627570	4074256052	7920403735	1322564372	0231401-0231500
0532009690	2712617878	8419582439	2343316525	2466820942	5466272979	3482420950	2732777029	5359815649	8247338180	0231501-0231600
6163938715	4774919753	5049321791	7432066843	4092062017	5808477830	5188754961	2442395201	1896490704	7660186063	0231601-0231700
5733321398	7937346739	1490808812	3513455137	7407155868	2223545588	4575446863	4333775403	1387130262	6071462240	0231701-0231800
1171706024	0106522549	1198646843	0964157219	4492446028	2817325253	6670353723	0042424986	6064805311	2750195435	0231801-0231900
6523225687	3826351560	6179781774	9036314750	4957320325	8272282087	9015800370	3947220784	7114408535	3021626740	0231901-0232000
5066505125	6166950057	3990832732	5068995212	6975261606	0272524728	3665244676	9954693569	4759472575	6685581189	0232001-0232100
4258537772	5768098397	6858806496	4418575387	1729087162	3665842954	6000645728	3605313875	8138636294	4104313462	0232101-0232200
9953741827	7627185306	1591934261	2177132010	3100211452	5657669028	7097455533	1090738581	1128955140	3927166875	0232201-0232300
2247998498	7499178502	5892689021	4824595782	5905186445	4825308670	9605415246	3916486748	1996956919	6375971963	0232301-0232400
0398096105	8033546132	7894359818	4350869745	2592000548	5900303729	6168307195	7622685435	3641731181	7450957993	0232401-0232500
3164776907	7464027402	5905255388	0918629368	6045867395	2113310468	5547484403	8171072506	6369101455	7314738282	0232501-0232600
5053570575	6613939175	5260695186	8964925034	4686647491	4652615608	5505037913	9420298199	4222199473	5438231783	0232601-0232700
2230368471	3733024748	5594298263	8040651298	4891971277	3126979399	4244683681	3979719308	9451531301	0228207176	0232701-0232800
0241132296	3912280618	1570953761	8452022878	6336178426	1035310734	1759203978	2916543702	3953430922	5910850108	0232801-0232900
0565591877	2527775548	0027001929	4614144153	7672275682	5533214173	7201407471	3478844343	6316759161	4387225594	0232901-0233000
3304949771	9612338422	2661604896	4396242053	2677970414	3080241164	0119680891	0109206342	9038027925	5156967953	0233001-0233100
2441619283	4866410838	2860544153	6996436593	1969137777	8700593603	0482022913	0265145922	9613455802	9718272438	0233101-0233200
4196876724	3708470623	6755070563	3405026837	1994493547	3265265632	0662743808	3699582633	5167607082	3549529856	0233201-0233300
1583433119	5243922970	0398791067	5268314944	2248758705	9711975013	5716880807	7088016385	7843277818	1513027786	0233301-0233400
8311685891	9461143010	8958921839	2897133594	1392888564	8854509163	7259398359	7420767157	0746071497	5246059863	0233401-0233500
9896695746	2315777686	0487972014	8035767956	4845898219	7028876161	2319470132	0955924214	4883555057	6272323443	0233501-0233600
4842642601	1753223061	8223035658	5080470110	1189919325	2571720549	9629266412	9773504285	0437026228	9723585281	0233601-0233700
6267563789	6302038984	7435594806	1217387390	6685354384	5303929312	9881938833	0411834237	7836147805	9757505840	0233701-0233800
6622541336	2933578093	1947819663	9297423503	9084805932	0069789917	6788339686	9131974825	8864747086	2799713132	0233801-0233900
5613717273	0816533406	1394625685	5059072754	5864506864	6565277682	5553429721	4088338372	7882010289	0293240313	0233901-0234000
2421020026	1063566424	4369661208	3041768693	2201048993	4515597321	1746630090	8671200835	5724205292	2510628503	0234001-0234100
0294066927	0580504400	6818192273	5142563465	8435481109	5932073401	2749694900	0254472079	7360379164	6697031950	0234101-0234200
3383284835	5167676058	3103654527	0857655498	0028239478	2231371887	0396521642	0784140386	3200501687	5592892442	0234201-0234300
4891643210	7962003137	1107462606	9359189558	1823998836	5915310970	0423581742	9460073596	1247432905	7210929097	0234301-0234400
6292410410	6566209235	0379244313	9268903030	6220340787	0584752136	8443498140	0664399682	8177728832	8306808296	0234401-0234500
7474851072	6842285639	5031192396	7939970227	8280832904	0391879427	0125640317	3198670548	0903817290	1093826770	0234501-0234600
3276181873	3382332992	8735425179	1214674169	6844438416	0995792173	4925475411	5169550363	2929460672	1879838177	0234601-0234700
9848868362	7829099798	4302172041	7536252229	9672743257	1630803326	2679427008	8346679931	2372277892	8049072690	0234701-0234800
6343593863	3448273734	9468718088	0694508882	4068997261	6587134375	1874071244	3535899935	7495057639	1055026023	0234801-0234900
4884831930	1097762875	1845555614	2797284284	8760393872	1304909025	4184884269	7751401162	6937613955	0458568990	0234901-0235000

0235001-0240000

0235001-0235100	4730039876 2225695695 2852270270 0707002236 3127827564 7209189072 3661453383 1506450866 0157166725 0304425313
0235101-0235200	4573076142 4825299347 3550820094 8111074026 4270328796 1354558997 2387692438 8109759704 4445727972 2559558214
0235201-0235300	8318579221 1683819202 2376660147 0535503329 9056638996 1139502003 5590039531 4314853199 9733956110 0645962955
0235301-0235400	5821496162 1580455163 2496152498 4625491338 6661556613 0574710730 6606494761 2592513473 9867240429 4705271394
0235401-0235500	5870057114 4617743592 4891999977 9853985891 5545801175 7075458419 8570746444 1715735287 0883181556 6490671161
0235501-0235600	3720524842 1240675688 3333463263 0939467440 5915392812 4346865274 1507636710 8332946799 3079601213 2262362971
0235601-0235700	9228890611 2943956865 8906746885 8225888839 8916501883 5533075233 1981579035 5358685515 5782065468 2183321590
0235701-0235800	7429103474 6956756633 9248541522 3645371500 3886217890 2634313785 3026622744 8817999987 3853323415 2500505075
0235801-0235900	9944529160 1038492429 6473792314 4851996764 0031204261 9311018390 0107455976 9324574399 6519682211 1570172250
0235901-0236000	0007801852 0076909279 9527481957 2235224900 9245510210 0832943506 0470903821 7623401235 2784838737 7273143198
0236001-0236100	1235331216 7350741624 7841954632 5344615208 2891223780 4692290850 9386280752 6773733648 9167527510 8867186907
0236101-0236200	4857315117 9871911275 8973717212 2200697902 6862701539 7703337623 5391685730 2353277808 0515008525 9817532955
0236201-0236300	5080787788 6672815650 9666916158 3911272169 8699388759 1126886484 8545345289 8384500172 0075317880 9612734774
0236301-0236400	4030045241 6750323930 3836706170 7101305504 3805871730 6756683353 3745378303 6855999377 5908695130 6218465528
0236401-0236500	5792359339 1741917120 5417969987 2561324532 6657739756 9709321705 6219380046 1482857499 8937523164 3513474707
0236501-0236600	3658820981 0605778865 4165147324 8981787009 4630138507 9255922260 7297152262 0388194374 8439143105 9409599258
0236601-0236700	4334465657 6817396893 2611045987 0100372754 3525116377 4416122729 9994101861 9566051421 5969412063 5513144859
0236701-0236800	7195452860 8097486825 4874524459 0362604731 3806483937 9734468186 6249700721 5547106019 3500238648 3893437562
0236801-0236900	2763501279 2584941732 6436623720 2327855359 4194930450 0111524937 0114763463 4157542640 9557473943 0694456354
0236901-0237000	2362081212 2411763735 7697086777 6359301935 6383644402 8893630507 8333228036 6747439432 4865707989 5085250872
0237001-0237100	7418326835 2719951577 9265271987 6374997907 6208438946 3472126203 6078308173 8142804787 8554978289 7862274724
0237101-0237200	4177003016 3255013397 0537241768 2815323516 1769069219 9702556999 6205464243 7265357754 7251024031 2994355386
0237201-0237300	4594831470 1949401560 2668494303 1837836936 5546618665 6625470825 8607489483 9728251558 9160385534 9506451384
0237301-0237400	7442211882 7562986206 3313569213 4350535417 5325462294 2738570185 1422160479 7918123913 5818570233 6381354453
0237401-0237500	5711277117 1943216604 6614310154 7419821554 9290475621 0901895720 8060623490 8802904067 8545667463 7241772486
0237501-0237600	8119007420 6557848221 9295010659 6683535208 6790875855 3449009271 3251073537 8131123286 0041052918 8355048282
0237601-0237700	5682124393 1809785796 6641441641 9743846503 5975431670 4183852145 9077943357 7314964845 7421486085 4886745291
0237701-0237800	3145745893 1518483420 5058542721 1602752070 1053028812 1820442571 8504079717 7351938264 4415143034 0000389650
0237801-0237900	8354760695 2112614351 5144940969 9151517833 2585172479 8947405242 0610045984 0736384351 1382982933 5370285516
0237901-0238000	4153281846 8987804359 2175819760 1110371882 6011571521 2198992803 5754608388 7409473752 2040639123 3628982806
0238001-0238100	6187319532 3552920401 4220900515 4808807061 0074538656 3972589708 0303279855 1240570967 5299487752 5034838119
0238101-0238200	1484476396 0690239980 0858875101 1612900600 8076911943 8103026094 9480659847 6196904805 9321785213 9982865901
0238201-0238300	6361397294 7333424529 7578429975 9023288921 2288761745 3643431583 7531437849 5746088747 3734258795 8758219901
0238301-0238400	9353898142 2942391794 1515613153 9793025146 4137986089 5988767541 3694323040 4870285554 1978092295 8044698990
0238401-0238500	1929045589 0684659783 8337994492 5127160494 1337790706 4865785894 9675759940 5061755763 2934756808 2892202911
0238501-0238600	1549186488 2015921461 7765449921 1827254988 6765689622 5170636148 3219514060 3084486884 2947490817 1412276698
0238601-0238700	9529766528 4671870107 2919337792 9282443532 4313828520 6357061580 7692592826 0322211940 2768779042 9240836532
0238701-0238800	3232151023 5407534232 1094760532 1017167804 7889604168 5107197396 9399186187 9463461896 7971354678 6722440290
0238801-0238900	5164443964 7829326694 6358491866 1504011655 0321379582 3884640354 5337067500 1468245089 3963508407 9633883393
0238901-0239000	1644002155 7629487655 4514962298 4945735704 5563984582 8653901031 2031199558 6329789859 9642742416 5456402215
0239001-0239100	5269311761 8219340405 2804977001 3958185699 5045062690 8321844220 9858065603 6039665052 0405092652 9449163112
0239101-0239200	2474122439 8545523345 9397360215 8488959564 5760356011 2394722600 2909110232 3581832707 7603181928 9578931912
0239201-0239300	0042282972 2719276801 0578564466 7334020318 6065797599 8976736300 4515534412 1222746492 1178419210 4299302330
0239301-0239400	4754593408 1486957338 8558531187 8925724359 9624701958 1049408342 7130065971 6364375165 7463710249 8705362916
0239401-0239500	9290060997 9797982081 4714713112 8995085184 9200398640 4614653025 0994914143 4035836955 6884216151 8200066725
0239501-0239600	3985853203 5670787534 4741018213 4499703959 1787397534 9621147236 7771510750 6443419320 6709784810 1390611946
0239601-0239700	8142996565 9469499803 0150150504 3949916581 9364340617 5471200602 3253305100 5685661995 3988521096 9917968103
0239701-0239800	0651566276 1140012393 9441274050 4065600221 7098547779 6442468587 4863196946 1895510351 3339164119 5903971893
0239801-0239900	8761054426 4230246441 2785966320 1484795527 3227434092 8634620098 4059824533 8576386151 9336443209 8339181957
0239901-0240000	4962950525 2717041594 1103294160 5520070797 0044527426 5503291068 0168291821 5054886572 9790830657 3320056671

0240001-0245000

1040393166 4289460739 7427613272 0699137735 8887764684 0767260164 5037969090 6737624912 3181569461 3258421465	0240001-0240100
1124301808 8628385018 7273208293 0493205348 8349080225 7999620893 1538204345 8746206252 3629681224 0775571667	0240101-0240200
6147083325 3074351802 8015646615 2412335772 6665459689 5015351209 6407409879 9335251124 2368393255 5080407795	0240201-0240300
3890651359 8486931485 7268748994 9014085300 1062540369 8440243398 5738212677 6294549192 7728192707 2710075950	0240301-0240400
5419454503 7909180516 3615808362 8887001538 6724394500 7027498984 3218556764 7403247143 9236648434 1116062093	0240401-0240500
1019601825 0317806835 3985725839 1335713344 9303614491 7086659797 2333881453 0921740318 1174775203 2581674338	0240501-0240600
9458264967 5275252036 1126273672 1097645431 3402380658 7201125134 5146117238 0163835947 2687522817 6383566558	0240601-0240700
9618861321 6729989394 0149412510 3564658336 3688776090 6588376967 4182919192 0311945646 9780942498 3860904160	0240701-0240800
3309637645 2927942341 9300230174 0054343225 8546250947 4354551709 6835436975 6035650199 2385147371 8492670597	0240801-0240900
2332775797 9117381524 7435316334 2411729845 8941291075 0455504288 5877762737 3406633041 6039180826 8741726065	0240901-0241000
9615989336 0778633070 1992223184 6664888930 4527152405 5117461202 2301603661 9219393661 5793786736 9615816259	0241001-0241100
7300582128 1128255764 6795949402 8146674576 0455774706 7390220019 7698318259 7002938195 4149275908 1133733236	0241101-0241200
0588587778 7161006725 8359623260 4960016058 9914889342 2047361613 2710075452 3004843943 1098999163 7221886232	0241201-0241300
6257224723 0711979182 3049444351 4033574476 6397083610 6986071445 7006927639 6639734920 2921834629 7644381860	0241301-0241400
1893766880 5345127770 3848156908 5406140328 0361502803 8609490335 3489323035 7925117393 5304158411 3326547129	0241401-0241500
0567398884 4359308222 8303303222 1165929854 1919655979 7184885423 8871580891 4036930161 7172570015 5706148369	0241501-0241600
0681274229 5502793463 5226450068 6934307748 2074666368 7476147620 0227501815 5179697826 6737414595 0438705887	0241601-0241700
2387338963 2912139573 0399466305 4340289132 7746816875 4669502161 4124565037 0091265917 9830290388 7348417613	0241701-0241800
9723433945 5693566008 3801609435 5613785537 4689207145 4423377646 7196313846 4652631570 1017132358 3974874665	0241801-0241900
4423630277 9285419045 0156664578 8185997947 8971251481 1405023776 9026172897 9301308065 6571631212 1207914290	0241901-0242000
7054215088 8983795453 6591643551 2334174598 7948092769 4175114903 1174605522 4557854581 3558670215 3090077031	0242001-0242100
9556558995 9974680574 1613338361 6416911400 9923341556 4386836225 8664428079 4033626701 0522666936 1924674723	0242101-0242200
7136409054 2898520518 8351003692 6818799746 5647052545 0682683936 2640699442 2311791299 7333641066 7817359159	0242201-0242300
7162898327 4177288723 0205260980 4248757771 0069881962 4037291271 6284558358 4784034049 2436487818 3372432037	0242301-0242400
1618788149 3183663213 2424242420 1471879866 0129082954 4902098739 9595428721 3906677698 2756308916 7942174016	0242401-0242500
8823587653 9750420302 4489864188 9636909631 6270120557 6819699291 5499277514 2543788129 4676650832 5035126716	0242501-0242600
8466448444 5472404101 2452806421 7832732227 7604369161 0288078358 8718437100 5180840179 5801410835 2816351636	0242601-0242700
0380534630 7638919476 1501869867 3670605014 7556545191 2556348547 4406162027 3938350356 2785615295 8894681701	0242701-0242800
6999401433 2311095287 2124482704 7206054602 5850066704 0757911141 3682790697 8686587117 7920435611 4892996871	0242801-0242900
9888032590 3495462586 8507864515 6073721715 3995339107 0545742084 4700489981 1282899421 6021222092 6244947274	0242901-0243000
5405610358 2092642512 6780398190 5452659443 7375194281 3217137033 6125910575 5169899284 7294695342 4298072325	0243001-0243100
6290258883 6268426784 4702983631 3294966054 4162538614 7488283479 8167322881 0978487694 1323436718 8334829751	0243101-0243200
3277555209 8111835661 2998485687 0217344971 5945581420 5167601363 1681044749 8709163649 4315666700 1634124731	0243201-0243300
5263146646 9447022286 0280711813 9928158887 5163721426 6832121415 0923172057 3189111732 8825980525 2015609004	0243301-0243400
1554777595 2404089135 0094036519 7084870074 9678332743 2335886946 3126879009 8502313172 0661411321 0860760486	0243401-0243500
1957063566 2452304872 0492970167 9457814582 0090361928 0678213945 8937433777 6931269876 8681171248 1640849105	0243501-0243600
2538842393 3369089463 5409235802 3108172557 6349979969 4364597544 4894856647 7328044988 6762357891 7302150269	0243601-0243700
8796454984 2771233602 5239601367 8890263912 7631673348 6900994658 8810286310 2237495535 9950171618 7794059542	0243701-0243800
7203256807 5099172304 0604059244 7593475587 8192311507 0860386436 4001669769 3588444107 7368702845 7703794092	0243801-0243900
8349414028 2212958640 7527063935 3993044472 3850843968 8527577798 3552083175 8107094826 8654551492 3467711645	0243901-0244000
1188567223 8076006299 8781844878 2700527203 1293884799 8209719432 0227571363 5203988800 7560979354 9685072221	0244001-0244100
7381909642 7575684664 4078438497 6235954164 3789860716 6734860499 5364292157 6909269615 1709528254 2108602668	0244101-0244200
8812876213 2282887012 3941112135 6084998485 6022616743 5034883052 1151995222 1309472231 1882454739 2608085441	0244201-0244300
2153442104 3454311042 8353361072 3224461095 0475490308 2384976233 7877239798 5764670714 8507270115 5033507917	0244301-0244400
6889428553 2565557856 8914111053 9376812300 7641727332 3355555569 5819795161 6787651611 2715880238 1737058125	0244401-0244500
8433764454 9639320903 3630888423 8313464741 3254157583 4085328701 6214784675 2736603532 9814219899 9001039965	0244501-0244600
1663985781 6270835896 2481375811 2852050274 6831434621 8654210028 7357984530 6419721733 1119032520 0734619298	0244601-0244700
1287229517 8982451117 7032832347 5986403956 2706190854 5507358079 1658971007 7764022903 5197705516 5146315695	0244701-0244800
4288414243 7557975709 6894223288 7312501544 6591323568 2234856323 0881862148 6917525444 2042503115 5171125209	0244801-0244900
3266720935 2445385328 5759307857 2051963112 6771596563 3535956460 6638121569 9176134271 0503579689 3469256097	0244901-0245000

0245001-0250000

0245001-0245100	7592291135 5755004495 4680939594 1988076919 3752888650 2489711246 8591619511 9118057366 2336507492 1836732839
0245101-0245200	5749066939 6689948638 8125465885 5888383033 0864279223 5459716140 8639132801 6968670609 6747793497 0251369670
0245201-0245300	9492118518 2680683710 3932976818 2793490904 8809926852 9794978557 3337154568 1229119082 8899996496 1736727582
0245301-0245400	9677225427 1826422328 6640013272 4327309242 9509230566 2213469775 6027497131 1377496402 1604518693 3589599433
0245401-0245500	4517013147 4316716699 2535535262 5191822960 6855110255 2106617693 9130589930 4704401305 5539478586 6316843769
0245501-0245600	1828647234 3532485938 8779733700 0237434440 5223057833 8504233697 4867005016 0028663716 3548072142 5727423634
0245601-0245700	7165982592 0005995273 5028634294 1390667926 6972379873 0437353937 9577587467 0438709507 3567124554 4966030978
0245701-0245800	9611819455 4170245592 1930096405 9380552294 2769217350 9881950338 5424390196 2235565665 0959811895 0849558347
0245801-0245900	5832679441 3719433477 7064417430 6876072873 2386031909 3764674529 1892183927 3405652449 1250586956 5176115620
0245901-0246000	6981250039 3153884581 8440649081 9305513822 0680810239 3363085653 5953832850 8151852860 2490738088 8193971974
0246001-0246100	1926645634 1614484265 1154131695 6283525195 9112442838 2628810103 0847554548 9736902540 3588236483 1424405950
0246101-0246200	6043336372 1723113697 9737662537 7898329148 1467685475 4118971023 6465877932 9452455366 0846298717 0976671452
0246201-0246300	1539359362 9565084168 6793887474 5177684647 0197056012 0629111965 9392716942 8782001047 3842269120 8420374736
0246301-0246400	3388386274 7926634381 7074600861 8165177012 4738002689 1028324861 4546728946 4377033943 4204648424 1967025618
0246401-0246500	7916489725 1838674622 2304165160 0018564312 9965411759 8208500563 3239524163 2046675535 0013353729 6849174676
0246501-0246600	4631941349 9223744247 2246330220 2185954740 6463788211 8823459394 0899689958 6677663701 1429528531 2707935566
0246601-0246700	3237832561 9667821366 57Q9220602 8310256539 1354011906 6214292393 8164112080 6961721604 3809938799 3003279135
0246701-0246800	1939616054 5906725965 7242443886 6730988394 9480405001 9958699540 8776106691 3890684279 9356469502 4599087865
0246801-0246900	6104815262 6194880291 6220377285 4404310761 9152330967 6134565789 8664927602 3103467080 7839099262 7547645000
0246901-0247000	2311159881 5152501667 5637395740 1905770341 2613420416 3590448083 9076537485 8277752596 6628543162 9883314207
0247001-0247100	4778261209 5040776043 3388366358 0243089244 8403488354 1028706147 3396328346 4657835796 6974592587 4011346345
0247101-0247200	7623216081 0423976222 5168959734 7681742851 2737721348 8843126429 8689167069 6316238734 2001469489 8521423020
0247201-0247300	8355107107 1050255718 8462778564 4037605341 5487371340 5703530471 6047710677 5293200799 0830085796 3350589136
0247301-0247400	4869774715 0937612256 2844835142 7933875263 6745707222 0025676912 7483422379 4366061319 8626760944 0621051523
0247401-0247500	7198485974 7379297406 1772433307 7735380254 3022189439 5766769509 5667279812 4850084862 6425884845 7967719356
0247501-0247600	1466464626 0149649514 6347149006 1886726013 0216748107 4660541119 2668918406 3788353110 5630441708 0835780199
0247601-0247700	9223295643 4743032959 7913588943 7938009727 0442582150 6927979988 8314467253 2976896720 9243310967 8778704372
0247701-0247800	5470404969 3782685353 3277996781 7629151867 1277541365 7266836934 9108729256 6065622815 9152633504 4669497567
0247801-0247900	9229497645 8396040312 4782609680 8076324572 9179631357 0638055301 8179506155 8934619200 5525020421 2768920472
0247901-0248000	6523519590 8441637059 7622758052 7335399057 2737729245 8984311346 6208946935 6846280770 8795934236 1434261835
0248001-0248100	7397284121 6652601954 3848177450 2442968737 8704478184 5808456698 5918167574 5936300712 5099299455 9021579797
0248101-0248200	1267979286 8141836179 4529381147 4383459113 0494949062 5457775739 6574482504 1893661050 1567223911 4063379044
0248201-0248300	2693276717 8357282347 8402429229 0403767470 0397134683 4385546406 4270710261 1753009130 8476127357 5638893444
0248301-0248400	9578014367 1978013898 2653424377 6067204873 0565920693 3281697377 0772050673 2140005736 7553449808 9554053868
0248401-0248500	8878671591 1240760240 2876493610 9146485632 4351392282 8961692053 8474220896 0466080590 3823099659 1893342589
0248501-0248600	0790062237 0408006699 7920297981 9440927717 3502701273 3684682086 7383102707 9479355302 2082277521 5446092735
0248601-0248700	6207151719 5538748966 8190846802 8606626805 2662617307 3955928932 4327665608 2055892649 2281145720 7893258778
0248701-0248800	2368082793 0505003074 1774353514 2587643209 1818543266 9406906760 0791908213 4203963689 5309452563 3402213073
0248801-0248900	0209864586 2976896554 7248652624 2846110473 6657509041 7717320523 2374140756 5848993239 2708682167 9426432687
0248901-0249000	5694735191 2174769111 1577540799 9719992668 2888507939 0393406103 1042132964 6825040770 6477052176 9095572432
0249001-0249100	6859664717 6986382914 1153779769 7600025819 2723944692 0104966004 2850854700 1480918081 0817266504 5679671866
0249101-0249200	8806462058 4788093007 1167141907 8497133939 1499399525 5245452094 9465078434 9719810361 4287781840 3322057069
0249201-0249300	4639515476 9469727677 4770642486 4607939235 1956543663 5083070252 0798246537 4274256996 9457756462 6119873862
0249301-0249400	9434532805 4150827620 9906622774 3584448627 0376709248 8431396731 2656356805 9785342858 1984460900 8250228150
0249401-0249500	5106367269 1418876039 7883197731 8626572931 4218073290 5509353856 2444488808 7051585120 5561944137 3703285405
0249501-0249600	4757221463 4071373693 2655210869 3222709423 9075429940 8994425444 5906867574 1143225242 6167234352 1912782585
0249601-0249700	4388455951 6797829932 8323642737 4574525445 4605293989 6806263513 7335872148 5080882020 5518659958 0340814883
0249701-0249800	2970125378 1235056793 0508188185 6850573123 3257555542 4196054273 5831944797 6432499228 8226604355 5852334960
0249801-0249900	6680905502 9052163377 8474635193 4749713022 3294939655 1041598783 9740167516 6185936051 7933895039 2466205245
0249901-0250000	5112688373 1112078525 7244245799 6232944501 6834171359 5140252095 1792646811 5682982031 3618827396 4266233216

0250001-0255000

7644152469	5487558164	0843582125	8504424767	0699693803	7585730039	0579011051	5414779557	1791693127	2909599822	0250001-0250100
1364115981	5952014586	1367892066	6663532183	9445791129	4294937274	6424648239	2154779756	1573367089	5761840575	0250101-0250200
3220985047	4858357089	1766352727	8094953542	7448252511	3739382912	3783351841	4718278488	1809377625	9467255433	0250201-0250300
4206902383	7559765846	7444988572	9710015336	5702593838	6098378883	7055966165	6612261881	2454638780	7403643775	0250301-0250400
5829259340	1364517385	8446245540	7649029616	2202292447	9177890142	4327249245	6246105728	3299442767	9678314481	0250401-0250500
9346705517	5708350294	2567326335	2649065141	4121023786	1093296718	8631037171	7046176289	3116167259	0290677122	0250501-0250600
3985883659	6414924553	0812072857	0841006607	6168543516	6635303413	8280113381	9677912289	9741266552	4495134833	0250601-0250700
8934636181	2822564990	5341150317	9141167093	8307677687	7423256980	3429140799	8029191076	1139653077	6180407622	0250701-0250800
1944515194	0260406347	0356799353	8832743785	8815201108	0406490885	1752700820	5623802051	2864218424	8230026324	0250801-0250900
3205599799	8346926232	6656447019	5635730067	9539057244	1503981642	3908213623	5132717714	5861912103	2811235726	0250901-0251000
9933087662	5534408941	5120517990	2731473868	1826266444	7528040672	7464085723	8015503894	1891259589	3739926501	0251001-0251100
6877527437	6974153374	8172422037	7071286644	9077116260	3154417119	4141083486	0689952950	7444772203	3627442668	0251101-0251200
1847119656	3615713772	4246154560	7047965087	8312900133	4349111362	9297558360	9060175949	4537968615	0681790850	0251201-0251300
7607566212	7381001179	1829307611	8629911635	5745026020	2127565436	0951138569	0948154244	7672260734	0061037334	0251301-0251400
2612736080	4485531214	7578890237	5590577113	1745500941	1859748652	9627058856	3917389115	9515988987	0141758696	0251401-0251500
4865418532	4863779433	7805069893	4555388050	5233124949	8418875730	4644473314	4459850552	4739865399	7073462338	0251501-0251600
1939800857	7304356954	7616982826	5893810030	6024112186	6568598020	7253371656	1353350992	1885956010	7881521955	0251601-0251700
9929848307	3711416176	4839950330	0378988247	9034541053	2502054955	6935880161	5459891893	6886572124	7489636136	0251701-0251800
7186281885	4644786179	2435817101	1255185131	7871774504	3073536450	2976150729	2301108330	8025515349	5186929484	0251801-0251900
9716900991	7303947697	3337895650	2295614877	8780483665	8283482754	0230192303	6903858197	8853430382	8558273006	0251901-0252000
7215613042	4767965099	7367389863	9630845953	3099446736	6005278953	5100775106	2354051809	5062072959	1214778792	0252001-0252100
6626338542	8792589775	9586305806	4650448452	6239133538	3426270504	3086700946	7036220406	3397672529	9136518784	0252101-0252200
2306583966	7022625805	6212221073	3541161850	2936356416	1665577923	7766395860	4946932445	5080590361	7986442755	0252201-0252300
7412949830	2104696986	1644931370	1037027750	8486015396	1665864512	8535453048	1559829638	2985981545	5625924865	0252301-0252400
9186328817	6301101499	7372069201	5386987741	8621655782	0878850289	7085678297	0192695827	6952394082	5795893466	0252401-0252500
6666883918	3588155490	6943683070	3532763207	9349451093	6539945097	2042836730	6703514419	6315528875	3214822189	0252501-0252600
3259671737	0781271405	1334747386	0809636945	6351201901	8439160557	3384080516	6382914886	2479351379	4037131979	0252601-0252700
6687585625	9482942074	6324161481	9626828884	9800968875	6413177902	6576910555	0802543228	0312585899	8458287208	0252701-0252800
3257358894	7631349260	6249627183	2200731813	5424395364	3770564819	2953995700	1445543839	1087844914	4193680471	0252801-0252900
0651634740	3117037448	2458505185	7881806866	2884417079	3566042698	0031632363	4912030291	9753700996	0106661938	0252901-0253000
9621731876	2267071826	3148522844	1727943340	6818103101	8384175349	9734969790	1352604608	3898649384	1708529346	0253001-0253100
9279158345	5942477874	1475818626	0672246624	8117722498	5686229897	4404384392	1840245603	6091912369	8959782488	0253101-0253200
0644631955	5555930832	8167346023	1204066700	7248774759	9806326845	2732025570	1562168766	2840583268	8949305051	0253201-0253300
9390050495	0495870154	0034854277	6024624858	8466667342	3859744545	6716114198	4303835706	3974266667	0385516096	0253301-0253400
4523903570	2014250253	2835276920	6772213666	5815994825	7589026155	6442866494	7372569208	0468511094		0253401-0253500
2670246787	6686032287	9651197857	6164426500	2553662207	9972039998	6561469155	1199659189	2609987569	1957219827	0253501-0253600
5509506475	9786156264	7423557864	5011389704	1993509976	4066765571	2085029584	2115591494	7290752355	3499274100	0253601-0253700
8512949193	8559625940	3263820252	4988224921	4444755882	7002900367	9518705235	7627644235	5841833307	1204601246	0253701-0253800
2993991548	4195813551	2551467709	3447144330	9247637321	5011861279	8381856025	5716314174	4264421039	2318412486	0253801-0253900
1561304709	8148024733	8812569605	1967726943	8321490104	6524099815	0118339414	5060084222	9131941609	9500996449	0253901-0254000
6196330766	1716802799	6614596490	8485717408	2378057131	2943966103	6877272697	9043490318	9674932321	6657233190	0254001-0254100
3721541461	0364718842	4635680197	1257097712	4204559927	7189401630	8075557915	3180388638	5226329349	1228689445	0254101-0254200
8712440718	7398513109	8072996000	0540296913	9086326671	4179236497	5629719250	2128839909	7084846804	3907176319	0254201-0254300
8298386258	9760312738	1810275493	4261012824	4583510397	2461726002	7124726441	0283930603	6777543984	0384623746	0254301-0254400
5571177660	4274794044	7110253227	5260708819	1525962388	1035944912	1002592156	7550999035	9849028736	6394653336	0254401-0254500
2227856019	8785244807	8120000922	6725563043	1187021878	3254738688	0440918833	1048255150	3395062370	3534591157	0254501-0254600
5694871584	4081222535	4661461213	3683291417	7138712079	1132563299	6961058630	6388145503	8293070650	7642500409	0254601-0254700
5978377200	9135428432	8731106694	0704199932	5305683169	5331854406	2180960834	6131977993	3817165917	0654879552	0254701-0254800
1144399346	3691039132	5853497773	8053801424	9409345036	2761658136	8950030951	2610570841	2344562960	1328070394	0254801-0254900
8714675890	1016641151	7039393214	6989030266	7266058467	3505964752	7480561780	7867953935	5103268491	2986766565	0254901-0255000

0255001-0260000

0255001-0255100	4263127329 8852919270 0824708774 0022137431 1565869690 7606589908 5477980877 5648655941 3089027045 6897729741
0255101-0255200	9559655010 9221935693 2384978162 2587517646 5524209255 7409257176 9546886051 9010003160 8012897289 8705286108
0255201-0255300	5422973909 3968150775 0096597173 7146008611 5220926226 0852708298 8364373624 3877981277 4511708223 6808061077
0255301-0255400	0774136633 4795574353 3547250663 4409792898 9918408218 1502006262 9005813678 1545284857 7595273359 5359748408
0255401-0255500	7245005388 2741039998 7019521262 3316986282 8034388497 2691416958 6295036202 7229748868 9849003974 1471616745
0255501-0255600	7511413346 0273449742 3550587807 2186655258 7350641253 0832457388 0356085157 6626591008 4790720477 0453688975
0255601-0255700	0719974356 6506306631 6758761134 7516441890 5099495304 4117199851 4991673976 6229426944 5166214080 8774913553
0255701-0255800	6734530651 8299977582 0146575308 1579408167 5035725631 3082689752 7686949131 7516603141 9627412271 6209578299
0255801-0255900	7451259507 3689499764 7865130983 0445539167 6187931636 6404096977 8731171580 0412265552 8863709140 6258178846
0255901-0256000	9239036439 8767943899 4419596332 2773315106 2417111111 7589582042 1382268247 1585586231 5936615312 8943219165
0256001-0256100	4892821195 9762276658 1435967431 9046931897 0709546254 9848023495 5018692311 2936640292 9099667008 6387840042
0256101-0256200	8904420862 4836617790 6430206330 5933920322 4343651607 9432570246 5868466897 7153432807 7217098798 0118148551
0256201-0256300	5792816444 9213543001 5252996137 7236010772 9210859513 1459952461 6594227164 1574763236 5702571880 6117063487
0256301-0256400	6292627323 6008312525 6996543432 1893745077 9674452915 4278947127 2289470446 4813147441 2422116659 0081005721
0256401-0256500	7233044387 0087373605 3316468302 9287005557 2001906994 3199870645 4465506242 8217271171 2459206812 4294810550
0256501-0256600	5040470592 4105288357 4006564845 4724560748 7626674347 2596201955 4163080869 9130865678 6967875539 7008127911
0256601-0256700	7686691949 6838135150 9880852095 8276792948 7854818158 4339038957 6480289850 9257246086 2530061488 8628650306
0256701-0256800	5719865793 6561579559 8257299189 4328947716 1896205693 5467280544 1856350184 6263442674 8571556088 8443376776
0256801-0256900	7751811195 8796316841 8536391233 7497661237 7125870557 5367714255 3545280102 3619128824 6608468567 3608493413
0256901-0257000	3311957993 3540423335 7735889637 8053183909 3444280492 2703521622 3087149443 6067300423 1179796828 6390517195
0257001-0257100	1575052097 6559027309 9670998902 0051300226 3326473818 4520239976 9112952460 6155729336 6996541826 7875614644
0257101-0257200	7436938872 9088789425 9922714756 3262066667 3290809469 8629295343 1110762432 8164327360 8630864133 8648646683
0257201-0257300	6833403411 7417243361 3790860478 8056800459 7543289332 7214060803 4447503284 3441146117 1909670176 2539842822
0257301-0257400	6686468388 1706100253 6499007431 7384700086 1481761643 1964214609 1993738188 7765482706 9979398415 3938974909
0257401-0257500	4610308060 8952105623 7233733955 2990648545 6547771113 2351150583 5187239748 6970763522 9334354972 5610030112
0257501-0257600	1589126783 2849264645 2926571161 1514653003 4496144130 4070786937 1417923311 6662476964 0876354873 9901747753
0257601-0257700	7102018211 4281421448 2462132048 9013665523 1442441340 4287752981 1835667348 5565936917 9625585315 3675107980
0257701-0257800	6714527966 3745899421 0311881547 4548075246 5185317021 8249967058 2009281703 4714330564 9061103029 6600778862
0257801-0257900	1864395862 0309126219 5374593191 5501116913 3155954733 9411720861 3535884052 0458592736 0463219827 0224071542
0257901-0258000	0614033109 6148629907 5908103313 3065914757 4953943653 8701843065 3038342790 4014305982 9881096866 2879396068
0258001-0258100	4213401058 6681368770 0862550410 6696553622 4307609748 6920666744 0684275559 4708259403 7595454393 2812646151
0258101-0258200	9786010940 9221003946 6239381000 2488578082 1530539641 2362630356 8044502330 2479433432 1344188084 3146928161
0258201-0258300	8392368201 8691893983 9333078257 9391518765 9886158526 5883031305 4820647419 9238611662 1691904597 5656253336
0258301-0258400	3184467689 5075299258 6777308978 1132205545 2689323411 9637741580 7042979172 9618493376 5166937562 1514648813
0258401-0258500	8417266217 1532362271 0802748531 3774596097 8655724521 6745506242 6618088108 0707514451 7955918932 0746484076
0258501-0258600	1990517355 8584889133 0328063507 8797052313 1676769315 7737318795 9490721237 2637992597 1534942241 6509418609
0258601-0258700	5916392980 5153754153 0560108354 1412442663 5088411708 8954264409 7702742282 3212873781 8584813773 9355097493
0258701-0258800	3555114062 4466436894 2045355237 9302295569 9025688892 4724764828 5698792777 1770439584 3692472400 6222094132
0258801-0258900	5554943292 3268062651 0065606711 2487799788 0399882214 5863452959 1716662481 6532287411 5532752641 1248966562
0258901-0259000	3653627179 0517082015 3100267353 9588247022 3528163997 2401534641 2203202579 7780827313 5512050193 6842815520
0259001-0259100	8185549975 1491511016 9914127116 0844540090 7620830051 4164618825 5296346203 6087371679 0190582518 9468389540
0259101-0259200	4682662971 7486680083 9302951260 7766929924 0694352257 7743863181 2759679506 9437001560 6250562785 5914341512
0259201-0259300	4133940303 2771295325 3107118617 4802577223 4948929252 1980974308 9521223146 1957666207 5923556359 7266907679
0259301-0259400	8666123329 1059527961 0183431069 0770203222 8716252083 6119564948 1175299713 2749730597 8355285212 8578547844
0259401-0259500	2861816852 5710739979 1644850737 9463019479 4860109379 3836405400 3035089249 9489138010 8931322703 0643660409
0259501-0259600	2136152251 7503364759 1255299336 2345087462 0625221161 5213453346 4059073152 7324079559 3956003274 8790973869
0259601-0259700	4260663614 3145093479 5793642528 2076057673 6682245561 2779788579 8509050746 5575999523 3257680197 8516473222
0259701-0259800	3573444661 2494779990 6429335103 2029241706 1814769571 0507728019 1727166542 2720280245 4806556829 2656244457
0259801-0259900	1074844343 8092473558 3240595727 9281370093 1794958428 0200678166 7030234830 1074054742 1926860540 1978802767
0259901-0260000	0617733116 9854901005 3252658070 0391933221 8325517622 1950049560 2329543188 0724870989 2249330737 5904553488

0260001-0265000

7851895773	4282512509	6765197185	6799652910	1719951017	4647814302	7813335716	9564223193	4075713767	8346086967	0260001-0260100
1224381217	3079896938	3121704204	9112414515	8622120573	8198926028	1325336165	0633270961	2681127354	4576450343	0260101-0260200
8627183739	1993894379	6958561167	1266838339	3759855826	4615427978	1331791205	7829123789	9892276277	2561595125	0260201-0260300
8427540001	4463204457	9106546866	7324140533	6586191842	8042262582	1688273710	3215382122	9001605389	5557458048	0260301-0260400
1497079514	2882874275	6657075814	8260548242	0221061203	7688341073	4370446169	5313565847	3158464995	2332889740	0260401-0260500
8613892603	7436545571	0313573097	8703051579	7674186488	3330833346	8306177619	9649533323	4340591686	7838864524	0260501-0260600
7041275531	4395794027	8842161375	9684918282	3286006692	8911605076	1181598098	0572296761	1642356090	5478275530	0260601-0260700
9990228360	1182556875	7238788125	8582934211	2120643535	1362342333	5454800037	6373539228	4413374664	4754648997	0260701-0260800
2715324870	6234324739	3949407436	7849041727	2542657426	7589518279	6020334362	2606184340	6548292910	9694732775	0260801-0260900
8106315005	8025056894	9213398370	5710619553	8103699251	0061604500	6231958956	8527763384	1453387092	1568787580	0260901-0261000
3212746031	1284924887	1469759238	9661216541	0078451665	1875999266	0729902045	8345627963	4204397156	5244565003	0261001-0261100
9332697584	1615274186	8905281033	9622772868	0145702700	3189627877	0775137289	5137492853	8916013451	1814790912	0261101-0261200
1245542835	1145074766	2061450207	8740552719	8310649131	9508431939	3794051393	5608624487	1206328233	0972563106	0261201-0261300
5680671593	5871203992	1409666332	2511910445	0832165354	3621993777	5858432812	2723097176	4972700282	5335202360	0261301-0261400
3346945160	8228728472	7522818468	7773750722	9883391318	7683690263	8244934888	5643460614	7021410159	3355370833	0261401-0261500
7592611935	4381437532	5836805068	6926516021	3196385900	4249450260	7779328982	9297493102	5747485191	5475821236	0261501-0261600
8427556373	9778101515	0277718846	7396734397	4182564271	5865300921	3673388007	9123112661	6041891722	8468906382	0261601-0261700
6787172246	9773414700	3033770948	6294246783	6229172179	1257397858	8957230493	8003585912	3639968963	1216138583	0261701-0261800
1046483707	9637662679	9297615668	2119846593	4155393916	7444688620	0355689651	8406189650	2099578794	9475034213	0261801-0261900
4510646829	4189135762	4099495577	1883376474	8449361489	0337338736	4084487665	1285799060	0569180355	8021757432	0261901-0262000
8223720982	9640541398	4917686142	5411357801	9232843223	5662201253	3756997103	8210371450	5361135215	8087544325	0262001-0262100
8875177314	9812341597	9007748415	4852468747	1869828437	1642775679	6612188225	8983635864	6123372708	7316163958	0262101-0262200
7829938155	2734158028	8062228960	3227447919	7315134195	8948838419	5292905675	2913582847	0288997290	4682421781	0262201-0262300
1588125445	0027577348	9756610693	6993830600	2844248830	4085568975	6491161569	3828782862	0459017159	2066183555	0262301-0262400
9705573502	1830926911	9605068711	3637921989	1638826470	0303239855	9982585297	3720675968	5021223259	4796092137	0262401-0262500
0133154369	0047347580	0526697316	3662808767	5468684315	4412005445	1810963963	3177996327	0733270078	4242615943	0262501-0262600
2871983671	0018530522	1100049935	8589809347	2727826132	4522255474	4663365234	6902607995	2018829848	6579293564	0262601-0262700
3341058619	2063576580	2134949712	3815423332	6330818249	6330203863	6180607430	0789362848	0494572747	6555968976	0262701-0262800
9047963077	2584358960	9723556268	8527717695	0957548546	7415631893	6544434526	8252226873	3165858336	7174104535	0262801-0262900
1860168973	9003705114	0387216074	9256572866	9414463434	2819342201	0787994447	9315289080	7044167837	2085914038	0262901-0263000
0787192020	4687148954	0429657782	7423277263	0067548268	3925720474	2895691916	7600520523	2153821140	8873240679	0263001-0263100
7255883699	7229770397	8174778655	4451339369	5280467309	7919875464	4054050153	5598421490	1764939708	9933682368	0263101-0263200
1797861826	3713774776	1899242139	6475468152	1802356570	0846506246	2125800933	8239375893	9853525532	4737030726	0263201-0263300
8761318693	2612577333	3729027491	9695015084	0481799877	2837366525	5064027193	6147773259	8808908149	4639422730	0263301-0263400
7546211379	7425254478	5730656206	4325587845	6633687160	4109436254	8219632284	4425800161	3092292561	1695217058	0263401-0263500
5617429297	1169937298	7985526865	7367981622	3076859491	7332186376	1507735171	5337805336	3994725317	3790467038	0263501-0263600
5755272237	3827813588	5645323766	0838981202	2949751795	8499014168	9663452187	8608358384	1189313847	2832576864	0263601-0263700
8734746219	5353899780	0875424150	5867497801	5601593113	6540552070	9508035255	0048121231	2377181521	0729800323	0263701-0263800
1017591837	8625405659	6253994854	4710762023	8523408341	5014218901	8389630276	6908646062	8899731583	0500060541	0263801-0263900
6610521126	1833245630	8874942376	1321117383	2359910267	1544333398	0903010767	5192156068	6091509929	7579489847	0263901-0264000
0913404847	7603725331	6486633273	9977457417	0787058858	4989036478	2505006075	6527667766	6730181427	9834629978	0264001-0264100
6311547247	1904638130	8270269502	7155243458	3777132888	8401133228	5612327642	4758054914	1453340043	0735136820	0264101-0264200
0167103048	9674079132	2041732936	5588638081	9902402504	2475897990	6199739449	4240613938	5900204374	5081712616	0264201-0264300
0362783912	4114726820	9085690526	8374225068	9109919376	7722077768	7371267701	5290712968	2261584375	7149665346	0264301-0264400
2961540352	8980698498	1990238158	8132490072	8284203166	4545864518	6778718177	1772779283	2125269683	2297664124	0264401-0264500
5496739715	2787968043	4765895761	2653385245	7391513438	1378450051	8738591532	9634140536	8948443972	2550801196	0264501-0264600
0792690281	1622936704	3437115837	1953865778	6003419467	1309665344	2535523561	3503926374	3335590248	7780093167	0264601-0264700
5855665020	2614245175	5202310518	0379792416	0186816532	7213490744	7418792630	4637935701	9572546568	7076964902	0264701-0264800
5628311394	9083065981	3925877165	7534329051	8298830744	2209315394	5626718913	6509327785	2758561418	8691505843	0264801-0264900
1128180621	1645338346	1456499861	0279908878	3159992332	0834970349	9009644828	9736199726	0841303050	1613834375	0264901-0265000

0265001-0270000

0265001-0265100	7350335026 9679199100 3945764850 3139889980 4053476207 9799510355 6280094271 1980771413 8625374689 4200671129
0265101-0265200	2903794021 1050993128 8176786355 7121288220 5845259023 2988278448 8972855767 6433765513 2098372084 5365197273
0265201-0265300	5662945407 5207868377 4825993769 5085474585 3778544015 1866870321 2703251083 7885755352 5327422467 4561655301
0265301-0265400	7529469704 9286034935 2376631937 7581531269 1121571250 5456493662 8404613157 5493234361 6114386894 1551917955
0265401-0265500	2116040327 9413870405 9736596828 7723555493 6953672492 6033527449 8928882204 4886844365 2751589546 8955885890
0265501-0265600	7183172928 9129234577 4428441927 2505276847 5503870270 6328297997 5853882599 3879067899 6367663472 6367997091
0265601-0265700	1370005004 5191515070 5020857447 0532031134 2837530396 4506837349 4746515254 3161640695 8839656960 4776248100
0265701-0265800	7698125762 3240276563 2471455867 8116653563 3573841332 0375632857 7111457947 7361177589 1097844959 7487134549
0265801-0265900	9454050089 7494312370 2669160022 7796215160 1644314463 2155674657 9869691343 0209173753 7932953736 3102934825
0265901-0266000	9418485153 1345770064 9437390976 4208589573 1774231457 6728829679 0675029922 3152573286 9833026341 2335263163
0266001-0266100	4902064904 2970821006 3264881567 6763242544 4687039213 3376789489 6001251362 6523547256 5170222559 5569986284
0266101-0266200	2510886689 6847107872 6001673324 2215625124 2927213080 5593262213 0721409368 6435499689 8787430352 6768849221
0266201-0266300	2318344924 1907637471 5747446252 1597457646 6357242752 7952228915 0406427767 8656611519 1933191817 8305671646
0266301-0266400	5304813810 1066673424 5915686417 4457688390 6241920186 5410225266 9706153890 9990725499 8428548419 5668192454
0266401-0266500	5197470930 6142275315 1298445309 1827577151 3611816730 3580932146 0322584723 5281182550 4706062154 2622432455
0266501-0266600	1446896457 2693823166 5552509598 9504109342 5374308599 9797137004 2588583403 0449726710 9629969763 2336077767
0266601-0266700	4373479878 8356730102 8647138454 5928791637 4901454066 4751939489 9352212362 4743661317 4783048688 4631516036
0266701-0266800	5922435767 6276234466 6539589796 4687905529 2390270201 0757218919 1382148316 2685249049 5848675432 9312418264
0266801-0266900	1346627228 2093653277 2839766755 7267289731 9381293419 4305723962 0723292007 1863867466 7030636460 1331111164
0266901-0267000	2546802512 2894305331 1250985386 0120123607 0449699785 2109585987 5329303277 1622679823 0551076769 2680002207
0267001-0267100	4188490301 6500503853 4475971018 3016737826 8194361241 6569639252 2947410357 4318517658 3656034123 2764339009
0267101-0267200	5651186326 0791733899 1262772072 1351617522 2255241829 6124339628 2518232869 6862544411 8623812330 6403453315
0267201-0267300	5601640695 7472320383 6514566355 7498734411 6859941616 5518249604 2597983926 7816131483 1809025345 0716466644
0267301-0267400	2670262761 1859764913 2476829527 2780570322 3834351506 3672177066 3763740249 0304659096 2859602719 7972553780
0267401-0267500	0141820199 8101813981 2595042348 6624834404 3921136487 2366629202 0639396288 4531448374 8901026084 0361484073
0267501-0267600	1200674156 2291596696 3669408360 3264334149 6371209854 5475250177 3669601971 4617846451 5555994167 2637397085
0267601-0267700	8649598779 5324215832 8218410939 1640528356 7907068642 1078034660 7571979891 4815540054 2005107300 9627962347
0267701-0267800	2724997011 2217781656 7984491943 3222633415 0338567530 8244677341 0455032742 8561157455 3874214000 7192843017
0267801-0267900	7447314230 0983657607 5155127779 6281014722 0530668174 2035059679 4105098046 6563136377 8251724709 1409925552
0267901-0268000	4710368126 7051382467 5211720052 8494295219 7488628489 8527787835 6210600487 8127114406 3499088164 5924451898
0268001-0268100	0104429357 0832904722 0160726966 0461984260 7722478310 7171439093 4928973795 0750564710 5380291618 7491886994
0268101-0268200	6353013572 9350187320 6687311501 7315310912 9679486254 9795815121 6822075712 3189190913 8338353447 1023659794
0268201-0268300	4808047123 3882744403 5053467999 5291335460 9413927284 4651391190 8360762265 7983981564 2463829159 9904416284
0268301-0268400	5276818935 3279135674 7403227351 5068909877 5472181557 4998488346 6946222711 9434351395 7275609331 8776721574
0268401-0268500	2857833030 3842225251 7049632971 6122968367 5274898329 4731460140 0219267006 7206567729 2131084935
0268501-0268600	7294076359 2895618281 2900110978 4724328303 8465197437 5857368591 2309817836 0303140528 2300813026 6313304139
0268601-0268700	9253399217 9415764798 5347081786 3611377200 1408570838 6394377035 2918349740 3741835116 2237004017 3188269393
0268701-0268800	2630875054 8756645290 9326566503 0243944536 2272791708 0038157851 3252902365 1056809625 8917942400 1638714961
0268801-0268900	2121694699 2544239867 4726206005 7131153878 3883388307 8016537883 8775211593 1194493595 6949179394 0578848860
0268901-0269000	6239594441 8497289287 2308495579 2607211329 7712137238 8696986360 2368291622 2546471088 0621094479 1323990154
0269001-0269100	0667816028 9346942821 5506272126 0541798291 7817382489 1997338295 3016826679 0617780135 3365047188 6339784273
0269101-0269200	5335856232 7918535797 7922662703 8024456968 2968625491 1874868530 5497857965 9891848621 8623748556 3935321563
0269201-0269300	0489928348 6556154154 0649512210 4661037654 8180602506 7654913403 3273862941 6911776263 8138347851 1836410569
0269301-0269400	9966094920 2044895026 2944616846 6855106066 2420883145 3740126877 9478139859 5777699039 8770739941 7032565319
0269401-0269500	3556130005 2814359945 6061261608 3223589903 2489565956 7527576985 3245744035 6076128860 7968185761 9771788765
0269501-0269600	5619852375 2744722359 9272020602 3891671879 0814708867 0683027939 8976837802 3337579683 7484716792 0420561188
0269601-0269700	4614435084 2383697378 5948258849 7825952141 4316768984 9592131938 9412875069 5961491932 7114703587 4533660814
0269701-0269800	9437546971 4291952903 1019389435 6371835937 4914830742 3044934029 5962811166 5238995811 0600093862 2216226552
0269801-0269900	5297661065 0745271358 9497334474 0728167392 6348622262 9713471555 3293624445 7994650823 1979087690 7445852537
0269901-0270000	0345709007 7440815341 6786387014 8099674124 0038378085 2342739778 8174691080 5353305091 1944331387 3040838043

0270001-0275000

0675060306	8626953212	4522901667	5038563185	8585931743	7769494157	4108105727	4944438400	1399152295	2924016806	0270001-0270100
6745842469	6605569107	6975969873	1095078451	8251857689	8000939428	6371219101	6698078851	7105711446	6950703127	0270101-0270200
3706962004	7300356753	6823520581	5249186823	9083974088	0926485270	4581680063	9153401349	3735254715	0923527044	0270201-0270300
1619265721	1004234584	8085322398	0930819701	2158641732	9130532589	8717158855	1684206065	0340556996	8593715915	0270301-0270400
6219395459	5558557009	3477116811	7983599584	2798195564	3563653093	8905094196	4641889243	4176612177	1175457371	0270401-0270500
4429402729	3771776591	8310744305	8151531596	0948263506	3365572386	1413920813	0754146107	4051274134	8138890687	0270501-0270600
5208965175	4728644348	9020150187	2018366138	4172807988	2729582018	9774861263	3836037110	9414086804	4146381899	0270601-0270700
7551441905	1152014024	1876289786	8823386652	8874956474	0110724599	0553799217	5155647819	8091849558	7675277828	0270701-0270800
0803822629	8180439415	6397956172	5694090929	5185774478	8365159447	8720682678	5963694547	6370623820	6696202396	0270801-0270900
6206659210	8127818321	9127468081	4530314217	7986735336	8489380826	6818969129	9983519942	2321272638	7715975764	0270901-0271000
2852132151	5883717146	4854288124	2312246840	2839056157	7968199897	8556251027	1070628379	3994319073	5797975362	0271001-0271100
2873719947	8452103831	6866852142	0822019266	7231558101	1737244237	5609151489	3863436665	2657942603	7168289281	0271101-0271200
5806931590	5715237948	0256619126	8708876475	0695085011	1370257880	2333818019	0302100297	5975592681	8216359535	0271201-0271300
0706418857	1900594974	4467974174	2025213094	7246191950	2772132372	4702570296	1631681464	7621846436	4465179953	0271301-0271400
5877759048	0917246955	6739679455	3734971032	2193694559	6277893779	1938340697	2537884155	0206295838	7483096195	0271401-0271500
4204615469	9022268434	7461767711	3197374866	0008793544	3607302433	6632808653	6847335066	8707408900	1847030676	0271501-0271600
9821475313	3731542862	2151551318	1409541497	9724670676	3436976964	5830928679	5212019941	4066540432	6668344081	0271601-0271700
9686918622	9176544103	6492080785	7292423388	7550618098	3659122265	3797288411	1201306910	1857603049	8329532694	0271701-0271800
2141884259	4286621469	5276880632	0825719648	6713422469	8526419419	0222362411	8633913028	4171844724	8227557233	0271801-0271900
7996970748	2002437580	3717921807	3420280053	6935740618	7656641696	0773912090	9813494702	1207251972	1369964234	0271901-0272000
4209305478	4650692374	4649042088	8732630226	1563579196	0630923699	1602782364	9300034497	4712377945	5951240858	0272001-0272100
2397099465	7027536675	9813304777	5050505366	3457471551	6558372773	1007857817	8715303161	3276848925	3576078462	0272101-0272200
1147886035	1804029765	6960584867	1756763665	9308748016	0999279507	8717891310	4203849478	9432860847	9705150428	0272201-0272300
3326524571	8864231983	9993285634	2268607883	4437453092	7289314609	2544299060	7871117367	6695984963	3062177514	0272301-0272400
8848993377	8786785978	5265280570	5486612173	7921355212	4702395325	6081906788	5280383242	2968075544	7174377489	0272401-0272500
5014302315	0146961225	4948953383	6275694486	9304674198	0229225550	6508742977	2758076095	1068798271	0919383714	0272501-0272600
2290968268	7285963219	4283672724	2477443909	0600368048	5278454385	4819955828	7433441890	9552309926	5929588482	0272601-0272700
8977719675	0543920577	1668938552	3977360925	8209069343	0578986742	3572953120	5148509038	4652493140	0689961737	0272701-0272800
3173581622	2294455416	1493578714	7750627037	6192498036	3844001609	1361171372	9557661808	9263864679	4027936567	0272801-0272900
0385305779	9129885739	4478375763	9092679443	3365054967	7074228596	3808721870	3995827147	5800044022	2404214003	0272901-0273000
3035903609	6054800471	8847304678	2868077409	8983222526	2453168032	0340844351	0937431949	9380299081	2417921108	0273001-0273100
9542392709	6542582195	8485866799	2411578844	7815219557	4983222583	3567422679	8960098032	0093548651	0854946767	0273101-0273200
6713405310	3434998643	4975800021	5286835835	7213659782	0843573260	4661260570	4644092005	2064374880	8684041999	0273201-0273300
5854086974	7731601750	5390253064	9036204494	5847644088	2040053860	5715251822	1779351801	9414711660	0865329482	0273301-0273400
8106002191	5944692783	4630298292	6881867778	4883782713	1481606681	2408087479	0430234200	3771308964	4178718559	0273401-0273500
9461837510	6206884413	5862845063	0346441913	9428937623	5474277758	6769014678	2289070060	9268325225	0324639953	0273501-0273600
3375667289	9766025424	6597951963	2609027426	1515748186	5278192977	9836811013	3133965162	5793318419	4070269649	0273601-0273700
8895138692	3961261275	3695920602	2969008742	0834720840	8331884158	2683801938	3358973224	3351364122	4432117497	0273701-0273800
9404766824	1678096352	0356641543	3254150964	5019779105	4146094374	9815990445	7928380288	8013356248	1814072611	0273801-0273900
4232759728	9482414188	7025957454	9342547227	4698997687	7162316099	3228850420	2807083810	0814091887	3526333183	0273901-0274000
5842074074	8446573397	8384298053	4710600237	4219987211	7626833349	0920907386	5337959074	9280892830	3010720755	0274001-0274100
0472450851	1833346763	0475982066	1789998004	4627448033	7019655502	1320441396	4236745069	5370878169	7379969379	0274101-0274200
0616378482	0116979627	0721270358	4804794885	8065830896	3231288673	4029638482	4112876595	2185362411	2569697491	0274201-0274300
9905747828	0326299861	2317247930	5032363770	5845698785	7745316103	8667067555	8440682408	9105118184	2902580329	0274301-0274400
8514096157	3315387563	1143854779	2152983663	8382158713	5882408201	2778384097	3623264758	4435263028	1664756079	0274401-0274500
9932214839	2715632124	9990837098	9309463295	5985992872	8433521252	4274334943	7902382494	9445785164	9361270326	0274501-0274600
4233909454	4808620028	3535262617	5298183552	5297880465	0281353991	1284716128	1153414460	3897031654	6773952587	0274601-0274700
6538384445	7461103515	6164180927	3346254142	2179033107	1472031059	9294953895	9584368857	7348949522	5982103831	0274701-0274800
5964206232	7307148371	6691798967	4445418418	9037251127	2835300592	9827393747	3757109927	7652356370	3606473487	0274801-0274900
2478483968	4203742309	7589988743	8787654284	1593565973	5883450609	3612992449	2587467691	5428045981	3281582587	0274901-0275000

0275001-0280000

Range	Numbers
0275001-0275100	2999110300 7806315924 8172205221 3206010771 4923366010 0318271006 6727266488 9495509423 3689793548 1055796423
0275101-0275200	7715449541 3717740799 5177501466 6954655741 0080155793 4179598301 3187154617 1383822033 3287263136 9978080937
0275201-0275300	5628169857 5352925390 2365681143 5865539828 4283241700 0516419900 5176438351 2005756933 4304218029 3152368541
0275301-0275400	1424059868 0573897377 1720903281 6486238395 4980500843 6023535858 2554618855 9424426129 2892143414 7898267094
0275401-0275500	1767604522 2513492987 2997435333 8206276224 0633100488 3774527381 1887225818 1998221942 8293676666 0000403799
0275501-0275600	1487001856 8674554412 3195735187 1237930599 5148215954 8677010540 4782025853 9083335640 6182622252 0802864866
0275601-0275700	6809763156 1071376418 9090236060 3954124553 5703806675 3567652472 6680367517 6738455646 9669359602 2634258001
0275701-0275800	5557208962 3840364771 3214296692 1934724207 9872962986 1675796746 0829597127 4857067903 4670391578 6585811127
0275801-0275900	3825743251 9039782995 4457674305 7529928302 8634186242 5450224962 4197916398 2734904359 4113958984 0434895757
0275901-0276000	8332464822 1652497253 3181193055 5856140503 1050765485 8991552554 2652886287 5288955457 7367874202 9770378468
0276001-0276100	4756366424 9476708485 4307354132 8403616349 1347107446 8329858980 9511102012 4254488464 3071227174 8865869643
0276101-0276200	6722375125 7407663807 5779685938 5182321580 3790138851 3245670422 5278538766 1013519568 2865233946 0402003567
0276201-0276300	3386025205 5134753079 0074689452 6143616381 2466020943 3968818299 8572534654 3552854046 3610413121 4993769216
0276301-0276400	3026148315 1823469420 9627911549 4171946607 2066552844 0044356575 3266414389 3427722090 5575184236 9120803473
0276401-0276500	7988670796 9228398693 7508881614 6073838246 4200081539 3674001886 2573073695 3499730836 7252810149 4304364563
0276501-0276600	4975213545 3195195003 5076482370 3618453849 7563616339 7442943098 8638719898 8081880867 4749583176 0222984672
0276601-0276700	5019591837 1787001546 4719437744 0245879644 1934330527 3778617450 2452497071 4990700051 8726929283 4587178630
0276701-0276800	9174843878 5506397547 7813979761 4710297480 5258930692 2166622252 3537344901 1353986266 0281419264 7629370976
0276801-0276900	8013187204 1406668762 5545954222 9249384946 2711775501 7586202137 8876760029 8051574112 3780955192 7818159082
0276901-0277000	0663636540 3568683324 4556620095 1604633752 2568825585 4582920019 3063815338 7365651794 5743702588 7562647321
0277001-0277100	0773227646 6231522699 3795825381 6250741193 5992575434 7032075189 6392792921 6230912990 2590445512 1720931896
0277101-0277200	6179934694 9541502186 8337701522 0759113008 8868902385 7991528263 9867824654 6088746278 5262268142 4733188588
0277201-0277300	5724166512 6195900032 9224404728 4089619602 6492377307 2793032869 8350719950 9173362220 6904266211 3793573787
0277301-0277400	8963398219 2711117924 3751868381 7576213472 9227304841 1090528931 2739756654 6440159910 8920563595 3955062268
0277401-0277500	4903481778 3401638880 7477585910 6047358664 5607299400 9420006312 0435623081 1649814551 4965551300 5854611735
0277501-0277600	5240521671 5566604133 3475875987 9204455921 7567756328 3767227690 1154164921 1224642236 0395403368 4550113426
0277601-0277700	5424744898 9545996792 0364424296 6524827350 6879964950 1574046214 8251111674 0163812882 3705492676 6797280057
0277701-0277800	4632906194 5617997309 4448723746 7063062834 6193769263 7284371025 0629430239 8387471804 1127794451 5182108640
0277801-0277900	0015584757 9128464012 8739950977 6297708262 2634588250 5207818345 7605053081 5712768164 6160126745 6151310391
0277901-0278000	0717697384 5578732241 3300300055 3471951166 9012581135 2080156303 7304690809 3097927353 6585649135 7471135090
0278001-0278100	4412759076 4902991938 8200826217 3939592861 2333657297 0664641027 0587838551 3189346579 6268593304 7956026011
0278101-0278200	5450359677 1014005799 3336889004 0220753848 2513993086 3716343366 0079237124 0645761765 0036410612 2054356886
0278201-0278300	8817740625 3057006023 0189829110 9153407117 7517124423 7036436371 5890220116 2317102635 6501302439 9121540427
0278301-0278400	0127303916 6043485289 2171767800 5443537960 2681447698 7479405571 5993778536 3996621006 6927419271 4681089620
0278401-0278500	4073611163 4720258986 2464744081 9612040336 8752089701 0880633542 8443692521 8017425121 1967856991 1058334944
0278501-0278600	9991683094 4946984707 8063675466 6776782538 3723040528 4892911730 5480298931 0613282285 2430139744 2127840108
0278601-0278700	2297992256 3749918616 1909539509 2292352403 8726563349 6244744690 3480575135 6594650462 5030962501 1185996363
0278701-0278800	0240365418 7824457074 0245894880 6050741683 9071505803 2424183755 8626796044 8940311842 0715618426 6389930059
0278801-0278900	6835196088 0991550054 0819116094 2615617799 6494555738 9362335095 6021693845 3029407415 3542201700 8850593410
0278901-0279000	8021537744 1689697655 2390007001 1310946928 0003444356 0636076613 1030272873 8927422665 2498990981 5901237651
0279001-0279100	5704327731 9218502844 8811193320 1103571057 1944438712 1835232255 4867726440 8667340454 4135367403 9901046417
0279101-0279200	9288114132 7732957052 3323399878 0091602670 0289290467 0034550632 1135518225 9645456365 5802704621 5314706032
0279201-0279300	1476780387 3454420398 8775731536 4197294374 6586782763 3623111986 4674608317 1624959380 5163179101 6021743160
0279301-0279400	0363721351 3550655568 1162767164 8322879623 9003714331 6348095868 9243847116 9048307896 5100591104 9650159928
0279401-0279500	3143831201 8932525166 7689558973 1051802070 9156128212 7947857682 3150309965 4870137801 4203423508 6218894451
0279501-0279600	1309174155 2012125037 7976572630 5117588445 5791816612 4319147934 9987937138 9746676777 8272433292 2702482645
0279601-0279700	4802849998 5675549452 6946870327 5037839400 3665144268 5682081309 0209490578 9962210081 4077366965 5662797895
0279701-0279800	8759938160 3739294081 8983260231 1979060514 5978038449 4121855073 4723444046 4136333171 4829781976 6986696551
0279801-0279900	4005181845 4197633105 5635044884 9713422360 3391300589 7971734678 2373472329 2305173885 0500463602 5681998062
0279901-0280000	7282581124 5559158601 5018439090 4098641809 7171007546 1884773934 9112735711 2710753309 5079036197 9461708733

0280001-0285000

4466480524	1788806067	7311064558	8414287431	2055368645	0754131237	8920501641	8245598529	1702855298	2349175681	0280001-0280100
5198174953	5650404537	3588004097	3693100210	1619740994	0885723368	1398906852	3058021522	5783079858	4444988490	0280101-0280200
0267221549	2888861292	5028852813	5271737803	1820762808	6658198702	1339186121	1336024618	7362649128	5983857042	0280201-0280300
4605478859	9442082401	8091973627	1175154047	4656341180	4862886439	8751105260	1860076320	8664032080	0588098124	0280301-0280400
6682872769	1582888514	5355599297	2145134318	8177166455	6450266633	6275157142	2612127028	2902358703	1467862427	0280401-0280500
3023359989	5133833106	9080367912	2897592232	0900535339	8361052808	4879743470	5051051242	9799469695	8773290081	0280501-0280600
2070797287	9653583923	2426576733	9214438047	0361706529	5956729932	3441686930	9201866257	1582035045	9222746011	0280601-0280700
3349178476	8678310636	3023672435	5370932562	6949823072	6186313109	1050164320	6126742460	8679167037	7930940669	0280701-0280800
6071354477	7204124017	1387152541	4787133745	6602291427	4536828100	9292055889	0079508483	7232678718	6595562128	0280801-0280900
3765493043	1227464459	7738111563	9667409274	9919903096	7831570443	7927396416	6675109789	2640931174	6824187884	0280901-0281000
6539287943	9142807191	3722819450	6211199604	9420141675	6751415522	6569328596	9399005410	1116477675	2925649440	0281001-0281100
4287958357	1003684509	0703458019	0874999930	9273423323	7906647410	7462898117	1010402778	8338214509	8316061371	0281101-0281200
8505842790	3895394961	3459869455	3433217338	8380442292	2186848247	1011714851	5834710609	9757869761	9681601243	0281201-0281300
7330230684	4692710557	8932616600	1295993498	5974917184	5033446105	6240840010	9524903112	9151310207	3536606699	0281301-0281400
1425097441	6710891804	4279263850	2557662206	2566434705	6888812091	3431296547	8161984539	6751548210	8102441606	0281401-0281500
2444931858	7351214286	0108581558	7151941939	7655261062	4780925408	1424759646	6270191943	7855071869	8349687692	0281501-0281600
6575171350	1764020035	9938353017	8302781767	1022024492	8865565462	0105595674	1577115904	7285830165	4225614200	0281601-0281700
5482685137	1916276898	2527266000	7703368359	2676892711	7466145886	4432562954	4170512168	6083735716	5976102782	0281701-0281800
3884860670	1446329636	8213637303	3174648717	6320142788	0067424934	8568445726	8867825525	5509250061	5469758288	0281801-0281900
5492108122	2247668229	0277511682	2369502543	9873245618	6120999673	8050145752	1453467701	0802591529	8160421223	0281901-0282000
1163287602	6457848920	8814442541	7823517877	2946368491	6863787103	3559880293	5287975131	6600965034	5021350087	0282001-0282100
8614816527	5693425491	5758254478	5878977900	4210159280	1135480971	5815493253	8649021151	3898577566	3927058200	0282101-0282200
4783308103	1935861720	9592850309	8371977956	3846649873	3455490133	6566062958	9933126670	3542551795	8589534255	0282201-0282300
6852221670	5720637316	6820932241	5546565287	0620820268	5332600866	5800583966	0906950497	0302254534	9369418434	0282301-0282400
7991814854	0317521615	3188936016	9898297123	8272732961	8815135404	1870492734	8526265666	4081364863	7887168029	0282401-0282500
9743419921	8404526700	3615580203	8750040963	7218865537	6610564625	2585967623	1120914555	8061492374	4622486559	0282501-0282600
0525941467	8341230133	6488120864	5131781450	5464179416	4567238577	5090452177	0549975833	2360916182	4686637311	0282601-0282700
9959742563	7392431936	8360663346	8788836648	9399770870	9923975176	9429327043	1571634050	5835198994	7721259861	0282701-0282800
2465956758	0313640200	7793328797	8651130119	4767901228	4933455937	2745446777	3069942456	2602023887	5493090223	0282801-0282900
3573983039	6642856599	2346239434	3075435576	6148585186	1284466173	1439799759	7768447092	9792773827	6470935627	0282901-0283000
9494509375	7497580940	2297195543	7014385922	1216058081	0042397438	5330454346	7119143871	2266270914	0126153844	0283001-0283100
6277366108	8651827155	6640204899	7387185384	2797408717	8039858785	7487216892	6362934079	3705516018	3714050877	0283101-0283200
1496281607	8738336233	5559788371	3608096663	1521893228	7510522740	3710184125	4829712856	8954164194	9279438506	0283201-0283300
3945483861	7154528632	9870074344	7464614650	3414460256	1936493892	5571934232	0962385728	4093622072	0551764698	0283301-0283400
2530400643	2287560380	6977314699	9660101861	0184090834	7452808928	0983391290	9149258303	6511730299	6765473925	0283401-0283500
1518450227	2448449537	6804763886	4019063487	2967747990	2124856127	3166399844	2736186230	8855173182	3996788171	0283501-0283600
5818320630	9699648514	7295737236	9464794425	4825014483	7278643035	4266996443	1539815277	1686798446	8577777317	0283601-0283700
6724214993	0635976518	1359539276	8068710323	0458025191	5603646418	4552722886	1482514597	4092997199	4529105998	0283701-0283800
3347241041	8542027208	5136054307	3574876227	3840792001	6763466151	0906147191	0813300876	9243989050	5428382858	0283801-0283900
7174596002	0088457644	8251903137	5548086017	9403410944	1898837265	2319407183	1370537998	3523443759	5489813215	0283901-0284000
3424084287	4824428098	9888047197	1054529233	9984765517	1775144109	6350331443	8415742836	0807901341	3016396157	0284001-0284100
9445590873	6627890914	4275984522	9763054393	4086667826	4314016375	7170561881	3450653637	2888736845	7730018975	0284101-0284200
4353864153	6393817376	2901822963	3304944189	1940659730	5753851213	3986275646	2498470327	9184151114	9121135250	0284201-0284300
1046851190	0896117079	0218889188	0624882538	4228364119	0655874808	8381207312	3231413442	3335314443	3609656271	0284301-0284400
9210824764	0392720608	8886262852	5885199283	0133305890	5765272829	5714261949	7916499589	4363177324	7495809598	0284401-0284500
4149163996	0872405594	0589740951	8518453701	0842391107	8235447953	8977220797	5226175997	3799318017	6602584167	0284501-0284600
8345852154	5313578584	2096991306	9952099187	8609886124	4401060741	1986374471	5309935103	3428616375	6809485035	0284601-0284700
9275704744	2658967956	6193382876	8847466738	7627035779	8755596549	4014662899	8920998697	1648540723	0339888393	0284701-0284800
6761101330	3784045113	0783799704	3311605332	6219954425	7703071039	6843975279	6919730812	8025112622	3600777540	0284801-0284900
0051308597	4983046454	0495130970	4803426138	3540913445	4056413410	1462193716	0565528044	4840088045	3039649492	0284901-0285000

0285001-0290000

0285001-0285100	9738268650 2274528229 9484577467 3433786755 0280099756 0510091528 8666465879 0262577689 5712418793 1583948729
0285101-0285200	7388771483 5384248129 3119168316 0601354302 9978483686 3527731202 9030297107 7830277473 8958134651 9427561606
0285201-0285300	6742843607 0204002387 6861045920 7769656762 6787819706 5606120339 7304722965 4813734461 9132198858 9232186743
0285301-0285400	9123224152 5774192907 8225709141 4018156957 2845738336 2291885079 4868329493 3053359319 3572091676 3645955813
0285401-0285500	6799238696 3556749298 6511324827 1394607316 2855012413 2311737264 8773982965 1492342674 1322472886 3284602104
0285501-0285600	1366966644 2677281041 4959430276 7238763428 6066448079 0484267719 1598564512 6086187040 2572744277 4514307901
0285601-0285700	7361515617 7315157500 5988399640 1418804973 0699755066 9101292407 5303749581 5578462768 3114837351 6100826421
0285701-0285800	0568687863 5684085892 0119268252 4370390352 5176669009 2384082646 7526170926 0269710407 0471481531 0205739799
0285801-0285900	7681579182 9812892353 0414649198 7593615632 2124516827 4617227796 8157330253 2557352230 2296833982 7799416034
0285901-0286000	8264985693 8263973605 9056232139 2948550742 7648532942 6710589699 4589264214 4119600084 5353331145 0406865373
0286001-0286100	1319571484 3485415041 5172347068 7159665889 3468794776 1605065252 0532551887 7942762000 6779291742 8629514803
0286101-0286200	6393715562 4921492192 8994506784 0972054346 0019562984 7440967486 2465363711 3020873814 1754833381 6616561518
0286201-0286300	5111911346 8473236553 8248531987 8581818145 0105386941 3158042894 1053108502 6258281571 2311114555 1238854904
0286301-0286400	4534798670 0257077621 7413802918 9276234523 8939140280 5293096864 5560208707 4750296305 6856668723 9774998591
0286401-0286500	1356208348 5942647022 3854033139 6655512294 0520677229 8210771698 8749068312 3218656678 8925348437 3928939824
0286501-0286600	3039270631 0460167855 9287530601 7870222133 0681129914 2564872664 9716803285 4943908954 0115982149 3770170327
0286601-0286700	6762092987 6361529476 1022963864 0039099466 5174286052 7160651172 1401325095 9270559294 8397361299 8179810256
0286701-0286800	7138533177 1066750331 3178278732 5121501327 8377486502 0703313550 6227558130 4810800294 6051717988 6418646938
0286801-0286900	3014272229 1579435039 7991778016 4905282771 3029562457 0910278494 4459005025 0012647562 3251401612 0398203255
0286901-0287000	0275269695 1967074235 1684211910 9820901473 4553452473 8516054502 0344886526 1194845794 6739103249 4601754606
0287001-0287100	5949133473 5648784812 6818801870 7352591838 0839036790 7272198713 6512691128 7379537715 9952741342 6674052986
0287101-0287200	0582672777 6084199746 9706419659 0299595629 5605560002 2176378828 1809646584 2429443116 0434101540 3241618371
0287201-0287300	1241183341 3369086040 7381821867 8592966006 0152609792 0430269051 4322256814 3657469655 4200716104 9260710551
0287301-0287400	6213629879 3005559121 3266525433 4472375154 8317961256 4078677742 4307070087 6622029181 4065502136 0191663843
0287401-0287500	8599988612 3275152903 5298703495 3210752896 9061140401 6598021882 8037680534 8714902083 0871917804 7753136085
0287501-0287600	8414106596 7519604324 0179858915 3532443423 3629910033 9036772618 9914046681 0276148578 7215430327 5752435932
0287601-0287700	0503117165 1703430242 7376082327 1009896214 9506384969 1002902577 4167136585 0448982075 5135344694 4194185199
0287701-0287800	1214566815 0684357307 5876541271 3166542356 6812227372 2233387587 7673936228 7460341063 6815651866 4932281342
0287801-0287900	3042420400 1730539139 5804503405 9680448257 5134055549 0464163357 8438160588 6860227991 7915156776 9918483857
0287901-0288000	4581978981 3620129705 3878672660 6889518850 7220074426 1029707371 2835694266 9779338208 7809127052 6740228190
0288001-0288100	3448878106 8280495959 1079430888 1004695618 3587209343 2323304409 6976123771 9689629821 1991687870 9833961134
0288101-0288200	5262017695 9400345867 3833978234 1473219138 2499749914 0658967734 4743402835 8031537479 8489967619 2496998518
0288201-0288300	2240176819 3052100224 5510857860 3846905687 6636412890 8975155436 6506561650 6192218185 5860639525 6352043478
0288301-0288400	9459161679 8123236057 4968374823 4389055596 4335042927 5477260719 3219830825 3807155388 5217730924 2994131441
0288401-0288500	9026355802 4375056815 2646526415 1014646071 1985598292 8954905751 4813694409 3607176494 3922313403 8171821614
0288501-0288600	3960417698 5281732820 8821036906 1259770468 3140598765 8981426853 1700310662 7425740828 0910233116 8159759586
0288601-0288700	5485617816 1460643447 6519302871 7343009218 0010058739 5483454403 7627646013 8242763405 3294655808 8847737466
0288701-0288800	8362561690 8343097270 0699748178 2424574194 2626077709 7989142290 0350084332 1192397735 9095594574 6815664694
0288801-0288900	7811010103 6963569468 6789030933 7571102762 0866070878 2106555537 7926088164 1337529391 5596153910 6238153813
0288901-0289000	1481317662 7603231988 8049792167 7961104910 2388322750 6396471007 6965247441 4609822625 9447672975 8448101388
0289001-0289100	0841014521 5932988735 3851807306 9810094601 2616786893 0860243784 9860720828 0266924451 0981539169 5973601821
0289101-0289200	3287944079 2230675841 2984849036 5630343690 8701425831 4198991054 1398522693 0754669501 9990277201 1993438099
0289201-0289300	8096571948 2859198767 2414559171 5959557500 0602439147 3464999909 4962280732 0890185317 7416621570 7333892838
0289301-0289400	8639164413 7593974177 9799619064 5277409657 9769282536 5348782886 4697225365 5754525228 0316884710 3926942994
0289401-0289500	4017744150 5654108392 4818538097 2246265514 6890300020 7821275494 5052791543 6981754966 6187513478 3191865741
0289501-0289600	2558355397 4077373341 6015611445 2815017161 7511799963 9940611911 0086304704 7957134095 3158279114 9697550614
0289601-0289700	2525966187 9019404745 2875733438 8929908002 9769877893 0869873399 0273247229 3618765193 2972809463 9215880105
0289701-0289800	8120917330 3560696088 2552321797 0057600041 5904488179 3922984453 5803797460 7129470760 8200651516 8336564512
0289801-0289900	4128112940 0207911460 8274243109 5203360028 5057851031 7812969011 1967320860 9949003674 2606578833 2367599890
0289901-0290000	3174678418 8273762112 8226150437 3578261282 3923583260 2350621502 5388120503 8087610757 7923411020 0663883596

0290001-0295000

4616931815	7504286066	2121240253	0812757970	0257872538	4490578740	2407677517	6118282802	2057007680	3317314373	0290001-0290100
3222497208	9532223176	9914830922	9185252467	4905187716	5871928339	1451272224	3910768803	8146764776	8256051991	0290101-0290200
6242899466	6415868570	0335897100	5817274611	7001313172	7201526453	9575067017	2388733144	3852719496	9975372458	0290201-0290300
5045185112	1245323760	0924304723	9954398933	2763258474	1996602126	1252980566	1849768230	5041205726	8302788959	0290301-0290400
0129847903	7010123634	7773267203	9081071163	9303289268	9698589802	7604285309	8125791957	3240805314	5359995068	0290401-0290500
0281647637	6786162049	9087220505	7179263264	4701380210	3274475785	0959815376	9279437353	9955990692	0110868457	0290501-0290600
2761587374	7414978132	1992210097	9463616836	8837698006	8019326724	6356331393	6198022844	6602908257	4970887611	0290601-0290700
6126193917	9889891414	7203605599	3690883893	0580535936	9339114503	1666583767	9068253381	0154946336	8505270216	0290701-0290800
0528658989	6942257096	3534549240	8795324498	3450152302	3103683349	3083408235	1682915189	6416671575	0476290195	0290801-0290900
3467655050	4543318915	7265705149	8776384149	0791267283	8031790537	9403906551	3432425793	1330413249	4807608810	0290901-0291000
4697312495	4534545785	6264329245	7539754436	3110660436	5289403443	8429341310	2992185638	6196903953	6229361901	0291001-0291100
0163993528	5350105729	9327718394	4687864902	7719241196	9477667967	4321691661	7401837190	6560463900	0765211961	0291101-0291200
1483507207	5559291017	8537877056	9542074600	7253475463	2987591800	8302027150	2977497891	5283989453	3255407195	0291201-0291300
1666575323	0926495139	4211425540	4511537786	4569662346	8005001055	7665686222	5655975320	0069485364	3862230379	0291301-0291400
8485693682	2387490319	5490049166	5783397436	6986091833	9199872371	9472588452	8872540128	4645056630	5472362710	0291401-0291500
9926427857	0245829223	7304220010	3989251437	6074181197	6799800496	1158488903	1365744048	1472776934	9793351969	0291501-0291600
0791241286	8049505017	7445358305	6740426732	8578975726	4025168112	9144017289	3889390600	7862203398	0666196507	0291601-0291700
8580853482	4907943715	1059318692	3206404967	3865635312	8130407910	7222213576	6548218780	5198585300	1988320719	0291701-0291800
4602635121	4279937006	9407085655	9587246813	6554341671	2160070267	7482923620	4014529850	5602122441	8548337825	0291801-0291900
9554164191	0011069844	1606111936	1341572843	8557376822	4370273680	2105490498	5965165829	7294455519	1824151604	0291901-0292000
0655118397	0720272020	8464020439	3072986300	1390554348	6080572720	8711812587	7938449849	0437052921	0374970100	0292001-0292100
1663998151	9494762949	9986428493	7367525363	1752188331	3087108880	7978839241	7704627889	3607737691	4701380205	0292101-0292200
7889504947	8115887563	9904502685	7550561741	6055899462	5034600921	0210935213	0947675934	3508224228	7365273888	0292201-0292300
3742321134	7106010920	4939561731	7488537802	2731466288	4160388678	8153423753	9156003774	0786683286	9398483480	0292301-0292400
8067071923	6001585719	2029231113	4173510221	7455941199	5983544456	1375619179	6311070401	8047448038	0943839754	0292401-0292500
8267445519	7750593665	9329500786	9513983479	2987338878	1017794560	8175447381	3559180829	9812498231	5003735066	0292501-0292600
2654337764	5218316617	2959235665	5050362988	7119356012	0416793837	2520077159	3141903519	2724580169	4493938939	0292601-0292700
6886129000	1191170558	8515157980	7832197586	3643962234	1155912478	4518708290	4022020705	5268885676	7767572084	0292701-0292800
3301962157	9008529471	2798233970	7670466783	4310190431	3793909567	4184931794	8755991990	5514096196	8939225573	0292801-0292900
3193871822	4016540438	9424297616	5912825960	6455657678	9626950067	5457661057	4970349472	0985496417	2219226415	0292901-0293000
1810279891	1059033065	3915466596	7022021495	4542925225	6801199732	2331862993	0128897726	0054888305	1801907365	0293001-0293100
6178487244	8961557321	6482574547	5381614346	7084018257	1136375339	4201684005	1144296003	0308232427	6272440249	0293101-0293200
3439561055	9393307378	2790939544	0108058510	8538114412	6655161542	8095286811	7050960782	8910789971	9529989342	0293201-0293300
1677946200	2016998984	9651440553	3694909314	4156637478	9827892780	7417117097	7983171522	5227691017	6290637536	0293301-0293400
7829868692	7280589881	5004823069	7907349216	1899553670	7907033479	3754336049	4530720796	4877016335	0386612477	0293401-0293500
1679889404	6172089012	4337095817	1600709412	2493621549	6495754923	9133890521	3792848132	5600654070	8721929520	0293501-0293600
4117451146	5783621081	1062428541	8078166194	9418458010	9484822606	3578640095	3180380553	1752590882	4674419440	0293601-0293700
8371697512	6383772221	8999035166	0818503784	0103696419	1489110716	2792024978	8407850357	7014056163	4787422640	0293701-0293800
0006355817	4689957745	9816171765	4247358213	3634390557	4633670041	8263131436	1141816033	2966762967	6001679942	0293801-0293900
0553340364	0351816660	5499089721	6378910193	3149352978	8162093954	1968206581	9064283642	6624132370	5903925680	0293901-0294000
4645463665	8820270576	3264918291	5871363604	6873638450	5449748883	9362556344	6902584799	7339724378	2686679200	0294001-0294100
4894254402	2238694891	7200466558	2573288023	3249943539	8108946466	2938621067	8261585278	9957371136	4825491949	0294101-0294200
6669990046	5148330478	6736213896	1073979915	7349933726	5679173820	5067948903	3578517034	8015684871	1905733150	0294201-0294300
3073236481	5754371927	7078267888	4988301848	6465398211	8322884774	5990682339	7462156125	8538266237	2283196986	0294301-0294400
0252043378	6277355751	5550720101	6059787121	7465069736	9997748850	5823686182	3974059628	2389906171	8458168239	0294401-0294500
6699394042	3403802715	2149341645	8066506094	2551663306	0493107167	1973308360	3311809122	2672826165	3649177815	0294501-0294600
4547133361	3951369357	8970790381	2910081720	8674970566	9639627505	2837274397	9162876486	4557681076	9790438777	0294601-0294700
8853689843	7300360143	1294866492	6231077274	9037059562	1425875142	9326687828	4788078762	8478186245	9567816866	0294701-0294800
2583026820	3644597885	0982950892	5259441721	1353558594	1142399515	3512414886	1005811481	3371447620	5748937224	0294801-0294900
1692219063	9131378281	1620178787	6086438886	0506587083	2408698639	4651945116	8883795277	4635359778	0059964225	0294901-0295000

0295001-0300000

0295001-0295100	1188127560 1601791590 2247521397 6910679863 2092833840 6008610218 4671398118 6612051037 7179678586 4715889119
0295101-0295200	1978082065 1104987209 2732936744 4664555227 8333155612 7984651988 3483619760 8015831317 9067455124 1002086775
0295201-0295300	2382206554 6145593974 8978692163 2321555311 9290602588 5276633670 0281085004 0367760202 4625577852 6526697703
0295301-0295400	4006959215 7761564764 2596347433 5647160218 5512767526 4892216759 9801547259 1183530177 9011021484 7022673250
0295401-0295500	7958525275 4842316261 5892967491 2801498005 7541492894 3724074644 3811161096 8912792553 3486650439 4777647016
0295501-0295600	6897046624 9702173347 3368079477 3210861934 4342264216 0858013035 0246371110 8941668102 6503673752 1403282434
0295601-0295700	2933691937 3726378916 8983387513 7555791026 5452952313 7287857195 6727250352 3272501149 0885240111 2212315223
0295701-0295800	9535668141 7563608279 6889420199 3232452749 1150005680 6619067100 7305621131 2564018295 0499334281 7836112004
0295801-0295900	4138708304 5411777990 8282985239 1031652175 5322173908 3863377240 7026085160 1865097547 2284511975 3912039762
0295901-0296000	7596019905 3838294949 8226841606 9423707468 5285118596 6687687972 2986460275 7184502991 2469206489 9469489774
0296001-0296100	8305050135 1974592227 7894280494 5888936266 1755755850 1668491138 0345406553 3840450925 4779564836 8531413220
0296101-0296200	6728052953 2217757679 9732975000 0772090302 5851044324 6399340674 5109433124 3587323598 6285879361 3228624008
0296201-0296300	2781507656 0815539481 5807462635 9271910622 8645291219 5489912738 8993476898 4063069350 1530580839 5651394402
0296301-0296400	4323250666 2242987659 2396826941 0311308341 5119675553 6137839854 2211792194 1144956191 6538849185 9795707643
0296401-0296500	2673697459 3593810668 7751104593 9056158759 6349661795 6775816312 9073143952 0021171624 1602363878 0963299013
0296501-0296600	3247037859 3865529140 5189485402 0217477434 9411807469 3780365326 1313994620 8945557490 6039769709 4955008026
0296601-0296700	4968790833 9222077306 3033152719 9447948997 8198182895 6639787262 3599650538 4508402261 6071288706 9191795534
0296701-0296800	8341272915 5634507839 2909554962 1763780941 4476039267 6202991209 7978526101 2616158712 7075355867 8860701332
0296801-0296900	2937414800 9805349019 7876511723 5013926032 0282831938 1375304617 4386185487 0731522878 9604380162 6021519321
0296901-0297000	7278125010 1536609553 9593948266 2978500964 7214769630 4142092856 0836755369 7145767446 5825137792 6893003498
0297001-0297100	1876730953 6656154094 0181812138 1451571893 4852114137 6323974759 1249359704 5511811135 1262638521 8226841422
0297101-0297200	2905761672 3362217416 3859695942 8555841526 6032581735 6968734787 1528253854 6866170831 7156789798 6920796685
0297201-0297300	7938520386 7327936313 1109701750 9091536397 1577478546 6923898418 8000859849 8493115913 7283608134 1437393598
0297301-0297400	4087726813 8815763164 5299040033 1700614355 1587132104 8490860408 6309955458 2932498512 6941508965 8896620196
0297401-0297500	4410303356 9857578797 1913718747 4794198902 3985576445 4275317591 2782182067 9194009597 9448898021 6551994749
0297501-0297600	1076702194 9659610071 3430683605 8843980625 0293333929 1805043787 4958457839 5597521918 4993991566 5684207644
0297601-0297700	4015770263 7349736079 8043894373 2337103577 9462949595 6975286424 1690766716 2597431170 2801304335 2721392098
0297701-0297800	9591016293 1503144061 6760330448 7131088893 0329252095 3246042438 7158071374 1133334967 5218946784 2043520120
0297801-0297900	0510171558 8810140727 9033709013 9060829623 2573654349 0225158571 5973438396 4325496828 2425392777 1242235747
0297901-0298000	6365147462 6863042160 0367373905 7280974151 8026332536 4778806297 7836503169 6247887663 0494658904 1398145368
0298001-0298100	3496483767 6379724030 1315465398 8084173969 3614258671 7938191404 8143126221 1849010477 1070020651 3634019865
0298101-0298200	5824595491 5189360886 0207754337 4425879392 3503783385 0250116772 7052720609 9193802611 7950159381 8710043945
0298201-0298300	4786426117 8425146172 5602723804 7632869979 6611311614 7174598788 5542037896 0304851193 6947192108 7749508553
0298301-0298400	8628995850 3777799044 7987976819 1744941429 0009803597 5024431445 7216387987 3259333474 8433045739 4081255124
0298401-0298500	7937720838 2988604655 2487144520 6812031443 2872021824 9171333241 2389431032 2035955727 8051440495 6058136514
0298501-0298600	0986160079 0510074644 5574326539 3945391647 3024455409 0449359189 9500930070 1806172333 7167982022 3173261954
0298601-0298700	8655260653 7659624069 3939127964 0892608416 1148803306 4649940540 7464597314 8240396568 6343215931 2994393707
0298701-0298800	7821600270 9558712592 6393806265 3090637227 1590302144 5408278903 5367016709 8152389832 7042384001 6348101274
0298801-0298900	9869965938 3318771950 7936973083 5694367288 5650611025 0945352047 0419509542 4682019898 2796106997 3226213662
0298901-0299000	8167363122 9890562473 7776292375 5761011654 0065593852 3727391506 6906457679 4639205897 1652286497 7434502284
0299001-0299100	1403508880 8309344618 1683666737 1572514163 8260562684 0092010884 1378388920 7601230008 6402723310 5874037792
0299101-0299200	3680777236 3376099963 3454914229 5140263407 4069500035 7192016355 4103905240 3529072732 6982389146 4585498060
0299201-0299300	7121971683 3951774684 5727327057 8300165043 4385226732 8906604188 8411382508 3413613799 6198101697 0527367724
0299301-0299400	7197959326 1177622344 5398195320 4724407339 4552129375 4849964621 2828779894 7592635564 7112480984 4788635485
0299401-0299500	7684404007 9645408653 4311784469 8666996315 5071535534 6753318278 9421749052 9540847002 3651559371 9130070765
0299501-0299600	3206101646 2428460575 4459136274 0802494426 4302474203 8723113681 4035011649 1673880339 7962812882 3708626314
0299601-0299700	7773710950 9252116696 6772840005 6696523553 3123572734 4712250584 9334210006 5438046715 3351524918 2317846165
0299701-0299800	1025808818 0164460499 9405884890 8523540861 5183894043 6071934067 1292367260 6944806459 9978077724 9220902903
0299801-0299900	8624407445 8697014205 9022198880 6846096515 1709482306 0009646570 1436440766 8066372796 8756940713 5156782799
0299901-0300000	0649079063 2772090445 2450324857 5792807082 2520326239 6833548515 8606931459 7838528361 6945633618 6314956895

0300001-0305000

7512520542	7583408433	7654387735	7558113323	3224458741	6913044623	3328853040	3416818532	7650796295	3325671968	0300001-0300100
0304662622	2693929242	3381761474	0621769438	1301816446	8362506028	8786882638	8486228440	7686498705	0543822925	0300101-0300200
8065848704	0403556257	3256749520	1114319375	4775407709	1962079537	1814882506	1663069254	8318888716	2368525155	0300201-0300300
4848108075	7453534756	6506910899	8902579006	7471165361	0446354848	6258453296	0111660552	4812366581	3348443402	0300301-0300400
3033838766	9473085311	4682295290	0928520339	7072972478	4595032639	7304709692	8772755667	4107879212	7067696914	0300401-0300500
7191629646	7784842643	7554185756	9851081658	7182715147	4955036156	5003713207	3805452127	3860737134	9328329950	0300501-0300600
6794838104	6672169613	1667455649	8386410665	5385195711	4779798978	0405313153	1304695355	9560125012	2307301351	0300601-0300700
2282359030	8974131531	8724606576	7650692731	2075405356	2280539695	6670940455	4331001699	2009340160	3015109670	0300701-0300800
0708703308	9628658695	4811171164	4722242956	4592624702	2843837363	1682761826	3814545273	8190115715	0895220166	0300801-0300900
9555895255	4622067920	7427677769	2308115226	4751106824	4339134165	0025240406	9330258598	9456339270	3641944075	0300901-0301000
3978120082	1821358504	5547352157	4804387050	9653774461	4781134687	1656555888	3519727921	3185045506	8355394307	0301001-0301100
6050369009	3629623878	3640866701	2944398938	5444418785	0881588375	0876290001	1444690128	8812955855	6775237521	0301101-0301200
6598684934	3242206433	3126591574	8872953995	3386225175	3806821534	5051124474	4094691104	5116323995	8515057551	0301201-0301300
2312582940	1236747715	1579026785	4663437832	9976843751	8167132466	3954643020	7887683845	1413313112	0043836272	0301301-0301400
0947289667	7974394888	9034039333	9347714916	5560987844	0626123581	2235129549	2562595858	3191636244	8449112395	0301401-0301500
3657658710	5078807396	7088109766	9121051336	7202108849	0924983481	4108085147	1979311983	2560149134	0711816926	0301501-0301600
5377176694	8863256773	8508113099	2939242797	3112696774	5834906089	5901467971	1219754532	8687949100	3849694060	0301601-0301700
7005645672	3771053491	8906445065	2802955744	7570185785	9353330253	4373141442	0530358189	4725025659	7419922390	0301701-0301800
0855033384	7929662370	7672334636	2903759950	0875430750	2579639741	5020398849	5903758576	8291001734	4100301639	0301801-0301900
0174848563	3064220117	5201778857	9842745795	9125026072	7814703573	1188031082	5407223370	5618403981	4643086670	0301901-0302000
1326413991	0735002441	8877255635	1318020125	1858081489	7540973697	3081487305	4088717373	4744284091	9291643424	0302001-0302100
4021024496	4263928735	7398240381	0584200373	4586953107	0327979850	2293094662	6806901792	7241787098	0625238297	0302101-0302200
5492674271	7401093133	9084400603	1771503988	3971756517	1566425066	1408635197	5457345974	7328546035	2577081637	0302201-0302300
9080538731	5806922805	3306986610	7176170472	3189417223	8541326756	7686410850	6936197728	5088089991	2059322947	0302301-0302400
8701723659	9579112547	4049023042	1735611643	9548935384	4038661966	7832273836	3099111005	2858370782	4962506145	0302401-0302500
5188256938	5163576399	3030755907	0740917791	7689600909	4216626863	9945930987	1665187527	6280612167	7655991791	0302501-0302600
0290609779	8876029113	1293858955	3501801828	2822842512	7176741423	2794377249	0834468421	5709467901	0491342939	0302601-0302700
7381565935	1333607061	9125183966	3489878904	9470872644	1344580810	2413965253	8971443908	9177752252	4117802201	0302701-0302800
6887498243	0162373290	1654238958	8802987575	0062831044	5539487277	0124930831	5249497974	7126764811	0417923690	0302801-0302900
3256497908	6214759140	7233856998	5684899320	7228126831	5037098991	9313076022	2768091775	9601941966	3136065337	0302901-0303000
5426514541	7078972656	4216949912	7767201935	6518712974	2389742007	7422706008	1833146868	9266029409	8085839553	0303001-0303100
4529813264	3374294839	7137157826	6348938881	7585285996	4321524684	9202217050	4236438629	7153170378	6120257828	0303101-0303200
5472396855	0109472648	6865273393	6132705317	0918496084	2867973063	0043616542	1346267661	0101700359	8757979069	0303201-0303300
9862232054	8802641853	2486292510	9616879659	8076953897	6545361454	5744554001	6522391424	8148929729	3814279062	0303301-0303400
5588597012	2387283489	0240573855	2464234439	1199345027	2065771715	2104991279	0899211699	2426409704	0941620723	0303401-0303500
1803949694	1688985426	5615303280	7224682554	2458111142	7009573232	7190155988	5378957557	1161924596	3123390013	0303501-0303600
8923872721	5278612420	3816814896	4678214166	6758766918	2854585244	3941373067	7146403734	3309404136	4476929357	0303601-0303700
8325756754	7224604923	7725453066	3122614055	0175638115	9994319702	7883656146	9974535618	6625199217	7475878966	0303701-0303800
8022046667	7625977438	3389956603	9040362829	8614827021	3861905360	6636684579	1514514912	9662414918	9690080815	0303801-0303900
3987865583	8537811570	3426603443	0482255013	1978660476	7627111519	1413296063	9612967956	7514855605	3596642717	0303901-0304000
6487338775	4842166807	3267934468	2737453566	1080150860	5743399198	6215295787	8761118559	2447235271	3169009007	0304001-0304100
2760229277	8572040739	4928408102	8003889856	6540215556	3337562229	1458982640	5817184880	9035219592	3229845591	0304101-0304200
9169463929	5796753009	1549871090	1410398873	8347924936	2893105797	1150462061	7690105468	9301366912	5649607645	0304201-0304300
5191053362	7317915600	6459648274	7654805723	1889471398	4109860130	2864866561	6266629576	2500981783	9445743520	0304301-0304400
3937949163	1861623245	0841043616	4555398170	2333968280	7540816067	6789235051	0276470520	4099569714	8193078321	0304401-0304500
5993225562	2579133690	1779370937	5425041782	5765707059	6223970542	4120671641	8742464155	7566178175	1832110091	0304501-0304600
8462648717	7650911903	3457230778	7317880484	9377654425	3945247149	4240914793	3707351348	7876314576	9851002496	0304601-0304700
7498296725	7183895783	7846494786	3985440231	2145464070	2316093210	3605559461	9547608318	4107815497	5855244947	0304701-0304800
3221438932	0523373497	5829477293	6978542447	3319216585	3383175552	2494658487	5939746120	3136817692	4912879005	0304801-0304900
5178403707	5161061508	6328433445	6738495665	8915034942	4052007897	4138322121	4924671798	0852846342	8682044702	0304901-0305000

0305001-0310000

0305001-0305100	7578369882 8657304473 7017987549 8833918216 4436320438 3602752611 3090044610 0374779902 7949076124 5993811240
0305101-0305200	5161919960 5965139007 7909634293 5831190343 0562435671 5734095056 1636287482 7820587615 4899881362 2840063195
0305201-0305300	1119520178 0809674906 7049765894 2820319324 5913242559 6171141643 1669441618 0155240661 8863311739 9506879643
0305301-0305400	7781553809 7222929745 9868674364 3437724460 2250082170 1314936991 8140245420 9157676839 5501316818 1074034283
0305401-0305500	0411268652 5498680326 4579323184 5029509774 5201389805 5358194141 0191319848 3386798555 4819940171 6615848836
0305501-0305600	1181485049 1864675639 1772863305 8374665125 1909951762 7862182217 7837392160 4284381236 5855035987 7683167988
0305601-0305700	7691766786 4037696003 3967280640 4573452597 5201932854 0390384327 8475185561 4753102263 6373359384 6397999451
0305701-0305800	1977345685 6654467428 3895819110 3508750244 7542075011 7547265579 3430406416 4481640001 8548961723 5736987650
0305801-0305900	0209146312 4400680506 6561821132 0293368595 6754722666 4660246868 5420080392 6074056629 8299662282 7886673306
0305901-0306000	4506550328 8416293882 9562588755 4096946807 0706581219 8050857892 4056678207 3019132006 7060364216 8364916525
0306001-0306100	6313537762 5483089594 8420536098 7229555827 5245931500 9433419009 0781546711 2257271079 8521222737 5561583261
0306101-0306200	0302392053 1679278861 4118329822 6459755765 3404542346 1049029572 2395875331 1957961950 2289460503 0835697403
0306201-0306300	1984824793 7503897398 2795389920 6897189129 6270970268 1601799948 8236851544 1024906345 0379330463 8505980500
0306301-0306400	6893688509 2159609249 3454617018 6966470225 3261938819 3016821226 4843687779 5239618136 8777350178 3987601428
0306401-0306500	7972084836 6410773287 6428869253 5871469783 9726188810 3384503337 1181517114 8471575357 2829111377 1363131977
0306501-0306600	8212024568 4609697774 9219637968 4737496910 9456442146 2352746752 7261285301 8007895735 4303275355 0589002760
0306601-0306700	7241710824 2779772273 2735900626 6638666960 1352230256 0850972996 3153757824 3379250716 2172074406 3331379638
0306701-0306800	7517144392 6623811455 3939004388 6785184247 1758753790 3066366609 3268883193 1210323207 2351409070 3360541657
0306801-0306900	5082209060 3372016681 1388503146 8464451916 9504365588 6615212595 0693828434 4581528708 7122829314 0727555933
0306901-0307000	6996812109 9035159101 6421256071 1075765634 4306351170 5673167435 2895819475 4952161142 5193110025 8904134528
0307001-0307100	9007507758 3181812267 0748616937 0511374740 5144794546 1979530174 7600610679 3453483773 9405521359 2998818346
0307101-0307200	5458679825 8758604317 3404055460 1182336493 5533063590 8322439166 6806121029 2859293099 6275724503 1274894390
0307201-0307300	9642963320 8730774671 5007773300 8339343158 8596370124 4337695776 9454826077 1609767086 1548166679 4238910350
0307301-0307400	6090461460 4413039687 1368948867 9983508780 4068064381 6217724063 4791781191 6200629577 7701399370 9343944321
0307401-0307500	7249722182 3195212537 9413260275 3367456855 8608844105 9085112302 7060655379 6894861190 3334311829 3391087619
0307501-0307600	6185654145 7096893874 3695706123 4280197733 5573896240 7681631584 4335848770 7336072070 6401263672 4168412550
0307601-0307700	9830095138 1957688615 1246486601 9104419000 4053873335 6712015287 8262611453 1444001949 0501156417 1801462355
0307701-0307800	3003346080 2176758915 6147995037 1467332745 8150272811 2721182646 6922555444 1318839859 5093341962 3985945561
0307801-0307900	1849476747 8653220714 9201414043 5873483891 2071052581 6364490692 0398813879 2728992853 9884606794 6999733862
0307901-0308000	8784322251 0037432806 6659264199 3060846936 1675677484 7179955538 2249785746 5567250556 7489493096 0003881116
0308001-0308100	5025990005 9937401738 6660470626 2123885284 8170109467 1013876835 2200253700 4909446671 0475579000 8627486998
0308101-0308200	6075801005 5989739775 2748532074 1834661939 9378999761 0753993025 1144261568 9204855197 2307840758 2278483831
0308201-0308300	2358647816 8286347239 7050703377 0155108037 2168639415 0717589120 2523520030 9364453816 1000890881 3050203916
0308301-0308400	9341159108 2327549299 6997841354 4833229671 8754241822 4655200379 6227904310 6977024167 6548293949 7616404950
0308401-0308500	0283098389 3942602243 0461690484 3558047477 2240387178 6693491539 2885786302 2989243143 6841730470 3015701090
0308501-0308600	2306067503 7024472003 3264134872 8560100321 9723656520 1590949293 4148262122 9998231733 2073064879 6012037972
0308601-0308700	7647315563 6303760929 3837342346 8209183320 3420880375 8319968924 0992749363 5290735649 8472392751 7964835646
0308701-0308800	0381131807 4452718462 2345859794 4972284318 0527406250 0057844200 4830052382 3875108485 5426648661 8405878804
0308801-0308900	6412068103 5919898396 0987271311 5064108184 5490455579 9276094354 2184006717 6453548615 1052824756 8296268598
0308901-0309000	1806029377 2829879244 2529438708 5412073102 5294049832 7891791277 4900315217 5521488252 6034714160 1819538454
0309001-0309100	1767118062 5218368758 1941540703 6768156157 6618172047 7998692331 4640336138 0334652040 1842615803 9026418253
0309101-0309200	6185722468 4486061288 7368699927 2027416268 0637666211 2069290346 1969545811 3643447415 9871401892 1166046622
0309201-0309300	6582661590 5420697639 4359312366 2045528756 0342165003 4736011943 4225614914 0320157941 7118517154 2756396517
0309301-0309400	2568645384 6709545248 3713059489 8582559745 2775643783 7209390373 7606448757 8053808966 6661399183 9630554346
0309401-0309500	3515315481 8588677926 2912725363 4262889852 5685446469 8144974618 9241495863 6636719814 0065068588 8608602242
0309501-0309600	6733798812 7687969406 4970299154 5245272132 5754281953 2491731150 6620858665 2077490952 9651007534 0404922735
0309601-0309700	6548282957 0256906293 5888169041 4651069717 7724209554 4613025854 3817863048 5080605899 0637380905 4306950261
0309701-0309800	3842422270 5375354598 5909932669 6733216515 1948172534 5327473336 0274472585 2724539478 5787049054 8475863311
0309801-0309900	5718366332 3591323475 8825934064 1521039072 8719363267 9637592847 3313161233 9781549856 5077459574 2630192501
0309901-0310000	3613442181 7786573268 4594980392 5741969699 9987645982 4956709409 5595490645 1431929975 3296990292 9018113346

0310001-0315000

8491893973	1673374047	3761021534	9790280131	7223379127	9986391471	0105736458	0882496403	7793669144	2602252243	0310001-0310100
2918220359	6947965229	6324150462	5930376366	4328408656	1602312161	0990271779	7940482442	3743772421	7545327436	0310101-0310200
9030749262	6172588806	5223326141	0603381653	2093232026	6991087084	7586819856	3990498575	0117619963	6905969925	0310201-0310300
4104368753	2918190720	0415759826	2345046727	0157369711	3335704140	3209379345	1266060707	9906558687	9616157998	0310301-0310400
4934109540	9032124365	4431087316	1586375727	3748174501	7866557379	3984866922	9117599204	3422476006	4859760054	0310401-0310500
9782806294	1873914749	6645660197	6892636165	9828965655	7445804099	1426890947	2497067352	2047011619	1536009452	0310501-0310600
7363253066	6440201002	3201873227	8197164868	6634898913	2734701444	8203242931	1784100915	2833330376	9111970512	0310601-0310700
5251189029	7082942974	8839813714	9977805278	1649343705	6043260053	5269810691	8986588689	8161088992	6992043454	0310701-0310800
7815535740	4652938225	5475792396	5125781698	4986734218	2185312407	3431152960	8214112091	9999406160	1015821912	0310801-0310900
7373016501	7695811861	9036689779	2756904678	5710181059	3937314388	1192914749	4435652218	9626028632	5866365190	0310901-0311000
1745365921	2186387681	0777420915	8364690909	1651827398	0753103066	4998062448	4927747561	8845297329	4727139148	0311001-0311100
9972684077	8589778686	5604872330	5752422857	1724734436	6674181812	3270841591	7914786168	1978003287	5242194648	0311101-0311200
0119315937	9351523941	7409041909	8412578099	0903889407	7942046727	0491534500	0248604274	5530730683	6472220758	0311201-0311300
9308219944	5234721452	1842825620	9291437681	4387802139	6936399786	0221263221	0982207735	7144129412	6406537652	0311301-0311400
6428543482	9706936551	1680672830	6148155350	0677992734	2874671740	8366660205	3729220484	8408702523	0125857179	0311401-0311500
1456966579	5239635968	6270645903	7207268058	7943981340	0667670141	1765812522	3348104838	6867717405	8797368961	0311501-0311600
5599621784	6549730739	3409546604	3145860154	0495615776	4561673447	2126427468	7461408302	0638793598	0428496622	0311601-0311700
4722325504	6609523176	8172458636	2611284833	8740765075	8288956774	5895887361	0951974207	2321262333	5561519338	0311701-0311800
2471760218	1868389530	0679750212	0769043883	8128356258	1450125007	1190271565	1443462706	4814950590	1969961390	0311801-0311900
4056079067	3726072411	2924471994	7702838483	5318633298	1761999473	1283314491	5968777504	2903279770	3476193806	0311901-0312000
2955123840	1384229100	3576769296	9859590544	3982892666	6087801034	4059670559	0520766837	0210159521	9513945447	0312001-0312100
7311874107	2352794560	8443549466	7607928826	8193567646	6658916136	2140424785	6427926815	6254485063	1668526832	0312101-0312200
7524656002	7477652412	7942705341	9348280546	2670281599	2453912487	3937558094	0125919778	3465336557	3562593766	0312201-0312300
8087699752	5746027021	6696492529	9837753819	6938462547	0851886151	0475226475	1364891883	3573818916	9712195832	0312301-0312400
6810041957	6537702119	2118272566	5088966824	6750486669	9659885042	0411916153	3208988567	2380926018	1428117623	0312401-0312500
4479558294	2880858136	9886073727	5497491213	0687437421	9430148667	6625969169	5195368856	9117493823	1969755955	0312501-0312600
7940217938	8737225151	5997140544	7289708395	5103654866	6281965036	8486846610	3927455684	1436359017	7744038756	0312601-0312700
5120807714	5636487772	8443833156	3572496836	7563148103	9438968092	1192823374	1450761863	0565777737	7941453330	0312701-0312800
2578207887	9337135523	2819306677	8103474487	8814533022	7671159824	6301467739	1318064699	0171453231	8195729640	0312801-0312900
1713829934	4586652810	4239029204	4042050301	0850372288	9707226673	2041640758	3835211625	5472935420	9770671865	0312901-0313000
2620762946	7204363364	3273505663	2041125212	8722589414	9976280468	9148555075	9736146505	1176412579	3028369745	0313001-0313100
3203604650	6156923811	9721325105	6180613452	1343817681	7327628414	1810216441	3417024917	5584365681	1454797775	0313101-0313200
1958280662	8442497503	7917477236	2042042450	5736306091	1154840242	6995643360	0353014366	0197511828	0328039534	0313201-0313300
2105404919	1030567314	2107541302	3579348772	3423907395	9389300436	8913281485	4688219705	3482680640	6133447603	0313301-0313400
5746590906	6429809079	7171769957	5204375563	5452168504	4224390827	8083480721	5680031213	8051374475	5738663358	0313401-0313500
0661289825	6952535572	3266307395	1954063697	9469139273	9195092970	9929134880	1486760727	1497851682	7026905071	0313501-0313600
0767896576	5304404633	6262688872	2627429312	0287517384	9755421431	5049989074	5646121569	5542535701	5201474626	0313601-0313700
5873588291	5448693671	6821097263	8770366929	8762703332	6926764051	1235659178	7736324770	4611611875	2837864088	0313701-0313800
0382801363	4904145085	1318295587	3803365715	9237554043	7403660094	3126624937	4473501836	9408835012	3180570255	0313801-0313900
1089418469	3666883038	0623604361	6899868181	5046281454	3993708439	4672379528	1953032886	0609963154	7805411053	0313901-0314000
9798317391	0481917987	9337630991	8240071636	9535925678	3586699908	5256828346	1799920448	4921582868	2554266066	0314001-0314100
6948065905	5883754767	4778900630	3076397732	0119162644	1931231373	3282236418	1193438305	0586585544	9829986899	0314101-0314200
1146681311	7119421891	6017937360	2575963218	5321048687	4992047347	0299426787	1276133342	3766834282	2565756501	0314201-0314300
5748972028	0343180320	6244849572	3097390057	1509314538	9184344943	8283973734	5157998051	5625916432	2627014186	0314301-0314400
2062369447	5930214105	0850281203	6049109939	0536847805	6021662704	6368552572	7413290604	2289956351	0252284751	0314401-0314500
9070308253	2738499555	5330449578	0330902592	7531635221	8098898826	2911598033	7112570172	1767669045	4568064922	0314501-0314600
3051574746	8915571710	1756724035	4189350611	2888730240	4314431986	9586521866	7607330385	4903602774	6096354501	0314601-0314700
9525296534	0703015970	3240985115	0252930588	6567190112	5083284714	9680648943	8130078371	8623924468	1790216217	0314701-0314800
3569122887	2394802164	8464737751	7681894212	2207103565	5596507979	4844990082	7193552814	7914340403	7138717208	0314801-0314900
1760903198	8564587461	0810991059	3691774379	4712879368	9503247741	8648580648	1967995614	6436708248	7089936839	0314901-0315000

0315001-0320000

0315001-0315100	5131507203 0565303007 8868598203 6072066991 6737616414 7566542877 1935359104 4521169167 6928163963 6456297834
0315101-0315200	0737064788 2740618340 5435707741 2161383202 8737879037 8585893274 5536149564 4612550505 5478266874 5445509088
0315201-0315300	6889469271 8598894942 3449507483 8218501843 4130323620 0466807001 9175045926 2840838505 3643126768 6980340268
0315301-0315400	1158070981 0345898604 1308417355 0995694415 1799175432 3348063307 3261339139 9797880003 8210913276 6014549611
0315401-0315500	1570428580 2816067516 2338135386 3052429563 8330950320 1928781641 3249223004 7611795358 2495605914 5300042464
0315501-0315600	4788062130 2468978655 9692629257 6357402879 9401356921 1675539040 0269966455 6025682972 3695049590 9960271709
0315601-0315700	7381666168 6780048327 2929905942 8102968161 5746963060 6061010622 6717021253 9667479513 8938137485 3895351757
0315701-0315800	8329451364 2600693613 7777440005 6699301740 2011366773 1787704469 4506012922 6074969110 6157620763 7893345041
0315801-0315900	3733651195 6003290783 5235964653 2657474974 3528672111 6298075675 8510838501 6069989693 5867152259 6463057009
0315901-0316000	1390876287 4164925417 0816909684 7309548860 2332982888 0010165296 2808976987 7231969074 2102700934 8880934455
0316001-0316100	5121881883 3651978431 8535596067 4763507221 6117872873 5639465655 4342761406 8559412425 9121417078 1163030801
0316101-0316200	0192587621 9938098958 9430509396 8251827713 0330334926 6488532956 1879526644 6319063493 8964927974 7796305818
0316201-0316300	2377606580 3540227966 9108180932 2672514261 4287685085 5023403639 5970562141 2515137620 4672244428 9799785545
0316301-0316400	4131901372 0560029456 7063403824 2991780751 2572448446 3577152589 3472233684 5268000504 9057940765 9261183404
0316401-0316500	6276469983 5321989331 2711732710 5112938774 6272008131 7263208671 2472478310 3695325057 1166846693 3919993838
0316501-0316600	3416530133 0924772942 9358470743 8826342400 7013217132 0972827494 7961163566 7826150715 6628250212 5206276389
0316601-0316700	7515665851 3406045529 0109261126 3816622423 6689927106 4904188627 0014421128 7359239399 8250056580 0643250607
0316701-0316800	5094589358 5007218072 9322308246 1082581858 7467133406 7334432680 5154756527 6112290094 2154655618 3103412687
0316801-0316900	0172286541 6226907574 4666374025 7850581983 9033726685 3912834251 1388977610 3701554705 9697842843 8121104166
0316901-0317000	7496423619 3689840635 6138762279 5954521514 6892881328 2394396366 1294501387 8167659092 9250897532 4716691236
0317001-0317100	8348275154 6078272804 4518243453 7596550492 5680648532 3099928145 1475345509 2755527796 2794142455 7440525521
0317101-0317200	8825323955 6250857211 7996353019 5675811774 4367625509 7319751155 6514845137 2854240749 0483808199 5588091516
0317201-0317300	1179392191 0426190928 4857816139 0514823147 4455310151 6159178414 5999471223 9051659694 4103972729 5741158339
0317301-0317400	7459390620 5007758070 9596765898 9249614373 4348781563 7744208374 9991461834 5134117857 2135657651 0028821653
0317401-0317500	4378838906 9722998862 9462268685 1956288323 2057053789 4217895936 7844899972 8380822512 9585737429 5653148704
0317501-0317600	3040321954 3301647220 4581397905 7452880207 4728588103 1140858798 7472118632 8648984473 4053114604 4004800111
0317601-0317700	8964742165 7199931158 8903720590 0314664181 2617920911 9408878500 6677801099 9185461909 3489266918 5091189985
0317701-0317800	3281758015 6149634425 2727420213 2308326262 5378297537 4780849648 6205747377 2980595049 0214555010 8969348064
0317801-0317900	5109743330 0599798555 3203313182 6917519159 1950065584 8843655165 6335235079 4974414869 9554593468 2666761749
0317901-0318000	8419319232 3919858493 1429070339 7249074104 3353155071 6185771284 4527045561 5148720821 7879010758 0994599078
0318001-0318100	1903407684 8455908034 8525612112 4463883238 8776007725 6405950585 7614506172 9291017634 2106201632 2763133570
0318101-0318200	8698416113 3384335191 5955219934 2391045655 6597310082 3169947997 8456319598 3411430563 7058884135 8572324394
0318201-0318300	5999371608 4515443224 7333257474 3269029321 1134055360 5260907241 6883753354 3614128702 3423782527 0895382357
0318301-0318400	6585165964 1732811004 2367230429 4265894895 4200246277 9779309893 4507602136 2417137031 0651327597 5961348992
0318401-0318500	4270047047 1725333264 2277426234 7566320225 1798424952 4982127655 9511394568 1412700766 2315485158 2573596335
0318501-0318600	3826717922 6699363339 1806685509 4802896639 7016335803 0635777920 6151292995 8681816023 3278268287 5613869534
0318601-0318700	8983385807 8404867756 5029162328 1022321262 8623703647 1167259091 1162207449 9444703371 5467171935 5796034064
0318701-0318800	9572183991 3243157175 8689056357 8201193562 2777763421 6236724756 6768761722 0610152133 8942884427 5546380391
0318801-0318900	4298293409 7063768466 5116996845 4977492484 2162345498 7901900590 1223071102 4880588049 9208202673 4152133452
0318901-0319000	6194822718 0404524659 2288442955 4190815449 2145808904 5704939272 9832168834 1342995368 2586746410 8367284683
0319001-0319100	3132874321 9812300745 1303144400 7683574024 4627809770 1300214218 7123511884 4390781428 6457148671 3031627438
0319101-0319200	1405338857 6038852946 9050776911 2439640284 4275392116 0112468485 5885908711 1204331369 8335512983 1770447543
0319201-0319300	9527351180 9456262736 5072134238 6754878162 3509663987 5898907810 5843337220 3975442049 8618992145 3439457001
0319301-0319400	0766993023 3340450706 2355822832 1979391210 7163390447 8457406495 9683736835 9996102705 5981093432 7545718226
0319401-0319500	5819162737 6408326491 9446339254 1412570472 7893001218 1409950288 1776632184 9854530856 6679007037 6265770583
0319501-0319600	8273174956 1209175232 4760127284 8854422298 9867998826 6283950867 8945771438 8158096755 0580114816 3295101341
0319601-0319700	7845494953 2484743502 4616682604 9086054349 8626070769 5220684576 9308881019 9363886020 5690810166 4505187218
0319701-0319800	1500574347 2746924004 5662801352 4424290432 3796847683 2649959785 9954187679 6098882406 4974266522 9584406972
0319801-0319900	9776191462 6489783151 0287400669 7923620332 0604044535 4794419819 9894752531 9571705208 5531617779 1641077276
0319901-0320000	4613921571 1774029913 5555015167 0979661965 2406222291 4160997227 0298654087 1469079193 2911101746 0401206520

0320001-0325000

8119033479	3350740933	9673354381	0667764425	1621091064	0978277403	9347240922	6971399864	1932401833	6762578795	0320001-0320100
1661669211	4857084403	4731109857	7186041438	0657030581	1408965227	9903370706	7927777173	2401960636	6905990239	0320101-0320200
6600617475	9660274364	7723341713	2112564069	5730430073	8718969760	8262537784	0761689045	6503696412	1017260551	0320201-0320300
1050631805	8783071771	0457167891	7209315551	0051312624	8850749712	5708827760	8184629735	1566606413	8131857756	0320301-0320400
9232194221	6169819818	3386159109	1112129640	6834764541	4987489259	6769391552	0889997434	8348251097	7171733477	0320401-0320500
4849042415	7044765736	5745775288	7031370873	9190721825	0577299317	7204212596	6177890946	2781073748	9396727533	0320501-0320600
3669497759	7757614013	3909640059	9495991247	7424058226	0227674347	9140436597	7500711749	0687276269	3456375287	0320601-0320700
6279153861	0334809869	2957428984	9008704137	5521603759	4678764398	4362695913	7289972377	2007314533	6673352699	0320701-0320800
6836629260	8565705839	0388235938	3118961476	3613317043	6652976443	6074940164	9697173956	6002324847	5312782613	0320801-0320900
5116274516	9349859149	7284257801	1566354011	2574883834	4957820547	5651348675	2535339309	4929877785	6682473832	0320901-0321000
2471363412	7815663824	5905023073	3983253608	3003873024	8396399541	8402866298	0876689960	0543606746	3747817597	0321001-0321100
3859320010	9703840094	3290848252	1486078558	0072030283	9262481484	2107356768	9436508478	2917239431	3537730783	0321101-0321200
3828620452	5607937143	4798902477	5448000157	3891165778	9491143660	0367935436	3932067762	6302110521	5210135921	0321201-0321300
5469454499	7058887628	3657933406	0613239173	2338123478	9116513396	0648232734	3027611585	3432570782	2596745669	0321301-0321400
2639944506	5492819990	5402788150	7062990362	1350504523	1732501367	0624394106	1807667613	7866141456	3785766044	0321401-0321500
2074924229	2697703498	4501265149	2167176963	3105167672	6784883729	5490056786	5723978442	7631134732	4977198906	0321501-0321600
0076187591	4089607306	6582151384	4913456155	5571151084	5132159738	2911001114	2873895994	6162393850	5836032323	0321601-0321700
4420828814	5043391507	3780818631	9372078380	3113641758	3734875197	6507933520	5354261064	8396468002	2831803234	0321701-0321800
7662678243	8970343828	2856767409	9388012245	5841828250	6165887184	1917739713	4842495575	3553615428	3510624483	0321801-0321900
2821141075	6609679699	5104825227	9421587069	3151868682	2890659905	4454289767	6834078428	4686635169	5073592900	0321901-0322000
5944652517	1865184120	4544327116	3745245912	4940510317	7497432716	4330478610	4252035794	0327121038	4808446436	0322001-0322100
3330137152	9014988427	5237794983	4574799875	2815119651	5943440298	8721491706	5555918493	9637362023	5346368882	0322101-0322200
1813143720	8134936589	8041885261	8146166856	4638974283	9150595583	7039471238	3217345273	4821361569	6128326308	0322201-0322300
5165038215	2956508420	8247108348	5563684152	8927797777	7563665982	8621565022	1250746116	7590321165	4209654147	0322301-0322400
0122942838	5457567214	1738992979	9800524641	8168473348	1802173252	1988211950	3518467058	2808429271	1592599970	0322401-0322500
1537509747	9007950930	3318805655	8010139808	1229845654	6816187153	8579928128	6103766006	8440830849	8397279763	0322501-0322600
7004166030	6524614826	6042831177	9328935587	4205593451	8813264760	5029917983	3827163739	5986023588	7851346092	0322601-0322700
6732319515	8872972924	6677097635	0989467701	4028229224	5909364931	9251931742	8596941523	6656465995	1119254685	0322701-0322800
8864800103	7779316307	3879444378	7115163435	8086838550	9803616734	1177467955	2505415696	3255517565	9300110987	0322801-0322900
1034383335	9200752031	7718713211	6942973736	6650481616	2281397436	9194360219	7933189113	7147757928	4604851057	0322901-0323000
4542832874	8179328722	7871096158	9682604151	9103216035	8867794747	9259298850	9994990492	1648497138	5441255339	0323001-0323100
1673798326	9837424487	4127454709	6206337139	0474048360	7941575293	6336390448	1795414111	7349362026	0485120123	0323101-0323200
0536055436	8887938629	1448078791	0052555989	3282527733	5435924706	7399972692	2739927756	5339725669	6715240967	0323201-0323300
7307351761	2992214202	5550653142	9549087426	1705335850	3331777460	2589152893	7886543076	6613971869	4743502046	0323301-0323400
9696687505	6766378250	0133665443	4120149780	3953340948	4305880408	0871386953	1589891754	4323055761	4844599297	0323401-0323500
1287256207	6470023808	8330825578	6375448067	3545385987	6380858476	3650695267	3628098611	9900402679	8113020461	0323501-0323600
0101944598	0359274353	0574492962	4227377339	5520169158	0053320669	7551301973	1133703912	5611913305	4329794169	0323601-0323700
9192948293	9055726795	7952817726	9687932911	4257773205	0021476019	9698152202	0615245179	4238984581	8526827978	0323701-0323800
9797440541	6564805621	0083302860	5473010316	0503201457	4051888761	9845350296	9999264657	9565001904	4827824173	0323801-0323900
8609540179	1037025463	8143624452	5088702922	6639233664	0435196780	0356654544	3642503625	0795296489	2139065648	0323901-0324000
4140182736	9714502145	2643164662	1003738099	5041855887	4896308246	5740733426	3002530994	9781559142	1287519705	0324001-0324100
2710011571	0171637749	8833787956	5686539344	2661195440	7741443992	4874232060	4226615977	1478006548	9643349623	0324101-0324200
5839622113	5312572898	2013559848	1565702045	7482109173	7378662802	5393070446	5543688974	7490658477	9494095981	0324201-0324300
2244787432	2186601530	0973454802	4696172671	2947787951	9441513440	1730118832	3674487204	4780623663	7003524258	0324301-0324400
6176568380	8485736885	6902370922	9088212227	2083417008	9791292565	4354194078	2689930557	3151916990	1180705018	0324401-0324500
9588596474	0481390462	6097073419	5449422706	7754033537	1029648360	6203275561	7310215914	3468441553	9095659097	0324501-0324600
4654992791	5376332947	3599602008	9802640794	6829253612	7789832058	5360585618	6118945140	6113222427	1286111668	0324601-0324700
6725025703	3634886315	8571739711	6032882123	8663749187	4566260429	5318985208	7917692798	5320596870	8273206077	0324701-0324800
2049087562	4976239850	6391873788	0636107372	1159075733	6298970566	5746883773	5159852306	2078348566	7267399450	0324801-0324900
1972457061	6041702865	6143126685	0797557168	9508067386	1961335761	3077933856	6529426117	8995576128	2203962786	0324901-0325000

0325001-0330000

0325001-0325100	1630366976 5729274631 7600522624 8813002620 1593446959 9332301304 4439085141 4406961294 9095143511 3240437281
0325101-0325200	8037803052 7016147459 6669731823 3961655755 0910094477 2011231301 6992708211 0437284835 3646580227 9843531764
0325201-0325300	8760439520 8073622595 8640787345 8191531059 4558252403 1075377215 7432145713 4477818430 9844749991 8919885723
0325301-0325400	4881539219 0452015661 7192555429 9875334540 0238110974 8520270053 7114712389 7974701015 8547538626 8028132317
0325401-0325500	0286201290 3865851442 3644864928 6552358171 3720293880 1752941010 2252028569 1187186079 6450108765 2984253297
0325501-0325600	1631174418 6507520187 6929274642 1061313176 2030850679 0665882560 6161624512 3298333856 0212251996 1320728581
0325601-0325700	6407020906 2312718344 8482230078 9404092439 1632745240 8745667813 6735570039 7551427807 3920034353 3132128228
0325701-0325800	7328689542 0618818832 9141890423 9295829349 2930594813 9194192101 5430324356 7447699243 0684895495 2023954564
0325801-0325900	5503065047 0971258953 0864100115 6968732728 0575346288 8209289499 8037694276 7152372469 0745276874 9411737611
0325901-0326000	2489070191 9879296423 2474948371 8639132922 0403340476 2728529048 0570200588 7722635976 7881747157 9821421764
0326001-0326100	1766434900 5485153222 3351305020 0474266084 2602758111 4308115877 3578536814 1365683667 1339174031 6070565037
0326101-0326200	9085284322 6782164643 5930151920 7099123433 8444761974 8970136375 1895168498 6306334712 4393571993 4533251192
0326201-0326300	4340248672 2685096712 2444228095 4862096706 4207146038 9235934010 6844004753 6963864975 1359735833 1093783260
0326301-0326400	0190925157 4431920376 1229377089 0557454362 8477384533 5137564981 1641233689 2295228886 6851999159 1629961786
0326401-0326500	7208191837 1734730700 6822812701 8606502753 0298339014 6699957479 4461070267 1611160278 7170650023 4454852655
0326501-0326600	3180461527 9803013588 9431096643 8222475439 7716230467 6463531802 8199644937 5662371151 1605197875 8708342921
0326601-0326700	4674980001 5297141091 6725705796 9361548756 1571782358 3111771013 5901253539 5568712745 7997201759 2606546190
0326701-0326800	0593796089 7846190272 2181450723 5879548427 1499133150 3962030512 4110916504 4196697558 2513218186 1783569427
0326801-0326900	5540614559 7270535238 2673571102 3180819720 8539486018 2205482689 8663602869 5668183486 6852454461 4408406952
0326901-0327000	1826332804 8760444691 9008266967 6296454907 5457223692 3327441664 9131955648 6439945889 9338775870 0988054331
0327001-0327100	8639985540 4932306776 1591828592 8743896057 8046409842 0897405506 8329611397 2392222269 7903646977 6787551730
0327101-0327200	3966644741 5747265846 5478065963 9564895358 1955700357 9716689122 6946992715 1284486477 2273981174 1814886633
0327201-0327300	1928994659 4706008921 1318989429 6771965704 8618527686 1342368815 0000417238 0028297670 0527792276 5540848554
0327301-0327400	3334861688 9849738718 6788618987 3232380042 4009638640 6798435171 6251126972 5924658678 7211070538 0153194957
0327401-0327500	7164948506 2981579894 6941714282 0421641655 8665990728 6198493849 1754802695 8461964229 4779314981 2238364153
0327501-0327600	8557038089 7890076139 0103234971 7969632547 1965649122 7455826354 1323414243 6435745947 4929792785 6960776359
0327601-0327700	1484728012 1218205712 3722912544 3324556605 3407484951 8144676905 8959806952 0034923001 2498661937 6210850051
0327701-0327800	2364425478 2643573382 1329660966 9731653535 4256247308 0902881776 1133739720 6298364305 0540861940 6221838502
0327801-0327900	4498547566 8721260067 6339743731 5325783835 4874824409 7809739336 1487310202 3904533809 4741597766 4560313768
0327901-0328000	1106298921 4090166123 2700390050 5022947613 5188591241 0647065603 1298014608 8899492786 2354781233 7075637352
0328001-0328100	4321271800 6105308551 7170340536 0330737630 1871136693 5321769842 8260176112 1860063584 8965341436 0670914199
0328101-0328200	7792464097 2114274495 4769814635 5548286434 0110401472 2300847400 5897193942 5556775578 4403993657 0126377009
0328201-0328300	2330401772 0157097140 2261897254 9024996396 2566890848 5897750415 7130429271 5928933801 4627628178 0424512433
0328301-0328400	4611567291 7087218116 9866958713 1261066558 1097155155 5696334819 8442249377 2789984900 1691334065 0139225583
0328401-0328500	7452536445 8711315377 4964284515 4005364042 1859769093 2979007200 8362962024 6732239658 8374131752 9058662626
0328501-0328600	9446735210 4426037919 3152110356 0615613271 7795833242 3894101137 8308624546 2951409581 7189416538 1882609858
0328601-0328700	1362550702 8147207441 0103228385 6977012126 6793214647 2801159682 4377110164 0588292038 1222982282 5505648850
0328701-0328800	2000903159 9084096698 0142501599 5974256102 2026318361 7255711149 1392144361 1018533845 5682860703 1576644860
0328801-0328900	5768250919 4621585069 5082849408 5301806644 9912071428 6759898668 8412790646 5394835715 3197916296 8219164287
0328901-0329000	6269125672 1694722877 4367226907 4631085341 9544061133 6084871630 0832207815 3715481543 5464583702 5948503616
0329001-0329100	7470707302 7584996723 1328096016 2936123357 4085051675 8670470322 8598724739 8086473267 9403949139 3791308497
0329101-0329200	3632414139 0294392845 7663835198 4218676346 6430180868 9606921433 8319604221 0094720984 3976665228 2254436830
0329201-0329300	4222054701 4325651194 2687039719 9293424806 3911831147 1596792882 7659016065 8481161372 2944199433 2637690168
0329301-0329400	2224343559 2607990882 0340023435 0990585913 9297715760 4947270770 2830957584 2707091369 7704371357 5902026722
0329401-0329500	7121355344 9733043050 6741037054 4077345958 4309227693 7484039563 8204885926 4704386362 1119935422 5500002561
0329501-0329600	1449708505 2705009162 8929604984 7398305977 0893141204 1983770187 0006385807 8442617736 1278758099 5515950384
0329601-0329700	6662074848 1572501821 2354082543 3798202752 5680745741 7795530258 9468194577 6460653749 9326993288 8205395151
0329701-0329800	8474085147 4436356821 0924250171 0525863495 3457915902 8715221299 5365959158 0769737340 6864938135 6148346862
0329801-0329900	5939742529 3493723922 9911260953 5278901474 1520946191 6937523396 0791800588 8183785066 8857882217 4089302237
0329901-0330000	6707892649 0559017835 7330290498 6104756624 0884046301 7442091646 0792765924 0335005213 6975053666 5803340501

0330001-0335000

3128071242	7989700062	7372915259	0701666746	4372456678	7432560019	5554242094	4533633439	3919567680	4590871330	0330001-0330100
9834479621	2966325811	6376546648	0890071124	7402815156	4343463108	1445327339	7154323345	4492686193	0744837353	0330101-0330200
2903424290	2270632344	5090815537	9512377571	6104927121	7981853535	8509941553	8718219449	4270861149	6926208222	0330201-0330300
8311054505	2601764694	4214984796	9162493833	5086438997	9794372572	5850349473	3211236420	1564544595	8323210258	0330301-0330400
6733821208	2720110236	1718132916	2813476936	1336231630	0055518541	6994512370	3087471769	3475306380	9491488282	0330401-0330500
3181146014	8473591765	0196830571	4704713971	6805417120	7608541527	7906148408	1543527705	4711138661	9355191825	0330501-0330600
5549673768	7537565590	1891589207	6743526148	8529376321	0787312387	5720648408	2373753032	8846402348	8292875867	0330601-0330700
4575174119	6425955473	2547129988	7844133769	7174478289	5148060629	7501598104	1096517924	8737254241	5860607092	0330701-0330800
6343451122	1805151576	8050395232	0798390703	8445590802	4897675124	2811186831	1223535944	9536233280	5156428450	0330801-0330900
9116382532	8468276903	7798940560	9730496598	2167747942	9060522906	4271154090	7596304907	5004578669	4806442407	0330901-0331000
9141604249	8973639622	3835534265	6882489249	0309401353	2275982922	6761802139	9446801899	6032067580	3429397947	0331001-0331100
9500581123	5633986972	7902367019	7762898407	3319861429	7089945534	0903726057	6822344748	8692010297	6488719461	0331101-0331200
8758629342	1317093272	7776916518	7100249899	6665855083	8113356789	6174811392	4008069204	4146256653	8294522339	0331201-0331300
1551604594	8248702775	2402656030	8024160840	6335831049	9159313085	3947426907	3234720884	1191820248	4707573291	0331301-0331400
1507212454	4689852685	5311599851	1179393810	8020977347	3817493399	9888973856	5369940387	5952533621	7482394715	0331401-0331500
4783480058	9460393665	9188928996	2175210471	6304660384	4441237345	0910382932	4838945600	1298364934	1732042243	0331501-0331600
2165642758	2862696462	9870549437	0864746342	7711852938	2480439358	2160198607	0062171196	5918325918	0757449365	0331601-0331700
5660319057	4210330697	5370732230	1404429391	3607299742	3148218620	5712097240	8432297422	2530647847	0222877289	0331701-0331800
8891720445	4136416830	1862059266	9478106500	1577273034	6839982955	1105996427	5198344209	0994298239	4136155832	0331801-0331900
6538840685	2983750196	1002674327	9608322676	6089824373	9923045838	1935994455	2036471095	9082518991	6629159319	0331901-0332000
6398638609	9844252455	9194442374	0980765055	6117505789	6146435919	9255642675	9631196277	8375128746	5379652386	0332001-0332100
6525681695	7003269642	8785072018	4716605737	9227252095	2321099076	1127024194	9139628074	8169651494	3204319306	0332101-0332200
4899696752	3523778013	3601715355	7941527226	7440438354	7747834615	4171361080	7197104730	8860237450	3121389008	0332201-0332300
1325624317	2049768868	0228292550	2433493959	9178274676	9594115544	3098503616	4313163944	2573259674	6141758066	0332301-0332400
3424492506	0402322028	0294698737	5182931270	6554137782	9886195848	1093502663	6452075093	1961525082	0150239512	0332401-0332500
8106961883	0208378779	1753142473	7800666136	6107125561	3809568754	9097630224	8182547336	9577744250	1363334650	0332501-0332600
5272962419	5150307001	6298234339	9091000615	5502494673	7128843219	7235339945	2938067223	4196217016	1634329247	0332601-0332700
9375744591	4665771562	6682851107	9209801382	3602779085	2490861406	1323820470	2960336142	1239678916	9499234232	0332701-0332800
1715288832	9799391129	4665253847	2686405318	7319793226	7770276017	8715157112	7131902216	8364169453	2904519520	0332801-0332900
4615033553	4734469787	1415224470	8770708456	1412083149	8011066671	6520746555	3671878728	7374690498	7162762468	0332901-0333000
0530857583	5228041919	9560732766	5917569577	3002879207	0628730635	6228290710	9317225417	4410289965	6219439303	0333001-0333100
3935979312	7298249018	8050998207	5302805818	2687345362	6207698842	8838928963	5517726997	7552708928	0711983832	0333101-0333200
7126416498	1358505660	9297466819	4143322037	6360160317	0238645401	0380419337	5688745593	5123839827	6056529937	0333201-0333300
9694631115	7362367658	0351575643	6802079790	9806973589	2895033363	1027509478	4781357000	6470316765	3179843748	0333301-0333400
9385931992	8446797050	5014658422	2778296606	7591977743	1422848983	4622963809	5752245329	2343592235	1304412034	0333401-0333500
5909610127	4485891405	0582746777	5911036197	1874811262	5960272458	6676557147	2754939412	0555133622	8916904263	0333501-0333600
8208357399	5206157239	4645174449	8991297021	1065709594	4985564756	7105391013	6404655906	1659117790	6243645957	0333601-0333700
3934607185	7771170611	1845170015	4545080998	8500405931	5587509512	0616554563	1462007387	3944332743	9156540822	0333701-0333800
2265516671	1498136135	0737399548	9339174808	6374196648	0932781710	0263955025	9140477751	9347205269	3611721552	0333801-0333900
9192894891	1285123125	6310527709	7234938677	0893098856	2479735893	2759808463	4232185162	4985305036	2731645550	0333901-0334000
8600244801	1287948708	9021875287	3453929413	1614662088	1482680861	4162015915	5491220419	8602598488	6099100100	0334001-0334100
8935521986	0042743405	7310121427	3402947594	3567269776	2854277727	6759795406	7832154999	8708026058	3813286902	0334101-0334200
8183862100	0610033764	2379198001	9442370442	0633319989	3214651697	4334576991	2822318261	1409070898	6144154081	0334201-0334300
9914737474	3368164498	2432526608	1666966973	3619695332	1277769129	7726357984	3015097108	1585627795	2410140312	0334301-0334400
1972539950	0985483700	6991572638	1749334231	9841708678	4859633091	2936697738	3562887078	4080023922	3578231036	0334401-0334500
1229231334	3138708713	7560726479	5530687856	7678761408	6797853884	1839750850	4683509284	1447196834	3566924539	0334501-0334600
1453969726	7038657031	7296241838	9792354536	8707062910	5358409586	2528817292	8169247104	6395913765	4339775103	0334601-0334700
3038618690	5416278540	6796718856	4523146253	4683464300	2030663624	3007728041	8391505048	3997746390	6523527004	0334701-0334800
7668220337	0156915852	3770139905	4126383476	4846638411	7910763416	3945096265	7613452483	4091389875	3793488871	0334801-0334900
0844082251	5024794471	9876888399	2003573792	6073657685	4930155343	0268438483	8893140272	1966820387	2768490406	0334901-0335000

0335001-0340000

0335001-0335100	5078641498 3954838623 9914432710 0354841428 5714663675 8141086857 5684974964 2492058856 9843745946 8657448018
0335101-0335200	4934228027 9582356377 5643882682 3262418776 2216226070 9045198459 3267734773 5018285436 0693935241 6589601174
0335201-0335300	5073761140 6406895988 2929944645 3818686066 4747288899 1909822960 1789297804 7357912479 6321869153 6870365595
0335301-0335400	2944433499 5425160580 9083049273 5940881012 5128045910 6505047664 9626758222 4133933158 0270942092 3435482413
0335401-0335500	7545730590 8715656756 7670109209 5054671117 8377321047 5976697943 6357024999 1724776409 9099618422 3422593896
0335501-0335600	6846991544 1887720946 5300703443 7183115728 7057320673 9875957821 4079407363 3423608496 3832333591 7902277126
0335601-0335700	8263032769 4877532004 6801847577 0539434300 7951196667 7524396159 1663082780 8395905383 2295112723 3820755074
0335701-0335800	4153078897 7762867716 6251881091 1875351973 3009863771 7478618815 4764116022 2390303195 5967898153 7333332582
0335801-0335900	9836004518 8973413138 5796009297 7745880614 2401045915 0147820679 7394363629 1993558227 6023675103 4782755648
0335901-0336000	6627121882 5552853178 2535860103 5108225814 5026112047 4709240171 8602564690 0684617317 6799057349 0110072728
0336001-0336100	7689261945 2758833587 5822194738 4320834578 6330528075 5745493828 9523900598 4568272914 1346432348 8171485846
0336101-0336200	0678305948 2601453596 8762159670 8124955323 0576378156 4934456525 7825522938 2496265751 1707494988 6687654410
0336201-0336300	3827053374 0898921040 3686773656 0454285845 1695031402 2323633757 0264179657 7852081754 4892465570 9924081323
0336301-0336400	6655786985 2645353888 0111889193 2862519259 2221355667 6815576092 7630615575 9306626473 9260898327 8347680214
0336401-0336500	6055571315 9391575134 1973623814 3794497888 8581196334 3728292321 9663203357 8012611307 7010857215 9898202801
0336501-0336600	2452701419 4405510821 1091262826 1670708062 7427106208 0737562374 7391179018 8063039151 9189825171 8666137575
0336601-0336700	7275971038 9811462813 2094118243 2120115782 8817875559 1908312841 6589810129 5993972458 2828850347 0905302829
0336701-0336800	2225178972 4313294878 9737432150 7341389531 9923645094 0330089444 1779949785 5061146956 1529485655 3112229462
0336801-0336900	3526306051 5601499246 4164694165 3581717906 5975346477 4747518944 9033886376 9454910133 8475379570 1243435328
0336901-0337000	3214492982 7573206494 6005703587 9741372847 3085568500 2414057806 9949444209 6564545420 6704067126 9177034205
0337001-0337100	5893545921 4751399465 8656379532 4498939480 7296345359 5989773250 3522425366 9755202625 9661902239 1137446470
0337101-0337200	1515637749 4681734403 7945328859 5394926777 6387559086 4797247808 8680068172 3558531314 3563297543 1766043925
0337201-0337300	3838540575 6899742985 0951712778 2488540660 9203265598 2812701957 1356428139 2540661309 8387251913 8828743230
0337301-0337400	3850700660 1992157068 8871565313 6986458667 1792836573 5525658627 1881440144 3171436793 7481059691 3709321216
0337401-0337500	8062424716 2372966171 5393439953 3680541456 9867938971 7848891015 9860309541 2935298746 1691091925 2380974294
0337501-0337600	4551488558 3184994985 9479590242 6366425548 6555633149 3468935615 0341488374 8846312946 5300565980 7467697736
0337601-0337700	0194559815 2863062761 2626766355 7735976758 1138421612 3733145970 8729860471 3841740124 8888918797 1332736362
0337701-0337800	6251131133 4676537629 2998408903 7789520000 8539399763 5847442819 7985767807 2104896345 9907780154 2669717456
0337801-0337900	7542617238 4022032773 3647639755 1754916653 3844727336 8535249669 1562976924 8343626504 7461988233 5945593854
0337901-0338000	2388739013 6417704694 5395798118 7527121597 7684425117 9850071694 5466861749 8200389141 3675742529 5199235363
0338001-0338100	0286409958 4773808066 7554769515 5808335426 2399667913 7191811974 5650950142 1574144502 4655942823 0866854834
0338101-0338200	5475504175 3280904924 3969757733 8340692003 6596269823 8063210584 2116831153 6080639600 0302983486 9862501418
0338201-0338300	9519615977 0985309893 4159069182 6447462124 2983607543 4644624346 4183758912 6993823538 0143849573 6433235890
0338301-0338400	8803400365 0356294509 8957173182 1193875360 6040337502 5733118252 5704669344 7027575665 7246020243 4358051761
0338401-0338500	7980430500 1576612206 8591071191 6447836787 7552875557 6514955386 4629003147 7843352420 1822322818 6288983604
0338501-0338600	9955671009 4713073625 1175046568 2887493345 1108004370 5700857207 3227508319 6736841092 1087264603 0862698701
0338601-0338700	2176044090 4028069794 9111839643 6605218431 4923073516 3158890444 5480567978 3225559628 5773250306 3907386237
0338701-0338800	0333133937 9486490735 5954685179 6504296661 8255310526 4598245173 5375632502 8373943551 0180592720 5309010514
0338801-0338900	2909243352 7312786900 1515130558 7405395535 9526490302 8131275892 6687850268 3802775398 0878419695 4244470759
0338901-0339000	8265277147 6368013445 1227046469 6586160140 5000598135 5426600455 5304125645 3856489931 6031280559 6469709727
0339001-0339100	7176477513 6237931869 5356428514 3044563012 7610428264 9403679748 0293301901 3443998609 2840586881 0026888328
0339101-0339200	7786069070 0575222916 3788459542 9511271236 4162904172 4925928703 3518121777 2457206347 4441407104 5798701168
0339201-0339300	3486538940 8608793464 2885814053 2372205220 3338827824 9160655075 1428498895 0267304733 8689414665 7715191706
0339301-0339400	7007154628 4933413054 5953261782 5762474557 7860528907 0556812093 9213636020 7948400190 4534822717 5019919985
0339401-0339500	0351721819 8291555373 9405244748 8160840114 2868298542 1981541739 9461519446 7566539911 0862570266 1728915721
0339501-0339600	1616708612 8078644225 9687806540 5524084076 9809262297 9890897438 8648718812 4121528586 2107144171 3146827394
0339601-0339700	1512454023 1527184641 6021045875 0969483759 4318073620 2192937400 1190274750 2717656734 3594247367 0661803986
0339701-0339800	7767305606 4018589905 3575123002 3066083708 7116869147 5791336384 0862325384 3492671860 6613904668 4337879651
0339801-0339900	6790070950 9607700445 4535536136 2405135816 1617384399 7008720780 0572797374 7669733000 1951815716 6514482156
0339901-0340000	3406218186 5695556952 3059973209 6135279604 3608491646 4544009853 4029608616 7453343809 6899823943 6938249495

0340001-0345000

5094716954	1670641283	9424517141	2601916247	3827086697	6931180696	0971015572	5814785319	4625746145	3503976260	0340001-0340100
5546512543	5021452414	3432982492	4138121771	3203403237	1867152062	7359281633	7441031547	1046396311	1770834535	0340101-0340200
0154482594	5760866597	7571739145	7660958775	3667249840	5172457008	2595821245	4852196164	3789313109	8824817003	0340201-0340300
8422332063	2885004325	4208492159	4423734706	9301246933	3391888763	9562414254	0683244296	1396568624	0316412840	0340301-0340400
3058782564	6523428183	3656651895	8550369909	4325953094	2506080824	6841425531	4370373906	6510989676	5398087358	0340401-0340500
7499377033	4589530194	9519517021	7522645207	3203602754	6394131137	1161162228	9900457080	2847540361	4063814770	0340501-0340600
8904136189	6398146793	6090582948	2054185806	7653745684	5215201141	4513584740	0424917141	8349791085	2675578692	0340601-0340700
3646084051	0296405685	4716291147	9605166051	2986011642	1892358470	6774478369	7916343692	2030219888	9638490152	0340701-0340800
4172648351	0873673134	5839534421	5022462615	5336633614	8347864323	3561380530	0749667620	8428757530	7448476761	0340801-0340900
2212952046	4026842561	5740219898	4963409036	1092184760	4312888296	9266380818	2477416243	2149180517	4576051652	0340901-0341000
7671485956	7236058544	8148544021	3290753231	1933789705	4213766925	9894146244	3758062516	1532179973	4696371796	0341001-0341100
4554733535	4924900140	5607436631	0647417667	9985725698	6302528399	4443463799	3051824259	8412579835	8649590627	0341101-0341200
8906953651	8549591816	0282523112	9648862454	6624741498	7802348961	9904934728	1966658307	1475772532	0158683554	0341201-0341300
7077836728	2575623992	4355463937	7454477973	3829602922	3953910136	3924842457	9908952046	5639804512	1789111868	0341301-0341400
3684611173	6749565952	3732158831	9222476966	4295949694	0073685050	2840377689	0626580850	0246717295	8976399152	0341401-0341500
8855287127	9469207921	2206720132	0528093964	5226322708	6822123147	5800660317	8586184106	9345045525	7909777395	0341501-0341600
6618012334	1874179413	6221578605	0078339034	5912525245	4048575436	3277089363	7348137625	0658388020	4845701532	0341601-0341700
9172877536	5851028430	4303738094	6458279446	3170347696	1344868288	0549387474	2078360720	9181966956	0779780786	0341701-0341800
5955740709	6044302978	6093090797	2073074960	7010815586	8501594809	7534353052	7293411617	1483174733	9661005175	0341801-0341900
2170023014	7990108690	3452297704	8775984057	2862989418	1021529690	0745556597	2433483618	5037771505	5086033011	0341901-0342000
1505317616	4169618772	3661381272	2787109865	1734520385	7378730216	6127222580	6239456342	3895118271	0638999382	0342001-0342100
8193946808	9089171426	8678748870	3236974236	9825435588	8832460845	8202840234	8362623588	3643493266	4801755904	0342101-0342200
6034282151	7219563963	4953043008	4841662178	2715144945	9540901179	4488525950	4947265569	1194579203	6793654037	0342201-0342300
6113867493	7619135288	3897654886	1213181153	0304716061	9686704364	4288434988	2255233129	6875029163	5458654268	0342301-0342400
6608894604	6929370596	4951284489	7404856780	0358527040	3993562604	8982822152	5557199699	3525794545	2617407432	0342401-0342500
7085989113	0014290671	4002259432	7469021898	2995179553	4427487181	1164211742	9343466185	8125957750	1754135341	0342501-0342600
1801559140	0125239948	3939017661	7521611923	0063203926	9350307440	8005564853	2173648116	8158330203	1705897646	0342601-0342700
7823292023	8182476764	4909239971	5748466900	6626848707	9269797454	3610502665	9791718725	6545818722	5995671847	0342701-0342800
1895396896	3563982739	1169454008	2867722083	9735648520	1960596067	2645551934	2925230681	8637594677	1657471639	0342801-0342900
8510375801	0266451314	9058946532	0117025939	0298092672	1553261881	1216870595	8416472932	2719691537	3233155149	0342901-0343000
8788130347	3988948962	5427170463	1085200203	0893497647	4748096952	3143814485	9523362875	9639315703	4764290005	0343001-0343100
2519090875	2531657407	9244929463	1761411281	6050060433	2367814921	7024471810	4090002523	5729074509	4008754190	0343101-0343200
9448501323	4277377902	8203768777	5988388910	2242894658	6307188578	3632584011	4004029582	0151572777	5055220497	0343201-0343300
6717418065	2296812814	4535963077	4683991974	3615077556	0849014830	4881526622	6168875496	8034628330	4068496724	0343301-0343400
8845831448	9610898411	1641853472	4679049542	9842336879	2950285053	5622738086	9303629064	3496106389	0273423981	0343401-0343500
6444371298	9675246221	3499807179	0983253853	7518245143	1822981701	4980471474	4052082067	7173482930	7574244607	0343501-0343600
1778472524	5946185748	9049305096	5097953905	4225306921	2360701703	8379108571	4698302257	7248525173	8459145607	0343601-0343700
9105588537	0470662930	5268611514	9625701677	7566050987	1522189311	9931908608	0409589327	2714652003	1599118043	0343701-0343800
6374064955	4498522211	6311079240	2530841208	5874327508	3025736046	7355905024	2876200960	5821782540	7072535881	0343801-0343900
9424274822	9061261156	5067099069	0000964622	8666919350	2613356980	4484990306	0697708791	7964203449	4706647343	0343901-0344000
5831304985	9323970595	8907652120	5938976976	1799954609	9025575012	9252950517	5646332819	3778481798	2728921626	0344001-0344100
8839791503	9028415489	2848405010	1832934301	6939308597	6918820760	9832728889	2113551698	2344564447	3332530729	0344101-0344200
6239857923	5645767684	4465574078	8184753280	0320620409	1248503790	7903369696	7998575698	5481175481	1838668849	0344201-0344300
2826248933	7313463656	2096236436	0176047562	8848255746	8798352316	6892032758	1208311926	7273870776	2830879194	0344301-0344400
4164060207	4628031822	1576402945	6583397476	0879869175	2555031704	9629196191	7121507212	4527733136	3754728630	0344401-0344500
4990037502	4593485960	0321151449	9284066215	8257436742	2744755010	6391222421	8890391206	8857149902	8125033222	0344501-0344600
9301019625	9879383127	4820795145	7466369086	9011102131	0530573875	0610287625	8248047297	8297597037	8866527021	0344601-0344700
7441124608	3737007276	4091503713	3336149717	4009051602	1354287018	6599060553	7125909298	9698875726	8780006791	0344701-0344800
5869091084	5740780273	9901018725	8340250270	6752349279	0845564584	7233838793	6948393212	1937056631	0273581109	0344801-0344900
6309442346	2935733587	4395461017	1509748417	6032594835	3621751671	2490048287	8786934431	7863407778	9561343147	0344901-0345000

0345001-0350000

0345001-0345100	6530447271 0158730835 9186544227 5335060945 0045427094 3829595234 5006179508 1549912226 0677053695 4034708723
0345101-0345200	1670377358 0038588820 1853606077 4078592030 9100130736 6861533205 1430948329 7128610836 6025245559 2697326600
0345201-0345300	1032976141 1191743742 7678278974 7510302954 6503081040 6048421266 2927492258 7131958043 7832558381 4279728206
0345301-0345400	1046716445 4539667827 5066337611 9561547180 8114106637 2890445086 0711216506 6033989238 5555376753 2053879934
0345401-0345500	6850503492 1858653621 5611625607 7378507833 6813948450 9250569703 4605431168 9014345656 2307724317 8045128441
0345501-0345600	4990211879 9309048288 9896661964 4774295261 4868975745 7320468170 1313930905 1170561296 8133624656 5767032752
0345601-0345700	9978842563 6726104684 5139557876 1745542614 0794992788 5159419323 4557306458 5536376766 6277904565 1946875235
0345701-0345800	9050707029 0264235937 6892174112 5833571439 8554727179 6933471669 9045245738 5765734636 3234020958 0112235447
0345801-0345900	6444172330 1996887594 8411158859 1938802652 0824126254 1577592395 3557139009 9406192578 8576243834 3967082535
0345901-0346000	9850867717 4520306477 1259716871 6292719811 0872264071 6731620311 9950574953 5335078557 9058055228 0567687094
0346001-0346100	0035886214 5084193945 1102129664 1803010250 7190041435 1802625839 1841696334 2871083924 4701121728 4273032774
0346101-0346200	7013437984 1173301244 6913775974 8817280837 8086328358 4806041092 4220865767 7287522099 6324008042 9944929304
0346201-0346300	9868849898 4582499837 1385891669 1314115948 0537977042 0015970689 3471118315 7338901047 4647987808 1565219264
0346301-0346400	4112417536 6266821681 7707694323 8146633641 9486790863 8258471341 4390786785 2662542025 5079875005 9834420864
0346401-0346500	3353203403 3854071697 0048589542 3819416463 2023644992 1869693519 7625148758 9536447516 3444940641 6198941671
0346501-0346600	1341044350 1482484379 8746391600 0978580071 4886541351 3572346046 6234792972 7283142415 5920800251 0346789545
0346601-0346700	4275219424 1325704026 3069769465 4016135485 4687985714 4294868030 3910184410 8638904144 8112375443 7128533082
0346701-0346800	3993732836 6819623130 2956918569 5856627411 3770338858 5366462274 7193167250 3361104073 3156570076 5207124240
0346801-0346900	7975699950 1517168219 0064511788 7028746352 2929808818 7710072903 3972992256 6421130560 1375775977 1901399412
0346901-0347000	3632672808 4538940031 9096154214 9931926133 6411225553 6011836627 3278385267 4019875478 1876353935 7339492847
0347001-0347100	1029582528 7103809975 6543973256 7129487558 2247836268 0745273903 4903745390 6581151941 9572645585 8788269618
0347101-0347200	8599474918 3952654963 5447571365 0412286059 3117832774 7043171702 1755542733 8113164461 2205777914 6073657791
0347201-0347300	4630762301 5698777942 7994708000 6669333908 0866312852 0372580428 7139455275 6934418643 8283216307 5424935767
0347301-0347400	4340668984 2924817540 7624563484 3585997894 7995073584 0897211272 6010980185 9131872698 5820436021 5449353734
0347401-0347500	2282099832 1512799675 4771510867 2556888219 8976906794 3231991850 0345646597 5468942090 8586518688 5415650053
0347501-0347600	0177043477 7447943867 2703930952 5080717481 1438806676 9440408803 3700276228 9229403949 5464568694 6736562765
0347601-0347700	1215744427 2755618547 2729709231 6077100833 0327612046 4400195010 8825343666 1183840175 0643307987 8960184957
0347701-0347800	2564092270 2645363838 4878282644 3778467646 7889452186 1373535543 6563776064 7667817089 8450543551 1469123142
0347801-0347900	7414164836 7976459749 6100751751 5958073916 4799319511 1269366016 4858482939 0733187973 9169087881 9561867435
0347901-0348000	8831373515 5390613140 9862755152 1295444877 1045808977 2191058276 3398947484 9102783391 6995225437 7681439407
0348001-0348100	4186682375 6712442332 3514823465 8676499645 1945247633 0870536440 6871414568 3260663976 9454801930 9437100867
0348101-0348200	9575123989 1190608598 0795618977 0286170467 1402026390 0407552116 9679039679 7200717133 5597714677 9184571361
0348201-0348300	1149407966 7124629229 9933147763 4216541227 7835748258 6275349900 6792111978 0603078857 4954697328 4196464487
0348301-0348400	2481549238 8450416874 8844032656 2774709529 6067748119 5278592514 8107028490 7091501865 2287534294 1836314061
0348401-0348500	1237085873 2629402433 9098198386 8089791860 1274620818 9395020988 7488319592 0209202041 9914311024 3288618404
0348501-0348600	3867214698 4472180588 2747761188 5531433454 7759499157 0811215472 4304881109 8267530850 1879271223 6067265424
0348601-0348700	7225549511 6778349951 3760704930 3136759892 2164576741 7615608894 8829950931 1427656818 7950445739 0726038660
0348701-0348800	1558121381 6955577135 8420435493 4789536420 2338974649 5492766853 5362013175 2865705505 8809440977 1668261877
0348801-0348900	8503565693 2488370061 9168688132 5769898892 1537701642 9415477035 2800561194 8422472985 1874877749 5354659986
0348901-0349000	4731283766 8102316847 8386420803 5715066104 3760802759 0099241762 6841020731 9104116864 7523492506 0364563867
0349001-0349100	7729618049 5366105618 1453874745 3647356295 5760076828 3850026539 0338220423 5925539829 3284193944 9420500089
0349101-0349200	9887248918 0621128704 9039130029 4855651474 9543445752 4482287158 3406545423 0746784942 7493096347 0015143263
0349201-0349300	1241612982 1109765779 7808646208 9636434720 8805915536 4232264831 2645150216 0519650265 8472066706 1301204933
0349301-0349400	8696992206 0721205507 4846983132 5044567903 6197937511 4510561099 4059722706 1024553164 3418423159 3135390530
0349401-0349500	7277364315 6367264580 1322676377 2668618633 4792960994 1243270017 7449539823 0432040025 4498544641 2582181492
0349501-0349600	0560149218 8788848500 4281841829 5383774717 0367919128 9376308701 0427207210 5279340761 5909556056 9028788415
0349601-0349700	4359370412 9448706773 7642712638 2152837911 4630861459 9688138515 4958969349 4777530091 0908956450 6288798749
0349701-0349800	4998791897 7330055395 5499696722 3113032996 2237357438 5677800288 4728964213 3583266974 7258346061 5280371262
0349801-0349900	7432217243 2529339257 5924924474 1154505859 7603142539 5401902732 7179534824 5344711818 3267533772 5688313193
0349901-0350000	5700208316 1783185793 4695550625 0987414808 5073837262 0144835846 4003533691 2705562119 5890629893 5556277917

0350001-0355000

8399088576	4956240379	7143088390	9711102642	2589746293	1766896722	3404012789	2499944003	0146467922	0203830421	0350001-0350100
6198807717	3466473516	4681098205	6584456771	8498749974	2916295695	2777441709	5631284596	1026901454	2233395364	0350101-0350200
4324790898	8275294511	6320992753	0749937938	1898314756	7944412459	5963726257	8848779824	5921701280	0557580271	0350201-0350300
6147579216	8773028767	7241427839	0459073912	7392942678	8438577192	3968052299	4034053347	0735733345	1836725155	0350301-0350400
4265826396	1999930983	6730795037	2448686461	1493730495	7612941570	7070662032	8918110723	8915527538	3366638170	0350401-0350500
8043033055	6707275261	6774194630	6060870155	5657445230	8746558396	1240503014	8057910614	5816309013	1489886188	0350501-0350600
2107938274	7513047641	2486827881	6019084967	8442189011	1018392559	6780158884	4050853939	7683873601	4191230960	0350601-0350700
6008688848	4095875909	3979887545	7125098902	7721154014	4019262217	2796546564	9895992143	7569114290	2020411115	0350701-0350800
7924873126	5080755959	7284727869	9682789162	6827869491	1524767458	5192281108	6526770098	1927943533	7913553500	0350801-0350900
5146898579	3823713882	7353572717	1789383014	2216485717	1410290069	9728235323	2884846219	2811289408	1707974024	0350901-0351000
4219054436	9303801749	2997032084	3401108733	2111453684	2359999320	9089515669	0859649152	2776672296	3969422424	0351001-0351100
2341883180	3521099116	4028064348	4735443798	3200003628	0819097685	5849256117	5239297741	6582041844	8109089512	0351101-0351200
6836470846	2474117396	1271488101	9329455867	3819432508	6126535883	7368559920	2590781539	6082128790	7306065333	0351201-0351300
5449059883	4747010168	0869637317	7373258291	3940201499	2329209692	7067831675	9681476696	6752080774	8268071111	0351301-0351400
6784929358	4619841862	6172110925	3221606852	5388159185	5988062776	8721643818	3516049553	8527936421	0903131036	0351401-0351500
0781624389	1471254331	6537004929	5435731311	9180428419	6503216157	8090425201	3312485605	3203608591	4481767170	0351501-0351600
5497669073	9276489514	0552152060	9254132916	5702491817	1664437203	6661368578	7673325110	8285903819	2154476652	0351601-0351700
8622524635	9219175013	0342843933	1954912297	2792697639	5317486223	2078789202	6844508352	0412496126	0947859764	0351701-0351800
7640505134	4616457799	5797419209	3941387311	2767240579	4054104620	7559701574	1827181915	6561183209	6658777408	0351801-0351900
1467691697	7483766418	3860817525	4785968515	2469480775	2817906293	9927065252	3129308948	6645014790	4547107615	0351901-0352000
1553997996	3895457354	9956164209	6460474745	9853772405	1945204244	6951551105	7601494221	4459850785	6289800520	0352001-0352100
0150144217	2360303944	2834244487	0888738111	7569548458	6881015884	7305082029	3605143013	7010450699	0268158198	0352101-0352200
9459515045	3748572348	7980716132	3689988928	6204993413	4778445964	8262388689	3449564130	6886939680	1624022569	0352201-0352300
6097259058	3690359144	7830464096	9184582654	7581534945	0077651607	5819566412	4007433611	7286666057	8064097906	0352301-0352400
8506843839	0865501366	0341715661	2177413653	5246662924	0385273163	1584292475	1071820737	6199742570	0526636287	0352401-0352500
3424852769	7091241463	2604391164	6825719384	4749765274	1279128833	2764753400	4587978756	7219728508	0251587765	0352501-0352600
4905655892	2047149620	5252104012	0166987644	5381749387	6153962176	2099818669	5643493775	2040786704	5502757495	0352601-0352700
4208283438	2652727990	6640404630	8555601579	3541580183	8870887714	0523005777	7479101336	0758346370	8160374140	0352701-0352800
3358166217	1052377954	7780310828	7893113898	9447958611	6939228137	7248209766	2231537416	5551870724	3003784468	0352801-0352900
3873444610	1858764966	2483023535	5290685620	8893670501	2914503374	7129770829	8592055240	5187831056	2165213224	0352901-0353000
6122880034	7547325593	2571175091	6176594166	4823949729	1335237054	3886272408	4837055281	7002962980	9058650804	0353001-0353100
7949546245	8224013571	4158490067	3308445738	8181196744	5142911521	4342793926	9965562257	1986439196	0677530383	0353101-0353200
7468667222	1703556890	8425034832	9476678415	0367836819	8974756263	6076056173	9594959045	3787288708	8011965418	0353201-0353300
7892476530	7820255412	3421527555	4653752784	8511642193	0021040069	6015444285	5007174370	3540070335	9356505398	0353301-0353400
6517857070	0650280990	4195744951	2358764478	1248610414	7556590450	0553778745	4257327663	1373882502	0172648969	0353401-0353500
6161291010	4812793263	7456731347	3871166387	7099845420	6702700296	0111722637	6272726745	2101811865	5910525861	0353501-0353600
4533881970	1289911963	8473502901	7400070680	6314623013	0805397545	7760287247	4099097506	9178826192	8319716472	0353601-0353700
1284958737	9180354955	9085450061	7988132119	8211429825	8375305635	0978991235	9405448601	7902486260	7671948351	0353701-0353800
8442349058	7190753372	9443395924	0918535280	2957201038	3942096233	4277562087	4772317011	7527568724	1012245302	0353801-0353900
8153879584	5096348579	8391045192	1318634956	9030391256	4113905964	1254019436	2929494919	2135307171	5344840968	0353901-0354000
4207106422	8228981186	4026763507	1607969350	4702100231	8781098561	3567910659	3066007897	7625531978	9825006631	0354001-0354100
5156298335	4439164449	2580570078	0106162803	2102201957	0475798656	5811680933	2423000560	6648967369	4876242617	0354101-0354200
2410119907	5962069434	6859404061	6410905711	5534545376	8092327128	7235399907	4435919539	8397372110	1334949165	0354201-0354300
6927142993	0280203147	7456050544	6618457532	3059017078	6156443038	1970179149	5676539404	5943560606	6050701739	0354301-0354400
3893132134	6258503810	7319503867	4483556019	4918228051	6773057685	0268843254	9589089560	8141995075	2565189355	0354401-0354500
4022636610	0848161462	0386544647	7107121879	5163069833	6202140746	1243273856	0733007417	2908534137	1467646620	0354501-0354600
8233265300	7577845780	1275507872	6278301618	2508700842	8187745332	0787977894	2964858597	5819284204	9964829620	0354601-0354700
4273540733	8531005469	9395412546	1947347217	0399527022	7035779385	8512968366	4406788983	7465656361	3544478066	0354701-0354800
6838466976	5176614999	6185439896	2350237176	7110274089	0919399583	1451468723	6128713849	7242069080	9504422367	0354801-0354900
8551028762	8680425188	1635840261	6298518072	1152833223	7580970905	7453569178	4019381600	2439654325	7825045445	0354901-0355000

0355001-0360000

Range	Numbers
0355001-0355100	1969403488 4092434085 7899982771 9151230309 4738055403 0823155608 1860716158 3433955617 2810637331 1060601526
0355101-0355200	4964148156 8404319462 3560436301 7431750920 7713049088 6856047273 8551730953 8084750144 8651760497 5677360783
0355201-0355300	3154472292 5343359638 4563021521 7104987385 9253102039 7895814333 6638415592 9925508944 6027807017 9622745210
0355301-0355400	5550671191 3163262652 7993669635 9892383006 0969816001 6708813443 0020391177 1916307016 3778003830 0371126418
0355401-0355500	2414601498 7041714805 6626033849 7751756038 4954919157 9141792953 6849597062 8632971745 2214945264 3640004011
0355501-0355600	6851275873 8794348666 8837572288 9961342993 8664023640 5894482452 9124282016 5800478166 9418478063 6604784838
0355601-0355700	1761856515 5840174603 7289782158 5659083148 9306511779 1985723171 6476472418 9304315319 9908815499 7137742072
0355701-0355800	1011833196 8619684944 0518471348 0510376244 8875818172 7723344272 1570874000 8524939194 9339810308 3199952288
0355801-0355900	5426263085 1814551410 4967489642 5768172031 4577419760 5540116651 4371933763 7218818650 6524854450 3999376609
0355901-0356000	2267777074 7939980142 2580866214 9871912470 1387469895 6765809816 3424079513 5703733486 8399460740 0148381880
0356001-0356100	9109122785 0498742256 3947102858 9036178924 8694551999 0491711623 1709297408 1951721636 2506237142 0825261190
0356101-0356200	7131791876 3800373820 9989415516 7362903105 4940290537 2537989577 3700088178 6588704904 3920910261 1278111129
0356201-0356300	3551942277 8192147007 4363737351 9008329473 3687322396 5494763299 2827531835 1812624007 1189203456 5885546809
0356301-0356400	5030263042 5192198797 7737443263 7260928911 1090052198 6875537228 1053055764 1476148246 3985863718 9772797761
0356401-0356500	9373087670 4264970441 1511412890 0621261138 8530603736 7229595816 1170213950 3007414176 6112848332 8860167367
0356501-0356600	1673203588 0470158024 7848646398 0799957676 4707923310 6445662603 3730736158 9922617875 2674260135 3600729527
0356601-0356700	8511447312 9927914524 5062334029 0963971759 2321979580 1119146699 2839606609 0546200798 2374521224 5036016910
0356701-0356800	4115632219 5329726954 4555151828 4094539550 7867404093 7185323660 3877962805 1431267662 7403643982 3983188176
0356801-0356900	0597852813 4663946956 0555811845 8939807050 1135751682 0680694894 3855291350 8828544734 8281517609 7154238595
0356901-0357000	2213273086 1322041292 3307765655 8692790957 0047843039 5568199401 5964223359 5945502281 0565437799 5470862448
0357001-0357100	5590800370 6950156080 1930721464 8972673163 9389255381 5995861702 2059139730 2709006385 8841495346 1627642604
0357101-0357200	4283738912 5191847819 8500254982 6303585100 6341034437 6334073346 9903127035 5830801124 3548158661 1646799047
0357201-0357300	0409954792 3812878971 8678010981 5204978806 0504766682 0366296725 0936939607 3136693374 7203672430 0318966620
0357301-0357400	4997506525 2017547135 7865734643 8364676379 2685019584 6151069676 5363902447 4899543219 9723190611 6932962287
0357401-0357500	7894612265 6683064351 8956163899 5745077221 0945127991 8853244493 7648778904 0544224233 4709795872 6521769377
0357501-0357600	7637079604 0732789702 4558295386 9616412632 4657549210 4481223808 9336380764 9499671963 4861554060 9091415949
0357601-0357700	7678087746 1912277082 8684460532 5727180192 3246319994 6676789260 3035979578 1182790004 7139409217 1939987407
0357701-0357800	6000999706 9581634479 2336051061 6640007787 5593954578 5813561911 7973484724 2756439544 4690018537 0303889947
0357801-0357900	2199830805 8834058367 2047301059 3371645853 7773337382 6188199786 0740674509 0629225548 8990834435 8447071868
0357901-0358000	3462839079 2947080116 9686394851 1850811643 8134602812 3477126650 0937086434 9808106119 2511699839 0691124112
0358001-0358100	7884922501 0740467001 0024987554 9803524056 3673715644 0483483522 4610219675 0403342268 0901960919 1836769753
0358101-0358200	9184488898 1030769313 6036846490 7518519208 9980796748 4952064252 8150899821 9929450163 1224441929 0790582175
0358201-0358300	5002124641 5643878011 4736353486 0323181769 7699256886 2342243651 1614137835 8486034572 9184564597 3101458014
0358301-0358400	4233910343 6619091211 7514143224 0043381471 4649570280 3681747815 7339925527 8767581363 3597536055 9539384017
0358401-0358500	6867674304 7462011227 9164213879 0162717829 3633202573 5406498294 3159500554 7141144066 3728022590 6499077297
0358501-0358600	2153184835 3962105920 7509481870 2230994825 4672970184 8378246112 1232263919 4350073177 7620066954 0599603740
0358601-0358700	3765441062 8719241786 6624208821 4648278279 4381136197 4467588435 9564005433 8403532921 2785957488 1400073749
0358701-0358800	7083250483 2785755627 8773866528 3977888843 0937242195 9455553543 6816532937 1988636343 6817907518 0196127350
0358801-0358900	9345804109 4465517258 8496802612 1015346697 2738116149 8560713593 3184212517 8208697644 1366280313 1959266299
0358901-0359000	8008004999 3801799153 4491839141 8600149176 5200955505 7429439030 6323540512 9132722852 8953318386 1280090024
0359001-0359100	2018592068 3012455768 8515998603 6670882144 0361799497 5769301015 8168404896 3695057071 9416181922 9869985461
0359101-0359200	8110664316 2421543438 8574483433 8880719947 6674230925 5414252204 6461326333 0219254123 3265542251 7900396237
0359201-0359300	0011877224 8801218997 3986745402 3278310111 5581388876 2532752346 6564979284 5609117583 9397247695 6922958164
0359301-0359400	7917057753 4606301700 7527431401 7131409347 0826207580 5563651383 6577977785 6686672314 3389971585 4051283817
0359401-0359500	5395172886 7267924335 1932427944 6404274845 5722042713 7038338428 2433585631 4255103756 9101814745 8356414678
0359501-0359600	9534508685 6290184867 6091677061 9988006592 3053443639 5717282508 8842599663 9289712477 5740130935 5439247332
0359601-0359700	4079182045 5538176637 2353322209 3512540132 4815902989 0264297425 9278789454 7500654994 6921212466 6206626082
0359701-0359800	1434932002 0805522405 7223984383 0449363282 8192284548 8932895874 0225793208 2077749921 2636085911 8902964660
0359801-0359900	9838958881 0029238820 4924622971 3322929703 7751993136 1009803526 7052448685 3226374478 0463843256 4630100081
0359901-0360000	4486291219 9457156447 9009944608 4293682847 9652744612 7653332448 8110332420 2517473862 2234490697 2367553788

0360001-0365000

0339959666	4030721437	5360233103	6965733231	5237722987	4426905668	9617796282	3218987189	0962510009	6673816079	0360001-0360100
9485616991	1256164664	5110175597	1637994994	8745173586	5867708404	7168447477	0849909769	9794470710	7221646280	0360101-0360200
1394627545	9233625336	1858445760	2386869037	3404023429	9795866218	8971415880	4575375650	7850426102	1206974369	0360201-0360300
7096921440	9411346899	4263087437	8569318126	9940438714	5948959983	5002482339	0435296021	4104347987	1030683534	0360301-0360400
2977082983	3207751807	1528480882	8337014599	5157366923	4089522074	6753110902	0004087766	7734520830	4107255415	0360401-0360500
9390052576	0346091208	1402841774	2037713070	0842437158	6729360593	4806649256	0890600621	4007352462	2034669434	0360501-0360600
0437762973	7141729565	7738443594	0054753577	8336478717	3858831995	7253806398	0996026454	0532720562	8731511229	0360601-0360700
7815716086	2957374684	5665423600	8290043057	6533154127	1689897462	2851338510	7670664275	1110612635	1131616092	0360701-0360800
4243466569	7007093299	5217809475	7112910514	8114698468	1636209949	1211915737	5909346546	6617608592	5249964296	0360801-0360900
4904995300	8495876078	1963600471	0267394007	4073208436	2442003461	4494703242	3951767853	2424534809	9377528028	0360901-0361000
0525924048	6576284671	4121867299	7407703083	9307426174	0145003221	0497262071	5170167184	9128134389	8195596976	0361001-0361100
6521920190	8137000367	2782082548	0844407705	4889497735	2900740939	6411521592	8130985243	2760682475	9522533080	0361101-0361200
2824831409	1145503496	4805588336	3143637880	8692685098	4022754356	1095303877	7070121200	0289803251	7901049232	0361201-0361300
5077885025	9083263414	3548516877	2200998294	7719960230	5243885580	4487383316	0358617226	9203006710	1878742606	0361301-0361400
9417860407	0699902507	5004932336	2692993214	0946580996	4653142858	9402950507	5993837424	6713892699	0433088969	0361401-0361500
6893171221	5225093296	1528322314	0401522472	0069622519	3121876948	3286742002	9173664435	6806635821	0533280417	0361501-0361600
6726151562	3021242888	5543250193	4774716280	4383419392	8479334861	2220573524	0128775008	9411533192	3097650828	0361601-0361700
1811189635	5024958467	1068452926	4484555742	7712134742	8588612865	5316929049	7678456625	9641824726	6927783440	0361701-0361800
0266072794	7414440837	0664575851	2376709200	0483121940	3483729208	5600229027	7977308648	5414746185	8811157024	0361801-0361900
0287314904	2337471022	0512254210	5996607035	3839506482	3345926097	1244250184	7780809771	7267392473	1940165503	0361901-0362000
9607867012	3047395765	3328065850	8348412526	0088946584	6731191572	9174574224	1779493354	9798919007	8206213086	0362001-0362100
1080386551	6223758124	6483554065	0724329292	9115450926	6713185929	6769309032	4380500504	7057980295	7471634654	0362101-0362200
6186859666	3348164737	5637582530	2952862923	7343678949	4660108835	2913613146	6638328071	1983717491	4550006429	0362201-0362300
8208172745	0617511533	1643178506	8605599580	4144705051	4513443466	1354349132	3777336900	0477575850	4046993549	0362301-0362400
5286508212	3106885520	9618997124	3934341116	8098795396	2481708529	3385576090	0270227949	7412417974	0475717835	0362401-0362500
8915130101	9483114208	8683249433	1481780233	7650953324	2995528594	4368343551	9727318517	8049465583	5099194309	0362501-0362600
3702256819	3180246844	8831867708	7309347278	0380591552	5023120406	4223609470	9885301607	5837054367	7837414644	0362601-0362700
1160534217	6004593264	8901251010	9436888394	9375010807	8235517849	5090823589	9540726474	6204374288	8105083964	0362701-0362800
5588426654	8692765048	4032831218	2091922525	4911472664	0636220307	9345506603	9883857248	6005108528	0789875092	0362801-0362900
2954152053	6859292619	8779168922	1592205220	5519853201	4792614710	8591884318	6865741159	6378993112	1609989761	0362901-0363000
1097963356	5444902734	3590983289	4786788397	4966109031	0579656789	8848146337	7937809720	6339058401	0251514800	0363001-0363100
1880401230	8861312975	5420721536	9649270580	1455275021	6146780869	1366074981	2251621634	3548510063	3443491035	0363101-0363200
3420533934	6940254477	6955086265	9436796212	6109157268	9185127730	3763839795	7159366930	6794929864	8386633844	0363201-0363300
5448631276	0855100518	1894581104	1464708454	0153629145	8227457290	1534105798	8169354055	2831867360	3825088352	0363301-0363400
3047392021	4607034933	1910672726	5127717991	4138372267	0503004288	9515491348	0292363239	2882422079	5773086577	0363401-0363500
3544300787	1499407960	6303257695	8992623920	5966013855	5418034196	6989324367	0285104942	8362179024	2444777381	0363501-0363600
9256545997	2644214164	5880183324	2657385618	7867895985	2363478423	5368090599	2711999559	7854014483	5966062156	0363601-0363700
3295163890	7300427568	2540019235	8883203001	9113497523	2861300651	0978769294	5531139668	9555834764	3708070331	0363701-0363800
5692464770	5668317087	3581839480	4538875307	5171478337	1195076879	7640772884	6486649791	8231845023	1538105517	0363801-0363900
5873407189	6253879853	7621437172	4368207104	6881420524	9239365508	7044891355	4165562666	6713154192	1763666664	0363901-0364000
4546134197	0658844048	0395862840	1161360336	8548134550	5093590314	1657252576	0552586987	8703051193	1907553636	0364001-0364100
3454402515	4523395823	3658716038	1608528218	5007141035	4993608466	2784075061	2368387644	6214589192	1779142593	0364101-0364200
0064973124	1854636559	9567512958	5020308227	8410326137	1511351983	9061241596	4633398239	0087897387	9933716728	0364201-0364300
8720356789	4869612784	6918029884	0007702404	6141684357	0964611623	7948458002	4369153446	2319297027	6370458105	0364301-0364400
4668618648	9200648185	7884470461	3762942820	6142107034	8036308441	1167800614	8150239136	9013966575	8030939659	0364401-0364500
0441591251	2096952973	5812730979	0325832927	4793996928	2438314920	6259029330	9286010332	3917403838	3427457113	0364501-0364600
5139845774	7832024488	3860219680	7671633165	3498673034	7454013999	2159822111	6711151254	4258537609	1673432769	0364601-0364700
9904005844	9743475905	5642063076	9469347283	5650649910	7776795892	6507983234	8108401822	4489117074	9665104061	0364701-0364800
8759184748	5769721036	7432681514	8420195697	2207473448	2208792869	9608362935	8763165389	0478390048	7427479351	0364801-0364900
5152841972	7078614321	9658284170	6939049681	5772568280	5012202075	1092363465	5176931515	7232381050	1802258551	0364901-0365000

0365001-0370000

Range	Numbers
0365001-0365100	7518247822 3413643178 8165206850 6613942262 6534469728 9359780575 5792607832 1667388980 6612519238 8000169534
0365101-0365200	3252262005 2889956108 6132879950 7595735547 4955247424 3083287019 1803056477 0827367014 3445393759 3763155017
0365201-0365300	5093518515 8798505069 4639052319 5829252309 7514074052 5459563140 0743663136 5318598857 5773788784 1902614118
0365301-0365400	6895445650 4216033706 4786252627 2470854341 7597795006 9264902695 1120275026 3095436740 5801647213 1592679453
0365401-0365500	7943694975 2610184466 0858000783 1271913160 2123509138 2970425870 2336416046 4484612847 0918634315 1986536546
0365501-0365600	6090267618 2247471801 2253559968 1323522386 6795597369 2580689597 5303712648 0244820458 1370182034 3286908637
0365601-0365700	1659833775 7108583301 0368743465 7741106218 1431765563 3962100638 5831674674 8091887170 7737653558 9866220294
0365701-0365800	9987382744 4255479241 1634654679 4060365024 7460245618 9525909349 9667359512 2712732052 4011111391 8523027067
0365801-0365900	6142772309 2229472881 0133192963 3399781855 0318293443 2632206469 8010129517 0455704300 6325015625 0431508365
0365901-0366000	7628326741 2300204950 6397173678 4188910051 4252530524 9688625673 8738477796 6286621649 7362402883 6930961735
0366001-0366100	4373373136 6775835835 7017944714 5747081249 0698022977 6815688257 2257089498 9089912066 0554025206 0801322450
0366101-0366200	4825120813 7567437661 9867964264 1298605943 1128300054 0888188123 3133472974 7312126744 4431186759 4320910668
0366201-0366300	1841781026 5573353262 1387737473 7553457827 9041511593 1321851828 5887774417 7229662046 9138660209 3496942560
0366301-0366400	5364506621 3331732596 1987682588 5942987942 6709380114 1054153993 9189608363 6192487418 7916930646 3578448072
0366401-0366500	1565839931 2037940118 3244802015 5671414285 9863727859 8469707404 7554361823 4815879601 1413662352 4548067203
0366501-0366600	4561475693 9780122895 6585216225 6169671298 3690085390 0438345103 6299591188 7655548585 0103824200 0728257383
0366601-0366700	1915399075 2707127241 2720139581 9955356637 3551289090 6976251070 3048920279 4525915565 0048553046 6782494374
0366701-0366800	1234171084 5111272716 0221094193 1455401579 9975257597 0623571196 5092077965 3514558284 9694641247 1272627520
0366801-0366900	2638568898 8076835163 4588214744 3822121862 9646612627 0826742263 5057195047 3923863507 5412116648 3026200971
0366901-0367000	2767100489 8267161324 5191035278 3620701285 4444670111 3052325226 9301508703 0633845197 4189270634 0692454588
0367001-0367100	0913768037 2957533468 0677935046 8647874587 7073762192 5305287481 3619851138 5757845429 2910766542 9283407134
0367101-0367200	3502250882 8188929152 4452778398 7472190081 3143807204 3020724546 7931758778 4666266568 4652886150 7688403122
0367201-0367300	3212187332 9607244268 4943391394 8234400487 9473181001 5672345261 7702576708 8679077948 8435759761 3518177223
0367301-0367400	3032469991 1665759663 5615488804 0497320129 7560095265 9882349602 2332949604 2355117872 7855292408 0285877667
0367401-0367500	8063370228 8000221810 3354707338 1937382622 6757192925 9335637095 4061572778 0572441483 1116404280 2001173781
0367501-0367600	0453773569 7122670282 2063493126 9054549816 7184995028 1156890107 9688029001 1256589179 0555923454 7229213785
0367601-0367700	2872328218 1212503451 8205954809 6772277660 7131017786 0343882957 3318206423 5872369934 1009810617 2349638246
0367701-0367800	8683009133 2565344923 4684068069 3901747353 2015044406 1138347551 9042887754 0607758191 6178115413 0039925740
0367801-0367900	3786443591 3019078461 1315598122 8743338330 9853783972 8020727286 8923202989 4397339481 9817757139 2474916946
0367901-0368000	4666678961 2342910937 0338793251 2337739713 8802549835 0706646550 1643565968 5314582650 7561070572 4702998374
0368001-0368100	0904860172 4376419814 2270431480 3738452936 8743600536 3912672650 7615680781 3142004122 4119594940 3929770163
0368101-0368200	4281240787 2080852166 6306459230 5670320709 8161722529 0269602306 3081292602 2797817743 5716138102 9192980622
0368201-0368300	5097290234 2140272119 1693803271 3298320083 7285066796 1628159235 8286686576 0999044159 9158720394 1836822473
0368301-0368400	0903669496 9071774570 1217771446 7268351119 4579923576 4378946935 6535420860 6297301046 7307198227 6607743930
0368401-0368500	2309468861 5482810951 5202159705 2550236156 4783557941 9688175556 0913857785 2192225964 7769941023 0570038366
0368501-0368600	7476235506 9788231896 5569824146 5028678631 8921131224 0606180938 6048832645 1730840169 5014208215 7326064292
0368601-0368700	2288691115 2502549936 0218005104 1932609690 7384748832 3914024155 8533260115 2850704306 6093224442 4825241441
0368701-0368800	7460744488 4453418552 8241403762 2464301160 8492948664 5829985520 5426715174 0545442020 6280703433 2941069337
0368801-0368900	2726429706 6891081535 8484014909 4569382462 1684799297 0706873787 7406289283 2545134226 0408837187 2199038355
0368901-0369000	5267472209 4123126765 9633815572 5024484611 2695927469 7523814493 2164044468 9895162240 0692837095 8627380688
0369001-0369100	8336291637 2400418759 5864552046 3746275695 8305079845 3815347152 3066411007 2569236293 4927639367 1091313512
0369101-0369200	7040305457 6969966845 5358471455 9181928377 1246258352 1412445812 0274966078 4771810569 9457043360 5081685095
0369201-0369300	8945374630 7951839500 3471725194 8443599494 8544685268 1297359019 0690653598 9033569560 3100644796 8263120457
0369301-0369400	3191011544 4965551122 6841732515 2277386303 0813597582 1722905976 6137627641 7661634769 0912507016 1999553759
0369401-0369500	6432115575 3439662168 8271084036 7511929996 0008862463 2199987541 8094360053 0874133962 6929982076 2966801548
0369501-0369600	8090523558 7186807616 9855606043 4175392524 0496799964 6517600026 9269165516 9875265250 6773950851 3040805388
0369601-0369700	4450609260 1096436881 0894202685 6159073899 8509908250 1549463918 2209700648 4553663668 9968589228 6382159711
0369701-0369800	0767179767 8975011542 8087230391 2887886996 1867893071 9828675499 1974326270 9341000268 5103259296 3268818524
0369801-0369900	1489579124 4327648721 8014529821 8574977142 9294366689 3783643822 2965859111 4179405184 9420735706 4528325988
0369901-0370000	4591225939 4927444557 1466776515 1145692903 1395253758 0463375857 9641581163 6218722766 1518982412 2053513224

0370001-0375000

2248825616	7742459676	5412540331	7844988384	1113760735	0077200856	9727762648	7365278338	9163614249	6421063088	0370001-0370100
3493089033	2084877942	8644049722	2682861859	9466893437	9485133485	5905828206	9646123946	4975741223	6283139773	0370101-0370200
3819087455	8033167517	2722386647	3603363229	4221653127	7635847730	6315342973	7277492314	9739427339	1681398751	0370201-0370300
7165017810	3261317455	0637765770	9788695976	7574221493	7163528845	6874197560	6953600393	3733202065	1649369708	0370301-0370400
1492295834	3311631037	2740909866	2574705051	4702272309	6296228767	6893693773	8712390204	6516729559	2539637570	0370401-0370500
4229682701	3721597849	6180362348	0433790639	7035855824	2210882352	9872394968	8535770504	5182895099	1937634747	0370501-0370600
3203519382	8111442092	5467393367	8229258496	5322008001	5263180291	4086468882	4845131277	3062679808	1559547648	0370601-0370700
2850417271	1392640315	5385040583	5488218720	6324982256	8308378114	4749672788	8333200287	1767003436	9690112633	0370701-0370800
3771406814	9248560992	2237095518	5473844571	7905417687	3927917178	5165931986	8288756418	1867768768	4101914918	0370801-0370900
0793996112	8907075158	8545524699	4765082176	7567721164	6636427681	9985224100	9652130504	6508340727	5744849661	0370901-0371000
9761614608	4059060741	0221444976	2236679944	8483777754	6120077234	9048346804	7995536374	9200222871	1271851356	0371001-0371100
0661682291	2323921800	5582781418	5815990440	6240526254	6367710924	4383173398	4763285147	0653500079	7831849158	0371101-0371200
2401175956	5900535027	0640384087	0712334125	4904300589	2552683369	1094710188	5680630974	8638940766	0730095765	0371201-0371300
9146215650	5019760734	4889921706	7459599010	0871084361	8344332778	7653682587	7230822334	4345432927	5264503508	0371301-0371400
2751036885	2787696779	2475290543	5163484717	7830600434	2306802510	4169270984	0429423261	5492831376	1218792561	0371401-0371500
5980554961	7993488223	4043222837	6565318861	2575026407	8045152954	1971941954	7797740615	5462426767	1433647051	0371501-0371600
0868155403	2166445251	6231071226	0123089371	0475506825	0860324046	3908671443	6907732441	3439849284	1467882847	0371601-0371700
1479332996	2152726567	6834010400	3538027202	5275418435	2253722834	4897065811	5608571059	9336667745	1985660472	0371701-0371800
2008416019	0860000788	0595268182	6691313841	7341819905	5901058235	9290201354	0514610372	9259840892	4440579962	0371801-0371900
9261209829	8196317512	1453533210	3905565185	4357550155	0633023039	3983217424	1638876581	4182837549	5738248135	0371901-0372000
7953537641	5648600199	1020976353	3920754849	3483886928	1611240904	2860516889	7241562593	7579583189	8950072924	0372001-0372100
5960467988	5544190931	1233298527	1844623356	7773599333	4804074703	7205328034	7069763700	2715728202	3073057696	0372101-0372200
1414871966	4204255727	5049195036	6323004651	3954181407	2510893070	9443978312	1107332766	8759280377	6507172513	0372201-0372300
6087557193	7648563674	4855888825	7887661339	1844930211	9188229270	9019500146	8423436369	9275319954	6115671386	0372301-0372400
8570450744	1432163390	4078029992	3490581446	5652044962	3351543572	0105541820	6044026298	9131818118	3565214801	0372401-0372500
3865548465	0393917442	2768998320	9599473453	2614851533	8090881844	0673726935	7842931940	8508180054	1112501203	0372501-0372600
4574453033	3139738044	6948852770	9899805696	0005191411	4142279477	6296903922	4152446159	8136812557	5139849403	0372601-0372700
0158908912	8390396906	8237159676	2282654375	5905616030	0204572745	6152794596	5191825007	1334871565	4510175277	0372701-0372800
2344850870	0166716220	8813471455	9577331251	8768056485	2910540739	2802221120	0328627810	5640243980	0380701905	0372801-0372900
6977396529	7877909880	0316200668	9840372155	1962433429	7992810095	6086160201	4910881911	5097937929	0036944991	0372901-0373000
2062176537	7482371955	3245806361	5013009808	6504424252	9347835698	5149428846	3384019650	8628261926	8181813314	0373001-0373100
5352271022	1617868856	3979618042	5572709401	9690419527	8221897237	1157604600	1639909088	8725718251	0468842834	0373101-0373200
6189131812	0296964133	4893176005	4804610495	0927989751	7631114740	2264219675	7645198488	7245324003	2533025182	0373201-0373300
4830774912	3252566884	7561695423	9348897784	6191575794	4227708558	2057854100	6163487982	6139855509	1924933763	0373301-0373400
4419693864	7024154343	2823282768	4568414269	9438372354	0254093937	3073804634	3438282071	9655314032	6715847016	0373401-0373500
9414833139	1499674109	0812530998	4316312073	1085050169	0632931910	1821105395	5855670398	2419629169	5207657199	0373501-0373600
9272307176	3730813642	3894014823	2626547055	0903841961	6639574583	6874762673	5252558119	9071918362	3735843687	0373601-0373700
1834305909	2217995449	9692223300	3428708226	9330565446	7683677675	5877960837	5718328106	8255595685	4316804574	0373701-0373800
7689684479	2012444397	4874700573	7572457408	7492178275	6424733258	5933827183	6011855063	7271168238	1424624589	0373801-0373900
0459076029	6921428081	8057785601	8865526909	9927922154	7127089592	4017947650	7844514414	6455171727	2454847694	0373901-0374000
1607662478	3260657354	1389446198	8583756749	8476780536	9839295763	2660226472	3992041365	2162373636	1466640323	0374001-0374100
1551854151	5481118581	0844339855	1504367348	0709801630	6252475101	9715046695	4597491414	1011308661	6816368604	0374101-0374200
2103388074	5651994932	4586116048	7111648627	9983802481	2539418990	1363772731	1133834266	7785325923	2453334485	0374201-0374300
3759664716	2083385374	1226355530	8937443901	9515415756	7994245323	8033408307	2168419947	8996812426	8884616597	0374301-0374400
0608333973	3717714436	4986798767	1879725126	1506319728	8554063191	5126103864	9620313740	0515441345	7210449044	0374401-0374500
6705194515	6922739366	7324976857	3916031054	3114816892	2251592576	6878095346	2048818191	3512012841	6258147210	0374501-0374600
2780965979	9919441603	4438418232	6231448081	6732189123	7994659746	9447371994	7344754614	4729069858	8542010162	0374601-0374700
5230641968	0597237228	4233732451	1406540283	7552630397	0784269804	5973210194	9345700252	5055959469	8145422107	0374701-0374800
0283690676	5111338008	2719704304	5192478092	5117856272	9103526279	1697425806	8402627307	5841902146	2844091789	0374801-0374900
8442561629	8673909100	5370029788	5506985823	1909288554	4099345771	7507878492	5479171378	5432263146	5566615358	0374901-0375000

0375001-0380000

0375001-0375100	7021169160 4317209842 6523231396 6065488930 8538301968 3401924136 8671420697 2763367197 5814778723 6143301726
0375101-0375200	1255520558 3002475666 5571711557 6955972073 1113661647 6492124100 0743253672 1117181902 6986473496 5813010136
0375201-0375300	7113732229 3076821469 8233095862 6017552721 6725842477 5944321583 4483251667 7179538137 4496444065 6738138326
0375301-0375400	6457517449 0574800465 0568402111 8589827064 6002549842 2293207274 9822069747 6980622608 2660110961 8485569352
0375401-0375500	1180662292 9940380157 2610103842 8296088987 4606563046 7985022929 9020929193 2461771606 1603848014 2250886912
0375501-0375600	3734248586 4417312671 8474663451 2149080855 3212758118 9474825178 5940175844 7229142593 8199664790 3390875103
0375601-0375700	6666615416 4686547007 2022022545 9753480984 2350136484 8574947885 5474592133 7509637678 2165427914 1354746700
0375701-0375800	6281276744 2222991188 2799813572 6907378546 9091101556 8104297173 0577884247 6385374026 7974152370 9462463943
0375801-0375900	4605121639 2451482105 0797603268 5986609400 8732341564 2353566766 6375312276 3480101077 0454890510 3240579565
0375901-0376000	9667413083 1157927974 8096695434 7260724741 0692015339 2090933458 2777447339 6165009357 5247112417 0750635032
0376001-0376100	0886771741 2193495146 6676387126 3737284611 6040877063 0158376001 1153364921 2190203318 0685003246 6637922173
0376101-0376200	7979268046 6363761955 8362047195 7455881725 5112000804 1991146136 3395552011 3003942391 5975356674 1136702232
0376201-0376300	5519019341 7645573146 9482202225 2295483332 9774556051 3730774251 7709774446 5980760759 4546606593 1031273487
0376301-0376400	1555326438 9083383702 7738220743 1456894458 6437175412 1066049337 7454249047 0014903959 4657459437 7123789728
0376401-0376500	0058429396 2105526750 3956632149 2376729814 0663500612 0236079359 5072500261 1882298817 0244093230 6066540097
0376501-0376600	2298243353 7652437799 4159185149 3390417225 0146997425 3353780504 3621410935 7723549008 8186907390 2695140166
0376601-0376700	9721483626 1672332385 1117638972 7375572281 1689919980 3995729374 6032217281 9284534093 3258441169 6304062383
0376701-0376800	0035426887 4290211824 2985645124 5795207347 9846273461 9510455242 5613736299 4330149839 3729111087 0529969519
0376801-0376900	1835336505 3484424284 8046310476 5220834208 5936517309 6584496130 2858336548 1954359818 6756220294 1613843211
0376901-0377000	6325768598 2562967201 8289067811 2418686878 4597313387 1404187297 0071191986 7701293106 2930969498 9935481392
0377001-0377100	1875928804 8398451387 4075864302 7656157147 3351835440 7350625531 2343664960 0531091488 1303238446 2652043513
0377101-0377200	6290262659 3330681205 1158885104 3585699456 4993886957 0706111923 5727571102 9419692899 4187655436 8842569280
0377201-0377300	6386143513 0310638444 3343133961 9697973356 1523242666 4170663902 4036236559 3574944251 0383568249 3854306636
0377301-0377400	9565628381 3497578319 0902427704 9909445141 1112412302 0604342232 8892597491 4382315759 0798442351 7784541128
0377401-0377500	7242594935 3333098571 0978755386 8398175482 5212175181 0308218176 5051555634 5242994845 3904577562 6744657855
0377501-0377600	1759148916 2251178070 5328811704 5974059759 8645830080 0561032233 2538430075 0981134310 1204508331 9042286546
0377601-0377700	8587799440 1229656165 6389081595 9223940343 9222600101 9722176573 6217116359 9025757529 0003386602 2749259421
0377701-0377800	9355961294 7551851369 9393249692 7866350652 3882676894 1167638908 9823146190 9596833861 2311858671 4957572705
0377801-0377900	7568639974 5427113036 5918183847 1780818084 1752010065 5662130476 3267524946 6820599746 3936880649 9907641342
0377901-0378000	5808930820 4090236323 8351783063 2217617206 4336320110 4034409940 9158405146 8783262604 7756804071 2615484260
0378001-0378100	3468338802 6809404479 3089193734 2390363864 4025492448 1157390763 1680266467 9967901755 6718706413 6332402887
0378101-0378200	0508745716 5871395916 4292536144 0259784029 0871343774 4417589566 5581130737 6296889347 5271737113 1377900031
0378201-0378300	0082729387 1224879989 1412428008 4502725122 5463527219 9201876242 3508027844 7967843370 2368073614 3992859048
0378301-0378400	1111125419 3110135095 9312727661 1248889546 8919453556 8348144862 6980470399 0091628952
0378401-0378500	8836891137 4616731561 7024100451 5775700160 3778370339 5725392613 5405325011 4657419224 8012182431 6985303536
0378501-0378600	3945988575 0411326222 4005410970 5194916292 5743792819 1687620492 6756847774 8603451383 9694679909 4353055861
0378601-0378700	5004279444 8311206309 0593443247 0009375367 1005604492 6556034727 4778079078 3639504518 7624483926 9798731353
0378701-0378800	5284348463 8881332304 3979277480 2201529619 2355486000 4734273095 0786780625 3076736433 3228241961 3242705655
0378801-0378900	7794522660 6569501618 9262562694 8238005695 0336491504 7116242857 9689682908 9690583637 5827828389 2895520363
0378901-0379000	2239309604 2046228781 0637658111 7827427625 3234050556 4585343287 3936828810 5558230201 5544340256 6605611991
0379001-0379100	6083312452 7637674938 3219523349 5631786258 4221341665 7482628877 4471793387 0329083625 0399594515 9111325505
0379101-0379200	0506004055 1933106785 4022140139 2893077471 0317833410 5594829183 7130769245 6979522064 1402279584 6705868857
0379201-0379300	7578468725 2894700750 8518500453 0687570783 9746663845 0736019535 7370737853 5670036258 5582066737 2433386238
0379301-0379400	3506635732 3527255029 8747371571 0495782761 9393563501 6759283674 2308538385 7351276128 8261732009 4878087312
0379401-0379500	9781099401 3720875321 8796217675 0723431042 0409830054 3075454308 9347560999 9670530062 6008939587 5398030047
0379501-0379600	8168171271 9509393419 1068331792 4294515954 3851121090 9172267321 8321181622 7957059544 7822536126 8295095486
0379601-0379700	2217231236 3166507257 2186345317 4107239765 0382647261 2065862723 3900281950 9088574096 0057687874 5913537314
0379701-0379800	6151589768 1028944673 4608601099 7367803156 1291557189 2379694137 8351231627 4075169456 9490868054 4178759792
0379801-0379900	0036554692 6344461817 7373227167 0034442667 7604609492 4812058797 0646584973 5288079241 5315639324 3441257891
0379901-0380000	7793572590 1786375825 6938063425 0443054588 2795813741 0756022875 8444781096 5427651767 0622237069 7241979180

0380001-0385000

2152291454	8339562562	2846078386	6292668106	0526376677	3584382487	3378258642	8850121233	2924720709	6075960682	0380001-0380100
7560580289	3569806800	9042477941	4480522461	4080192982	7445359142	6130067315	3997422039	8080445375	0119539726	0380101-0380200
1944848449	5199114028	1906600326	2802697095	4487165779	2318799155	2650311232	3553639686	6845302430	1596197349	0380201-0380300
2262352274	3230536042	2337560641	7777316238	5607180504	0559182350	8941421612	6043893732	0034975326	3396931768	0380301-0380400
3963974083	4087614896	6053467650	0201801809	5017901524	7573815905	1446684042	3320462519	5859647960	2895315590	0380401-0380500
7754720418	7516804221	0488273979	5248273749	6742588221	2290841842	6732735405	0629747395	6251860978	4580701322	0380501-0380600
7661151733	2515928012	5006610307	8456552279	3390661195	5467698467	0693114454	3416538587	2999911772	5534075836	0380601-0380700
2673072059	8192318641	5819683344	0775617358	7601158541	0628859025	1485970663	0256627278	1881934320	4435440594	0380701-0380800
2641747287	4446384970	8875389243	6548269542	5677051955	0050304857	3967192593	6918313224	9952382903	9519078750	0380801-0380900
0747741928	8341283393	1514360545	6554992740	0340005147	5286011764	9136881975	4058351813	0106428191	8542772397	0380901-0381000
9888911556	5442061329	5214834039	7465595374	6931767971	2605932622	7357889369	4395281403	7155498125	6229183602	0381001-0381100
8970988448	3519995909	2724761429	2738476113	4273942707	6465965860	9967512305	0324376092	5283745354	4759855871	0381101-0381200
9279745135	4560409284	4631238388	9192976387	2245094869	4664331645	8586117087	8840725956	6344648877	2838981448	0381201-0381300
0697593346	3489209208	4747933664	1147691694	8304375959	9830298448	5104669711	6761180315	7567043074	8683191350	0381301-0381400
1510866268	1481108066	2676444881	8763734119	1046301486	4339513331	6943864867	1912530511	9771222260	5129272066	0381401-0381500
2888283651	4602219447	0819695463	1978248180	6230642959	1934380319	1070756728	9113034166	6939068376	6514373340	0381501-0381600
0982917691	7783350235	1137723780	7008013449	3751248050	5007321973	8123851625	0632081049	6669536517	3928688581	0381601-0381700
3977490771	9078245297	9419561688	6972231675	2104506671	3791920865	3893674998	6314866410	1700444576	2995894532	0381701-0381800
1955986639	5809179418	5105600868	6137283520	5544642033	2754284596	0428433290	4254398613	2359098896	1610491104	0381801-0381900
0370538129	5507746816	3875576813	1629919025	0815702719	0764907757	8436021697	7227904172	8321524831	1154673779	0381901-0382000
8675348633	0097098407	1885291772	9363837896	8670454493	8022017157	4243059909	2277663302	4297441704	5007458994	0382001-0382100
4751500765	7427829025	9389637763	4935315947	8320022542	4326725184	2300506882	0208254972	1292140563	3725581581	0382101-0382200
1271047415	7018538931	7829398787	7127982748	8656715046	3224664385	5553484887	8687664135	5612761048	5824205891	0382201-0382300
8651972343	5336395723	6099480816	8173974031	1903093045	1000439618	0691234477	0855514924	7296678508	9521986109	0382301-0382400
0165524898	3577004961	9203738616	5583736313	2652345982	4531995105	9160583790	0039799695	1777069795	2469522983	0382401-0382500
6760743149	9008548564	1433272200	3498903384	0428531242	1123402100	4981624291	8589242224	3495753608	0826030676	0382501-0382600
2401546957	8806472961	9266845275	1116009590	5378548316	3671245484	8677882017	2520546398	5586500358	2350020215	0382601-0382700
0851642366	3500787760	7151985614	5256264951	5910555074	7727853798	1540632716	8195111754	1022889298	3782225453	0382701-0382800
3675665190	2512168230	1691819839	4259899975	9411769587	5215092794	6376619633	6087192509	4446859022	1362185710	0382801-0382900
4072204996	6386358712	9905305552	7028410467	7262021274	4667454521	5457723708	2364445335	7064522514	9756787051	0382901-0383000
7194800500	8025678246	0781818548	7583892258	8816417620	4903611290	4312816748	3207669348	5228577606	7934846458	0383001-0383100
6576690952	0661008787	9064301681	6753391621	1520568108	4467894159	1233741463	6821138833	7577326140	2746246664	0383101-0383200
5150989210	4406381808	3056080401	3701008907	4171937662	9584442169	1227908932	8319826772	3332127920	0768091661	0383201-0383300
0268387238	4324544206	8679756039	4826736582	0673451550	4267630881	8158558039	3191617327	5442955764	3651620151	0383301-0383400
6644668557	5937259409	7115187836	9217329993	8415788276	6022670925	2914746182	3418663672	1931122698	4236086854	0383401-0383500
5204188312	8019780033	4878756588	2710587023	7096130274	7931323482	2581376961	2170462274	2249610167	3375478801	0383501-0383600
0634085514	8662286995	6915271626	3350178980	3983273644	8774282315	3814829001	3432567888	3228760716	5110115958	0383601-0383700
7187145010	5783476297	5288743392	7458182768	6000452775	7177247880	2098965643	8529423881	7387999187	4712975874	0383701-0383800
1165413323	9155651089	0877525768	6286616807	1921090343	2650301463	5427492044	7493124652	0147323197	5770361204	0383801-0383900
5011747939	8628215253	5497202671	7908950519	5085909795	6215389121	8056487899	6785730688	4996390327	7813229401	0383901-0384000
5207305052	0209607654	6883252517	5264101355	0651450298	0213435336	5875559161	6836749428	9441214804	8659982256	0384001-0384100
1119879720	8669302128	4995016647	9523817064	9564273515	5258468462	8920014188	1385743510	6708068039	3400649398	0384101-0384200
0278204084	5015597431	1129777968	0235822043	9971891827	4081952024	5230161759	9479708280	5860032889	2886741062	0384201-0384300
4713286909	4694668439	0420120577	4106699462	1572385110	9156923759	2785586844	9397736068	8001922934	9147175801	0384301-0384400
6316525474	7272854041	1178250031	5404941649	5321147450	7549665480	2310185518	4474204933	6821498678	6738789249	0384401-0384500
5751470690	2466239047	3966302006	6157810935	7920463627	7135039469	7843435917	4142643778	0311902195	4752269208	0384501-0384600
9547968878	2548564570	7135566698	5023275461	2398823027	8689013175	7321917167	8493016365	0138955291	3159011742	0384601-0384700
2489607374	9460202948	5127985592	4507737935	6908133386	9747037415	7396558258	8573741349	0358278143	4074625542	0384701-0384800
3551643968	9046077958	3866499664	9445074756	5796993514	9351359732	0013303372	0811662891	6765098694	8072944032	0384801-0384900
9917612907	2301114046	5891138242	7272632968	5176094284	1879398026	0523956540	6645933007	8965741576	6970867192	0384901-0385000

0385001-0390000

0385001-0385100	0929452539 3155274373 5282800482 3457509144 8533542404 9182058302 1173669376 0497384227 2159134835 5204042576
0385101-0385200	1699280642 8547140193 6855614110 2765828085 7040342325 8758656946 5009202308 4983082678 4327277486 9277955040
0385201-0385300	6611100435 9764768678 6538495502 7225588542 2498613657 3631739614 8099893608 4740971764 9547154334 0623707326
0385301-0385400	5869752764 5921337429 7141242070 5112256449 4990791441 9244483283 9379138042 0636238002 9700282062 3931807561
0385401-0385500	9226485397 3949330832 5197087313 8458119857 0171002491 3652522719 8684083184 0478469364 2902511129 2751766993
0385501-0385600	9886203438 7891751726 7572217442 1453857611 0028348743 2190524333 2939928094 8839061529 4064110187 9375394113
0385601-0385700	4303171916 8526355316 7352985363 9867761635 0661196822 4723486403 4096810385 8504606729 6014761310 7402400742
0385701-0385800	6534024368 0379210684 4615341970 8080881220 7680711064 3890588634 2157852825 8228774367 5470140831 0031138429
0385801-0385900	8534935282 4935850403 6234592392 6688311448 0775467105 9106940654 7237346587 7894192487 3236437024 0202401751
0385901-0386000	7597046829 5402550796 7730984443 1798635413 4645953902 2765743203 5188431115 5975463523 3045235505 5292850636
0386001-0386100	3115240811 7678464547 1413279813 4065927467 3208354528 2276634305 9530547343 0938175037 7872317646 4890964910
0386101-0386200	4425587969 4041170527 7662970232 5695246367 1775845878 8220284605 3053054661 8172209655 0981839675 4440119356
0386201-0386300	7027827210 8335560644 6657522809 8058628703 3307578738 2108211292 1021038961 6523122848 7920328037 6653872019
0386301-0386400	5820518561 8250144240 9628366098 4633225284 1101574173 6148823414 6028737749 8491498459 0462988903 2849256083
0386401-0386500	9573991405 9102412068 4557624803 4590472359 5368839274 6190063530 0602528684 4345466005 7857456872 5002887974
0386501-0386600	0781269950 1435969649 4764149318 5049625552 1694445285 5745294807 2324330277 3655574561 0429660883 5697425307
0386601-0386700	3611130310 8238000315 8538736286 8849210917 4918033905 4828505462 7864100013 1694719989 4889420953 0864465026
0386701-0386800	7961007150 4843926206 3311711860 8612081871 5732734551 3700141867 6869219670 4885901036 2423315167 7601727174
0386801-0386900	2233050495 3061585247 9196288967 5944421346 2356519312 2194284407 1430978955 0559858862 4420173628 2607350511
0386901-0387000	6384635711 1878468347 1588349062 3342588343 6142747938 2954834126 3417416882 6028887355 4781665323 8321540768
0387001-0387100	3590968120 5488454817 1892692062 0367096536 0564089875 9284508157 4274786219 4136716994 3229458693 3049535372
0387101-0387200	2967997800 4871910203 4782473949 1797171976 7262538849 5281730513 6008922705 2430855648 7450412160 3355151493
0387201-0387300	1039641863 8089265951 9034350197 9503662299 3710706109 8032834728 6934541513 5967181506 2976637443 0994932369
0387301-0387400	5704953495 9141935272 7151418737 6586945122 3636710793 8011524216 6244941198 0044655721 2597535804 6399910239
0387401-0387500	3279770838 7184753479 9854360306 6177468548 1674302535 0911414225 3635633838 8354354468 6001108638 4802147927
0387501-0387600	6315847935 1071062272 2123289000 3040085551 0346076806 6519552168 6567189181 3348506806 9377003906 8701376254
0387601-0387700	0552466849 7671014459 9349618422 4689804170 1860235101 9649901337 7865083234 3686944378 2163920218 8508599658
0387701-0387800	1311126588 9482917734 8973611017 4739245996 3978823770 8464359325 6464055446 6354564506 2781650789 1000060357
0387801-0387900	8958471411 7881140014 7045565792 4684793389 8590443560 9519395598 3048411907 0859683908 2696964630 1033129195
0387901-0388000	4054835663 3470754825 5971622409 5724560789 9522751374 3172920432 9442145717 5702111966 4927329504 5892435115
0388001-0388100	4224989284 1829309680 1627909990 1439100065 1606646547 6572330384 6462439511 3830677701 2416199103 0939928940
0388101-0388200	3981160616 7420760338 2917593065 6640080871 6224229486 4120927680 0548402635 4604602128 6431296861 7604867685
0388201-0388300	4587332459 0490445815 4468976001 2917675937 1782877815 7463447497 4431747224 5714178249 5933265895 9901232631
0388301-0388400	6543180978 5578257753 5504957177 9819902461 2577728494 4635352521 7033433931 3436451383 0425898151 4773623679
0388401-0388500	1994181688 3285991871 5721722876 5199470314 2482487875 9641163100 8761660766 2885664731 0961164666 7671189367
0388501-0388600	6347212909 6300869239 6234207088 6293386312 5561287340 6354679097 4199382881 6638506027 8732800485 0544918201
0388601-0388700	9933787113 0829493390 2544408454 4528311079 0671755781 5800938675 3600386035 5768063981 0642357510 9973318402
0388701-0388800	8068507709 9666201399 3830215705 7490439491 1543830905 6158300113 0141099139 5832903258 6958376761 9707448919
0388801-0388900	1132631216 4098184347 2560087662 1115969513 3389046258 9050402103 9716887529 7634115653 0163761401 7241741275
0388901-0389000	4156775733 8515633409 6892443014 0617974975 3717442566 4734934545 7924696799 3011026194 3376364486 6753756108
0389001-0389100	7691613043 6137483304 7944122595 2612415148 9816998076 8101848189 5780038325 7633878043 5311856971 9951740840
0389101-0389200	4042921573 2071789387 7089593155 7022742728 2658161497 4080133206 3433840086 8902388939 1833314200 4515961400
0389201-0389300	8986112156 2924364169 4725431356 1701811792 0055959285 4391833343 6945191945 1431715413 5007420063 9050607167
0389301-0389400	6581905824 2162028976 9684409055 2454470012 8188685814 3549545420 5566898387 8624483207 5212174109 4873647410
0389401-0389500	9157860409 9102585558 6394013091 5517560027 9765865384 0756823639 7358347233 6482553352 0524772296 0881930540
0389501-0389600	8210532813 1130488092 6255044062 3955759039 1944317141 5265275408 0895298657 2630716340 7322439503 7998714881
0389601-0389700	5126244606 3128138524 1074143597 9408576657 8525169438 9927465562 1805886920 6623250449 3702921288 5127459270
0389701-0389800	2137674834 2927777412 7189221554 0626833008 2860090179 2187538294 8629150162 4540724777 8866998890 0709805056
0389801-0389900	9250698581 8373901350 7639436541 8723293031 1836581686 3336447793 2900707857 4510611399 1480911099 7127929438
0389901-0390000	4939136701 5842418969 1093862380 2725764521 6678140223 6132290468 0977248778 2686418812 2877993432 9767071638

0390001-0395000

7056951199	0189632309	2458999902	1797571313	4517425936	0325136902	0883958608	5467504777	3229290628	4648172031	0390001-0390100
9507281491	1800959505	1258134475	7157055467	8484436237	7691481917	9984052906	6771547929	1174266933	4885856708	0390101-0390200
8139473448	4862143811	1159547544	9852840057	4225069514	6472008424	6244722993	2157922646	7217881452	0648208302	0390201-0390300
7693611921	7385236785	6740962791	0852342295	6090632666	7104802881	9226371390	9073768444	8093184449	8969929310	0390301-0390400
6036870095	3087272410	2621367887	0697269856	9734002280	3635047552	3688004955	8697359039	0206919312	8307071061	0390401-0390500
7913556767	4215877257	5982219129	4318645745	4772051328	9458782737	5775210307	1194255451	7528858363	3445935800	0390501-0390600
5524008931	2099188257	0655486639	2314480862	3744145953	0559003065	8095292440	4261767525	4206771033	5536849552	0390601-0390700
4654643577	0101789796	4163130386	7495239610	8289032577	2448991862	2996519842	3278274995	9589340831	0312932676	0390701-0390800
6102724108	0737954628	1880763426	9861761703	3100934680	0830651834	7713287054	2549962326	0325011619	2827302129	0390801-0390900
9349341397	9963426151	2648506347	3483275913	6317868247	2894449321	4660618479	6505730406	7187482841	5191474168	0390901-0391000
4169089722	9561606700	7281977661	0831141061	8692743573	3553564627	2541437940	9813463832	2862433641	3347897889	0391001-0391100
0912641531	8730406053	1724773810	3537082669	4106544406	2266129376	6233632590	6138381976	3194013039	8985582094	0391101-0391200
8209539186	0248199098	9664862713	5664987570	1497953400	6764478586	8204910762	7096977570	5491508796	1976919441	0391201-0391300
3901594125	6832679426	3957901827	8254556896	9968032231	7815897782	2565761387	1677013214	8021155272	7673111734	0391301-0391400
1653118922	0384514736	9902316477	6475938806	0160755374	8338232854	5825950629	1023936001	6544735394	2982876682	0391401-0391500
0737121927	5299907369	7440811342	3720201314	2340450525	9316972775	5905856570	0313202246	5479086657	5834512665	0391501-0391600
4568263055	4619314754	7187391279	2397211846	9217783762	0063262466	8145632249	6877656028	0104550069	6828152865	0391601-0391700
7542598234	8340092647	1012832843	0643025697	6526446941	3502706214	5831911049	1793194143	4930177034	8702633346	0391701-0391800
0168710291	8360837412	5327587763	1540223039	5628877684	4723280302	1429872949	4647493950	3146491804	1335142023	0391801-0391900
9388152487	5937371592	8383266003	5406428953	5416985061	9922353038	2921861048	6918255269	0255749889	3197784720	0391901-0392000
6199198050	1797226224	7637181445	9796413713	8462079820	9083958821	1870480155	6318520813	4305168523	7415842174	0392001-0392100
7814580115	6305831176	7877089770	9425691536	0787809113	6284354824	0228283945	6580419522	0130311977	2279659598	0392101-0392200
3884093635	8355901185	7427044826	6505634384	2162536049	8340854389	0402854304	9268993066	1353029562	4400202826	0392201-0392300
7343672871	9262079402	9735061796	9254101291	7537626608	2539682218	0621641812	4621731189	6733474309	4220887670	0392301-0392400
6063054671	6996314182	1559029243	5137843643	5063226209	3120680143	1691638497	8101227107	1502167924	7205626346	0392401-0392500
8706739088	7567539442	4482708382	5087882653	5655819744	1663577849	2417631881	4836216441	2222323635	4993894299	0392501-0392600
0784092165	0996112353	2512011031	4233835506	5493889092	7596110536	9398083023	8610371304	7566762605	5583092784	0392601-0392700
9435785197	8563905347	4326745056	0490940770	8591886510	6554530081	9826445252	8174087746	5478991615	1163487539	0392701-0392800
3067419302	3342758365	0496415686	3538834492	9702698830	2128385075	0117307225	3194741218	8603060660	8665654771	0392801-0392900
4244902618	1091509558	3074276082	9485811035	2011070330	3058709257	9512353389	2215724742	4785671676	7883589737	0392901-0393000
6761772117	5130586934	3355367649	0367437388	1704440543	6987385939	2664944715	3503815259	6325055300	2049067646	0393001-0393100
2445852260	5213931219	6299705782	5503270457	7980448589	5607020990	2153446695	3706842845	2178214452	3866710469	0393101-0393200
4081075061	6731747856	9718979427	8788716052	8345042902	2122439834	3390694767	6464131458	1807048184	2165818603	0393201-0393300
6693764098	9433649381	4267999197	1798152335	1084157064	7616502760	4538632999	5224430338	9384486986	9487964925	0393301-0393400
4150996947	6646546897	6921648614	2392356827	5318509654	0881335332	3603150184	5430918115	8979530096	0882380182	0393401-0393500
2954836466	5073083461	5875373909	4675311255	4261080409	6592752714	5627225527	3501217657	8243220128	2217368454	0393501-0393600
0188340911	2563696058	6741735441	8830302910	4229540931	2139163251	6652716281	2140200393	4852462926	7702533556	0393601-0393700
7801321211	0007468751	0492729215	0677332824	6340543305	1464110169	4580152392	8106487165	1193748496	2847145205	0393701-0393800
9228602216	4309227073	2911314850	5514626087	6549103696	8970857811	2513994774	8938328842	6598056121	2183161153	0393801-0393900
0304191551	8697722069	6407051706	5583074542	9556802055	8606479198	5611372083	2021397337	1589718010	0934195299	0393901-0394000
2408631804	1862299694	4159001484	4534898620	6796450530	7736118399	1361144007	3059304205	7496786395	3731729127	0394001-0394100
7835848215	6291480030	8429891763	6403425821	9775859099	8861542291	5064881854	8939194649	2442442707	3460653662	0394101-0394200
8241104380	6874634642	4452489217	2700800269	8896840097	7049906879	0618994349	0599879123	2993931686	5429778734	0394201-0394300
0536374108	6041168212	2328032144	3018450796	6819142023	7115246394	8220177093	1427298845	5433627298	6473983606	0394301-0394400
7619735520	6465441486	0620658273	1163150571	7724208876	5562487222	6829266602	0371485112	1462441496	4999515202	0394401-0394500
9735696346	8957934911	8486138732	3567372723	6286722956	9307022272	8261893624	2091446834	3426468002	6607719950	0394501-0394600
2216509365	1912429912	9890994673	4886916099	7557084153	8563266979	9928723106	6968120038	7350435700	1390292512	0394601-0394700
4556125259	0033221973	0742628557	7090519268	2914207816	0159206846	8518949602	6803241645	0232179784	5493500368	0394701-0394800
6853112007	4399878675	3531880447	3478513954	3177396060	0553611144	0635364216	1812602126	3865730946	9059325590	0394801-0394900
6397219492	0380562876	7882874309	1909615406	8691521231	8936278924	9870124538	8290743083	8160748627	3896787745	0394901-0395000

0395001-0400000

0395001-0395100	3782363709 4678891160 3417540455 0891697540 5922739404 9266623912 0406468558 1911120898 7613022144 4569725686
0395101-0395200	2545295013 0411217199 8091066911 5415746874 8584959986 6199083983 7817126331 0681533641 3320408361 6858950592
0395201-0395300	5150168276 8475240163 4734415535 7829189499 2138591091 1224831818 7172194868 8386571304 0482947774 2444060109
0395301-0395400	9690156383 5237827612 9095967481 5107225829 1813299828 7427054987 3596774842 2085620675 2067159942 1809118851
0395401-0395500	0214643881 5360796234 5415092134 0343006129 9786868257 9602938497 6591871270 6805152707 1418619605 7390318885
0395501-0395600	1282433872 6837664102 0767175712 6610927458 2233522905 1299485282 8161359254 6990669160 1850275940 1681624498
0395601-0395700	2303860880 1382424988 3069963917 6230939613 4854599451 7800671078 2255193242 0508739012 6795497844 0156989887
0395701-0395800	5079123165 2774721289 4791531731 2845796906 1288370019 7518951091 6690850679 8567605165 8730747998 4144568492
0395801-0395900	4921279790 2881242410 0884088477 8373159193 6132045482 6303567474 9277565413 8559987303 2159054076 2951436378
0395901-0396000	8522298669 8185149670 8348605274 4652644981 7637532110 2923062590 3686358567 9948914924 8808960412 6511073389
0396001-0396100	0966344359 3384412495 8326982682 4276010209 8965945460 4773652398 7118017518 6513673393 3944944267 6775423211
0396101-0396200	9108230942 3728968680 2203474395 9324862376 9437410866 6028201747 6556319495 1087225889 2022152498 0324583927
0396201-0396300	1724279586 6773783806 5801661372 9297771184 4665025011 5258124073 0709630180 4069407496 5568499308 7263042183
0396301-0396400	0015704120 1379224567 8731940258 2131094546 1093699749 2226185837 4651973232 2036812782 1679785482 5403853579
0396401-0396500	9586852096 7119563235 8035567447 0587232686 2792820603 6487179366 6055944117 5390180898 3779028084 3442247968
0396501-0396600	7088565952 7161278836 3404327608 0005804509 4816137624 1757342033 9477986303 2236738284 2571940605 8354743783
0396601-0396700	8904464154 0657909999 3185608124 3084635339 6799172288 1263788799 1600338337 8858845547 1982316793 8893362837
0396701-0396800	7732064114 6617025954 2085088518 0512900843 1630715043 3107539545 5419907964 6509023164 4288344740 6871971893
0396801-0396900	5466735649 4568123543 0496129888 4537609297 7089319942 1463048220 7660235398 2432157616 2548761284 2541210616
0396901-0397000	1133133648 8224541324 4897545356 6265349142 4082249134 0206617500 7211269430 6124966341 3321878554 6802945912
0397001-0397100	4917217464 1038186713 6215145716 4950732198 4896957276 8726883643 1105360442 7157154289 1366815712 7442833213
0397101-0397200	3397633430 0050812739 5671874826 3504621039 3143243199 7549195809 0961365625 7002432016 6580709518 8730589919
0397201-0397300	7870679368 2952440485 3420238652 7588450776 2927871463 4221930150 0563804572 5131759401 2285611355 4368542010
0397301-0397400	8182371586 9013394106 1317832929 7920410991 3274541054 7130717453 3004723383 9565461871 6344570340 1855604718
0397401-0397500	1381578089 8159470368 4942578682 1926363634 4774282218 6059642474 5794721701 5002581733 3302273204 7386573215
0397501-0397600	3469489387 7232700555 6946006475 0620414873 3161156862 2852690741 6880934990 1746912760 6927198938 5055648400
0397601-0397700	2433703265 5975293686 0238742696 0159164509 5650888549 0208984849 8876250095 0696676359 3812316977 9034511780
0397701-0397800	5540667349 2287980647 6973399138 9207356808 6405247056 3221867382 4785071644 6114309809 5494880924 7373180071
0397801-0397900	9660589269 6476743801 9702682241 0328865611 1365849274 8669631268 0737684133 6743444843 5491569475 8172853359
0397901-0398000	4401006332 2752305783 9938753032 5507216780 0795954106 7981610512 8701235325 1890481593 5617217032 3986252992
0398001-0398100	3914117857 1556013166 7449541431 3623225134 3090938117 1389724401 9512308210 3278926583 6285024029 5904940492
0398101-0398200	9415327768 6423597978 3872458059 3951390567 9556048902 2429600734 3177928261 8475193395 5564593715 0468756199
0398201-0398300	7579743169 0153572144 0668758086 8655452485 0048273571 3085317312 4413579232 0993581940 0847803553 0266617899
0398301-0398400	9034001645 0047094910 1383340177 2294629926 5642334547 8810460564 7714030170 7861814478 1116162479 6255323924
0398401-0398500	4068009690 1179092285 1352731479 5503645016 1301300382 8067884533 5633911351 7314102426 7843977071 2448559939
0398501-0398600	2643077445 6327190903 2088393518 5236603305 2369976131 3173348345 2682577284 9605743916 7155395158 5295633300
0398601-0398700	8194184226 5634997617 3206683909 9307221655 8028540545 8697118901 2219660240 6694608294 2278143215 4324365761
0398701-0398800	0175020591 2960184367 1261833291 4534588474 9623927097 6581693940 4028638746 7768485985 9221382070 3486498305
0398801-0398900	2250484391 6857753454 8195511374 9471895212 4618141523 9902153365 8511335253 5414111656 4403339910 1481716030
0398901-0399000	5596064373 4286803239 1003140709 4111326232 6323998396 9953761922 7136973500 1483985838 8497144816 8151714974
0399001-0399100	5907959017 7449277445 1113062728 4201316358 4376417920 9332924316 7440055461 2311429161 6263976070 6635603860
0399101-0399200	0656083714 0438303004 1343474639 8954845945 1126970333 7758329055 3364122253 5927524973 4553483337 2325862570
0399201-0399300	9633843342 0359664089 7285644317 8958761351 8100942754 5203740088 8010727884 8188959516 7231262118 9125001920
0399301-0399400	8737338613 3650137343 4886404252 2520017704 6207266882 0070446561 8473896823 5564714710 7826826300 4521490432
0399401-0399500	4105536355 4525591842 1354196865 1137887886 6630975008 1425643198 4740377591 4587895906 0984574260 7885786320
0399501-0399600	2314402576 4605246372 4839202431 5470427111 9003189042 0403338170 0098642286 4341807477 7777983442 5559893089
0399601-0399700	2290697457 0187202046 8182941675 2491348559 9606198009 8948447489 1662876041 9800602597 0012736569 3936297540
0399701-0399800	9320859454 6675623408 0461501354 5821550863 2072266038 9340137673 0576253406 5551698152 7778559929 9882419464
0399801-0399900	2665167687 7611917362 2270209227 8336052507 7048070759 0718034363 3570756382 8365968139 9539076072 7068181365
0399901-0400000	6575919866 8375105461 1521808378 1191964755 4096709582 4956017828 2456727368 5631218502 0980470362 4641761986

0400001-0405000

8271774847	8222463490	3278108854	6314151737	1814329792	8832562499	3711562971	5737390115	8363108704	4860251030	0400001-0400100
0496946914	2583869370	6512037704	6630824216	4894433580	0059686873	0214852492	8795382422	8610007364	2036496791	0400101-0400200
4869424254	7730644728	1042550872	9193419606	6705256450	6409608790	0244040642	4731141356	6099006514	6788809327	0400201-0400300
9138493846	4806546101	7890562764	5635564452	6787973176	6008564598	5904575945	0452936327	3229140340	6240934385	0400301-0400400
1631402526	0021020853	2500280314	1809837523	3896395830	7623736733	4254811893	4277189269	3033982841	2036495177	0400401-0400500
1760100346	7519208158	3382936321	2820663131	0891456020	1482252304	5528829442	9174005143	8913118279	8098198484	0400501-0400600
3229029838	6962825148	7394458203	9109406532	8018875407	7209490747	8611791577	0017190387	9128063762	3661744014	0400601-0400700
4045207022	9245232045	4057628069	6579308502	0398121837	8402067202	5012026675	2955313083	4943534719	3634177273	0400701-0400800
4063602625	7960313651	1978554856	6937284640	4204684892	7715778043	4586776100	8528960736	9314413346	4873773525	0400801-0400900
0159245211	9765975459	0876950206	0561757819	3591077403	6258357653	6008089376	5328137084	3694390227	2298653222	0400901-0401000
1828843740	0138825811	1629715534	5756740321	4986097554	2868865798	7436900949	7050979860	9377027835	7223388331	0401001-0401100
4539804939	8921017143	3582618967	4003122527	9973033645	7106160728	4968264026	6823477045	5830154585	5748271713	0401101-0401200
7243584709	9486137265	8713025494	0244957385	5889966053	5370903389	2511454055	5812456929	4137888271	6519900043	0401201-0401300
7610796725	7280599874	8204798956	7855938858	4994834696	5194930897	8149972776	3473305857	0717902709	3568227576	0401301-0401400
3063930497	0229663395	5287633799	1307858593	1420781133	5111432012	1026019873	0421670626	0143575841	1797707904	0401401-0401500
5808380884	9808816662	6185358835	5924200630	5302464346	2899230820	3070806494	1073041567	5977100775	2398558686	0401501-0401600
7594573174	4767094556	8426890385	3112849498	8018144774	5665050961	4898991517	6299241642	8780004741	3850804520	0401601-0401700
3295305391	8409768994	6319969559	1278676949	3195927336	6205430918	1205566924	6215274078	6651432352	6592070708	0401701-0401800
6787955864	1686045277	5357502074	8767143337	7060119129	4031585743	1076777779	5213590261	3080828983	2488394832	0401801-0401900
0949988456	8307672417	5929943034	0209439932	2708275483	5738850741	9917136940	0498798586	1942344627	9608414447	0401901-0402000
3566520379	2829531701	6335118153	0293127230	2543562910	5545863957	7778022116	5886661126	9335740729	4436145574	0402001-0402100
9056372007	1282544811	3557834029	0160485176	0524329698	1355027471	4705263542	9352648136	6238869584	8981951679	0402101-0402200
0476124747	4468008477	2588713945	5273671088	7847508425	6882598396	3683066764	7664513308	2342995384	0637149396	0402201-0402300
5512602596	4126916639	5532942221	6277976078	7495529174	8568842182	4863746324	7477832449	2983235440	2571567607	0402301-0402400
9286742595	2849433898	9676434365	7548230757	5478403350	3696537687	3654980223	9878011920	3544049128	8268359419	0402401-0402500
5397184364	7255409053	1421055666	3207320463	8848382768	3792610550	0380573953	7940215136	4136624967	4935373241	0402501-0402600
0440434862	3823362492	0495354428	5790530654	5277265072	2034659290	4432022017	1632423583	1378351252	1095764152	0402601-0402700
7412446577	6261675436	0947097433	5640076904	1436221806	8299355151	0913855657	3734119489	0321845622	0443877152	0402701-0402800
7004821101	2761208140	7824526498	8636103832	6508480852	5295149522	6355426460	6718445430	4265338266	6861006655	0402801-0402900
7716951714	4296695590	5423681933	9387175320	3864115522	4084877409	9638726559	9650354531	6017872842	9959062489	0402901-0403000
7569431465	7253297995	6564427538	1025956667	2558761130	3086354595	0868484208	1702309037	7601073137	1062342933	0403001-0403100
7807454750	8237856054	9479876902	1390566558	5892860091	9904560260	3206378272	9076155397	0383110180	0844901121	0403101-0403200
4811927779	6748391027	2882057559	7820535088	3461500219	0348376576	4631105684	0142504210	6378331650	9790934725	0403201-0403300
9499426617	0452072326	9101718680	6893159895	0080623997	5869483897	0524161223	0171728940	3904669984	9427213392	0403301-0403400
9568126161	0046509028	4562126757	3941439279	5031958650	2350481104	7168563578	3540426485	7212754026	3881287194	0403401-0403500
6209203813	2546481161	7031358676	7106436587	6605516551	3311331702	2718232156	8773621958	4821685646	5284606970	0403501-0403600
6619054395	4014065106	3097333651	3811963331	6594903039	2164270853	5422804979	8026714911	8956364251	7489134412	0403601-0403700
1426361554	7808921452	8367082216	9402598711	2632114388	5299391696	3048048178	9296298820	1123807490	1305294249	0403701-0403800
2948016114	3533023900	8067065721	3781679719	8568613029	0301299399	4451249846	9010019891	9360598279	1697305147	0403801-0403900
5943464960	2883328969	6608150563	4505660937	8129236133	4905857805	5094564210	3530907360	1958446371	2165073198	0403901-0404000
2015642422	0132684566	8774183233	1024731921	8685156434	1203271703	0573066078	5175385097	0691717079	1725285511	0404001-0404100
7436278713	0160095220	8920242405	0305756402	1537273695	9266799747	8107072793	7239123557	7709346828	4756010763	0404101-0404200
0127913119	9539176281	8615943038	2077839824	3261731966	3133362063	7934967687	5089524023	6424692319	0454167386	0404201-0404300
2358360482	8374392788	6654775948	5902892040	2019395937	7065673211	9490991043	3528551798	7140350203	0760557820	0404301-0404400
1914838828	8094649648	2084241766	9924567583	1226247807	0390557653	1412632602	4292243620	3719532918	5547180915	0404401-0404500
9644318568	5205788235	0103091076	1280604457	0442514799	7589608880	2812599786	2387743549	6599049296	7322084497	0404501-0404600
2443458243	5036897803	6518490995	1214229401	5669174534	1683830903	5284779643	0676086115	9976367872	0495505795	0404601-0404700
6365166938	3452102120	5712467189	0236358379	0833911908	0206899596	8969901881	2232185525	2869348573	6518886301	0404701-0404800
6045294102	8179736080	6895495240	3606648894	4683485357	3711706079	9430547192	1648759431	3141269759	5251661025	0404801-0404900
2290957537	5509509337	1854490007	2907676126	3467652916	6464558037	1533060205	5347416205	5566838087	2331011456	0404901-0405000

0405001-0410000

0405001-0405100	7060821971 3601991166 9601177265 3512414405 1093620360 1001758405 3344689875 6534900244 7580184990 2851129056
0405101-0405200	0362815437 2796762883 1238165774 3751766245 6404578370 4964856909 0428184674 1434107660 7549841146 5742153343
0405201-0405300	7962825237 7393517758 7703994255 2131816901 7399018616 4214135439 2779733470 8765973694 8171010331 8186376892
0405301-0405400	7283763660 2301920591 9792959179 1482244163 9403180414 7790028285 7125177644 8410593156 4467536330 9241579702
0405401-0405500	1262648130 4280838933 7706723982 2865434173 1736481424 5629661807 9313695325 0911287546 9498015503 1799451669
0405501-0405600	1228413844 6463087410 2798782095 5877346176 6677933200 6361614129 9836112387 8526984496 7622494946 0162224198
0405601-0405700	4818828441 7597250896 5043238838 8267762115 3869449072 2314080038 6409667479 5565960336 5865500834 5015746681
0405701-0405800	0037154981 2154559177 0828552690 5878274626 8018954840 9854806477 6732259308 3364643266 6789519813 2303438478
0405801-0405900	0554257118 9332448803 3710276608 0664261976 8000401457 6819261412 3421421090 8378826034 8803987158 9674691868
0405901-0406000	1275950354 1904068967 2781395132 1988421183 2561094874 7352764866 4367133593 6837371907 1671361534 4289207252
0406001-0406100	7305707780 5616065916 1544235891 0784646554 7369563439 7073722178 1859123010 9443692313 9522030101 1367407345
0406101-0406200	7059526133 0293674379 3212040615 9970890681 2035078623 5412780541 6826582353 7425938569 6643576271 0973540865
0406201-0406300	2303333957 4924977199 5346662569 4281212119 2667488866 5256315169 7066072400 2193962668 4282515447 5614963579
0406301-0406400	3336584523 7724099687 3579532275 9190097974 1551721334 8453335786 8142287399 3851902093 6782740215 5999142045
0406401-0406500	6446438381 6000999065 0537188148 4938160865 5035722706 4177438662 9751678966 6554999878 8957217902 6230908454
0406501-0406600	4806465185 6930925569 6453172241 0894516454 2679676181 9728832958 4139351338 4459604167 2854573991 4150804959
0406601-0406700	4466135343 9845014276 1805422096 5984867109 9440825081 5132392521 3606951062 6733736792 2332214259 9523022293
0406701-0406800	6409047664 5961545055 9484204881 3114413172 0464692670 4975974905 9935116920 4390276051 5744667739 6870803247
0406801-0406900	8040634377 7841672502 1988849435 4098282116 0007277291 5050759869 3656847220 1694104618 9444582618 5511600415
0406901-0407000	4945106281 5887248514 0345190055 5634666152 4473749607 6611357787 4837400388 6293884886 1019502812 8078179274
0407001-0407100	5034958405 7529284529 8389091576 4913247310 1056333147 8134640265 0462629156 7537790921 3724782897 0031963259
0407101-0407200	6891251330 2152465612 0543583762 2686092820 3077741687 0045904352 6358174946 3672455178 9784931750 6753904640
0407201-0407300	4160336384 7240546498 0750039300 2457661071 4660605719 4951091402 4823273526 6912214960 1607089722 0722054628
0407301-0407400	8100387307 6229689062 1526297111 4289273463 3921437857 5838167995 7096512975 1212882470 7622937565 7213489062
0407401-0407500	3618601418 9959500029 3934330117 4633003329 7290783402 6382527837 9605300004 7355927546 8487189299 7206561365
0407501-0407600	3375153747 7921962495 5179692200 8557314794 4574288225 9242287677 7321288598 0653704654 0246199387 2964993594
0407601-0407700	3563230213 1108482424 9501800675 7189398611 8972621824 3077831783 3445857036 1181609413 9763446516 2725658428
0407701-0407800	6168782130 1342558907 3818405734 2227527909 4401507963 3506963068 3158584259 5975834413 3931666799 7304805147
0407801-0407900	1042051621 3562175409 0487773302 2739698065 6495900945 6956985365 8432083562 0615934529 2542418929 1617305222
0407901-0408000	0979352465 7122706640 0541353921 2620953741 6070259881 3126795666 7461709323 7174052362 9631960893 6529844425
0408001-0408100	0743022804 9766416403 8282925713 7163603061 7625967249 9571761536 9585248664 4931720109 6085345723 4236254503
0408101-0408200	8544414412 7163847672 6283333081 8958559364 7600616352 4985906328 8744503255 1137768181 3053346646 6995015477
0408201-0408300	4932420985 6865935049 0106211412 9914177309 9804599788 6539985559 9720886527 2973882165 0877480019 8668603163
0408301-0408400	0561230114 4493319357 8407633418 3313859772 7323452702 1265265772 9626488462 0440503237 7509270264 4091599212
0408401-0408500	6524862677 1659965913 2457154139 2540015381 1699661401 4497922059 8528654631 1988145874 1918733755 1855095811
0408501-0408600	8710196924 1766429242 3893754945 1631594772 4531101984 1450800876 1556264407 8821720935 1125934261 8446830352
0408601-0408700	1073794000 4183828936 0585440706 5172644916 8857872854 5265072810 4911722412 9415223468 4844898973 4965331556
0408701-0408800	9393268554 0211665594 4907515310 3970832462 3445957019 6856432675 6803854451 9358687335 1496819597 6960082012
0408801-0408900	5379900840 0105463352 3364189127 9605446876 3570371065 1413568371 5512448361 8491925094 9941414462 4632178459
0408901-0409000	6766719116 4877674448 9599464431 5839584871 8188466274 2027844189 9928803275 1244966696 4867934589 4132986023
0409001-0409100	3034829288 7626063713 6445807371 3401017269 9240031409 9962898759 3282399732 4878713822 6525474190 3488221774
0409101-0409200	9819545570 7963780042 7801458791 9441189077 0714358011 0302662454 2936251505 4346165151 9860793423 8562390664
0409201-0409300	5515459086 8997009872 7578338564 7691033468 6388994289 6361916953 3138310635 1444319469 2997895215 0427343027
0409301-0409400	4505489128 2240465675 1683738409 1737414843 7318197118 8226411967 0295140010 4844973686 8836048926 2885407453
0409401-0409500	7124601578 4688794778 1317083920 2770185008 3959940135 0787510645 3561461548 4503534678 7490153402 7514090183
0409501-0409600	4645675419 7604548330 8692169390 2489806750 9229922940 7155069237 7787826669 9123015899 0938081337 2850555299
0409601-0409700	0599347167 8423507867 3905803655 3895201811 1477155275 1613837266 5668705503 2514568315 8295906535 7006080657
0409701-0409800	2699022721 4337914923 7524221958 2555155273 9047664151 5242308413 0932793556 1940500532 4441453950 6109491632
0409801-0409900	7038715303 7015281008 8754080933 2947909865 9178396540 8974119198 7143734113 6512716438 2405244158 4288769757
0409901-0410000	1497711414 7142795082 9588702992 7924683321 3370515267 5643942311 3502628776 8903446466 3632184445 9217157587

0410001-0415000

9241131996	3298754131	2018325222	6786967899	6413293411	3176366538	8968320511	9163622399	6373640065	0624218691	0410001-0410100
9822306441	9813515321	9731985910	1563625698	6218174854	7088883782	2021617101	4912432492	1653238655	7690852747	0410101-0410200
2547859682	9812494806	8606644449	3519183037	4836655081	7554225733	5268514038	9878650300	7040289933	4381972301	0410201-0410300
9614734086	4828347612	6073019822	2686344117	9898436755	8389159008	4699913140	5413831939	1816564308	8434978829	0410301-0410400
9151717429	7486490963	8389673430	6517121736	0275453757	8343113521	7215018269	5929149322	7874737425	7245721360	0410401-0410500
2566263841	3895262627	9302130009	9661963003	2325220131	3821884482	2215385253	1276767630	4855187006	8314684039	0410501-0410600
9268185487	6538405638	4831921002	4722319166	1009134395	0767855513	8370482142	8491510169	8975339078	9756323399	0410601-0410700
2177890388	0476336813	7484651689	2263571623	0718406415	6632492410	8669239676	0121601081	4456092321	3374291457	0410701-0410800
8448806124	7863773882	6410208618	0249513057	3388369415	8508782319	7098151586	7117095173	8802867958	0151067880	0410801-0410900
4493390248	0689099052	9195328446	6968288254	5529207870	8090501661	4853675330	8133690700	4801338828	5854616540	0410901-0411000
6413320250	6938355963	1742436588	4064726157	5760099347	8411408406	2998236648	2357485543	5335905053	6126274282	0411001-0411100
0018784805	2953044769	8632263662	7829632741	6370115311	1823408178	6739876610	7281273257	7851392113	8076815418	0411101-0411200
9444041763	2946304900	6186478075	9891264283	2572998735	2871612774	1833680517	5637941952	4402321288	8549117741	0411201-0411300
5065311168	1836226989	5319004959	2292508376	2608050033	1743338563	7848674958	2231058631	8894073980	7614496920	0411301-0411400
1791751393	3532988588	5343364499	7913001657	1286809999	5155763688	3579690344	9984723426	0419431859	9122046582	0411401-0411500
7495644137	6367770216	1143127001	4347716120	1646483213	2927118257	1328791058	4135786193	1189374595	3236310239	0411501-0411600
1270889013	9129091665	2719237745	8686417036	4801203295	3287516120	1291706095	9270907773	5616740193	9117441244	0411601-0411700
7124601417	8496797282	4936614589	9072550082	4349970890	9680963641	6891569620	8984519256	2671934304	7171456304	0411701-0411800
4323998155	6886935433	7262302614	9800352837	1665135912	1693178382	3097964852	2206285418	8473486939	3594384325	0411801-0411900
2998753765	1192492335	0991966689	3106839343	0992917742	9112608797	2830433166	3875840237	0220112172	3945611447	0411901-0412000
3365412763	3402705845	4177857748	5248631649	9991704854	7694843205	3120929273	9986610752	6313197643	3765380295	0412001-0412100
2214163742	3602372218	5067791138	8725805767	7755437425	3574423899	7963358197	1403227793	5613974470	7119461141	0412101-0412200
6517615151	2388236279	0564886358	9472686057	3344797283	0925709439	1377951656	3058538904	1681689876	9258083650	0412201-0412300
6882500936	1192610789	1124270988	1222693468	5319851706	6371742046	8096376655	7289364171	3249386443	3405288735	0412301-0412400
2790255086	8995093761	5120464984	5093084820	9464606417	7940775927	2735187506	1493452818	1767517108	4502365204	0412401-0412500
4236776815	1326743193	2510951920	0587674918	4930277695	5965409812	2539635771	1694671126	0602360694	3945721364	0412501-0412600
8076464990	1663784374	8410973573	0098749733	8721557269	5976033113	7128831583	8030624903	2383304861	9521149826	0412601-0412700
2358667333	6359436081	5330962043	5231806990	5867253166	7967198977	5739671985	0563320391	6276929612	7845043250	0412701-0412800
9302784936	5575704663	6650050423	5380700021	0433790543	6545267691	5632116230	7081538667	9328752803	9918102228	0412801-0412900
7966754927	4141381460	0656548508	7779489944	7855050889	4914805288	2658768844	4566272939	0819614400	6839830805	0412901-0413000
2403725695	0641143899	3318116637	7016307519	3044500215	6616091239	7787650073	8743398612	1377676316	3799499160	0413001-0413100
3580029425	3941509361	1828779256	4890199706	3611511833	4377322878	0513781700	6854618939	7707800275	4504705746	0413101-0413200
5744096115	1865016887	2167815808	0161854864	1080898632	2233409912	4749225808	1118532699	8795736203	0363601202	0413201-0413300
4863397052	9467124019	2398688862	6998354310	9200456227	9169984416	9883212018	0955945505	3488532617	5425495363	0413301-0413400
8515063118	9625309217	6652916582	4315900458	3496939706	8765865424	3281945647	6478537355	2515306898	9107662186	0413401-0413500
8781002569	8390687113	1921425419	8866419286	6687545377	2443176144	6354156657	6287140553	5364287851	8017662196	0413501-0413600
4712668996	2431948273	1009397417	1042590552	4374968733	3036596872	1460188999	6692802582	3050002504	9474319578	0413601-0413700
8736177439	8118194129	4800460295	0542736866	9231007938	3355277975	0038359156	2081647286	2995161814	1511824304	0413701-0413800
8649558704	7642038715	7706452758	7236770808	1805904084	2352377577	5754008846	8775611166	5813925119	3567319094	0413801-0413900
0209614289	0110964899	5715039720	7159050424	7857829641	9139818646	4569806900	3883646798	3679810123	7694632288	0413901-0414000
8360915854	4301049426	1487603503	7990344177	6859995675	9933050225	3234765254	6889955258	0628931781	1721823163	0414001-0414100
7950877845	9343728786	4151446387	3034437300	9824804924	9554003322	3434378058	8846442656	5167111725	4089024251	0414101-0414200
6568074345	7602957148	1282240947	8460558543	2107534563	8218480483	7562589157	5170601371	4681964216	8971776054	0414201-0414300
9530199246	9530239019	9614826260	1706284818	7963579912	3969700159	4441468677	5318564583	1272547174	3944500821	0414301-0414400
6298283049	3756959752	1339743912	0310652126	1696229281	1787214991	4975372547	2129306870	3850875650	6150275226	0414401-0414500
4203373041	2161623496	3978809943	5270804166	9332272183	5932242791	1165736309	2546649671	2499296143	9907500009	0414501-0414600
7635710205	0913521721	0267487838	1800459683	3106999955	9077825546	4891283674	3394515824	7815280574	6103415113	0414601-0414700
4356381056	6377035487	9809403265	2665484582	4868458290	6755643586	3245918075	3460775801	6958399758	0648813770	0414701-0414800
4343413010	5968843929	9179317417	4742867125	1433132551	7759566739	1206113546	7364831151	9793542086	1547222832	0414801-0414900
7585604017	7338917321	1141862365	2027644917	6308259943	0939167130	1603555506	6396640063	7699177448	2383984045	0414901-0415000

0415001-0420000

0415001-0415100	2727764172 0112291229 0611855951 2750665064 9835460296 1029657475 4375906955 5507510185 9350758837 8946923408
0415101-0415200	0884424210 4044351784 5101844946 9776602243 2572757633 7213826673 2831848510 4191372257 2799003023 0195198814
0415201-0415300	5702121716 5722765189 1902737558 0323980856 0285417910 8696330380 5028305825 4155207922 1546755099 8816607126
0415301-0415400	3796669062 6696222880 4105219437 5553599347 8632239333 0880742944 0316363392 9743184574 2947964530 4848126672
0415401-0415500	4296055477 8937241659 2547542572 7294818303 5852407989 7060138339 0192188164 7311557850 5264328106 7107830425
0415501-0415600	3827862550 7357514417 8094379451 5208769644 1803929450 5337106958 0028806009 5926155424 0429538493 9223669282
0415601-0415700	5186545787 1541550543 7681721619 4941624398 0236697017 6458516822 4184823494 9856122612 2052594069 4686843355
0415701-0415800	8288000423 6042671649 2051983003 0400639082 1604948418 2231793780 0187897147 3265413916 5969414662 8544607201
0415801-0415900	1663385275 5083190003 2819349165 0079157574 2541572642 2107319213 1424033453 2607660005 4088324224 3039536428
0415901-0416000	5170101907 1959689962 2216857242 0582700804 4884586616 0085246854 7117664403 3745417169 7257316643 5712993493
0416001-0416100	8871819929 1759466318 1328648661 8479719449 3997567376 8896889421 8741250518 1286522654 3689028478 9523945318
0416101-0416200	9075978183 7842937386 9271123324 5224027048 5501136807 1301499127 5390637656 7761950408 2472945779 5161472517
0416201-0416300	8334058293 6314389374 7277449678 9651364811 4070023132 7461989829 2467466885 5898433555 4557604277 5737627609
0416301-0416400	1205804848 0271999849 5539526723 4262697175 1222462169 6901278008 1098444425 5359151750 8360950391 5428095603
0416401-0416500	2294024501 2534448001 3590713294 3742644076 5715671941 4139579192 2713654100 9016170299 1031998657 0525840925
0416501-0416600	7998434141 5907909404 7612707383 0478178955 1094730906 6257504993 6351422786 2650746766 5960409187 2737225477
0416601-0416700	9472975212 1567356857 2609788566 4645754101 3819301847 8212336515 6997722636 1516999711 6230814735 3868744559
0416701-0416800	5345401386 6559999562 5362468346 2963168340 9797550456 4050102772 6108378785 1820349370 5332792138 9434083704
0416801-0416900	1728605351 6274318097 1964185158 1334638617 8640580852 8993261626 7479202822 9007798061 4873787741 1733583027
0416901-0417000	6131207960 2560784881 8904686228 9627843902 0499837036 8536881027 7112776491 6480789399 4443904092 5075904833
0417001-0417100	2890872832 4142449335 2364630816 7981840710 1984769366 3055389540 2873674490 3373984749 0758595035 6060720035
0417101-0417200	8784504301 6881102144 2649884729 7177449594 1058452003 8230125316 6078708859 9066303712 8041215289 0785515342
0417201-0417300	2131215471 1394784386 3137802569 3727576221 5857679289 1521263000 6697169938 4726344308 2846306827 8319532124
0417301-0417400	7975797640 3014368143 7346152646 9198950210 3421817625 9365978453 2667602506 6744884671 2460966866 1730097066
0417401-0417500	2524501769 2278852056 9067359008 4316041245 9284748056 6894697818 2767794755 8847010378 8134571631 8817494428
0417501-0417600	9989298716 7278685725 4665536773 7283112444 6176730408 7523506505 4391728319 6198305056 3809001407 1189077122
0417601-0417700	1329209083 7662204930 4967945786 6788418100 3586373834 2709135352 8093942551 8198079349 7854644802 4964273686
0417701-0417800	6843355216 7080896583 6820495433 3674108689 9344362297 0414443439 6109886127 0196212361 6829423893 5804471970
0417801-0417900	2097389199 2082302323 1464235056 7106499113 6035773195 6388471918 1976988071 0058067038 7057250153 0190615358
0417901-0418000	5559014641 2669669192 3629059503 8548687337 6121913721 7442714461 5555267452 2825740005 8034707483 5030814855
0418001-0418100	1071539938 9168383731 1092750205 8170195123 1311776778 5184487776 8726804213 9392860342 1323899581 8513277666
0418101-0418200	9365598180 6455715585 4038012159 2971267768 6438428537 1888091790 9957308068 0102254116 5164298547 9859780120
0418201-0418300	0530325322 5752499741 0354310883 8019843220 0235756740 8273306083 9664255593 6595175830 5161534971 3443826367
0418301-0418400	9902877179 4289082660 4259749491 1477071422 9702525112 5860603900 5296024025 4582624832 5755757561 2161312795
0418401-0418500	8128121568 5348405591 0825670092 9372466124 3672058886 8157679070 9303505178 9735639340 0311125929 7972852795
0418501-0418600	5442005699 6640220213 8347356603 7691695441 3189061916 0614468251 8131601766 0986167723 2066349745 6046509728
0418601-0418700	8265951275 3972733368 6941755084 8721788938 8640618398 4600371686 8968509185 2298344657 7561461562 9814905434
0418701-0418800	6762684211 4452483994 1312303852 5805184868 0195708892 2618832522 3553643687 3645834791 4690356787 2259825575
0418801-0418900	9755960216 8145222994 9197379268 9788065727 7499602061 8312361912 5984229997 4459179319 1907004469 9554058436
0418901-0419000	0693267316 7089261261 7013398426 7188893421 2498755699 0243059505 9536766540 2753307550 3094906893 3593376555
0419001-0419100	7321753833 5664890410 7287803731 7426730961 8140745156 2072125983 1472457483 0121106609 4797879629 4904381332
0419101-0419200	4270611655 2697331798 1222046734 2712122664 1381929147 3278943660 9182787888 2764146146 9764222050 2911444841
0419201-0419300	8441381849 2376352771 4914690697 4336080814 5042927657 6158754217 0524939409 2838637329 4735778423 4240779548
0419301-0419400	8209531262 3534027550 3505710289 0394313368 1481995153 5661092447 7427046999 1167237898 9551639046 3749839660
0419401-0419500	3242741993 1139442903 9057605907 4155553325 0655482151 7929225476 4254508718 9622131135 1669933045 4312000074
0419501-0419600	7182980065 0638738989 2625648905 4397396866 7943212705 4939232744 4279957173 3635910633 3484418514 6953429812
0419601-0419700	8089686874 0832375408 0262605943 2986205629 1817544122 2290018402 1005925843 5570500116 2633413891 1164722410
0419701-0419800	3293543067 9924686315 5390027951 3923299722 2766212995 1309940979 5053020739 0559581191 5124333040 4078852497
0419801-0419900	1092537241 7474301388 3031797018 4410857045 1357681512 9153624429 4925037526 1611011837 3210046518 9614678269
0419901-0420000	7244426178 0434649844 0708181946 4885701556 6472912494 0018323157 4748921227 2150548567 6173310551 7328675555

0420001-0425000

5513727525	7228070158	4444306909	1168420794	4852719275	1675238846	9452014058	4365412441	9006882995	7459005435	0420001-0420100
7430805615	5946524228	8193127203	2923409249	0339765471	4651811131	4592519057	2580493515	1124366891	6540226006	0420101-0420200
2755458017	6117435281	4314894999	1614671893	5238144336	8464042767	2953871675	2608133950	9875962077	8572778924	0420201-0420300
9855982834	8232891772	0811777733	8346633424	1884922791	9805296830	9263756731	8470970487	2233707624	7583698147	0420301-0420400
1774211480	4321363094	1487254781	4926308746	6784789524	5556100534	9890788889	8459211841	0223597827	3731652128	0420401-0420500
0197485413	4198697705	4395388749	7390145741	2211904805	3900855254	7517769182	7060709796	7712659724	8844196823	0420501-0420600
3810582599	4352982382	6723631734	2426715578	2964601050	6831004613	7927489065	6030763632	5981027936	6112357062	0420601-0420700
2546093038	4592230956	9944746489	9594352803	5957281220	7359002148	4674876096	2849701879	8980716170	8718601131	0420701-0420800
7039698435	4371096843	5176649247	9554420274	2247063771	6000357522	9427613743	2881027737	4243763384	6548182324	0420801-0420900
2545858652	2993701908	8847477674	0026800100	9673197266	8495586454	4676707987	8771751353	9808839832	0732770178	0420901-0421000
0462499327	8618880767	1330925433	8928428954	7339980467	8267914598	1967469019	8306839892	2634392903	5718573309	0421001-0421100
5966285388	4503112265	8632570149	5178443681	3918535839	2042964337	5838949238	4812217565	5021035540	6710582772	0421101-0421200
6887575137	8435979790	4449145269	1790592703	5088146718	7781681401	4900991554	6216901425	6978035035	9587247391	0421201-0421300
4976161903	3480456499	1698043894	8284871605	7330970807	2050466548	0348755712	3331222248	6247330163	9986713795	0421301-0421400
1278867986	4381025542	5604253579	2751624131	6245495529	7310236459	1993011349	6142952218	5316982957	1040685148	0421401-0421500
0382213988	8376963907	5814255195	7119935917	1118755087	7596254773	7751359233	8703229940	1391763658	0370678440	0421501-0421600
0859562468	7639951401	4714572246	8543401280	7858564304	3939470699	7121975940	6459214429	0107129319	1405742653	0421601-0421700
3471341641	2866451075	8564588123	9511401177	9550807321	6367810160	3734337601	5731556349	2556593937	3671656193	0421701-0421800
5500458810	7322335593	0244825696	9965558388	3053413186	6761689980	8566682827	7132356870	6812262548	4629821031	0421801-0421900
3176077180	1239058725	5347242047	4152001617	6660218058	8246194966	4874606456	3878996315	0712442915	3884042324	0421901-0422000
5075603214	0477624258	0365260920	5191482910	1027157745	9241426287	1044559729	2699956501	1286066885	4627487571	0422001-0422100
8766506696	9779602823	0413811084	6930878716	8483579092	5462780349	4426425458	6120459971	9960800316	6303479589	0422101-0422200
9289456325	5312542534	4317399853	6945980583	6028674518	5081053313	0476475285	3762874570	9777767541	3077142430	0422201-0422300
0232534740	4093030694	2182911681	6439039165	5747003216	5881100062	4207185247	5797469805	2765170972	7451530250	0422301-0422400
9461865993	7285040116	8149577814	2596361240	1478096837	8688851125	1471276223	1791533148	7044871205	7937765503	0422401-0422500
0401664297	0150767388	5504773832	8881787312	1246007452	7612354176	6657688170	1011494289	9257349101	2356466763	0422501-0422600
9625806511	2713396498	4228245027	3056693708	9237358164	6095356116	4343750565	0299631516	7974534093	8235328999	0422601-0422700
7025627180	2165624362	5511798697	2162498323	0956587196	8296025466	8065000046	7162224023	9665382418	5505730658	0422701-0422800
1446063590	5595549641	9820113969	6528443930	1573931052	0628308914	9218063428	7155353700	5900350470	8646096354	0422801-0422900
1097884106	0965660343	6535444906	1700707899	5831805614	5339065047	7052743156	6417609721	5179194892	8336481286	0422901-0423000
6046083530	7188194805	3442177304	2360408411	9157616446	1309136759	3152863992	3396387054	0720547988	4795798861	0423001-0423100
6996218064	4201535353	1790004765	2558227276	7064593635	0572878042	7573485589	8768296689	2335724288	0868062463	0423101-0423200
2489791895	8416944579	0029592863	2288829382	8009160324	6063532023	8223124737	7367874061	7940901041	3815330576	0423201-0423300
1028300884	8864941592	2557543809	4606302586	2676989173	1846156393	6799577053	8251493415	3048349312	2434806333	0423301-0423400
3168840269	9767024473	2749061897	3633454332	7828082077	4402667097	7817820783	1208572634	4560947085	5485214265	0423401-0423500
8489101849	5735031866	4217482298	5174406328	5256420887	4664253405	3395045023	1027544934	2901916000	8441503984	0423501-0423600
9520215325	6001639276	6936647780	9584126560	4290645256	8061709558	5204187128	1481347434	4515393746	4754963442	0423601-0423700
2053892610	9954944289	1463675389	5787605584	2484190258	3118172885	0215885837	8806898930	5945215392	8137465408	0423701-0423800
8777536100	4235101493	1084607654	3290946086	7969100188	4038416225	0090888837	4112448306	4612377523	3176545420	0423801-0423900
1486843335	3152580752	6673468582	1776462554	7987715800	3780737152	4124840869	2569070492	8900666781	1402797916	0423901-0424000
3653743339	5145161411	1072264561	7628225991	2478849099	2848729888	7052980830	6524599355	1737408241	1336775797	0424001-0424100
2723356826	8033781163	5754998347	6669908238	3781455439	1621551285	6385576818	8044803432	1321029394	2162408135	0424101-0424200
4802623088	2224191231	1925661205	2550161349	8997753721	1303331839	8096362166	2471863300	4541360033	8330530579	0424201-0424300
3860790211	2932032887	1749951452	7204506239	5800542689	3173481835	4080848734	7093887388	6190102136	2175650259	0424301-0424400
5911351442	1270210116	4809309303	7494167291	5936245687	8600346602	2400339535	2251424491	5160604299	7647942423	0424401-0424500
4983779611	3498665910	2717829299	3124652842	5630398244	0607897986	9734206039	5170075318	7578630616	1264714500	0424501-0424600
1003208115	9416960435	7882471847	6564441351	3385091862	0897857462	1805394727	0574914758	8858463426	6518241468	0424601-0424700
3879858080	4824882080	5502019288	7763490205	3551585624	0018934643	3242686366	3411740303	1223423717	2519433745	0424701-0424800
1401469092	8714729058	9015061523	8956228461	5203146170	2617566758	5862095154	7768283562	5450643162	6437458076	0424801-0424900
0714178578	0027587608	0483325967	5887885318	0959596581	4816008065	2129817919	5843985925	2951844584	6927246647	0424901-0425000

0425001-0430000

0425001-0425100	7076091516 8517463856 4718762214 9193215623 0101271310 5284450748 1070026502 4464178587 2435677992 2130399652
0425101-0425200	1838279141 8482652816 2510461472 1163047907 8224202348 4217623506 4391415298 2300554362 5701476369 9588784501
0425201-0425300	4405130574 8180118673 0872375965 2465204643 5093431303 9666558562 9392515681 0381694666 6203136394 3991734489
0425301-0425400	6713982981 5627411988 2627235109 5251221821 7047506862 5339926753 7797846680 9995420421 4991134354 0701022056
0425401-0425500	9268199940 4251665893 3928498565 6673473325 7949343731 1852048961 4803989074 9110350313 9468334077 7866936873
0425501-0425600	5475491107 7611269470 2987821125 6476568149 1566691909 5529367320 5595772792 9512982090 7151577300 9178847796
0425601-0425700	3374300214 5803603144 7789062007 7155490476 4805424270 5131677668 9353266943 7359097224 0083159402 3758388314
0425701-0425800	7635421404 4086042129 9577016536 7296599020 4836305777 9854577067 0281905871 8648306138 2527527860 0758790702
0425801-0425900	4358743812 1184097439 2908362239 8912538931 6731842659 5596595484 9588145573 5273119107 4691798283 4574376785
0425901-0426000	8841443980 9369945323 2606572599 6975882421 9293587914 5436934910 4390422637 8176755732 2498731475 6957013416
0426001-0426100	0414988729 7960683857 4148390973 8944823408 1301095658 3016594628 0719178447 9826332845 5536359745 1218726033
0426101-0426200	2535781792 4068700106 8616506202 7823681063 4292874145 0813730609 5489089247 4450662277 3308385268 1090209081
0426201-0426300	3243131511 8495335969 6898903910 3170864371 4328426824 9064812666 2406926704 2133671604 7057426553 1382424342
0426301-0426400	2085609793 5006501412 6838867933 3024186546 2230747202 5320717893 8050317199 1787349112 2677621899 7084782360
0426401-0426500	8111600798 0195606821 3562664092 4595140594 1919888659 6052780459 6189879889 7812460445 0752043911 9510874257
0426501-0426600	6253503374 2853443599 6680254877 2112938561 9101220742 9651120888 4295468554 4392519090 4093459699 7623225136
0426601-0426700	6844939593 9143105822 0054977616 5119323633 5578447738 7007275167 0887701833 6089731053 3306167400 9407487608
0426701-0426800	4857287050 2540396522 0624984387 8079142123 2920380618 8310481723 2109300172 0191485125 5372112309 1515719016
0426801-0426900	1271374065 3683546403 4590901751 6919077376 3122126257 2265866454 9644959123 7496183719 3955151966 5045731490
0426901-0427000	3486981404 5381745736 9758982275 1137745630 7867235621 6976682523 9245298159 0467562185 2858455891 4530148222
0427001-0427100	6584053595 2639098539 3717661971 0158783873 2782383755 8472442882 5363726210 8186657407 4402013077 2139829403
0427101-0427200	4324598455 0348898469 1608935046 0604602972 0752430522 2505088484 0981344559 9990758681 3154752220 4656145766
0427201-0427300	2331404526 3269653527 9292379792 9373929190 3748696719 6463071806 0724784747 3965505170 9747509660 6260234290
0427301-0427400	3764684445 0582247222 0213238638 8557145132 3474982034 9966040662 1177777297 8606443414 6736621110 6480533161
0427401-0427500	4307054651 6482946603 3764356209 2912703240 9021043510 2759540397 0654729979 2721089618 3967315084 7030362204
0427501-0427600	9840208056 6869922524 6595358373 7496013314 1790035370 0524645605 8694776746 8897309441 3691010744 2020272238
0427601-0427700	5751420522 5470819089 6349914219 4431740411 2374851728 8954308018 4574091031 9994611280 5564334422 6228957934
0427701-0427800	0517365029 5313360283 1432970249 3656220118 8073837965 9686693856 3040365542 4493757197 4210249374 0570193694
0427801-0427900	5138482569 8600195321 5162568971 4018351165 2549600636 0110312028 1995349670 4616097462 0829177365 7299785645
0427901-0428000	7130696516 5001622777 8852378340 7259835596 7397082404 6315259176 7380422974 3178528315 6494449545 0369564011
0428001-0428100	0936985581 7985115027 2119159176 3800482965 8130789859 4703973120 6537802032 2760344162 9732969801 2059066824
0428101-0428200	6901430294 9399525015 8989047710 5080253835 1571584280 5178152642 6400657458 4027917036 5562834115 5199917788
0428201-0428300	4995168857 8980881405 0968676482 5608157587 1689213785 2614348240 1986700859 5949183437 9968727493 8039243990
0428301-0428400	0124089292 6764545234 2219220757 8413785334 2487883353 5474932468 5978019743 0738916781 4296105044 4496628579
0428401-0428500	4981974915 5067552127 9111615838 0570696819 6752594815 2986672133 3525808676 7899959649 5159606109
0428501-0428600	8889306228 8696613263 1217557575 8648326279 6857114153 3502647214 0795023598 5958527648 2031363986 5562813744
0428601-0428700	7612938148 4774020225 0445085912 1825095624 7790738896 5494526502 0370785100 5311569656 2202984993 7475086136
0428701-0428800	1904397629 9599031311 9008043197 5245809400 0091455821 7454526625 8052740399 8131693257 0018276842 1722318051
0428801-0428900	4068200502 3092966177 2701854460 0370433014 3234525164 6866456105 2172069290 6036720273 3353961577 0828488823
0428901-0429000	7288135889 4045344902 2699453876 8784657248 5781928755 8201702633 4879541782 5355455575 4906825006 9979739505
0429001-0429100	9504613420 5343092698 1905725531 2303387133 0291285031 9228135696 3960128385 3455211594 3569140977 4601581987
0429101-0429200	7741238198 8958667271 1142729583 1082708986 3920462180 3453794556 2433971856 2497127140 9579259619 2307818840
0429201-0429300	4535552979 7774221068 8936733885 5485881072 2367687848 5938225154 0354409948 2252905928 3484780136 0135009151
0429301-0429400	5811453292 1442353962 9875548306 8015588531 6596656339 4478186222 3936586097 3126128512 0024220474 1143375961
0429401-0429500	7769910633 3914637580 5203581547 0306229527 7217035148 2123853049 3265705844 6113196562 2545238528 6064449330
0429501-0429600	9181674712 7236972720 2950026266 9493867606 7390723574 4132686071 4781306327 9625225213 5834514617 5319707352
0429601-0429700	8090113543 1467773945 3471024006 0895178155 5830757211 8215079950 0558837744 5473192612 9253830499 8174304023
0429701-0429800	0702238909 8160761531 1099288865 2872560217 9498866339 6420618209 2131604317 6801177815 4296636735 0787241918
0429801-0429900	3405805978 0194136413 8016285792 9818320868 4244469747 6095946754 6593513927 1920270860 6667009644 6912642578
0429901-0430000	9697600503 7528190966 1537566185 5458062643 5229492165 7908349843 7925743197 1587706468 6820018182 3204868998

0430001-0435000

2564563340	5013849665	5764029708	3448061878	6696893121	6351339668	7831362351	1774979419	9305482289	8661904006	0430001-0430100
4715435959	5792275442	7777943966	7263372974	6627797753	5731960843	4724918119	0210119294	3925903802	6026484174	0430101-0430200
8444782005	1685684303	4661441250	0612254411	8553603669	6829948065	7213953513	3407886924	5327059129	1498280174	0430201-0430300
1121071884	1342687878	8829800210	7119318415	4769063232	1330356647	0428019983	4162572610	5167041311	6849386770	0430301-0430400
0277509498	8441085136	9316956444	8607593170	8354676736	9017773894	2973154551	1459227701	1103608430	5577182412	0430401-0430500
1223403292	8229874439	8644640191	9560923000	1439499345	3060442579	9693849177	2397816149	4511312042	0486863791	0430501-0430600
6752530634	9006652395	8044028984	3539255578	4845807220	0332029250	3465974481	3261401733	7334841522	0872649858	0430601-0430700
3672364880	5643312830	4693053048	7353905968	4897769410	6624899681	6465510182	5562769089	2330654374	7477325157	0430701-0430800
4823464207	6182693720	2001112884	9083740841	5666378790	4917715791	6261744725	3356921102	7963136363	9619333830	0430801-0430900
3169096058	5634786515	8364104095	2185421892	5393845365	1900094568	2188235121	9678534912	9074727334	5761908795	0430901-0431000
2770071453	4296428857	7789197970	0517737331	8942564746	7787059514	1670950151	2543632545	8585059092	7777223574	0431001-0431100
4136906107	0592541796	5794073644	8940133684	6212597403	7769436292	6710786480	6916569414	4947649627	5547975269	0431101-0431200
9750611239	2906590555	6029980618	2775792321	1986904515	9059424907	6760144944	3302144753	8110788616	8394173626	0431201-0431300
8247379536	2048578667	3661943401	8375399507	8873570769	5697363348	9060966234	1520330327	3664416840	9155972675	0431301-0431400
0606818691	9542897295	5496780074	2088808731	9998422933	1801642263	9183011407	9597049126	7195672661	9387623534	0431401-0431500
2306778374	5037399215	5604973161	9654537918	4136237601	3666098734	3740561564	6163459852	3847828523	3197307913	0431501-0431600
7019825090	5853269294	2864012889	6615562366	5336680867	9676269021	9338587009	4706204085	0270178945	0516817868	0431601-0431700
2770319342	7843070164	5193131391	1485790961	6968441606	6209283732	0833387867	6414883913	5298925848	1845308669	0431701-0431800
9758841288	9658670242	8755687731	2359003496	1649957608	2923775226	8936555707	6354134082	6557724889	0243575485	0431801-0431900
3975257909	1134201798	3026115347	4517489394	2282388277	1044974234	4359228203	6621472973	9913674036	7101215970	0431901-0432000
9430824875	3447698010	6697699031	4194078502	0801000638	4516220354	2748953285	6955258016	6987140127	9094554658	0432001-0432100
4468531729	7663885922	3272280239	2295725516	2170439537	7986809188	7085119555	0148345006	5354205895	8817281907	0432101-0432200
1594632777	0613634760	9047316518	4177320017	7627496686	1929830048	4784222251	6625268124	1060317143	6519456728	0432201-0432300
3488928109	5890446951	0765410361	8988534832	6694340218	4793134763	8061335551	5202360217	6365618271	1315453253	0432301-0432400
1524831850	1600255035	3002350998	1187456840	1397841324	5041292489	9510635618	8398860593	9985186066	2669837430	0432401-0432500
6821560893	5364080372	2105692217	0621065402	9033468957	1523900667	9969843981	9719944948	8473637992	6562713791	0432501-0432600
4408554512	6277376803	3692487909	6474511063	0943048104	7440825975	2902764930	1909961828	6720668008	3812477082	0432601-0432700
8042534854	5154944826	7335177099	1586513972	0744453559	6290620297	8965148227	9964382284	6241004949	2538096631	0432701-0432800
7158494746	4968773242	9417148601	1775792546	4809222939	2563484734	4849734476	8767897255	1867684457	8041930104	0432801-0432900
3588384787	4498471915	7546612527	7421065198	3403688768	2177098564	7989749664	1796375853	2760889483	3993789803	0432901-0433000
8693590500	3885915004	1822476926	2139163222	1151170732	9740757299	9505921614	1953417954	5395648258	0695755819	0433001-0433100
1410105474	0858366976	3889748544	3567038088	7776225342	3725236685	8625286860	7011120737	6644417703	4759239022	0433101-0433200
0540292118	3363592076	8287468191	6357344362	1225846855	1849117378	2814989331	7329432868	7866734127	7094195061	0433201-0433300
4067843095	5963466118	3009377235	5931550084	0818820429	9011125362	5495158658	7987779332	0160602302	5399639582	0433301-0433400
0888578524	6406838930	6031488155	1188185106	3392801380	6882947755	3386857687	0062873818	7175509620	2301678908	0433401-0433500
2957729937	0394812355	3225117730	6514137747	9705343893	7964519477	6233680444	5661037728	2423774640	6531747191	0433501-0433600
2285508752	5701248555	3034958425	4775511192	3104174126	0896041764	5304738448	6184959876	8824455494	9742237079	0433601-0433700
6274252261	3785956150	8152707173	5522514060	9247146628	7707657592	3280000636	2366178185	1820146612	9968973204	0433701-0433800
5067019387	9122339028	0196792848	5764215175	3605032428	0495374126	0170275740	3030534227	1641863949	5786000064	0433801-0433900
5995239276	6917288951	0347832507	3178136744	2373727643	8574252177	5361860499	6157784516	4056212512	0075711268	0433901-0434000
6925439127	0548041741	3062908526	5480196487	9811114373	4157554754	9991708223	6619650715	2797220508	9698520513	0434001-0434100
6490535547	2784482972	0710781457	4514568460	8611157295	6596317579	3886474842	4633163765	6494481161	6192160462	0434101-0434200
8737029040	4097536728	8613066251	3809093509	8491430915	2013685940	3499036297	9313644033	1259011869	6488012087	0434201-0434300
8666141208	9289781050	7017559263	1593289475	9333535558	5396153573	7486473277	8846929005	1483756269	6456927138	0434301-0434400
3010871929	8422825611	4413262879	6930855435	1482195929	4806708059	2226824590	6695987049	8056520226	3218860004	0434401-0434500
5813384821	3383801071	4011937050	3199986558	9124946066	1314089799	4650450291	6697723288	3060195184	9785565324	0434501-0434600
3552234794	7617679257	6544582052	6605167994	4760722705	5026040253	8069305498	8610650921	7465565888	8730178883	0434601-0434700
8412895999	5965915932	2793045738	0841437898	2357797812	2166391540	0107412133	6095716896	3667005748	4589520547	0434701-0434800
9261619617	3666179668	9247300318	1633077684	2912398177	4002938069	0464820050	5930567210	9704707235	8576276559	0434801-0434900
7152866857	4058099115	3560586905	7244722420	8349859427	0765145780	4339879341	6795768137	9636208339	0395083293	0434901-0435000

0435001-0440000

0435001-0435100	4495580595 3637604854 6223113625 1679236438 1354247748 4194804358 9332145988 1942136057 9294167412 2615999836
0435101-0435200	1085501672 4402649352 9026929476 2413425825 6387230319 7435078616 0646176951 0121854106 3220308171 6611241488
0435201-0435300	6764403388 7297576584 4395220221 9610073743 4541485089 1687133744 2678359527 0561315212 5262073869 3321830593
0435301-0435400	5658930621 0304929209 5355381454 9511601214 6419843979 3903718964 3986934878 4158909220 9093907042 7578219059
0435401-0435500	3570943076 7237024389 0053453120 9670035089 6192224298 8160876864 3298293971 4882496041 2446513280 8211248922
0435501-0435600	4188331444 7492688036 3423918296 6671662822 4156781839 6752437966 5967458116 9914928136 9014502279 7801359769
0435601-0435700	3138653945 5472068457 7771745913 8536178479 2669537103 6950896377 2279061281 2365479157 0888690766 7689081937
0435701-0435800	4934061036 8410673860 0541100262 7870087470 5947106586 4514391969 8055970695 0556505015 1233936665 8905717331
0435801-0435900	3364476421 3070656757 3199190393 8811893825 3075210882 8595161475 0680946883 9245740011 1354702747 8698216862
0435901-0436000	1274321497 6651883003 1960333456 2235534421 4173681170 0595766349 3676223290 6918488032 3734519243 4912465665
0436001-0436100	3297182384 1739691986 5871333134 1207105170 7368341724 1234472371 8672494151 0842704961 5549503795 5015287382
0436101-0436200	2486053846 0676720392 8758686262 6169843822 8056015875 7866830925 1223040159 9897538489 2283600959 8075215949
0436201-0436300	0258074717 1577353748 0669005001 5349853590 3697672297 1043715921 0984693912 0490542624 6339608550 8249182328
0436301-0436400	6584393402 6293826856 3715259623 8947447178 3369996618 0201154788 2499133236 5221595665 3404857011 2325827708
0436401-0436500	1886215013 0715779346 0027439516 8927524355 1823962408 3915012347 3924668651 0022276735 1541533981 7443806293
0436501-0436600	6818843187 0219539467 4578806838 7330450266 9934820474 0930850952 9400887069 5181863254 8354824966 2607066502
0436601-0436700	4995646819 4106470407 1227311004 2154418554 9123163407 3401961809 0749872367 0338997499 3439243991 6588065128
0436701-0436800	3667905641 6957365216 0502822448 8521757361 1331742947 3563577483 0847833098 4929574305 7306045041 2840297114
0436801-0436900	8973655233 3702529333 2859341544 8831374005 8107262424 6477515535 6118977342 7429425968 4019406813 3338141610
0436901-0437000	7490916404 4307805277 7297700938 2768736682 6928083628 3467725910 0328412812 8935787611 8865330379 9439157109
0437001-0437100	9173130876 8414829814 7316743892 4150708123 3304663866 6526885171 5228773495 8086507090 2110271308 0114880705
0437101-0437200	2510861641 8161525567 4817104786 2194001056 1280013464 7100048960 0816181363 3986131437 5953783573 4463470097
0437201-0437300	3802239706 6733317884 7121742166 2379783395 0508494584 0564804300 5911201841 7300502241 9629811376 4325550862
0437301-0437400	5993667297 9212123968 3362625433 0792019745 7555379857 7860333993 6113973147 9735858804 6748266319 0555031714
0437401-0437500	7510740826 5754553845 2600524391 1716394798 5454385464 0477445274 4423208201 1580589401 1041094538 3309204755
0437501-0437600	9831301278 0340587673 3811345178 4704239620 8849358293 3994762948 9274926307 6151959475 8086352305 0039063526
0437601-0437700	9755089737 1963214320 2797580886 9585297731 6219835944 2566894666 3498655664 1828527840 5307103946 0383705531
0437701-0437800	9530705781 4332061654 8372087637 3054215104 9819639823 1622394615 5540162448 1922748898 8991548181 6161014129
0437801-0437900	1114223327 4248071051 2027849723 8490440264 2968076980 3440316010 1365988085 6422960754 0695695571 3350800535
0437901-0438000	6595188841 4562653198 3654599814 9354703533 3965788049 4761273209 0048553113 5908697471 4535368901 5718969841
0438001-0438100	5775481177 7941076041 9019145652 7288840405 1882795084 9008264536 0132429152 2888893797 5199955998 5968288936
0438101-0438200	0891127109 1030997306 7570621865 9729673463 9843061928 4295504292 1054669160 9154182803 5178323684 1552181865
0438201-0438300	5679634071 1124306438 5515415624 8975176397 7188126209 8408736098 2992383637 3030275059 4187706262 6357378481
0438301-0438400	3688683682 9333969889 2774446869 6966294996 8966027691 6003698605 9689047184 1716000197 1841236265 1997930127
0438401-0438500	8741913927 2279869802 2724595229 4015243220 8404817539 8124008257 6371360670 3033447765 4114042743 6996205412
0438501-0438600	5145048270 0210515174 1189088254 9260977472 1462055366 7790075520 0879989232 3465359252 6127377276 9545671215
0438601-0438700	4449995014 8452685432 5974087574 4450235595 0317588809 4678670624 2795049681 2231738195 3193469955 6151004209
0438701-0438800	2153608326 0321530691 8572722599 2986003953 9254734318 0646477064 4415440963 0859833209 8942811738 9795068274
0438801-0438900	9552487066 2827328053 6479247410 7235461194 5944265379 7874986979 5964322144 9501435206 1663273608 3387789574
0438901-0439000	6269008896 0941621373 4426382002 6765753391 0341892476 1056359888 1700835396 4495585219 2240769813 0525217319
0439001-0439100	5013237419 6453428976 1658135407 3313026303 0285478022 4851925520 7832323745 4832679632 8907125627 4752461229
0439101-0439200	2929641409 4248502905 9474155759 9275124250 8506996634 7353764294 0738391820 7419091625 4160972844 5916256144
0439201-0439300	7272170590 8293857676 7130454384 3359908261 6086284671 9632875160 2860804035 3472085362 1937494941 3665519915
0439301-0439400	0853689237 3512748507 4294814451 9654169382 2917931530 9180378204 7287223894 5587726485 8456583583 6888354176
0439401-0439500	1056472125 5643864015 1856876957 7988275174 2224347111 1552623436 9721170763 3450466532 7247663342 3782119587
0439501-0439600	9117615783 3972287470 8451279886 5992451832 7916414459 8280214437 2701894626 6803579233 3375174806 4104993185
0439601-0439700	2188455068 2118360856 8975632511 8138750460 9424195574 4326397198 4310789277 5247235667 2288395527 3552360662
0439701-0439800	2598788598 5396328772 8445468369 4923676064 8441227353 6829219132 4554704074 4216668206 7461265670 7964301200
0439801-0439900	5535159904 7417085461 6373362027 0386595227 3806423126 2187406268 9090399816 7108615021 9582650064 4977817357
0439901-0440000	3185052157 7151608476 3131429710 0682482491 3916249289 2556126384 7673862182 3334522830 2857013815 5437476505

0440001-0445000

7846569058	8394825313	4199813962	9573625019	1985710580	8466792364	9110592908	8055068338	2177183709	4406269993	0440001-0440100
8269197068	2447053200	5794540835	1861003661	1615609450	8242398650	4199873162	3838357466	6454521887	3590261219	0440101-0440200
3453160485	8339212666	3772506208	5190546236	2373373281	1425816643	8424988979	8596679541	7592003691	3004537037	0440201-0440300
1962753606	8718301376	4812127410	5614824487	9598635108	5005487349	0298447752	9757534939	6655307150	5515441039	0440301-0440400
0938653741	6665215918	3354997382	5668932645	2686208235	9621402396	3409712242	6826870025	3395582693	2243805998	0440401-0440500
3242690845	3047814199	1498931107	1015716947	4955576352	1945874576	8629630183	8990582420	1278786755	7969347231	0440501-0440600
8503074461	0603483914	5987949779	4871139135	4629025486	2822249743	8944743868	2661643606	8318124885	9872326879	0440601-0440700
1076616230	5380086029	2158338144	3284532240	7462355418	7998881747	2381285359	6838289500	6202252464	6357316108	0440701-0440800
2663603643	1485635531	6050499154	1441308872	1541443317	4525373210	6513961197	3306948781	3913096873	3186136669	0440801-0440900
6193940257	2004993080	9999534821	9427655878	1132352187	7812457183	4239764680	6973069793	4060813830	1890778537	0440901-0441000
9227621548	4664088231	2642981642	1239417456	9713566615	3982555543	5294981722	3901452223	5919257419	4314642182	0441001-0441100
6647768886	6772502171	2329415228	9784461629	1056628542	0071453883	4167814891	3456674450	6929129063	1913561846	0441101-0441200
9153315855	8135076487	5413218594	5574577015	6486652616	7466208580	1070023556	8168758105	9596769989	0198547270	0441201-0441300
6417531288	4874941390	7086642080	8062769445	0131967019	7033551810	0417192425	1364427448	5219781537	0357770961	0441301-0441400
7978036554	7150100641	8180502754	0735836312	1007584869	0420360453	0637430343	8876152382	8983557372	8526027901	0441401-0441500
0965811358	3990080225	1064150068	4886037785	1451703993	6269383226	1888230189	9591271000	8790754166	2874832239	0441501-0441600
4452285023	9184867913	8156920568	6354321704	1633586370	3532435303	8603138245	1788944252	0080485301	4804232640	0441601-0441700
0652099629	6009664177	6937613082	0806870201	3088347209	9991664558	0574702972	6506424859	0310071846	9895310690	0441701-0441800
1743228378	4757153675	0984970434	8348205993	1223224751	9854853545	5451980842	2814507464	1693251741	7116603293	0441801-0441900
2667762278	1908348972	2751003080	8975252050	3024664935	1264612784	8908741183	0385877998	5696639063	4505200221	0441901-0442000
2393452668	6579920442	3861484757	2428901051	1432888381	4583700148	6782283330	1640727611	4036941362	1157371699	0442001-0442100
8560584173	5445608033	6888906925	2435338105	3971593150	4525920940	1288682676	1957851131	3238397636	1566212857	0442101-0442200
6482640972	3566892206	5045948831	7985864101	0564381869	8894289927	6314816131	1411978394	8514389640	2016161447	0442201-0442300
0282221756	4827342006	4615301617	0156730451	8618437705	2127062573	4225871506	2895985488	6176205229	6168865652	0442301-0442400
1583778424	7149479866	4877070673	2481799084	2497441413	0307727812	2172757039	3898531076	6265694827	6197633287	0442401-0442500
4465960455	9350180212	3231361682	9469105165	3679961314	9656188142	3079790028	1970207530	7204137744	9667453062	0442501-0442600
5110784565	7924638003	8273856860	2245895406	1439361499	4048484286	9698064832	6210846438	0743336558	3986880899	0442601-0442700
8847151429	5701014512	0549668428	9667486610	1866876512	9731396283	2144102683	4165860359	9114389318	0762564434	0442701-0442800
4609274750	2825373247	2243963582	3144186618	9835337323	6916808695	0292204814	3623720481	2347239217	4822684291	0442801-0442900
0666117849	4353167259	2385041053	7793110490	8157295800	8218904109	9653740522	9404620198	4820594719	5654684300	0442901-0443000
7682203732	8399061467	9207880313	0621080742	8878267456	5222795103	9753018549	2450108066	7143565220	3409852097	0443001-0443100
1712751588	3904861311	2946667339	6409924349	2647162312	2346056816	0044054572	1462865662	5616892869	9746838216	0443101-0443200
3390433176	2863708095	8285081909	6974176212	0740550851	1001815330	2081718136	7176854348	7272089172	6067431810	0443201-0443300
3868754990	9642874280	4106528574	4478313994	8749789244	3435373201	8837509779	5346044005	2811978526	9275442489	0443301-0443400
6325741629	8794288255	0607639516	5108387117	6646737663	8752697508	8379398903	2883574021	1229563543	2087437414	0443401-0443500
1624949105	1576822711	7417711932	2324935739	7409213659	0860000476	2024328188	8116116364	4928715559	9082998145	0443501-0443600
4358403717	0956530527	5679006103	8582200502	5774224292	5697737322	9660938546	7336929449	6815432605	6858234085	0443601-0443700
0739091504	5923150813	2267678106	3632505958	6274551489	2282856540	6945222105	6355802862	2416764055	7695260322	0443701-0443800
1833562396	3739880801	4246118755	0546095550	9412272002	0016673290	7897800070	9638482831	2446295596	5450221207	0443801-0443900
4332643657	1869713451	4468968889	2295108020	0162568079	9512184131	6098330970	2178276860	2448714433	6131445923	0443901-0444000
2060147349	7481486913	2077424597	3643394920	0730885748	2067224118	4792682405	3304598692	7545897072	1315458415	0444001-0444100
4047723222	2083920803	6324127217	6311628918	8164339403	6869317135	5826800063	5173209745	0524378305	2633429820	0444101-0444200
5158572929	3729065144	0822520931	4003833442	8600943717	7696508292	9411189712	0873707840	9355275475	9466760770	0444201-0444300
0739582996	3258388610	6737450792	6180433067	2514053521	1613376789	6036538579	8503221845	0837234572	5893974482	0444301-0444400
4492032873	3860279920	4201279950	6284586176	9293493474	8645046491	9686353383	9144956932	9353499139	9224536641	0444401-0444500
8810063103	0710950568	7734454230	9645895436	1418630876	2414944474	1986669834	7713405300	9577978720	7929146238	0444501-0444600
9626390884	6392996906	3931016383	3638321319	5393793042	8049848759	6279495977	9336483584	8003784161	0186331741	0444601-0444700
4981336434	2738798030	2577970218	3088650364	1810622157	1029282021	5871814456	2664355191	2892390746	4494910427	0444701-0444800
3596927665	2311469566	5844581811	4476377375	2350128593	1265925760	7505565019	8433567754	3209175069	0113587867	0444801-0444900
1619549365	5202913909	4377173320	1558080722	7333191001	7793165196	8154228088	3705765075	9883759702	1754117738	0444901-0445000

0445001-0450000

Range										
0445001-0445100	0871379853	3896289683	0262981628	0553011075	5775897853	4823854812	9828105014	9628858871	8232218048	8826018274
0445101-0445200	6164487902	9172841840	0029367469	7066526008	6282843883	0881335633	5802435105	7763528593	3515444380	1010244994
0445201-0445300	2174781896	5531884708	7378155223	6440714542	8295483213	1189537540	8182160748	6597977762	2791023082	3364843617
0445301-0445400	2336602917	1933992616	7882868980	0578911911	5696128611	3730404222	9962444456	4522881179	7471536635	7914615049
0445401-0445500	4381217969	9911719553	3929154679	8588856908	2819110314	7183811299	6786565145	3059679813	1908004221	8270900569
0445501-0445600	3044807483	0083456425	1502360936	3752556383	1935174270	3436292684	0234776413	8990390433	6235185135	0263930095
0445601-0445700	9664448987	7604174378	6038172342	0607907143	7119444753	9522843551	6778885709	0934059098	4262800755	5002487258
0445701-0445800	3065055751	1259353896	3151718260	6584600128	9326829742	1617913081	1687821272	1039217579	6983370070	5560047926
0445801-0445900	5997432364	9525447559	8623484474	0409617147	5662882753	2509173759	1546032508	0960114432	7041198731	5969680079
0445901-0446000	6893604075	9775018037	4094171469	9818850466	2898263050	3406281730	2823197991	2553091836	2807799251	1330655577
0446001-0446100	7258958054	9721937547	6854503466	0721841155	7053096747	4247232869	9207294954	1768648905	1896687507	7362184297
0446101-0446200	9151157585	1590669815	4334699735	6951876553	2300615728	1995740879	8433268786	5483877037	0483886796	9634471044
0446201-0446300	8810366625	5295862834	3438480462	6781221476	4251660197	6422702036	2945087987	9092306899	7762622023	3634117711
0446301-0446400	8201539905	0173071493	9961155484	0371522826	8577998385	1093840045	2826367576	1260563984	3913529408	7394557427
0446401-0446500	7648499241	4146858242	9138579177	5623295402	0168247866	7600210215	1382666411	0130042178	0062344321	7919523686
0446501-0446600	1776961388	0500659250	9070252900	1557499487	5260137231	9426962837	6917390123	2800260299	2780683106	3027349010
0446601-0446700	1100314067	0779004579	2769827931	3684945163	0895091829	0483029650	0190892833	6498837214	3961807932	0874232876
0446701-0446800	8068649099	2044495073	5986052895	7211699519	0404083389	8408356330	6643854128	8900714754	3866567070	8501846953
0446801-0446900	7900325716	4362715713	5734722510	5929586511	0984068456	8971565825	4557256333	5559457657	7747618020	1568378523
0446901-0447000	6403149785	3809831566	2531858094	2578510581	3904615465	2480727198	3290957729	5805530088	3576439354	6571457913
0447001-0447100	5927674664	3254483845	4558273091	3986167177	7995943499	4550317477	1436597966	8345645423	4578234953	0220337939
0447101-0447200	2308962273	4428667174	6679865568	2537325145	3774300922	3721202753	1693856659	7761078235	9801886307	5075604083
0447201-0447300	6771274187	1458966983	4570275384	8703603042	5842802127	7883107135	1132772777	4992046483	0373404864	2790225836
0447301-0447400	7600773900	8365615912	2196628426	9036366602	9854323536	3179945147	0339639496	1386871671	7763056546	0918856551
0447401-0447500	8443445168	9033462458	4682912414	3175358657	4989124759	5560896040	2921553939	7744642887	7279516223	0612464779
0447501-0447600	3088265423	5748010717	8091527740	1654871046	8265535703	0989813108	3104309486	6753941511	6316766582	8140370086
0447601-0447700	6865547643	8339770427	5712504474	9221422969	0806227876	0854440485	8813995712	7475613019	0263751507	3878311885
0447701-0447800	1441005371	0314183163	4743367511	7492320531	7682583915	0342354505	8602263058	6870277924	3229691617	5459534404
0447801-0447900	5744739971	1712119207	7899158121	8062470944	1550694727	3514012345	5020462906	7783378176	2141918901	4690880707
0447901-0448000	9818100673	4859396797	2669348769	6523832201	9108208731	3696579981	3776062143	3456083913	0799199491	6188426151
0448001-0448100	7662011516	3301336524	0268650603	9217254034	3455286751	8082580104	6290582083	6468110735	1833729751	9614561225
0448101-0448200	2537135677	1188784251	9940235439	6224247751	7373345353	3891507262	8823213219	6100844063	1515479985	9952158888
0448201-0448300	4711599783	7510010625	9724395444	2905647837	2428271127	6886130872	9717667450	3877844706	0504981792	6326301121
0448301-0448400	7932857796	3021341729	0584506938	4231278574	4709828199	0368933332	3225245658	7848649909	7175032022	1672852149
0448401-0448500	9882775465	3549351618	5552054897	8267361357	9627361357	3052201119	1610842080	2369961389	0043993283	
0448501-0448600	5066345181	6407683899	8792241323	0641588672	5004798621	9148727609	1383655534	5671757845	4745567604	1291332244
0448601-0448700	6095514831	2535361128	7145210743	0436355478	9821369772	0092793013	7261704890	8280393909	9983557408	2898005613
0448701-0448800	0326328048	7840702588	0190853877	3031881871	2730746136	6420509108	7496124190	1769134499	7077457528	3633978323
0448801-0448900	1561103564	8212470903	5953681610	3938413756	8833771578	2793829413	5462391627	0576056022	7177983532	1108182513
0448901-0449000	4419902677	2861049687	0350607337	2089355308	6400814265	9916508722	3597269462	4860483666	5891130395	8507510474
0449001-0449100	4947269939	2645264605	5226651892	4976453080	7213109352	0962315760	8488311382	6036479166	8246800841	4223588777
0449101-0449200	4104611556	9322707887	9326874361	2837957576	8538184074	6778209846	7762736724	4691118916	5465543048	4797104215
0449201-0449300	2397792892	0676389663	5896383566	4180589442	1474539622	6231753265	5797252681	4663117697	8012993711	0982453405
0449301-0449400	2292709330	0399629513	7144383195	1350573178	8056663961	0421225778	7252801325	2838483308	2997288182	5074988518
0449401-0449500	3147176842	0564258524	8475129554	5343386763	1293546440	7773405000	7219968380	1405226959	4709199118	9551884053
0449501-0449600	7007723165	8195210530	4731149144	9137585879	1465623887	1946479845	2652848026	8964713172	7151501040	1260230712
0449601-0449700	1222879224	6888113632	8743346672	3782055811	1794202721	6479225653	7042244877	6329697012	9276913150	0425202259
0449701-0449800	8108009997	9885590235	6890432902	3147853873	8724020947	4483853941	7783679432	3325613093	8177205017	3430979624
0449801-0449900	5324951033	9055541937	3115567810	9600573604	6904087935	0621298748	8240528497	4393964694	6584677743	6237028014
0449901-0450000	1430030440	1661790116	5797602697	9051136930	9091941300	4043992505	6649562424	6838020340	5089480290	0026376220

0450001-0455000

0578640552	1562274015	5388028003	4689559175	4312762186	1314760525	5689989509	4989323834	7287908253	9984234639	0450001-0450100
7579120047	0117076564	7978008566	2647461192	1493201815	2685676334	8584378214	7331176775	3820642489	4580965820	0450101-0450200
0413472695	7162370383	7207793565	9762005227	8022518225	2963200325	3692765319	8445965838	1037550792	8342527858	0450201-0450300
2591745643	5006260843	4416311297	0195537547	4851856666	6109082130	1768897917	6081186745	2945298815	7107661286	0450301-0450400
0214031901	9653862395	6291513139	1540587849	6630720194	2185802070	5480546447	7547695567	8720896015	9717907361	0450401-0450500
7241406114	1977276502	5290138599	2813531379	7092560361	2068498388	8215192251	8132179980	9333597821	3175107048	0450501-0450600
3806021942	2357710899	4591747051	8247086038	1957578800	2816155616	1166585331	6284726372	8589024423	3722087246	0450601-0450700
2933270283	5317492841	0044347263	0417990086	9416928737	2227838080	2882663780	1392053292	8677292804	2365659125	0450701-0450800
6451489454	9289320084	0060968418	3178390593	4902376205	0002243391	2426191828	3291801084	7706957415	5867364119	0450801-0450900
2801283496	4582068331	1575462623	3916641813	9061988522	4573436830	6773983610	1046423164	6413313553	2352273752	0450901-0451000
6644533820	3004095510	3219288976	1040287882	5716543401	8178388741	0155412948	9492109750	7774609559	7715247869	0451001-0451100
1288112448	2928425719	7468820488	5654909561	5768512861	0593526780	2656143938	3358592178	8673566005	9653009853	0451101-0451200
6546206425	4346379106	2988857389	8318354369	6792192647	7578037976	0991519977	6315697301	9113881696	7770383136	0451201-0451300
1743164453	7854570073	1936052197	0015173541	0076686960	1305437275	8816070499	8778936501	7422246617	4381932691	0451301-0451400
9286242930	1061984254	1634604853	3061312244	4410053811	9042170529	5021020394	9284993280	2291875208	8000318240	0451401-0451500
8337953638	6422378318	2669354546	7637857036	0640399221	3306997783	8159195259	5555888781	9155273311	5500131708	0451501-0451600
7949016677	2728426303	4494974713	5658767281	4394265492	0526300619	0800059109	4495621854	5217579084	8418298466	0451601-0451700
9384194955	8812074700	1060376835	6344103320	5450016151	6572407201	2529860495	8894707972	1834259701	6438475984	0451701-0451800
8658280980	8690549036	7726146202	1539863629	4163771793	0476272183	1365968096	8500291803	1141079704	3113811864	0451801-0451900
1849141586	9758498660	2245464927	6513102872	7586293867	0400213000	5951781635	8644077874	8117806522	5685065307	0451901-0452000
1350734245	8944602683	4620834580	3133921453	5422338754	4486303860	7087278502	7777775086	7762992022	2402710743	0452001-0452100
2459134004	0289287209	0265865447	3562108425	2719222866	3131418011	2202868765	8119592727	1283513242	1508816450	0452101-0452200
1912089966	9021973736	7720181554	6709839992	7354219911	6273165262	4506949920	0284852366	3471619210	1353179446	0452201-0452300
0181932739	6072124887	3981575039	3461817020	8223027956	3933543167	6555278850	2935163273	4594726579	5104011499	0452301-0452400
7344823774	2065875730	3463602505	1615613927	2689820660	4832108554	2322084072	0240030913	7515825417	4604210574	0452401-0452500
5596153391	9845890027	3971574375	3802242641	5567778759	3079348042	4536014455	0080463441	2405440897	2659399663	0452501-0452600
3007997972	5921292231	0941947078	3842041830	7596625539	4324456096	3589541422	5661367379	6928542371	3764749526	0452601-0452700
3375569771	6260219922	6734913942	7236091784	6761965872	0575970336	7639965915	7563639934	2505878894	3766830142	0452701-0452800
8916417573	8503388810	0786002186	2503880088	1754282047	6784272595	6719604840	6057121007	9656164926	9169969392	0452801-0452900
0855774499	6225671521	1414133332	4323795150	9364096641	3408084475	2861415797	1242508505	9250050810	6462051245	0452901-0453000
7221688482	0197934411	5322991552	4820485989	7513010075	5988479695	8676495248	8027942323	1241980738	8735906666	0453001-0453100
4964915113	9629244887	1057045643	4199781743	7109316921	6647620690	9405665634	7912220876	6735316201	4395794445	0453101-0453200
7621663868	4660165500	5339479315	8087747107	6476445478	3961099927	2348900285	1457979744	3446604405	1117604558	0453201-0453300
6177008433	8760531480	0885367357	0211565036	1045487992	8403753217	5914820188	2993997086	5269064553	8159173954	0453301-0453400
1840830826	2969421422	9603619265	6880385459	9914531553	1953051939	1834550185	8845493495	5788237465	0985608212	0453401-0453500
9842400795	1804176372	6731295371	1599532987	1379480968	1866455468	8514436258	3503666244	0852558593	0624414700	0453501-0453600
2018821220	4642192591	7234593398	9619257901	6317752923	8655519765	6249237162	8465685389	3447270690	8824411028	0453601-0453700
1325841910	7757550548	1596675431	1956994397	8415163324	0688940704	3926608112	1561861902	5303220713	9064676977	0453701-0453800
3268368150	6611237692	8002489683	5575713723	1128842582	7689287823	1095678118	9966969774	0948934872	4146614973	0453801-0453900
9727949412	6610763694	0295823628	3034824223	7176331997	1843239990	3981284939	3985868272	4464605407	1699259408	0453901-0454000
4518183571	8891094351	2641768469	1477909225	2837837532	3956019474	5349090551	0164233807	8115996634	4826207141	0454001-0454100
5872381354	2032404931	7575753370	7935096946	1348285274	6513771468	3420562623	6321971729	6199917086	6638304381	0454101-0454200
5049988726	0671726765	7248389966	7394934781	8640599731	1990052966	0035329941	3932648526	3280930082	2108367705	0454201-0454300
0197128707	6699002478	1300851305	2729668440	6061016437	8230719136	3070494220	4938341960	0953509993	9871351587	0454301-0454400
9252197394	2806151356	5643134081	6156888490	1747824857	8366068004	0392675996	2908630937	9031115067	2767194187	0454401-0454500
6882462830	7518879506	8973905489	7988939998	8362663176	2238054216	5500973438	4360758921	4242046806	8102248730	0454501-0454600
7387780947	8772352739	0164557430	6789841755	8609780598	0115965586	6608180878	3531930027	1259737913	3589578973	0454601-0454700
3400876344	3118861486	9768378811	2151087712	6677572310	1833251113	9198516665	0796809644	8532556638	4175831166	0454701-0454800
9493885921	6141667456	7555538237	8604424455	7126333966	7721462244	6741586901	2956205456	5276810473	6368260978	0454801-0454900
9864963005	6827907376	9198631560	1291614256	9306478100	6989197020	2265386741	6260304963	3997127366	7679574289	0454901-0455000

0455001-0460000

0455001-0455100	5556631401 4881184615 4458200759 3167883566 8267089919 4556985802 4090677654 2744450798 5684535490 5475878108
0455101-0455200	2742772021 9796600382 0209978659 5196994492 9335431694 9164917055 4412944820 9296760925 1479903225 8890049539
0455201-0455300	5499572299 3018062179 2621124071 1016220957 8552704888 6053819284 2360852957 0140657674 2213483133 2602634217
0455301-0455400	7054373095 3570108907 8073022135 4982636285 2887826558 6915685634 6625947313 2585195659 1384689244 6244583440
0455401-0455500	2277049670 6653499387 2354752090 9770648817 0900011063 9125571874 0682470471 3672257092 1712228672 1119172532
0455501-0455600	2046914596 9221561229 7524374555 0688205617 3695494066 6273325260 4137044629 0865446151 0442560076 3291794861
0455601-0455700	4510692258 8794437481 5778912508 8591113417 2233031567 4973819208 6397220651 3520158280 0869824687 6537375323
0455701-0455800	3446669783 7732810111 4526195995 8866650108 2168815975 9495666029 0352758332 1493728643 5874599676 4765258208
0455801-0455900	6055524473 3912117129 7976729814 0379890972 8650697649 2032209927 9240402066 2929795608 3333483709 7343711038
0455901-0456000	3136407411 6484760050 6985201567 4472277835 8999608425 5788427247 3530611705 1602021864 5681801484 2377128587
0456001-0456100	6616591199 0118688140 9516094024 5806826199 0511296112 1275457411 9275346382 2939947534 9910748595 6141079594
0456101-0456200	0104716129 6588915916 5679925544 4422507796 9298705769 7058479143 0401182545 4535611172 4273371399 9994326721
0456201-0456300	2771932319 3391300068 9026267852 3004204477 5981367284 7437901286 7170965176 4782559460 0907601267 7038666595
0456301-0456400	5450974046 8485891271 3323990972 9337983586 5350809726 7094853161 6454530790 8715735299 5507516924 2502752012
0456401-0456500	5482063398 8339034478 2848948625 3263843703 9404450543 4363120240 4956819485 0386290285 6933719155 4779296289
0456501-0456600	8845325057 6597682076 4344629468 9814524433 4205580449 9465858237 5053659570 5362244038 1842993593 5441506813
0456601-0456700	5070920577 4449799905 1667690538 0209621766 3656068357 8158732037 9231026760 5286259507 7654529057 9527210420
0456701-0456800	4138524615 6860576562 8218747553 8902520578 5080074069 3372942987 7374630579 2569937750 4026856615 8661680407
0456801-0456900	6154221619 3889794638 5363383112 5958244187 9709719549 5224074795 9539519422 9768582513 9007695483 6547899338
0456901-0457000	6356880618 2905679340 7651975802 4674217910 2503322169 6437760044 1282077990 4903233081 2317611237 9972572146
0457001-0457100	9283312184 7175212958 0119166422 7393514437 6698375199 8453064578 7366407773 8069965291 8703123194 5950041645
0457101-0457200	1412022582 6972469814 6148818462 8904987272 8361923812 7204197791 6155713134 4799687575 7033935401 9325461289
0457201-0457300	3602565440 3122892178 2203409543 4438836935 4604089544 5802479018 0847629703 4197962302 1602945161 1247691650
0457301-0457400	1860059811 6417274382 6673072895 2978409244 0165695776 5725555729 5761302425 3354790950 6761981919 7014241516
0457401-0457500	6593574460 3959673618 5325510610 0792443466 5329441818 0701214764 6030124862 9639975333 4724745983 4339008685
0457501-0457600	1604672402 2521613626 3343752004 0663234254 9930842141 8588260982 0943615743 2408456471 0825443101 8830907726
0457601-0457700	2585702511 2104655164 4620072039 1537464739 3215292063 3797970985 1707477303 8060536283 8981511969 5460644201
0457701-0457800	7113929566 8853118832 8604263343 1701717020 5170264852 8131841251 6343924730 7171335549 5060515867 1361101058
0457801-0457900	0504697835 8806115072 2926127576 9395214080 3029828397 0431417265 7091329508 2911253431 7694308075 4686551329
0457901-0458000	2224276499 0417404748 1341076368 1949573977 4643796865 1830444656 6839831848 4194824417 6059863821 3837823531
0458001-0458100	3730452285 9498310101 7622494394 0539018649 4271323242 7248943202 2720850526 6704016110 6549298027 2688629950
0458101-0458200	3201407835 5006817832 6612442947 3379347087 0403693394 7444883640 1463014307 6654888691 9995190654 0631166476
0458201-0458300	7819404973 0100375198 5705416725 2764702308 5919922739 9842341493 3499839097 8640343907 6922427293 3766892660
0458301-0458400	4934944169 4715697155 4705990421 7421925882 5753425929 9956598642 6768451410 6123846878 8065445791 7717504027
0458401-0458500	7628236063 3007943758 4074366948 1319018301 5709126766 6207989331 7001720205 3954906864 0945149774 0977410943
0458501-0458600	7345210942 8596847172 7023406450 6710071428 7458635586 8678236996 3390799448 8074376088 3533682031 2113732445
0458601-0458700	1571040418 6429258794 4963777514 5772351175 8660881749 3878267538 7764130377 9519060504 0647630268 0647426906
0458701-0458800	8794144744 8269351953 9380970178 4967319464 5289143892 2238632801 0121834314 1180980750 4797024389 9193572725
0458801-0458900	7052706054 7047281474 6474462082 2245407471 4169406520 6969516760 0105591770 1364897132 2784201700 3356643205
0458901-0459000	5511462217 9331323222 1711932737 3477715778 8658376969 9079117113 1728353740 1935719863 1824447047 6154481845
0459001-0459100	7702523441 2484550968 1281166649 7090604322 7471833668 0981167836 5157004680 1876817095 6889324184 4073623106
0459101-0459200	0256627475 7479697637 4720906354 8402949173 4727487308 1201950527 0963758360 7462545479 3529542341 7127268198
0459201-0459300	1339902641 9025763373 6116569738 5508744130 2411046998 3643222100 1267728682 1809498907 6236868926 3384417518
0459301-0459400	8562628321 2965994121 3751796989 0520924751 9987894668 4512057837 3584504314 8908445688 1613840158 8039698729
0459401-0459500	2009854086 2969471322 5986323131 7127321942 8914135494 3233591229 3724230966 0154616499 6985579627 6327555457
0459501-0459600	7984454403 2230409049 3465934666 3308857369 5960232857 5018026850 2120007127 1420765556 5772640798 3020729194
0459601-0459700	8065129360 2177611360 9391135939 3530812177 3628431894 4173962135 5453605002 4613878796 0676040805 3169300250
0459701-0459800	9344182571 3421613614 4401191522 8953065300 7779053972 0033966289 4179465964 1777983559 2534222877 7465640003
0459801-0459900	4393526477 3517835159 3305571994 7159812125 0380175595 4757774595 1520713908 4336100115 3790490150 7890705670
0459901-0460000	8818445741 1450883051 2299700209 9696113097 1218937285 3308359428 8099049270 0746796012 8096971829 2839412819

0460001-0465000

8960521323	3610705214	4317601499	5019958953	5897183369	0782831386	3423685795	6796563419	2930497698	1520997452	0460001-0460100
8878312145	9736846075	6747663606	0039687917	4354213850	3489532629	5820544748	7692413303	6611832868	9112778317	0460101-0460200
5460291279	1295567600	7418733225	5429082447	5967304300	8045896634	5337819875	3699486335	0537722445	1590105416	0460201-0460300
5665887069	8989013753	8880243275	8515141185	8454353652	9874915727	1886535640	8268327225	1101470090	9898627167	0460301-0460400
7224152877	6898622677	0369839699	5978281655	7940888253	7183764537	4022181884	1187448133	8287947196	4454937570	0460401-0460500
0207234696	2533601592	2182028081	7972604912	8292420726	7129800242	3760022464	8500879889	8857231588	4221469461	0460501-0460600
4749102789	1554652123	0594248610	2726047126	9813241493	8149901767	3574896094	1182680504	7717301316	4589468234	0460601-0460700
5409075051	8616610154	1070179554	1759759828	0422938627	1555107777	9967459122	4661638474	7714601117	8964858677	0460701-0460800
2191861044	1753073190	6039973098	1271821910	6724424419	4814711527	8343039206	5368122142	4655022693	0206567588	0460801-0460900
1276475434	3855734742	6328154927	7056266006	6546711848	7652072673	3565473166	9662177069	8336458358	2683020776	0460901-0461000
6337778647	4895873125	5219478599	0526293246	9843638246	8573872328	4277789839	9257375979	0403828529	7787397684	0461001-0461100
6638096241	7547759148	3096429915	5281451658	0372824423	1957520927	7265826932	3059752461	2450564355	7559140534	0461101-0461200
0142976750	8244334746	6243985834	3761487938	9964144402	5141130024	6886937195	2157830448	6934438407	3455908669	0461201-0461300
0946448138	2353532042	1925347916	8899801439	1786232376	0175521459	4654274459	1797476063	6166524018	6206188847	0461301-0461400
5586487380	5830893796	0029471475	5490167949	5904281561	8428725158	5293982983	6320669197	9956738947	8800199587	0461401-0461500
9803482831	2599253297	5991050207	3507362660	2542431051	3286294034	9554176399	1094763294	4854290444	8102689152	0461501-0461600
5958952145	7320122663	9910332168	0006863504	8620073570	3485896106	1790277660	7181677068	1793663180	4538237919	0461601-0461700
1259561984	3885760951	8028943215	7965212056	5761109398	9915496884	0313775493	9354085695	3449908009	0127038401	0461701-0461800
7262618018	2046673795	9946829543	6971942325	7922064747	0975895251	0700203774	1719426389	3464967571	5427250404	0461801-0461900
6938718835	7277563444	8769445950	8498638877	6168355058	8497002868	5726928054	2129179585	8131914228	3803871372	0461901-0462000
8275528683	0645433314	8688092151	6972378760	1375527981	1045966988	2917779624	1097070913	7037883930	4506450124	0462001-0462100
5988678589	5786637091	0482165298	1152058332	2780817799	1560826384	3346554197	6031504888	4191986084	8406264900	0462101-0462200
3995878169	3294270619	6229745312	7136532694	4415146362	5697342752	4160873440	2697978790	0214636269	6262012037	0462201-0462300
7533883677	5496915720	8241546392	4241350575	7494323179	5379554632	3852419930	8940605113	4109851878	0558840927	0462301-0462400
3559116716	1670187118	1553505823	6609856919	3922700064	6822883589	9448657522	6714800463	1656752194	2019661830	0462401-0462500
7034521639	2823182511	2778342832	8954142472	1726008101	4787580302	1229475153	4403712723	3216708657	2434181080	0462501-0462600
4779578414	4265189977	8860114020	2712329482	3762338268	9209641111	6301103221	7548508094	3353504340	7762834159	0462601-0462700
3003000533	9134180446	4235262400	3807395109	5137011158	5095347324	8223743803	5089352893	5216587780	9760032571	0462701-0462800
2128354195	3122550820	4126987603	5418900771	3651108604	7181941080	8843111074	2536391713	8988135975	3193233465	0462801-0462900
1579864775	0468457586	9893919631	1882411441	5430357040	0082640126	7779538411	0666509640	7904987522	1717226415	0462901-0463000
6490434959	6267065632	8990457837	6011368513	2624683460	2134845575	6462607773	5218836021	6622168327	3267524660	0463001-0463100
0907786809	3484338791	9815646612	0824848678	0506442969	5846021029	3045372463	3487602599	6224270099	3707358710	0463101-0463200
7459968463	3237610502	9378740807	9067362688	3143222400	2634254183	4946497494	3378764251	0786294049	4355970889	0463201-0463300
5096801337	6240248190	9558113491	3297913611	7799670206	1469804350	1490706733	1506378762	4020662390	7027183279	0463301-0463400
0480285148	2956061154	7406959972	5619492966	8302102119	3050250622	6826388089	6540629845	5619793389	1284197588	0463401-0463500
1135820072	5743561685	7677236659	3657751853	6374076870	1008248672	7325827055	9473587594	9915271835	4765991563	0463501-0463600
0391378571	6729854404	0275171738	8265873849	9177463098	8127769334	1113336407	0227666786	1050716885	0450924177	0463601-0463700
6817981250	7691095090	9144115833	7030312240	8506723054	5812454372	7125939201	3793712989	5049768896	4104658348	0463701-0463800
5074819454	0118577023	5917246901	2966511482	1500743422	9928281222	7997873756	6992007129	6284554728	3485924965	0463801-0463900
7682030788	4679506470	2194730980	1494977443	0994977910	4146628500	9066700904	2196029866	3311030110	0111327823	0463901-0464000
0180588984	5558966393	4608753728	5190743600	2284230389	6215171619	5641806562	7000999956	0134896928	5573932626	0464001-0464100
5725163640	0204079984	7141233603	8886746834	0872957614	6976265971	5075739705	1452167403	8808385420	1531984940	0464101-0464200
9356208349	4180844821	6518439071	8645485793	5411988652	6224032719	1774938527	5782250382	2693597054	0054945456	0464201-0464300
3248668816	6937021367	0549848865	2755267963	7592542953	1152739433	8996216801	5529068835	1370329024	8458258150	0464301-0464400
7127636005	4835685965	4294106517	0419630389	6699098713	0227585345	9041651175	0974861330	2711360435	3170371718	0464401-0464500
4168098731	4181958503	1564870772	1494788546	2800392627	7518456650	4309126034	1422184230	4210133140	2856915028	0464501-0464600
9035417750	9096542281	4083329824	7325956328	2470188681	3189069773	4122400982	4572047781	0212442578	6794196217	0464601-0464700
9708245494	7151657388	0791213055	9425579829	3659101859	2952145889	1989736410	5748908948	8774613063	8684259775	0464701-0464800
6423252686	3463439677	9838391211	9284815590	4632572684	4298069038	0184893738	7866267760	1466755693	0214317529	0464801-0464900
0992680576	9995789731	7628916600	9235193383	2885941822	4344448373	3745857062	2675049768	2736139292	1256590388	0464901-0465000

0465001-0470000

0465001-0465100	5590939178 9629362867 9219569856 7220771145 1676871151 7036384009 9018030189 2877956685 2973917705 4160961453
0465101-0465200	0699375915 9622783391 7112798101 2984300277 4890935874 8945398117 3533815768 4613950841 8563804583 2986728493
0465201-0465300	6286928780 1275472398 6638924135 2820450578 0353885364 8470973275 4492568009 4275596516 0291034577 5124513594
0465301-0465400	1932152689 5090145445 9524169611 3698064708 1102315333 3882766622 9870284100 7248866052 8760375404 3021857842
0465401-0465500	9642231635 3133503406 8040278444 1475200826 8900378635 4784156536 3689567311 6883950433 5456317801 0166155103
0465501-0465600	6438448861 4982713956 0795729139 0579008646 6129824415 2281347786 4422645334 9015863717 4488626108 7774283733
0465601-0465700	7586277208 1968306963 8318058811 0789389572 8376778301 1869997008 9433656062 4571898381 5017674655 1248089349
0465701-0465800	4477000837 3453061948 2002243872 5236049547 5711739466 2913618252 4460576260 0948866902 5658132931 1350674437
0465801-0465900	7932320250 3802054350 1852994980 7781052599 8530448875 5072493125 5065100388 5719082485 4783899326 6028603373
0465901-0466000	9356873644 5574675696 6011919160 1438807752 9876643945 1357947607 1447098889 3277660530 7411631153 0139110492
0466001-0466100	3282193110 5880973670 4743234405 8908828564 0026797594 3534642742 1078414906 1540929624 0833879108 1565789909
0466101-0466200	4988157126 9023662004 3280215289 5896157752 2206062145 7988284049 1833813657 3512543126 9368037987 2686847552
0466201-0466300	3692007777 2138117964 9240036159 0234577003 4941153406 8335573824 8739131353 9191475815 8527625413 3758998420
0466301-0466400	3618879551 3807317346 2244771235 8536727905 3008355143 6917470851 6100914754 4822406092 2455757610 3986096635
0466401-0466500	6788289455 0033360433 3720846556 7251648946 2327278693 0989509455 8630983011 4378782588 3212299067 1329181939
0466501-0466600	7652202572 4558400814 0241309321 3342095068 9694190778 7020261535 7580218210 5123290813 5283195091 5725992555
0466601-0466700	0067198796 8751463023 4571315295 3633128866 9612988751 0461508593 5633839150 7026224045 0567951168 8694605110
0466701-0466800	9466276723 7607237505 2884555332 3504747748 9980158288 0457530050 4609169021 5964523830 3826292106 3032258517
0466801-0466900	3215675280 8913584883 5485487124 1265327424 7165752201 5793560433 8198464883 7766055270 2655267847 0835601024
0466901-0467000	3568608832 6611788097 7031360613 7790936091 1308723407 7209618102 3901578532 9203547127 1969105674 7947044146
0467001-0467100	4331213143 9560967516 6261128944 4050366388 1934028642 0485038072 8609879198 2980487313 3499004845 5219406573
0467101-0467200	4654155537 8014662305 7839211851 1432796651 2426186044 7837066569 4246510969 7462111066 2557267176 4171963200
0467201-0467300	0060679461 5444473830 0958784936 3123252352 8518998571 9809160006 8141919186 1683890151 8124804643 4719012840
0467301-0467400	0070704117 3800540248 4159936710 2849240755 9303963487 2403013753 5199115751 1804441626 1522200880 8978968333
0467401-0467500	3245220004 4042973126 1225161765 5694246030 2075359589 3240208528 9249243527 0739656513 8857291831 6494763448
0467501-0467600	8104460321 4390876483 2655167298 7621999736 8370945854 9393433833 2588462059 4015729844 6429786277 8628233290
0467601-0467700	6904492327 6593292449 9124046133 8339690152 4758560101 9682761237 2034305510 8979231752 8677738782 0132668450
0467701-0467800	9880718026 8203922028 0484921574 3424256804 6730697177 1218734560 8571520356 7062170083 8936982753 6191719737
0467801-0467900	1079407399 9060368395 2061279228 5497138600 2256544673 9856276967 5644776992 5630094957 0927013119 1929824955
0467901-0468000	7757637508 5942369144 9068347634 5460439443 7131867956 3025883826 8179289757 9073867577 4381973520 8131268068
0468001-0468100	5284194436 5315510971 3356812574 8283469790 1789014318 2775261808 8331363997 3602829599 0100005197 2437701525
0468101-0468200	5864819106 1236176764 1145832369 3479550647 3752503406 0992789723 0719508277 8497001196 0313162475 5510087288
0468201-0468300	5217381291 8560876774 7856196063 8935124092 5078580628 6682155371 2362464896 9325920348 9219130671 3741270977
0468301-0468400	7033736289 5959783509 5325235982 7128964919 8711044815 6130108291 8581273929 2211017926 9486428196 8328624692
0468401-0468500	9210846438 9599692881 6550769582 2898733723 8615783294 2848807562 1932309574 0630838089 1462836413 8116929229
0468501-0468600	0832336756 9040678765 3576163961 7542666459 3802436019 7471995403 4836508568 8712885529 2429351867 9946556844
0468601-0468700	5132086630 2074899531 6987888798 3908989545 6546759232 0605819226 1778837661 2225335473 3863709677 2959302399
0468701-0468800	1180556622 8092649500 4498775277 3346252173 3263893894 9491465403 8212432180 7361584536 1140460215 5525975366
0468801-0468900	7202239198 8105028468 1073770437 7232931215 9753622750 5157238764 5294363483 8791352898 8787905821 5501111042
0468901-0469000	3358451831 0227611334 3358047897 1414977152 5157789848 2989361644 9182897931 7790326467 2287494186 7545326918
0469001-0469100	3640879828 2666191059 5314252866 3092670701 7324059507 0622738667 0579287338 8271849518 7976068532 2806148088
0469101-0469200	1864659328 7994277974 6124529540 9526712496 9044104613 1073909192 1123969406 8351844696 9930471686 6174240505
0469201-0469300	1922297675 2985296684 8673483681 1625766352 5545752244 0318439224 6233255616 5225141042 3592327320 1888336360
0469301-0469400	8901360504 7263374962 0582370618 4846895299 8652674663 6302195871 6136936786 7248353561 0994037381 3996989004
0469401-0469500	4051538895 9039103282 7945728151 1397587762 7474453184 2930536613 6379516981 7274605208 8546469232 0417591143
0469501-0469600	5001350395 0753484896 1569249509 0020755605 5754384170 2901460781 8186992492 3939119438 2411002570 5182138823
0469601-0469700	0098035458 5878116400 4553031127 7179266614 7437748373 6623746020 2073538403 4823096876 7789362305 6167893806
0469701-0469800	7317856631 3716353870 4715874017 2890527249 1252082716 8930437398 2296588377 6322658705 8276813473 5329947863
0469801-0469900	8582774381 6547793609 8561315677 9341800020 1475804245 5937737830 3603956313 4913576340 1350303484 0739927578
0469901-0470000	6595343912 7551602075 3086523653 8527450378 8859712486 6716500398 7741926537 4145011160 4950710018 6493015358

0470001—0475000

2757306955 3026842287 5848340321 0477930534 8522095490 7925735639 7702757373 2045507991 0158184367 9809773130 | 0470001-0470100
3516449897 8068477009 2412465890 1717949986 3901523452 4231446407 3314623970 4547452605 0430187421 2994382125 | 0470101-0470200
7064491507 3546929709 3206380290 3775911881 8739015791 0382794684 9262860649 3557705792 7535699984 4748784544 | 0470201-0470300
8455800506 3460310194 3277182722 0312508097 7502995191 9768802465 8963981141 5337135068 4361001131 0996298251 | 0470301-0470400
0923400768 8626817381 4285820414 1106078957 0114950689 4308627965 2602887953 5397611684 5807304352 9965627122 | 0470401-0470500
0921968552 5228849169 7344907527 8234090379 3436643175 6882408319 2949783543 1473144939 9148449444 6342896571 | 0470501-0470600
7965533285 0400946759 3996359499 0733864266 5621874810 7263247872 4304062904 9467920253 8485915398 0266086302 | 0470601-0470700
8206837106 8192586367 5616167488 3003149343 0128105299 5998880618 8629972368 9641652045 6806077951 0100917746 | 0470701-0470800
5730814546 9192581327 3129673025 5920587165 6588042033 9131539744 1591728719 4875701426 2221471927 8911066027 | 0470801-0470900
5076128944 2732242913 6699466592 7065725104 1936310238 5981754907 9869943892 4388900893 9346341213 8281362194 | 0470901-0471000
7180798111 4503000204 3390157920 4393125539 9519222609 0889997125 6309233027 1429125014 4039818705 0042025960 | 0471001-0471100
8780870813 5868664901 7724446703 5219446703 4906502238 4096930518 2593996803 9421038583 2160164007 6947789192 | 0471101-0471200
4212148954 3593744009 9937964372 8561303628 9431167437 0894674473 7971676182 0864159316 8356184240 0484542707 | 0471201-0471300
6218560664 3959788021 4216431665 1900960728 1746064137 6846555288 9186181960 3488258520 7484555661 9089693189 | 0471301-0471400
0551159916 2690872569 8821763884 6374595506 4737773914 1580667407 6650097783 4149348421 6184403838 8310937601 | 0471401-0471500
5393889363 1063154871 3459725290 4837036883 4150168607 5158579902 5411531953 5607707038 1497122744 6960968940 | 0471501-0471600
9530526009 8081749270 0921933267 4213887448 9748595826 0981627811 2393479338 2770561974 0666378971 3662110111 | 0471601-0471700
5062064178 3273090943 8642104434 1001568487 9462446967 5999352470 4930849927 0573111248 2397592335 9898645282 | 0471701-0471800
7704154827 7629085165 0379608150 5783509823 0275874215 7795977900 4592060888 0043548743 4735298281 4703676657 | 0471801-0471900
8453926047 8341670459 4176917489 4680825377 2836216066 8568691135 1945238338 9089189111 0912798514 5874140765 | 0471901-0472000
0285259067 2091111527 9925914212 8435543975 7589985220 7175909946 2414469284 6326862634 0215826602 4982921158 | 0472001-0472100
6948010765 7666054916 1908778645 2758667194 2368344343 1434193812 3350021289 7771314250 0052922497 1673107771 | 0472101-0472200
0017168511 8882299889 2084729467 5210622424 5534716079 9120832204 7262682159 6886645081 6735096164 3933992447 | 0472201-0472300
7511462369 6703082302 0942646253 6749134703 4074245876 6524088261 9103362519 8046411371 1612273934 9796447567 | 0472301-0472400
0145458128 8427010677 1962632936 9178482286 2791205618 4982809090 0732388615 4644578857 8285840970 9604774411 | 0472401-0472500
2659161889 5177662916 6252716872 1718762516 5136317089 7961764648 4309698655 0203832749 9036901395 6616772453 | 0472501-0472600
3477735942 8410507910 7689335238 7935549818 7846781230 8125958197 6513263542 5639402346 1702890360 7081664241 | 0472601-0472700
7750144015 1789871339 4071954068 0368401437 7753823023 2741686512 7331446717 9277067541 5259373709 3421319759 | 0472701-0472800
7040931481 4919948898 7228678226 7469651931 5663052914 5957136183 9749552474 8019433927 9493656351 1497990843 | 0472801-0472900
5426571310 2019714434 5952011778 7594580375 0787462518 0499505221 3989814784 5950331786 2578489997 7510091836 | 0472901-0473000
7587992192 2826055038 0285078100 1785441580 7312470071 3812448131 9901891828 7915172974 8063153541 8402724973 | 0473001-0473100
1986676050 3046989214 0012207784 9186541670 6288946143 7398736216 9714665740 3395403546 5704207132 5868663336 | 0473101-0473200
2792832121 5614881054 5073264464 3989838002 4170684921 9912974800 9428508166 9435649295 7834344123 6526169848 | 0473201-0473300
2303194094 8633410216 6069882846 2310983387 0141892807 8207374832 0543074954 1642896324 8139509455 8993370449 | 0473301-0473400
1826186642 0124463687 0031384833 9842309183 2402490157 9518659337 8599282947 0159857959 1968598386 8598194490 | 0473401-0473500
8665319390 3768776582 6608503687 1810357283 6664336505 7717227866 6728793090 8099722192 2188813671 3093480501 | 0473501-0473600
0525726415 7381340641 1781621048 0678714302 3891668115 6631072876 0536945753 7784780650 5850299526 9117032333 | 0473601-0473700
0371671960 1123523444 0747526812 8928355868 2868402632 5716056974 5001944449 5170180661 8108190644 1054552466 | 0473701-0473800
2199746055 1083766582 8858129814 4515267490 3802269567 8115007030 5237616097 6160751647 4358393341 0407798055 | 0473801-0473900
7722934775 9913433136 7215978661 0550734227 8371167761 8319948593 0275857261 3970586584 7098686679 5339609462 | 0473901-0474000
9188678055 7171136878 6100785500 7438818571 0641269205 0966991492 8942274974 2545108502 9268848939 5447482286 | 0474001-0474100
3067499394 2734032486 8374491455 6473583037 8788605984 7569183700 4542330128 6627585792 7095106789 6905333597 | 0474101-0474200
3429361420 0328824671 4880458353 1441386307 9762659740 4893087110 7688512323 0786079342 4512201715 4558018416 | 0474201-0474300
9216407608 9577132875 6451994313 8023272075 0051287556 3762033975 3300605391 5208115880 1054294431 7855589339 | 0474301-0474400
8246356458 3104692415 8286611788 4901004634 1407609499 8214465414 6039283751 0247350589 4407349196 4954037027 | 0474401-0474500
2245345722 0124463687 0031384833 9842309183 2402490157 9518659337 8599282947 0159857959 1968598386 8598194490 | 0474501-0474600
5441298097 4841995536 8963699635 4717206181 8135855259 2623299539 9169375917 0924286136 6421855846 7667720623 | 0474601-0474700
0544414885 8262537053 2082454374 4822903027 8027065751 0380017108 8178328186 5145986558 3258719554 6458525341 | 0474701-0474800
9757769782 1772923612 0713336412 4028163497 0014373150 0885527129 1758919608 2897388980 2021760821 0487754500 | 0474801-0474900
1333613191 7131976208 5641491481 3796406630 4065403542 9084875144 6093045428 7978881572 4796980056 5660799594 | 0474901-0475000

0475001-0480000

0475001-0475100	3883648202 8316033894 6679044511 3655307314 2332760578 7108207926 7604395353 5466422536 7818502682 9228847438
0475101-0475200	6393039583 7400973858 7014265108 6344620470 5175847605 4990457272 5750315085 0585856819 7468429290 4170671661
0475201-0475300	4133188504 3846980797 3560177710 4811768366 4107793967 9436202684 8191177314 8240899769 2555128826 3145278012
0475301-0475400	6438139137 5696394891 1084647998 4997677906 2995454495 1573178700 8040712480 2833371117 0264272301 5442391360
0475401-0475500	2066185340 6307113082 8152074975 3719314684 0097106225 0371959216 3865824282 2894083649 2726282455 9605155252
0475501-0475600	3505912078 4146707605 6758736733 6189411174 2761679155 5301719943 6756847928 5326732265 7804559329 7864425666
0475601-0475700	9444338925 4568991712 2537729840 4289632547 2825553367 9890350772 2310316422 2255936866 2240293289 7079007749
0475701-0475800	6213095713 4962928964 9293878759 7564476663 3100100120 8538049136 5778048694 7710046538 4219708755 5332495654
0475801-0475900	3022798404 9186231967 9062531769 9314735845 2802777820 5886769223 2477965323 9355985991 7992633825 6860793129
0475901-0476000	7153065955 3948783277 7388807136 9814974640 5066251751 4314106466 9754807888 2506210803 6930301495 2360247668
0476001-0476100	7170177830 4594493982 1354666812 0189155589 5109323779 1066397432 1717152861 0129007333 5180113311 1413566846
0476101-0476200	8007910399 6224531505 9620716207 0402855157 0261433581 0300780277 8165023775 1720096785 6240169078 8151274926
0476201-0476300	7410160630 2319578673 3309667419 5332631791 5486900877 2125173072 3578980925 2253022563 2265419023 3991410380
0476301-0476400	3099343538 4580270680 3344427165 1927725823 4253690592 4927564449 9599318933 7302024156 1339217286 8821116886
0476401-0476500	2565852709 9872906016 5657108807 3894875836 1695217062 0956326824 6090399618 3788978720 1822687023 7853568344
0476501-0476600	1810012149 3461723067 6752863599 0112808891 0089647377 9245979568 8250073985 0238077509 5912981555 3066924895
0476601-0476700	3573727641 3238566846 7817781405 7638772348 7604032512 9467647135 9436659413 4553106314 0695856263 4633689731
0476701-0476800	0651638074 3553431261 0069096745 3765014405 1981183492 3531887194 0799399909 5538928957 7987504772 7780327084
0476801-0476900	6609361548 8559657996 9702595623 2802846174 7441648263 2048724128 2989494781 0298822837 7461856185 8232334667
0476901-0477000	1858688349 5818421919 4388322204 1292566218 2136162779 4490041022 3801402421 6582366043 6391323122 9544346569
0477001-0477100	4982722206 7908232880 7024151373 5241623122 7477573032 5612470426 8544338532 2470127977 7859978351 8199543021
0477101-0477200	4875947781 6076188527 0838202084 8349974712 7552820257 9694699665 5381939593 7982896137 7844300795 3018540036
0477201-0477300	9661661157 6286812079 5797161535 6066202735 7626724712 0993482629 1145872585 6610030202 6165460068 4814387146
0477301-0477400	0837279792 5961459932 3921101703 9733769873 4954390474 5166541954 7377441161 8809167007 2852497347 2353480092
0477401-0477500	4594736914 4102322834 3634384103 7207710013 4620579466 4067075309 8240855503 5768869970 0784814367 5510401545
0477501-0477600	3365221491 8883832021 3279173749 5225085910 4094126462 6158726646 1619176963 1733141663 3744493848 8514859513
0477601-0477700	5867901870 0795817364 7585040709 6563444530 0631086513 4015456864 5460985779 3768228464 2303310173 2799271214
0477701-0477800	4695553139 6650548172 7640197265 7906219538 8132535096 3250947445 9898910878 5901696922 5819860487 3251616314
0477801-0477900	8722533208 6811525038 7783903092 1096397314 0870146326 2774873619 9925160369 0351640181 3228638410 1577891383
0477901-0478000	4548208695 3949114165 4192122441 0372588235 3735283296 6225404053 9599551254 1880469553 4701692796 5818084221
0478001-0478100	6911467794 9577090318 1471995224 2004890588 5593746441 6153490934 6821095273 8190692493 4012585401 6212983888
0478101-0478200	2360671129 9047278538 2510932212 6760086356 7887299111 0606474438 5406313070 2691579329 1147168357 4893086073
0478201-0478300	4176203484 2422557974 3251001003 8643688160 5524668277 3280148166 9787349633 2099634172 3779237883 0351660548
0478301-0478400	7167179287 4001119144 7262456712 4700249762 2458224027 3977070270 2350323771 2416913149 1308448027 2640099449
0478401-0478500	7259572092 3924023069 6730000522 4907365141 9777811827 2030525906 0053546519 3101848708 2839762435 9765410245
0478501-0478600	4719021296 4624407218 7868542913 0719911560 2213435981 0926127809 9244929883 5321421151 6880443052 4223133517
0478601-0478700	2036687591 0920612181 7157215013 2304915038 5243127601 6026780710 2779059878 3630284909 9513323332 5655424283
0478701-0478800	2331269708 2604828410 9116462935 5307970134 7159992856 4268898897 0076744233 4648965004 5114824894 4884381190
0478801-0478900	5203162023 9561251550 8011429345 5938402258 9044523549 1606770575 2641775197 3609044020 4483367881 8915689702
0478901-0479000	7789366044 9983167550 3334609974 3453906679 6812379833 1363984458 6220491826 9859801850 6280836505 8175856328
0479001-0479100	2867239702 1647037926 1157543687 8345640046 5906078885 8593615726 0733764794 7362839418 9492835760 5048336449
0479101-0479200	4011349865 4912082100 4813255068 3756281970 2568696995 4918762197 6397204502 7900446675 6395119376 1315600645
0479201-0479300	4486485525 0749799420 8500289544 4499533574 5046836622 7668720824 8316413599 4803070601 6118223091 5617525952
0479301-0479400	8490028995 2934287376 1735102674 2418815937 1599489096 9792225772 1440139091 2722461788 8387436080 5196751530
0479401-0479500	3147911414 3357320736 5859049304 2773379844 7129195444 6454304400 9597518309 7418233761 8633781152 9128015178
0479501-0479600	6636009016 4769745449 5895732314 6795549938 9337513949 5643626014 5495926467 3734721602 1885313265 4468600885
0479601-0479700	3720772213 4527510310 5952625307 1110235537 8856916499 5911692208 3888770780 5173543839 8567867015 0963780886
0479701-0479800	8647575766 9825323540 4424542840 0882687477 7703285382 6199762542 5819929342 0591217977 8082778705 1185845230
0479801-0479900	8972985638 7686511275 0727634100 3599414660 1222794895 7495592036 0994603780 4848385525 9599108171 2362827442
0479901-0480000	0401784980 2110317627 8778875030 3630226361 6097666758 0106039555 4799787456 9981579733 4233997424 4475884531

0480001-0485000

3933453664	5917552581	3475504634	4267161094	8908179968	9592267046	4402169176	8051005907	1844735263	1235416442	0480001-0480100
4864777438	7877651738	5347897501	4025240069	3299113532	5561481360	4353296831	2928991295	3561529040	2759131767	0480101-0480200
7341277704	6365308522	1325754863	0793354788	2996383406	9993715154	2249438088	2406473326	3123350461	3882159479	0480201-0480300
5169175925	4509848097	9110892331	1377895396	6407460834	5730097651	1706075241	4362883466	0918003849	0635692685	0480301-0480400
3296400551	6535997857	9130606640	4745171908	4866250414	6276335720	4425087660	3320764120	0276837147	2025839577	0480401-0480500
5725483081	7635228170	6577594153	2708326625	5391096897	3058504562	2593689849	8975622702	1582652652	8062002518	0480501-0480600
4416489819	1969095582	1207898972	6717646133	8008395664	8772201932	0463671881	7239547049	3020927986	6104118469	0480601-0480700
5704868470	0496386412	5953067376	6660389421	7618938754	2375224018	7458159722	8442522907	9773722925	5101808867	0480701-0480800
3990839885	4921449138	6356253886	3789161591	8884240512	9981936517	1369259169	5779199884	9494149771	1519431575	0480801-0480900
5826307059	9485758635	3474963975	6855970386	2678054007	2008974502	5270519397	9698125296	8831191645	9045209756	0480901-0481000
3052833730	9486023832	9627213225	6900737675	3391116829	4719812770	5742624375	2213758250	3200873637	5320464500	0481001-0481100
0573891793	4659235577	0836220414	5285013907	9464067246	6736018275	3798544781	4076921256	0856944810	5416619567	0481101-0481200
5264750745	2390254517	0531094066	2636682474	5757346070	4065275753	5777432010	2391334113	8135775033	2256114390	0481201-0481300
0976099469	5213981770	2841461088	4136085659	1839329939	3135808195	2707069270	9276077217	1777909876	3854634460	0481301-0481400
2405169049	9497747577	4828730093	3978940641	4736945719	8504829905	1348428670	7099150933	0445796639	1953558914	0481401-0481500
7801094434	5098270173	6772409790	4948059288	3846575269	0821406840	9367522488	8424661256	0526950978	0101260577	0481501-0481600
2822873599	3798499770	4573176117	5869419846	7474290486	4012319967	4462226863	6332600764	1107029348	8972360126	0481601-0481700
2149845968	4160318742	4531584352	0548918590	4535694196	4460633379	8849315311	6954758361	1157497667	7407031544	0481701-0481800
8057897817	0504573192	2588154943	1143902579	3450499895	5003727042	3618264568	0415899700	1369770936	4618431829	0481801-0481900
6660690731	3547636451	2034680880	4485446394	7988105468	0984967013	1795494286	6813882765	8444650585	1797712368	0481901-0482000
1426745854	7557138229	0726634603	1643813750	1465429194	5359934360	8206282790	7253188657	5179734245	7466122502	0482001-0482100
7443019092	2429627769	3665315871	6809444242	7862498407	4946655635	2680450276	8435782113	6273406943	5616425153	0482101-0482200
7923224666	4582371079	3214590444	6111092210	7039760456	5101012869	7605935565	7979972303	9393868396	1799189869	0482201-0482300
1799159386	9470863242	4160101610	3098873785	4395677314	8297234896	5947671427	2134128400	4376210660	2005505662	0482301-0482400
0233395195	7558645128	3024177142	8237157769	3287679784	5227571042	3728172468	4454616224	4727036661	8640546724	0482401-0482500
9250144671	2045654783	5726921447	0538798054	2744365066	5491900369	7852300703	7200614183	7257113091	1168102172	0482501-0482600
2867212589	5948574600	4353295033	1146957965	6490062446	2269539125	1125286803	7826375208	3462010919	3920529940	0482601-0482700
6735316501	7583782632	7641004899	4464890719	5082147841	0208366699	6441555489	9731185444	5953123278	8198843519	0482701-0482800
3646690756	1917443638	7489862636	2765030272	0686092518	8097236088	4793801625	2950392255	2102831859	1195209521	0482801-0482900
6030879709	2230631824	3049051361	2517852667	8309896484	0762618711	2119385645	2332588015	6358456632	5681536597	0482901-0483000
4140063516	6538527833	0279933276	1818731642	9284343663	5161566325	5280877405	4766967000	1881483129	9264949756	0483001-0483100
0617449945	5604840565	1692066062	9441907471	1647405755	6195518345	3874064046	4663446523	3320351037	7844767588	0483101-0483200
5666660901	7287520982	2447115645	0455672431	1091957346	6626779195	0351111912	4849140645	5543525772	5496566392	0483201-0483300
6785221917	6238547538	1971083198	3228483946	9222949537	3749317257	7554258096	4794985891	0268635945	3576135514	0483301-0483400
6603751391	4964851229	6745547842	4717793060	7499992487	1503917371	1331059841	8240045774	2575917866	7121950517	0483401-0483500
4289611967	3898889045	7931260778	3631612978	2569411368	4507888434	4497866404	4958957817	7977537633	1750386865	0483501-0483600
6921432845	6590763877	0350854549	2288177459	2134644790	3640967193	7884800156	5990852627	6175097739	4016437406	0483601-0483700
4232153788	3413005026	2017131975	9124864587	9230068500	2533813548	9151319984	7109339798	8436544604	8272891549	0483701-0483800
7107603731	7445126097	1717062154	9152309355	8078456283	9217995093	6649904409	6091569942	1493871124	2914663120	0483801-0483900
5469132238	6063352687	4046418697	6497513460	0318428982	5747512025	8445983103	9820140609	4846870769	1618383086	0483901-0484000
2387891061	4682419728	3200526150	3851106819	9058351769	5632365696	9414236261	0152155381	7250369391	9882029271	0484001-0484100
3685444010	6294367264	5120333442	4480829528	5077865022	3588668479	8729233633	4526758265	4613647644	8809927763	0484101-0484200
3165502130	0744945298	9543396175	2661174901	6912130058	1095542449	1226738528	5122343836	9598397804	8397524645	0484201-0484300
1012058826	7428306399	9608907655	7344363448	0149048829	8357189816	4096451011	9289853987	6088229692	2643542082	0484301-0484400
4456841236	8752332589	7783852438	4542275920	5676092607	9584672793	8663976401	3337529817	4103800839	7136698750	0484401-0484500
1792518889	0050961627	2530290638	5122448156	2947348667	1807921675	7439502335	4187971463	7034135950	7068879603	0484501-0484600
1015016464	4742239232	8672923717	2565384290	1470659068	8672940694	8425427159	0520534093	3901432108	1313854582	0484601-0484700
5970434858	0931485506	3394187054	3754820191	7022688231	7510901329	4136171877	0058091133	4579616422	0301259802	0484701-0484800
2043107382	9668649070	3750445386	8442844087	9094580713	8389620954	4920759961	5536655713	0684404695	2712994878	0484801-0484900
3097134507	8827572484	4899897349	7039622465	1104987770	0417937126	3198665504	2482645042	7132291612	3093246164	0484901-0485000

0485001-0490000

0485001-0485100	1353303916 7689451483 5856927021 6603190656 8999303527 2966942540 9329858504 7142854083 8671088927 3443108736
0485101-0485200	3457002691 1192432496 3772982294 0094402075 2024662066 4473839172 0442575483 4014539408 0354627340 9990964069
0485201-0485300	0720756229 0737468413 1198586578 7988559142 5214708035 1784967358 9369335350 0754467232 4613125258 2687046375
0485301-0485400	6343964639 0594790703 9289612597 6486670569 0718158460 2993604285 6641652378 2711376077 4562109031 7980865717
0485401-0485500	3199934312 8179691294 2962045569 5201243315 4460835957 6565078324 4672112585 0077609968 9071429906 2146372250
0485501-0485600	1837031998 5169220050 8139102053 7898391562 2992500646 8735679795 4066278295 0224745926 6561768688 6293211625
0485601-0485700	6560500845 4294559032 9173720098 2085881735 3746878318 2064470226 8612764976 0906343394 1566490264 2621944959
0485701-0485800	9972627879 8874206865 3774840012 4027120252 7473344361 6681302272 0475458702 7046409864 3467573641 4944556040
0485801-0485900	1804690256 4908532516 7271670951 2790052393 4217027430 3288614132 3309616964 7556020183 8621599787 2360962122
0485901-0486000	7570421099 6873700071 2257994295 1869630041 2954188779 6287240932 7846179804 8647907699 8905777338 8605583824
0486001-0486100	9114228316 3748692878 5381481431 4622428398 4962337855 7735086051 1010509261 2932309949 2474189267 5131618818
0486101-0486200	6207532574 0386848069 6490469827 9991221611 3866566382 0326019135 9684025156 4924790644 3983330031 8078952369
0486201-0486300	6165184056 1410338434 7993761781 8210047435 1909070654 8064032056 9117166432 2099215471 2404616942 4710431522
0486301-0486400	2205104885 3663827047 2083522207 2281792307 7243786214 6298606683 0039443184 0318971195 9387588071 9811504839
0486401-0486500	7750862492 8452053766 0993570351 1384695978 4295954406 4857515050 6208497122 8123360639 5414804523 1830375903
0486501-0486600	9230419312 9358047025 3223963911 5127937593 6015140870 5351460629 8995194074 5755354886 8619822693 2469553821
0486601-0486700	0219472021 2488490442 6365539530 5394353300 4050613359 9683201666 9879477207 9525866914 3318990921 1865226058
0486701-0486800	4960881496 2683654672 3498404814 3810943198 5740368377 4663709365 8063733929 4587946644 5168261148 3334598089
0486801-0486900	4813230142 3449736300 0817700302 9015416740 1795744361 6201842207 6053577654 2316284564 2764409375 5689715537
0486901-0487000	8728695987 2245740725 5862889162 7542274001 3939248909 3720555456 1607842415 3956188399 9055824797 4029707414
0487001-0487100	7881435727 0791492210 4355774546 0934900573 7681596828 1968019771 5906457966 0575494254 1814453299 2479819966
0487101-0487200	5711964551 8856556568 1215133490 9804658037 6847618266 0137371756 8372741306 1704644380 8292439165 3713296382
0487201-0487300	6165307231 0606823338 8999951025 5307327441 2094269941 3792011010 4663208749 7154105874 4582611599 5906877240
0487301-0487400	9428697875 9462694298 8054778607 7645800522 9407570308 4063851604 3605931255 5658553312 3116554638 6554103007
0487401-0487500	2699344773 1181690786 6280119553 2248099561 7127881556 3935190125 6077112884 6947322636 3577830259 6564232697
0487501-0487600	3847446967 4793817191 8349844120 1028423519 2195947941 1888645207 7960231343 0632171743 5406924886 2375881350
0487601-0487700	7950130195 4212568538 9606693125 4279329444 5046041439 9751105930 6830758986 6631208970 9178673814 4310626732
0487701-0487800	8572913524 7335737334 1399649816 2256056419 7417879844 1560213301 2302960042 1489114784 8575264386 2518142961
0487801-0487900	9136898382 2274941558 6395787408 2378090383 4140879297 6445118888 0233720098 8640122361 7417643050 6370381076
0487901-0488000	9278341189 0172940132 9462385639 3085315322 4422276881 8571728893 8851686500 7590484415 7097366365 3939411381
0488001-0488100	4143300708 4179831172 3439743212 8982693088 2817908454 6083522761 6883923670 6701819377 9063875186 8898267898
0488101-0488200	5926122487 7072553707 7468090917 3812195568 1542467817 5824986359 0845775282 2108733709 4710053447 0431626453
0488201-0488300	2650987541 8704826040 8549243289 4496711511 5564045037 5992218315 3150621894 1768079740 0402678059 1637359492
0488301-0488400	3058021891 0561624590 1301913073 4230922011 8774890541 7634752347 8720509575 0830124580 9976089449 0201422832
0488401-0488500	1517081786 3829715178 7541023277 9377854072 6836395180 3722727399 0724613281 1667262023 8536295804 4768744894
0488501-0488600	5589355612 9416678771 1514445952 1507280112 4528978389 8892439805 7926113395 1171633727 2476322035 6134137665
0488601-0488700	5493609107 6077542886 3941537509 1128355095 3891017569 9273481058 0205244749 8860656941 4068805981 5714553496
0488701-0488800	1021164041 2992071191 5738223964 9687900615 7717959575 1167559084 8192969043 5593444902 8936964861 9008661184
0488801-0488900	8364084454 7092298808 2018696435 0102416589 2806728934 6189212883 9980588675 4723382266 2874674898 2760072139
0488901-0489000	6917908199 4180723645 1438298943 0173553032 2511478911 8467993569 4376925654 5351140882 4626441787 8175405852
0489001-0489100	0462752091 1945517150 7153223229 0031783786 3929972645 7950413622 4307388747 4295884203 8653796300 8878284974
0489101-0489200	9101536714 0448727060 5223983274 6544345293 5652807696 0477221503 0240603299 6082014428 7406646309 0243695582
0489201-0489300	2017514819 0212769591 9485480650 0251596627 6672115626 5827038707 2145811474 4697943698 5067657688 2350350632
0489301-0489400	7908552602 7524578452 1393118971 2195956022 2778010521 7056312396 3444611270 0212586723 5737090090 2467406949
0489401-0489500	2576669653 0479737142 7626570535 9574487908 7619929979 7549154709 5674568662 6669331781 6026949924 5637861334
0489501-0489600	5040128648 2682564546 7814425734 3138486006 6826797672 7082780868 9640327625 9416788405 7145941148 0462916488
0489601-0489700	1285200102 6105619845 2785431676 7343019418 0028739280 9461519481 8546866310 9907951504 4881336501 2546122141
0489701-0489800	3542791228 3913036947 2625897800 2733168003 0312219807 9222723393 0233396990 2493238136 3017812136 0113136831
0489801-0489900	0388677339 0012252524 1037628839 2001146874 7397830196 8151623448 4584417084 7115405630 6712215025 2400600956
0489901-0490000	6845020996 5442357785 5478800658 4453063354 5865197485 1727110468 6923708210 3742383445 1621446359 1642683264

0490001-0495000

6976748511	9161178393	4195142162	6343457280	6939369671	6440345231	1179813313	6747255810	3023300335	6470919313	0490001-0490100
1184154932	7154187214	5395500896	2151995577	6480953224	7281705684	6283525646	2754305762	0000172149	9028964513	0490101-0490200
8438331171	1658584177	6451061858	2508210472	4546989085	5260571543	3473640776	6059802184	4622302303	5764928698	0490201-0490300
3535477228	6691167255	0929264234	9535911297	7808670676	4009141760	4725110184	2295428946	9724271931	3957825111	0490301-0490400
7713736466	1288610993	8596154463	6685556640	6324240965	5115271244	8740813863	3958403290	6830166375	0515937889	0490401-0490500
4470032446	7944420500	6232380567	8075861405	1617949156	7587848547	5379803613	3204588672	0131374684	2227773933	0490501-0490600
8301015927	8738266403	5207938573	7273318787	2211600697	8868491056	8876737354	6820717934	4205169186	9120733906	0490601-0490700
0230403595	3144024848	2755249884	9668639056	1518129135	4913330689	1980509583	1954745243	4768855877	3831041434	0490701-0490800
4539933978	2643790560	0793257790	3268772389	3359704089	2906379862	3591326882	7691204823	5322685331	1130949276	0490801-0490900
6145457891	1147071816	7829879548	7397796649	3933404999	5804451114	4263787805	5006181201	9428565801	1511604965	0490901-0491000
9751470936	0848244784	0715101656	8819151547	6308537089	9177749500	3154677919	9405543023	8455568432	9587122807	0491001-0491100
0339303655	0805203590	2690222574	3269417733	7833020778	5088164599	7749984355	1470304189	9310927886	3628555954	0491101-0491200
9866645215	1460832243	2702939865	3547117146	1120978644	6464432561	8002352000	4864169280	9012519555	8796777707	0491201-0491300
1201415854	0324292727	9651399821	4262542785	2383618248	9744008376	4657199183	3956603365	0949707852	3288974588	0491301-0491400
1493347730	9948639738	3182019324	4687919192	2759819287	0591900590	7540673571	8523481186	8346434778	5054157828	0491401-0491500
2244907985	8408700586	1205284471	6335877723	3043808270	9137396889	5056845553	5232618221	1102373127	1368814205	0491501-0491600
8398385474	7049000536	0938657617	7773048783	0785597217	5388186172	7200525683	6873008672	1769154412	6287754950	0491601-0491700
3239222116	4872217861	5226209112	4259237746	7055016125	5823546154	4208744584	2149647760	2559572740	2918471645	0491701-0491800
3158885258	8278842868	5588949650	8427039429	8993544274	7557848840	9253424367	5964612654	3810920255	6299820515	0491801-0491900
4148019374	7004803579	6677458741	0088413181	1872582385	7854484888	1668277133	0320509148	0499027063	3866946909	0491901-0492000
9351248792	2710050927	7461414952	9146261051	7648599069	2992381759	9024416187	9497023565	7180951442	5854995765	0492001-0492100
1792962105	6744600221	4133673754	8079860359	6959468569	8337977267	2852875925	0604441846	4357782403	6237766702	0492101-0492200
9872832370	6045274425	5506815180	9555888683	5891475330	4570116921	7308190413	6821961979	2444604264	9934384845	0492201-0492300
2732374619	1137110824	4643350169	4801550253	2841846287	3349226613	4568944139	0024706633	5547078814	1605485679	0492301-0492400
6686564326	6981303178	3621646465	8820830050	3644548129	2288496446	1641012502	3757682821	8945511845	8059573209	0492401-0492500
0939462064	8677509380	2437912896	0180082794	0474817422	0633279147	1284209513	7010561943	2717629286	8579090949	0492501-0492600
3218055568	9790662862	8915473754	8673198693	7384664195	8561889977	0827990016	9246494251	9034737770	3988630149	0492601-0492700
2011183528	3723279199	6507771558	1634061761	9698407222	3186782701	2354034994	3842916855	6505151743	8377353920	0492701-0492800
3225611599	2975687965	5748563713	9984984188	9818723863	4477477355	1501353507	9191081808	2698953601	2524782547	0492801-0492900
0432140977	8469323294	3801472551	2584376086	0998146021	9969863154	8473576292	0809967022	3123077999	9766892614	0492901-0493000
9370948131	3117612672	5029020251	1250176953	8583175793	3248237475	8716019598	9309689954	2945715238	0277892235	0493001-0493100
6850487641	8241391023	2691491655	7444484512	4608305145	7874175073	8717674417	3551101307	6455378978	8752222185	0493101-0493200
2058613301	0759127201	2841581609	9012918291	1856667157	3929980929	1799149161	0004660333	2922577608	6765663585	0493201-0493300
9653418185	4225605988	4318442721	8109423181	0906310605	9677332784	0395059606	6977210277	7361411827	2064342985	0493301-0493400
3844246587	7284718517	8836337528	1932542583	0054996146	1483735041	4191861619	8629106706	3879119517	6205055641	0493401-0493500
0548148530	7823643720	1653999652	0950423890	4116749764	3602902434	1956762244	6851420894	5656803232	7777818280	0493501-0493600
4023531717	2716161384	7452643425	6170300403	8807168888	8421475795	7281324163	0693977190	4869321017	7484934395	0493601-0493700
2208897797	7460641321	6065912354	2873066349	8564951384	2991511937	5415682688	0464034407	4003191648	7524228128	0493701-0493800
9908496049	1088752481	8976629544	3946375362	1983060853	0266297677	6229728237	0884106403	0679839570	4550798642	0493801-0493900
5562413295	6970690312	6069372722	7049738584	9063548119	4665353366	0264315355	4561276200	2245436501	4092870701	0493901-0494000
0384502494	2299682469	8948193110	6380584896	3834966842	3154689585	7394178100	4780274310	2434361706	3937322667	0494001-0494100
1414047645	0553206852	5452777271	3379959897	1912933510	9533521837	6237814482	8212389833	1839226954	0362944194	0494101-0494200
4477939338	6294782085	6539160276	8654742216	0219745416	2503479486	5733087486	9636214605	0796657211	5585682647	0494201-0494300
1256401983	2368722180	1627370274	0854612331	5314874653	1939362613	4387278498	4098267899	8619691220	2669754590	0494301-0494400
1203347487	1715272034	2378485320	1997739410	8939918323	9935343608	3831944835	0407170160	5001971940	7955692916	0494401-0494500
9441248268	4602905546	0248055663	7492567690	2358565496	3056305499	0947383386	8200225327	2751014765	3820157189	0494501-0494600
6891764386	1760384669	1471210502	0901016679	3143538898	1799261389	4958205684	3152542717	3339845849	6778421955	0494601-0494700
4228496937	7538214198	7539836280	4151385327	0951507067	7831761849	2686749245	1878878256	5238807875	5933987418	0494701-0494800
9923941064	6608428415	9517680029	1899674460	4562347684	1746284361	4905240996	1460913299	0782507767	1729948737	0494801-0494900
9930049706	0952190291	5918788156	5502948692	4994826388	6396823849	5608685005	7999208125	9169809576	2500632522	0494901-0495000

0495001-0495100	7429775722 3532446463 1299191602 9527828387 8086374379 4848781600 7986691844 9449520338 9091181996 8400143601
0495101-0495200	9370933054 7221904717 8616199521 1092911279 1700197667 2020216396 6918422241 3495352640 5415034347 8493730094
0495201-0495300	8107500099 2303709153 8820155082 0033012007 6040367400 4750282381 2172353310 5469837101 0096575548 8116614281
0495301-0495400	7419714224 1111465396 4940881068 7135316799 6748974279 3722635135 8103899882 5451605536 7251021364 1692900321
0495401-0495500	0731223430 0723995569 1422524643 0126273566 6817822859 0169033995 2558864708 5175428439 7934232749 2533998925
0495501-0495600	8403923207 9835993252 1574358425 2303743666 1389938632 0008006457 4750880709 3799846274 7096657080 9436929936
0495601-0495700	1070027345 3815684801 4398180022 6497961654 9839242472 1495385516 6490613388 6994794487 6407062566 0160551717
0495701-0495800	8911310515 7898124840 6744154043 8634321808 0496035776 3693369650 7502496754 6596535171 5008599750 7640004559
0495801-0495900	5426370119 6268335042 3969409324 7325407321 7465365771 2189786335 4556824170 3910378182 4265672441 5781843849
0495901-0496000	4538256203 4978117494 7104658950 8232140820 4782053999 2217083096 3792471914 3570526892 7378829630 1720459841
0496001-0496100	6396765979 3992468451 2021673155 7594061085 0110840150 1493958481 3243143264 8317063835 2293389835 7328629625
0496101-0496200	0064539653 2323409016 6345534976 1453977754 3545510180 0227298781 6661057242 3124306235 0399126692 7255939838
0496201-0496300	7044682244 0569021752 7208905973 1403171949 9393757606 5170443081 7843584689 0232264090 6702558256 3156527103
0496301-0496400	9919878744 9960056696 5311694201 7890333193 0791287640 4500245292 6077757355 4483085149 9121604626 0407966357
0496401-0496500	0042929414 1521078517 9395124892 9311310872 3403687549 3332119971 6941558224 2253234526 9916514842 7080749649
0496501-0496600	8243209108 7091302719 2207360528 2398890333 7764824402 4821643674 4892838932 7178724630 1295213777 5840656766
0496601-0496700	5034225484 4795273438 9296263521 7069248295 7223372372 6052121486 7559012437 5106886361 6862068481 0753252551
0496701-0496800	9080870082 3937566799 3000525640 0410568687 3213457742 0110043021 2747964046 2677207960 2886807545 3328446116
0496801-0496900	3963670296 1676361061 2095640915 9039226759 7725612770 8233691017 9793240276 0094779050 4939059499 0355097623
0496901-0497000	2855245692 0149233803 8955511453 6945379896 4243907753 1543866107 9617254935 7971644803 4461266623 5380414555
0497001-0497100	7367642625 1445905719 2580222293 0640330494 3177399110 7745994805 1848434169 0301247105 2840011453 0117015926
0497101-0497200	4176031004 6687984340 0676366135 7541593810 7394902338 4595997856 6490063310 0192580761 7965927489 0217308818
0497201-0497300	6545124915 6100845649 2191733984 1849364007 8924253400 5288512740 9782607281 8449936233 4439677783 4164303286
0497301-0497400	1707465557 4470958871 0661228597 9843832898 8827786089 9498259344 4570625520 8466693362 0736456132 9951753464
0497401-0497500	9909660709 9343125635 9749029656 7184680351 8878764437 1927343228 4967575348 7438060586 8393873208 7107123411
0497501-0497600	9603308930 6023521935 0237964753 0151415937 2862118229 5259067018 5758559048 6981033613 1061953704 4107720860
0497601-0497700	2330006694 3559822989 9720038942 0507124130 9633012473 9898898650 1613446041 6369764129 9185513985 6413348024
0497701-0497800	4010903820 4209805098 1881637076 5602535422 8852064250 4748958680 8991794668 6117193250 3324823024 1059805584
0497801-0497900	7663804552 1378932305 7235020097 1557476025 9377207677 6087468148 2134522531 6302087888 2398535566 8408462018
0497901-0498000	8776333889 3823940059 6938234755 5811966044 0536601708 5155431409 2863357092 1594481160 1753296583 4133347177
0498001-0498100	3027110597 0905178115 8901708660 2990160512 4794507024 3012323067 0262179701 1415106820 0226813999 7507258321
0498101-0498200	3035616679 4912610054 2012864532 2980067268 9000948209 7075854102 1988488529 5459601974 7306361328 4296985538
0498201-0498300	5226523816 1308896659 4221481268 6813125953 5362960576 6031975042 9504118843 9397247053 6057894798 6283171400
0498301-0498400	3968480764 2119094142 7568120273 2454233195 9311195239 5526290622 6110099643 9894838164 6448758657 8307548577
0498401-0498500	8532874081 9937572748 5219741371 8094296777 7411722239 3641356033 2119093344 0755678783 8113045199 8451486289
0498501-0498600	8000608483 8694206218 5271928018 7780424866 8080299512 8970347329 4463170946 0038595125 4533868355 7968905846
0498601-0498700	5172300670 4488896840 6108630406 1213515520 3874213928 4496202225 7546585820 8669864060 4986554258 8590814553
0498701-0498800	0994843493 8427338421 7864505139 8542739742 9095857008 5614625618 3495270022 8141732536 7653979469 1275297470
0498801-0498900	1317006383 5415965446 3424496835 2635059485 3447447210 7805610781 0829649426 4788100259 7931877563 9239043291
0498901-0499000	7853276342 0375229756 5752743408 2950845479 4701524526 0899313885 7831239117 5126922556 6757288513 3404397696
0499001-0499100	2540393117 4933713994 4952935680 1060379694 4595685975 2498772673 4807907326 7618245233 5521216214 9680234492
0499101-0499200	9254288655 1457337565 5765945557 0923953342 8142462903 1727815403 9983415564 1983771801 8982112476 0855955518
0499201-0499300	9995062073 0071403452 0815503329 8149750702 4426772643 6033873753 9731484313 7407092665 4492295204 2319900734
0499301-0499400	5946393119 9653505680 7332981486 5841109199 4439462723 2845367711 2848473622 4606331360 2859105963 5237193871
0499401-0499500	6345986963 6443906854 0532231931 5241354693 2487576730 4633817030 2944798352 2602051814 9444585049 6120326909
0499501-0499600	2337527162 3551335262 3432072194 3009358815 0339359897 4493352695 7874572783 1403967039 6910017073 4149325310
0499601-0499700	2206326301 6925237018 0120244226 8849290981 9555117195 6120838155 0144858365 7166510269 0866487173 2381901486
0499701-0499800	0992469913 1546082001 9927050473 0568876141 8932981083 1023526482 8108102485 4502208757 2212834413 4379484999
0499801-0499900	7279202583 5434172044 2598469327 4091417821 4394928017 9974565987 3698287428 2682674844 2121371546 8232751128
0499901-0500000	5341652370 3165307043 2582833721 1237137609 6959399375 4953622322 2219746596 1933252907 4042487602 5138195242

0500001-0505000

6973910175	6371975343	0044796178	2504311533	1506758256	2735343476	2525391425	1527570478	7843767885	2418719663	0500001-0500100
4624199270	0802576108	3927497622	6365490018	6532064549	9515580290	8398513272	6273219672	8478302538	5221904792	0500101-0500200
7868938953	8780368699	3188466031	0436335243	7327154699	8988111864	4367011402	8426202615	0473882358	9974728149	0500201-0500300
3343257065	4746370224	5188728906	1255030273	7919026403	9657741760	6898976983	4566464705	2047163592	1448307099	0500301-0500400
5843064717	2750763371	8020714597	4456525141	8850503716	3773818902	9696852844	0925819317	4410055576	0898502923	0500401-0500500
2710160089	8257223817	3945436985	2965476949	0187384046	4656437307	1319590114	0761317428	2203883313	6029708526	0500501-0500600
1451234907	3071476245	3405024542	3763666685	5757401206	0405988695	5630114415	4431416969	8607403220	7886003132	0500601-0500700
7905539178	6967416355	5240250767	6530856322	4273784714	9746037784	0646093468	1299187190	2892759763	0701598408	0500701-0500800
8778174519	2690147691	0300302349	7945851100	0180886606	2162868011	1091511610	4098327308	8089954337	5511871831	0500801-0500900
7378655877	6487358854	4903668790	7416918253	8313306362	3382058201	5488544982	7883821742	4375805492	3815972964	0500901-0501000
0619631058	2151670919	0326318730	9338138501	1309133277	0930342511	2210972155	0561049138	7050426219	8052602476	0501001-0501100
1160750597	1037943664	7715293534	9171861250	6611636738	3304995648	7877936569	7911293195	8782777740	6010753337	0501101-0501200
2432790009	7324072560	7038880087	1137309659	6344570960	4117508944	4791191621	7455169709	6484476204	6174128154	0501201-0501300
5361284226	0155130158	9525862806	9570639244	4354780239	0516861338	5498619266	5676227603	5823498556	9192248906	0501301-0501400
9011645986	6096156795	5415492157	5812835409	2025393170	8073781465	0788320352	6651345707	0655368569	9281124265	0501401-0501500
6708448017	7864614974	0454921184	3122762184	5224410884	7150757019	0883495022	4375698850	4945424105	7266246094	0501501-0501600
5832095962	5728720309	9477654010	7398558069	9661980195	3450050651	4501054924	0188610891	3417306075	9238439461	0501601-0501700
2465698616	0560909454	1772907364	0093913219	5676836433	3299619997	9654243480	2656940683	6986706175	8741316765	0501701-0501800
0506027135	8825744337	0721645881	9522613397	0545205234	4128092317	3065051989	9545028585	3835228737	8728698291	0501801-0501900
7275807824	2098261060	6090150925	2110908989	9643892978	6294301411	1400676287	7499207817	2379474620	9168998389	0501901-0502000
6189486307	7306027491	0267038839	4335247424	3421236712	1770246101	1602406111	8571687050	8244049162	3894343504	0502001-0502100
7025081364	9151155104	3272507479	4102473747	8192265205	9335513625	5301812196	4249924882	1299260177	4080103719	0502101-0502200
8842125474	4721602969	5002774268	5077521758	6691799380	1362584224	1739856076	6991654327	5706123045	2867280707	0502201-0502300
6318947058	9544061884	2131571380	0339848740	8680941446	1845854230	3449514485	2105399124	8932455486	6593053355	0502301-0502400
8457827714	4237743385	3392082412	7763216596	7538326650	6430638806	9556915620	2622259469	4142900799	8769834420	0502401-0502500
9146999897	9568326670	9041413980	6863332515	6525696878	7899225743	2796139643	7026543144	6393337990	0081985753	0502501-0502600
0797881761	3374360948	3928302233	8032797320	3865364624	2498055114	0224692264	7893159294	4918040382	9836490348	0502601-0502700
8863869756	4414855608	5605371772	2873714822	8236864278	1136572039	4749690693	7239915610	0368280751	4117847378	0502701-0502800
2562212775	9959167758	1403853298	6888513655	2323139384	3174225853	5628070191	5440077630	1634764778	1261324380	0502801-0502900
2484218656	6985527400	7641051190	1095452898	3825634840	7045580809	0522147697	2204287382	2020644511	1655802021	0502901-0503000
5813722046	6347663335	1756179905	0089778088	5600932081	4541764439	0323524193	9731547218	9209202024	7427040585	0503001-0503100
7913543792	6009768076	3629875661	4782644338	9261212134	5659445680	1042227616	5241837640	1867345339	1488079001	0503101-0503200
3636035284	3217478040	1683146726	1880679364	9304686587	3646311483	2826980492	0227876255	4540178509	1774977282	0503201-0503300
9467569293	5451666098	6419481458	3644478909	6038304582	8536989560	6466619	0360310045	3047200242	2639388157	0503301-0503400
2068674690	0619298730	8224849001	6816348921	2554337544	4758038873	6158658859	2485975587	4278385999	2954170991	0503401-0503500
7225115340	2542222969	2234366177	7819296533	1349674775	7220978430	1938184450	5985075080	5649483189	6792205834	0503501-0503600
3414789051	0257617490	9975820012	3472441028	5079412318	4376014714	2137829511	0218735899	3917081686	8055988133	0503601-0503700
5469913794	5378313771	1413549197	1243465810	9311278332	6621759222	7589369934	7704984352	5192107351	7573702005	0503701-0503800
4573451305	8731322143	8462087602	7751840534	8937132376	6290711205	5269490530	0388822804	2048082108	5192876107	0503801-0503900
6772814548	9279440322	7236284124	7943192644	1924307968	1370382948	2005869742	0150132353	1987205199	2035387731	0503901-0504000
4215882211	4859743182	3879098919	9325393415	0378768995	9695804327	2517776898	6612588939	5442013917	1306418862	0504001-0504100
9510665268	9606241452	0844803403	4741133148	8004313864	7317158446	8157548365	3167051260	1746640760	7280959672	0504101-0504200
1327294224	5361042667	9280946977	3583638349	8228114766	9169596955	7327702827	9120997926	0863817017	6542101511	0504201-0504300
1581109268	3287485950	6462632629	9259249694	3781822291	6923432548	5361604152	5142063692	5214774598	0941988926	0504301-0504400
8147764439	0537611191	7463026074	1704144922	4194980017	0623866816	9466079892	4751697185	0009428744	4466241005	0504401-0504500
8638035586	3065063609	5727097973	4930709648	8907606301	9079233461	7019745665	6248712884	9867382678	5462689451	0504501-0504600
2094622905	4827542330	2517321328	2785316517	5869340541	1184571510	4834632832	0081011525	2541311936	7954561261	0504601-0504700
2161031974	2783210387	9548253917	4314098770	6525700603	7671968383	0478692910	0326748344	2066840667	3515088586	0504701-0504800
0916629765	7227799692	6003868273	3496418758	3321180809	1686185171	3459115685	0893149404	4819961072	5023378967	0504801-0504900
7989918872	5826867053	7757435124	6508137986	2813483506	6431324662	7092452365	4698351740	7042651369	8824143308	0504901-0505000

0505001-0510000

0505001-0505100	8355263194	5475425324	8458840939	9378463186	7338133661	0310058114	6455151877	3050141308	1566601806	1132268352
0505101-0505200	9639711462	4010498314	8464604395	2006163735	4258469826	0521254538	5915053646	2014165930	6152413774	3303724644
0505201-0505300	1039759850	0156892102	7909378678	6031851767	2404695991	5723405290	0381676072	4247701697	8152148615	1947462705
0505301-0505400	4614221125	6912722538	1590502039	5830514685	8500360242	0054909455	0268261850	9587542621	0973991322	0950295489
0505401-0505500	5828917423	2981343154	0692575705	8801573654	5351789274	1527128941	3143182694	7690258885	4786599196	8988359990
0505501-0505600	4388542274	8469473118	7519748877	1215019159	1908885813	2637699812	1590808969	1823350590	7971487461	3336803970
0505601-0505700	6350036955	5394225907	3453693326	3896961623	8425410479	4629483793	7463813246	1240825306	9026914650	2151719655
0505701-0505800	2425678847	1272297526	6792028038	4129461575	0218468110	8869393992	5268794395	0326728700	8758188610	4930085975
0505801-0505900	0196928095	2048237571	3894543884	4241621756	6263735180	3364327740	1734125942	7455820267	5440278812	1409286880
0505901-0506000	4120300022	7063180825	9318676648	1490447257	9944670459	4238281114	8786117712	4712994023	4353193476	3897789484
0506001-0506100	4625604174	5478020529	5530815025	4298015709	0392382147	2145748055	0269684443	8096038016	4437261953	0044039908
0506101-0506200	1842658748	7953263601	7477343963	4741333029	2755818200	0846488609	8183291707	8621243703	4594042815	0160414770
0506201-0506300	5818564413	2223188779	3921639889	6127369924	0022516053	5128293723	6557373193	1938983417	5384397083	0903585333
0506301-0506400	0857183693	1136503700	8190565450	4329842209	9381490045	4454004486	1822140550	6052871683	1341426278	9644169533
0506401-0506500	3980296879	5175366678	4755096725	6739077347	1816933997	5900118989	1113962465	2061607188	5649119266	4269401606
0506501-0506600	9590616104	4378014986	6699828433	2465257608	8257101089	9195911118	0835030365	0797428123	0709395198	4025480169
0506601-0506700	4462620592	3636351071	9901481567	7440001231	3072541025	6056015931	6840532816	9973390707	1537208809	0132654154
0506701-0506800	0840848694	6485133762	2748284991	6127474705	3222550579	1833719782	9980217375	9142434471	4866343808	4599101392
0506801-0506900	5549446596	6742373011	9121569104	8473306980	5081712972	7313806629	2296784931	6570700310	8305567889	7912329813
0506901-0507000	0375103174	6783401120	8135309146	6073367511	8762187223	2478968370	3827950123	9544495396	7588537384	4664134720
0507001-0507100	2470015885	2017613121	5481437213	3479265672	2446917956	2586330030	6994583628	9103812648	9523388807	6384381880
0507101-0507200	9211807397	9276831412	3086880946	9171765526	7197134112	9027158146	7529442762	5213295015	4301153369	0389221384
0507201-0507300	1013378832	7539359202	0905194209	3938979412	8938076595	3087027355	0773042219	1143004325	6684624072	2890340217
0507301-0507400	1151273168	9053394678	5187382278	4851582247	0484127739	2682805651	7260376445	8440068284	6673735448	2592496916
0507401-0507500	2142390338	8931811701	1389131501	9222854107	3818145229	2592185148	5752524761	8384807758	3829866667	5567628883
0507501-0507600	1008601526	3589358635	7127421777	2895154458	3129347098	0084717828	9672734129	0370760715	9708978389	9342792625
0507601-0507700	5738188956	3194050727	5208732599	9456545608	5868553582	6313370849	3406413934	9137491790	7721822853	1160094982
0507701-0507800	7036679278	9235878843	1608491838	9533623615	7657683342	2289592702	3939153868	1195815299	6066452081	8861843896
0507801-0507900	9720018935	6785489494	2216512361	0171847376	0460603829	6164427331	1730402586	9985215372	1647753632	0660720612
0507901-0508000	3292932396	2407800474	2806780812	4542992795	0935051439	7602119291	1303780217	0395082950	9906994439	3911955003
0508001-0508100	4072157414	8017759229	9719328271	6303971339	3800349267	9133416508	9113946424	7966132094	7250898195	7237504911
0508101-0508200	3312916698	4273711489	5866286493	3613397030	3624716301	2832100708	4152026276	8996306818	9695266669	4405167511
0508201-0508300	3293786905	0034120042	8471394295	4144584447	5412467718	5087103019	4976373064	6456618634	9406566159	5559022203
0508301-0508400	8813571361	7682347784	6310988547	4803141607	5183130544	0342811270	3507195990	1420305881	4923214884	1293569445
0508401-0508500	2964317031	3190357793	7739190165	6912577178	0698512180	1152036378	4718232894	9534446551	4626784682	0263039666
0508501-0508600	3019906922	6106232408	6257493667	4402658139	7192480133	1606041280	4309403011	7818395338	4569734777	8755496505
0508601-0508700	2267189920	3980646508	8098765959	9040268354	5829084048	8743590121	0248570719	0569558518	2299648163	2457015703
0508701-0508800	7483350716	2561778784	0260248079	5436431427	7409752046	2960077059	5232159378	3926560584	7631831645	3946086912
0508801-0508900	9139029707	5293245752	8311220631	6530779455	9970935880	1910179547	8468222029	8137949673	3900870993	4835236592
0508901-0509000	5215317478	0914929635	9576803641	6453157419	8408294970	4240390235	3402659221	3525985308	0332431785	8577406056
0509001-0509100	9003951749	6624783114	6154707471	0152410927	0990190694	6055592396	8305614807	7265373998	4996188802	0452613695
0509101-0509200	7223089073	6822583697	2534673293	0434907962	3158386261	2634442408	6314103499	7403655086	9216050046	2809793942
0509201-0509300	5957370775	2242127755	9627928584	1773136930	9036459436	3844939823	3929185489	5536764735	6087898997	1977807038
0509301-0509400	6620927463	1851985085	1926852624	5382587024	9573805010	9938163238	7082022856	4474021890	3503702051	5868245711
0509401-0509500	2552023153	0878090161	9437053871	7681644829	3944911865	8976812285	8228286305	8898610296	0528325443	8604524159
0509501-0509600	8879043704	7737737136	8502135393	8226539490	2342171088	9783710051	7498175970	2068682570	2725971239	9904777313
0509601-0509700	3208906742	1121200821	8398677787	0565629424	6938200423	7813491306	6630287587	5209256477	3273167463	6966474625
0509701-0509800	7061200346	7156409034	7896314818	6821345980	6127296825	6545576749	8591972867	3797538106	7421738580	1948693932
0509801-0509900	9232978545	5610079000	5472533051	6708185495	5082957331	6453038966	7280573878	2805825883	3867439567	2132016122
0509901-0510000	3642719023	9990318506	9780948472	9803770517	2000913056	2696720528	4316649649	0463110313	4009037815	2174924340

0510001-0515000

6714466245	2624788444	7970326708	0920479660	2152536229	7779841303	5291824916	6775473338	6109757717	5208925700	0510001-0510100
6270953984	1927672468	1021271464	4651636182	9038678557	3635507001	1836724154	2895404774	8343284348	3747564304	0510101-0510200
5274450680	8442943288	0032635348	1326604760	1721422694	0034962856	3970257256	2837188280	0895476023	8666306549	0510201-0510300
7470453498	4376640385	9894645814	4805319509	1992594514	9823361365	3904412316	7407129663	2618704241	9884078656	0510301-0510400
0346889440	9807356511	1719088416	2131337038	3284752715	8014023337	4087460550	9019733708	3604720090	2016509576	0510401-0510500
6376037863	7218832003	8639008631	8700252115	9432783932	8479264705	6206906139	4036488309	4552023943	7276001155	0510501-0510600
6448767844	7540835616	0399848851	3772923034	3235300979	3967833698	3009127779	9794971704	6285314100	4353493338	0510601-0510700
2267484965	8177523531	2719601590	6172828462	1371401030	5334392027	0345130194	9107034461	7456577179	2191324143	0510701-0510800
7364969396	9048965732	8257566913	2764531083	4456871594	4990050920	2240475799	4214851413	9245457253	2607827164	0510801-0510900
7130569958	1372348962	2724101513	5814633935	9857391762	4057344627	1578414318	9580687674	4880080349	0104731595	0510901-0511000
8190724146	4172911598	2896970259	3777767500	6732038336	7599920898	1411198985	7577054569	0088066735	1053470372	0511001-0511100
1329348905	5455497205	3530105573	2469661053	8066099500	7027547522	6267638316	5272527915	4833145361	9391671955	0511101-0511200
1030251519	4171781239	1244827611	1453221886	6777176734	1740645237	8993015037	1042110232	2388477693	7314255347	0511201-0511300
9838888837	4132460169	4849452299	0510710895	5879321620	5632208515	6530074079	5055924944	5974351034	9190441133	0511301-0511400
7915663666	1772461772	3425057713	5160442663	0343126850	8796541039	7347392745	2905140551	2410302983	6258933623	0511401-0511500
5834267865	5320477807	5390909094	6014043806	7643829114	7830296465	1821538618	9201400711	4945518626	9299132473	0511501-0511600
7572992206	1152524782	9166545756	9566383251	1478672525	6097578274	0644380460	7071542461	7738733768	0719306797	0511601-0511700
1913031072	5974717095	1488737474	6950349152	0242571874	3866194207	9828728831	0571028157	9364027146	3453279847	0511701-0511800
3494139024	2082297386	6014373548	5609080295	7134692265	3311826406	7965254434	9899969780	8629347038	5536157001	0511801-0511900
0379699864	6180680289	3285729725	2901428290	1970405011	1709396040	1799400772	7907300595	7406453592	3916663881	0511901-0512000
1445976418	7426920093	7829705225	6405569829	9485145116	2539665867	4223630839	3508148778	2114697145	1562642183	0512001-0512100
9723245197	2563939261	8648161829	7743853241	0643492525	4168626435	2270431372	3804662598	5568603693	9297507794	0512101-0512200
0069921092	7268702532	6458806166	6922557296	3522442048	5867181204	5093427166	6318905192	6245014908	4600688052	0512201-0512300
2350944434	6582740225	8290512950	3049799614	0166077255	6448746146	2709786889	7325672101	9292300982	4547654380	0512301-0512400
0864374001	0975723666	0924137231	8680077447	6268629452	6391724897	0267674567	9273486954	2632962933	0779938306	0512401-0512500
0695174258	9565375330	3319825137	4669746258	7161719676	7115785959	1293894641	9005195942	3116255426	5589036040	0512501-0512600
4261172499	8909306405	0953199964	6107199705	1693828158	8424916149	2363960011	1384532591	7165402764	9547661729	0512601-0512700
5659031279	1649517360	2942136281	8726459267	7678276896	0296649722	4763374234	5885325543	2357319176	3216539724	0512701-0512800
3501468576	2391656504	3387680021	0156944358	2360863484	5735010253	1746380709	1205815681	8796838583	9451042367	0512801-0512900
9587670566	8608026594	8295232559	4202921026	8875291154	3692228947	1789836330	6284089773	0393136992	1911471481	0512901-0513000
6289438323	4242910144	3255465123	7764299212	0827639297	3771594064	1397405209	2305309640	7841631655	4355424023	0513001-0513100
7060821781	8229921582	8215654017	6766976612	0899144806	0059529906	5437623636	1202630598	8951007723	5755651659	0513101-0513200
2197145167	8367435512	9084511136	2955595308	7586708377	8001919961	8165568310	0455702282	7891916130	2403618351	0513201-0513300
6412231627	0904542939	7967412823	5084330945	2202160626	6842689197	1808149654	8307692214	6809272437	7218327397	0513301-0513400
0929550675	2476298131	1566988231	5933109698	9939122543	4479357745	6046210260	4642965640	7405419288	2264785479	0513401-0513500
7979744559	2299821353	0029315531	2717617221	8631970898	2235311610	6940684881	5755289481	6208209181	6672481312	0513501-0513600
8908104623	7699070132	2935328445	0081408941	5189311098	7965407214	6182757480	5585802435	3816151391	8772004445	0513601-0513700
8506579847	9202545694	4114779663	9922979053	2027713023	4997864403	4421824961	6320189181	1804326478	3111515946	0513701-0513800
8111481647	2645477617	6349787130	8668875695	2976260303	1666841214	6343026244	0794686978	2859874183	9503171394	0513801-0513900
2900135590	8772255770	5373858205	4889531696	0180686323	2587915107	0588932716	8594220715	6076389078	5976077655	0513901-0514000
0843037319	0771766931	4552391351	8622363114	2711608544	5804084750	0024799875	8230058708	8265491462	2078726726	0514001-0514100
8063637453	7598067416	4794484814	9738923875	4728459343	8752792867	6644327256	4795561569	8313724625	1045428885	0514101-0514200
0073348951	3025043675	0092419290	3435436010	8566920829	4261850388	3972921380	3592097852	6334813384	9959272530	0514201-0514300
1325821086	0871562799	4119122426	5330135185	4683014758	8361727164	8821814983	5028778855	7539659788	9061068322	0514301-0514400
2861861952	9827640257	7225660572	4744655934	0325286581	6014386518	5373616114	1630755729	7037999446	6511411405	0514401-0514500
4079427147	5377811114	2551339728	3496115287	5330388644	3281608116	5190097196	0558504031	9934565279	8222234280	0514501-0514600
7299181713	0543227748	7592302825	2948026550	5717408619	9252370629	6814981242	0426377685	9881953959	9684750680	0514601-0514700
1203170391	3507600700	1949208483	6887963851	4240583538	6068968037	7544207064	2716519419	0884481774	9095380525	0514701-0514800
8104482473	9134996228	2964378356	1309374571	1476150935	8959457926	5351844458	2440734844	8910093955	7560229105	0514801-0514900
6062448456	1256004382	1227900342	7907039318	7107523808	5638921136	4039358354	0105820737	1156598072	5630307728	0514901-0515000

0515001-0520000

0515001-0515100	2358517313 6193707794 9085709984 7401336685 0020841298 1911223595 9696822259 6454588321 4339357119 4834778926
0515101-0515200	8345889740 0760306939 4540213572 7476634284 8666575966 7909377976 4676816301 5848816770 6460389706 5832759236
0515201-0515300	3081409299 5503945837 8138514377 2011353236 2892642037 7834841213 5950821407 2712089533 7331687881 0000342084
0515301-0515400	0576180389 0377556602 6792357942 6458250463 4285826405 8246647041 3641994747 0546611833 5438791076 3314524200
0515401-0515500	0537808999 5503474173 9824797089 6323065778 8066150878 8209327159 5756544842 6168832058 9402879672 1171980537
0515501-0515600	2836240656 1189079991 3802883209 4343311246 9126814143 2182067023 5390665254 9656361761 5132401567 9568910354
0515601-0515700	8807955825 8253280000 3740724316 5059153059 0694165524 4026442226 5534657082 7097143842 8418562650 3226274931
0515701-0515800	9629589024 7541653457 6128240935 3540627014 4007091148 2095483336 4938657662 8566250273 0215442597 9845382948
0515801-0515900	1913014999 3816839032 6408029823 4887741471 6824958784 8181800555 2066910156 1370253273 6823984640 2589188012
0515901-0516000	0337650092 0647729115 8684977059 1281425393 6463325614 9381380988 1934729589 2191223730 2958434157 5051021773
0516001-0516100	8760027425 7006713072 1327155850 2718326316 5673229741 6556993878 9693238288 8666604753 4639873633 2850561625
0516101-0516200	4877385435 6883005726 2497407546 8515505447 7920664951 5963229258 0229326617 2296221390 7725474952 2646217975
0516201-0516300	4608682099 3904542065 7122232019 3765629382 9780886180 3061952849 3132084967 3872332603 9474869730 7938567850
0516301-0516400	0759409394 7867425498 8202420415 4706671982 4068073770 8036607512 5464173710 4593569506 1956103385 5527322098
0516401-0516500	1093912275 4665443071 5285653966 0824821860 9920130748 2570769885 3489469154 3197165697 2247661616 1766706519
0516501-0516600	8873444896 6245862862 5152225384 2901560874 0899543421 7695175410 3353363403 7347503819 6456961620 8605048641
0516601-0516700	4145849222 4453185569 3921046091 7094993512 3097068124 3367449929 8196274387 3931320970 4016695375 7317336392
0516701-0516800	4066206733 6606643546 0951047803 3905319817 0587577123 8273780252 4734990313 3500461177 8877727476 0720342573
0516801-0516900	1481597071 1634540909 1842317519 8274427763 7794025829 4921372461 6142441229 9249358946 1434008809 3891446700
0516901-0517000	3203465218 9837272897 4239743797 1531983072 9612428502 6965615884 6639448405 5677766860 5819505314 8337097686
0517001-0517100	8517186306 6764959789 0678887068 3150525108 8021562700 1700423292 5652577553 5714748807 1703303840 6465942131
0517101-0517200	3222560288 1837518818 0027781993 0167409986 4410627199 8252745569 5968061642 3014905837 1294203283 5260868134
0517201-0517300	6582068661 1208819994 2560871923 9598657559 9068847944 7989572847 1897115760 1126635233 2118719974 6658400358
0517301-0517400	0218134043 6535578951 0224096323 0644670362 3964969102 7401415384 0261860400 2521040701 0782659915 0449718939
0517401-0517500	4637653897 4233959444 7809412596 4467938810 5954017706 1710349317 9060102858 4817942869 2776802516 0634698186
0517501-0517600	4876158623 3701525160 2363718178 7999034379 5955115086 5145402587 9726423200 5725044441 9433171201 3746825419
0517601-0517700	0708531072 1520851269 3984662801 7711102642 4456380791 5882495667 4349287553 4221533673 9800701841 4596890640
0517701-0517800	6936381641 5346937335 8041348621 6823628124 8551962820 7372517116 4471004843 3926771290 4709544982 1771245997
0517801-0517900	3537949895 9250181926 6700991923 1981513968 7203924078 1317332882 2740618348 9936891596 2588277943 4181259782
0517901-0518000	2374682335 6556966161 7070377394 2455538602 1304334936 4007531953 3984910869 9633356133 0849820046 2205237942
0518001-0518100	1261127386 4697734352 9840614120 2933574769 8542837985 0731423029 6086006458 3902032668 3297106647 4859280280
0518101-0518200	7062228941 1984685237 1184628817 8252337801 8175736273 8656338576 5251145897 6914251738 6579768133 4553312596
0518201-0518300	1089216796 7599216200 4777773660 1739698157 0051893055 5208239 2470930750 5648653540 1470796258
0518301-0518400	6332447535 2400235795 1420808860 9935236904 9792716495 2973307312 1762702277 5828058433 0992778199 3804392172
0518401-0518500	6811176593 6516774634 8586811523 9136038172 3993804361 9137087041 7832458368 7073268792 7591512421 3279306924
0518501-0518600	9368067256 7164093795 8115437410 0844743180 7984798184 5622953378 3159209437 0585987930 6743149584 2128091771
0518601-0518700	4693715998 8393383659 6763332855 0845214487 1734987298 2802287224 5972111003 3706788519 5708636469 3267471590
0518701-0518800	6123201811 2861922070 3781668982 5406153183 0765384398 3956690719 8048513952 9940333118 6528088123 2170777351
0518801-0518900	3270097093 4377286450 6905524832 0188640544 5912131117 9044127994 9017804606 5119346213 8351820079 1941711869
0518901-0519000	4779020864 7877508811 8722447763 4397287600 5334911972 3576540686 8201936808 6771886415 4368080099 0685123604
0519001-0519100	6326960994 0850990396 9483621715 7071869815 6808599431 9275507836 1763106352 2862443582 9757772397 1617124439
0519101-0519200	0007852725 7874425455 3882651665 8015450494 4151640169 2449890426 8345734562 6173402057 1401179382 5315539669
0519201-0519300	1786508532 8616022779 7761828448 2128672946 2937149110 9116351044 9320107800 7237074496 3492569121 8904931357
0519301-0519400	3617672737 0757948988 1987081480 3294560802 7014245740 2799289156 9507497718 7763259012 1855832116 8332456383
0519401-0519500	2463542641 3663047442 0695339068 7461804874 2695730825 2892854977 5570446553 0725372653 5449091655 0585449050
0519501-0519600	0908073608 1330077728 8059176211 3407812702 2071577217 9918469199 9647647655 0010097766 0172796469 6655224452
0519601-0519700	6699337699 3129003168 3521179052 8327287495 4475129813 4025062913 8109549668 5728387795 2905044288 9661515542
0519701-0519800	2823760174 4913735138 6273975389 8374287836 4570857778 7917772282 9418378625 0926281394 5141402838 1810712499
0519801-0519900	3708570349 6006797685 6336968647 6720810794 0134332689 9229203210 7971528543 2230936878 3898249784 6997755897
0519901-0520000	7758416212 8896661183 0971893956 1805589888 7347882238 5862983606 1482819706 3885376638 7023699719 0568879142

0520001-0525000

0015005893	2781576679	5541265615	3240777511	8370166626	8023336345	0787841366	9795089586	4028584925	0404849337	0520001-0520100
9617118032	8045570796	9321708308	8711762591	9959435644	1397149528	2622098711	7939305641	2254938187	4381430808	0520101-0520200
4727553083	8917269346	2948996786	3754936115	4624333630	9926769946	8701922308	8148390348	1460666095	4452470388	0520201-0520300
3761208316	5142010076	3183375893	4939996200	8248009986	0462830624	3249049275	7335719180	5826053249	3551274110	0520301-0520400
7358603022	5305769820	4994600214	5986397578	5058321391	0161582089	3810253664	0432838562	2156050481	8745659654	0520401-0520500
5074877137	0455025814	5886878709	4158414236	3695825390	5004410260	6727943451	0615024772	2806223509	6633157361	0520501-0520600
2514266794	3414074665	2063534546	5839222611	4632355783	9399370970	2620191622	1347388562	4539830201	6554714620	0520601-0520700
8476297265	2574642687	2338636231	5313553556	8166360519	0357189524	4664237586	6198041144	8025219901	3025958934	0520701-0520800
9990701834	6443127068	0599004325	6138711210	4506890557	5067907676	2563050384	2626225137	2906522565	4942654827	0520801-0520900
3213499848	4160539500	4718249856	5601847314	4907426919	6457452658	1135702651	0716238773	3468833725	8997786436	0520901-0521000
7259174115	5701655292	4842063152	1873791595	2464483195	2515980633	9460374218	6735024198	0390342917	2882058569	0521001-0521100
3526786658	1582011958	7606982523	9649292348	9146794430	8478657497	4508366962	3296079018	9307962445	8748437251	0521101-0521200
7492298595	7167812557	4842331673	0358061373	2387207900	9336336925	7424578919	5386758667	6113412582	4716030708	0521201-0521300
9431687496	4912571672	7634443030	5543587943	9672798391	6055021351	4833324054	4829591240	1218783134	0304592944	0521301-0521400
1621292750	4998450167	0946484953	4409152471	8377825576	0029397942	5014893421	4633867588	3458963870	2611272977	0521401-0521500
9481845303	4442314713	1244078498	2148467358	6273265362	8625501039	7360301794	6321255354	3423298346	5042878299	0521501-0521600
2697952507	6211766041	6274969836	3594996032	4349579121	0300046219	2014621172	2288584413	3017429091	5199745617	0521601-0521700
4122142548	1510127488	2630094697	4835123007	2170223802	5163626542	4573166829	1547444218	1002777612	7607297892	0521701-0521800
3682586116	2066670221	0658425698	1663821798	4120387841	0264487735	5661996291	9187799243	4897623591	8131207934	0521801-0521900
2126285808	5245471431	8097767637	2136458404	3359927672	5551587668	7292681898	6466457737	1815671372	7127327069	0521901-0522000
1744607683	7023027879	2424382140	3830439878	1254700621	3796556007	4412906471	0835313042	0289291215	2146345225	0522001-0522100
6753566839	6813627818	9995449676	2854591729	5133246231	2686271207	3070316867	4086601595	7099166315	8646522388	0522101-0522200
7456234496	4515990749	7920994590	3431392149	4067984830	2722545724	3051435304	5490785504	6857565598	5031418630	0522201-0522300
8483486501	0575124492	8756718289	9127645724	6072592552	9643384645	4729452076	4118443817	9028342584	6409298456	0522301-0522400
8121756169	3893596597	5740429295	5715291507	6829707802	0239789169	6925219956	9167435795	1072811013	5844878034	0522401-0522500
7612045865	1798666327	8274801506	3649022752	3192057452	1535572880	2481958656	5693666305	4699706295	1144220612	0522501-0522600
5550456869	1480327448	6028172682	8102742488	6402616018	9341813654	0881702751	9036327982	2038270382	0898351245	0522601-0522700
5779035361	6534469844	2851334548	3864352548	1083128499	8328941817	2916120839	0713906848	6878921381	0103679650	0522701-0522800
4435251204	2221465614	3647220149	8942002143	8344201240	9701466236	3438582726	9296108625	2552511892	1290714836	0522801-0522900
0456679559	5168653305	3105451019	7832165741	7626828559	3469187149	2472425479	1232715290	9308767435	3283875056	0522901-0523000
3162595363	9199685925	8022570941	3045416467	8572397376	2668711162	2820934741	3738395309	7453856228	3954012484	0523001-0523100
7808174876	6221827151	5701356954	6601451452	7686148821	9451341105	9801959086	3768978510	2904745476	6574382151	0523101-0523200
8113451025	0246512821	3078825731	1518251357	3208273422	0695504162	0563142444	9297757854	1810479961	9444293639	0523201-0523300
4669739813	5936691118	4515777799	2643506435	4447789078	6588566763	6555675101	3302039206	4109944674	8697238001	0523301-0523400
8901857712	3739333851	8911517615	2917903357	0357835979	5955444897	8594989542	4664715432	7706708272	6518943783	0523401-0523500
7948064033	4221433772	4047867869	4063066207	2056502773	7002585237	4393455794	9437175759	4822239484	8213090905	0523501-0523600
3923116986	6409648373	5068307724	9445046879	2906337053	8796371011	7044090375	2038526402	9625703004	4175089847	0523601-0523700
8007785474	0069098315	9410928873	5871895339	4735828847	3512024777	5144152864	1433301523	7602025716	5466393135	0523701-0523800
1516958028	8664731538	3404234437	0579637648	6698042917	4989729433	0983715121	5686192965	4197679087	5435900658	0523801-0523900
8519119491	0142607559	6946536884	4561880990	1450714928	3559365332	8658780734	4656348810	3298867967	1646781357	0523901-0524000
3843886039	3567548126	7316383463	2608152226	7743361034	2562799044	5807102437	2908605563	9419844097	5135534819	0524001-0524100
3689894438	5856295365	4998625886	0485713492	0887479532	6091097703	0346501294	0402286028	3613342235	0547868311	0524101-0524200
7531048043	7887068288	2815000408	2704666900	7244607660	8132834861	6471638169	6784460515	5176165371	1887635152	0524201-0524300
3592785897	5553158127	3539168302	8019688722	0255186609	0543478414	5591634664	5871317346	7524042320	5137846651	0524301-0524400
4548485210	8274337280	0134867245	0682567941	2532619761	6598876523	9668887392	5240799849	3528141270	9665420506	0524401-0524500
9769479109	0919691843	1017573132	2507064339	0879078608	6732900306	3983535165	1598000740	5308268960	2417037023	0524501-0524600
2670697644	7029760260	4698157613	9529220964	3118412199	0812443297	4534969714	0355250428	6138984205	9873557626	0524601-0524700
5543534721	2310996418	0755739430	4984758358	9778675340	8277752559	4534690720	2949290138	6136911719	3813173601	0524701-0524800
6464766254	9743551192	3723190337	5664039955	4244778394	4298351828	7742464123	2791662248	7261166153	1195565153	0524801-0524900
1837930374	4830710564	9190863769	2464303925	3332818232	1026516298	4382479889	4081615315	2609817835	8205420475	0524901-0525000

0525001-0530000

0525001-0525100	7574239190	7906610890	6172633363	5275358836	7285253235	6699956862	7018308121	6740528018	0002553689	9293369386
0525101-0525200	7881167440	7772991654	2788044678	4135620093	6297554569	1518076713	3129637553	1481657990	9072931041	3796284759
0525201-0525300	9417790724	8909988399	4658129887	0509883672	6884172624	5600654681	1448063717	4295084587	9829312533	8228957064
0525301-0525400	2635558951	9574792100	4748780099	0674713490	8177116597	0278740048	4855846184	4362188045	5975536139	7818771100
0525401-0525500	1600120973	8065852060	2274673984	3219801950	6909533162	3045898291	7616258601	1360218289	3530594673	6287128555
0525501-0525600	7042048740	3580738017	5224160105	3644920727	0031358736	2744654707	7793526648	4464080671	8320237279	4201434472
0525601-0525700	3474168049	8214353219	0661854299	2546902783	9023946936	7565855047	1520114175	0008863744	3752809863	3553566630
0525701-0525800	5314474278	0108559946	1612399029	5628653163	8308517479	7943117702	6166211075	0667259113	6795657312	6107906874
0525801-0525900	2527132102	0893420430	6864426562	1908898010	2687881677	5863339198	7936068177	9680015207	3864581118	6433222300
0525901-0526000	2760660979	2372849188	1652219262	7682090188	5478038944	3560320424	3307256873	4606173702	3245268043	6617589619
0526001-0526100	9744461169	1103048605	9055319970	5636008633	9357467682	5493273026	1029297265	2219997013	7847456683	3692781960
0526101-0526200	3268412053	8725039677	3387410094	3023310659	4985975756	2894408874	9450232447	1045141157	5928385431	9043656099
0526201-0526300	7944177869	4565059086	7372794050	1810358913	3007802251	8367047129	4785839325	8945203373	7115409652	5172614324
0526301-0526400	5821365109	4928649637	2790675667	7570290788	1082452198	7372794038	1999502492	8527363407	4361722349	1460131337
0526401-0526500	4188261577	7539449981	7582444937	3817062049	5051672294	2428537471	6677617880	6443475674	2240965920	8038034162
0526501-0526600	7847256942	6829022925	2125238485	8533734791	3671592469	4997360835	0100908415	9991613780	4841580776	6179309191
0526601-0526700	5947188569	0996102325	6006367965	0977588295	4357381862	9851803285	9284770413	7243664895	1461450501	9206944691
0526701-0526800	0055451753	1628065330	5226400767	7708933108	9867475923	6311424921	1964737983	8595425577	8544792305	7506806386
0526801-0526900	1269020901	3250630793	9519222133	8609185950	6512594966	2111567524	7703172613	2363270363	4237172046	6923617527
0526901-0527000	2964371717	9484510462	3856042582	2273820574	6694163997	9217811594	1355964646	9298483067	0920142577	9742380093
0527001-0527100	5295307642	1311879630	3250033849	8464286036	3407249831	2855593980	9627486824	4319578185	9038887550	0902591367
0527101-0527200	5504375891	4720260583	6213776664	2009090107	0593053387	1909593483	3833029991	2816614493	3023488324	2862780945
0527201-0527300	0374459419	9622771925	9121297396	1871592020	8473155346	9808229179	4557411069	2956227707	4646829225	0640769884
0527301-0527400	4047590191	7347741466	4989263523	6134717021	6506656059	0473280364	9682439836	8514816737	2969698615	7231072880
0527401-0527500	5030865542	0546534599	8321799681	3769385218	7938647137	4152993484	8299188089	5775760669	7549607425	7348997204
0527501-0527600	9994459247	4776550655	8813098857	7915322125	3482542661	8429008335	8153300425	5332405321	4212483604	3612819221
0527601-0527700	7295783844	4800154600	2989505011	8238964630	9785607091	0788010264	9379376565	0947187932	2583388446	0889554615
0527701-0527800	2946266400	1960838911	3091285689	0749524410	9929559185	0870862987	7492462935	0984305416	3189206518	9010221083
0527801-0527900	6873850768	6044955836	7008844971	9941471180	7644132023	1950290439	8729819740	5881795755	5924943246	9415479940
0527901-0528000	5009578634	6491078935	9582772786	6007415601	1277589271	5697466918	5672088046	1585956897	3929234646	0865182597
0528001-0528100	3480987627	8032735783	1228242397	1491807934	9952189648	9149874891	1954466018	4648597939	3343279816	9521734810
0528101-0528200	4730074648	3125306807	5160706380	7910667955	8987664530	0045068524	3345844501	4194380760	5732159724	2893329409
0528201-0528300	5357769028	2372317309	5037334413	7444842404	9652672649	1724054760	2800339029	7467260071	9069651789	3056846085
0528301-0528400	7048624192	1921895529	5012064993	8297904522	1890711544	9969937914	4340897775	1170261408	2584014441	5357391257
0528401-0528500	5268782112	0477956764	3328875396	9726244731	8790329525	0147526864	2593745614	3548799640	2355502556	2412865641
0528501-0528600	8887114956	3905477942	7685872504	1127991197	8525278635	5553260549	0775416372	8187879421	6675674857	8561416230
0528601-0528700	4336382407	6503788015	6019880957	7238048798	8087768681	8853155071	5521356754	5824862107	4536528904	2299172215
0528701-0528800	6412432965	4859604047	6034010896	0793000197	0188160340	1870668767	3493011680	6762537583	4101944939	5995975179
0528801-0528900	9294529013	8196724876	4294353034	9403840454	8902069081	1451703580	1938191590	0539925385	4990428116	4432095981
0528901-0529000	0429725600	9893982978	1428018158	6790336160	1288340891	8242656076	9657275476	3199672245	3307756635	6514988924
0529001-0529100	0332801785	2909671591	2155922079	6605920051	6647151130	8401574719	8573135595	0814931327	4438609677	7289684562
0529101-0529200	8669479813	6503135660	9445293868	5876216472	3841947266	7526482797	8036461664	6165460093	8432009638	6651058793
0529201-0529300	8358408749	6361419706	3437324407	4406175963	9504054302	3084204531	1689261869	0547745512	3081429286	7131454787
0529301-0529400	2493672262	7140194805	8072089560	7295402660	3573000165	9184622869	4429707353	5927977913	5141545723	6366805613
0529401-0529500	5103373594	1605798693	5094459307	6459253643	5012949183	4074656822	1068024329	5447211988	6042088970	4487725978
0529501-0529600	5222935514	4143595866	6171084057	6191296480	2496895729	6336190810	6473429291	5801249233	4159507279	0860874734
0529601-0529700	7297779283	1022117036	0078554576	9509313647	8690591301	9289750813	6820693747	6624409797	3906085819	5703694795
0529701-0529800	6217339092	2423568787	1954488870	7655404175	3864894947	0012505326	5954906591	1585793127	0481659345	6876477106
0529801-0529900	1383451657	2863565673	0814481072	2413625202	9771512301	1521636643	6175554153	7773135312	6073673845	1161060841
0529901-0530000	5135837496	4999144671	8312384781	7266127832	2910119023	0569342678	8974768845	3059278879	0534903105	0776142554

0530001-0535000

2996293875	4841751963	9979120671	4877105669	9673222538	9139322340	1564458501	5038358971	6631779696	5033760872	0530001-0530100
6334162566	5152168570	7737530402	2479440398	7545693099	7611847595	0363021128	8883923449	5926700379	0422257102	0530101-0530200
8065129805	4546955321	1495375827	6649718670	6631970791	6922605079	0892188740	7617766347	2692934300	0028544451	0530201-0530300
7296016471	8901564120	6994309986	1693668518	9833401054	8662959489	9465690353	6055415702	9370869503	6832258132	0530301-0530400
3917400113	3578912283	8643818662	1427639112	0167628509	1701580132	3940797165	8678751993	3592260677	4097310151	0530401-0530500
1742268902	3963220013	0165011170	0896408566	0915964199	6020206039	9859516759	9336164608	7251610537	3830608301	0530501-0530600
3854701146	9178633538	0234107417	7249771296	9498238933	4746097814	6663308890	6239419319	7079768488	6220394489	0530601-0530700
6652185530	8553719676	6750963598	8051779747	2617930326	9128318267	4862057809	2652565290	3428019088	2705901405	0530701-0530800
4663747001	3833025889	3616017150	1548886893	5910569440	4497217202	1139245648	4749888583	6600119303	0933405042	0530801-0530900
4819094808	4678987600	3827669218	1719086769	6601829782	0355992071	8977804292	3618366306	6794572605	1889605382	0530901-0531000
3472875932	8230119515	8655518017	8283133565	8309861373	1652593503	0805823962	5590828657	2921386547	2195779312	0531001-0531100
2433591473	2375240378	6908253602	1646294813	2048845739	8705136724	6382465059	9873114603	7622534977	8221030101	0531101-0531200
4542987511	3822448213	6735267372	1070466677	7974242250	8385846488	7294909600	5218614774	7715199660	2465522606	0531201-0531300
9621270620	8541687872	3951599782	6861207922	3288649559	9471294392	0009967608	4626144529	6688181911	1809448899	0531301-0531400
1955881471	3799314815	2932958251	6076010711	6624951556	5937202893	0345139657	7612021582	5001792716	5821147493	0531401-0531500
9898252164	1313983316	2921591167	8786311490	3503708046	7291134675	6645736776	0316704471	1872286977	7749372049	0531501-0531600
8411552534	2283689364	6994865992	8163890293	3332959670	5023331063	1864547159	4619892117	4696044074	7930112114	0531601-0531700
1664974922	7696638793	4136055436	2801356521	8859169191	6012650170	3473492198	5779121559	9655450788	4590280024	0531701-0531800
1979283614	6886166968	7294067326	5794485514	1210293316	4767805043	2030238929	1620949699	4094626811	2688477619	0531801-0531900
4192988872	8302045325	4835559564	5610497507	5261052442	5580938627	3420635892	7768284422	8129581464	7347367073	0531901-0532000
6225597282	9437263774	8776839928	6376323453	9366344505	8464032220	2749734150	2487576599	1021519544	8391414894	0532001-0532100
5282238326	8148398051	9970765592	6889831544	7157695118	3155510618	7300676856	8040571230	7832433568	6278130316	0532101-0532200
9868434085	5208154148	5255677208	8289519403	5878583720	2454478168	6346084119	7036059946	9204205022	3895050999	0532201-0532300
0547462252	4732812866	7550756059	2665702381	9679854436	9738430363	4755135301	0142231318	5966598355	0172909122	0532301-0532400
6635606839	6272443084	0465236286	5284232381	4234990867	6609158081	1529985673	1882700013	1093821576	1913296593	0532401-0532500
1457997811	9982342630	5914119833	8941256260	2152147455	6185978394	0816914555	5130001751	3102083825	5631736162	0532501-0532600
1545903512	9106180015	3799212994	8114092826	4215227003	1879995958	3363724143	2647124378	0519752445	2586298660	0532601-0532700
9139765363	1205034855	1968701426	1642737394	4255387041	0409340117	8690284831	7324446696	4383927413	2175880980	0532701-0532800
0049498861	5024556839	3213699722	6039513159	9909527837	0145480127	5952792565	7066876033	9430121291	1978505936	0532801-0532900
5743941306	5417846820	2190033810	5036071495	2969682719	3408249954	0824216163	9655390093	1007144638	8762031349	0532901-0533000
1340775627	5562058777	4807984394	5811949518	8200713205	2594033442	1340012436	8874611015	1026668901	0672516105	0533001-0533100
8423245264	8551398239	2400435721	9566830736	5786346362	8471394771	8760514239	8707775353	7119885446	7657293463	0533101-0533200
5846988478	1033914667	3478341787	3151540290	8742459239	4613261089	2919503710	1182549231	8420721043	7942006267	0533201-0533300
2244936264	5549550503	3758381719	5105443116	8732796056	7532982916	1312575435	6825245646	5008122805	2263681461	0533301-0533400
1597532119	9170660364	3597448082	8856219322	6739368656	0625429382	2490061995	6077533306	5246484430	7273487208	0533401-0533500
8797672926	9681479748	5326374608	2115171227	2174344612	1372624336	3240118432	9188986371	1234758307	3897410591	0533501-0533600
6818188166	8955953718	2399583109	1589558651	5510793911	0515371592	8239197272	3851893459	5024177790	5515151572	0533601-0533700
6497570872	4287679440	9731453020	4095907691	7387500961	3264837074	5595341535	1331344900	0387528031	0133785644	0533701-0533800
1911474235	0224523620	0886553420	5354859562	0977763485	9173787806	2122554402	2592527384	8307765179	9963738230	0533801-0533900
0909619759	3801747525	7830796156	3233626646	3730838957	3846711167	0927506441	5747632824	2109681866	7021420776	0533901-0534000
3268375526	0776111089	8894496467	3277534390	1491089616	3618414435	1402764581	2228960506	0381554653	1573231035	0534001-0534100
9157359227	5891134925	6900935607	1479776887	0073195410	2283427174	8757490709	1871630476	2388723409	6963025340	0534101-0534200
7824746509	7250027224	1452603350	8279170509	5244089375	7333312319	8203021541	6350786778	2655093217	1378171231	0534201-0534300
3716114212	3181244080	6330981536	0743763950	2654255747	2387777479	5160370760	2548634894	8281530335	2021941346	0534301-0534400
4669637514	3271528080	2910028162	9344182641	0827591952	4951817369	3711365151	4537697574	6303550396	8815577039	0534401-0534500
3898348715	4988401323	8769153330	8860839615	2038792659	8342627243	1774927686	2696354131	0684656244	8434931165	0534501-0534600
0896687484	4693471034	0534822954	8440424944	5480290150	0871209116	7917658606	5278724812	5797753474	7880316689	0534601-0534700
0035108745	8568174549	7070497359	9571133983	4554368894	8216100537	1526145300	5639912424	4539962580	3132802285	0534701-0534800
7815556753	3705179614	3359354831	2607199002	5851110866	7542907999	1703537006	0643683886	5760343284	2134674936	0534801-0534900
3284798134	5995095244	5941366688	5886365358	0165643967	2455889752	1380576361	5902148421	5833508687	1769121384	0534901-0535000

0535001-0540000

0535001-0535100	5760044375 6081874548 4730537879 1606854309 3840810194 9720610599 3813537730 8743093608 0254374618 3604369148
0535101-0535200	7411272220 9890114767 2877947895 3951733778 9411265620 4674800771 2938053458 4076556161 6367140328 1364506738
0535201-0535300	9621785209 0789222464 3916798604 3804019848 7605953575 7297848080 5364654179 6474341632 0801881522 6299727917
0535301-0535400	5361841901 0572539102 3526100666 1285793861 2848287211 5114433121 7481644040 0561836018 6728632793 2539692823
0535401-0535500	2426014000 7259899509 7051264681 1985138070 2881169297 4703651388 2781618018 1143146872 7933233145 4315102504
0535501-0535600	8027376973 5906929697 1888893454 5315353695 1518987596 8892467578 8779434750 6970959483 8918709199 9856782139
0535601-0535700	0784326370 3165798784 0807613470 0595423153 3063135629 1972347631 1123701263 7437169883 6456993918 0204023601
0535701-0535800	7065484741 0448271684 9915119737 6191570800 6875431889 6722949153 5191956193 1247877010 4883649003 4307122021
0535801-0535900	6932716448 7378907486 9716889055 6697893495 5748268599 4538815934 2379901066 9245538086 6035693093 4748516271
0535901-0536000	9970008372 6662594609 1636911918 6683408760 3981605345 7187304488 3787844599 4564106619 4649282790 2987144851
0536001-0536100	3829662277 0697710186 7972627483 6234505524 9868433462 1758253519 9489358389 2640008216 0425785815 0101486886
0536101-0536200	9194413913 5668696883 1445986211 9923349722 5849337410 5532462372 2317841154 0422579197 8377626057 2497686118
0536201-0536300	0888568657 9798004500 7436559961 6849105084 9723073534 5599811561 6755131668 4195733447 5132922964 4291365157
0536301-0536400	9966325538 3479450766 1032896848 6987628172 4653418103 8300169434 5217588085 4960747849 0075673039 7047497994
0536401-0536500	1243512618 4213715027 7561668273 6902616881 5088921349 3507321826 9322806605 1823157630 5416072303 6713898748
0536501-0536600	3779334050 1584198071 0583153109 1345171439 5671880125 0305988695 0631165440 6196180647 0807361237 6753683950
0536601-0536700	2282439875 2860510511 3518141919 7379569469 3638681274 5316528106 3503834682 8357384405 5142293480 0799366821
0536701-0536800	0804493606 8621646006 7663448303 1922495893 1559540458 1694972413 6805749636 5679330791 9636715256 9807186187
0536801-0536900	4731197459 6214344478 7453875567 6792302136 1485972863 0338941823 7450498917 6974007142 8842397668 0628317290
0536901-0537000	1190857403 2503385452 2235403375 9894400897 9329603741 2054603543 8418200763 2588093628 6978935955 8085094975
0537001-0537100	6506799535 0334583706 8005723967 2681329462 1407540131 2828636882 3074537737 5496644876 7066237058 6745285605
0537101-0537200	2628768437 1031208597 8307077429 8894233319 6659933706 7247096895 2524985445 8209814394 9212079393 4365568025
0537201-0537300	6945592260 8937043796 8088305921 7354990280 8187239423 5008316672 5862989891 8865217070 4858091843 9451741645
0537301-0537400	6009022597 3841145776 2210305768 8690926001 9619975636 4983572315 5371164800 7804190340 7349958308 4414551229
0537401-0537500	4281776021 5210493581 3182396627 6787157371 4998284140 8036881971 4227388302 0874501573 9858523972 5106689569
0537501-0537600	9623496283 5492727345 0826891202 7147525704 2705061118 4594647182 8532054542 7233451594 0869862411 9906327074
0537601-0537700	6182667956 0170012752 5835086473 8849204602 7857128502 3478467533 9031318786 2966495520 7064550768 9584383918
0537701-0537800	6767906678 5694775621 3003776080 2451808273 4525214320 5516063315 0403699415 4860613067 5953365971 6800235921
0537801-0537900	6089478140 4681853314 7106095468 3369162184 8065587071 3410551936 1745103710 1599216136 1995097086 5013778053
0537901-0538000	3897593988 3669378739 5482278968 3336138162 8700251093 9802307692 1640166695 9917739312 2483908264 4791280998
0538001-0538100	5780640532 4340913718 6218853230 4910289011 3716108308 6808748672 3811585974 2181565370 9296744655 1849292875
0538101-0538200	0040651580 7192028280 5299224441 6273543223 8256495251 7424671577 4826096121 6185256399 8936569445 0558351032
0538201-0538300	8185664131 9976266974 3911116778 0948717936 9657369037 6143192238 3476655463 7308885177 7088449683 2380581866
0538301-0538400	1049089021 4787876907 3115712614 1234536496 3900842699 4470802551 4624680875 0232039897 7365460713 3043284170
0538401-0538500	5373441390 3893234842 5031816883 0269138738 8458847942 0355798916 5117728792 0689338631 6827004321 4700842467
0538501-0538600	5785294166 0469640375 3841191237 6432743868 4183406337 6908656334 2469199412 8446600486 5121778043 2768985518
0538601-0538700	4022775180 9879011069 6764581909 5323132112 8789090149 7686946981 2633598854 1954556717 5712676678 8371557631
0538701-0538800	2670276152 5977769925 6164372103 0108499313 0354371898 9924700939 5752824298 7296922410 7111180096 7264157307
0538801-0538900	2618623927 1371578280 6114143002 0171114264 8258488927 2072257212 2032771300 9982949992 0651648922 4551883661
0538901-0539000	4215959589 1282375248 3606217204 4495902485 7568099691 5586234438 1651671463 1633100487 3922932262 2194319536
0539001-0539100	5465767781 2098448625 4203960830 1127767452 8313406762 2943688413 5422093949 6071825983 2600135575 3099690969
0539101-0539200	1637349665 5974503738 0554178792 9382030075 6984307669 5439031187 2706744220 8400259867 9309241436 6290522730
0539201-0539300	5487332037 4993181703 8992564161 6744964935 6926652153 4815077105 7177730318 8284522175 3638550909 0287600520
0539301-0539400	7644455852 1723466926 5970493470 6045532756 2960679060 6632310267 2442059559 4961738355 2205881466 7667226152
0539401-0539500	5390990922 3734700140 6561397500 6335694487 5096877152 0848323518 9794212322 5929201006 9507200894 2754098085
0539501-0539600	7268094505 9064154821 8430923520 5988084931 5619983713 4863086316 0817753099 3431356826 1193911313 1975531178
0539601-0539700	7891831559 9227750248 4615967066 4664052848 8092119285 3256995495 7327013366 2891020185 2959715102 0987318184
0539701-0539800	6394428005 2695190904 3300223556 7601977870 5309066426 4844723116 5417685422 2119167486 2350821405 5524163362
0539801-0539900	8561937291 5602656303 7485196337 9831249371 2512584668 5449441793 9893950361 3056358538 1465349742 9452024282
0539901-0540000	8047303931 9639196656 8679509781 2119450371 5184948395 5346185707 6075329697 6206042126 4450505727 2373623975

0540001-0545000

6574400005	1885064382	5547281839	6964755953	9802630009	7329759096	7668112501	9203508629	1396430856	3802687805	0540001-0540100
4242269120	6708466695	6677938084	2887975906	6333385191	8316580733	3128864107	7969980277	3881216321	6461819722	0540101-0540200
9799382327	9225034392	3207155706	5563693152	9218829355	4619023650	7169076916	6585341141	6202786881	4520633343	0540201-0540300
5182444586	9277959804	6627970127	4348919999	8367141615	9300403854	9093477123	2162308539	2496688136	7722657236	0540301-0540400
6504800742	8664506672	3197281356	5442043144	4220544279	5569289248	1651067906	3605431422	7622982051	0603946839	0540401-0540500
0735987427	4419025274	2980580057	3784246772	1405075868	9327578238	9649330295	3931675436	5582636829	3342278667	0540501-0540600
9969086201	8808955961	6889819483	3665683085	0488836176	4603121668	7630865949	1983675260	9718937985	0864296154	0540601-0540700
2780131573	8842262690	9720754930	1238347693	3259946850	6448850358	4484386598	3493006017	9435497954	6847118805	0540701-0540800
8153183483	8854670090	0036239016	5675090985	1974382608	9176297051	7516264463	2104682240	0453548606	3995436349	0540801-0540900
9876179329	5439245093	2753221167	1851255361	7107202565	8333543526	9680085114	8963267718	4139489710	1579682237	0540901-0541000
1232377799	8170453134	9779534409	7553782240	4146878310	3118732043	0287713984	1266742843	0830099637	5651519942	0541001-0541100
5640823532	4995905280	9366080177	0815480297	7468046987	3018442817	2248913336	6907642573	4983149530	1549179718	0541101-0541200
6038684886	4164136682	0315278415	0730160382	8760904785	5070467970	5102972376	2400497326	7965404437	5743461492	0541201-0541300
6309232993	9531021385	7334039465	4643138039	3284754601	6682894570	3985202898	9705619905	0058566331	6810254247	0541301-0541400
9612249799	4161923808	0817186956	1768335559	3082034329	1711186119	4066142459	3023416858	9283254022	8112237514	0541401-0541500
4878383804	3753338600	5245983771	5219808574	8474091159	6560510126	1021357390	8775874485	2230707278	6751026934	0541501-0541600
0595258400	4438769166	0888998376	9297115767	5464446866	8682258216	3159384153	3402184543	0200445567	8786165353	0541601-0541700
8779006847	9648161154	6147742567	6643466678	6165714321	3956058051	0685249293	0203486311	1876979067	5737306130	0541701-0541800
8658049805	3996249830	8851629744	8323420918	7093248655	6631685998	8821807634	2633618038	0330937080	6856552116	0541801-0541900
3083570426	5987849396	2774257427	2212686526	0875537703	4324279721	3162471865	6218150212	7210015338	1435276404	0541901-0542000
4674384081	7921398524	7176560645	3271666305	3443606587	8850200216	2008322243	3975474388	4656908084	8229761095	0542001-0542100
9890936151	2918143246	9419017754	2972016826	0292606936	2867759394	4130399807	0048562472	2707461638	1708027260	0542101-0542200
9324491040	7161694311	2721693245	9613466992	5072649358	3327369223	6372077527	0567953185	9869893932	9745192340	0542201-0542300
6580320289	7787347160	2317472274	6080557162	9448861637	6900498802	8768178344	6200622032	7101913512	3357703649	0542301-0542400
0080845554	4255768267	1091481559	6736553858	2594382219	5135801563	7711971679	3670206222	4568634854	6905987780	0542401-0542500
3465897456	5844785240	8819268830	9227770546	0494635561	5841409745	3554239477	6734275305	0083936054	2653385834	0542501-0542600
2924088679	1409368144	2328587900	9223052915	2799915905	0090651924	7441417091	0047708499	8890303385	6339419441	0542601-0542700
0486439219	0202256628	7739846266	9712962868	7375722161	8817127821	2356334904	7154994707	5886804059	4632498061	0542701-0542800
3245053389	5452386272	5524564400	8130368634	6872684137	9219379578	5077498902	7824315838	2732350331	0967089933	0542801-0542900
0157066419	5240164048	0259861958	2946661146	5708789699	3126661948	6819119516	8899785713	8260889720	1650221151	0542901-0543000
5000045916	7591831413	7952842924	0162630759	0692810259	1504769068	7227211554	5836998472	4422211012	7830084214	0543001-0543100
9489854275	9892875796	2681408284	2462027344	8115637761	5885856666	0628707597	9845389858	8853973591	5067846667	0543101-0543200
7440735588	9621176490	2638877304	6312288150	0824148640	3525126070	0750590426	8551545873	0819944836	1425175009	0543201-0543300
6919881214	7177694290	5584636475	5781593888	0662395420	1893749084	0322751020	6348923283	0934102823	7894088989	0543301-0543400
5317257072	7814669839	2546761505	0901133856	2734748228	2653535901	0089528178	6892385130	5483370801	2163757061	0543401-0543500
8687637859	5480214881	0067207114	0270517244	6818076076	0129942225	7811055715	2623729804	4375400527	4837590102	0543501-0543600
9399148776	7534772424	1123099838	1469118795	7254447449	6042009487	5863210496	7562261710	9806570375	4579778452	0543601-0543700
8755506706	8133301194	0370283684	6318300506	6807530624	7064752243	6185743826	9778398335	4212993579	3422513520	0543701-0543800
3492355031	0322632422	4496188486	7197753558	0316521471	0619958410	4062211908	3596690789	7963380812	1363989284	0543801-0543900
3731074315	8230935296	9442335189	3330134370	8243264385	3278990826	1497650024	6622336013	4797174646	4208079836	0543901-0544000
9546513329	4537755766	2272524462	0507851699	6720198999	9340101333	5072075807	7104038265	5836481700	0188252048	0544001-0544100
7386269472	7977686819	8412449713	0143674446	1773836037	8450588677	3104155213	8029551148	2941381968	1116530162	0544101-0544200
3559891014	7759480759	4117715701	1650869218	5411471004	9853076615	4450326362	4343420505	2785612868	3711788698	0544201-0544300
6242284537	1122780475	3731921404	8956991086	1835758095	4983844456	6013084746	5276512015	2251640460	0863882540	0544301-0544400
8921010246	1583536189	8855615679	5455594341	5393774502	9100661215	5870640166	5298168145	4915048709	1045363602	0544401-0544500
3369626790	0742045245	1078747671	1108581603	8833504907	3019845459	6575431151	6272250132	8826413273	2720045864	0544501-0544600
7504003597	5388411508	5871236676	7330536716	5176672359	2347410822	0556620738	9714589673	6124428601	3184480990	0544601-0544700
0996619418	5512659140	3124482682	1505050968	2117223862	1231152652	3007131658	6542736092	4785213735	0152630873	0544701-0544800
6450420970	8686975277	5065195387	3468375231	6717031793	8647078333	8125470305	6742160675	9571812448	1724154900	0544801-0544900
6779553950	3394974344	0651101402	6688323398	1384072995	2577942686	0509803857	1003884722	4848237875	8702492339	0544901-0545000

0545001-0550000

0545001-0545100	2172716067 2323783759 6682806558 7790533662 1109097334 3419979784 4334852653 2435072253 3603987194 6098706430
0545101-0545200	1678895409 0843383183 2738009554 9056808509 2791321896 1619966362 6200962269 6371104592 3058598579 3321394571
0545201-0545300	8121849704 6923974684 7119409031 6286548267 2781602334 6641245867 5531537220 6986570758 8845615920 0392763767
0545301-0545400	6159553914 3811410641 0712803664 1827384857 0213616476 6755240750 0949113768 3189196875 9459457677 9755050543
0545401-0545500	5913958847 6862792044 1607389943 8660597048 7557360320 7618939929 0784732570 1218938635 1243450402 5611153110
0545501-0545600	6159816041 0629347212 5903381033 9622107691 0135920641 8442727572 5636244992 1884192969 2845048865 5716808147
0545601-0545700	6678966093 6346427193 7555630095 8026571667 4060696704 5070055976 4523975309 3566926721 3475656322 3105217097
0545701-0545800	9726788201 1756733844 2025858585 6309958277 2237670124 2619501402 1412415170 1706257482 3919937573 1539805651
0545801-0545900	8447478149 7885071568 7141423536 2443327302 1226810854 7082779756 8225700932 5701405883 6963664043 6028018657
0545901-0546000	3558394491 8479033626 3501554324 0087944455 2885841494 5115640942 7092240658 8405815702 7469906282 6291235403
0546001-0546100	8024579975 7493270182 3914476262 8671972800 6741510646 1578426087 0892100884 3375777396 8560088108 1369285756
0546101-0546200	5080184359 3099633922 4874822734 6979480784 0647767757 7435081064 8131138541 2026681801 4621696063 4863869351
0546201-0546300	8228333021 3466133693 2791685950 3079924691 1478332513 0820766910 1517857971 6958660185 7927299671 9400552366
0546301-0546400	9049880576 5228834054 0382957232 9495666610 6181631097 8922639940 7301157002 4576283747 7357630818 3798161638
0546401-0546500	1190779360 3158721219 8313819620 3449769816 2064239850 7522832773 3732583324 3728821605 9788610987 3551913778
0546501-0546600	5588140372 9865083817 5116326674 5475940834 5296967092 6281699808 4488901044 3639929417 1335504917 2185304441
0546601-0546700	3612755372 7404380196 6167062333 8297380240 4906298258 6095139350 2749589875 0528072067 3183786473 0248913057
0546701-0546800	9054815627 3669342031 5336593480 3545221237 5932319892 8884374803 7324107862 0860562246 2175566914 0664965603
0546801-0546900	2562701524 6939470098 5147116009 9408912835 1947568274 8329672272 1766829934 9444534067 9073655254 1717488658
0546901-0547000	3901039319 2874133368 7055929138 0027727314 7754869775 5411984013 8896045288 5541646155 2959673062 5328830411
0547001-0547100	8555011888 2984158691 1577081853 7363775060 7133505432 6871353825 9132850979 5856142302 7436039576 4960678598
0547101-0547200	0108937955 6543087594 5538732132 3500760300 7730107917 8964083799 1887086196 3208679051 1588913741 2620483854
0547201-0547300	1157848822 0395923594 3327045245 9141147350 7805455040 3358190338 4706481014 2486891972 5638116863 1933216497
0547301-0547400	6298148495 3964608387 4849543969 4585152579 5180911626 6545236733 5174501636 0833352973 9655892210 9211569119
0547401-0547500	7831672918 4425792575 7550040307 4904666422 7090664322 4285132454 4080760503 0997258302 1790257921 8216908237
0547501-0547600	7943883480 8656545165 8032249266 4139624733 9605115247 5958393563 6607443829 9366773118 9712438143 4507144263
0547601-0547700	4906683367 4626796514 4875760421 6490046578 0456681089 7623735246 6304486513 9464823196 6040726712 6392740537
0547701-0547800	1480600202 8814119479 1417421096 4506313055 9424100563 9877803076 8315454955 0715730058 2014792515 9590460246
0547801-0547900	6115178393 6785601612 5324062752 4204371192 5061379648 5089198190 9587770580 9924908420 8560010388 6023943155
0547901-0548000	7064092622 9658546194 0599098696 4765074089 0903710204 1073773228 3300019434 4131318989 8291146076 8793479475
0548001-0548100	6379260766 0871483258 6479309319 4260650376 5031220789 6059737211 9426458074 3339322946 4562171529 9286987757
0548101-0548200	2374421745 2435105937 0152244869 7613048297 7756125599 0175145475 9543095729 7867274007 2177410442 8762419527
0548201-0548300	0575130818 8966699039 0251341804 6187913963 9175199961 0688039579 4578140869 9435579293 9886140071 1417249894
0548301-0548400	6051202315 2862732692 3240980270 3440393572 1351903458 4028877988 2338142266 0989331849 6674788926 6988742745
0548401-0548500	1477269584 9546580773 5894963420 4319684227 2939054023 4209360692 2157665634 6844171425 1418841300 7346342117
0548501-0548600	7827558456 0031781257 8547257973 9016890446 2967021262 4861217876 6264775483 7065335028 5918705939 3901778046
0548601-0548700	4717594243 2362408204 7979583793 4985204559 6799025405 1594049454 7744176083 9577973686 7376905855 6479182794
0548701-0548800	8871367856 2976470361 9719277273 6875817422 0619342121 5839221471 6939705250 7247831658 3686909212 0660602977
0548801-0548900	8144229145 1540611950 5865265141 2881871106 4918796979 4316047996 5128847403 6540839996 7083236314 6792721324
0548901-0549000	4936296857 0740704713 0584348263 2931884544 0510586619 4037558732 5025731566 5275392902 1523622074 1530144657
0549001-0549100	5930722750 8883267063 7058214884 3196156531 0418901791 2554845787 4634053818 7505614044 2314611978 4513097056
0549101-0549200	5453691268 2557944487 8042588295 0076968232 1898626238 1111072368 7449921424 6915040404 0031332186 6823059154
0549201-0549300	3595496718 9013559031 4696913736 2240776144 3103122648 6037647919 3926771749 3540753416 2571025588 7112283009
0549301-0549400	8045539403 3370487328 2358839765 0909521672 6564747258 0205480906 3989279095 9497565422 9061846067 9476258129
0549401-0549500	1478097037 5574292480 8981654174 4855096727 0889203351 4269360692 2157665634 6844171425 1418841300 7346342117
0549501-0549600	7091338849 7281568269 7556483084 0913326336 7172477250 0819038332 5739818737 4366036429 3416815416 0852874645
0549601-0549700	8725565350 7621150730 8850688034 5696823291 5354060692 7242413612 6383496243 0252227348 2207667432 8244625195
0549701-0549800	3438168663 2983333512 3189264153 7539026898 0209230690 2469188086 6165342597 1370319964 6563655178 4185225207
0549801-0549900	7400377550 1336093586 1416370449 0921998912 9808172359 6202953847 7316594515 9325457512 7621826588 2696502308
0549901-0550000	3274877952 1264161760 1548390384 5869845831 9371172093 6819908328 8932591601 6831523789 8417509554 2145657354

0550001-0555000

2447703079	8689073885	4236551194	0355299976	8615121850	3691185811	8061965525	7629645824	7439549463	8849523052	0550001-0550100
2939043192	0834700408	5959062477	5869267390	0383856751	9596357188	3814773408	1913671101	3050785355	5897601972	0550101-0550200
4131868873	5176938889	6092097081	1996086393	2376114367	6107035675	6751954509	8566772609	2830783033	3384947896	0550201-0550300
3026102904	9827785167	7349656630	1792404581	4188890168	6110371492	1870755368	5442128423	0029436184	6299784470	0550301-0550400
9902389209	0870282586	7759979329	0024068740	4128958781	8001551262	3850669835	2076101525	8102922206	9185058987	0550401-0550500
9780761031	7527440586	0231492711	1485381252	5022120659	0865901782	0258780104	2247426440	3050814934	0088935536	0550501-0550600
9942155412	4279402428	8330163556	0084548061	1425197360	0079468367	6743928913	6803754522	5852503564	3374923040	0550601-0550700
6118813478	9864950179	1203952139	2725893518	8503227479	7283045553	7783064856	3922152548	1817233208	0667252766	0550701-0550800
5964316205	4180594480	7093733762	7385191779	3186994730	2459081165	3170846477	8489793524	4335720380	6146987009	0550801-0550900
2327006538	7351237811	8935558807	3827614313	8710477321	3306585242	9217695200	9865221558	3227076240	4786747201	0550901-0551000
8538357834	3770223504	2508142457	1284375657	1479689310	3634180893	7329972201	9185677528	3873360133	9441772638	0551001-0551100
1562202849	0159604474	2284106914	6815777966	0193578485	3607566769	1643346140	2954821501	7627807940	2653275401	0551101-0551200
6988343543	4195316982	5972572703	2376723271	0438850214	5755116078	1078490367	2734137568	5054751283	3318281681	0551201-0551300
8068792348	3942357902	8304653257	0909969893	3929319568	5942215104	2753161377	8589133026	2383995724	9246256520	0551301-0551400
9238098216	3100220099	3851783878	6291284754	6474997380	8460988491	5717838740	4461981374	4839068734	0591284238	0551401-0551500
3139922683	5506173095	3776007733	4415519711	3447780113	6367129304	9539990019	8370576056	1472107745	8334412357	0551501-0551600
5225879819	7320154370	8493212917	6882040450	7449491093	0517869705	6711770114	1965616954	8746956995	5457946649	0551601-0551700
0245988058	1820522678	2805544006	3055171620	1091706454	9665772809	1231282730	3711793448	8881927575	2509942568	0551701-0551800
0572045715	6003088351	2548354531	8216700312	0209888175	6656024815	6433398561	2103352180	3122203872	4546176492	0551801-0551900
7719760756	1639899925	5588448247	1253975444	1995752875	5338160752	3828907495	7943408478	4098190504	9954722349	0551901-0552000
1767808998	9735554281	6911986602	9105054819	0046634137	1555736993	0816878792	7857366696	4628266282	6784498376	0552001-0552100
7811270499	1616800588	0869983507	6429727402	9251889063	9492218318	7369232560	3991587304	5117744833	4267912516	0552101-0552200
8538532935	3340557406	9546616393	9922312566	2373328913	0824466051	5960756818	6413772904	9551578853	2889906154	0552201-0552300
1234378136	1699480463	9083110947	3541619189	4425279561	0239155036	3062024648	5820967519	5205668630	9608898274	0552301-0552400
2416026648	6843101853	5792010934	1489959132	9401297008	0979209338	7285245068	3677063522	7193756121	0705529957	0552401-0552500
7005685216	5473956309	3401459950	7090684943	9995261099	5037011491	1485835658	4035694439	2440181375	8729506682	0552501-0552600
0507129554	2099185087	6507111812	7238305255	0942709701	8083673324	6047964391	6371196248	1671287816	8808667228	0552601-0552700
6327543572	1997602795	8550212499	6042934207	2378556610	3352134288	3540324720	8840753622	7477076722	6570322161	0552701-0552800
4598530848	0701432711	3323279558	9627033533	1133019138	9309874263	3572074810	1442606041	2219499873	9520982043	0552801-0552900
1409400117	3960150011	6374649373	9333742500	9359679835	4959808168	1749426411	6175890029	7445379024	6451001157	0552901-0553000
3256811536	6055049218	2290718208	4906673068	3734741354	0876864688	0362810534	6366063639	6370508400	6032259444	0553001-0553100
2368068407	0109041479	1408074372	4325375420	4529454923	2054885409	4472777330	8677289572	8448351993	0624062333	0553101-0553200
6014894607	0102953727	6931923980	0791374246	1289880620	9404251071	8216870035	4182717824	6935885289	6936838772	0553201-0553300
3395081807	1126520323	1606942139	4350441642	2118045865	9197897704	7470587704	9174523614	0621664718	2684227650	0553301-0553400
4309872213	0253292080	6244101356	5190192429	7683194184	2247953230	4887222761	9999813059	3434354096	3408734149	0553401-0553500
4009836113	7992901040	4902165198	0016965345	1050932011	8652889500	1349855481	5797648691	9975355400	1996239218	0553501-0553600
3037155704	9566111407	4906989061	4688031627	4565043092	9296856492	0493914266	3256004909	5467246245	0603867027	0553601-0553700
7906597782	5588642987	2457951551	8278895492	9379136186	4335494956	0747960629	9394332898	9560710185	0074129740	0553701-0553800
2790275983	2985344536	6547373825	4430506492	1875584905	4725366313	7453707765	8929988754	5318170758	0339014469	0553801-0553900
7612612080	1219236484	9601319145	3758738420	8870327736	3104544410	3175204216	8170202492	4246854339	3848183239	0553901-0554000
7201173367	2714375914	0357324974	2190766283	9518726209	4877364228	9035555070	9956806448	1385391213	9494407699	0554001-0554100
8176571221	7675877697	7413747693	0080385309	2414702592	6730972434	2514738979	4333082207	0919844429	6349368273	0554101-0554200
4555999275	6543084921	4500589594	9858388972	1949080480	0211031010	7746945750	3027986720	4560296682	9024330049	0554201-0554300
0195865656	1523385066	0108608524	7051259251	0723689039	1442604480	4191068856	9171156055	4676557754	1313378467	0554301-0554400
3435728191	3557921521	2524416342	6728793514	5798726236	0684768794	2449245432	9593759322	5680382412	4308040441	0554401-0554500
5170323303	5468059302	5545980840	1814193883	9130991313	7803951658	6688564053	4425045976	8630684647	0385293042	0554501-0554600
2812537128	8812406383	7191968251	3155064045	8658212202	7033445251	5002455569	7185204494	2712661755	7097790765	0554601-0554700
2201631409	9243456249	6582346327	4199966965	9190963031	5077216229	5973794133	0449069123	5466289997	6787063964	0554701-0554800
4275439705	3072010156	7866576146	2562096649	8520697707	1028331992	5355222101	7907154255	4910668909	8901571435	0554801-0554900
2252320882	4935483264	0582544332	2899338818	1433246077	6202119276	3535560554	0181246640	1180644907	4865679249	0554901-0555000

0555001-0555100	3045753030	5406358998	5810364305	0669178836	0446337600	7252105930	7210192292	2418953223	8291589093	4128228750
0555101-0555200	5109801463	1623957367	1434576541	1805422274	0156504411	1311050586	3376808693	7833038419	5969453861	3373289247
0555201-0555300	1602532229	3697313224	9379972928	0059926755	6724797579	0953496341	4170020386	6341961453	4418285905	4952805340
0555301-0555400	9997763087	9343399759	7891056860	4133901260	6507861256	0823204380	4545448631	3325106637	2391013324	3023185466
0555401-0555500	5265092939	1180543257	4169027595	4071908417	6288677352	9998642546	0585144807	0324558508	8002374921	9853889982
0555501-0555600	5763569046	9402036938	8274466818	4013998417	7397803802	2542914925	9195749277	3178379574	5010729161	8969993288
0555601-0555700	3137541980	7672649180	0130643899	0549637448	4069145828	4642612420	4961678749	1900287079	9697918853	4126248108
0555701-0555800	7950554207	4352644179	4719404034	4796510910	2724481791	9032055597	7587738427	2738131058	1436032811	9623482496
0555801-0555900	8770668087	1902988723	4172895279	3641870640	6948463980	1089564315	3523342290	0314798101	6684313694	7919614720
0555901-0556000	6097308580	1361507055	1665133391	4433244858	6946901204	9247732557	1823058188	5747169914	6360318779	3301384759
0556001-0556100	7598611209	6170716267	5773157297	6133468570	4814097969	1548600125	1242060298	7885535337	6478465112	3129289985
0556101-0556200	2004061054	0065834250	3451634685	6303094050	9789836252	7739341235	4469101293	6261701989	9713956710	3939774531
0556201-0556300	0096305490	1054483657	0216719918	7220346357	5636382441	1161709378	8893854939	3556125009	0479363717	1542240806
0556301-0556400	1034381188	6033057556	1248673326	8456069417	5279344094	9702599774	3501467019	9502710791	4478321097	8457155621
0556401-0556500	8883274107	1097653063	4168129793	3459346742	7567072441	3469431451	6216704733	7673582685	3171960542	8171285887
0556501-0556600	0830159316	0488414921	9032436305	8050330721	9660182809	0094043271	7917990576	9932354438	8105032406	7491860691
0556601-0556700	5784062898	7344737670	9234225782	2449454348	2808126567	7173212580	4023869289	3611255653	0820450653	0663405614
0556701-0556800	9010369686	5856206381	0884162112	5072437468	7218924209	2630265334	7648510064	8824018753	1107752387	9905191475
0556801-0556900	1301701155	5125936509	5027766386	5604759932	6777269553	4780632704	9303948934	8979598091	1778925653	7443265439
0556901-0557000	3742278506	2716532617	1004913012	7647658588	7813004808	4071184414	2690290625	4200678976	4961699662	0372407499
0557001-0557100	9018383924	9623080167	9713342360	6997570874	9062665937	3346349331	1747238915	6734441286	7677628500	7328674289
0557101-0557200	3474298435	4169140694	8981446418	5413445247	2851022266	0007961380	9607527010	4077275968	9266151674	4436606657
0557201-0557300	9171195189	2709120693	1157006078	4613104860	0959027972	9514654677	2338319753	0039299820	2306775086	1479378310
0557301-0557400	3409232516	6793058858	0944497178	0201240607	5320584269	0453320997	3279358065	6207789144	5512444048	2552693035
0557401-0557500	3303513359	0148144451	6470171740	9678054134	2209529918	0906029126	0715683392	7661689267	4456115532	0928000933
0557501-0557600	5523419347	6248116875	0783337505	2144864123	0046935912	7245516840	9493435643	5920208400	8663972887	4526447641
0557601-0557700	6812224319	7900574037	6752041131	4593569082	9486365028	8665138667	1870984019	1265208719	3821461049	6291771605
0557701-0557800	6112413262	2984729181	9735019232	6469347606	7359179204	7346019502	1468502042	2272549906	0500390527	1739830882
0557801-0557900	3934696132	9546058235	5961688596	1443855177	3255682572	0040864066	7157261428	7421586562	9365346667	6503053994
0557901-0558000	3726433777	1175524863	3346546866	1747102947	4257074711	4524084069	3574593305	8106647910	5872577087	0394121595
0558001-0558100	8349720801	4347320216	6732002959	2177831146	5479415676	3235809015	9344839013	3603113947	0196023680	6436471015
0558101-0558200	5265483303	3229032494	8488740174	8716255541	7843234598	3583131736	8567411948	2164882832	1983039293	7820890066
0558201-0558300	6864165635	6329990025	8912425367	4659874275	7842445313	5056811633	3665037981	3616103342	8769139977	9093956537
0558301-0558400	5874699178	2052951266	0654358748	0249531054	6207908286	9238253173	4870934885	0922029899	7492167707	5930466511
0558401-0558500	5811333830	4783246584	5377999596	4224511055	2052822598	5513579954	3314078046	8738288309	1817168865	0474647342
0558501-0558600	0060161594	4581759276	4878317510	0615405715	3340802777	0017339348	6915972544	8358499570	3116908905	0234790041
0558601-0558700	8269611277	4389101113	6824983651	1243522173	2941277060	3813026341	8165235751	4835007798	6826106893	5781083578
0558701-0558800	6811158166	3802542863	9454882447	4315217144	6531882122	6560337168	6438855279	4908372296	7271505859	9839020073
0558801-0558900	7043520451	9621300668	2618638971	1245753979	8316748358	0286609024	3753365970	3795530174	2860170982	2852543466
0558901-0559000	2822605029	7822819229	6797495070	6846947014	1114718271	2377179454	3954247545	5823176370	7200209395	2480305502
0559001-0559100	4861529194	2583807464	4561247566	3032936211	1940643853	5126173363	8375785199	0930337789	5635070998	4872647563
0559101-0559200	2881577185	8778297353	7054845621	8406166516	3805211633	5535956157	1365548830	4023083904	8499053464	0227536350
0559201-0559300	5322131262	8579847488	7120879742	3919712980	6515715622	5145357376	2296496995	7851618947	2586019304	8018878841
0559301-0559400	4077064277	9982111550	3893404172	9907842887	7913960319	0909475642	7746282346	4504961855	8957186727	0893050509
0559401-0559500	9175082590	6016230356	0854100261	5065995829	4094188223	1711766856	1034310940	9015195560	3594197629	5271519144
0559501-0559600	6546570114	6273564760	3416640733	5530107840	6612170688	0487767658	2960344592	6238647585	5747734122	8559099455
0559601-0559700	1261972615	0335698046	7429465446	5241074799	8946799784	6489274548	1446292704	6102427724	9451728542	7202517075
0559701-0559800	1372587973	5089028835	6512373075	1402162131	1702640482	5133197504	2822098951	3845528136	2688417732	6700882525
0559801-0559900	4317243579	8898927526	9871603988	4633307640	2741020725	4286075391	4632056334	1900517801	6954816417	9493173488
0559901-0560000	7812244472	5186119410	0883513137	5554904941	8167286424	4172188026	3881656275	3985733360	0411059599	4336004451

0560001-0565000

0938252578	8027664814	4257909554	8425763256	6676861865	9127051483	8980441597	5502020223	0844231648	1714578201	0560001-0560100
0230876136	8940062171	5918636966	4756680115	0589395069	1794861793	8811069135	7391119291	1947645716	3842439850	0560101-0560200
6767609270	1560138762	5473877555	1308216149	1786331107	5676996932	6398363601	9984305639	8867930350	3631101462	0560201-0560300
1259261823	2432920230	5048739735	5510388061	8396303383	9202244502	1877806341	8013902925	0800165476	5599060390	0560301-0560400
8806917718	5244075096	3515195819	3085485349	4363752693	1428347260	1286321556	9558934759	0375217333	9569860535	0560401-0560500
5818133404	0468345871	2039407449	2363546970	8013539670	2968920564	1532705761	7850743694	1042162002	8138597409	0560501-0560600
9445803948	4371712237	8085916106	2547291289	4185014337	3320113941	9237769927	2849879216	7957048572	0848262117	0560601-0560700
8953745099	5901605731	9145103301	5921950477	9986163997	3513634301	8127076636	1962564218	2961355714	7414196825	0560701-0560800
1977845129	2399518094	8027615779	0515052996	2456467685	9410800319	6552477778	4431018487	5368377693	0481208594	0560801-0560900
9347514957	5363519083	6645103834	8117838304	0200872495	4329435980	1839909611	6144252080	8102461548	3437721590	0560901-0561000
0747465469	7078956825	5917810215	3564440601	3968931598	4451593321	2019827378	7780746052	7984806318	8533935925	0561001-0561100
5326405680	4758713927	3617127439	0494442064	0017604659	6009726741	9950111801	9442199470	3076386808	2018915210	0561101-0561200
6960803373	1147927545	0469180708	6633068304	7177127699	3888434975	2036150838	6403092367	7079665962	4074665303	0561201-0561300
2058855795	4353589859	4777542084	6585446621	3117417321	3638193761	1174526719	8453771073	6595659498	1659688759	0561301-0561400
5352725655	3052258677	7874361969	9554527008	8885043127	5909414330	2364295198	3092817046	3636710577	0040823556	0561401-0561500
2634578787	4785234482	3998469437	8073980038	8210355197	1467793674	3948439795	0422615555	3063937295	7759761213	0561501-0561600
9082829477	6160906986	6159952443	4740720825	4872747416	3790541203	2043763264	9767578839	4491159485	2617550814	0561601-0561700
8236435201	4490068449	0375525495	0452871127	7590244026	8289660239	9138122666	8728716943	9142423356	9071672197	0561701-0561800
4852985490	6502866938	5313900278	0062228105	4659491949	6576773408	7173852622	2585319584	7657410136	5001688354	0561801-0561900
8356236992	3544012235	9693600605	1229704848	0867065598	2833625461	6249888405	8080568387	4768059241	6721489925	0561901-0562000
4667697070	4279759470	7443992401	9217135876	8929455771	4824440483	7002827609	3844436672	6557959205	3332863638	0562001-0562100
2118343620	2774646087	1764560182	3692049975	2142614111	9495091413	6593993959	8884968732	5390545616	8986309629	0562101-0562200
6277455693	1596271112	9138906875	3371428581	6832655822	9153167341	2889027734	3355493447	8868355341	0612823002	0562201-0562300
1846623652	6025203082	9905573599	6294121284	0361584876	9828447672	1665060508	4309332357	7916341259	8672524107	0562301-0562400
4116285556	0887417648	3498207142	0906963904	0582853918	2621622899	8268695975	9493805904	8857536815	2351745149	0562401-0562500
6446142696	5879562019	9766438100	5061504180	0687076584	7045347714	7005963307	2335779079	4376706421	1961192058	0562501-0562600
2425444418	6413088962	9668960333	9150013243	2796099227	7835339589	1846625759	9319452669	0242146365	9868461586	0562601-0562700
5059340714	8400860403	0338552638	2246381589	1581183633	5966437381	8562104058	2013281656	9854031673	5563816301	0562701-0562800
9680564587	3480396751	6057164490	4016838278	2016031003	2606803266	8396046855	8981291340	3117536801	2912557689	0562801-0562900
0009703604	9925914526	5139775772	9834685305	8553693635	1824757233	3780440075	0475514350	9075612721	9522846296	0562901-0563000
0672210621	6074612377	1515371186	8850400371	4786281788	4264613905	8053647502	8946907239	2890947226	3625662125	0563001-0563100
7205691977	3693290313	9341358756	9782287912	4283350725	0272859563	2347802504	0789612019	7892164132	3874369299	0563101-0563200
1691397743	4727149780	0996496729	7895391487	2704895812	2750145899	0446238905	8696429492	7230354129	3353238761	0563201-0563300
8921156458	8764429713	6389781641	3221384394	5580346265	5791314402	9141250116	8851998922	8707998820	3332745885	0563301-0563400
0878739620	1958428491	6999880962	5666397846	1402160950	5972997287	0961243304	5762531292	6815643291	8037383948	0563401-0563500
1915146495	2919885361	9766896498	7775347004	0989333379	7271594905	1939180303	1244093812	1636064272	0597499374	0563501-0563600
3009579616	2204706746	1174085734	1097442874	9024072224	0719200849	1185818151	8124276338	5231140880	9193386990	0563601-0563700
5247375517	9697915334	8369860778	8473417923	7590002069	6454778980	4654420961	6558245456	5757260109	8292794621	0563701-0563800
2016035864	5909800121	4611081297	4865267664	9377548555	0163800936	3914403874	7044068074	1730711149	1203955955	0563801-0563900
6476378636	8725212586	6419965181	5527286261	0249104716	1897279219	9637288140	5772954371	8948300129	2061255825	0563901-0564000
0088095864	8234350311	5842725044	7144179924	0885831604	4363542631	3119988381	5034474732	7397732657	2582918374	0564001-0564100
2486825322	1336201914	8473697626	7555076004	7847475071	3026331527	9144246484	5831054261	7927325595	9789950216	0564101-0564200
3649805680	1672170239	8636422151	3849136789	4696651895	9963698189	5289292091	0915814558	0415830296	3877917869	0564201-0564300
3541218300	4099868888	8707650560	6757845234	8837144892	9958031397	2269250026	3442393372	9377836121	9989460046	0564301-0564400
0805192918	1573650714	0605213243	6657117486	5186510958	6655317669	9331817383	0344832523	7239280960	6769052368	0564401-0564500
5146455827	2384358920	9066695738	3546278011	2429104142	0564745807	1394447904	8166588098	1587834729	9839103102	0564501-0564600
7522874694	7404696773	8211615109	7247127560	9181821603	2132711544	8287990220	9158099544	6717910239	8577577600	0564601-0564700
7593706623	6993152851	0617800162	2280013068	9503482824	3805988974	2807809786	3373237536	7387515639	9625002026	0564701-0564800
8891715608	7205681980	3813215927	1334649860	7978324698	8263250521	7246773232	1585052767	7276908073	9518020633	0564801-0564900
2392022289	3513074342	6597860593	7025106926	3878950489	3955632192	1166611355	1555981326	9057575409	4401663689	0564901-0565000

0565001-0570000

0565001-0565100	4260092675	5204065333	6553951459	5944303364	7298697252	2461302873	9834973048	3019618694	5556575297	9106778727
0565101-0565200	7547211347	2308106665	1220266183	7023659008	3531181275	2978241047	4176812005	4732854088	2448388546	6837414233
0565201-0565300	6505912599	4228687922	9483507726	2714575470	4620061650	9400348912	9260399554	3195783268	3200403542	6871828068
0565301-0565400	2549652538	3158353257	7307988741	4298463873	9305884324	1116758545	3287548999	7195502300	3383521326	4235652711
0565401-0565500	0701750793	7488068307	8560332541	4601943320	9677063749	3574153953	3003747883	9909900702	5314629659	8041526455
0565501-0565600	8977993948	7647541072	4850931927	6032948979	1717413621	3784198103	5068496164	0393871356	1098187853	3506494822
0565601-0565700	5067534562	6451525297	7403298927	5375616918	1748537555	0733716370	4805113108	2092768493	5994530695	5812100822
0565701-0565800	8531454181	7055339623	7627676852	3646265893	6773733428	0355878578	1280821115	7430619791	5537124356	4354768881
0565801-0565900	1631808683	3937758278	9315224641	9954930016	9784479090	0079766476	1987833614	6456619219	7575452830	2389984112
0565901-0566000	8019862103	8498830157	7437087384	1082808014	4737287666	8190323709	6742894197	0934024336	4458161318	0747722821
0566001-0566100	3377537599	2468949488	5688725904	8714181460	2376469599	5080138660	4347059435	1749860090	5231831220	1394591848
0566101-0566200	8907530401	7368699612	5439466721	3996723140	3034936228	6270110183	0211066751	1115697441	3093694485	0884308639
0566201-0566300	2094696380	0556700634	0478765610	3708240980	4867884265	8505599647	7627529334	5172179481	9545507384	9381133042
0566301-0566400	3859464446	3901683723	4401990718	8086077474	5846502332	4552057248	9711651503	7354612483	9533550370	7166335469
0566401-0566500	5583359220	8900331481	1093105035	6252415751	5546073932	4444620243	8951629450	7183976761	6987097469	7327731850
0566501-0566600	0836328590	6286338132	5773471767	9708600828	6365784771	0142436557	0873713729	4057536068	5199619901	4232615351
0566601-0566700	9121878183	2403826601	0409932276	8038702518	2826899050	1392874943	3754762826	8055926443	8064463585	2915698379
0566701-0566800	7510240859	9405715559	6201690611	8060638530	4794627810	1163688371	1150185564	2083240988	1625698054	5241961108
0566801-0566900	0501075913	4257423116	2743886126	4992086892	6439355212	1508479061	6735964953	4179203357	2993192298	7009457311
0566901-0567000	9991169784	2268853665	1053937230	7341483362	7765946108	2027507201	3548479905	3771977521	1020802148	8139107284
0567001-0567100	4348389583	3745239607	9131264461	6573885318	2117046599	3665343126	4959034724	1970089105	7207310514	0310031420
0567101-0567200	0160783683	4277549263	8478125557	2681147907	9790178690	7065870634	7495144162	5253213465	9135416115	9377354271
0567201-0567300	1274878442	6401032091	3869535451	4175104568	3594010162	2677546837	0908677917	6383299513	4146804688	9569352868
0567301-0567400	0453620097	5579858801	0754417592	8524296410	2754439417	4983197584	5436916715	4537583187	9858306467	1534276462
0567401-0567500	6016617073	6520150241	2509413289	1717472435	7727936423	0528420491	5384313671	8688623786	7006886699	0269549824
0567501-0567600	2234826535	5688667764	3797575821	7353681724	1785261396	2129235281	4651019033	0402029598	0863199433	2812220298
0567601-0567700	9858917413	3129412548	2553096868	7233116292	1846782131	0026202656	8569686333	8986031149	0682515184	0653582620
0567701-0567800	2849203691	1080130045	1065828997	6889398622	3020029873	0202666823	9598343372	1483435941	1418680094	4102423948
0567801-0567900	0597129516	2152859580	3182583624	5884073891	9247171307	5627136269	7428833359	5200543374	0229716897	7565143850
0567901-0568000	0239796312	2083229688	6854415180	7687575048	5099198641	6003851929	0649018781	8432826073	8036579415	3750889224
0568001-0568100	7333091289	0232978391	5701654709	8990259096	3377562583	2771152197	6990127206	5427673634	3144359633	8669837899
0568101-0568200	0691427314	2987712102	8098135403	8990518196	5902575287	1711017725	5359810918	8971805969	0665346225	2559961087
0568201-0568300	1060290385	0682610373	6595190365	9809459038	7568023489	5812098378	1845663284	7510122625	5811761539	1139727878
0568301-0568400	6965663647	6038783309	5845869521	2974136021	2303926230	7275831620	1715327098	0917602947	0213889754	4744047645
0568401-0568500	3541813844	0232395192	7105008365	4112614498	7477629576	6461315292	7304082624	6467017087	9217673162	1559023521
0568501-0568600	0339715859	5470580242	2838270279	7149401860	2228872477	4495150192	0484063908	9778470639	3683763842	4702769184
0568601-0568700	3714011326	3995349055	3916092843	6499378627	0814923084	8515856910	4536572034	2141118382	7241925996	0984403071
0568701-0568800	5132883908	4613953670	7141210527	2205061025	3405101940	2940749759	5745271749	2953907938	5860638632	2716975883
0568801-0568900	0913157754	8083427308	4500345820	9437567851	1762382918	1332285007	2395652673	2881809023	8219283414	9414495655
0568901-0569000	4284260221	3790588610	2004188339	1973178632	5472260696	7863498146	8979548112	9245649195	6275748589	9108511676
0569001-0569100	6023520108	6703572062	4104191113	9896508056	3101776254	4678994028	2116489206	2993099395	0416269193	6328525056
0569101-0569200	5907122368	2642913459	7500011438	1266244639	6194029226	1249313966	4600821783	8602422263	4029098826	0707141310
0569201-0569300	1340225182	2925181145	0745324961	1798278098	0909040598	6688873946	5434533741	5292835273	2068452037	4228670618
0569301-0569400	0187577441	9308457568	4590083048	6689521818	5054620583	6400727652	0648231602	4479229457	6503502716	1024023604
0569401-0569500	8276091892	9259141865	4431079730	6158572168	9758130145	9977941667	1685835670	1456279748	1377628779	1201997077
0569501-0569600	3376009154	8850548543	7349191072	4448878268	5079767274	2474988775	0371695099	6456850662	1052359813	3155973577
0569601-0569700	0965590640	4999570137	6219792921	4384231902	1934015133	7337146388	5699756025	7526096919	9204167969	8230878351
0569701-0569800	3389340972	1274136179	6713331802	1610655335	1478401227	1805000560	5899625441	0874291771	0596386148	8871216534
0569801-0569900	2027420219	4001089823	4916321433	4109664552	3645641574	4254761628	0614994862	2628197947	1209953326	5692883575
0569901-0570000	7076874231	4825654762	1396657615	8701886088	3087352063	4213818055	0809538710	6264331097	9218340123	9101558732

0570001-0575000

3449789928	6404340085	6643324403	5520634294	5708350867	4597822201	9072043491	8209816527	4154755619	2053287163	0570001-0570100
7706698839	1265389325	8830090785	9330973252	7980300713	9032546111	6679061262	2091484958	6424631374	6047429285	0570101-0570200
1212258409	0588471531	9438431133	1074768044	6329529101	4411788533	6084147241	8307882287	9553889265	4286664484	0570201-0570300
3467401260	1752783005	3237795047	1739461989	4984126586	1788389973	2766773092	5977236372	5112409369	3571530993	0570301-0570400
4453343631	5957211000	4778061319	5625664941	9026610029	2052756670	2498156483	7479664097	2093861428	7428218067	0570401-0570500
1772944466	8642296989	8060104500	5527182047	4193533036	5947648428	6197418817	3599121091	8110517831	7173557233	0570501-0570600
6204876797	7349797951	6425829722	8610893435	0157998396	3113356714	4207775122	4522159445	8881235393	1831789842	0570601-0570700
7767907761	9574751252	0272576345	9241059992	6915418595	0946053770	9471536644	2336816034	5377494478	2038031479	0570701-0570800
9452485419	0241582254	7307801051	0922138304	3888730097	4159589762	4392851682	7241735402	4953352564	9788361744	0570801-0570900
7651981462	1487379737	3350201389	9631749840	4803141747	3311253576	8108772820	5440275301	5794992122	4822818831	0570901-0571000
5859903217	6421808576	1179589830	5076310457	9394151675	4013599164	5960889661	1203563607	2409926071	3876870353	0571001-0571100
5308360231	3716182758	7949437078	8026235451	3499947100	5751616584	0831401814	1609641484	8555695573	0484032393	0571101-0571200
2205248542	0840917721	4991597667	0505394094	9709130942	6035844241	0735665967	5150594129	7650572681	4953177565	0571201-0571300
4706723150	3130463608	4548358457	2144624672	0883776265	1946049230	7291085755	1718087040	1192629859	9674373996	0571301-0571400
6703984299	7856292449	1578367945	6050193823	2289199784	2022914384	6192877103	3981179532	7919640087	0648499992	0571401-0571500
7364161019	2982828364	4198702283	1823536960	1337295269	6400314320	5504271571	6563003478	0171924642	0651854607	0571501-0571600
5681103879	4804264588	6919236548	5930336260	6440276948	2209740683	5423424397	8019485317	1920260633	6030218984	0571601-0571700
9987739570	5143192427	9415742837	1466917177	5653622153	8380395561	2588336253	2556198988	8138394131	5190594078	0571701-0571800
3614415697	8797339022	0266643667	6056612603	4177238527	3381717007	4654328762	2673577991	7344206401	4595759856	0571801-0571900
0581198520	4360990748	7862010633	0950503989	4971353174	7581834943	6118333585	2575639212	4646558514	6177331430	0571901-0572000
0998747082	9349366305	0146531674	5749214912	7422582208	8849460920	9423211433	4628251716	0783182427	4822368063	0572001-0572100
1197587626	8107227796	3874119144	8120760796	1353984499	8783245877	8085584707	9140358040	3227933215	7013895936	0572101-0572200
5817735396	7847577538	5919860590	7702571498	5199792918	8620717554	0665044143	6740619597	5690246107	5245136349	0572201-0572300
6607249358	2493815286	2368659264	1392363275	8445954235	1653026603	3702306645	5584086230	6562445697	1108791978	0572301-0572400
3006102976	4884611057	4242652954	7417648662	5207870400	4909017904	6710359849	6470060348	6476171102	9493672651	0572401-0572500
4970098727	0328479905	9993478928	1851306023	6900749309	5737937181	3869516821	3954681295	9146498623	4149183262	0572501-0572600
0755026387	6824895095	6748676320	2646934551	7551029281	8249839119	6467909182	3935241871	5552522863	2683189420	0572601-0572700
8769977596	7873611749	8348588993	0089824631	1854478422	4101131019	1145821330	6528058112	4123005358	9649036369	0572701-0572800
2652436919	3640694048	6516075632	8368948571	9246133771	9895892533	6526525704	8202672064	7698022098	3714151087	0572801-0572900
4808272712	1455265654	0049463226	1371175565	2255785578	5438620484	3972745128	1124698930	3953851327	5572087385	0572901-0573000
8613633284	5154980999	1216221760	8194229832	9537528843	0849748152	6598950959	6031707675	4986645374	1376304678	0573001-0573100
3260728838	5165158982	8190598366	2442409841	2397675433	8199564138	8773390255	6191040434	0709254058	7331227195	0573101-0573200
1500439073	3257007402	2910892710	6398570264	2339450723	0166256217	8032650525	0808879203	9039830239	0563040930	0573201-0573300
8301813017	2614570730	8395001842	8619529012	5738124421	8064366115	9699702227	6933679377	0489676516	0022948925	0573301-0573400
5184171690	3012990721	2012965013	3350627007	1422766354	9741111999	2198196646	9870956664	0066532421	0039471451	0573401-0573500
7812910000	1780324540	6435689450	1473569447	9709479800	0056690622	0569254944	2264794670	4886636289	3504625320	0573501-0573600
9784701286	8109030596	2783791319	6010909078	1603725759	8889091566	8049431931	9589059697	3623783181	0429437253	0573601-0573700
3961007287	2574632977	6748022624	4825115785	5302750058	6014154190	8753722113	1528876724	4349548893	9371268118	0573701-0573800
2357650797	5737559186	2260954758	7939006855	0537922635	2071301751	9988485814	1373912082	3909552910	4948088632	0573801-0573900
0773452653	4495606973	7731565388	5478357543	0682309858	0903306345	1846343524	2119359009	9177251932	7329122989	0573901-0574000
2982399848	0331430713	4208898676	8649183176	6482764551	6485097831	8312757196	6685940965	4673991686	6673803114	0574001-0574100
2877256054	7672156667	6445897568	2178499580	3697938800	3509182753	5854837351	0238035096	6032255255	6599141555	0574101-0574200
4441736919	4496215692	4331126508	1247949877	5233971600	9896404320	4516324156	6124325014	5503431660	5675360644	0574201-0574300
3540198147	1072977478	0115502323	0507765864	2923557297	9795505513	9760232195	0701458779	2644147392	1211871557	0574301-0574400
5931178810	8567349467	4367757908	6970048686	0076104855	3967400939	6682669252	9948537691	3467099834	0658310623	0574401-0574500
2213642074	9971036766	4880906366	5818289088	6783654476	5605239961	1687466435	0388545496	5793933667	8299942212	0574501-0574600
3905754675	7896113200	2146388875	1427704284	8516141037	9085362672	8543299282	6190091240	0426930018	4230897419	0574601-0574700
4723371882	7707653645	9963443767	5073059724	4890946843	7335025368	6017508317	2039515236	0017879073	2272888524	0574701-0574800
3637033300	4444092781	2905934536	8663141470	1046593418	8347468928	2629998236	3013060137	6692698821	7798851721	0574801-0574900
2454145733	7848823038	2467191665	9511051746	3243127903	1560874148	8607081554	8311021325	4013356868	5405588343	0574901-0575000

0575001-0580000

0575001-0575100	1018870889 3876139373 2502340880 7965938201 4804830316 4481123176 2015402434 5025897217 7670052598 7685752911
0575101-0575200	0799448761 7033468123 2019932311 3219287434 1846612599 8701817465 6117914611 8689268370 2520165299 1198988874
0575201-0575300	9488292420 6169649654 3089442346 3417530646 2620663204 1270524790 4652222594 7485262988 2180166510 3773915209
0575301-0575400	5692571767 6051391512 9079083306 3089131384 6707678071 3608298991 8994490539 9843274940 2438897106 0176275164
0575401-0575500	8654324350 4174682174 0477205357 9072978819 0300647621 7956560515 9378531746 9975436785 0429962280 6859383605
0575501-0575600	8350652163 7181437581 2035946389 8013538578 9008753863 7799944252 7513971642 8576455853 8815095998 6542599611
0575601-0575700	1121263525 2183537375 4089383829 9407147671 9479556565 3338103356 0920916513 5879604317 5645214900 2108737452
0575701-0575800	1940701660 7907421171 4638920928 7184760160 9024923191 1042267151 0290601789 5674642383 4095198359 1142408642
0575801-0575900	6457110707 4853007624 9802206736 3837798445 9884147751 5071622932 1920310260 5005515090 7697894319 4378348211
0575901-0576000	2231317197 6968730832 8746838329 3986801931 9165370266 3820034824 6498888280 0995308021 9176380419 7594627304
0576001-0576100	3423705049 8168626631 4633138199 2449951350 4093368521 3264862216 6261430456 3801554167 0299756701 8107991459
0576101-0576200	8371430134 0032034976 5295216438 5778342024 8049746048 1356556278 7670014116 7645327657 0915946987 8574710951
0576201-0576300	7077561758 9719547014 6914052898 7623863446 6607521691 8405152920 3706434167 1434458101 4881245904 1088366769
0576301-0576400	3696301612 2140430307 9623341879 2780707414 5543096121 9509880330 7323271225 1430746743 7929490847 0001118157
0576401-0576500	8721760472 5628436874 4402999903 4907235233 6477956148 2607275430 4750733835 7941695208 5411858141 4211633663
0576501-0576600	3188436139 3046086404 4381203050 0873747407 4303519812 5879556512 1015437961 8540181768 3516395531 4297889210
0576601-0576700	9793350644 2189220638 2792601708 0859661513 4092310144 5509598050 0497093334 1826034628 2226613652 4578624368
0576701-0576800	9338287481 8080831166 3214088601 8962793337 9691796702 3892600395 1088492322 2262487914 6995246944 8221322207
0576801-0576900	1622818763 3754117440 7176440825 6359777491 0049844113 1586645655 2169347946 9938534589 5276480298 6158402264
0576901-0577000	0999942100 0433420644 9394164465 1586082274 9727905680 4659105802 3199814041 8166646897 1070381589 9178259905
0577001-0577100	2443794164 7676653136 3703816495 5688078417 1970666908 8818711189 2963554097 0894493508 3808672087 4087385891
0577101-0577200	6782805784 6463873013 3563290056 0817556570 5186898351 8288538558 1894187618 4643188554 1883532205 5865514919
0577201-0577300	6084013505 1091304296 4386737267 0176920946 2568404821 6955942243 8162836317 6054907299 3983829018 7707137864
0577301-0577400	8219596279 5827372843 8493021076 5170111412 0971271895 1367781133 6345225119 4325640609 2909203989 2030311428
0577401-0577500	6931102996 1628971574 1651353122 6509765663 8725415021 8818945769 6063382654 0252017462 7484331378 6593668353
0577501-0577600	5892728894 4137222712 2323730318 9976271218 7563590305 5240593344 0680406716 5885499108 9223395103 1852280400
0577601-0577700	3163077793 1393887881 2426373994 5766173505 7804548647 0971336561 2269105452 6803233517 0946578223 5132634711
0577701-0577800	9775415664 8001216476 1891538394 4543827074 1357110988 0273825243 5819294527 0638724302 8983887862 3739726994
0577801-0577900	8101909956 4763398726 7797438188 2407864696 3720613457 5020404386 5140481454 0848637229 4808918749 5333684538
0577901-0578000	3329185692 6116001360 9052698074 8507788080 9719922079 0549384644 9129981160 4451051248 2015768134 2303697584
0578001-0578100	5979313525 0764991726 7189783592 0462441355 8353968020 4390112988 0820848792 7059939845 2081514555 2771604555
0578101-0578200	4509166391 0861465981 0109436485 5299583415 8940501132 2175918918 2274078858 5450573707 5417198079 3576571347
0578201-0578300	6422566400 7855202712 3596498418 1478091852 4754051782 9859835871 9450900926 4562032214 5679360032 0098036589
0578301-0578400	1403659248 0297059704 2389340141 7849408983 4058894208 2813754108 4532719476 5940157849 1808798841 2786712883
0578401-0578500	3740304445 3463300113 4078424469 7467610052 1632523146 9607461797 2352275188 8911366108 4728250447 3338769880
0578501-0578600	8997882496 1745714326 5389593198 9193809453 7356200697 7956600732 9207375987 8773953340 1224262824 6381176046
0578601-0578700	6552954932 7760151654 4443987977 9657596421 3036484953 8029733629 7340540953 6566027156 6620956242 0401897254
0578701-0578800	1002690308 8730688596 7583236348 4860800313 6749337880 4698810817 9243487055 5858612604 4335111341 5506834721
0578801-0578900	0280388630 7988424864 7959934426 9107098070 5308289506 5139289872 4560947408 9911504991 5932660761 2639813504
0578901-0579000	1864212683 9879243828 1063901902 4427167350 7646240245 7681752412 9773437704 7211534086 1680417829 4996765068
0579001-0579100	5806251274 7529950655 9532498818 6611187221 6992147209 5560654755 2197614550 4910999069 7568423675 2153392973
0579101-0579200	5597122527 5715087665 6596645027 1917178205 2938851093 6944721032 7912997299 7894959537 2179654148 2204684847
0579201-0579300	1079713315 2924225658 1065964907 6885751212 8315157570 0891568839 0775159233 9497055571 5543961203 4287580617
0579301-0579400	5188670398 3086783340 8101348168 3943703392 1934197424 3163346877 1675540102 8790595185 5469702441 0748369099
0579401-0579500	8853159223 5768360501 8587567855 7363745857 7148410634 0133489759 0877749058 3345539770 5795352135 9016826647
0579501-0579600	7382725085 5655781354 8876359883 2002785770 6316422404 6839516165 7169656331 1771164541 2249718086 2165255308
0579601-0579700	4508026356 1891326043 5962920096 4032384354 6372129515 9475370293 4135578205 6091034650 3148279361 4106566034
0579701-0579800	5442082853 7160023113 6681319091 9641028730 4920850041 7437038337 4462810464 6209427769 6378558093 4275787598
0579801-0579900	7841833340 3996601935 4202671488 2612819488 6255395043 8151533608 8819835281 7494735425 2961305205 8898947452
0579901-0580000	9789819276 5362302146 4927164086 3202923565 9299419175 2454776144 0843060223 7931856760 6483039434 1621875362

0580001-0585000

7041474976	1396384298	6391528708	3114593851	7668485369	2245247913	3970185679	6618981007	0204722123	3180454192	0580001-0580100
3079943922	1508991833	9722129466	4854266918	2478057987	8782653881	3387791747	9992986271	6454333930	4246091128	0580101-0580200
4741410076	1105420089	7125853667	2836314860	8986343464	5693410241	7486756764	8864999320	1676076913	9511745616	0580201-0580300
3032737449	8044609078	0906403046	7634944431	5588698973	7215023060	2240876896	2808996777	2008295400	9728621969	0580301-0580400
3697999085	6286378189	2068734312	4342519125	7166586084	8853313223	4261843260	5583673517	3575594624	7449424091	0580401-0580500
8913520207	4248917184	4022318266	7020736467	6861018624	7364849275	8014735888	1296157116	4530777730	9918790610	0580501-0580600
2988862871	4930204679	2275251671	0370807163	9439123743	1679286682	1934446224	7657260407	0545998596	8287895948	0580601-0580700
1812296099	6644984189	5435505126	9746222228	4055821601	7815638489	3241562942	9410235472	4474406529	8275956508	0580701-0580800
5230803988	1041767531	0953945082	9566866700	9805968039	7238783071	0888730991	6708399098	6667030216	1465717224	0580801-0580900
7840852262	3333842572	0816810073	3965346032	1498432069	7266393091	8651492548	0137010383	8705478495	8056923908	0580901-0581000
0907147014	6803194411	8829167741	0010867607	1463670346	0970165877	4793861986	5572514916	0321261997	1997380349	0581001-0581100
0164842267	5449125967	3931239799	0074831055	3850686618	3048290644	3355681392	5304490175	5675497722	4586553701	0581101-0581200
3114885452	1455752765	0034001289	4742742237	5583403216	7742658602	9415028540	5959573417	8734907098	0159085826	0581201-0581300
5302204657	8069213686	3441823833	5855058044	0690789048	7694695230	1682422689	5303019503	8490457409	4772378584	0581301-0581400
1308094244	8126386762	5452617907	1856678494	9159447575	2589043298	5971556253	9168706640	5003386911	4702527528	0581401-0581500
7746323076	3947736622	0502124317	1119766975	5407073331	1267595581	1430766435	0837766138	3937418821	1987281402	0581501-0581600
4301959257	7233992497	7456535991	7373704823	4552569017	4683861816	0590685025	2368717229	2558204547	1781431991	0581601-0581700
8580749491	6821191010	6141017546	6753076202	8915463213	4291872260	1569145323	3924467835	3609292392	5956317992	0581701-0581800
4773642655	8854142993	0289457142	9764367323	2226292360	2401555030	5643202837	0518644027	0320700941	3308930740	0581801-0581900
7897145934	1135466306	2636587285	7188977005	5691796392	0940895404	9496757766	9166831282	6151980538	6857951638	0581901-0582000
8745693396	1269736698	7222044985	7426520785	7339345005	5218249597	3648387278	1039461205	4451563797	9612030291	0582001-0582100
6594765746	9934154327	1014074745	7728926544	2299660080	2191430751	6320121147	1223362886	8911003141	9826976208	0582101-0582200
1161023720	0462099132	1164326070	6919886802	8640972266	7809023807	4035935421	4499157461	9796835571	4813677142	0582201-0582300
0102843682	7004103443	1879942143	6138119770	5387057025	1577675008	7453539287	7472019654	5049062159	4472377056	0582301-0582400
5106196759	9990856948	7775939149	1159420150	5099136774	1964053191	2235392749	7551027522	6212593290	3159292020	0582401-0582500
6322743156	3163988355	9894769491	2780282598	4508358367	9986203533	5202068546	0559216786	5528357649	8156695323	0582501-0582600
1585885723	8729888822	1915594480	3787090891	6485672990	7213738605	3604371214	3961691038	5695176160	2847570707	0582601-0582700
4122088557	4454803861	5549299960	1110900895	2930561509	2834665028	8039831552	9188908659	0281766493	3855036021	0582701-0582800
1301004261	4046121856	2027290863	5851705705	2077500603	3082951809	0619335033	6573369268	8723114598	6400466223	0582801-0582900
7348473629	8028779881	0214710192	4585493748	7774531159	6289792540	5501780747	4919647784	0674655279	0393195565	0582901-0583000
8138966925	4392861168	1270286078	0164924717	5794769004	0713838418	7102292173	3518989407	6408089714	3188308922	0583001-0583100
1639365968	7537987014	2040037849	1301275010	0361893552	8646480423	8014072668	7789499470	2425251395	6832936672	0583101-0583200
0126727746	8876032284	8694287301	3499735546	3449841082	9039902461	4311248528	8482555246	8148762739	9427149890	0583201-0583300
8989640658	8465382777	4882015498	9400559486	5085108465	8197861933	0248608338	0072550353	7057526726	1626271208	0583301-0583400
9574838570	7809211790	3963214061	1479857589	2731652066	5138741418	3990141524	0806942716	4153124841	4657007034	0583401-0583500
1621014372	8566150672	8048482094	5901214115	3970570484	6221539045	5053205451	4086490834	8169336750	6628520708	0583501-0583600
5044761687	0476424706	2925198421	8234056711	9317597738	5071213843	5661612005	4129148709	1099968133	1855034567	0583601-0583700
5525027394	8056094553	3332426165	0049742736	9923689595	5712032345	8164445061	8398094463	6812010841	8926213314	0583701-0583800
6656721599	4708198176	8665914883	2682318546	0165541728	8345341670	4493091663	7484656897	6763423120	1898326438	0583801-0583900
3910341875	8413624196	7457994649	2022219798	3459305656	3692756849	3597776710	9310304141	1307312539	5642486385	0583901-0584000
0145550075	7943604266	5449474702	2596898510	2663374383	0181532607	0463610412	0350698291	0077402475	2336575842	0584001-0584100
4349259806	7819610676	6125498936	6947457932	0383480118	9180462399	3440204860	5474005397	2919887064	8908353273	0584101-0584200
8462542597	8152377016	5393409066	3961614181	3699362622	7242206373	3819843067	7526480387	4177190613	4560708695	0584201-0584300
1288294213	4188943261	4115598374	1984309650	6180799248	2485995574	7397586597	9178350016	2512479117	6820566112	0584301-0584400
4568789795	4672289441	1612072462	2182150361	1187196038	6759404634	0815340520	9319548994	5280136392	3920455820	0584401-0584500
7050232815	9177110790	8638599432	6625268337	0835162218	6279069635	1346100018	9272878972	2396733421	1224885525	0584501-0584600
3794962334	8050174564	5714169688	6360100538	7174928821	4974692896	2534740324	9065911079	4774699550	1662902714	0584601-0584700
2984650883	9179574390	1191544231	6633387279	0505489315	7337140084	3033387711	7939845502	8810515225	3878558588	0584701-0584800
5276786724	6546822526	0139414212	6380025151	1052536202	0285088336	8116711791	3145351827	4582690793	6214338287	0584801-0584900
3636714785	5025406183	1507426381	7135131076	7393576500	6518722579	6621355848	4525199814	0046504966	4429369446	0584901-0585000

0585001-0590000

Range	Numbers
0585001-0585100	2643253534 2270481087 3584386515 3165747836 9349438175 6184393891 0192099339 2079359173 0235133613 4333617409
0585101-0585200	3788943324 3636766210 2057520640 4986003394 7626117730 6597900717 3384350861 1904667283 0919191405 4876182490
0585201-0585300	3540960361 1171758738 4282953107 1297887413 0067815729 0071872028 5253473736 8305268388 2088519006 5288899206
0585301-0585400	7114141756 1482180485 9030161269 9363022004 2457303654 5063083444 5212718140 4811064626 5502183349 1808728134
0585401-0585500	3170005938 9454647778 0717800755 4115944795 6636875231 3028096856 3849766467 4164239794 0380978024 0068223930
0585501-0585600	4397514877 6185510146 8074924443 1304936842 4027979663 8069701072 1859444694 6675695263 1588382852 6261340027
0585601-0585700	8056513954 1647267978 4720187392 8734317431 9563427146 8612868703 1868026805 1307783311 3336497051 4243458619
0585701-0585800	4339937603 8313489195 3616522198 5717340060 2626816423 3315262753 2561526998 6604467428 2100016307 8713356756
0585801-0585900	4176057061 0365397244 0343499640 7552391445 9700042488 2780700901 8247852047 6973060681 8272868950 1112304020
0585901-0586000	2596546463 9168826534 4062451389 4380086858 2630992637 0738304783 6303898086 0109948994 1257512561 4015344638
0586001-0586100	4423708749 0956244130 1959987563 8910465209 6675458776 6008659039 5215269307 2494759346 3765524999 5739813687
0586101-0586200	0468238357 8222135022 7515627717 4392239955 4134549014 3078065888 8714513281 3370761485 0257685232 3638293314
0586201-0586300	7428059668 8096462099 8422476207 4394269002 7942917237 5897478932 7985624247 2965908532 1594720533 2369490434
0586301-0586400	0279662663 0740273131 6432230471 2428965781 6081090460 2256804488 1972470679 9349489374 3915075505 1735578827
0586401-0586500	3674663011 3365128062 8067638738 9443510734 0477854284 4945810324 0215302688 9267092892 7343216222 8866530807
0586501-0586600	9172552536 6482531922 2486046719 0401188149 7966918972 3839048992 1449906378 3422472582 9744875713 8716393766
0586601-0586700	0383231958 2212583899 5005317567 0095529364 8507888404 2900036232 4607985108 0944704118 7766965698 5270022423
0586701-0586800	6542148408 2307424965 9128990965 0888536308 7254327321 5141598918 1628756781 1307051625 6851055815 1267135934
0586801-0586900	4832178026 7835089604 7258005426 1710332895 1883638910 3244737167 4832059178 7336509628 2974559694 3462409255
0586901-0587000	6528166566 4281336902 5930758740 4400234673 1373767779 2486726102 6258403688 0816938609 4183043542 1605123289
0587001-0587100	9431137753 3910651173 1742579190 3877442755 5774666030 4066200990 4063042605 1492029870 4318460132 7389509099
0587101-0587200	8152703064 3369446904 1004457120 2235451171 0113287564 0395937024 2331710298 3934900820 7273903649 5979673246
0587201-0587300	0701174416 5743432549 9611780691 7646759647 4687979151 5572781516 2473060583 3452636485 1289816778 4698088189
0587301-0587400	9113210039 3955511186 9683602326 7657819460 8392777588 7735609407 5598291775 4280861145 4330139500 4552465512
0587401-0587500	4291004911 3728859660 6867189535 5711890373 3300649089 7568335165 0049482437 5020133685 1572849963 6967464259
0587501-0587600	1495360373 9411549609 8234431435 1093202218 0970935978 0329549759 5988950811 0435013606 2164200304 0542535251
0587601-0587700	8200915587 6233217544 2175880859 4192994016 6160003634 3910153400 9403986138 1614185296 5918958274 6862217600
0587701-0587800	4007540224 0523491448 7411541445 0603504256 3623296960 3659720823 6492559421 4765207713 7457479512 2002325330
0587801-0587900	7577273544 0666725460 6385566002 0024685704 4600372754 0392329608 7432532813 9244892759 6263699974 6081980307
0587901-0588000	6121586944 3681254346 4760058234 5170986588 6875789643 4602270548 0070837900 4133051417 2192659415 7615687911
0588001-0588100	5019134029 7485850517 1486081731 5609739898 1871178896 3997543859 3851481271 2285659202 7869352860 7609610014
0588101-0588200	5004686282 1433081002 8800342379 9080316038 8504060829 7629418230 8278380860 3522724981 0236770590 6046463477
0588201-0588300	3095240249 0251187179 8642433919 0253045895 7320390858 5078719522 5501777037 6521626642 1852819817 4050734002
0588301-0588400	6663725152 8093405208 1167101126 9698677937 2259856933 4951943269 3212054024 2307651827 7713527188 4472532778
0588401-0588500	0205511448 3586444782 3011547118 4418352293 2511493257 2286861749 1226032840 2072777884 3300201824 3512889526
0588501-0588600	2643485040 1801176692 1894003013 8462303925 5957312898 1537243816 9530773158 9478556460 2548901233 5984452603
0588601-0588700	0584211078 3664177049 8438042272 7756181463 6149708220 5297894046 8419642105 1959529763 4427944938 0087623752
0588701-0588800	7458736540 4368603239 2568120396 8153978062 0318441175 1734063549 6464494688 6431290056 5992397103 9802605527
0588801-0588900	1913444121 7649315767 0125023282 1586829133 9917094347 2186019906 1499472704 1937223244 8113677773 6478433420
0588901-0589000	2259996962 7985529882 3483581345 1982181425 6759243498 8631331576 4355498522 0161874700 9448486245 7290141545
0589001-0589100	5918948887 0773043749 5867207924 8383857434 0109825006 2896166079 9710944183 6998747844 3956767929 2388862416
0589101-0589200	0244369027 1546527600 2249393490 3690547167 4482965770 8307392421 0015283272 3379609356 9239903388 2446560129
0589201-0589300	8007919176 4303142021 9423739939 6437444250 8813987203 1104733044 6839944062 9881969793 7197577353 2541936499
0589301-0589400	9703329803 0950573019 4490517681 3411652445 3593299051 5291198614 7095703537 4526557874 2451856888 9601351304
0589401-0589500	4654670270 7588099460 9033018536 9536601327 9171879444 9541015603 4369228648 0222247044 7675869609 0322096842
0589501-0589600	2563613405 6348368297 1743439491 3450350154 5627121130 7069128196 8263867332 2131840444 4149770373 8450944461
0589601-0589700	7548305453 6899360682 0580388987 7247411952 3892924216 3746784562 4985427985 0314493299 5331585543 0027667154
0589701-0589800	0262962651 6695809146 0788101747 1430699174 4199865847 3290401655 3566585762 6308050241 4955884775 3348985236
0589801-0589900	4672238934 1636565324 7943645100 5902522586 3213646412 5849984679 6161843552 3403523247 2111052122 6636091573
0589901-0590000	6027130213 2944820897 6614103780 7091936558 0262218178 4957122075 8511904228 7800087459 2867736276 3323009690

0590001-0595000

4378031370	8952520766	6717572718	2998614393	6555118371	6692237254	1946679808	2166668111	0395660439	3375037280	0590001-0590100
7554514848	0681660436	7467894326	4045371156	6586375053	1512081271	3275492053	0682220005	2569298501	4308858791	0590101-0590200
8383385888	2722616677	5683455460	0420387321	6650375630	8540835999	9738344203	1879253515	1098838338	5390032909	0590201-0590300
6587405487	3988529729	6837997229	3660192631	2307160205	5097339309	3605034590	3955144350	5307799861	6792471614	0590301-0590400
4327074762	4508513019	7897386992	7099332578	9524645547	5067636682	6464527152	5522543338	8053548362	7391626239	0590401-0590500
2529667664	5875489467	3447577273	3560138382	7372900539	3896656592	2305985710	4848277439	8049720583	8211155382	0590501-0590600
0098920966	1369468931	7719911147	4717037337	4826981059	6270612913	1399606088	2187721485	2557889824	9605715119	0590601-0590700
7409955071	3992866920	1545658383	4310142603	0808586884	9327192298	4158950926	4357183140	9247104705	1845128758	0590701-0590800
6998841092	8735902874	3120393437	6279851641	1032441226	2926311001	1096914955	4450309453	3576921409	8033156765	0590801-0590900
4806421257	7277675625	2536621018	0850636818	2957928716	0839823402	1472035362	5982063645	5200852312	8058003267	0590901-0591000
1686683448	1511046373	7048499734	8399072102	7211903580	0884324222	1164334445	0800225977	9528179717	2269973237	0591001-0591100
4386451794	6984457648	0639489491	8334385251	8042878693	2632752902	4478904759	3794042859	8452749922	2779721000	0591101-0591200
2389112154	8938382391	3828729899	3173119476	1739061150	4478279287	6911023764	7550252257	1732194818	1473706301	0591201-0591300
3088417889	8195981629	9954108339	0244410692	7067375959	5699711953	5930938496	1102865740	7650636769	4490893018	0591301-0591400
5586498703	7289727234	3345722492	7891532609	2232477022	8772629642	4917698080	3027823621	7239379885	4005036257	0591401-0591500
1554887536	1008901145	6864982824	3767815051	2482820550	4920676147	2527146521	8966300496	8857959976	7752259397	0591501-0591600
4060305110	2898580396	2621881971	2821705192	6322308951	7468158647	7249400663	4762523998	5417319602	6161036924	0591601-0591700
1957159776	0197169490	2399328727	4397465880	4365659364	9688016852	8639775155	2247599976	4941859502	6804050064	0591701-0591800
0969843511	3073797110	4411979180	0574646549	3078021521	2529810087	3140604694	7356590646	8924181483	9126360000	0591801-0591900
7362471055	6481982589	3808874576	4536277429	9376813587	6541917973	5722961270	0089296847	1369649368	3678963525	0591901-0592000
1823038913	1039926337	5859652579	6164964499	0890955243	5508658902	5530278599	0775532590	1273060023	5531124137	0592001-0592100
2288339546	4048657778	3316157682	9861517865	0924137474	2372088701	3088054395	2259278853	0239430921	6595649098	0592101-0592200
4077060959	4261296282	4796778811	1335332629	5287479754	0987883556	6787900429	1954515767	4414867840	4482363922	0592201-0592300
3350956600	7275479391	4016971072	3185824412	7989233882	0023779406	3975753657	2516250133	5163672644	3591597747	0592301-0592400
5061192571	3016230090	9373451004	7452761801	6380709677	3700943768	0596671422	9413589600	8247553832	4597480393	0592401-0592500
2060796044	9050176920	7058512367	2619845895	6830937968	0625434025	0957462165	9518879755	0577965491	9550494928	0592501-0592600
6712332513	3755673871	6057356380	0289429902	4885121880	1240568679	2361892475	5604824874	9553282638	7314646416	0592601-0592700
4205988538	5147743343	3172591297	3171197400	0426498722	2438106142	1103274992	4136371337	5474324062	9667251815	0592701-0592800
6579138643	7025620243	0396479048	9005044298	5262446575	6623621882	0854094942	3685057327	2737762283	6552938642	0592801-0592900
1319461785	2606260499	9062547968	8474585304	4130593739	4727793077	5350781935	5762734410	6921558940	7275736285	0592901-0593000
9694496638	8909215851	3270610171	0614979762	0538570852	8120957527	6329498576	6777194759	3521524216	7687786817	0593001-0593100
3437055674	2374024365	0963517997	1533020571	4311146401	3586402829	0245151732	6107671692	0225250063	3762431074	0593101-0593200
1617874762	4311018029	0133180972	2311238240	0446652702	5579134333	8648233847	8240836415	0914263032	1466554736	0593201-0593300
6175962561	6966594331	2066598512	7670461450	4355650567	6323192723	8034514025	3542128096	1853640658	6065956865	0593301-0593400
0090054298	4803006493	5485306206	2677047658	4564323035	5579621397	0401284145	0715513295	8915455166	8286582783	0593401-0593500
8940339152	9922388233	2902538885	7260584924	3307420504	8077496581	8966106091	8105854541	9793248020	3796556828	0593501-0593600
0399926145	9692054638	0587713649	0314877440	4809112742	8165482419	1745721110	2449742316	1561692475	4790847307	0593601-0593700
5166326609	8195237956	7646387678	8253431508	8220817956	6747714706	8016351059	6475683188	9832497120	4609208556	0593701-0593800
9971337574	1446504693	4783022432	7100384214	7687932214	2485713565	6462834010	3242412826	3276542081	6089448070	0593801-0593900
1691549541	9078899085	8389973870	7067015416	6653384195	8350716971	4519341920	3744574382	0510407777	2973273608	0593901-0594000
3932416374	5628589224	1337653863	6749550495	4305663770	8434508365	1770046466	4638153286	7444822629	0496018468	0594001-0594100
6050368834	4077608448	2397002567	7621323572	1377269139	2393095925	2379422056	6769837043	9260789034	8267373475	0594101-0594200
4528332857	6599177610	1256955535	0192620551	7993980215	7103124143	1145302306	9858987010	3035894212	8852315150	0594201-0594300
6444142065	2849534936	2202442156	0328509445	4454628741	4074018450	8573337343	5077630594	2612250192	5255325129	0594301-0594400
9186342147	6582140383	0797952738	7376105273	0263924182	2426415421	5090646009	8831844152	5643072600	1468614601	0594401-0594500
1619491302	4036693824	7501714189	4225920208	0670774549	1575953845	4237813886	0870217866	4247860286	8245538257	0594501-0594600
0607007852	8273322265	1056334456	6490874361	5822952264	5069096083	1695617260	5265253491	5020704138	0219034005	0594601-0594700
7017883118	3123741998	1786872388	2510105974	7512023490	6541684015	7335014317	8373352481	9386198287	1799710861	0594701-0594800
1704819560	7925864281	9561977024	9670042110	0095380047	3880392004	7245467873	0906292796	8600542682	0228388866	0594801-0594900
8402908313	3520768865	0527791865	6290128921	3124031511	4784046500	0757126177	9711587696	0036259178	8995845532	0594901-0595000

0595001-0600000

0595001-0595100	0352877641	8478397863	1665070737	5096690883	6131673914	7668310680	4830017611	3605941255	8390261849	7547666962
0595101-0595200	1728534035	8592190345	2376715116	4313372600	6710559414	3593321358	0593431965	1546323178	3380908185	7823319571
0595201-0595300	6802322563	6454354657	3965389158	5126961726	8356652954	5299336653	6165073980	2987340183	8864612441	6365174666
0595301-0595400	6698938924	8273782645	4263142720	3865011755	3097076155	8733454310	2676089168	1516242126	4870580775	0635927882
0595401-0595500	0073571778	0569088816	0798433456	5970610092	4240360984	1782625417	2021527883	0719157976	6742885145	0587738133
0595501-0595600	7614484000	8391264395	6891713569	3227613352	8160479732	5611648002	4364781339	4194939199	8144463450	3389773048
0595601-0595700	3079017221	8978761141	5267584913	7827671364	0481452224	1700976380	2459275416	6726985901	4203411158	8045151837
0595701-0595800	9364707694	4899216519	5823326382	8168333632	5513023426	3516944400	8445773426	4891932074	1277155095	6432261038
0595801-0595900	6891038570	0958521921	6284841848	9882732686	5547042366	7527507529	8431229087	3054198395	0440894202	1416678082
0595901-0596000	1968098279	7670774928	9849712423	8809335414	4951082942	5629732782	6692300410	1161806478	6854216339	3012745589
0596001-0596100	2232424786	7491607615	7695411688	3021345421	7159658460	9084801971	9649487228	5422924913	3226957718	9910652192
0596101-0596200	6823520973	4285293627	9886092116	7917076294	8584749614	9978359834	3087200700	4771021856	8974412617	2310910355
0596201-0596300	8622624994	6839024978	0248231061	0773890804	3031729059	8477045224	3032100330	4957569659	5575909808	9718773551
0596301-0596400	3274829633	9886457187	7846910640	3556448961	2527351448	6823105300	2778188431	0676814363	4883686881	5197935919
0596401-0596500	4805864518	3785865973	1027120780	5878176828	3476422045	8041748546	5272557925	9321275422	0935506709	1521746074
0596501-0596600	1863450104	7954448472	8043228759	0427853279	8925864532	2429852338	6332572078	5494344100	7130491816	0075095719
0596601-0596700	8178380956	0002874758	2755714595	9121423798	2410344201	1990429800	0834846679	8477917366	7633916755	9812330736
0596701-0596800	0449981783	3000271462	0794715396	2607424019	0517782696	8287930733	4273726355	4559682051	3214757796	8851655215
0596801-0596900	7856382150	6100375744	2106878698	1759087972	3105471878	5979450934	1635317309	7134275573	6848046549	3684608589
0596901-0597000	3279519387	8054835351	8384579551	2788897107	5385264812	5918197952	2714467314	8897830668	1441294809	0438764754
0597001-0597100	1720328836	7931539487	3192784282	0614083782	1111238551	8592573720	2642344646	6169852063	3845340600	8552668716
0597101-0597200	9998825468	5318368450	1164335422	4246766319	7456134600	8496308560	5745373590	3033205858	4604742117	1983158007
0597201-0597300	2893001356	1157562071	7423148933	0479644746	8064963812	9316429235	2358113902	9669949468	0014506883	8572950498
0597301-0597400	8003174294	7556236767	4376499424	3612959018	8781636342	2319493407	2584973173	8971847387	4274935509	8506472696
0597401-0597500	9684412652	0678050219	4204287610	7362888938	5885038732	4568556438	8165788462	8098866182	0320357823	0333800993
0597501-0597600	0591300723	3341323450	9602597374	6052004357	0998600298	1455095784	6283200151	3573592546	0273515967	5644163653
0597601-0597700	0112264712	7864032448	2400773799	6917646650	6023873396	6563567934	0398356568	0722196540	4885119322	4882054279
0597701-0597800	8091297110	0770045002	2775461206	6171669155	9139809765	6598227169	6317371323	8023308189	4643812813	4866452495
0597801-0597900	9954457359	9602734037	4953198103	4137354585	9961495498	3609176126	2853953078	7384570759	4632930371	4882251930
0597901-0598000	3817175115	4383500267	0899582654	5263811037	2525488774	3926013540	6025221454	9198169957	9873716453	5132550990
0598001-0598100	5208796779	9440782253	0807758169	9560271112	7758544868	4402760529	3945142888	0029095380	2848541101	2261577841
0598101-0598200	4915814077	4999841496	2922401988	9130831785	9666915388	2290099469	4745024784	4902571367	3569726397	9283040328
0598201-0598300	6063454681	9859014808	6774140892	1089040105	7657503110	4192216149	4187431458	7847613671	4773918305	3531438322
0598301-0598400	6695453832	9922394045	6133606017	8214118865	0929220792	9496640912	1600359051	1538805649	2162705446	4191236518
0598401-0598500	9082065327	5787865973	0920683222	0026823222	2369773672	3309773621	7236746520	5265074391	4068309474	7321260320
0598501-0598600	8840098990	1480267801	9948268585	5351480657	0539140057	6934547136	7320387577	2451306975	9606056795	3900372658
0598601-0598700	4611384511	3230645833	7250580531	6793447259	9430552175	0085317786	3633981947	2177438498	3941664621	4485505188
0598701-0598800	7706616890	2788747419	7775072785	9461678481	9648879238	3924297012	3021952643	8487691711	6929419136	7645398975
0598801-0598900	3022131894	4274689864	4511952336	1135808699	5256573849	9513227234	4858932311	3867978311	9517843877	1350648230
0598901-0599000	7870482998	0344715507	0141882053	1041426682	2948160081	6095024682	3597889332	3946769501	5594757502	2359260204
0599001-0599100	2472263849	4100311367	0440974536	5861030801	2059308927	5276107285	2639425752	9284362186	3776425354	2781899306
0599101-0599200	4800665696	3672751616	9718199072	2601937571	1689259479	7447612487	6288821798	6501367475	0750063832	3479883964
0599201-0599300	9774004884	1235756668	6571614215	8311084736	0913934500	0273200513	0798128157	0222561690	6552683303	0836656381
0599301-0599400	4134070708	1942216648	4822104159	3434919082	0405640859	5224038800	3780734926	1650300231	7179993148	2592911800
0599401-0599500	3774744659	5015659399	8138623869	2869062652	3820612336	2367459640	7209835077	0110829907	9028069034	1091750963
0599501-0599600	5731456182	3190444770	4954866187	1606922803	0350137359	5224123316	9641834879	9080748080	4086899822	1727551316
0599601-0599700	1958780967	7521653989	8309620348	9409368385	6539421196	1230810211	0347105174	2416434655	1719207792	7713852950
0599701-0599800	6026751864	2439692655	3672334478	4100681455	9511490367	8283881757	0535380038	9460027690	7056312702	3230141413
0599801-0599900	0663168017	4679733509	7254146260	9599578815	9410727806	5966542285	3016083098	0948279808	7779954151	3306341851
0599901-0600000	9778723030	1266392253	9995594139	4962110041	9546078252	0674425080	3288180503	3938921875	6524445169	9554137647

0600001-0605000

7841671637	3075584797	2338659392	6352240182	2608031692	7670846826	9071288406	1919749117	6562869996	9084970730	0600001-0600100
8233756477	9768748466	7530526919	2985079280	3668182143	7679607305	0873808083	0144642975	9825417007	8643973049	0600101-0600200
6108341861	9696619596	3220184035	9163563411	8435818598	2051413631	9153091251	7440662404	9390924513	5885190762	0600201-0600300
7068893662	7099055946	4689376680	0692046828	3630462501	6402102743	7917854480	2485128618	2161251211	4570003573	0600301-0600400
4674069253	6790368909	5025923989	1548171622	5418252452	0806003906	0040615540	5892907732	0687309580	0617499719	0600401-0600500
2036471209	7884192446	6670920444	9749874824	0886590526	6935889487	7525751640	1354367423	7920145307	2202353576	0600501-0600600
8345446812	0686595139	3272635592	7699659957	3777441103	7909107156	8358658465	6220858621	0713954935	4539122567	0600601-0600700
3280629527	5190075494	0904896394	3888064254	5570726221	1593631243	9491645972	5649101842	5754082200	4722888846	0600701-0600800
6345128030	4483190178	4007401167	6477395615	4364713952	3558199976	9359010841	7752197336	2030832625	7616596841	0600801-0600900
1936614585	3311420753	2119529276	6971704206	7051859842	4997628346	0412316390	8122790890	0560239147	2762547230	0600901-0601000
4465613738	9193482911	9845493060	9446294509	6159115367	5525286261	0591271212	2041446841	7749781863	0501112974	0601001-0601100
0039411193	5081890835	7333290551	1440743044	4467585330	3908198677	4585870646	6753105873	3204448664	3819547370	0601101-0601200
8480984019	0145711080	1511114446	6295074606	5233051734	5945257725	7589307863	7007195767	9284954220	2391372656	0601201-0601300
8259931838	4963573717	4554050387	3578054083	2235428668	2509834074	2461917212	4106592840	5281116620	0923282960	0601301-0601400
3017213638	4928510477	3585298392	0870989263	1698435885	7422063744	5799561054	1443705248	8223358026	7567460992	0601401-0601500
5440227768	4009359318	1777507857	6733453207	3118530837	9736957382	0246047450	0960452405	5600641568	3554046864	0601501-0601600
1810641559	1598692574	4890303471	4608636868	4207141529	5195399688	8639944162	9850126219	8265478995	0631292147	0601601-0601700
9605647184	9993133924	4495297288	3378335522	5306656081	1391115575	9997907138	2892418373	5740905193	2411808327	0601701-0601800
5321057583	4434078628	7664294881	1335953007	8115142595	7827964092	8378127631	6746885253	2329802856	7924732045	0601801-0601900
3209385421	0158071474	0180947946	1160486277	6786734377	5751143759	2333049254	9945720627	6842336439	4693270173	0601901-0602000
3610844401	8756535693	1607880312	7015677432	9211095460	3746698646	3058964329	9619579908	3916388510	7358365539	0602001-0602100
7358685803	9475629404	0228635209	6347217039	4504703852	5710853133	6244754542	0010525967	1217835787	4633359416	0602101-0602200
5923235625	7039331280	1881979934	8769808508	8538737901	5678885924	9599338041	0450709566	8197806890	9791304753	0602201-0602300
1270144691	1990817138	0579382353	6727157978	7439956478	9154906407	6938192367	8366723218	1905821363	9903497314	0602301-0602400
3981196742	1740486606	9196506586	8831513483	4018768134	6790426439	5573859006	5483758071	5281812895	1074144096	0602401-0602500
0450170439	6548535905	3827804348	1358307724	4516003786	0973737431	4721794026	4953077294	2955247321	6428585864	0602501-0602600
1931339046	2255573142	8767902253	3447878688	5637977093	2207047543	8244713707	2108172807	2621619220	3451676638	0602601-0602700
5698542146	0029371066	1317844674	3494946034	2745909707	7940257119	8873753139	9123813260	0095632063	6823628583	0602701-0602800
0789874153	2274462127	5917935463	1214921585	6310068890	9580778060	5937282837	4066045173	3814756940	6689687907	0602801-0602900
4464372890	3240457174	6893162279	9152607670	0874957946	3655298108	0060563205	3593234614	9132211508	1869171155	0602901-0603000
0065566655	4774549787	5592906074	2276192490	1312867775	8013421084	0162883087	2921226157	7650952210	1508044663	0603001-0603100
7440329782	2650479584	8394929088	0913783491	1052701891	5866659781	5395224336	3020381943	0779722100	7492952919	0603101-0603200
0141757752	5169929771	4793500137	1899644889	1152064736	2966761218	2183930848	9926024600	4189915466	9973852196	0603201-0603300
7567293096	4342169889	8063419295	3311166015	2026890675	5263925108	1017259294	7411597057	2467020836	2379144576	0603301-0603400
5730763105	5046947966	1341506294	9874761664	1845707823	8555743704	7474057201	8709533927	2312325000	3365765441	0603401-0603500
8215016260	2315071847	2672153312	1075096401	5851018981	3759406669	4529986669	2087088903	6949102304	9306036600	0603501-0603600
7508983514	6799025697	2876511504	4510267583	5608349627	7333454143	9538796196	8611228627	1837770262	6499995437	0603601-0603700
8975661863	8452242447	3949249215	0548510122	1670755524	0510210387	3300284593	6131845844	2786733823	1426176973	0603701-0603800
5636427084	2120283188	4367381928	3471319508	7173122191	0120316721	1411093958	9992288467	4801741656	7609937878	0603801-0603900
1968770763	4475970187	8701153635	0704268062	0343222196	2481896791	0905627992	6872063157	3443595078	9785292306	0603901-0604000
9671951104	3330556678	3849538409	6125277958	3891054879	6848486208	6797174930	0845214435	9425346200	1124108426	0604001-0604100
6566758689	7808277627	6840134698	2941929580	2033057400	4749139789	7105912264	2210407325	5789131404	7746709521	0604101-0604200
6337310954	6710714788	2434746973	2253620897	1843414016	8951520932	9372895796	1799009745	3132280763	1818289943	0604201-0604300
3189695689	5304723703	9953890583	9657483550	1508194701	0033649460	7541568093	9094827544	9981181003	1151431124	0604301-0604400
3716206028	5082116771	6052901503	0383998177	8749861963	5004890805	2208969068	2794915503	8157223974	6651144204	0604401-0604500
0712132800	5606536244	6019685738	5732581380	9450794347	4066036054	3591168103	8547455413	9010052108	5682696417	0604501-0604600
4364592697	5730111231	4276516916	4064382930	4144191258	0970015014	7626045084	3029947397	7704434060	2558483155	0604601-0604700
1837098621	0437182444	9093244999	0941239696	8072735574	9909747543	9290255798	4797093482	1903280850	5910233185	0604701-0604800
0565958856	9341036975	2178796616	7710423049	4235235108	6300728128	7132147932	7804020664	6142623007	8561408403	0604801-0604900
2598348925	5712085118	9853822385	1362097287	9195187746	5064186101	0501100015	2392140198	8115501033	3190671539	0604901-0605000

0605001-0610000

0605001-0605100	1496612736 3813534906 2018988011 8606264888 1416943529 2751302012 0744485069 3949715656 9637005281 0443645796
0605101-0605200	5400855804 4162484257 1854483720 8664333866 5752522858 1094828921 7257839158 1914769136 4603268447 6202255833
0605201-0605300	7884307066 2682013656 2567060429 1660967399 3739633372 5598175402 3690188353 5300799015 9396724928 7745723100
0605301-0605400	1781338885 0629426776 8452361064 2620854720 7080605367 3762684766 8768462104 3656625525 4577155820 9684895512
0605401-0605500	5604270948 3869900453 7060236388 6713679104 2491149199 6301475646 7260027940 6939362920 8526804159 3916556942
0605501-0605600	8310137017 2150024613 4125553880 3212017480 2466199405 7160259811 4205384973 3099095858 6477131121 9005778516
0605601-0605700	8213546567 6925436958 6839553959 2269791198 1510567862 4278738635 5969635159 6525780100 8877751613 9485947653
0605701-0605800	0289336591 7624022970 6578369853 6071100495 3475675722 8407933874 6963969820 5275488541 3863809128 0465567957
0605801-0605900	8673802477 9624558074 9357238874 9181720103 0089198899 3237953392 7562492951 4306391754 1756523620 5655375337
0605901-0606000	4784035475 1434991801 6962421277 3057517531 7271408992 8417997105 4379976646 9304839985 7656970388 9161802688
0606001-0606100	9482866498 3964738224 0305236838 5787917654 9873616284 7160152275 1105553564 2270930341 2906341214 0503747065
0606101-0606200	3876110440 5763127767 7687955828 3969360687 9749299247 3055757014 5071286487 7603721671 3666399647 9516812181
0606201-0606300	5089563593 2214508085 3486264524 4138042319 3763653355 2748353332 1558341288 8866477801 3962249460 2435843022
0606301-0606400	3059175741 5527544778 4716651515 8060159683 1434699386 0224116703 3961033143 4441421523 7812127052 9004152968
0606401-0606500	3283581427 4572054807 6341739976 8540321142 7870270994 6582145669 6142049358 6005178320 3074959984 9994536775
0606501-0606600	9639015443 3298372959 8770215879 8404530424 1723688539 5654311324 9128001668 8614321335 9018145988 1534511564
0606601-0606700	9693087226 8799815440 1637903625 8474494027 6762231405 8383024632 3278355589 7049122876 3755160993 5228638759
0606701-0606800	4826470923 4548966040 4395528296 9349632732 9619453926 3412540443 5830649127 2796994144 2577153786 6021215962
0606801-0606900	8384800807 7648600684 4211951284 2811118606 5633816275 8796685046 7909393030 2438194147 1345044461 0996238141
0606901-0607000	7080458893 8597963438 2447612009 4314750139 1451102903 5345846423 3986653377 5034032887 5117844562 1701907008
0607001-0607100	2687537123 4894254845 2679529059 6728991141 6216871720 7252789541 3036625313 1216168718 4002908491 4010882474
0607101-0607200	1929033100 3958533280 9030568981 6195958414 6403500881 8383544776 6161764083 4335657628 2916036527 8550533429
0607201-0607300	2017344423 9999129821 5606563923 3096831232 6061134984 7459047534 8175724793 5228998935 0094349507 5396373482
0607301-0607400	8911547110 1729844079 0711638488 2298841792 1854283174 9857560164 4356222646 1225946402 8308647766 3873594598
0607401-0607500	8424504709 9086787716 7500913930 0382117519 8111842564 9944996192 5019393804 7253373994 5933377312 5252463064
0607501-0607600	0434299251 0063627726 4404252212 9335363983 8887125586 5028214839 3519537829 1219232513 2955047942 7077479817
0607601-0607700	5730690981 3981758364 2674915675 6380340241 6350300899 7458846644 5595105263 7730388753 3487344021 7725854816
0607701-0607800	5703260033 5620490417 7355790973 4759843947 5995845429 7654636741 2107535150 7013851212 6171017094 3881638681
0607801-0607900	8003253445 6078011389 3154572325 8763168759 1414183933 6568222962 4660091462 0551459783 3791156464 7926663543
0607901-0608000	6278233025 4858219782 0709974731 0916035110 6470097487 4000731522 2876647396 2912778621 8446835550 0202043071
0608001-0608100	9142007284 6279018318 6397870257 0277226878 2391036972 4454864110 5888916691 1105922029 4449329436 2703541330
0608101-0608200	9880526880 0879346170 9563048460 2882766011 9070894073 0028200664 3598669430 9912883866 9523792986 6628178898
0608201-0608300	4272697048 8860447376 7609420261 5377177917 9096775127 8719747104 4080915599 0679190772 3417208080 8599042860
0608301-0608400	0454545675 1422771384 7378234110 0531182443 0632388715 2844086268 7566050697 2347847736 2196202376 5844110337
0608401-0608500	2159043811 8946982931 3069286115 9856453139 8931399489 9993399829 2378352341 1251755521 7462189128 7605139468
0608501-0608600	9884726771 8746650478 5270664362 5748319169 0849153712 5880541454 0363267478 6953964910 3724005746 1302202931
0608601-0608700	9950310198 7750602880 2379750025 5215749964 4642453349 8859159093 6954395808 4528045004 9366398305 6378225410
0608701-0608800	5626241683 2173011323 7466365081 8321551390 4980193919 9625148203 4852336035 2029798922 4377311115 0091658570
0608801-0608900	1032600353 6444475177 4246989158 9357347056 5875149762 5632680396 9581696949 0397599461 0639763432 3054227213
0608901-0609000	0876246685 7346704606 2234937841 9919838013 0993928023 6522741919 8605426424 9711792282 0503705375 8742713666
0609001-0609100	7271485530 9460807796 2908093583 8546546834 9840363555 2168457034 3035006341 0235028534 8776635304 7125068844
0609101-0609200	0872326675 9056557933 4784591133 2126078901 9286980993 5963677578 3128957269 7042883799 3551303926 9512405891
0609201-0609300	9984490604 6319277629 9056460394 7687565277 6188987807 5082021154 8536425379 1970754729 0711263442 8136059928
0609301-0609400	1191735709 9215255551 9802760560 3718090518 9020718577 3505552327 1391396250 1594272539 3023718644 5017661783
0609401-0609500	5950053674 2452835334 6296600400 8468072728 5331808352 7248634331 6020649687 3873921616 0955927770 7472091863
0609501-0609600	8361912857 5571939484 4572279339 0984130659 4059996512 6384799973 3328982724 4713523630 0117319458 7972985469
0609601-0609700	5574966414 8606783193 6412121572 6453407658 0706689602 5318540147 8248747972 8063120191 6673807223 7763920872
0609701-0609800	3247542101 3217402193 1705246883 1195661303 6567070305 2191237861 7793925690 7627223847 7050523927 0622228374
0609801-0609900	9423814306 1034403779 8238210887 7414396313 9015107082 0312754566 0795464337 1353459928 0628719694 6972555924
0609901-0610000	8762340560 8599760254 2338053560 2919869909 5607613736 8277070442 8667046412 2474056996 7492098598 3836128293

0610001-0615000

6506774498	0245221678	0957009937	9281101073	9323086789	3546477556	5148775074	7946650087	5692695049	1325561264	0610001-0610100
2806005988	3949951551	6257640827	7981605727	5574439612	0181474978	0045132178	2129786374	3751099747	6733763131	0610101-0610200
3444066932	2169897906	4814152245	9605796036	3749293853	9058045809	8260355681	9528939522	1669574156	4220430366	0610201-0610300
4372299146	9676043864	4194213013	6759001693	2422693491	3049246702	7077824818	4552311346	1103453489	2733150600	0610301-0610400
0123028538	3342303638	2471550255	5136874563	2166936656	0444146424	5556981823	1927411945	0827968870	4694176702	0610401-0610500
9660195074	5024985165	2980618680	5463813475	2514384332	7899199609	2710858122	0089357662	2256979935	9869922149	0610501-0610600
9254647176	8210127651	9959597824	7005014221	7475458619	4296039239	4590928828	4181468774	8419136141	8987382812	0610601-0610700
6483553432	4101696493	4655262953	4556346170	8335109501	6806940228	6750567763	4457147413	2177751673	0620778218	0610701-0610800
7706492244	4475208280	0098342557	0457784919	1916884176	7717868863	0332126895	4919764573	9407537009	8837140048	0610801-0610900
7025429260	3296387792	8754377069	5604373399	9010029485	2638150032	6289972855	1130103698	5819326744	8850522284	0610901-0611000
2191805455	4082277475	2760746538	9890506437	4798169834	7177749076	1037600628	2890619457	6396781299	2880200275	0611001-0611100
9672944986	1547706520	4732195418	9029670858	3780605695	0268859915	2022861683	1779318138	1113370084	6648282316	0611101-0611200
4294019403	5016674892	9939240870	5756479425	1319995861	2783309735	2653843359	3841675247	5309684246	9778191862	0611201-0611300
4343771115	5992528282	7313295136	9787821407	4254516312	6864523275	7808217439	1542146889	4359097731	8156580220	0611301-0611400
5796404419	4212253701	4799189278	8537903377	7432873409	5511741378	3520191979	1527965001	3938688485	5693747482	0611401-0611500
1612927167	2957278563	8473863246	9385840529	2467490402	2413438951	8832380107	9314601834	2916216331	9657370015	0611501-0611600
9794273900	4500063841	6513145176	5590859700	2647003221	3022198522	4974139157	7952987929	0963497289	8511760181	0611601-0611700
1374469220	9425310313	1383449613	5599318178	8354416471	4503878554	7166597698	2467247974	4031166060	6198912250	0611701-0611800
4156909044	7646624571	2836382061	6674275647	0277596897	4627841810	5147670135	8042590385	7530620365	7293784016	0611801-0611900
4916694827	1359285692	7354306769	1788670004	9220273231	6264040702	5502795620	9349621622	7338619486	8110608449	0611901-0612000
3589560178	7085883133	8441728876	3890931537	4072400072	8025325627	6428402648	6565019686	9797443042	5922584958	0612001-0612100
0474179227	9253400552	5247449502	3408392656	1723909309	4230060936	6303234802	0210867886	8089659181	6847927368	0612101-0612200
3301432714	6956844570	4936542127	3852364197	6274894176	0376029752	0161535938	9448762202	3573913546	8342725946	0612201-0612300
2829509057	6514319420	9595516072	6127413535	9833191841	2357841964	2134288725	6687389708	4383114104	6585600376	0612301-0612400
8822032463	0865651541	0799296469	0465777065	2379505345	9602461494	0206156054	4843064378	7299452582	2626360919	0612401-0612500
7006342345	6958121081	0188042948	5136828673	9852132534	5198519868	0652792016	1753896561	8411825224	2529689346	0612501-0612600
3498323878	6265738322	4882146718	2212392161	4521633252	7567001704	2893990524	6548258778	5124125185	6125788689	0612601-0612700
4555316654	9754643047	5350319035	5902321438	1285817927	5339840124	6082389071	7054605835	9605867719	9021834652	0612701-0612800
8305718682	7751076250	6653709452	9888302119	6273029318	5889270847	5701485689	9852966505	7338471038	6205996389	0612801-0612900
4320941335	9757964476	9922141537	8655112464	8537943925	4073621927	5246848238	2849973125	7186457655	5150869582	0612901-0613000
4151349798	1570174378	2733663799	3430650906	0649809298	3863033353	9425021822	5663812732	0974354662	2445887643	0613001-0613100
4994073553	8863587706	7206336811	1132294229	8365405268	8215612702	4596288572	3548264218	3145461433	1912545833	0613101-0613200
1181255979	1473648401	2914686221	9867375818	9771951882	3278520809	3327828052	8503438813	8019528455	4650513932	0613201-0613300
4690269115	6026768435	8544393507	6285667261	2665083945	3589830932	0803700107	8932436582	9155080132	2381298871	0613301-0613400
4648091356	4402924712	5244100245	2525445080	2324615782	2063586871	6711055693	2854380162	4683461967	4923755227	0613401-0613500
7513105100	1267760576	4387991571	9948597065	1760213891	4640631735	0223384643	4583948354	3502798190	2728797303	0613501-0613600
2028508468	8401987594	9870378146	1796686462	8754667039	9896304248	3342254904	9244670132	9392472583	2362315311	0613601-0613700
9971239894	4621765884	2719338254	6662161038	2140069902	3027742644	3857141757	4587943978	9795948158	0497290597	0613701-0613800
7772621874	8279191542	1390156710	4042498796	0383839873	0807155042	5303932011	3817262336	6914341884	7662675503	0613801-0613900
2586344926	7294163554	4061641605	8126006897	8504890246	5409536738	4485080441	9948123152	2643777835	8928010770	0613901-0614000
5287235798	1319176422	5440790262	9775223299	4316244056	8228240489	7958586204	2095903016	7530770098	4125504143	0614001-0614100
9517370577	2057555508	1755126017	9018120073	5133417723	7247622081	2000860440	7951239514	2659896434	0376424506	0614101-0614200
0829599666	1560889038	5710684640	2914127173	7657151348	8794464268	9107694108	9531011909	9929995630	9309050352	0614201-0614300
2277723326	2914701401	7864451463	5311873837	8495543882	5008569273	0878394745	2874920176	8864473117	8310411019	0614301-0614400
9160063149	8818929990	6101527781	6870842162	1381839557	0791840511	9806759776	9599875313	7757726887	8910886459	0614401-0614500
1654468983	1334742354	7929805191	0921514683	0716323855	3510387271	8754467670	8295297490	5345953765	2593192516	0614501-0614600
5945147933	6850638167	9734786636	8832707895	4395966772	9832709668	0062790539	5999829457	7731682383	2607388018	0614601-0614700
0654102514	6172162886	7883587066	1909367729	7966422255	9336908245	8671032121	4530157614	0656384883	2046204655	0614701-0614800
1157310033	1062717763	6632725355	1051140113	7294797424	2341799659	5373489421	4214002365	8440811338	8319761752	0614801-0614900
5505890092	4545313775	6058842247	6286523876	0627246990	3021267047	0780945124	1471629495	5702704018	9986666320	0614901-0615000

0615001-0620000

0615001-0615100	1798423005 5070084407 5332796256 9991771876 5426525703 3125495139 7086494471 9145272944 8830509460 1841529556
0615101-0615200	2514740409 5257980099 0146338379 7769021293 9408531024 8856156735 0606338634 9236844895 0752823340 1007520258
0615201-0615300	2830620711 3719059426 7815521410 9218605705 4209610307 1329372555 3682257947 3558746256 7776516453 3109298228
0615301-0615400	7602837922 5930251318 5165813377 0605209210 8657561743 0123342890 8469922349 7351511631 4217452542 6713978924
0615401-0615500	8050025172 2320908212 4574110776 1163535916 8604652376 4118520831 0455600513 9095894987 3097070872 3111425470
0615501-0615600	2312167332 0381085480 9201787391 4879344888 3726854568 9214877830 3900165477 4176228126 0580728355 4153313690
0615601-0615700	0793139630 0063769702 0076253505 0726123344 1510111428 0709368194 0223698999 1308247424 6540127019 4011322299
0615701-0615800	9932048332 8746713553 8349457963 5836899288 6232904397 2258449381 7107725905 8039497162 5950663691 6042428812
0615801-0615900	8254838697 1596653055 4742543545 5973433201 6501747169 4261408641 3803804665 9532238806 0995968930 4939813989
0615901-0616000	1441778108 0440177680 4126311873 0703803284 0781365152 3786595055 1008740358 3849737817 2321001662 3052721994
0616001-0616100	7879907436 0574231409 9283345866 1530302659 1088028489 4388262719 2860592688 5462526118 1150655431 4391860473
0616101-0616200	8638320149 5201419924 0165101739 7674092260 4325484294 5659258581 7768997716 5202674986 4198907493 3642588243
0616201-0616300	0300822991 4088423037 0334920003 2109476423 5749370825 1538835961 2855402857 1511999684 1213095132 9760106062
0616301-0616400	2384467853 3043036052 8332459477 1517521109 1321846929 6890135992 0399067517 4666377175 4089316263 5269159223
0616401-0616500	1667585283 8151330957 3351829442 3401948575 9992887571 5896113735 2500733529 9446864517 7277810729 3555066200
0616501-0616600	1116627864 0684583474 2122015354 6184274562 7781395631 0035038009 0185222039 9726275905 4682726991 4375360065
0616601-0616700	8655126345 3165342239 9403325698 7619903270 0182932290 4538021646 9805315530 9882953376 1896730953 4457130377
0616701-0616800	1285992545 8180227261 3746556905 8225957869 2098980461 1674009391 7323357544 5142418155 9427904164 8405012175
0616801-0616900	2751116222 4841376487 9395289487 6891106208 3467875763 2368819950 6508172349 3681850049 2013953969 3115045084
0616901-0617000	0631833169 7956500115 1633008378 2711074977 2860464151 9331149777 1862005817 2118357176 5889164635 5701844887
0617001-0617100	3306567412 1671104599 1852850612 2196801107 3225482951 8774076669 9796023038 4720072533 2760059467 8695267905
0617101-0617200	1431952573 5477141111 5730628379 4871723879 9010110737 1970337951 1138790244 2285766119 5134709382 4055168672
0617201-0617300	9869870945 8855280989 6555090500 5839479776 8163621359 9589645466 9367741167 9523655933 0196254317 1459828163
0617301-0617400	7637734830 4158535288 7106282009 2867345131 7867057905 5862422877 6977038033 5867189664 4007604521 0507780109
0617401-0617500	0263740143 6327800462 8628932431 2169848956 9692681269 9655700961 1629781048 8083332264 0115844498 6578869198
0617501-0617600	9155116498 7759500820 1165471079 4954761627 2535974431 4069895014 3479155214 8701805244 0688805318 2445054861
0617601-0617700	5105575082 4583348306 0155217 1410340134 6158717620 4932737682 2811793638 2237726367 6950899606 0057645760
0617701-0617800	7434908380 8672495330 3401193647 3642216403 1877350174 2628383091 8160337130 5308194700 5481456663 3422929439
0617801-0617900	4379129613 6117974299 7959789822 2018382043 3937515139 0801879567 5780849881 9671169957 7981480046 8611110202
0617901-0618000	9985597696 2841938868 7612327451 5246277330 8044657336 9546365493 8404008197 7760970663 9132376542 5391868682
0618001-0618100	0356685427 6619326843 9028859199 6788147248 3502319505 8877475641 5910641899 1240691253 0941631256 1954109543
0618101-0618200	5308814642 3434083316 0970495044 9309811673 5398312937 3553934118 7320088670 8671067629 2802662313 1366609838
0618201-0618300	3643075615 6824337100 3247612866 0874213918 9356752130 5950626336 2049826465 5008206650 1877463331 8404810965
0618301-0618400	3726939935 4992508460 9322236389 1818790058 7249238610 7832157797 9026003556 2226643917 2544446062 8932945945
0618401-0618500	4295831001 5673005507 5437247426 2118465163 7120770245 9968277475 8902127077 4608232810 8777465643 7622050892
0618501-0618600	2117628625 9492333732 2306799176 1502464359 9135638162 0607408584 3974251331 5938986338 3102724114 3850753208
0618601-0618700	0538973380 1159125087 9562340729 1394530386 2707068178 0146819477 2402893961 7221644175 8486302045 1648879583
0618701-0618800	7610929850 6760537167 7640104122 7878179550 0182331972 6057461761 1883779468 4547320398 9183811701 9778662208
0618801-0618900	0801810164 8347143140 3292545031 4249522008 2111433074 4664013624 2253192598 7509157512 1739132432 9653494012
0618901-0619000	0953928653 4708463158 8215049551 6801442870 6494848315 6384372726 3048169479 5792035566 8445778638 2972288953
0619001-0619100	5344118520 6100695450 4177044547 4492597086 6988636099 3447006199 3886472734 4992791272 2231658528 3623292536
0619101-0619200	4825934210 7355249952 8548442312 7322046747 1078064243 6699584238 5286374322 7324420182 8343973400 0322418590
0619201-0619300	1923803059 0058722292 8961055149 9388306141 3500649369 1047390212 9154397749 4536051080 6487208013 1190490223
0619301-0619400	1107072307 7062428339 1952893722 0911487783 9087904495 9631522298 9682708220 5304896560 1639594558 6075535422
0619401-0619500	2215957383 4959609286 4920413661 1204987681 6520941632 6912589404 8452822290 3607027727 5509104234 7607151026
0619501-0619600	0847037204 9953307356 6165201608 0315883563 8796224312 0890070941 9217345047 7878774094 0714687067 9225942590
0619601-0619700	5227518180 9492822953 3182148904 0420843933 3772858902 5366508426 3277258143 9486019593 7648754924 4711520859
0619701-0619800	6616658830 8595533616 0717058520 4247977505 7905952120 4948991346 2737333935 1797353749 0955401805 0208624252
0619801-0619900	9471556100 8799154147 0696535457 2999224070 9325803842 5538974677 6351480895 1876988364 6358942549 4284220731
0619901-0620000	2036451005 0271607803 9833613170 0022763357 3220580504 7209990128 7776893533 7598574166 4585200763 9216878048

0620001-0625000

5736753929	4950338409	8229397970	6583142555	5392829591	9229698068	7772279663	9729390777	9082178517	3247610873	0620001-0620100
5564189670	8494182323	0292691324	9449134037	5769778800	0085212068	9948851950	1187042430	8197047767	7656477051	0620101-0620200
6660073820	6498848571	7104832272	3457119259	1806527116	7048969229	0985807515	3627517095	5052842903	9224365004	0620201-0620300
8248807448	1318574364	6566984452	1805366646	7548379873	5679164220	1329619035	1708641479	7337157754	1061516174	0620301-0620400
2404449579	9580315561	1157910308	7313472099	0353018949	9946582192	9921964771	0568822829	8614101420	1946390542	0620401-0620500
3285844381	7124083633	2265624325	1238385947	7635673012	0676441085	0147539814	4634285931	0494968693	6382640046	0620501-0620600
4162596469	5149031961	1104854477	5919170658	4392706760	2400311452	1271764708	3332009417	5688738759	4777063240	0620601-0620700
9980920684	6305347743	3241945220	0217630004	6622820238	0827780419	7794933893	9188985224	4085506866	6909872615	0620701-0620800
0999343275	5942195136	1489460327	5485400282	4746381855	7430386722	4848145712	0412894022	0014152688	4770962461	0620801-0620900
2221149992	2887643919	1910899400	0764500426	7363603359	5644644270	8189785274	1770774513	3958409576	0446211432	0620901-0621000
7655989257	1212464070	4976060688	9475217788	8846753657	7313088848	3170413084	7083028117	7925946670	1208771841	0621001-0621100
2865941990	1877875096	3200281102	3755143635	6123048655	4615329882	8299904617	4517748581	4776012313	3434173138	0621101-0621200
7710900577	0936706573	6550203175	7900430672	2930314450	2419919774	2809676221	2425199286	3274025837	0400752972	0621201-0621300
8174354804	1063934506	3732675068	4346881838	8748332354	1121663418	8042412330	3403490967	5779416537	7908412586	0621301-0621400
8798288610	3235278857	3321553381	5198830588	0458531534	6904313089	8096369406	6418137041	5485931496	6671159813	0621401-0621500
0899440825	4571535523	0065250822	8496172872	3967465082	5190045324	5582357486	8772006674	7949712163	6028208523	0621501-0621600
5430278386	5361171124	5321486487	9424132133	1700852315	4337277460	7680663766	9961889512	2880491089	1117659551	0621601-0621700
5736498473	8860695247	1668475237	5144641521	3365489246	7276122585	3936148416	5143858186	9173841675	4348278131	0621701-0621800
7663142911	6937855646	1817166096	6340291272	0536530254	4476383065	3355045114	6415224708	6512121312	9009990019	0621801-0621900
6815169592	1524303910	2294969643	9063552199	0651394321	6303653453	9747151573	5014459156	0970031479	5373825072	0621901-0622000
2286432679	1180222854	5445051006	6868382649	7290748132	5848087102	0887495051	4269642937	3925813677	1841690654	0622001-0622100
5215610876	1573780205	3527958004	4684913613	6917468253	7172803536	7843503618	9012457777	5833864677	0048718755	0622101-0622200
1541811503	7141294549	1142726968	7720886195	2903110006	5214806047	9389430426	1211250474	6362225675	3934768192	0622201-0622300
2221920063	5168766825	8215068279	8801607357	0611080555	7861686704	9474864042	0270006144	0097794418	7614785497	0622301-0622400
6458239562	4980544495	5125709106	4027083239	0814460092	5117778765	2063803937	1357117644	7632922162	1412656483	0622401-0622500
7394710745	1322905073	7205542332	6208635230	1211192300	9932821647	5364369237	9063250335	6825313554	3303478962	0622501-0622600
9153304492	3115380919	9575553294	4987052801	9033511674	0752763665	5981472206	1218043857	3003072978	7921735685	0622601-0622700
0001256233	1806742598	8724010996	8969813852	3973061919	5592833694	8611903239	4925359441	5836595816	1383912185	0622701-0622800
4119515199	2655070437	2224511063	3671266896	2567275866	7738823879	0791336450	9386511722	0139628594	4786544296	0622801-0622900
2183266784	5170020278	1884192400	9364903662	7235744372	8744856331	0872878958	4584823525	0820156274	2207923922	0622901-0623000
0339204508	2819462261	5291844607	0619758228	5213387796	9632367864	0133130410	9955645374	7740645777	5768490351	0623001-0623100
3791673253	2182650044	0150064624	1636404631	1782779660	5357566760	3716137442	0266916172	1891429916	3923048497	0623101-0623200
3825428942	2199854547	8689482567	0545771208	3060696640	1517547011	3984382899	3193363522	8885729811	5482869135	0623201-0623300
9603242851	1636219222	0766798190	0638840484	2715260865	9071553704	9718593352	2605711810	4150457934	7353963276	0623301-0623400
3998872325	6063689608	4103154413	6421487826	1192854183	8499574304	4276868385	1459149189	1874240066	1902831447	0623401-0623500
9859226445	9633479953	1028630278	0183115008	9300076576	2808870776	8885566711	3610618616	8996249963	8799370291	0623501-0623600
1361950062	1550959100	2663942980	5842317789	6496506627	5652978344	1514973388	2552363364	4652036220	1321628032	0623601-0623700
1350049361	9597507026	9172783237	0138371576	4323028881	0132963328	7393824573	8746245096	8950822383	3084417619	0623701-0623800
2408476051	0272468601	9144743039	1510803777	4819238710	5291127959	0551749882	2939075512	7440803641	6932829212	0623801-0623900
5537800884	9192870285	4675425466	6973573970	5365362454	0072223989	5620130676	0481133915	6349727760	5671449640	0623901-0624000
9064045114	8094824868	5117962164	0442806897	1957629753	5622361816	8885002728	5694336528	8001318441	2121411238	0624001-0624100
9838519527	8511948146	7901665284	0688382186	9586830661	2959039774	5990561487	0361228980	9841138200	6158591424	0624101-0624200
7128622986	0041718906	4530100820	3279408858	0385760890	5122698760	0864246064	8269485048	6186296517	2218487518	0624201-0624300
3556528814	6631275237	6870674667	5269172441	6729735456	9567331667	7184928439	4313859957	7385048506	1097313805	0624301-0624400
7829209449	9444632394	3060687595	8119003860	2619049210	9839871969	9336474633	1140662945	1114715205	5694804027	0624401-0624500
9873582430	9185973826	3977134041	1416016623	7752693577	2236147756	3479055527	5216648241	4609981486	2813287663	0624501-0624600
1187524107	4174329874	3627538504	5777742542	0575766273	9315698404	3856772914	3837835901	8235173687	7088048034	0624601-0624700
3742863236	6590745228	8539522835	7786813472	1953766050	0846861989	6263300503	3093604099	7822291481	5147525771	0624701-0624800
8379528138	4891568049	1921812383	6041227135	8296116497	2471080261	2545920595	2486511422	7833911564	9754666274	0624801-0624900
4867185218	7561816294	7119647138	0668777153	6085417869	4183861466	0748536539	5525809016	9662377800	0065583681	0624901-0625000

0625001-0630000

0625001-0625100	8847197698 2444587322 9844530886 9902993378 8779526571 9728089915 9793941934 3675227186 6343782907 9368244403
0625101-0625200	2062463960 1866990497 2319031502 4362504081 3055353383 0653161092 3789527333 9143697925 9369072869 7404262340
0625201-0625300	4247587033 7917002214 9258343524 1015718645 3983478454 5175892241 2361367352 9136260171 2155441084 9303321644
0625301-0625400	2300759697 1105885469 5869571172 6320379851 3719294014 4871195015 3715879163 3212538307 9389694412 7468922739
0625401-0625500	8610118372 0851428693 1971502864 6909873284 8172073873 8152015911 6379451230 1010196666 2036445412 9562919035
0625501-0625600	5481051912 5343871316 0015241247 8550452245 4804170858 0097441643 6084037596 3801883860 7489535266 2695035328
0625601-0625700	1648096816 7944880176 1593992935 6306431457 1114835166 7475654627 7594216725 3782296133 7952004829 0422881659
0625701-0625800	9956705076 0734870429 0859084996 8490952949 1046326851 7636522463 1701348799 8937688779 8420929485 1296278523
0625801-0625900	0159883015 3361268342 9917766146 3925494770 5193020500 3105560549 3677633916 3283953895 5788699776 9714313544
0625901-0626000	6101324961 8901917057 0120182066 7021165776 6541460513 6853434511 7330284374 1097526751 8355759247 1851518890
0626001-0626100	9168989486 5760416453 3212417028 0811484675 9077301327 2547946094 1550972867 8967187961 8012204433 5029687962
0626101-0626200	1964404832 7886379960 4098388253 6293823039 5839698373 9496101712 3582184217 7439742703 6469112581 0751594526
0626201-0626300	6355464675 1436788687 9782290229 5599477157 6430671265 2597185561 5110357476 6104209641 7841247683 0158403397
0626301-0626400	9360112118 7811200823 1745037140 7570040927 1083743540 1089199345 9498375670 6127409717 6992139541 1095210125
0626401-0626500	0839813654 9562045150 2436684311 3398973858 7361130651 2474524232 1542571509 1709831141 4008602648 9053937071
0626501-0626600	2774412440 6690768316 7085424057 3003611786 9052432320 5442682356 8650032703 0306501507 7480473870 0240267292
0626601-0626700	4144800205 1530677327 0191114548 9873963492 9248920628 9712904783 0449268538 0028314875 3581059970 5614838069
0626701-0626800	2737300968 6610988863 7890295573 2473773218 3929682372 6596409999 9476679557 6053071821 6186939459 9277816445
0626801-0626900	2536969658 1224500935 6458994432 1917279168 6763985578 9253996966 0988248722 7058690249 2001784902 7121486353
0626901-0627000	9553280594 6828846993 3578566896 8529914380 3410528336 9383898081 0654163125 0749494609 4474088864 6908365216
0627001-0627100	5710685290 2937901140 0101710418 7582043926 1982433726 1561113568 5841730762 8652063100 3127497144 6997819103
0627101-0627200	8819926090 1664617975 4069102972 5658474690 4507192524 4946583352 7641746399 5178861690 5673265931 6334124585
0627201-0627300	4517825808 2449007188 5017851428 8717667208 3115995559 2926726211 7825611904 4595069348 9617572283 2507114752
0627301-0627400	0441276776 5750508689 3670980336 6686786798 6680958545 1635645045 6700098282 1304671244 2375802553 3584949678
0627401-0627500	3455027631 0756161856 7611024200 6229086221 7868011243 4591564775 6613627310 7961732523 4681409070 0110500979
0627501-0627600	4586345724 4190266200 5773671790 4612327442 0853797609 7262686877 0094642272 5868500716 3645957236 0638163384
0627601-0627700	7494349975 2065431904 8826875825 3505156910 7427134586 8417945695 5827177098 0275281686 2020313195 4435974916
0627701-0627800	4686549228 7630804666 2143131853 4173986503 5226451902 5805451724 2379319713 3547989443 1301843024 0118980856
0627801-0627900	8284287635 6115113592 5450517590 0660902931 7534197237 0373166267 6310455267 7057284108 2661953953 9676802350
0627901-0628000	0467639232 2381988953 9040992691 6785915668 9219764620 5371386957 6979999088 8413176891 5113743462 7023755761
0628001-0628100	3560235953 2129295133 9330688041 0662258095 5975301522 7590711430 7261209980 4061120495 9544702529 0224582981
0628101-0628200	0326046036 6610790784 6145624771 8072122094 5378224379 6089208478 3698815339 9857843835 8476233111 1455294499
0628201-0628300	3163589565 4517074349 4100864563 7568236524 5225528902 7971719998 6729963816 2137834713 2538829807 6410545065
0628301-0628400	5534783529 7146301393 7978843229 8529584543 9519676803 8647708119 9962158170 8094439895 8038250707 1135827079
0628401-0628500	8334780985 6610300809 2483633401 0664378517 1705008672 8560572566 5824900630 3816659250 2760359401 4207243253
0628501-0628600	3503290715 3406437209 9104955441 7219296172 8518931878 7667540913 5877109975 3068394228 3296170848 0658343497
0628601-0628700	1118140092 2782530261 5934813947 5517360355 8408942664 4749330958 4619986206 8129248429 9900690495 3095601991
0628701-0628800	6735927003 4227705807 7772579429 8919248350 7500026253 5753826874 8323634227 6724808711 4413930325 7644516263
0628801-0628900	6301415773 7299135855 2647618310 6154750550 5435003978 8791534532 7702159604 4566357030 6770661001 9201793214
0628901-0629000	0171479697 1673846973 3339707056 0585989228 3092531295 2649427953 6183676079 2879940177 0860176084 7530393479
0629001-0629100	1124788612 3969453298 2336275032 7417646243 2178205058 6312100328 0810253530 9052281121 3357690673 4827893771
0629101-0629200	9290836686 4035028279 9470624862 4768867044 0208595385 3472413704 6928259372 2752895964 1559749916 7757872687
0629201-0629300	0096143793 3909121938 6991136301 9731897109 4560373016 1110976662 4424400181 7806505557 2462339859 2568655386
0629301-0629400	1168261270 4334070095 1800886897 1398949213 1948076545 6160954465 1226431496 6934969743 6169839616 8741124092
0629401-0629500	6925087916 4951012251 8675248363 5616057123 4863846892 7964566676 4984846476 7165046561 2669908654 8540370528
0629501-0629600	1050282325 4158231964 8245828614 9790041803 4575969586 5716578935 9912026924 0475446862 5626567071 4416277114
0629601-0629700	3207057262 3204570586 4254864853 8642871832 5923588272 1005017819 2591032186 2102525429 0610641964 9321973848
0629701-0629800	2292467214 5088027677 3631002510 6146589875 2818456725 9205007900 6099263317 9350293026 3391497547 8998055915
0629801-0629900	9838740722 8201211160 3184744607 3130926422 3605720140 6831874074 1436847356 6930281385 9684496367 8163554669
0629901-0630000	0457525318 5482659911 6179188647 5069922132 6838807888 0217815079 8752627095 9165282807 6767314368 7407626055

0630001-0635000

4027715833	2846667905	6225244150	3160456864	8941811259	9997950353	0707283995	4188004062	1837690405	2860463782	0630001-0630100
2068355374	4365548569	4778361506	2635989936	3478702790	9030997462	7721842411	0017648215	9012705671	1820876687	0630101-0630200
8227576467	6994285411	3054242846	9796771293	6556371908	1124347524	9918894104	4238998876	5581490981	6313382834	0630201-0630300
4398678830	5614220699	4865643705	6345681695	1020971434	2381265370	5290231148	9174162697	5984689067	5493815136	0630301-0630400
8823125531	7855349374	6115050458	0356678194	4318476851	3482917267	9530465154	9598075641	1689982379	3686265452	0630401-0630500
2544768231	9382165559	8816897565	4498984722	3360804023	6215212637	8985700273	2047970983	5073384755	8808852656	0630501-0630600
0046011136	3664106953	5797344908	6862143285	7776929771	3883866875	4917368355	3591485305	7824571910	9983029831	0630601-0630700
3951375705	2525620958	0954017897	6954139461	5172026176	4966079521	0633054864	5811890332	3277535560	8042092880	0630701-0630800
7954813104	4308314254	1175646937	9644937008	8051788439	0646505986	9952993456	2288497813	6790056842	4690668982	0630801-0630900
3480376722	8391414146	3938344197	0505255527	4566152430	7031168939	9586409521	8468006890	1136191300	9089342682	0630901-0631000
7828837570	5639519533	0125180182	3500492931	0697272580	5703196643	1977564341	4186491957	0951944115	2022579601	0631001-0631100
5794217433	2998712495	3984816432	1588401682	3180156768	2205889033	4434057690	6238372620	6054194708	3026988680	0631101-0631200
8831940015	1779250677	5717517459	3722384717	7220508209	3070415931	1736220200	0388130607	8884009111	7739664188	0631201-0631300
8367333204	4652964644	5934419768	5964281262	4451256257	7886323153	8319095654	2867923083	4512402761	6888359652	0631301-0631400
5102882925	4701745885	0877854674	3233541314	3581398900	5234227038	8006077143	1783425266	8029966525	1595805267	0631401-0631500
3968256629	7578541127	3245999963	4827193710	5702177276	7908830058	4907363364	0131647993	6837878094	2754761608	0631501-0631600
2779063539	8026354770	8948992177	7344518972	9100846164	9056912644	5840049207	0830852606	4556605541	8879410176	0631601-0631700
8916027728	3372571529	2633912480	9056000282	3379201775	2640689351	1804497791	9973237802	0380548451	5346421441	0631701-0631800
1215740926	1171753177	5253425231	2656527895	6547994952	4999661341	8668561137	1726575357	6161246756	3936363465	0631801-0631900
8529021988	3593583139	2192491393	4186424541	3593442816	6038405794	3034058583	0595161258	4120866417	9704045005	0631901-0632000
5709015103	1427979014	5799585671	9745613645	3537244757	3259717624	1622166560	9815477651	0792433284	5973035022	0632001-0632100
1418019104	3778487240	6174681283	7199614628	3916642534	8030966724	0241178483	7905118698	8338391790	2679307649	0632101-0632200
5649132796	6578197716	9564574759	3331331342	6260774897	1367197005	8790516411	0575608680	3903926865	8263487063	0632201-0632300
4540551576	3139861676	3810774144	5122594128	5507544942	1595294857	3989863056	8471553514	8771193322	7943103860	0632301-0632400
0662876069	7072692238	8392110104	2205418231	4187838700	2847488883	8905667506	3312220920	5148078706	1361084283	0632401-0632500
7440600890	4461466797	3715826272	0291116842	2932474824	7891789685	8777805977	6094181864	4316340028	8502645364	0632501-0632600
4551355067	1213401188	6907855574	9941020501	2020584369	3594383384	3142118798	4966957966	7123182969	4191171815	0632601-0632700
8049435257	9524060183	7585099793	4371130880	2640215428	8164434430	6720286303	0612449853	7156718090	9678367412	0632701-0632800
7520201113	4541349983	9171117253	5385170214	2430673210	0031441372	8871055440	7895824702	3764904752	3203097059	0632801-0632900
6062076120	2742331730	1765690320	0367749269	4227330322	7577627517	0079415069	1302352338	2295229380	4237429919	0632901-0633000
5531100137	5700873574	0489604930	1491001310	5148285638	6998429294	1736475578	5529415333	7949392024	4023171942	0633001-0633100
7160290231	2715943693	6461304778	0157046975	1026061543	3560235322	7271325523	7816494055	2536518894	6498390345	0633101-0633200
1788574439	6354358013	4349760271	4738438551	1984781089	2866822945	7725753597	8429545434	9909526907	7618698050	0633201-0633300
1260973242	5756673965	1664186094	3350384149	6183873703	5093807038	0101695366	3046160924	0729436221	1337355372	0633301-0633400
2563179924	5208681827	1670641961	0045069000	1783517268	1539217865	8474812406	9882994394	4692847539	2120447156	0633401-0633500
0400891751	6980044735	0135010563	0498825434	9390679964	1734183811	3208226066	1908719833	6021714825	0633501-0633600	
6562393710	0700472040	2603025786	4375469141	4064673799	8813330627	4980434048	8444339372	8585142092	9071406931	0633601-0633700
3278515053	4696812734	5232046363	5666300917	0263359763	2388614244	3801882404	9100851015	8252293256	5567279300	0633701-0633800
9966171516	7571103702	2790900577	2432264519	3485395815	3367620180	4307906634	6938595228	2763485280	7373926695	0633801-0633900
4153406812	8659434699	5691180472	4376608938	3156219243	8656410313	1340589115	0807219328	6739168832	3814944776	0633901-0634000
0719920810	3547538842	3453896732	6548496844	0806351067	1575237120	3075032887	6853691661	2388601773	5354040091	0634001-0634100
0880395892	7512100254	9716693707	9787186642	9220140145	5882456234	2414467031	3230350128	1032442016	3216305765	0634101-0634200
3771387099	0527259684	9408782981	1861525888	4925272186	0328952218	2402628298	3232700817	6345561299	7145774658	0634201-0634300
3785472429	6746182466	4384902978	6530077631	5937919644	2547839488	2826806550	1763316234	0101463270	9472597201	0634301-0634400
8823335388	1335302545	6539046348	3105173008	4970426153	7367640620	3301379064	7873873712	1464525553	3658355828	0634401-0634500
2531298690	8539600263	6689072550	5682714100	0417352289	8482171759	9940268074	6491418887	0306381471	1532964678	0634501-0634600
9559318086	5122302663	6997204711	3174786349	0527766941	4273422723	2795808700	0259828052	5801378538	7832003118	0634601-0634700
0872150984	6232270743	1627761529	4128040427	3173876699	7695548191	5380842773	5709328137	3760561766	9370728806	0634701-0634800
1211955806	8900815993	9826487645	1200332178	5648698432	0906376025	6299992888	9730761247	7412283832	6961611075	0634801-0634900
1648915228	2506445462	6830641722	7180338343	1737658197	1246395144	7878320009	3513333186	5522233895	5660251647	0634901-0635000

0635001-0640000

0635001-0635100	0810190022 4467477939 8750108774 6162698894 0950281310 7485697512 8637090065 7719141437 7029675485 6231438325
0635101-0635200	1595038525 1731366442 6550285981 0576418370 7048240607 3207871177 0552954530 9698183519 7292941154 1825195835
0635201-0635300	3083363474 9559978987 6319942510 4174380877 3856423077 1733254051 9763611239 0635219894 9174390525 5002477559
0635301-0635400	2393944610 7776141318 6765509240 6892223028 6443171562 3756205532 5359475888 3418841103 1832605661 6085707801
0635401-0635500	2412132972 7491660000 4899274741 4021583437 0124815741 9129887709 4711693311 1041130464 6457319878 7106957011
0635501-0635600	3548766016 8472395555 8088729089 7174691220 3692511897 2468059171 1257457394 3911456518 0610608056 3786530895
0635601-0635700	7847735391 1887809522 4396978001 8458236443 9544824465 6556278922 9023722984 6083255470 5494068221 8788034731
0635701-0635800	7899183416 0540268599 6748721800 8132077885 5338243052 7889525289 7097708026 0850788175 2684419747 4750300894
0635801-0635900	4242700277 3032472938 1969579912 7666762690 2535976229 5246233268 7883138948 4003936817 0446872185 1013957132
0635901-0636000	4767540822 3230437822 8175049812 1221849238 1106072004 4101737240 2920022571 9476280314 9945154783 3447030334
0636001-0636100	6453163731 3152749162 6927728719 6580757976 5624902962 4121342739 4749494996 0580458288 7192221824 3736016280
0636101-0636200	8616446829 4217844866 4330819416 5490980503 5061939353 7344184449 8848185595 0496502632 2264508622 5208709839
0636201-0636300	4179516137 2926156316 6641163790 8625996619 5848326953 8206406102 6825170404 9489883857 9192421686 5098291704
0636301-0636400	7583952932 6011944310 5729997009 4882000646 2825064142 9808857846 1198438509 3174349933 1587540568 4618443087
0636401-0636500	2481690382 8496944549 1491211283 8991744269 8035544256 6720592375 9401508528 7584120562 3818670543 1189016681
0636501-0636600	8097178919 0221229351 8874279092 1955155180 8886890313 4477084577 7714549283 5784529617 2487465733 3204316660
0636601-0636700	6413022240 7809409924 0861486196 6164617915 7317812411 3520858151 6991824554 1054412567 6216433441 0701735120
0636701-0636800	3236836922 4702394752 2319864680 9466576700 8441477627 1127818203 7067394773 0272527129 9203114384 5135201994
0636801-0636900	6347089810 5814668173 2870787756 1024420480 7475308420 4104430163 4872633267 8834504450 2448423109 1775516736
0636901-0637000	7076052841 0517521452 2934932480 2842648388 4846900209 9445286264 6418420347 2216570956 8643477981 1103662204
0637001-0637100	2605284032 0341215341 8624039613 6792653976 3057239176 7808239419 7387937396 9931185790 4544687873 1500279916
0637101-0637200	4768258851 7407844000 5612703428 0313124159 4006256008 0603168967 9607752678 0558515844 4773757320 4098686615
0637201-0637300	0895683261 7959871934 7191082425 6221882689 0023341053 9718917603 6305647134 2188593599 1661004043 1195689986
0637301-0637400	6854709529 6307607868 6347518088 7668213990 0467692737 0948474866 3262578526 3229965264 9029047557 2655642628
0637401-0637500	1710673612 2779326818 8511621382 4241463851 4198006184 8256020216 2079647746 0122499966 9672286852 4506028513
0637501-0637600	8006176482 6341859670 8376361601 7717878758 4787211352 4257127483 4527649231 7626462574 3670922662 1130773355
0637601-0637700	5205683386 0543070541 5874024492 9003575611 1655557169 9857931310 0068193328 5380018287 7747232509 1411581985
0637701-0637800	0576954509 5128707200 5765226634 2717714995 7535199423 7585201083 2755725591 0134198306 6117809208 4032701596
0637801-0637900	3024197359 1496606810 9019295387 8864962912 0915479131 8409276234 6231311444 1025278015 8536443513 0263119592
0637901-0638000	4384614550 7833436871 3210905114 8727123095 8757797122 2071836071 3602361416 2793363027 6200661513 0143175584
0638001-0638100	2436447252 7128448286 0833476749 4112067999 0018473193 1904696130 1417860432 2552671008 3095029661 5161233914
0638101-0638200	0072324812 7406943374 8481319458 5701844194 8519546090 7139625406 9592655653 6231923829 4985722128 6126450946
0638201-0638300	3919495411 0726922190 6175681772 1293282395 0981632942 3697312472 4084346206 7641516583 7242952236 9301743268
0638301-0638400	4138741020 9413223159 0431123090 0855917808 9809863981 1472423431 2597727307 2587496545 0798846085 0364940355
0638401-0638500	6360642136 0246367250 2975825882 1423970906 9638947515 8231960100 5670375761 7434222006 8818401867 8289640797
0638501-0638600	1342119879 8942420054 2623226391 0916080832 8221720623 8321815660 0956376613 1150703525 3943137043 8476406712
0638601-0638700	5707365986 3704705747 2995577056 3329249287 0667671578 4263974841 6481898746 4420627326 2918091863 4569514082
0638701-0638800	1112621118 3077842318 8055048390 2301823855 9619868972 5866375383 6854851880 8900275672 3914879675 7475871447
0638801-0638900	7044963905 9666476388 4055513983 2085110518 0869467334 4214696438 8936519874 2929450079 6357933677 6306583547
0638901-0639000	9134409437 4984874917 8110525952 9349460886 9603961792 3756363527 0568286632 3356938754 7828496049 1495594355
0639001-0639100	8112337629 6279491108 9627284563 0669590312 9237389498 7390646454 8234526530 1124597093 6916636819 8429401975
0639101-0639200	7039611050 1809396370 7677695746 1341637659 4918684071 5979940977 4921295144 7536435570 5104049071 8226804775
0639201-0639300	3468921921 9223966559 8892640138 3385425649 4287750824 0456558180 3397987528 0750093213 2516595562 6489684326
0639301-0639400	4720950845 7269426761 9620324652 4253611380 8128554108 0986138899 3231752761 0005936827 4818919305 7268792705
0639401-0639500	2706681650 9473844112 4135225224 6216405896 6977377662 6694722306 0479259376 5890405451 0890872719 6692960261
0639501-0639600	5646056922 3470830776 5972494222 5173449004 9588103258 7117349851 2933407482 8896282286 8451406587 0595822088
0639601-0639700	5463566222 3796926845 7727080062 4286247083 9100012713 2274669329 1077595784 1160555232 5394275509 6006076083
0639701-0639800	7053344808 0696135747 9866100345 6942905048 7428865415 8520571824 7493430292 6645020129 0152285085 7613745521
0639801-0639900	0972739110 8825404901 9546790225 3732559437 0109330222 3343533679 2479155486 5089056103 1509201053 2977003311
0639901-0640000	4909933191 4415825403 9376710385 6151258970 8413151515 2832179811 6250944078 3844635992 6982485147 7998262383

0640001-0645000

6715422818	5069666716	2662017616	0970567094	8611250935	9420925767	2502737040	8358338931	6097505678	3035442840	0640001-0640100
0003970020	2864233335	3238003083	6727576947	1670632072	7156328814	5135402665	4528053705	6163375657	5655615604	0640101-0640200
5683973582	1127233493	0266571373	7615780888	1484169546	0695189245	0897761458	2773056447	1156036723	4013737512	0640201-0640300
3911334222	1350995201	0356177643	0770908044	7304826899	9177976468	7600344803	6444148641	3463468999	5078455510	0640301-0640400
2030298886	3338483281	8107269920	0088982857	1936841389	1539811167	6352370135	9960477679	4327352194	6249418339	0640401-0640500
8303417727	5287197321	6535239747	8366615988	3000187013	5480072549	9677948156	4122250731	9820777374	9493693405	0640501-0640600
1592615121	4725240913	3124328535	2266095099	1788624206	2147076181	4443651682	0590669370	2697284844	3035060252	0640601-0640700
1914049775	5126145044	6572569712	3159579764	2958217968	3132072049	7667628657	0471311714	6597168994	1414194155	0640701-0640800
8552792132	9165534108	0358645394	2360439763	4616953352	8984633901	4437097710	3171885263	3529786009	8669308669	0640801-0640900
8435263934	1843697031	8857439062	8654710685	1908002382	4792265970	6695796912	9228277977	6008111989	6191705187	0640901-0641000
6577047154	8040762342	0146901474	7012300723	6720063747	9414652488	4880021869	7254454637	0568600472	3267422019	0641001-0641100
6980822142	2778472139	3055099639	3066658835	1205734209	5362327068	3351905374	3235096424	1692802434	9246375291	0641101-0641200
3196824007	0383892099	4682079708	2050855302	6506084172	9064678943	2924890422	6662371493	9148718520	4533360509	0641201-0641300
2819272200	2667835450	9006721929	3448357187	4004864525	8436195009	4552025533	8530150193	6082754550	8148367762	0641301-0641400
9431734666	8701839896	6327368706	6717388978	3817058514	3556166265	7530589349	2837995688	3715661905	1174693401	0641401-0641500
9853587525	0672746157	7175427929	7665411243	0661688579	2146630482	6537623629	1786363447	8732060481	1685644513	0641501-0641600
3196337759	7452108914	2064262107	7337168716	2905791090	4737837639	9934031761	0132958656	6017868615	0841320259	0641601-0641700
9439184688	0266009194	1207015673	6705275210	4460254246	4766222553	7968562211	2998222213	6619496927	8051234613	0641701-0641800
5893880093	7870064458	8895530093	0967808022	0567122291	1732449621	9466633608	5015095949	1680911944	3188318875	0641801-0641900
5727288072	6049204842	2572695023	4777273625	6681742643	0792407273	2430554923	8831405486	3945929521	6734612059	0641901-0642000
3473310812	2670744358	5443063905	1354861245	8469235277	2955595950	8163391240	3448808461	5574831651	1028056596	0642001-0642100
9126047382	2009624298	7861895952	2873019383	2928596279	9349844728	5095834161	8215438661	0869136544	0642590891	0642101-0642200
1589698129	8974427147	0860637344	0889508112	0792563243	4391216048	6709803726	9298223248	5582499570	8943110863	0642201-0642300
7654840373	7521383697	7540372535	0930868402	4083186592	1894754342	5465681993	3192028697	3641687638	0780559427	0642301-0642400
2649094054	3186086883	5870623993	0380932489	3776063958	8088169278	8217232840	1008007787	4468552849	3009535616	0642401-0642500
8133698782	1881319879	6091570780	0606587512	0413681055	1501389914	0721605454	0732098424	4571124078	6902752955	0642501-0642600
6371764996	9227320973	4533903274	9384224697	1775604291	2196379400	4392913939	9369638343	1238105727	1231601654	0642601-0642700
6238186080	3416937792	3236080648	4166851670	0884580070	7990539901	9138986928	8678868501	2546791682	5295729795	0642701-0642800
0907781400	7758372919	5952592307	7898529009	5374969314	4648856042	0183072483	6681645348	8890061641	8487213140	0642801-0642900
1761979206	7384253885	2829602398	4285540130	8933923814	1175701208	0830155418	8871910117	1220354396	0412588136	0642901-0643000
8880489293	9409662947	6679405622	6564819392	2536371686	3010600798	2286989053	7184707195	5248636144	2452983986	0643001-0643100
0549722667	3813992712	3232697913	5267819475	0815424751	5825957071	8215174779	3330838053	8542252593	5868790011	0643101-0643200
2017697150	9498468723	2397756960	2190530277	2913441798	9533284571	7225695951	3939845008	0818550502	8461731209	0643201-0643300
3463323897	6743966867	8411629825	3664412222	5520450632	3638997861	3011604606	4276425247	2119953879	7765254709	0643301-0643400
8991387573	3370958754	4460688181	0333079159	2335169400	2680509969	0092016813	6950287589	3937714949	3311215724	0643401-0643500
1590212362	2515497269	8785804236	2441274878	9986559314	5938269756	9314305549	8179506531	4418668327	3288195130	0643501-0643600
2751995672	1753823705	7152252291	7889973898	3906301739	9172994785	9647328824	5148057315	7662397274	6812720692	0643601-0643700
8354685997	2049158200	6549321426	3737853653	7776577631	0542564915	6377280018	9810994441	2679472769	2115095607	0643701-0643800
2802362828	4880601982	0301770557	3603550343	1347690741	2760284240	7027856245	0186760493	6809217966	6630506285	0643801-0643900
7919256903	2160921550	3829815738	4365049568	3338819914	2037563207	6289437684	6024766103	9435202294	4810101404	0643901-0644000
1168409635	2222244652	6698404296	4025300170	0640703723	3171935220	7617831350	0357425684	5231020154	4861847411	0644001-0644100
2946240496	3288983640	5515453802	3000657624	3147668415	3339805267	7981987237	5955284634	5594350875	9753081225	0644101-0644200
4078311528	5645913826	6985406198	9075985920	2685372792	3008414753	0346162184	5748488155	5487518028	0750087011	0644201-0644300
4860205663	0051107952	6262181650	9997046246	0938200305	6246103553	1104034228	7433668786	9698965895	7146052636	0644301-0644400
0133947402	9550277428	8600482358	9976160326	0749857047	1221845586	6713227141	0069788469	5817126271	4993858982	0644401-0644500
8585921462	5368691960	7865356133	5684500757	6646743331	0863247115	8007102508	6357042200	4275510279	6922229828	0644501-0644600
8679505160	3903278422	7388738111	8303297732	9682416042	6832369253	3434394805	6151302774	7565564224	3538631283	0644601-0644700
4139392655	9729662026	3849694533	7587293946	9025962873	8874014880	7094633806	5979969831	6511192908	8025119256	0644701-0644800
0285817304	9910841216	4179968432	5236402041	2026660339	0613564414	0131389322	1202873062	9445326131	9831333565	0644801-0644900
4125205821	1952929321	4940536488	2300337137	8130699337	5262675257	3427205471	8259851934	3971228475	4974232282	0644901-0645000

0645001-0650000

0645001-0645100	5404076626	1730855917	9774871262	9887002266	7410474706	1146869802	8702735148	1988793306	9078040518	5216982872
0645101-0645200	2319131755	8377555383	2930641934	3327670587	1185727668	7145649647	5004679237	0667719907	0691387000	8711630394
0645201-0645300	4297482298	9518150941	0741915838	2849830008	9051563374	9970923445	8126841189	0557203901	3809374492	6726325991
0645301-0645400	4733455221	6665140583	8474159317	9377470138	8310929207	2972574807	2689274863	6254501022	6180365457	9949694183
0645401-0645500	6305185203	3485830613	8860891537	4757681450	6890483050	4743231041	7567254445	6786775405	6535324624	4263845011
0645501-0645600	2540158811	3376287922	7914457699	9324549020	7100571938	9024332315	8180677444	4726672317	6645607682	3483862792
0645601-0645700	1390923872	4304151108	8833740482	6020756447	6757768523	1345785784	3464984582	9336240746	4801415979	4645214350
0645701-0645800	9285544414	6566236726	0070571074	4294714808	9930546252	4615053954	6672945745	4775223098	8593834922	7321181401
0645801-0645900	2181993728	9727478363	9130242229	5422832265	8127299397	8869758174	2933644005	4623339798	4792366191	8522402262
0645901-0646000	5456201012	6296227425	6238175300	5177632863	7553954276	8604195767	5848786829	3565801648	4751646810	8506725307
0646001-0646100	3869350186	5443186067	8211748070	6710238606	1328973257	1244782397	9443239268	5146855870	7175932678	6933587685
0646101-0646200	4716034489	6167761171	6341299667	3364505897	9211075460	1830123633	3606911449	6418838793	4121842194	9353787499
0646201-0646300	6652379751	5391763059	1596461034	7152121465	6427472391	8539650213	1632591123	0816528350	2948681956	5713588747
0646301-0646400	6772396290	1916931991	6776864587	3058755288	7475970901	5918885841	3402314944	5351637158	2046119392	9538650063
0646401-0646500	0901968781	1487252002	4632500585	9550973265	6697594088	0924885276	6267444246	6726398494	5494096333	5885449443
0646501-0646600	8550708277	8660432637	6695588990	9423392133	4532437458	6923695535	8408441578	5410486788	2308876591	4992585877
0646601-0646700	6134937893	9338172395	6612673264	5860588609	9833130238	8177066929	3348340480	4894481441	1828434656	3752808166
0646701-0646800	5602947298	8769848951	9112897279	9505976303	2773051776	9376782997	5992595734	4752814862	8394441893	6299209900
0646801-0646900	2413580600	2423326855	2032534364	6493589775	2706903435	9880903887	7648352811	4172898522	0615766577	1897459969
0646901-0647000	3126904994	2745958577	4890071501	7710280050	5102185087	4633374802	8182672386	6376110593	6721215117	8910066446
0647001-0647100	0382809245	7244431417	3858083144	1736587686	3724975750	1724180505	5648156458	8826944241	3625697379	2922559459
0647101-0647200	0205061321	0392317227	9468628689	5619967419	2340073901	3168793818	0418212831	7285099359	1980470599	8908531525
0647201-0647300	5060611129	0296074552	7654160555	4323462610	1670881285	1520318516	3523305468	4501630978	7686886251	6095539218
0647301-0647400	2019384304	3220857880	8474078482	3651151685	2457920537	6362858300	4724889499	0623220277	1501038935	4247920672
0647401-0647500	7218039032	3180854549	3523002157	0322404830	3575168346	1419504518	3770461312	9450220640	4923254337	2082330956
0647501-0647600	6895789820	8001861335	0050687537	8551738982	2960864579	2613460122	9336427894	1293472373	7724118347	1056719947
0647601-0647700	4988132556	6302417485	5112544613	5307313825	0801775959	0020575525	6882935354	1033294058	2476334595	4891191480
0647701-0647800	0263059411	2285629020	9919829708	9226752024	5118222001	1255715792	4073365057	4612758838	2381239480	2411040449
0647801-0647900	0718897939	0179213491	7798575028	7517112124	4970710366	2889052674	5050625093	9260199653	9954670766	8561456593
0647901-0648000	0046721731	0496756990	4556248663	3893772473	5088968724	5530867838	1939797414	9839080870	0712484440	6148488248
0648001-0648100	9613102697	3307385912	4987903741	8706260010	5142158390	4088761237	0365371352	0292948787	6505488851	8285342824
0648101-0648200	8410038398	5536623313	7645767092	3704477054	4344802824	9088623220	9658664498	5919433631	1920583162	0545310144
0648201-0648300	5784822337	3995095568	1727341450	8503565028	0593064829	2718529747	2128532388	1753240007	7625654889	9011148468
0648301-0648400	3462321804	6070717582	3781636211	5737939333	6563514361	2655788243	0018387059	7868274534	8622410331	2709824869
0648401-0648500	4442254632	0518242977	3306319378	2880524736	2772790102	3657515838	7770445736	3802324310	1059133025	2239746032
0648501-0648600	5442284253	0476392499	3687412259	4125253442	7457191435	7904261985	5980323554	1075551717	9602225731	0079403792
0648601-0648700	9632241778	5536177805	0880494963	1587383212	8675554297	0688659515	5552168285	0849181846	7151197608	7907235697
0648701-0648800	8603646204	1091972064	9300412315	0188837770	4583113976	2918700923	8052681820	9787516650	8952119937	8270494551
0648801-0648900	3992044479	8943378848	4231222487	6272598929	9789548257	4664348575	5792646037	5862242308	5401606220	2312395837
0648901-0649000	9396790618	6082020738	4862333850	0638603716	7953946412	8279817191	1311961478	2167000830	8089507854	4581326695
0649001-0649100	4818166386	2569509252	3164821917	8221346241	4175913354	3797902834	1423778353	8889205956	6846197981	0523192825
0649101-0649200	7665293832	8809119668	7610481858	8964544244	0220542748	9691120693	3353455235	1730720139	5279545216	1236905634
0649201-0649300	5572702560	8582660648	5383918088	1791607076	0661386419	5339075346	3104231631	4346145514	9546839215	2545717652
0649301-0649400	3017627907	1346702989	6411934810	4686248731	0912905882	8693056154	8550109865	7169943179	4832040020	4615028922
0649401-0649500	4283253987	2040350919	3836454205	6806579819	3492377797	3992361643	3923284412	2291241613	1023681238	4123094008
0649501-0649600	5955594392	1238902610	1480024118	4367325721	8566928685	2117117438	9577355671	3694440365	3418826630	3219673712
0649601-0649700	2047784613	9672424239	3438206557	5710146521	0839041105	8025499057	4309270936	5971812132	5372945327	6129255716
0649701-0649800	0338115993	2729512007	9560078112	0533146361	1272220893	1150147192	5179535242	8209704638	3536281323	7330503957
0649801-0649900	9921425714	3099602033	9068800578	3518739818	8931411813	0306073718	9155369873	1169760498	5511407637	7510951304
0649901-0650000	9911398393	2418267750	6786129309	3343419446	0047109297	8714189848	3801103110	2741884378	3292048283	9062201145

0650001-0655000

9245419765	2212689145	3178721214	5133126779	8784556044	5615959524	9754529857	5352221546	8171489841	4511138425	0650001-0650100
0814105501	3085489623	4243628497	9104194400	0953541984	7829409880	4365041833	7571950530	8169336254	6548668506	0650101-0650200
7659486021	0844032088	8369791785	7456235888	1459948339	2712832581	7566478148	9307630183	1884503175	1877025433	0650201-0650300
8151217217	4738086474	1836917805	1185427139	2830592551	5203696154	4265579274	3340951740	8790292846	8948476751	0650301-0650400
2818289936	9369638005	2096625809	6309522447	8411416233	4706388675	1542015041	3175353850	0081328771	6280810470	0650401-0650500
0188346896	5555544325	7656803765	6735020267	2652996826	6884467810	6657495635	0999859617	8894324430	7515831054	0650501-0650600
9771763453	2380639058	2047731811	6208907400	1240149200	8019238695	4492021367	9302425802	4646517698	3105671485	0650601-0650700
0197856958	7399755567	8750296617	3286707949	0827566132	1638302579	3652727117	2357649371	9772988183	8765016004	0650701-0650800
6960198076	2607172973	3871958649	8709909968	7247174947	6111410147	8259018801	1824536102	1522042204	9819761816	0650801-0650900
3530033988	5999787260	5603757975	9868030733	1475224756	4007571518	7922016448	5890554090	2200692157	1006776359	0650901-0651000
2498572399	5527632014	4412168491	5435778005	5265954849	9985124797	8090199909	0881425545	3142011174	1169391548	0651001-0651100
3314820573	8280414543	6271804646	8662629137	3582349664	8287522089	6995836290	0365962129	4068548508	8790079706	0651101-0651200
0971536150	4930307097	1447935664	0149031120	5530808240	9502443841	9875824164	7086058648	9907394068	7544131101	0651201-0651300
7445035194	6487233176	7462602490	0661157888	6109716268	8503239042	5642166579	3019714233	0777144535	5387862843	0651301-0651400
2514336021	2501899094	5261445400	5268521377	1778766749	4322391925	9355906514	4012279953	2365738785	9633667188	0651401-0651500
6798210051	1224848175	4029247501	3669500504	7596708441	8012637345	8801066225	3040018506	6981810971	9049088130	0651501-0651600
2291872876	3660112598	1634073025	8132566262	0787942939	3773088340	5816982294	0480343932	4680675520	0085304321	0651601-0651700
4053837036	8119674497	3642664329	9033781535	2550225246	8254277644	8272604906	4908269772	1388698375	5924420723	0651701-0651800
7728578067	0194840754	8250245903	1366717778	7679458280	9712007470	9141033453	9792304070	2124704789	5972416306	0651801-0651900
3167939042	6246365331	5382468027	8462999849	2955829706	7770367361	7809127448	6510961319	4783755421	4734726097	0651901-0652000
7852214220	6977441733	3930237588	9154517446	2184146588	8174063321	9251066399	8626369368	8001561290	5397748917	0652001-0652100
8692275227	1866000006	4868860694	3843341695	6897619104	7931550407	3790699480	5414239314	0342772120	5641761019	0652101-0652200
1846519831	6227552484	7093788750	0888830317	8635730728	2918767303	5632713538	7492718627	8478368802	7045784857	0652201-0652300
0870734728	1843655076	5235117062	5675594045	6147510817	4628886513	8894890196	1691873586	6440178911	3965033124	0652301-0652400
8286282127	7323414956	6257038143	6670394964	9642201742	6965254125	0313866715	4925779242	5824718393	0406221193	0652401-0652500
1552939524	7295659610	8834910773	1184650661	0853782237	2276507233	0072986433	6816764066	3482712659	6611335519	0652501-0652600
4054621502	4279598826	0339343777	8513698665	8920777477	0380912306	1987976754	4853888493	4886151790	2298951335	0652601-0652700
5151317816	9447938984	4805510160	4475387293	4602081056	4239999565	3132943818	1181794916	8206643422	9861417488	0652701-0652800
8862468891	0910401578	3835789046	4703385062	4225450915	2617858172	0960154959	0419019808	1724986333	2365323996	0652801-0652900
2035299833	5812881844	4003123166	8441282092	1571036500	3177932767	1655485926	7887642911	9443885218	2338965094	0652901-0653000
4951082992	9260775654	3518139988	3335003165	9441874901	5738251515	3491173025	2921091190	7594922425	7483071597	0653001-0653100
0710339463	9477290177	1111795483	8753245430	8219195710	9711631365	5851113361	6779926745	0022545674	6172702619	0653101-0653200
2658228096	9301676526	3536797856	2181504406	8552425020	6327743120	7892459280	7308316095	4493228199	0578760422	0653201-0653300
7141254699	9922037225	5809419313	2907397952	9846907496	6884973028	2185236834	2445094025	4197334278	3863713321	0653301-0653400
6298271886	8028770488	5903981654	2665131221	7466506883	9034388054	0662876132	4151473649	8011322568	3524539644	0653401-0653500
5917788087	7465457020	9538890575	5986962043	3725788582	8876643040	1486028813	4785667775	2231677008	5281567031	0653501-0653600
3517086993	6872283959	7977614270	4304433875	3674046103	4096265981	4007959537	3380376608	2066807101	9298809834	0653601-0653700
6461125352	1726264746	1480906245	0843560918	3266233286	1476571788	7367070432	6449642375	5831118108	6135320630	0653701-0653800
4527313550	1338932584	6980396507	5894599527	8709868677	3661665652	7294096627	0953618992	3808343523	2506453540	0653801-0653900
6536366700	8123808431	4212916084	8939260647	5750424360	7733700769	7801048622	6866973272	0613130877	1242883807	0653901-0654000
9513682325	9604935462	6987547850	6976080790	6213944467	0987050435	3997170682	8557773245	5618338596	7258415295	0654001-0654100
8438809541	0036379769	0748326392	2322696763	1086303998	1067968923	4160825946	6054119657	8250833791	0051764307	0654101-0654200
1960066914	2267780803	1086358949	5491266601	9682168984	8727980997	3651882678	7773105328	5059191230	3608390383	0654201-0654300
4063911136	5752938473	8732739647	5869511903	9096129214	4657800965	6278230854	8525764983	1923721384	1985818804	0654301-0654400
9149140812	2029836664	7625638953	5915309542	4421023811	4009422010	5435873360	2176560751	5378419898	3618305840	0654401-0654500
8095095792	3288723131	4482568811	5900293087	0419488419	5222515577	1425360196	9600071163	4744743935	0056845634	0654501-0654600
4376900335	7417602825	5491088852	1532392506	0878448597	8816727896	6902631720	0106720647	2074045942	4890050807	0654601-0654700
6282339720	3513834604	1011685589	5150189454	5922832586	9990993583	1848388833	3349590571	2543219713	9992855669	0654701-0654800
8368262705	4269275987	8814989388	9555327752	1957161988	4675840926	6923712272	4294525243	9825238364	1763866889	0654801-0654900
5023936487	6702931815	1507672585	9767848492	3374584494	3089231935	3106512504	7084459459	8229323390	4494552069	0654901-0655000

0655001-0660000

0655001-0655100	1951947530 5035974627 8833569846 1320222129 9389749069 3428402335 5296263560 2769933229 2725089430 2020639727
0655101-0655200	8510558905 8443007897 2050488044 1292348947 4672886783 8915026228 8852912874 2952750435 5650209629 4224736793
0655201-0655300	4640352551 2695447933 1493143201 2374843865 2466578663 3810460290 7702516740 6752254703 5447178168 6148529224
0655301-0655400	5879861896 1723244658 9528197151 4061410121 9273275694 8471047837 2857694609 2451816916 8799535580 4049841241
0655401-0655500	1049197574 3929251100 9593142809 7659219158 8701463865 5140297759 6012953584 7007686116 8292264437 4888309035
0655501-0655600	8961861126 6068498281 8072956009 4573218650 7395063439 5701253548 2591503536 8957714669 1650957644 5043362651
0655601-0655700	2511991682 0408853488 2183992149 0374688320 6389219583 9677180721 2607327885 6195131355 7657524341 3453665708
0655701-0655800	4865934159 8443546453 7694535909 0314079655 0810660494 6822472145 1838346650 1317890674 1103928036 1890014419
0655801-0655900	2600451772 6990294651 9122625302 7545038060 3248851883 6047936463 2249905482 5804957760 1974085448 2383090288
0655901-0656000	7041597312 0470316393 4836548926 5472302515 2908040772 7077303618 5182519612 0166242493 5513390875 8669104232
0656001-0656100	9502521962 2274262425 6671592982 8930404311 9006795704 1201008409 4782659788 3650327603 1030284843 1325642110
0656101-0656200	5347720758 3503146038 6175329382 7376171032 9521381275 6699397374 4418533716 3250635583 9050047644 0504318465
0656201-0656300	5505073040 8990389269 9362886204 6940269584 4315063108 8978643382 5298791700 6595528198 7833755417 7791762887
0656301-0656400	6197775025 2490672963 8062184794 5014014371 1027157594 3654040883 3825817964 4194308333 0859984775 9889176852
0656401-0656500	2529027457 8421689690 0368437138 9240369032 5632174580 3965288188 2758186777 5090350407 7856772821 5280374417
0656501-0656600	8285539246 3930301793 5575994696 1952814180 9981603585 6227245541 2759745369 6375361955 7098053523 4513266574
0656601-0656700	6446826235 5483975934 2756845834 5430580915 9838250894 7389287692 1029768874 2998711895 4151732043 5806519158
0656701-0656800	5613271735 1681114909 8354192211 8283470365 7288674488 1559980262 1633472873 4343000146 1760387865 9001368802
0656801-0656900	5581277660 2634600144 9208170959 0733726661 0360736242 3085988438 5252469347 3596609937 9697569178 3492560369
0656901-0657000	3389615646 0246531209 0800867027 2784774156 1036000878 9753367663 9449245622 9509234066 3833583613 2514639323
0657001-0657100	9122021141 0475837363 8153882739 1201590659 4748848180 4948983636 5636223485 4214689440 0775250800 2307778637
0657101-0657200	6424808628 1910281820 3471183174 3730349334 4261779754 3695377194 8128215642 9854650561 0964355938 0311477664
0657201-0657300	3035513388 8829485169 8137863875 1307499107 4046317672 8759532365 5332912659 4764048735 6284411750 7971390474
0657301-0657400	0055133239 3896195551 2856978598 0204776976 0052520606 8054835205 4715812429 4736280121 9088311512 0816936817
0657401-0657500	0922796178 0504089455 7835991309 3476322808 0151499698 8913569688 1361110514 0234198784 1705950776 5640482463
0657501-0657600	1188859014 8083377611 1552376819 3830635714 3194096425 7422671435 4981847395 4077948135 0877889548 8544130013
0657601-0657700	3174612510 0043073325 4010753142 4253624326 7779801060 5783400730 4622567359 4886885619 1266923560 1232984355
0657701-0657800	7726500006 4743197514 7022267052 8280388950 0570021520 5390805702 6851688179 0966535977 5812636888 5914769419
0657801-0657900	7974829700 1132585765 8785726696 7996800320 8967718995 2205029203 4907180214 0169102005 6286547729 6008692638
0657901-0658000	0272911146 9401471195 5067728439 6877248732 7158127480 4285978103 0245051328 9974410757 5415357075 2061036910
0658001-0658100	2909431370 6923000275 8489532125 1197846884 6423010680 4490373289 1922605837 7388613091 2107117705 8775287031
0658101-0658200	8746530455 2555815403 8878565241 7324957369 7748876076 7011950492 8941832459 1821807077 0062249502 8789984059
0658201-0658300	9660972843 5314033200 7498193707 4803208342 4556361863 1659974150 0158189254 3723584147 5658435711 9349433485
0658301-0658400	9756354649 1917525117 4560830819 1804386335 7646830719 2414107500 4094886850 1060599618 5014204586 1653689695
0658401-0658500	5114758739 6066060761 9517162625 2502367814 3505929992 7432365421 7871595338 0317592362 7889878294 9132690189
0658501-0658600	6017961588 7369958353 6315303050 3048325861 9209352221 4594208207 4130397798 7383790906 4062124779 7034395114
0658601-0658700	1630488008 2178681941 3639283924 9637892044 2456710399 9952897567 0486179028 8062734238 4547397844 7281935512
0658701-0658800	8116073381 2632791742 1992832097 2189396961 1128149769 7228426437 0275407503 4764079013 4533313313 2456496302
0658801-0658900	8811571355 3811281549 9523882630 9068009825 7040325222 4821418954 5731194710 5049339274 5559351320 4206562153
0658901-0659000	6892949366 4686409056 3109585365 9861276550 2965285049 0850254774 5982156692 9512737113 3217455907 5315718029
0659001-0659100	0994325883 4053869948 1640996723 2531224608 3210899317 5248992344 3811948206 6431676943 2057280142 5335205262
0659101-0659200	1878287214 8908350656 1087419272 1644374574 0883270167 5994309456 5014599538 8325564824 0406611283 3332293469
0659201-0659300	4473822981 4758202131 7975355055 5457762429 6325512225 6361396446 8549978940 3443974936 8161016591 9412356501
0659301-0659400	7327701212 2574966526 6463117307 1157348366 6997513141 8259115846 1432810857 8758134217 3761329838 2076751955
0659401-0659500	5975541957 1723966422 2676454746 5200211986 2782287820 2403645259 9026354617 7059646470 4118323000 9657954902
0659501-0659600	4871371179 1563189956 2108167542 8352688809 1179891832 7001510089 4309335022 6550988041 7268148908 8122912870
0659601-0659700	8295210976 6415444761 8330981136 9127897747 7122980202 1332127465 8985263467 1926624555 3883192771 4499914083
0659701-0659800	4101059524 8725690306 5476732185 5578141002 8384420588 9041468210 9669054337 5552065329 1342320411 1494441007
0659801-0659900	7245985564 1528901216 2258426352 5511470785 9555321360 9880932895 0696448376 1877632525 9427108701 3146790767
0659901-0660000	5027632598 7325766791 1904342826 2705147524 5364942311 6904215703 5922697585 3210231171 9445897478 6817232156

0660001-0665000

1144409284	4987448122	5597231616	7944415034	4586844820	6178121426	8917234825	6874778766	2783616836	7743249408	0660001-0660100
7732449489	8869106311	2600380478	8658181342	4621072084	5544736421	5184728768	7459371382	9842803509	2082752117	0660101-0660200
6899384594	9109624624	3754536774	9182746541	8467347459	2704974484	2547339625	7541989940	8081139888	0961788701	0660201-0660300
1452014324	4990958695	2926214021	9339730031	6065173591	8939332358	7541379546	5408213880	9127473065	4354517356	0660301-0660400
6449093275	8490061726	3889764584	2184591345	9045197700	8403452259	9909618879	1933984028	8954323562	7906082493	0660401-0660500
6894154632	3611677529	4038268346	2355519428	6330995651	2636968001	1564888048	9294626619	3646523184	3409883458	0660501-0660600
6027305854	1333874462	7054535383	5020397571	5425221285	2521282183	0130299332	6617904122	2692387061	4682842645	0660601-0660700
7480684458	5557582486	6887213502	5417309371	2604179691	2427648131	9974611402	6534138005	0202471813	9556939770	0660701-0660800
2665136484	0094792620	1458975913	8181669048	1772316593	8055052706	9076839774	6184553099	1260231230	0839997984	0660801-0660900
1076047829	3851415988	7872479842	2390914376	4543073187	6545189095	3265023109	4774263686	3639679565	1027995433	0660901-0661000
0455019629	9510289841	4290991155	8001888557	6177703373	4674454678	4876147552	5096699445	0659033739	3015003131	0661001-0661100
6083832059	9729844570	3580164953	9935756873	4065602219	9212181567	0455920865	8030544608	1036536888	0519721305	0661101-0661200
7760336977	9128213097	6053685806	3007951517	6056476299	6410624739	8349695899	9491685187	0974989444	0934598359	0661201-0661300
3523263468	1288025988	5425319651	3163595894	4314542006	8157243560	5398018596	8094371494	2865566944	1490034911	0661301-0661400
1556979734	6153042368	6606894504	7000453891	9216435945	6291222042	0454155483	3978183611	5512898331	2621025076	0661401-0661500
9674369298	5516832037	8541867742	2376337169	5145553084	7260914293	9192564006	8094877398	7875363904	3132845210	0661501-0661600
9577870245	7216803676	5425369755	6693376916	8937215968	2642757537	4494974180	0541699442	7085677468	6279433457	0661601-0661700
4127819345	9750892923	7014499253	4455143533	9662061684	6162869463	1883411638	1687326356	6096684426	6181685087	0661701-0661800
8358302201	7268272795	1594919629	8894654714	1503006699	4178790856	9445027324	0803777842	7150341385	3735560505	0661801-0661900
0774296153	8376582005	5942220959	4072775101	9318804644	2455891294	8593645383	7844050159	5920916918	0992093220	0661901-0662000
8512267292	4749205144	0151722161	0979212210	2691572302	3656934985	5124309230	6603059365	7798502968	7173529133	0662001-0662100
4499724162	9647348256	7376407878	3302942775	0736521959	6517539511	7328425384	8099934666	6970118541	3116405189	0662101-0662200
4952655495	0081439314	8266488144	4646402094	0783235393	4236123495	3898624815	0164626287	2514068441	5403232410	0662201-0662300
3038129212	0284342758	3407715871	4583810420	1688625456	1952959225	0289375037	9438292604	0209740029	7659130668	0662301-0662400
6065952755	3275106987	9445414339	9655516194	9869209406	5915238201	1727678666	1628344383	1248166625	2038836576	0662401-0662500
2541266998	4546456630	5626956300	5241453508	1644907959	1479909647	7820024481	3028767072	4944687100	7039715991	0662501-0662600
1375934701	4971086244	0766515214	7198933063	0186021305	0480860703	4518380062	7956418712	2853624232	8066541232	0662601-0662700
4259297091	0977002929	7212199474	4426228543	3086841273	3791162698	4752085482	3004156905	7210122026	5546980356	0662701-0662800
7154815773	5251904691	4043093788	9334079783	5766389240	7945831053	8093398617	1461332131	5002679579	7258189622	0662801-0662900
9057661511	9916240999	1932632150	5998246815	9612035086	1961621851	4095538350	7737097381	6551296513	5202631895	0662901-0663000
2939243562	3951453903	1754422363	3130657390	1918412314	5894299056	0684292537	5989779182	4573698694	7330423936	0663001-0663100
9233735211	1541335847	0238186142	6924586220	6816051705	7737223332	9961192988	8870521300	3969668000	4463367180	0663101-0663200
9692370885	3050360875	8432040275	5756772967	0050070934	4562921987	5590098517	4161171010	4989587970	8446952195	0663201-0663300
7848116947	1998915071	0844962635	2546703160	5791774211	6938220772	2093235260	0571823423	6239343941	1167924584	0663301-0663400
0915260616	8641300255	9143056811	1117797082	7773615183	2307889385	6675090928	0970836933	1327427004	1040190294	0663401-0663500
6144372591	0813483549	1707410473	2302975622	1693280169	2770491932	8931914111	4908869724	3890420492	2187582597	0663501-0663600
9970675643	9265596940	2138114267	1289816729	5742804076	4685833698	7035423399	0641206190	8925873490	1166405703	0663601-0663700
0824007649	1226128501	0187293510	0246046182	2256831532	3826198069	9821183840	1071948228	9989607372	0109075703	0663701-0663800
4014732667	8500305625	8389980498	0719849773	4231901917	4724659837	2272074210	8557695432	5059034070	3340504822	0663801-0663900
4226143087	6280888342	0167299418	4495616288	6958921347	2341857679	7210819805	4618158397	3331783147	9781392885	0663901-0664000
0648258250	8818965761	6971791871	4150170609	1545003996	6398970448	4130921254	6912320047	5844245375	1004184464	0664001-0664100
7710493477	3844112579	8496196654	9943416890	2643712951	2680562302	8208527087	8043999881	1778775264	3841823140	0664101-0664200
5761652466	1931188606	9040513242	3239531733	1395144937	0956869460	9307469314	1642761616	6093185970	5889566352	0664201-0664300
5960237753	0748304313	1652545728	1206579123	6728498218	5753474555	3875476826	0270022662	4748154671	0531782539	0664301-0664400
1142737172	0745827165	0962764009	9158475043	3634318265	4635440264	0405973284	3711650722	5403265136	6553949818	0664401-0664500
9050993479	3798198580	6978218655	0218132703	9315360049	8153697632	9865055365	8774363415	2179587756	1245185803	0664501-0664600
4830994833	7088602548	9091525828	2377983668	3487395570	9870662763	2980572519	2187914536	0285571773	7671378299	0664601-0664700
6157796051	8685217746	2472797744	5894561254	9743742831	9048153508	0953603345	1762018622	2460126046	2488022681	0664701-0664800
4489030208	6995405340	6814154385	1849396599	0384591117	4586904095	7358146683	3603032345	6446280634	3052444122	0664801-0664900
2099497111	3470241456	0239693118	1520775528	9287487893	6396189283	7294870079	3311171332	5796976022	8398317745	0664901-0665000

0665001-0670000

0665001-0665100	5775458612 9931105181 0723969487 6579428203 7558844620 7770717323 4133890415 1955540464 7557632702 7653380107
0665101-0665200	9265904501 9913999111 4863195571 3222124599 3272985911 8497350132 2417377527 6724983321 6157371180 0569092997
0665201-0665300	0080181244 7186896657 8772680054 5551153681 9797198826 8480789452 2754243348 7036723188 4210352035 0485308724
0665301-0665400	1154459384 7549658620 0922220756 9799320338 0369371970 1186206867 8541949525 5563324660 9115865504 2170617676
0665401-0665500	5066648772 0230673352 1287122957 2864628593 2926867706 1307692555 1413724934 0019276522 4853943270 0595619641
0665501-0665600	0907039162 0844032832 7989866193 9875924646 7689391149 5031828083 4793998604 6658372506 9502132569 2175649023
0665601-0665700	8876561524 0185217012 2116212746 8589481789 8502864744 7787288052 2352356822 8520359372 2441279936 6379674282
0665701-0665800	4483964378 0680849492 3017209468 8777742518 6607959324 5371729080 2613994109 6976765466 3409431271 4343688065
0665801-0665900	8920699238 8966339923 7781474789 3502809437 3660275900 3646241613 0091873498 5959634280 4784736956 7350496512
0665901-0666000	4278435885 4222294503 3800113262 0039715846 1145519604 1542091202 3544705338 2014780387 4100072252 4862318388
0666001-0666100	8193780192 1658210374 4167097585 7353741134 0839395522 8578747068 2184294374 5044891824 7514388781 2334555863
0666101-0666200	4507762627 0217716576 3086242091 7470500401 7086640127 5592307039 2599025709 6154954742 5743327576 5180189688
0666201-0666300	3382854955 7132288485 9164029072 2819747439 0843291625 4992336031 3093772591 1624471648 7414226815 7619944324
0666301-0666400	6160572956 0600777557 2712147755 5028219570 8859876103 0861652699 7434567736 8493453307 5310785509 5203683421
0666401-0666500	5382026867 6367990480 8755129976 8255483326 9000521950 3130028482 5693688810 1150090070 8334010090 5416054397
0666501-0666600	0501044880 1241231425 1727926697 8094246624 6160895311 3615416805 3097688007 9062255312 7495864955 6987999188
0666601-0666700	8536255300 6113245833 5482857506 3694882255 7373040371 9252797800 9324019657 5453942601 9497499777 9469639167
0666701-0666800	3674187369 8798782505 9437117506 1368451255 8358007146 5597991832 2786715428 3537193419 5490622248 9359562248
0666801-0666900	7235001596 5515958203 6027828741 7452051357 4548409743 2753825755 5219568073 4777891272 4295252854 7537741631
0666901-0667000	0543712273 9220305406 6316539460 7929542801 1949722859 8688626209 5970577136 5767457694 6422985856 7404085499
0667001-0667100	3161468923 3548567863 3144181922 1221368862 9970654031 7111527979 2138934362 8299637884 1327782939 5098920549
0667101-0667200	5568478674 7301183738 4550561314 7815705416 3011814605 1812583181 5266099326 6856564474 9486427236 1110063990
0667201-0667300	2015319341 2882598321 0736949495 2916086270 2977939042 2363625159 1408247034 3247036819 2463982751 8952691022
0667301-0667400	7950314933 7308998377 9927924543 9411604715 9119733154 1232099717 8133722888 6015363032 8005321283 4939228219
0667401-0667500	4279859554 5541667925 8510853206 4032098488 5062781566 1621488128 4667672704 1620168984 3688069485 9910074525
0667501-0667600	7530198237 6453842056 0472267979 8456326015 0554934161 8925533263 5667717529 4303411190 1878705682 2355471201
0667601-0667700	5982950289 3609563368 3611856083 7692702315 0693340265 9423041956 2045967244 0770113647 3169496910 6130497283
0667701-0667800	2176408469 5335392064 8150058350 1825585103 0854903488 0383374818 3194421881 3095847742 2037695226 4714441724
0667801-0667900	5993959341 1907054416 3630797214 1768559382 8641120947 1656201941 0130765693 9546975599 6400829760 0535418866
0667901-0668000	1788231110 2017271557 3022550595 2903350137 4025869285 4277197466 9844636030 2981411834 5183219329 3466211910
0668001-0668100	4972061197 3683629567 0334194277 9167623834 1546392166 5589720671 0021103908 5968668390 5281737196 5278139213
0668101-0668200	4501547568 7862913183 3284334547 5807220124 7546748768 2898189234 6880324971 2157862218 5846523818 1791603387
0668201-0668300	6220544502 6105352773 0169177366 4780882417 3908844525 8913852404 1891705393 0136056205 0253228690 0913146509
0668301-0668400	7522304654 6496264872 7050504279 8563552499 9568943548 4656290533 5283890524 0747682823 4694425124 2205243214
0668401-0668500	6049691151 5995027451 1921156829 1361987775 7442997508 1994571497 8774047543 6646671218 3671863998 5938647758
0668501-0668600	4804973795 7431031355 6106922648 8933237941 8862103430 3009967129 5756250603 3035903221 7667494155 3563372391
0668601-0668700	1688903236 6927392379 6055594782 2231835025 7576956904 8499578355 3419927080 0453710290 9673080487 1931921873
0668701-0668800	4905095783 2790929334 0979011230 5095355177 8787974257 3025912661 5147330971 9502128366 4439457963 9594272143
0668801-0668900	4847918265 6385965253 2019504389 7241592694 6839252424 2186038072 8712661664 2373835217 6839344656 8942250005
0668901-0669000	5758131518 4030850597 2561946962 3569650725 8485093481 3782928372 2170682289 7942641654 2578445420 0928474864
0669001-0669100	5428513828 3727783813 3513581940 8279535792 2839889739 9113773593 1487315643 4126855773 8938282797 4403739403
0669101-0669200	8580890547 5853764692 0265681816 6100037622 4592307825 3690283197 6059742661 3455826289 5200074717 5198661393
0669201-0669300	4845228586 0670989229 1398600737 6721642745 0218418990 6875128210 5164071420 6606389587 8028324319 7758108844
0669301-0669400	3726138355 4629612460 6128103381 3110128147 4830649250 0156551239 0649263760 5631557241 5059444644 7578971934
0669401-0669500	9309910266 8095708148 4238104884 1857925500 5136768429 1351141125 1757939022 2625874008 8453641633 8712775753
0669501-0669600	0258196237 2271590742 5554757340 1193630835 2925466276 9457148113 3866548463 9021230369 1690580495 4067841731
0669601-0669700	0559465918 5983035030 6583139906 8316976483 8761011995 1936625361 3888976226 6165084667 3375947846 6304203938
0669701-0669800	4465890384 6488347282 2845237953 1706994116 1364108194 4696996724 4407469283 9236413056 7933923015 2919108360
0669801-0669900	7535780895 4407226578 4231508405 8834195478 2356879973 6621842186 8049687643 0753139516 3670366263 7544391351
0669901-0670000	8542939738 6393035047 3224166952 8654384395 4922710470 0120921738 0103835760 9531156944 9746487595 6857723939

0670001-0675000

5946125495	0830179421	8645124976	0690958553	2848141303	9828332195	7441569941	2308393266	3795175897	7091254917	0670001-0670100
7973118459	3992615345	2213996141	0983491061	8405773674	1482444413	3572465291	5031005080	4462575025	3745275459	0670101-0670200
8551539294	8604233021	4582807131	1737531913	9408935171	2155180430	1704622055	4479737669	6674789317	3096271481	0670201-0670300
7804320524	1537398501	6954090511	6883068125	3148680904	3952323243	7602316225	2504388366	8986857066	1653066181	0670301-0670400
9045685274	7466558716	1772658516	5073415506	5945175613	6678425907	1595185264	9232661198	9419927697	8330288377	0670401-0670500
7941111750	1447410422	9080890236	6083391940	6521113932	3726761359	7885389234	2828890089	7730547336	3126803325	0670501-0670600
1710912983	9261484970	0054268616	0299429609	6384886444	0600491029	4550396652	9170234236	3466065042	2229602109	0670601-0670700
8785880069	4421569857	7053669844	8410868673	1050696302	9609061934	2316066387	4899001882	8949512561	5591102404	0670701-0670800
4628205315	9377096842	6564803460	3378173148	1405384504	4990759203	5509064459	0990909144	5259725671	4953028272	0670801-0670900
6452152739	6612218260	4134614750	1028649224	4572657657	5452903240	5471437060	1234431217	7520657776	4552719001	0670901-0671000
1539533425	0541807539	1219150598	3798526157	3370516229	5441197030	7888743173	9989145794	8253499871	5896943787	0671001-0671100
7343737675	1615663954	6476243520	8186531597	5103666897	0777583283	8650575235	8050171402	3236204182	0853877746	0671101-0671200
7983029508	4423383311	0374580653	6419079447	4970628477	0654767948	2962188669	2590682176	0067313916	0665816078	0671201-0671300
5832842513	8624683306	2603366795	4679124922	3032388929	5687728947	6121515363	9603094062	7653119766	9010911380	0671301-0671400
4874054937	7875158608	2757323635	4566858067	4906271659	7215990299	2186708613	8968951373	7068317315	6800919554	0671401-0671500
8277920465	0557777506	6888521186	6929765211	0390778631	8443369590	6723520283	9999643239	6387686732	0361379164	0671501-0671600
6686795031	1217912679	1204942268	6319695226	4941526031	8384601653	7045092592	5788004244	0594434946	7622855508	0671601-0671700
5452556602	0694226877	3218946333	9027671535	8202225470	3312234798	5668270282	5245988012	3468395377	6355174689	0671701-0671800
1225367881	2381891995	4637844127	0332418737	3763325613	0422332711	8444507497	4242237826	6197046104	0111226532	0671801-0671900
7588955723	8498505763	6480494092	4804011116	2770871555	2798840790	3612572788	3591241446	0810333685	6769783495	0671901-0672000
8256973338	3995616923	9890008502	9353534299	9657406963	7795021408	5190300644	9547774735	4841168405	5102877611	0672001-0672100
0864198567	2662267872	2878593933	5839702878	8359545126	3588076265	4146340514	8082978002	6991158114	1860547629	0672101-0672200
5128819943	0838665320	4842674055	5551025332	2746134221	9931036194	7772049524	3388211785	0322504622	9221424569	0672201-0672300
5555003313	7758428571	0265052016	8844871279	3185637412	6072774114	1786989397	1542262276	3228658486	1696775818	0672301-0672400
7395294670	9294345253	7335065005	6960134607	3180257767	9099155134	5034841583	9846752650	5737423974	7147481254	0672401-0672500
0093578195	3545973458	4707650074	4709732549	3931035952	4408780242	7666984630	8426444638	6736380162	8651193925	0672501-0672600
9851334195	6303926559	5711671123	0449799232	1173606848	9759175582	6316223902	2622489846	2286579357	2796249103	0672601-0672700
7640382310	4080481974	9428592702	4632127390	0690507498	8773173218	8546893642	4389420964	9285664424	6175264232	0672701-0672800
7072727933	0815571558	8664841631	9531614117	3690908132	0190273895	2842515499	6722430348	9023763280	5437291613	0672801-0672900
9822725299	0836908892	4973885229	9592377545	0126780887	3261195461	6362090049	0104565727	2381218607	3402918544	0672901-0673000
7799535289	9592119455	1880521382	9562617740	8041273303	7942090367	8075311256	7600804260	4950740619	0564878080	0673001-0673100
5023437355	8916155389	9274656330	7620080099	6912907610	0632053732	3126937279	6200739054	3343746221	0258995721	0673101-0673200
3978891909	7031755019	7355873869	2404636111	6027206338	3384090322	3989418916	7224940658	4603868835	9912725214	0673201-0673300
2008927927	4309866163	5079572837	9051438551	3872952711	2983667896	1619181394	8640736857	9422616671	1785990514	0673301-0673400
0382347291	4009009792	2491302499	7870400380	5414564064	2906637903	9225230449	2171609589	0520281781	6159901170	0673401-0673500
4358289134	0913588943	9304950965	9960511332	4294482509	8365107498	5148901512	8230584721	5258025185	0119996729	0673501-0673600
0923019534	1591046634	9751480976	5758541954	4419386603	0102393289	4081909479	2784087830	4524045296	5721750860	0673601-0673700
3472258594	1757724710	7124427077	9869072099	5580682225	1978998647	9329847328	3077934323	7408852481	8024125993	0673701-0673800
6076280749	9552231046	3219910682	9980811820	4157702024	0378672352	3630415869	0964281330	3646625339	4949402426	0673801-0673900
8686257659	1833522241	3541020048	8785056997	4716852406	7286575194	3425706257	3473667547	3650312557	2083747217	0673901-0674000
0777317324	2611280307	7590654692	3950229067	5828206127	6734984710	6351976446	6442716720	9384615607	2556820379	0674001-0674100
1375209490	3953881686	2720308421	9274933011	9689065021	8554242991	7425792226	2045088519	3664289287	7228775513	0674101-0674200
0094773646	3000642410	9929900045	9324667735	3137444054	8668487587	7715788647	5428825132	5710249958	3552305099	0674201-0674300
0406816463	4131457314	4849393869	8331347774	2735215011	6669767950	3234920870	2667063334	2677121526	4880879536	0674301-0674400
5929937351	8992420672	2511948073	1326592334	3577207964	5297777548	6743842476	8926160681	7339169281	2463591354	0674401-0674500
9460964501	1156588572	9253824469	1171975572	8510786552	9845427871	6583023412	1111553000	7466352555	0482452345	0674501-0674600
4104857318	7791003476	2330588407	2578334984	4254988058	4587627134	8453269204	0025683831	6423222370	9764547140	0674601-0674700
5091236413	4406361959	2205000038	7149001957	8335980781	0085988860	5597284847	9116532070	8745934356	3080218716	0674701-0674800
2111489589	6268008973	3082142060	6706376919	3099058122	3716105016	3381359939	1835931871	3030449261	8018971089	0674801-0674900
2820426100	3161499659	8585966795	9009433747	2123334438	9517882139	2131689613	7345600884	7211834055	3704173908	0674901-0675000

0675001-0680000

0675001-0675100	8655022155 3897742480 5978954172 3435365861 4901584283 6947490060 4308895256 0611138755 4385849627 2691509108
0675101-0675200	6239755480 5901362380 4035826260 0530735745 1248710774 1426347751 2509773977 3093907252 8233632100 2648028822
0675201-0675300	9727064109 5201052883 8078676946 2037156395 7604766114 5005808047 7176427287 8001313127 7413244302 7234088512
0675301-0675400	9896856038 3152465747 4367982370 4601279075 7806089242 2712832226 4403079900 6153231410 2079712380 0533820530
0675401-0675500	5121911738 7093019838 5367908173 4700155973 4751328332 1602546122 5027248671 2583495315 7390056206 9353295402
0675501-0675600	3597171539 4692464427 4388027596 1486494129 2475277337 4134950714 8780335377 8663631185 6230615348 6757767063
0675601-0675700	2549018682 9580038258 7884851764 5563087087 7721920831 8388986225 3677915514 0403649128 1933272346 4641041042
0675701-0675800	0881109312 6098396184 0185584637 0235435946 7248574915 3090804859 4183126096 7299406674 8441944008 4259832175
0675801-0675900	4803345986 1740020043 1378508286 1832997568 1776571031 1963158186 5995049067 2379791787 3672190751 5640653437
0675901-0676000	7644763062 1705766985 6708749227 0750280876 7246204225 3538944741 4241343631 1016643663 9699880878 5733504534
0676001-0676100	6724540069 2181042688 1156695438 4513391960 5697691307 4521339412 1929508769 1112175255 5502502270 7891471738
0676101-0676200	0068542365 0303237374 8677870255 8389059893 6305021008 7166469785 7118051661 7315670294 7958588442 6271984103
0676201-0676300	5509462151 0005467265 3266686174 4293511621 0475673902 4197730966 1472422087 0452411170 7433388517 8666262283
0676301-0676400	8975950520 3128872018 9523544821 7394782194 2443997589 9983500607 8041238792 1930656793 2572487287 0197685892
0676401-0676500	4652325066 9611473973 0088004771 0443386543 7226884395 6825008857 1648130946 8446127095 6543139557 5475805079
0676501-0676600	3514267563 1381936217 0242297318 7848122776 8318957407 0484623353 8362165958 6843308579 6285376160 3136764747
0676601-0676700	8472565866 0926676629 2576087452 7312462223 5504415865 9706369989 2768170434 9941168127 9792821296 9226927665
0676701-0676800	0708667244 8008802330 9789282035 5930828885 9785353411 9785021182 1400468425 0546740254 9771417333 3668952304
0676801-0676900	9168314443 7629773482 7205059961 8427960138 2438264090 0540500505 4389956220 3257694031 1410729669 3855412386
0676901-0677000	1845341651 3571633768 6204154882 2631196037 5395351579 6511561579 1687520081 6745362241 2708438608 2271549504
0677001-0677100	4441606876 7350715278 6736164990 6840791020 5043844601 2308262194 9618692440 0308314293 0447840925 6311863207
0677101-0677200	7751264305 9419959491 7717064130 8906867774 6385439177 9381975761 6446811106 6389323583 6184091595 3211635978
0677201-0677300	8090633295 1732610281 7101486669 4864396113 1017175536 5403322789 0444701001 9763121234 1076463636 2458309773
0677301-0677400	2689325932 7741919571 4992449855 9646976173 0467291526 9924740555 7698159349 6630773754 7040710403 4797497551
0677401-0677500	7710849312 1353924293 2997367572 2029345975 7588025764 0391775690 5121552802 3145210293 1304996533 3937302320
0677501-0677600	0920505409 6856615040 5868034163 7934252197 3861293658 9718569331 2537414578 4827827008 6059892165 4039560817
0677601-0677700	3187429758 7191910693 2757121799 5208732082 6981863598 4600672764 3387648206 8156113679 1228409737 9440355613
0677701-0677800	8714059739 0368679930 4742369235 0310653421 4666419163 6140197023 9342325752 6942990274 6933964408 1593015791
0677801-0677900	8795154429 0533462614 1049155315 6884501255 8555000913 3220611127 0101844350 0695217461 7306595986 4168810938
0677901-0678000	1630424976 0877061545 7839544937 9187191797 7821405022 5790496722 1220778160 2380149238 1294008546 3237140405
0678001-0678100	2972776933 5214212268 4618597821 1744358524 2059109702 8941984624 6899952324 2239816555 9046677132 2876361960
0678101-0678200	1838487431 9465372981 2296335274 0628643961 0417591624 7182063541 9743568571 3007167543 6810628538 3585873611
0678201-0678300	4148832792 3310460061 3445141308 6470002471 9564721679 8552823676 9001963621 4043564985 3319368990 0648886200
0678301-0678400	2046177902 5580227094 9683423461 0834925724 7535445213 3926887369 3931289850 4859588223 2814751038 1188809460
0678401-0678500	4514397803 6923529233 6510900341 3934584678 5041229174 1350494370 6196058666 1948266564 3182166566 2964560637
0678501-0678600	3347509328 9553432517 4972737913 6224270823 9356455824 4327306600 7731554713 0178084016 9319607522 3441839922
0678601-0678700	7001189768 8984844635 0552660726 9164237837 9008047941 6176843343 8322845853 7684138118 2511677563 8388925839
0678701-0678800	4020120613 5674469196 7075752780 4706934458 1827691577 9568602324 9588411602 8959837840 5115255979 7838818410
0678801-0678900	2901478476 2345089670 2896672888 8964765797 7823069979 8819270883 5134933044 5898170864 6817971112 8381820020
0678901-0679000	4419749911 7721541034 2051654270 2703199984 6634914695 2076159865 0684885220 3163287322 5903815064 8355010008
0679001-0679100	4517784375 4507436145 0592219424 0241872628 2490356341 2652643119 2655030406 3202575366 0531509186 2694230400
0679101-0679200	9333102482 9860919247 0044115776 9350573870 0428590486 6973642307 0558612735 6402054048 2677643880 9032580278
0679201-0679300	8508769099 4809257329 0173311716 5305467839 2387839859 9208449494 4282354551 1110755671 4179415670 6197119864
0679301-0679400	1995640898 1974696503 8359856000 1537763197 8659426847 0653207291 3018346587 8244925078 1987830112 3504261299
0679401-0679500	1308041293 7786711714 4174364941 7041309599 8427749615 2385231195 2163541571 6204185542 6172577328 9754274896
0679501-0679600	4252455836 9008052069 7198978340 5327952496 2832641569 3415613998 5728673098 7422621402 8851812860 0190846032
0679601-0679700	3175013330 7807483123 6164178261 3805117793 3714470414 8121189959 1909802237 4678777281 2890453035 7995934000
0679701-0679800	6720430564 4044935478 0269634646 3971915660 0092636864 2173474117 6193906414 5402317939 0631738285 1890365223
0679801-0679900	8629007099 8309862522 4892343712 2606098581 0304095763 8851092438 9509763364 9477485841 6747664414 1210442699
0679901-0680000	6776851984 9816506753 7953954532 8708054990 5298268091 6273410272 4026108419 5694627375 9163057030 6936049304

0680001-0685000

9551760291	6771452567	3235033671	3095707817	6961089025	5690131338	3745115817	3426087208	0919768962	3761582472	0680001-0680100
3279969676	2659491769	6890350001	8108711473	8574349836	4099092793	3694547181	5629034528	7008933177	8646260018	0680101-0680200
4845835027	5093946565	7435197966	2469396278	9671332753	0010336216	7058028060	2032717455	3177354932	7571281289	0680201-0680300
7223016943	1756595295	8213137736	4076503258	2412095839	4227661748	9875728184	8476302875	1860746198	1595309145	0680301-0680400
1776753761	4228781538	3246915820	3968556471	3187068248	6414694355	4341864240	8986534022	6529793504	2531053074	0680401-0680500
5564744585	9877651882	7085892094	2199651867	0330660554	0243235853	0574124988	9718839646	5826949814	1403272968	0680501-0680600
0400985674	0944722029	4441441026	8192913411	0942187415	1328287331	0798232925	1450661078	2792101218	0103111970	0680601-0680700
4277690769	4303544975	2830570590	8933635333	3318510969	0238906980	6293571634	3038815074	8514989827	9017106593	0680701-0680800
6441270747	6112985186	8177731370	4723445403	7456002862	1916791322	1365782707	0240795099	6791418033	4821962558	0680801-0680900
6266951974	3611248846	5946582728	7656449897	7159444421	1823492755	1749896827	4483846421	5544522543	3577710157	0680901-0681000
1115312646	9088386801	0392132927	1888579610	9842454401	7603589273	6009257986	1974341024	6093628989	6955972601	0681001-0681100
9190217380	7009755802	3753808355	0621119923	3147409088	4681435199	0335032977	6225541026	2247665024	4698571713	0681101-0681200
5357265288	2185686112	3930221223	5302190516	2773569741	2863498354	0839032773	5481050807	1163896557	2944766845	0681201-0681300
7921741120	9448401996	5561435530	6898308612	0849486986	4517106673	7076918157	2544604668	2028205264	8523358699	0681301-0681400
2499908059	5519278288	1458694136	8229897692	9469666575	2303826034	3104885807	6055117083	0091971011	9849253648	0681401-0681500
0728361569	7678187742	2150711037	3995369276	6152452449	6535091003	4528895977	7029742778	8541533978	5881066071	0681501-0681600
5689492621	3082779492	6549436210	7345696787	8550687385	5611333520	6511000951	6722384444	3533158667	1798353595	0681601-0681700
3576451196	6809574527	4000424340	1544004906	2666137962	9574706527	4075783714	6094002332	6556772078	3707945010	0681701-0681800
2526980479	3497599536	3121472488	8120659995	0447324540	5295694916	1135437651	2759235712	6014280388	9143997132	0681801-0681900
0628419546	8196885884	1752929226	6886442621	4340633843	2354490358	7183699050	5347094758	4495815394	0545298839	0681901-0682000
1465186318	1509397362	3321405450	9690894535	3116235023	1626454242	8788803218	8619172536	2579809217	9692510697	0682001-0682100
6631553486	6721289025	5353427663	2117995418	8944080231	1171241078	9106391179	1380111690	8415614710	4326412032	0682101-0682200
4352019466	8781977732	7163070488	5109519004	3634508471	3867267715	3789281655	6212509319	9330846173	5522700918	0682201-0682300
5624196261	0481528464	0455268181	7698323603	3294487179	9050874485	6244052584	6670570782	0296738438	6993693546	0682301-0682400
5436456444	7230044536	2273752665	3145299219	6223098811	7645680676	7139785437	9165847320	9504694430	4384883707	0682401-0682500
7186501843	2569270115	1713494961	7369807824	2694080406	4500922506	8239337956	8371761215	3905708238	5854829100	0682501-0682600
4571562854	0523094477	0923362992	1158488718	8615244229	4590478039	6105235477	5294518432	9182177647	0401267419	0682601-0682700
0255625784	7710396875	5033652996	2214488179	3526405867	8133326215	9209134904	4189412312	5521539959	7795265706	0682701-0682800
8257462407	6495486611	3924814670	0657227719	6024957345	0805840870	2213078799	4543507255	6036021889	5109924837	0682801-0682900
0331300766	1853085253	9127407692	0389698099	6769175607	0148475757	7914252713	8022094159	3877488494	0496468312	0682901-0683000
0257215335	5580648888	1999490244	9124874438	7026964819	0456178567	1518215321	4214586889	6572634255	7795756265	0683001-0683100
2700629297	8459645061	7489642530	0021092247	9818088894	6251675732	7350029677	1470503279	9875798996	2912792874	0683101-0683200
6607578196	4794847523	9203522264	5594063126	2832484175	3975481745	7010657092	6022593172	3208740932	7491400979	0683201-0683300
7818697026	0143742147	8631793853	1308155711	6718016184	1958500770	6082881144	6496753514	6217195521	3852392511	0683301-0683400
0419841081	6414048220	4424941782	7953801735	7430963694	4364950635	1874820396	0509107089	2098443141	6784064461	0683401-0683500
9109367713	6150577214	3004751642	9278462760	6125879326	4955586447	1865902984	8182201602	1004997719	8361803778	0683501-0683600
2118959565	1689225393	4182635010	3713632115	7781214602	3709366910	6321911883	9169527053	6319994253	5844908602	0683601-0683700
3980831429	8724363262	5841069153	6617915011	7100345827	3988450230	0190025577	4774312143	3421560910	2142563004	0683701-0683800
7292952168	0512822156	4798791314	8361230334	6110277520	3382979698	4764875107	5308620962	8464767863	5312023068	0683801-0683900
6050987180	8751282265	5052819891	6999445054	5825287427	4597063402	2960335685	3886949799	3828280147	1099860087	0683901-0684000
0595684841	2151964733	4347663376	2743513560	0524136353	7190114791	2029922253	1533188660	2515377068	3310154889	0684001-0684100
0999536990	1717369429	8447066677	0482793224	4823418206	5674258791	4678111518	9747749072	5584891554	6647004332	0684101-0684200
9222039895	0649452770	7553293229	9426267433	2988281428	2556896573	3266786575	6193371959	3908066429	1914750311	0684201-0684300
1328446751	4873963577	2879342989	7564133604	2658143050	9213481367	9852888292	5725159524	6368667052	6471898396	0684301-0684400
1963598492	1134156953	1986380455	8148479071	7809078695	2927279184	0452294301	0294283671	1083950634	8425063820	0684401-0684500
8555865392	3276545286	2272664883	4185074874	1393854930	7417630279	5550310290	8136770694	3028970120	2531770184	0684501-0684600
9418209149	7923829631	6560222983	6198034820	4057952319	3813266546	0972135883	9304485216	6287214352	5751137236	0684601-0684700
8450592929	8249561147	4226829218	3057942653	3469225932	5226372031	7019199984	4767571541	0489691608	2005560929	0684701-0684800
3880438561	5393938861	0800038893	1415514251	9880728134	6757093933	1543005256	9037837144	5159973023	4429145056	0684801-0684900
9986414675	9503031812	7152727894	2502383466	7263317333	7455880994	3544395003	6775670310	9190940716	1141154055	0684901-0685000

0685001-0690000

Range										
0685001-0685100	7340884834	2833535993	1921443710	6006859366	0264699346	5720093603	1623444263	8215142442	8391715961	4658131742
0685101-0685200	4731705156	3253482379	3147494492	0069795480	1646821898	8433275915	2807095398	8212683989	3642318106	5489044804
0685201-0685300	8927684892	1854710676	9788613503	3352449811	3861637395	7310268025	1642313394	1154981062	6704975020	1361285327
0685301-0685400	1679450641	3100084685	1005211213	6399583903	1402261910	8072899098	1630702063	5413111542	2666078695	4871773820
0685401-0685500	2141054740	1402403263	1964563930	0962185517	1291432652	4427459441	4418275602	1445515344	0454002874	3249577705
0685501-0685600	8449408098	4033027258	1809631796	5249173507	0149484668	4157254659	2899494762	3637005980	4890396576	3138240276
0685601-0685700	9423666262	2690151478	9471169049	8025494902	5258782220	6853726045	7330359730	9077583539	3170308887	0854234953
0685701-0685800	1223031802	2928795990	6405017737	3344213062	7431431286	1522090518	0899239090	9028791205	1223118684	6024133278
0685801-0685900	6097500246	7507917126	0577404575	2925643648	2325915999	3166445098	9019146148	0286002548	2343871969	0337398705
0685901-0686000	3600376311	0023850308	8551562739	4262315739	0714593247	3869850297	2134778226	0711680996	0060440749	9093418534
0686001-0686100	0057217199	3409130820	8823412305	0761235269	6212454550	8422240149	8616621573	1602997904	0149669949	1727462378
0686101-0686200	2673017894	0942495960	6884377389	4743154058	9473271470	1696198582	5091282157	1405308578	4661918613	2280610365
0686201-0686300	0342003901	3081403792	8612843022	5378811284	4894688305	3710330312	3570043462	3165907687	6308980839	5415916852
0686301-0686400	0545880947	6237119278	8990746785	7536699281	4235247044	1171665252	8910036053	7755973558	8435425423	7465176941
0686401-0686500	8514470731	4525476876	9289970059	5461349680	3973823293	6238998019	8620565056	2460668131	0225203680	5483248433
0686501-0686600	4969568965	3100385237	5466758785	6799400946	4253726661	5054675709	1298762361	9267008359	8762678555	0302863066
0686601-0686700	8799392265	0993773988	4608390668	2082066230	1246129973	0378011574	8296449826	0524705900	2013885624	4146334105
0686701-0686800	8145336313	2825605320	5200592926	4808303132	1203507877	6629584645	4418916953	7342428139	0351629291	4225048390
0686801-0686900	3626144425	5735810748	6834892518	5396565314	9819630557	1241999503	5132382195	1186967238	1514583393	4908285975
0686901-0687000	5991966972	1704534304	3273161935	7189676268	6397897886	8443886119	0418094418	5825869579	6026345630	3755247758
0687001-0687100	3111543114	7620359386	9850737767	0742765108	2481928976	8101338596	9978614342	4430006768	4394207595	5495740760
0687101-0687200	9325016782	3992960045	7403577583	3310658604	1155550814	6908508483	9959586167	6625129053	1530322439	4011724448
0687201-0687300	8740345224	0718053522	1879714738	5313216889	6260285312	5348758585	5672513707	8186863521	1696331105	7203172237
0687301-0687400	0604678119	5086114266	6656026580	6290848488	1723155659	7264624249	1374667624	4614371952	8456935221	5618440020
0687401-0687500	8981301595	4860029902	5188585073	5730715293	2312318131	8499178936	3734145399	1341102203	5565410510	1077243598
0687501-0687600	6055631748	2778472401	3798347463	0972453826	0700785102	5263816602	7436710934	9768677960	9742645392	3241963379
0687601-0687700	8976824844	2209801913	3054859645	2868142462	9087353705	3411643476	9696472966	7525830078	6930930798	4984271168
0687701-0687800	7904408338	1863267759	7338032526	8242243329	6807395064	1806715656	0271426821	1230312342	9485516536	5321526945
0687801-0687900	7610646824	7007076793	2911101196	0165468779	9208741506	2186924352	5586056608	1435007054	6365728251	2899089865
0687901-0688000	2988276265	6823007437	7036105806	2226645479	9657003762	7144257157	7258126868	2546629468	7239956406	5097283240
0688001-0688100	7761438918	7704249767	6234221451	3091793687	7460629168	5183902468	0313643989	7416961358	8291859736	5538906457
0688101-0688200	7513081193	4551982918	1491284576	5152299640	7262983389	6418739380	2463224707	3639276859	5129132896	2522675690
0688201-0688300	3128989820	8892471349	5701424446	8682265559	5752774582	2892747822	8097773832	1273253051	4169924655	2260566146
0688301-0688400	5591357598	6554748942	6015712380	8779428472	7911437223	6711153038	2747753341	4242407179	4886020283	4057759385
0688401-0688500	8604743995	0943326511	3648775432	4221472663	1364859057	7719435372	7858104371	8337900951	7981796311	3508959960
0688501-0688600	5570568421	7532144079	8955923184	8085248780	8367550068	3459483934	2478328565	6352476418	9493364922	4929770885
0688601-0688700	8162423150	2049139804	3590449810	0431493233	0105944902	4747184763	9893163168	4443474047	5056811723	7464392161
0688701-0688800	3431838126	8547094021	0927957187	9936931386	0000384685	1436845821	1668002182	8201299917	4809263989	0989566539
0688801-0688900	4058295888	6002827448	0269991698	0106424049	2426581075	9212724690	6309924560	7421661169	4183897204	0284553170
0688901-0689000	7331523151	1142056785	0949657561	2039007683	1567476272	1070457356	6171878402	9626248721	1591769263	2706359138
0689001-0689100	7678465536	1999859831	8230451455	4009697426	8503775012	0083213320	6958860197	3051218708	5418438806	1088381433
0689101-0689200	4713432566	6897926277	0244341992	1807686310	0164857338	4040824075	8539913655	7908117839	0854206293	3068122947
0689201-0689300	2933559716	3936794620	3353915270	9063720694	6734233815	1383426947	1410243982	2438830866	7689896244	1571506447
0689301-0689400	4790566932	3318085246	4295629231	0160051118	6409568800	6805225939	6549137978	1356366627	8658482540	4606873151
0689401-0689500	6751685658	7130530521	1587055927	3837534786	8908081484	4722468403	3527700001	1912546712	3303888615	6296696015
0689501-0689600	8721813302	4728247879	1621978491	1643328606	7222446352	8831053208	5836045805	1478498520	9442235498	4713141131
0689601-0689700	8817352440	7691698381	7007803170	6833636151	0531335515	3309584662	3655392600	8021258336	2096679555	4446296223
0689701-0689800	4869224431	9084746391	9351749601	5959286204	4537991279	2443954761	9127992304	1584432891	2730521691	2408131913
0689801-0689900	4088661680	9185433824	2402945446	1017088275	1608810427	4721924920	9453946970	2686028526	3079403107	0690991309
0689901-0690000	2204311596	4504298191	0857994426	0900152451	4242833415	8154882276	7582003641	5251050279	0358004805	3428092302

0690001-0695000

3699820894	1459463316	9359389907	0015559835	0644690822	4449861971	7044307628	6932014459	5156484877	7012594850	0690001-0690100
1151405397	9796339301	0043840531	9067907436	4712995847	1833213887	1109099823	5667221263	8054868387	4189401010	0690101-0690200
7540013788	1018393159	1488087478	6587879500	1515539644	0761625775	0818635821	7931011726	1440466688	8481821945	0690201-0690300
6044051379	2488319715	4571243841	9343896724	7551444236	6589364718	5182260718	8363875070	4592945198	1123641178	0690301-0690400
0972307434	0955219414	0524464220	0902221666	8654835608	1018514431	7155508745	2030706681	3582038843	5215498794	0690401-0690500
4960394947	2960654708	0639824562	7394706397	4406405137	8929533572	8586689990	0859908690	6703943434	8708008176	0690501-0690600
0714050432	5690320088	1536947167	0760999678	0837875260	8107329924	7949817333	2139531838	7783282359	1673701258	0690601-0690700
3124289064	7354742150	8878255149	8414142350	1301672675	0821791110	0255797251	7427600739	3731921421	0392603297	0690701-0690800
0810769819	0589880389	1618138257	9914443432	2105291569	0578788474	5821110382	6605498946	6937643057	2820094574	0690801-0690900
0752925336	1163657509	3600636734	9850284388	7265817107	2599410784	9303081301	1758648611	5832906605	7327427060	0690901-0691000
3069996948	2400586086	4033250510	7457077136	2035206886	4946234411	9056316806	9892406954	1256556398	1942471888	0691001-0691100
9220352243	2260972317	5488853172	8266773910	3757237101	0673933766	3808981515	8426760468	5203620367	2407891490	0691101-0691200
1879273556	1807661755	8781815383	0714572203	8817729718	7593895662	9614975056	7853450813	4597659282	8371823671	0691201-0691300
9243140097	4105437297	8445101625	7543958762	4579038208	9029349315	0148104836	4513538889	2803043860	3690164265	0691301-0691400
8923162207	2189666519	3559162749	7955048009	2555159519	0461860679	1880818722	6970297962	2020888002	4877871779	0691401-0691500
1258102117	8942507276	1319795431	0962466401	9772097232	2610026863	7455300186	1908859825	6565626527	9366085407	0691501-0691600
8228115251	5511826170	4821756956	1541627851	3963778247	9952394359	3124697524	3690592186	7794263833	3073373920	0691601-0691700
9231890347	3965575739	6649098205	2618777270	8461695587	3614559295	2198126893	3164433823	9731423847	2615945308	0691701-0691800
8525408871	8865776402	2385105108	7973101722	5228452997	6947617375	8249952632	4714118173	0160201833	1119181122	0691801-0691900
2813508856	9821004818	1611461676	0485187369	9956114717	1048969514	5284969675	8125834536	1297803477	3231329653	0691901-0692000
5965223906	3357421420	2049904797	7949714036	8721532807	0643579877	1212837235	8671861232	8481014289	3866885703	0692001-0692100
7620723484	4796759291	4421953864	2201210820	7798876551	1025031152	9371693291	9965153887	8042516256	0257463240	0692101-0692200
8504228844	9977623894	6926963152	8657293741	3430169360	0760353293	6970641782	7787737793	0650105697	3945611621	0692201-0692300
9240336676	4030907835	4145513831	6434889449	9792375578	1587501445	5206486934	7130864983	3007389808	8056894346	0692301-0692400
0652073487	5952488738	1452856331	1886966371	7726065392	9012996245	1213621618	2124975855	1092460860	6703292781	0692401-0692500
9860265252	3263228264	8357227323	9183834925	8202127593	8940571530	4112736281	8836102715	0253648154	9937009962	0692501-0692600
4982612448	8262917986	7282497649	4874375237	7218823270	2328607878	6741446467	6075600182	0948906734	6574075767	0692601-0692700
6455255636	4224302120	9167963726	1321178552	4325445167	2661784549	6108737903	7460663294	1769264634	5850239275	0692701-0692800
5446300306	3866779511	5643109766	1700950080	5367466292	1490319228	9315461344	7952205175	6730507822	4066541216	0692801-0692900
4309774725	1304495228	8499254238	1654379640	6991093037	2676864436	9877159674	5583878817	8236999390	7291362951	0692901-0693000
1356585921	2624706051	2379920709	8445306806	7510219235	9762580382	0917959940	3622932241	6000214494	8306949888	0693001-0693100
4798402571	1575886642	6014882617	2477609227	5527824931	8006124546	8044327036	9494280519	9693247405	6765621398	0693101-0693200
6896794541	0457780679	3818986787	4389603154	9308087544	8508708413	9693776973	8770431774	2865816964	0187113187	0693201-0693300
5555139837	4341494804	3673850691	0996892834	0845548658	8315078298	0444429217	8135196816	5206545962	8859248994	0693301-0693400
7217333292	0607370072	5483852165	9865898890	7709883546	5950445851	4681125195	7872729831	3561434878	7393577890	0693401-0693500
1650631075	8644069444	8397384650	8885441240	7993571718	9272387604	3392675414	2118240462	4139090542	9387061282	0693501-0693600
3904674491	8290461763	8581776736	5973869331	0685073570	0688392261	4400496752	2441094393	8679474310	4730175735	0693601-0693700
2214306870	7911389927	5198337431	7080328301	7996889374	4273125215	8213563170	6351219458	0243208618	5211252156	0693701-0693800
3609484108	6274928276	8825625016	8628994059	8158930419	9588164286	7887107620	1109560759	7412872305	2213171260	0693801-0693900
5071600536	8280281377	7234299991	7730050094	3273641748	7408931931	7228940480	3345998552	2641089298	2215449118	0693901-0694000
1471363488	5180832952	4371156096	0510757651	0978703876	3128124395	9587830946	1734903983	4758336946	6057915452	0694001-0694100
2058959144	0569186560	9642765085	2458957058	7748288120	4132612392	8589487352	3560338104	3140003572	8912378562	0694101-0694200
7432502504	6365007438	9009557274	0636949446	1883652866	6054372615	2454172205	8298308509	6593648284	1958696169	0694201-0694300
1157259324	1982735832	4585383144	0167068161	4873475086	1264875198	9780776187	9174968270	0117124818	9184661389	0694301-0694400
8797807611	4957261378	2398415346	2245734739	1337669061	7788060546	3474924802	1501000162	4112121713	9454356212	0694401-0694500
0000272927	3788090686	3891198335	1608116287	0910443237	3070159783	7680528428	1909521539	0089954681	4560480934	0694501-0694600
7727238999	2107712708	8311699408	3118190220	4147888292	3964542865	0979881116	4285982169	5566288129	0310706500	0694601-0694700
0093202373	6562567548	4437417993	1102181762	3100802014	0461666848	9913449894	2412244970	1917555764	9285423992	0694701-0694800
3972482065	0415253703	9228810588	6341191972	0344394148	7016575998	4553384786	8765677734	7709176671	4680382367	0694801-0694900
3134016398	2840788020	5349546832	9590014417	8046155394	0129223593	0446998544	5894149744	3909752401	2233423549	0694901-0695000

0695001-0700000

0695001-0695100	6542515475	8972141848	9379143502	7789414016	8852816498	1439552982	9554011283	0729059554	7761225000	8820025122
0695101-0695200	7256136937	3743769265	9490087374	6044344756	8747917170	2479007356	2716781833	7666364901	0405890049	0891903746
0695201-0695300	4562017867	7383153699	1028400082	2875981974	8535247250	2014372421	0479284879	6759970557	7863311114	0447469807
0695301-0695400	8827521309	5399080803	1170918739	2213784736	3226332007	6649516350	5108258978	8722053445	1471505163	6392345586
0695401-0695500	2358747744	6622427362	1281109257	9582876119	1662541536	8465731854	0677262662	8180746456	1236527057	0261399929
0695501-0695600	1616530551	9804652650	3055454849	9179403755	4110839891	3905394966	9149956241	3086576574	4020383965	1663557873
0695601-0695700	0617890614	2079724617	5671478853	5806936170	0198445798	4350911655	1020022736	5198453484	7982496446	1874462583
0695701-0695800	0476746482	6173612333	8632176788	8312504912	7792009266	8848423818	1854808972	7394461806	9227465490	4673210947
0695801-0695900	4947459117	3096314265	5993105118	1446498491	6465734889	2990956236	0569180745	3782343016	6274316235	9500345076
0695901-0696000	3718679986	9307186295	0698331108	7556768767	5209574031	4348590022	8811237823	6242261019	4674169308	4249295818
0696001-0696100	8229097115	9753012490	4150583934	4052802235	0651030862	1844597274	0352939276	9896469538	5469623728	4285171887
0696101-0696200	0062273433	7169764549	9882868235	5302327643	5037635204	4233031219	1859473589	4560426683	5449612689	9092401308
0696201-0696300	9983378701	3512452394	8795384596	9039342470	6092469339	8335944514	2833816687	6839060145	4197079224	7310862821
0696301-0696400	6859276547	2336421218	0787384299	7293257587	2522741969	2110088899	4834956422	7696402311	4275391244	7443241958
0696401-0696500	9510468682	5138415711	7226630817	8034083469	4446916054	7679329388	9420433966	2086472722	7134058503	4694769837
0696501-0696600	8481116592	5615771535	2284042764	8249729162	5573147864	0882004014	7197345096	5477703012	8475568141	0163286181
0696601-0696700	3732440985	9068562663	7160588907	0719967656	9693695577	7186970008	3478267984	6572398312	8062485664	1195835594
0696701-0696800	6686463368	2410147066	3496905455	5589265162	9622100768	4166189734	5442324855	8753157654	1157523508	2441977440
0696801-0696900	5089409900	9451558682	9666106709	6709024218	8567263513	0220769461	6474196101	2483500488	3243990996	8585541868
0696901-0697000	7667730961	3636285574	9905316728	3427905552	0874941700	6678209583	0556996249	4777334336	3507138316	6500916099
0697001-0697100	4458603070	1991206362	0947261628	1628154305	0557973001	9787551337	8835228335	9301917015	0243774923	8293956379
0697101-0697200	3589629549	5380106173	5070050621	1537941161	3692454017	7933110673	1368970062	9158577115	3435290634	1740273374
0697201-0697300	6525121883	6939159355	2057152548	0391410141	1607607349	3255128653	2242006682	8708349329	4702711238	2304481910
0697301-0697400	8063670170	5555168166	0516170852	5775389709	4270729668	6930226006	4896574146	6207261504	7086137372	3724645325
0697401-0697500	4378255759	0092567538	4226193084	2019301417	0554457973	7519753004	7041686118	5897332422	4553893793	9958889725
0697501-0697600	7396558578	6621204211	3770585010	0415363247	3380634849	3087817055	6606153341	1288607376	7434320714	0406875176
0697601-0697700	8453010249	1894478822	8924670924	7645453578	1147272683	4119812515	7937479385	9013653631	9222853772	5907459494
0697701-0697800	8916500890	6353103732	9346048208	1275476655	4480334689	7509941733	7722730080	0883513866	1216396087	6950803327
0697801-0697900	7446327520	2112383366	3890757017	3658688340	7143249573	7637613189	0231795720	1193318346	8407571300	3556003589
0697901-0698000	1019144267	1794848640	9750703489	1571557880	1216721948	1317424387	4698484019	3683550642	5753888595	3635406457
0698001-0698100	8459525802	6348940536	8485245661	2071352028	2183609121	0728244860	3570984859	8621499110	7205603824	5919485982
0698101-0698200	9823543664	7477244318	7446325938	5244319349	8859769508	4769983030	1144277916	6402353624	4069488936	4336665191
0698201-0698300	2063300227	9766431428	9141781565	1576241366	0679408644	2773931508	7645327820	0005143114	4169384502	1360245385
0698301-0698400	9527358241	2808228405	1480072499	5059504215	8198022032	1191170380	6022726228	5315277822	5079828160	1848480446
0698401-0698500	3884542381	8778217104	5347616593	7626072970	8884217699	8044060036	0950716305	9379235337	2760325679	0842966317
0698501-0698600	1490318446	9807592422	9306159288	7578809375	4556644160	9888103227	3324326116	0955215205	5865572880	8412282000
0698601-0698700	0875492308	3828398024	9303701852	9206223877	0987704278	1012562268	2864582582	0748937450	6573468058	9573571270
0698701-0698800	2446993304	0752354544	8638482611	7949774906	5229880663	9691549161	9456757341	7174146656	6677615589	1302285172
0698801-0698900	4937498914	2315440420	3600837602	3193268910	9975546265	8514424413	0691699988	1628089074	8596904830	6877241500
0698901-0699000	9109248226	0722119536	6278356268	8880666917	1455147204	0654698672	4461341839	2754666639	4924222757	8726053861
0699001-0699100	9426620379	3909264926	9513080814	3167659282	5048764721	0486358393	8056093091	3730692084	8388137756	2730641491
0699101-0699200	5510911084	4125268842	8224477997	6582804516	7088789610	0155962325	4578416946	0313922987	8054528721	5559674980
0699201-0699300	4085046227	0826259860	9921560665	6776059196	4786619653	5011861033	8730120681	8626988983	1755538563	4933349620
0699301-0699400	3625458890	5835397049	9641814143	4400220806	0299886141	3468584239	1393401535	6423247214	2530142859	1205657638
0699401-0699500	5693562776	2470877172	6378207859	5318143314	6684288614	4057787948	4394185441	4553901189	6337566375	3705902427
0699501-0699600	8787829869	8149149790	4899821810	2052906879	7424909942	8432273239	2927379229	3589493756	3460447117	4134618118
0699601-0699700	7637755675	5317135332	8694467886	6336852529	9779133888	4062520535	5767274522	6875909425	0269880262	3029029591
0699701-0699800	9800718727	1543905075	7092048947	4278808112	1617537057	0817778606	5723273944	3689675971	9613240934	9773380117
0699801-0699900	7485067680	6611000249	7094831775	8504896131	6817104715	7601328115	9979796697	1179648937	4936580182	8293146885
0699901-0700000	3266706863	5647384591	9381630061	4124738538	8455900458	2927311830	4531949237	5073949535	9713935327	3415735585

0700001-0705000

1621085639	2947218980	9593934148	2083584956	9334691831	1894798014	4332181463	3528391077	6628884496	0868696378	0700001-0700100
2651073755	0363616449	2166918087	9049103339	9484824422	0747450873	7919354745	6961564410	2072323320	0904265039	0700101-0700200
4967045947	9467217232	2314104619	7781792322	7968911516	0333870859	6999475128	4280501000	7507936666	8644883362	0700201-0700300
6725037759	0252110262	5881334848	9287313666	4049593470	2802062967	0055707734	0622029755	7733498918	4277808485	0700301-0700400
0329492415	0006562102	2687299216	9408430237	8690711214	8745940890	5047676091	5559737701	4065431151	3641993910	0700401-0700500
1532216931	9775060536	2646324562	9378601040	8510259722	5325173092	6509659234	7969499224	8331176811	6594806088	0700501-0700600
0008261892	3704059498	0770400173	9674582189	2429548950	7168771331	0010397851	5335345314	7106859570	9445060537	0700601-0700700
3359195365	8617196314	9700601821	6015116781	6445877799	3723274548	4370216719	6983240352	1589516853	5513924782	0700701-0700800
0559128279	6153491663	0151458051	7888411480	9718670698	4272264732	5396278568	8562186013	5755148025	8411912578	0700801-0700900
6169815402	7609127050	7419511403	9656379289	8288285227	4086014503	9535211265	3895388386	7793995172	9586292709	0700901-0701000
4784127391	1524331129	2594640007	2613464924	9972681810	9451514403	3606300528	7128811763	4557474400	4968524233	0701001-0701100
4339885902	9913064236	6501730923	1172549322	3569364627	0826473653	9614701936	1465648808	2366385687	1274311814	0701101-0701200
6280242967	0841610218	7589986096	4969235031	2982446820	2286241015	8118338086	9587321577	6018223789	6180157677	0701201-0701300
9989263352	7484089573	1040846106	8537718696	3984413185	8461150414	8287305023	1180669598	6341793389	5317469817	0701301-0701400
7066866352	5117787844	5758531114	9522528920	9150428157	4922455591	3847113304	2715891355	3411142349	5667324043	0701401-0701500
8530735724	6228684692	2284083793	7344847060	2916936013	9930409506	5459619003	0818380252	7282563082	2093726975	0701501-0701600
2752989520	7663388958	1100393467	0501955027	2152540707	8422203158	6900159951	3082638484	1974877768	4991692392	0701601-0701700
2196537231	6654475744	0764101009	9650617126	2795901780	9981925888	4779270810	1654593733	2535284128	0200757510	0701701-0701800
4825911652	5137578340	1008951847	6852491018	6221173555	3486369698	4157401995	5602865124	2236187405	8340908447	0701801-0701900
6878971542	1259530355	9132707207	6061508973	8197994811	8563835674	5062572946	9513436916	7891826306	6507952431	0701901-0702000
1558263643	7199760377	4446201879	1016135424	4770062736	4765654919	6267616444	6807721909	2292908086	6228112959	0702001-0702100
8849247811	4867153425	7155367603	1195245475	6156523696	7703853704	7688660469	8021385248	0305611763	8206875750	0702101-0702200
6758136412	8628780137	7651406190	7267002330	9784587766	9182283339	1651290787	0760866937	5171168917	4162769080	0702201-0702300
9551757279	6980520168	2102716262	1360697060	4160915617	8870530540	7209797684	9302663763	8968662736	0501139889	0702301-0702400
8836733591	3513960315	4742889747	1385416969	3929318308	6800212328	9632959938	1271653722	1185295145	0167108432	0702401-0702500
0746942049	0209766700	7422827466	7222156833	8634130232	8609110460	2401561230	4984559140	9523921046	0975654364	0702501-0702600
8344461508	5503749970	5955336660	2213462604	8399601227	3273641910	6949439922	4652457000	5239136227	3333832849	0702601-0702700
7275573933	5649594315	5230901233	2305634341	5235105696	2822867788	2109308461	2156866114	4438707609	5828406715	0702701-0702800
1875349808	9714331027	4396702320	7286830105	3055854740	6112071090	3593522245	3189737748	9287212239	3887443165	0702801-0702900
4802090390	0810810885	2669227724	6193143825	2909725863	1124615779	5502759822	0706166870	8048769500	5424198755	0702901-0703000
6204669927	4663988639	3484868401	4223352872	8214440395	4784228917	4547658271	9454397372	1716746000	6085368620	0703001-0703100
6659734305	1524283327	2893912510	7799228171	7140591722	3602073852	7892642080	3737929278	6435578021	1583575735	0703101-0703200
8359060207	3781354710	8144950490	4591832117	5530154501	9836835859	8699232679	9363224360	4356246020	2847050065	0703201-0703300
8345386692	6334314789	8299146785	3814916433	2937337706	4728561197	7754717802	1057206562	4167806204	9249605068	0703301-0703400
1014505544	4000836915	8538639919	6405583027	2863321210	2715925478	0491989067	0890668715	1219434944	1699015818	0703401-0703500
1216296916	4529656672	8882261734	6469987438	0606663650	1254919352	9951563426	7061483686	2978791948	2858285181	0703501-0703600
2784137702	6940221675	5806828356	7621527125	1002722532	1755011753	9167618570	8244100056	9786355201	5457177509	0703601-0703700
6098390350	0128251287	3029138851	7597460971	5463747851	5816291219	0028421493	7284094101	6515570616	8620646222	0703701-0703800
0736689554	9393145435	1822662501	7737147979	9689206120	6532527541	8413914476	1139221521	3641406928	6419355821	0703801-0703900
6544796702	5369448854	4417123943	3349986029	8027098502	7141815954	1678025432	4505451516	9222688322	2768070584	0703901-0704000
1685710882	4894008108	0598243638	8069304940	1400360540	5882514727	4558825823	2852976555	4366006097	6141881745	0704001-0704100
4395068351	8994306440	7677097341	5827497543	3460741103	2688819736	3251029598	6891271391	8327323940	6546776520	0704101-0704200
5701268560	2158373854	6587562512	8673719730	5200835452	0571151156	3796715242	2854375612	3193671768	5670090063	0704201-0704300
7354250309	4551019185	1196229951	4032597437	9209354374	2091184315	5116834985	1325491586	5438192839	9557383125	0704301-0704400
9453672482	5067114738	9629672990	8788858488	8259970107	4227252504	0354818049	6285225705	2082363485	1226938315	0704401-0704500
6280672836	7147435055	9839279732	6066842950	7263513827	5104197468	8976767259	1369017306	5123657317	1953243101	0704501-0704600
2869561072	5805283363	1589009582	6698417353	9638487201	6520049064	9064035498	5449237229	4274183784	1103308077	0704601-0704700
7386940393	4504663332	2001742224	0536339407	5275059829	3574910869	8818541052	2731299102	2233397661	2533246907	0704701-0704800
3008027004	9025891197	8660954614	1221334121	3891962638	8266617865	5614634421	0813263307	7176078663	8063634243	0704801-0704900
1909183254	1943227473	2411523770	4877561380	9279604835	7649969536	8748511308	8070624761	2732575037	6659107831	0704901-0705000

0705001-0710000

0705001-0705100	6587857685	5066198839	7945830269	0860270196	4112202257	3660586407	3929143877	2259890740	7359876447	3315527068
0705101-0705200	4661916708	1990942108	6085140332	8060178785	1430149967	9947363423	6622229182	0690324453	0152501557	8576015228
0705201-0705300	8473671518	2349449265	4828857179	7699263163	5275384557	6557644067	7544890668	2489966134	5595218009	7814220867
0705301-0705400	2688630564	2915401382	9653468573	4899671972	4201717604	1456299913	0251414447	5248848788	5952192226	8437236453
0705401-0705500	2964338807	8851106993	3976961277	8269162546	3097323535	4514622641	3765213929	7506809924	7765973472	6126909397
0705501-0705600	8722139280	7455856470	9998158942	9668515562	7040336605	8762305340	3109834593	2290012698	3226920502	2015814343
0705601-0705700	0280800022	3658015463	2882552904	7068250736	3006307811	8956871980	9407671585	1261033440	1938296271	8808600861
0705701-0705800	1697072396	7039431812	6130974247	1117179019	8574301239	9075403547	1650628805	1264920095	6055134533	3620292630
0705801-0705900	6649809154	0875817634	0212996001	6194911103	4937515765	5887524827	2142376797	2642564269	7736819889	0882172269
0705901-0706000	9265553049	8724790479	8100065046	8434265519	3059548646	3515965834	1932560199	5394272542	4637317151	5176352439
0706001-0706100	5140380742	4423857724	7656596152	4567466993	1628602826	4855040685	9122463407	6966397694	2701366938	8291856076
0706101-0706200	7582008669	4383375631	4593294171	4551996669	7728221814	7062090620	3497631712	0864660306	0567561493	3109167359
0706201-0706300	6869262998	0336515985	2130088802	4046181683	3186087792	9665002779	2213476011	6174813520	0060259895	1502189632
0706301-0706400	6415385131	1775210714	6410707257	7934971822	5272679005	9933701865	9615793278	0066176911	1831676147	1579646487
0706401-0706500	4106952245	3761145688	7923115088	6303623840	7176919599	8900356580	7547270107	1991664477	5922773065	8896111939
0706501-0706600	4275860246	6572916464	7782959517	7925217284	0786074432	9511315658	1166361862	9044736315	5515655823	3734102054
0706601-0706700	1097055398	1055118587	7748472553	1770169456	1977327400	0762746629	1601557814	9893849915	4800670015	8802872713
0706701-0706800	9647788555	3340501525	7888467196	4802052467	2424493955	1864372558	4409996006	3063002898	1857811273	5319400344
0706801-0706900	4827534004	2960655950	8922535186	0155422289	1764294635	3097283905	7155251922	0067182252	0448345695	7283024858
0706901-0707000	1587778354	3719512685	9654267081	6960798234	6616792592	6073561893	9895590289	5422982006	9011350119	9927833705
0707001-0707100	7617540712	5834805827	8068123894	2856193111	1141325049	3316426052	8023303981	4169006798	8980373760	3209951643
0707101-0707200	8489058699	3696068307	1012317961	5266924530	4649237463	2284627990	8242334798	3303740344	5017864480	3988127559
0707201-0707300	2259020465	3660846910	2137948423	6888145262	9696866213	5664767020	1426725320	5644350313	1171444137	7135146736
0707301-0707400	7169726545	2265465106	1440382027	4351610225	4601111621	9577553769	0901298148	1368832862	4816036689	9277390833
0707401-0707500	9405147143	3848747692	0116426194	8192396449	4632004463	8474688479	1115170448	4391938676	5303110082	4238704981
0707501-0707600	5245204055	7396205818	3162486945	0329535091	9858056458	9890874425	6831229254	3450747373	4151952742	3647641802
0707601-0707700	8199548731	7377212901	2524214467	5404294585	5402423906	4717022570	0446424875	9363876636	7067747962	0244276809
0707701-0707800	4377854825	7665128437	7690093142	0986660710	1870293385	9331043773	2853034371	6889518480	2547799127	3331396336
0707801-0707900	6725069762	4004443999	8428715482	7354002136	2280036387	8357808619	3032813099	9490596589	1889375075	3834426925
0707901-0708000	5703320890	3758324628	4679499477	2016161849	2448067072	6066423943	2321923207	1760037252	3136002600	7938117888
0708001-0708100	5240250457	7314925350	2497399425	4405139909	9724277891	8511892389	5556724908	8332253210	7988627081	5640003225
0708101-0708200	2780315109	7668662283	3467773834	9417461225	8945420980	0002909329	6907437726	0138690910	2791406259	8515250597
0708201-0708300	7668184401	0781670669	3400075149	3482854055	5614304755	3911053314	3757464229	4862097446	7908447587	6468363178
0708301-0708400	9277308598	8511135509	5794744954	2186298667	7496696159	4744440927	3113200669	7861138085	9054531762	6494590167
0708401-0708500	8196971498	6139949226	9722338452	7051438093	8951350464	4375512254	8611170891	3964088936	6777973099	4384880861
0708501-0708600	9331909104	3578607208	4967307382	5937923963	5993284751	0040727279	3862627167	0447540757	1920250393	4191972545
0708601-0708700	1894831172	7902461404	9668955179	0799869102	5376489096	4845981670	9017139351	2067828395	7996122631	1973314913
0708701-0708800	3778183433	8419318523	6753866290	1900463343	3285328343	4182492107	1916092767	3080132353	6947264848	9276442979
0708801-0708900	8706811256	5462806117	2604607332	1917630474	1215064030	2017893205	7956876051	0277525053	0436122270	9604675845
0708901-0709000	3127386616	5214241940	8683408375	8914009511	4133929545	7700947317	4811688536	4094183528	6109971034	1672355817
0709001-0709100	8602823498	2020314998	6794017404	1719140283	9362105194	8060481901	8245180081	7013710421	9745921279	8404024268
0709101-0709200	9630053355	3685494164	0086392177	4567695344	5865088328	6298216584	6016450780	0003598985	2129012395	9007042026
0709201-0709300	6074498878	5062717607	7622255060	6390745319	4771889250	9905810093	6729891954	0995766335	3865837809	8044793537
0709301-0709400	7991877121	4297746197	6409472721	2140235326	5517772361	6341966074	3763915386	6019450177	6914006240	6841273162
0709401-0709500	9586080635	0676293775	1252934367	5960734271	9967513520	1580087373	9548389734	3990123825	6568290785	9114425882
0709501-0709600	8521366169	2014029900	4131462136	8063235265	0865411218	0847499875	8441118362	9097908919	8341187537	6649604809
0709601-0709700	3626489329	1043905977	2563295581	3887767446	9546181579	7870419159	7558335000	3772867246	0735185350	8854954642
0709701-0709800	0293097158	5636949785	7640483741	5055580991	8840209343	3335128195	5145551857	3334888164	9167694427	7824055543
0709801-0709900	3697731192	0143722541	5419274505	9760137984	1443735994	2028760525	5571893780	4114892612	5798303618	3801077110
0709901-0710000	0500423923	9264415692	2779005702	7947401364	9422918479	3369253543	2484048780	2317774451	8417795835	5825754761

0710001-0715000

8425495753	9587854945	8343084804	4173708798	4926741952	8932303148	9589916006	8542287957	8929481590	0068735373	0710001-0710100
3333338638	1390842099	4872551172	6171087294	4088868447	8508116345	5852692141	5402996720	9886937158	8623222033	0710101-0710200
1485581742	6826359506	8936234481	3422473786	9394609232	5660075472	1256741410	3421849013	1189639676	5473291674	0710201-0710300
2471899342	4330280290	9269850752	2949079709	4430092386	7287743936	2551113136	2876159197	3832413491	6722682612	0710301-0710400
2826312779	3811750807	4089589439	7190025426	4126649479	8017644201	6454158813	1760189726	5962461441	3913192067	0710401-0710500
8503524638	3065776401	6522973204	7089201146	9171337228	7863037038	4531341942	6441424966	4984474404	8617738513	0710501-0710600
5293731080	9985947281	5111736507	1913988126	9307482690	6140392864	2276627849	4329558828	5938372148	4750707783	0710601-0710700
5511989622	4911955882	3704506458	2005610170	2053248444	9021502294	5617655618	5921457439	9009554822	9413751544	0710701-0710800
1361329150	4304691417	9941224609	3381651362	6279028278	8421381220	7758942403	8840622943	3172798925	9418366829	0710801-0710900
3679259604	2241845941	7706530195	4864394817	0335524102	8747044731	1715070347	7508343237	3331163258	7672763683	0710901-0711000
4685844486	5625391872	3946082732	4713500448	9570868031	5032503867	6401735315	0794003455	7285503700	1845602769	0711001-0711100
9615061568	2914161170	6104616174	0824846267	0335189152	5518824821	2726007259	5765678899	1256787020	1497866790	0711101-0711200
8471066310	7487646730	9890914719	7987925985	9062573364	9734982350	3126098309	8734686162	7393580579	0735490824	0711201-0711300
6830497284	0977323811	6708249151	6373468087	0510521919	1762054169	8826254760	5445817711	1799377677	8696542169	0711301-0711400
9257855772	0426344244	3042074495	4897033904	3450720611	9007697363	5174019526	5632213928	2583120528	2400374669	0711401-0711500
5459092804	5259687984	6081408707	1953425476	1388363353	5119112144	1431485055	2012358138	0626492313	5383387675	0711501-0711600
8091889237	9758551573	2036588317	6242411691	6752381458	8592075164	0352366843	7267917590	6370539219	7981126597	0711601-0711700
7081139473	5167196299	9970520901	7090758985	6916389066	4270423570	0744502775	1201049039	4814832945	7443809746	0711701-0711800
2603510578	9819540763	9870607875	8177407249	1184506978	8429941383	4206081242	8390148814	8725998541	8148029294	0711801-0711900
9227878324	3561055491	5641091748	8770670678	2011985910	9589098386	8839511718	3801349148	2549927491	4269855259	0711901-0712000
5177653612	6242157266	2448896096	1482979703	0842021051	6027967147	8561594064	6136382477	5890201102	5199234215	0712001-0712100
3210060175	2302574212	2375421074	9591872867	5189552155	3299453226	8942518840	9422826757	7442222755	2820761560	0712101-0712200
7277103947	1825668024	7106606773	8312063031	4662847443	3862047432	5956850568	9287162653	2908327878	4399650716	0712201-0712300
7242206138	2945329166	0046380872	5630595241	5328812093	7009922989	6006981396	2796862795	6763519874	1824018562	0712301-0712400
9319849226	2333643189	9309017048	8199525882	7338807953	2658851449	3938124115	4327320589	1645786422	9452684117	0712401-0712500
5188081840	5095690469	1381344307	7848902114	8797121162	8397734430	5484614980	7935624354	9671412947	3332666422	0712501-0712600
4830500436	4454547027	4917322078	3995650868	0187617327	0331906565	7954733952	0692925201	5307064350	4713068812	0712601-0712700
8903205385	4556398799	2101095667	2982873047	9466100543	1635846234	4874415554	0713381432	3441311788	4241960190	0712701-0712800
3702868696	2422762465	0240042081	3713504640	1599347205	3275657950	3533906712	7216177906	0302162399	7804185763	0712801-0712900
3481005448	3887031730	7162552564	7995999986	9353196813	0165162970	9787116730	6964940274	9166572674	9434320813	0712901-0713000
2314613886	9255334949	2941183163	8778899032	5940109341	1157274298	0133181457	8281687913	5124439557	8734250915	0713001-0713100
6145877368	9880807917	0711455115	4762661682	0817775747	2484278797	1298154823	8520368959	1652405437	3052466728	0713101-0713200
7313030192	5829524987	6393209857	3120916105	6135722017	6392716995	9868610886	7606133843	6496169518	6548486046	0713201-0713300
1684848240	7438381180	7417342224	4839478939	9827801473	4222305786	5410217729	2648209140	9485035013	2241515599	0713301-0713400
9901630714	7814852705	1614432258	2547801434	4010953366	0239362642	4931385229	4054753641	6836467041	5743005583	0713401-0713500
7298470401	8145571002	9696234698	5059977885	5736998021	8223035492	3831879762	9894156977	2123638440	8891789275	0713501-0713600
2775284714	4776218920	5742545315	1037479977	7068623624	2189906303	0962822117	7321970823	0347745455	0602385859	0713601-0713700
1140389896	9166622077	8768326012	3961741999	7623655063	6326601699	0661168908	8687741333	7809195161	4977054921	0713701-0713800
4171181911	0149543478	6938206209	8082787895	7313278990	6002086339	1127847153	6843043814	9815097030	4770886881	0713801-0713900
6359741925	3413412219	1396287457	8109934248	3271410917	8276317654	2096312507	1366926365	8821357511	9987540115	0713901-0714000
7902802850	7806698333	8418338266	7394553683	1965657170	3194629336	4109272667	2742449927	4732291380	0983574450	0714001-0714100
9134079930	8568360484	6778665354	2105866800	5211542648	6749723953	7936421566	5358720818	5541259819	4547427516	0714101-0714200
1184169366	2556324193	5915856950	8890535314	1218336623	9987802211	5042456600	1502364691	0815997419	2025443787	0714201-0714300
3610226712	9412282988	8805336794	3950329404	8049616771	1072878810	3161467730	3715021835	2890241464	8175430954	0714301-0714400
9059448875	4104250168	0406999981	9671937982	0827733464	8558158591	0776178828	4975054685	6791399040	1138456243	0714401-0714500
6040357440	2461912376	9440220076	0421433573	3872603925	3724664089	6649147146	5473007219	5292737417	6796135652	0714501-0714600
3306780426	8200024230	7412186674	8669462805	8788787382	9952327805	0107066101	3854028801	1913855730	9113805727	0714601-0714700
5589368194	0309380718	8637937582	1544435162	6559912030	8784820523	9374935189	5597158155	1828048148	0783131053	0714701-0714800
5096823567	1612355096	3161528665	8578590195	2871775464	2506412984	9451057303	5332433489	0979972094	5729170095	0714801-0714900
8784083221	4044050147	4114381709	5657712526	7157798170	9767638478	6420648761	3679394578	4423858603	5649664463	0714901-0715000

0715001-0720000

0715001-0715100	1401310486 6705613462 7690174928 3229004327 1120819229 5641589481 5282655842 2192618902 5305138159 1180342310
0715101-0715200	8851491226 6539179448 1743390432 2700506874 2888199670 6196068850 0673328353 6146804985 9608140287 9119631127
0715201-0715300	4825466404 3703847828 8400798157 9134452321 0166867374 1121294496 8134510122 3798429402 1947946916 6481503124
0715301-0715400	3187396911 9602156712 1142279430 6820104087 6756809373 8982054684 2147856014 2776882018 8071717414 1274936746
0715401-0715500	7817513227 7109046730 0153094677 7306922329 0953495694 4916011690 4681818272 3477816197 5125727851 5355698616
0715501-0715600	2922029188 4745302698 3015663874 9177021947 6050941748 6684119727 6604440854 8329750498 9078258061 5390200301
0715601-0715700	0352180271 7920995081 7839121233 9700700278 3290619371 3368218336 9615408265 2039271615 1802279152 8640768315
0715701-0715800	0329974060 9280483105 0625515722 6287131327 6818247801 1691549378 6248322401 7238370727 1608864192 9421181718
0715801-0715900	5646748118 5694008705 2996113141 0594582938 7033052862 9791882649 3247420179 5512442329 4762903488 3495272292
0715901-0716000	8308040122 2637227611 0275203800 1209375208 8562406453 1125037264 0153996437 1233707903 7439512032 0285350254
0716001-0716100	7482779809 3030202196 6325093290 9448819057 4510298521 7283069962 2421954710 1651939329 7693706545 7633343243
0716101-0716200	3256433136 3912210835 2913555770 0812650539 7931646814 9451341207 5121883505 4739685955 5387809194 7374656627
0716201-0716300	9031868161 7136416152 1554077453 5438041479 8454584063 4474745085 6802808623 2412696939 9311229640 5603273109
0716301-0716400	2793849169 1879333596 1485351700 1814969826 1648003440 2782281398 5879014862 8521286746 1753848503 4806838652
0716401-0716500	0168074767 4402114766 5569643873 9675796644 2958864095 7755915419 2615071966 5373410817 0649748222 0419135035
0716501-0716600	2239320369 2779239073 6955880577 9975526019 0308143550 8492475981 8577979802 9812641251 9269808310 7565746594
0716601-0716700	6935112856 2797590578 0034193234 7600136961 1447290131 1372932651 8877314672 1410741275 2210105151 5586571349
0716701-0716800	3912768855 7300645655 6663593525 3545094573 7896883580 0277072108 0754685197 9021567766 3559608589 9524492722
0716801-0716900	0497752998 1545862535 9295568858 6552190862 0348857429 4435488340 1766168305 5326602458 3599445433 0952973620
0716901-0717000	5642829474 5396641017 5938780787 5790401431 9567264450 2565389640 5200714870 6853706562 7117466761 5719181064
0717001-0717100	2280464382 6867806417 8170171014 5579987859 4929810286 7487747167 9017435503 9931696835 2859211648 1487861286
0717101-0717200	2891163759 9276847108 8743661617 7623930982 9498234064 1378280711 2174123783 4222414406 9984863288 2392406563
0717201-0717300	7743898084 6317043398 1419017041 7704585646 7859934941 1376710185 1048288345 8475911298 5991132618 0631166520
0717301-0717400	9771093260 2545777664 0478113979 8120273962 7905217807 9656593348 3031963863 7263605481 7261754402 6268435726
0717401-0717500	4514741114 3619747488 5328135254 3231321040 6553747535 6091405133 5764484512 6503159949 9398475912 3386762589
0717501-0717600	9886282674 2421410656 3170282684 2027427753 5478527849 8062554779 6730956213 5010751357 0108143767 1209736106
0717601-0717700	5693389811 2877006439 5086822635 2419579899 8752445315 1326843577 1252695511 6568426062 4979530056 4134236794
0717701-0717800	0326869432 0221277155 2845229455 9060131663 0023329786 1842729369 7054256408 9572247314 7960842279 9606431211
0717801-0717900	5572289888 4134069015 7060791698 5539706270 6949869226 1315505954 5816240665 4276265360 9898824692 2842402217
0717901-0718000	0510920884 5226419380 0405064723 5141065446 2939736295 0062687069 1857435034 6890787025 2668899031 0590307332
0718001-0718100	0209977070 1955626708 0078421417 5004024877 6436938270 4966574069 1448956340 0092985235 4991296996 0465402832
0718101-0718200	1299512881 7182931733 8025893433 6088863956 1881453054 9363321022 4670237123 4907974068 1256872488 3352801820
0718201-0718300	8796868376 7489328659 5156350015 8437345427 1486153424 9712522615 1780864718 3501990499 3217819915 5353873785
0718301-0718400	6234550871 4313905038 4328696513 8769032905 3401523842 8243963913 2568672927 2248708477 9696809273 6560421516
0718401-0718500	9040230075 0173661949 9358544714 4041522141 0647497242 1615230372 4661255301 7965334543 5408898008 6901630718
0718501-0718600	9158808455 5221984311 5742231294 5196703758 6260587762 6333668485 0752752847 9034425016 5376491633 1792832073
0718601-0718700	5720436314 9629332621 7198412041 4969390021 5789875840 5506883631 3189782803 2706818206 2011470970 7824647760
0718701-0718800	2762963513 2451352251 9224278604 4766017845 5463586895 6418344082 5955325433 4088710161 5107036746 8245292204
0718801-0718900	6780848531 8529560302 6039336998 7912529602 3073278584 6937162703 7491448388 9163375005 2621697332 3321524007
0718901-0719000	0875809848 5646289779 1809848253 4272120248 1272565551 5050305700 4181198951 8609216787 8092709372 4148047112
0719001-0719100	0320927521 6382196930 0536677508 4683589386 5445281522 3534755755 9076380237 8521519460 1827245682 3639549056
0719101-0719200	8125932747 2895456989 3447114180 9813153649 5974851541 0685460978 6330324864 2987770186 3553136745 0811076763
0719201-0719300	8604733464 0295768821 1528898135 6644930949 3104358903 6451413175 5241478099 2535059148 1309531471 2262341354
0719301-0719400	0646090598 0393007295 4096921369 4564498578 7813148498 3471061858 8580258335 3800866348 2207458754 7577692067
0719401-0719500	4100675717 7870214802 4906809935 4034049780 8697475231 8213687886 7192069420 3441862152 9900468668 5357497787
0719501-0719600	1014752845 8215215350 9827098635 2770357562 9384931393 1604238871 6899073982 3956189887 2218842061 1902770942
0719601-0719700	9903227573 6687186079 7707077215 5923264181 3601697172 7774070288 4134571773 2062530298 8161726406 4980178019
0719701-0719800	2696415503 8729328624 8745115669 4400901469 1037146658 9528076907 5063099165 8019040282 4912396345 6798392695
0719801-0719900	6557159476 1366943873 9333006837 3830818123 0942044159 2959517187 1924926797 9297129502 9491581185 2694465448
0719901-0720000	8816064489 0910857473 8497225266 2561359833 7391783194 9599150654 3998379398 3509005174 3387881718 2955161844

0720001-0725000

7325706942	2937536525	5153471178	5761849774	7797331677	1607149942	1452638170	4752272729	5570500173	3744013560	0720001-0720100
2978121687	1886130729	5720086827	0472815099	4493655761	3530068382	0300724872	3891860455	5823405676	3187626236	0720101-0720200
2589043407	9602395529	1440818688	7350391637	2993471628	1576586285	3465444767	1897796640	0943420249	0164341084	0720201-0720300
8630536408	4940912887	7119965069	8045788071	3797795159	1204253802	5709198604	5596738860	1901634414	8290099729	0720301-0720400
7139228277	8638712630	8017669213	7049349769	0438081956	5618801297	9091465075	4406845318	0516940496	2484549525	0720401-0720500
1863363242	2222614586	9950092979	0456268865	9703930983	9695602356	4388968632	9923323765	9081142486	0358035451	0720501-0720600
6978206769	4889248663	8330687917	6594263820	0926377890	3165827050	2911378572	9750974004	9386753580	5163232169	0720601-0720700
8473633858	4197352048	7633945539	4642739288	5249745167	4899046514	5947388497	7874365758	9470771779	4356270743	0720701-0720800
2572285536	1014929296	7565026585	1006003218	1461536129	2859106934	3214878686	3743429770	2059825451	0958054174	0720801-0720900
4556250811	6488195634	4323355550	9154070228	7345061766	3489800492	8111484860	3366735880	5224298027	6245065806	0720901-0721000
4166164609	3309658322	7741201687	0046186470	8735460759	4600235537	3436366858	4630008298	9115932174	6543217351	0721001-0721100
1755315755	5101863096	5885602744	7328817436	1764536559	2624617643	8777403799	7688608018	4145764476	4303571298	0721101-0721200
3995556915	6559423117	4530659483	6250206036	4382217354	4096553539	5090457436	9386510431	2934271665	8105214647	0721201-0721300
7362856041	0427152372	9397812487	1060598593	2017807577	3843670656	3113506859	3058886083	6202347780	6498797585	0721301-0721400
3178401672	9059787657	0281387580	2603233337	9883203038	9685399914	5202912912	5226423489	6619763397	1826810602	0721401-0721500
3709597596	6298091853	4819012504	0315899625	2047170767	6639986835	3153196608	6875291254	2311537503	4755005153	0721501-0721600
6740686846	9956767733	0577510792	3504903457	7877826339	6473876429	0564016443	3316822456	5090395700	6685680098	0721601-0721700
2518273305	8190424322	6112894851	8491882214	2539686131	0033713722	4301868395	5964417346	7084178320	4007571512	0721701-0721800
4168083755	4131482479	2400452430	8125367729	6897044406	7964317974	2681593592	0313582151	4639678923	8533146916	0721801-0721900
8480192378	5613665706	3609422132	9625671822	2140853765	8070683461	6858349637	5655648152	1327880020	8251696180	0721901-0722000
7984840474	8675428648	1247189232	4572784880	9951784920	0238132149	5055976860	9780439227	2136566791	4325583872	0722001-0722100
9396288555	7531898513	3904712378	0845594071	8448328361	1533615780	2570583643	8593371292	3478051058	0916071579	0722101-0722200
2371735883	2712616456	0656794503	4809907997	2050842273	0547419077	8110649402	1601666662	9509459324	6968082788	0722201-0722300
5873826896	0848774456	1183798448	6573045432	0536892684	0349142345	0881535101	6785757066	6874956376	0666307293	0722301-0722400
6364979840	9105284008	4546233261	7818149797	6141218187	2861268653	4607116650	9551354778	3230627411	8114820717	0722401-0722500
1646652654	2709914847	8807776892	8234579548	6110671504	9473647399	7364806652	9953736779	9934023532	7496480103	0722501-0722600
4460008563	9769736337	3222947146	9730277640	9407753962	8839012582	4662939693	8987701586	2089379918	5516933084	0722601-0722700
6381599653	9591339262	9245005644	0676097423	1690307802	7155970074	4418327838	6392005915	0419266647	2875278979	0722701-0722800
5492770341	5082639154	7896926883	3081660479	5642091123	7931251245	2382628913	2391142592	5924887235	3135341403	0722801-0722900
7167337993	6071119964	8037407664	4403610827	7815093719	8169077580	9595896975	8837505255	4760929420	0184307444	3896493496	0722901-0723000
8142535424	4228754826	3467259939	9787959797	2547224411	7287600771	2608840939	5048119215	9674887395	5586267106	0723001-0723100
5490302132	4022477079	2652497769	4495520510	8056410482	2068021729	2763561522	3773851063	6020972031	3789483890	0723101-0723200
8760877304	4443391070	3713871331	6374909282	1549212966	0943559957	6542505065	9702392398	0013397192	5439883533	0723201-0723300
5819326042	3553346407	0907285804	8652141533	9035222970	6047122013	0494123455	3577895471	2486300047	0556288945	0723301-0723400
5044608622	2664852384	7310733172	2303856418	6531180217	9351207883	6789316324	3192580644	8500511452	8227697470	0723401-0723500
2881297556	7230419389	6966911516	8403425219	1266686056	1300384520	5389336911	2100812050	2524108795	2203462366	0723501-0723600
0139062940	9586806381	0486156703	4918952889	9594434218	0753633129	5702241260	7656628378	5776310584	1332497008	0723601-0723700
0210963951	3491608642	0519405513	7980373826	5147259899	9021247513	5972872648	7048030240	9576924624	3692551113	0723701-0723800
9223531786	9482928421	8555724374	7361826577	9560035189	0158768759	8144266576	2658258377	7353798801	1685811161	0723801-0723900
1885458719	9032823772	5765474792	5555015170	3522520432	9594566895	0459779859	3133546030	5804628712	1050992002	0723901-0724000
6539199902	2032802985	5134990558	9529620350	8118519116	2393317684	1545106106	5516247882	1980694146	9531402163	0724001-0724100
8542948465	0993057590	1842547725	8768576414	7409170800	5076586416	3376935814	6607818722	4450583794	2437576287	0724101-0724200
0854540335	0110537092	6710216016	8897425190	1726647710	9118773401	9658761319	2382440167	7866944731	6036433235	0724201-0724300
9105304639	2692548647	3405762211	6648426993	8330305048	1743973119	3500536761	6450508447	6304732563	7642166613	0724301-0724400
9818172167	1531112891	0245585162	0731970070	0311254050	5208238290	8931287575	6421875416	7861569179	7009700938	0724401-0724500
0501429846	6685212001	5915113272	0592321337	3624510092	7185727349	4135289481	2323115992	3461589690	9789674454	0724501-0724600
1306276268	7256330468	2335313715	9651300040	6153320056	2642138432	2314827035	4735863509	1988446533	8356840048	0724601-0724700
4168465383	5147529872	6685210475	9009105167	3159246264	8535707081	9430352359	8755049297	7333075317	2203557347	0724701-0724800
0236517079	3159327874	4454981644	5932473938	3779436527	8003109277	5354373492	9701120308	8850811385	1103629856	0724801-0724900
2059488346	9615636232	0828310842	5028737613	6412846726	4503679574	9821634469	4599244023	2038663609	5796527312	0724901-0725000

0725001-0730000

0725001-0725100	5048912012 3599962848 0875170027 1355908821 2824459212 3659726362 3626193171 7499306027 8006727038 5204438694
0725101-0725200	4202396265 9430717338 7544843964 9357394016 5446942543 8918315939 5967500993 2984755318 3201970958 6811147403
0725201-0725300	4114643077 4907873234 7323831843 1697758006 9510475962 5347803929 0531227897 2028317103 0770441520 4096202753
0725301-0725400	6066168775 0953874913 5648654899 3528510813 7546623023 0104416440 6078743379 9388659434 3197397276 2809887255
0725401-0725500	3596421836 8862525286 8429209407 6693531017 4676061436 1504022410 6100657518 3857818459 4309738166 6527422822
0725501-0725600	3595232656 3156004363 4606066179 9295434268 1278246980 2311078319 2217548828 2484434894 2155905096 2496809551
0725601-0725700	6816141784 0810580681 7300900263 1527217960 7472345797 4475343900 8266238408 0704887676 6201256697 5422632476
0725701-0725800	8414436029 9612706320 3642476725 5662395841 3633466963 4201833963 7825422544 7430632805 3514644920 8028401169
0725801-0725900	3507171925 1343449175 9163446481 5473816005 8964567608 4057980165 9025574897 6711877225 3952700017 8383461807
0725901-0726000	6833574250 6196377939 7290718664 1657756554 9223989511 6050443618 1020594168 5054187658 4715902962 5940307677
0726001-0726100	1869386054 6243793895 2917738297 4148463926 9221118535 4790599095 0972997607 4738729626 4727605210 4595112827
0726101-0726200	4356312709 6059502375 5731806195 4525987653 1988819158 3707806094 6073010461 5314079672 2525757786 0927309190
0726201-0726300	2469192988 4517398716 3150768576 6351864937 9762973806 6031650319 8618172065 1187867335 9197652395 6744318887
0726301-0726400	9533652290 8865200801 4049981149 5657664501 3571486997 3922194603 1665890119 2022613706 3954921500 0080968080
0726401-0726500	4936515617 9044413993 6547321194 2270762716 8066232679 9317221812 5745760915 2455167050 9765492798 7579284966
0726501-0726600	1673761936 8534354686 0426007927 8210505029 3510602699 1107729258 3322331389 4239808716 5405046314 6586178672
0726601-0726700	1994997496 9729059791 5791846480 3703518738 8643820270 6098049340 0455678609 3076538261 9265263181 1202186385
0726701-0726800	9251656925 8659483274 4831643461 4594036961 7235805971 7958882905 8381523697 8853316823 0133145229 2999154059
0726801-0726900	2302274058 5503740628 5359045976 5785964573 8065216002 6315917742 8881248018 3076664637 7077199854 6947143246
0726901-0727000	0415430871 0677882187 6907079694 1313678460 5770183828 3928309479 1609157762 2835129330 8159945269 7606840265
0727001-0727100	9423392885 8711054408 6830636638 5810204736 3209449653 4988776275 7862699053 5391553279 1188119263 3510691931
0727101-0727200	2733976667 4091486139 7456145254 5275688380 5182285266 0871349632 8388418368 4848013626 4582895400 7306507915
0727201-0727300	6074102889 0834546596 2538086962 5526263711 5923594826 3845456087 2583686037 6198170672 6337448128 7637268299
0727301-0727400	8877722944 5404077067 8994016438 1250027554 2016983023 0695451162 9983134310 7188990986 2541016002 9355244154
0727401-0727500	8625913761 5974787091 8515340256 8888130198 9218844566 1116491063 2688832423 4483096288 8049657974 2710340822
0727501-0727600	3736673828 2557725076 7715305186 0616483063 3559801934 0710989716 3098840874 6725910445 9888759596 0530329248
0727601-0727700	8993638521 1939490968 2837108645 7135234560 1580438642 9710353846 6830596898 7968083587 3497857626 7855658883
0727701-0727800	8364951627 2354520708 7795334676 5867204916 1720879813 1491416989 1375664645 4569742166 6338802887 0931159655
0727801-0727900	2908909685 8324662094 2368725955 2095876586 7639645258 1062760953 9552914917 6518173767 2918987667 7984251192
0727901-0728000	1680755258 1600469267 2892837696 5028649208 7987822244 2107140464 5870331819 7437139760 5307432234 5155253212
0728001-0728100	1235870851 6162852145 3800836861 2462951548 0394533296 8377364248 6296457024 3581892316 8622649949 9218634983
0728101-0728200	2468121494 6737511994 8195045074 4965970432 7176040133 8355222360 8153400047 9598193685 2230925881 4575459795
0728201-0728300	6696947562 3894957247 3252484866 0706542882 5628767359 2883976141 9619059132 9083994691 6384100532 1889186943
0728301-0728400	2565720667 7652323824 7316438079 7696044457 2969446502 8343061665 2216987080 2617575705 1241641110 9207357726
0728401-0728500	2039074116 8885940376 1058433130 2931444829 0659556842 9648729637 7161321950 7321997164 1441702565 4689461012
0728501-0728600	7030824597 2384182836 0403116603 4891537160 7623286396 6616561856 0009467155 4915197467 3084232558 6767410973
0728601-0728700	3402984616 9675642107 6322315367 8979988580 6831989228 3085976337 5092946490 3879107437 0774008463 4936236240
0728701-0728800	0830084950 0735581649 6691675977 7865808111 8230477074 2469643604 7327935182 0384719889 6117035900 8300455685
0728801-0728900	1252805095 5106676996 0237387823 5376637278 2267740520 5106153201 8998380611 4919859528 7500266294 5542273526
0728901-0729000	0581489488 0997940795 2381788622 4433013323 6455432574 1038837042 3239809214 1614963275 5395663617 6867524381
0729001-0729100	7655662510 1337430464 8082075528 5156491167 1828345413 0472387959 8488899915 6275919082 1521959453 5894398739
0729101-0729200	1987885447 8785588393 0195317034 7124025007 2072868196 6631889154 0923756298 2477373635 8962930373 0274864925
0729201-0729300	1369197889 0676358246 1536907572 3811889000 3868340893 0397937519 9306538172 2873667753 8511417161 8214640630
0729301-0729400	0539934079 3672109509 4123328350 5714265283 1949674694 8502122505 8627404548 1109395874 0537288809 6652279949
0729401-0729500	1313504114 8573758189 9491522734 1352040220 1771742697 5610324053 9002593855 8957849154 9406875910 8510900445
0729501-0729600	6698779029 6358999578 5804399594 7222843355 4403913845 5157545905 1012236770 9490042907 2516327250 6438911414
0729601-0729700	9403143929 3381604921 4114829869 6151260756 8119300488 5160428925 6533437306 8623996218 1200837591 1431730894
0729701-0729800	4198998029 3377230506 5225027098 4972059596 3536060693 0155405423 5809356222 1999017615 5133694756 8289739010
0729801-0729900	0935189886 8910230562 0334560674 7815955637 3737243150 5131046388 4368461660 2221058076 6055016338 4439513392
0729901-0730000	7539050471 9811126778 9378425274 2930717142 8737605543 7904153578 1461948559 8470604040 1016336531 1893068369

0730001-0735000

6593975950	0845851332	7284730880	0484877403	9317183964	9232121257	5915598639	6831005033	4405605278	9887661147	0730001-0730100
2430892073	9067717133	4489995904	9955652866	8704313897	4556386419	5065256263	3820072560	5325025449	7912589372	0730101-0730200
8660693665	2747569545	8554937936	5494669059	5626482216	6011090722	2716643362	7147859946	4599992674	9049549615	0730201-0730300
1264230852	9764040436	9503078388	7567665223	2278535937	5567721700	5441761522	7578900688	4922246472	5810068548	0730301-0730400
3167616870	5370471402	9329379429	5759712945	6134524552	7545656824	9439714331	3858049509	7372060753	9412574156	0730401-0730500
2910110232	6051852161	0876296113	4662379674	3611234251	7799340059	6014944329	4796416460	0310883776	6887059200	0730501-0730600
4886201801	9633769761	4505829217	6891376685	4755419381	1607470643	6461835509	5042783676	3844727462	0716138197	0730601-0730700
1191770444	4879751377	8892289958	8473820082	9650704622	3127280621	0512699103	9445893607	8904429066	1289121648	0730701-0730800
8673293277	1245059557	6499953164	5688888539	3740496576	5716880913	0392423485	6937644501	9991202878	4002735463	0730801-0730900
6310802804	8839039864	4628663159	4078401029	1779687774	1898286222	2702853291	9145503554	9524356674	4611953366	0730901-0731000
8970392803	0763361342	2784813008	0590245232	2986453653	4759379247	0097712372	5148559789	6223350550	3714082373	0731001-0731100
8855989996	3572576815	2824985732	3029102096	6336552980	9751869164	2928076192	7498322965	2194481696	0437154884	0731101-0731200
7590855272	3586440480	2017581425	7540052934	3879461964	3196734902	9347026961	8697328305	6021266285	8359414291	0731201-0731300
4176432704	3883997140	3798486296	5074407226	5264163463	4289829191	5406945822	3840053228	7197813012	0342846511	0731301-0731400
5000214159	6938756059	8958467433	7883215104	4581733491	0293140849	2619625443	0106947558	6326736133	9601315493	0731401-0731500
6002702882	2653755016	9131948172	1677272774	8879790713	0864591251	7689622702	3434826717	3744476254	0360443612	0731501-0731600
3834266368	5290979347	3026221774	3440936100	4734383259	4705561796	2424701479	5775993839	6128282186	7040465947	0731601-0731700
3671346740	0380288689	0673435056	0654196291	5439823233	1916634157	7275777262	5566712728	7567764740	3587825186	0731701-0731800
3240142935	1230992652	4186105365	2623906898	0576795900	9378267212	5122055111	3158347823	9251417189	3266684869	0731801-0731900
6741049338	6288058933	1412583648	7308559685	2364870957	3522735515	6417316000	5704356833	7512858648	6798777626	0731901-0732000
8789119701	7419892629	7503739016	9668114553	1056396389	1334919478	4911260028	8727202243	6295541133	0210328883	0732001-0732100
1252179038	6091534116	7857762338	8013856364	3471230253	1331275834	9214962681	6843461805	6550643768	6484432169	0732101-0732200
1600993297	9358869713	2634594804	7658016730	2876236263	7540464177	3711712333	7555290761	6845760984	1203148149	0732201-0732300
0671265447	8813087496	6926524950	7283763395	8248312795	5424169984	4491415609	0821234201	4466356115	1439878692	0732301-0732400
8367644038	1999960736	1303565876	4068334110	2908782368	5230451771	6218148049	4326246784	2034037569	1218100204	0732401-0732500
8571334683	8603164091	8904933187	0282565113	3422596513	9518362851	7923265340	0316253031	1776858304	3905855303	0732501-0732600
1434700094	9954042899	3106200690	9384298598	4946257642	4364274755	0200929598	2199705371	3856754024	2399582249	0732601-0732700
3614688183	5783905292	5627662578	1476282549	0521531188	4516726792	5851062996	4112189047	4290326898	2903001953	0732701-0732800
9195564907	3481812466	8433899387	6522912442	3119814574	6620093780	8079651108	2080920250	0372217656	4662265462	0732801-0732900
8516780697	5616512298	4690402876	3819653602	3135636136	4976638902	2197923617	2338854918	1980957352	2970142320	0732901-0733000
4549139476	0020309831	1826513470	8319579082	7421779732	2911001498	1104209291	9972707939	1310541688	4305647668	0733001-0733100
0682881432	6393122924	8475280351	5563282795	2732656083	4108816169	7961023963	0665231004	3702682309	1533999011	0733101-0733200
0185178408	5347966645	7696399564	3862325907	2566307560	3947055135	8975851270	2593763532	5234545460	7115787656	0733201-0733300
7775171323	1407198493	0870727417	2599038347	9908377522	2662385016	1890001369	6653310225	2957386519	3690993625	0733301-0733400
8963337910	4117758605	1878192070	8777656099	9410980515	5176052433	8381498578	8441580214	8300377380	7294222057	0733401-0733500
6114221873	4191201738	0974191603	9089694570	6287718234	4133397780	5975939917	0408525740	2452597953	0735500303	0733501-0733600
5895516836	7104612241	4148488235	0704209894	9464053346	1029814818	1498384962	8748546950	0407432484	3010042370	0733601-0733700
2377026935	9497780909	3900955516	4281254168	3795122263	4081034024	0060173185	6228367117	8791286350	5765122105	0733701-0733800
2346487547	0892286547	5797991986	6349134336	7457317808	0001015922	8032458041	5606204058	8149733690	5468838305	0733801-0733900
6831118856	4269274466	6825628260	5693182711	4971107908	0222167427	3725205608	5239809705	1928761728	1829491707	0733901-0734000
9681084956	3420922156	8005222657	6590502708	1010596468	9600419159	4139713443	2079748752	0061970362	1436531076	0734001-0734100
8194923146	6574683330	1942561772	5802965628	7105746356	6793619642	9335090417	5915476056	4372284823	1520544883	0734101-0734200
2642676308	7111474606	3603473283	4323009419	0420867481	2321963355	9808929813	9013743217	2319029440	3380213835	0734201-0734300
0378466582	4784928237	1602845709	0185093998	6308768974	6361213922	2874464372	8222306898	1442710808	7673984745	0734301-0734400
1986859735	6568324758	5023790229	0438743386	5650163543	0920494975	1394651712	0423996380	4851524043	8271400499	0734401-0734500
8736609221	5951679436	6552097162	4671902878	4972343068	7941462209	3306540351	5146533353	4381762121	4097499529	0734501-0734600
0813343668	8742196085	4630056294	1871857198	9796549038	9226099400	6458134576	9898902937	5252603159	4793520517	0734601-0734700
2873837166	7007215479	6195637574	0701285592	6075633358	0436117856	9570327151	0860973326	6002110088	2712319916	0734701-0734800
3759340997	1230320261	3810988996	4222097317	5527414255	3634130615	9729484372	0485673053	6334535661	8321960256	0734801-0734900
9723677437	6640419855	3908458665	4773133442	4306172126	0086297605	2967207859	3225622923	5584626284	6333189292	0734901-0735000

0735001-0740000

0735001-0735100	8319836100 0259218711 3703997150 5577493204 8759783197 6713628632 0184428233 6539347163 6379457127 7158840984
0735101-0735200	1768777705 5114469465 2404220885 3820282498 9296395084 6704657019 3475974601 0821090022 3798138939 3889173661
0735201-0735300	9958702353 2221962941 4991396048 4299279341 1658670487 7857111337 2653492856 6536892887 5089626084 0586049730
0735301-0735400	8118077965 0060100681 0979623045 5954801189 7685661967 6242389312 7565241655 9831945661 4716758220 5720515073
0735401-0735500	3187438649 9592077292 1715411527 0702515737 4293274060 3038899701 8176392492 8444961449 8921199600 8741455920
0735501-0735600	1197110619 1781356008 3117939437 0021856788 0801261181 1579946414 7173035479 0676703916 2644803691 5230016380
0735601-0735700	9750954986 4785771530 1933207587 0767280738 2416272997 9856572198 1668444519 3115121472 1539462606 2415474788
0735701-0735800	4492531474 5222342898 1444393566 8965208172 8352018491 0446850123 6353466594 4391017712 8605907892 3203698177
0735801-0735900	8144140657 6579531416 9342756627 4427564792 4957225617 7112244150 8205905726 0848147140 4592395307 9597060427
0735901-0736000	1724592752 1655060051 3715396777 2426318259 3431649599 9408488134 8962944398 0192805044 6990307433 2958696420
0736001-0736100	2347799440 6085552980 2601687627 4594816524 7001320475 0956993158 2510565956 5545112468 1216741044 1892014971
0736101-0736200	2917059113 2046486929 9521893607 8725719895 4332687027 6421120797 1112580634 3717907028 5365686818 8130649315
0736201-0736300	2903586491 2313662571 9028116080 4499253317 3093318861 9738913721 1839634887 9203809214 8177397515 1215550607
0736301-0736400	1421237847 8249514649 4932858500 0899517323 1334179449 1957195493 7381022516 2043355850 9640442999 5065494821
0736401-0736500	8174918298 2098028501 6135764697 9930679132 2247849851 2958741989 7623402048 2642870620 2051130484 5432074564
0736501-0736600	3630546829 8589979035 8840556461 0067458997 2300286489 5895241453 3037922186 0767572196 0300019984 0534610423
0736601-0736700	6967394846 5981989033 2264471364 1778288583 1861564108 9801063332 5669588014 9087548911 8552944475 4877770703
0736701-0736800	3254281654 0487011452 9025916253 5198012387 4140104360 3630920528 1399608185 7821750591 9920444071 6799015338
0736801-0736900	4458640154 2054227660 3949509852 5317146476 5665886681 4588422462 7681547177 4897706020 1619396947 7385529779
0736901-0737000	5179206393 4259381963 5523803884 2483958103 9275670564 0051774584 1545364779 2017073426 8207895378 4241931871
0737001-0737100	8112513400 1913549075 2230188536 6424561518 8640302650 4152062258 7526974644 8305960600 0866480846 7397587469
0737101-0737200	4031004430 5071100803 2857561852 6003370683 3217834100 6973073703 6403212982 5039545915 6645162518 0163585488
0737201-0737300	9250188649 0417671308 6234741645 1200097805 2671659140 9458666952 9719432662 6136275546 6627639747 9883132420
0737301-0737400	7660024708 2565551686 3465415732 2730379846 3349743541 7605339118 0554958485 1710030650 4714657091 7400082202
0737401-0737500	2033342084 2716210255 0699829516 6962322792 0520679012 4999105979 0172386421 7585369064 2136187723 7109133881
0737501-0737600	4995600185 2273629653 6092063731 6839784737 1498411623 1404795457 1631028508 3096492946 5614289077 7360309568
0737601-0737700	9141375737 2422008431 9536767372 0751672340 2117432726 4670777570 7205664465 3817086104 3049130199 3304747985
0737701-0737800	9635164887 9646194492 9528905825 7309790409 5062772066 6835694427 9880549619 8375127327 4650760182 1215205334
0737801-0737900	9220808519 1762661708 3613572333 4251006968 3104178207 9718606502 7973257761 1571650724 0273651199 0861376703
0737901-0738000	8988665032 7557743894 2275815661 7307697218 3643680194 2195847681 1417575765 7802259412 2936937628 5483761501
0738001-0738100	1371209444 7772678839 0726376506 1893274494 7410926405 8693198959 0585599696 0097204635 6710955864 2594222507
0738101-0738200	1342281083 1610787854 5620838655 2686224968 7755895674 2840096517 0789743998 3645219402 8789699296 7688552250
0738201-0738300	9924548113 1679811960 9584499945 1283017439 5658645542 5349246733 1927699292 2114986442 8842742821 8962343777
0738301-0738400	0714914385 7760805808 4856427303 7171353764 2453067937 8694579057 5233507643 8815218106 5660792707 5157252883
0738401-0738500	9918515710 5260056188 3391085362 2127568842 6153686799 8180736017 0875673642 1701333242 6353061934 6354543601
0738501-0738600	7260388552 5567745806 2131463820 5488997794 3799486592 1238032477 1277015335 6672430512 8745511130 5227076922
0738601-0738700	6215106526 1479813961 3012054825 9553984982 9038221658 5400027871 8281794527 5934575981 6062682566 9353591091
0738701-0738800	9702531758 7895850786 4251238169 0228684408 8555046233 8617680937 4387125500 3062767791 1446042717 5023690482
0738801-0738900	6053496822 0034680627 9793975282 3723519731 0708566623 2473255481 5669120184 6615653934 4860475403 5740573532
0738901-0739000	6497356594 4918990736 1608117631 3352491857 4724029491 4221910553 4669423028 6637390630 8379579526 5229165823
0739001-0739100	0260997650 7409187334 0013305234 3101030377 7850787520 6351658346 2778448353 6836655902 7055834947 9612983505
0739101-0739200	6123943390 2475739693 0505229513 0811046709 1324988204 8315378942 2613223556 6343098114 1830986684 7681028257
0739201-0739300	1550286827 4838339757 1925873474 0115366467 1682629370 1552682244 2127711052 3909179693 1923912773 7977176880
0739301-0739400	1542246883 4962014009 9732275759 3293917724 0864634892 8364644435 3876181138 3414398882 3534353062 3717836037
0739401-0739500	7270922206 7901491315 7494612352 4864980368 0609448488 5719893841 1919684715 2483689960 8147222418 7543173353
0739501-0739600	3374236949 0081762643 6893163678 8534545428 5713963603 2750992289 5712580324 1463056342 8729318699 7117594565
0739601-0739700	8363103616 8351573519 2411529174 5856865483 9747092069 9815889999 7133603670 5125178322 1658704694 1565206271
0739701-0739800	2941883036 7286169732 7759547489 8327009337 6170910380 5515938607 7975183164 7911315109 1832801275 2515936515
0739801-0739900	0488607939 8848586099 3081193493 8012778967 0910847840 8470943154 8945577055 0455036182 1811546026 5023335986
0739901-0740000	6262119075 4572843333 4065465592 3652677967 9009724022 5590376662 7701571787 4530106783 6845974624 2411941460

0740001-0745000

9270255181	6535744964	0803707635	9218204807	0317078004	9503051527	9198046841	4802926237	5914410938	8211758454	0740001-0740100
2230025871	0509897434	0538019608	0967060017	2944613159	4353931902	1552498639	1770306032	5109395966	0382062356	0740101-0740200
4441379417	8842765240	6438997872	1528985487	3908254194	8112684974	0034138058	7702933160	0234975233	1437832506	0740201-0740300
8346832390	2948629612	8917710704	4987706230	8584555830	0725385819	3699956274	9473165520	8956179446	2764776882	0740301-0740400
7751115761	4704990194	8228432386	8027347074	6738628147	5267533372	0121010716	4668619616	0063377135	2137821138	0740401-0740500
8572121554	7739721693	3044019471	6653483026	8285098055	3100367604	1798533591	0839912135	6009460421	1825482838	0740501-0740600
2608059451	1633337459	9933098540	0909567553	1282250406	7646007341	2663544062	4826166056	3576912527	9981301615	0740601-0740700
9259426864	8699500472	4775332770	6499938464	4411392955	8969146522	0429908122	4390628600	0465035738	1269521702	0740701-0740800
2563921682	1773367320	2091586750	4500478898	1687036460	9615184600	4855741439	8817260973	8447212746	4419545019	0740801-0740900
8335593231	7688295578	3064580208	9829527631	5490735500	5465411111	3719476304	3626173297	8590284651	3191614666	0740901-0741000
5516766350	6411933457	5866713781	8109841564	6592962365	7690836271	6072233814	7885085506	3886317749	0787234919	0741001-0741100
1987679896	7463625454	7126044095	4168197799	2207104276	4025154843	3196477390	5581049610	0016470598	9515785294	0741101-0741200
3991917985	1978060893	9567864719	7363890098	5242234000	5442237631	1640315186	4279380217	9526568429	9781428838	0741201-0741300
3213895982	4393958877	0155799078	3944892067	0917065520	3496769986	0541559021	0576514771	5787378675	1371254730	0741301-0741400
4466033499	4239637877	9627117683	6236896244	5967764401	9969786930	2789570435	1674431509	8022898650	1287745403	0741401-0741500
9340739724	2671605002	5587854988	8894099384	2091001681	7387489835	8456289352	7517079117	0549000543	6219621706	0741501-0741600
4294043278	0627987378	6676730222	8520183704	1592135242	2427596283	7503729973	4959143125	1129239685	3190129753	0741601-0741700
5611629672	3084861743	2317638929	8817540247	0391522806	2546847910	3097962829	3430421339	4022884129	3104759404	0741701-0741800
3460835668	3432324956	1364754257	9862544554	4988963516	7136444593	7935735007	0277317673	4884517488	7099668250	0741801-0741900
8104389915	5677099848	8740178829	9074948442	3316788301	8060597371	5188996429	5032419913	9880647782	1402001041	0741901-0742000
1177747896	8839555108	0742111648	0422750798	7793103151	1511084338	3177288725	2558536680	1323192752	3396907869	0742001-0742100
3015925808	5241915908	8376804536	2608975083	4211044419	1172855632	1464612372	0291167406	1466035739	6431901332	0742101-0742200
6735113831	8086854427	5306115682	2006420507	7627624316	3090763395	7468027315	2917799081	0125354943	6125914719	0742201-0742300
8875238666	3993748525	3979788879	3077692813	2087457027	2961219939	0812546255	4625410900	8343052040	3871083838	0742301-0742400
5722642176	7563029049	3017692951	1528857908	5478954134	2729679084	5515266249	7710743422	1537656995	4921693119	0742401-0742500
0035675588	7971969593	6089444056	0279853228	2974592300	5729290225	0191869049	9605151963	4665873845	7662861655	0742501-0742600
8370926229	5490525587	1509887801	9153598544	1716721357	3070063569	7462366450	6999438595	8653045816	9557668141	0742601-0742700
5188637516	7295828551	9470256814	8675216121	3458539326	2425217446	9525507007	6927008328	0535053695	1638370248	0742701-0742800
2620563452	1190864360	9455087863	7455568841	6514747774	4660686802	7320905274	5681753951	5713203754	6217069826	0742801-0742900
2614847590	7106925055	6887184036	3000530513	8681095753	8874806334	6329994876	9553743481	0824541310	9810837369	0742901-0743000
0707510452	6381461571	3736203505	6374120611	5436983956	4311367318	5097174963	4340583229	0723583401	6182906087	0743001-0743100
1658710160	1304215919	1713902364	5897059027	3481568107	2289867195	3025796837	6456398971	8769225175	9331558679	0743101-0743200
7334077373	3043216755	6539107557	5423891616	0702122717	3759207005	6307136843	7478212135	2889897986	6821776283	0743201-0743300
2572533345	1832303927	4761865403	9192087965	6525892860	8193070403	5739642080	9893210894	3220085199	4167611717	0743301-0743400
5273539788	8202661874	4562282022	0531528314	2784830338	6860279965	1751797558	1988333102	5625438230	4160189423	0743401-0743500
3917038633	7835792103	2037786682	3186456991	3264867419	9969786930	4725721380	3004835349	6696010662	2413864272	0743501-0743600
5292530005	3729177370	6116234865	4387360333	5731512271	3930047525	7703092179	9026910568	3369868147	0070046680	0743601-0743700
7131900900	6387690689	4203541867	6510749733	9382475859	8638628919	0118498516	0567627206	3568183641	2579224498	0743701-0743800
2802899653	6186177766	8677814102	9039884734	7627179023	4863835367	1988418153	7764284357	9068363587	9056700585	0743801-0743900
8121342784	8601734299	2731149852	5829426381	3065849793	2171960271	8883988881	3672103025	2937373068	7284284252	0743901-0744000
6768184950	3279329574	7070453752	3032086408	8918820469	2025781143	7470677421	0439314645	2786589638	0704085307	0744001-0744100
4482407805	3943147968	2354362054	0986524254	4613096095	6897299253	2000469372	2765192645	2523471043	8680616284	0744101-0744200
4150263272	9061257192	7257767631	4022420185	6235148905	9030613122	4408194389	6347125981	0672223080	7362487403	0744201-0744300
8823446428	0483917599	7118906930	4948686931	1881573358	9463337313	7830646307	5822060360	7272216512	0394083173	0744301-0744400
6077127229	1089455309	9727713041	3106141567	7302487550	3030331197	4593678235	6969206929	0086840655	1784355069	0744401-0744500
9097961301	2085913420	8252365383	1972164002	5784386531	5526851804	5595065276	2182978072	9270016262	3807539845	0744501-0744600
3178749321	4571767442	8422404980	6304873363	4559557141	9216555990	6931601168	5456804757	8569445825	8146525410	0744601-0744700
5690942130	4151860787	4243640505	0757001169	7845159928	5143636331	4191985622	0392836363	7698073696	4248023175	0744701-0744800
0529550137	3358979603	5987444259	0363690717	2462752084	0312123803	0892613188	0232071030	1404611955	9039673478	0744801-0744900
3221472762	1039428519	1545150346	9923928686	0608789482	7204013155	1785488924	2118587503	2601207662	2758794866	0744901-0745000

0745001-0750000

0745001-0745100	1078061994	3166946023	1246670036	6406945698	8033789419	1692790930	5638007712	5569611138	5511106823	0718626350
0745101-0745200	8781301659	1596657199	5616639269	5240132819	3712268673	8399710231	3023718606	1442402816	7500027852	3701329742
0745201-0745300	8005731412	3377107673	0526300291	8854321849	5203772625	1725196654	8985863027	5201985805	5528655670	1741242478
0745301-0745400	1398441147	9456140361	3372359291	0024028800	1695428252	7637001726	0558174084	4534308051	1456901070	9200685375
0745401-0745500	1074980056	2299567939	3703609421	6558524012	6826086201	3989663997	9818266838	1464268876	2945498686	9869560183
0745501-0745600	5872133246	8705175195	6171604085	0360702192	6593490727	0251099475	7252219108	4244559520	7830851434	2748979583
0745601-0745700	1409061138	1368732186	5624780519	9733098940	1100475707	1818985229	3784438141	4345412750	8270984979	1964579292
0745701-0745800	0802355036	4363535096	0125171771	6805655499	8278836687	2030579533	2335489227	3581439095	6051222929	4254511059
0745801-0745900	6156659899	8015880640	0542294318	7694927076	2221110284	7618082615	9644660270	4309729054	9291809577	5775902696
0745901-0746000	2478243427	1968425210	6673708953	9128792695	7103913170	1552419895	6659379628	8840942869	0519523491	9075493968
0746001-0746100	3374338510	8678868311	2974840774	2561428880	2420254564	7075085740	3395398767	4644706472	4122440508	4157459877
0746101-0746200	3169274280	6579384510	8082933471	3697457317	1707801215	0465560773	0879875787	0502442018	2513066251	3284579379
0746201-0746300	6693426746	5917675447	3212872979	9255322939	5654158286	8358625639	2962270161	6958143610	4796463370	1681690383
0746301-0746400	7002557364	9440139581	9022902590	4302917933	0141319851	9600605393	9593015118	0348550630	2148638173	9005927865
0746401-0746500	9377962839	7460050166	0024561924	2505593516	5239389938	5785832922	5917116476	0183315867	3958922691	7986771992
0746501-0746600	6426770722	8044516574	5545012821	7130748500	7367793445	4702487148	8371884766	8824378185	9855683230	0391829250
0746601-0746700	7222124723	3954381450	8124959205	7273858216	3867174121	4554440720	0077462566	7799993033	8858143839	5224684186
0746701-0746800	0609946505	5117494931	2624747545	4114900899	2988802447	5117143941	4717156204	8431661614	8349019046	0011909296
0746801-0746900	2556851628	7760436851	2092217653	7252030663	2610279260	4571211234	6384308976	9100576076	0382050626	9489451831
0746901-0747000	3368129757	0084946503	6278304450	3424298855	8033635619	8454450541	8523948398	9082514808	6679715953	0872371873
0747001-0747100	2952461752	6196498905	9205469690	8404522519	7466547763	4065536705	0839612952	6943779829	7198225507	4008724675
0747101-0747200	7960737559	2988511922	7004014089	9223099769	2507290824	3725293025	3655458496	2933437019	5169448316	0099816953
0747201-0747300	8217539750	8939318308	8183490256	1945268977	2640110604	1349080453	1314501071	3937697105	4634766542	9387332788
0747301-0747400	4965077889	1157044338	9987596862	0677669411	7023532572	1969700633	5598012767	9632173540	5701737387	3456002788
0747401-0747500	4615557553	9188888190	1579378055	4417315212	4711048525	2795976660	8726189792	9914561575	5209797040	4808675605
0747501-0747600	4469428312	2745402563	3219115710	4455429631	5225230436	0826363084	4221033568	3371003474	8286461973	4312032202
0747601-0747700	4724439322	9338029788	3927316609	6657341966	4813971173	2905763186	0775941914	1898287478	3291136684	3302535292
0747701-0747800	5249647921	1019646490	6521782428	0216584448	0119414837	5608706264	6822170527	8855586660	9397308492	1172488988
0747801-0747900	0705529500	4138866907	6368399430	0818877934	8037755411	8045469519	3374369307	4015004386	9156290274	6936145881
0747901-0748000	4570456637	2976279494	4061609311	9931117418	0452044928	3546614699	7128768235	0175144537	3892838376	8007204168
0748001-0748100	0696395364	9250578693	0809325864	3237958397	9185083667	8526870939	4339609878	3481513142	3664526254	1524927558
0748101-0748200	7799065325	6163320812	7186353644	0504910181	3148648797	2806483608	4966650248	9207356975	3621719047	5720554079
0748201-0748300	2696638443	5426213099	4352432518	8309713530	8234078731	4154948096	6574879196	2070429813	2176243781	0817966000
0748301-0748400	0362780596	1686458583	3110248343	3125102935	2663857765	3971473510	0522118161	6567263513	5384136775	5589213883
0748401-0748500	3561375461	6690150611	7537764963	7297641275	7297961854	6006530588	1543374664	6375024676	6187368286	0135938897
0748501-0748600	9661048870	3732129989	8807718930	3455828424	7986325865	0753390630	8863478636	9340431586	9944158405	6073105170
0748601-0748700	0807409062	4232298342	1483645937	5406668988	7990245296	7750380630	8864246235	4000679205	0169402576	6842267333
0748701-0748800	7762347007	3850861041	9471106994	3580453445	5704891685	7268425464	9000937125	6247610593	6696388997	3127846586
0748801-0748900	2443799144	1399515694	6681083926	3252231819	1172864007	4558763410	4562885751	2550568081	5252293927	9259781486
0748901-0749000	1747545269	4776380447	6995955050	6070304057	2307480234	7057423446	7241031229	6534950506	5170116543	1324285219
0749001-0749100	7592232503	9634918024	6543163466	1291802225	6977140890	2123393287	8860417394	1013526311	5203691114	5392003875
0749101-0749200	4109001217	4008003707	6406806582	4627805087	5572041054	2581570457	3154793095	8472208291	9046179453	7539554705
0749201-0749300	5895534904	6238100816	6373194550	2358481019	9222719291	2016177520	2444668605	9009664014	2655724768	4365331867
0749301-0749400	0352206558	0145891365	2142148842	7956558662	7059338874	9187863939	1231094985	6121262994	1292195705	5098215904
0749401-0749500	1459138611	2526656218	7945691785	8641408418	4662918123	1277170185	6076429841	4034759248	5979536413	9295700295
0749501-0749600	3996000447	6524174118	0636090891	0703299357	6012356745	0289489667	2436831132	3482735638	1370078481	8092204544
0749601-0749700	4878697136	3944071406	8381085375	0237906792	5491990743	5453911187	5441697879	7744588070	6127946791	0261059726
0749701-0749800	7850687549	6861910266	4289872660	4155400035	5937062096	1468777480	2119559012	9744347561	9036901503	2298765074
0749801-0749900	4211659407	4948464211	6358360774	2142679643	9831027568	1555461210	5716791531	0722177793	0254573228	7453729298
0749901-0750000	9194954644	4430214743	4944339915	2619976461	7560500446	8761414451	9713784817	6211789772	4143554673	5467024250

0750001-0755000

7347836422	1897884302	4064895284	6314388163	4350752965	3333478207	4398744784	4243948343	7862158000	5295941201	0750001-0750100
6958449975	9566219531	4594638517	0657749406	4454137708	8385322747	5395462267	4721781641	0785971506	2639482911	0750101-0750200
7437331691	2308779475	5840162452	4346731607	6527923038	3361084033	9322785923	0437069614	2336185151	2020163003	0750201-0750300
7106473392	3601594093	4876141393	1578014737	5520999305	7143969093	6141780868	6920081272	9995012689	4063381545	0750301-0750400
9426180425	2487070552	9369512012	0933850061	8267008961	1255740262	9284289397	7981995365	8533467689	0135251331	0750401-0750500
6544784862	1138975793	9533763847	7043789600	0543746315	2679226126	5540350013	2944795933	2038995044	0369123410	0750501-0750600
0895651264	1833327189	6351165130	6511767120	2257937290	6101484235	2467437854	7404696125	8221106399	8326045158	0750601-0750700
1254754677	9293221601	0039689183	5166867336	8303931362	9853299887	2877313365	1400992007	7181159495	8529964781	0750701-0750800
8660678895	6873041297	9681933386	8640365429	9825024897	6083898727	8799683224	7994861290	6215381195	2781175065	0750801-0750900
3500768127	0346380699	8532134523	9607040850	3822031138	3731246735	4408540035	4980559889	7628482182	5502984175	0750901-0751000
1924213819	9529518355	3440312578	4310766698	1982362890	4985956993	9761472019	5040741534	1828849716	3679555729	0751001-0751100
9811576928	9902945365	1754415265	3286097253	1124706097	7431006428	1021572319	9143928724	7182840939	9674138326	0751101-0751200
9759137019	2060393452	4244628182	0941620536	6883589174	5861519946	1028929758	6116332625	3936348579	1650895497	0751201-0751300
4755610887	0430826578	3353395487	2060436193	1381687421	1841752981	8004502462	4013213889	2154135406	3163302382	0751301-0751400
1615654645	3399121918	8665880282	8303673099	4712897808	1654878897	2062587681	9014748657	6432647455	4358647966	0751401-0751500
0505441931	4007833058	1576657539	3391766014	9690172511	0135193032	7641254379	0817246689	9998107870	7432988286	0751501-0751600
0632105428	7292306846	1896542162	5785755601	6125523403	0058019732	9431255534	4214886520	6998097004	3014298345	0751601-0751700
0790538092	3445824367	9438749162	8148340152	9428782991	9084621132	2390876235	0246378918	7701226754	7630879194	0751701-0751800
5324149114	1091253487	7347045290	2228567697	3757021670	2723515203	6832281449	8653030193	3624735824	6400226530	0751801-0751900
1781786230	6131826734	7574556271	9183138593	7038694232	2406078341	5856173750	1481032037	9510019132	6222685916	0751901-0752000
2075839999	2841425836	0755023703	6751437347	2500610845	6521231782	0690269323	2717071701	8071750076	6710702438	0752001-0752100
3008821349	5621142096	6662792576	2947535365	6122311963	0348729799	2396129561	0014411768	4309914435	9806556684	0752101-0752200
7331837711	1148982516	6860528824	3158296681	5773674293	0175053096	1966351587	6755386412	8836864640	1680329010	0752201-0752300
2098364145	3901361820	1231060000	0775796607	6771445323	7449036664	5381903303	5659640537	7484863770	5689195214	0752301-0752400
3606796432	8702651141	9820587140	9962188495	4127590552	8966271743	7163787015	4631182349	9580805167	2638789869	0752401-0752500
0116970574	3325252330	6688114102	3090637160	9653933829	1754247405	7228131824	8528656220	1408429483	5890305433	0752501-0752600
1768669388	6272529901	3743012988	2853320414	9259647248	7084288708	6812156215	5659055520	1187669920	9953492885	0752601-0752700
8695129349	2562058852	9975945981	4735055255	0331514573	4981302496	3566600571	5621294128	8201622999	8481452915	0752701-0752800
8027274529	4336713461	3398954992	5197261429	5467134110	6550874868	7356789905	0526184186	4946700362	6154556517	0752801-0752900
8590074743	4683022033	5306212633	1982820548	1038832943	7727848015	4352985423	4069099151	2207114081	9165328421	0752901-0753000
6286828263	6635610834	3235666218	4583496584	2435114082	5271341844	6704388546	0564089153	3111831123	9118605398	0753001-0753100
7811676276	7613703658	4284818073	1392005624	2329910806	6060664706	2640354285	9190079697	3473018870	0753101-0753200
5856542992	1291410650	8310502492	1181152561	0063742292	4329390473	2428585904	3691099780	8736870161	2715657608	0753201-0753300
6252725630	4137946186	8532715908	9484682802	7643878196	8830346901	3986309935	3489043993	9614131385	9646288438	0753301-0753400
5448545178	6146989483	6359302502	3338886138	6605788253	4938204297	5420534819	6605394372	6434779791	3552987090	0753401-0753500
4409751671	4256549173	4186574028	3310563786	8993037656	1815662351	8204755499	4194349715	2154891214	2520647079	0753501-0753600
2904376212	8454036356	5400426443	8858799154	4652650458	8441502208	3481899808	2523762637	8349391929	9087741863	0753601-0753700
3119502333	5535079509	5501985044	2946460037	9207703264	7231653837	1677976322	5510461508	3447057278	6498431040	0753701-0753800
6919552119	0290898190	9550664375	4003665989	1573329360	3738260586	8862209431	5856762141	6946277003	4461465588	0753801-0753900
3709614541	8383678165	3264671798	8704751624	2002769841	0568104993	4797417474	2755566238	3448218723	9492559872	0753901-0754000
4808179028	8697917808	2113078266	7388227175	6995368158	1006834944	1770141103	5314110709	8279679604	5742155734	0754001-0754100
6773729313	1835742900	9881725107	0700102705	6816105909	2561977387	2526295496	7064382697	4876315270	9963323153	0754101-0754200
8978021419	5846283702	3585522802	9775802140	6191250393	9000954972	0689692293	5154870995	7962168186	5172941430	0754201-0754300
0236510071	4102755589	4312623499	9452621742	5183407314	9518226654	1367071120	5435950477	0529840551	6414408231	0754301-0754400
6040094148	5932276718	3356104103	1952334848	4607952364	6610699869	6317658850	2819331709	0927754380	9750296912	0754401-0754500
9282902871	8271868676	5605656010	3883625974	7689933191	8150868463	5102020444	3191415907	7236468302	5539168088	0754501-0754600
9137742672	3321399471	2884977597	9539773479	2296789362	1930992511	2006630115	6617390657	5736837676	3659371892	0754601-0754700
1142236849	9120214755	7197223055	7410057254	5257245385	5565056864	6053711226	8226795019	2963103945	8441745580	0754701-0754800
6521223889	3467377781	1748771108	5358563651	0480400702	3513841408	3943449149	5873363170	3374524744	2076903104	0754801-0754900
6589402807	0652040490	1026101806	3071440950	8901183652	8291001042	6311261217	2301607303	9142782998	2605482593	0754901-0755000

0755001-0760000

0755001-0755100	7487197078 9455908633 4217056537 6911559913 3716964152 5291258655 0719274834 5937113075 6268223314 4193075059
0755101-0755200	9400673536 3650372935 5007679804 2151214351 9725325605 6226439454 1411316747 2987783687 1409967589 6563070199
0755201-0755300	6956082462 8014504911 9912407121 8574805370 6939640389 2123464697 8712255066 9606965161 5068130060 6294107400
0755301-0755400	8047075701 3091617350 7733475564 8772547369 1225215098 1350331929 9338334382 1078855438 3323618735 6907160805
0755401-0755500	4558098436 7005743508 5075319940 9765965336 8721043493 3222806188 3499200482 7873811252 7503049208 8881748464
0755501-0755600	2831901653 9600630466 5029156208 9053229473 1999667891 0429991774 5341287689 1030909976 7188148030 9327162698
0755601-0755700	1236572060 4331596496 4934205359 3097499554 6353415998 4382386204 9425069393 2014266637 8368948120 2199761417
0755701-0755800	9860830589 8382939006 7395145517 5735499971 7075389248 0315294109 0118514926 1408759447 3721159393 2892637050
0755801-0755900	6958329918 1008620840 4102864899 2346326034 5642370424 8242570639 0912938080 1704659653 6307241449 2818375533
0755901-0756000	0479486233 5063366363 7588656105 8906603353 1629111765 9790023653 0121728575 3662018901 0164981597 7724729054
0756001-0756100	0226707862 6833877730 1117009431 8514035776 2194548167 6206437531 9687841485 1842589344 8140529583 9963849702
0756101-0756200	5395976212 6359785945 6691106370 6013322795 3341910530 3795404259 7830413766 7516749768 7874652996 4917834233
0756201-0756300	6427000745 4754819494 7135986680 6915666645 8532914903 0823205989 0281205878 1268157674 3093072101 7613582263
0756301-0756400	1899928879 7323093201 0149232126 3732671517 9649554896 8924776611 8431545671 6175749393 8401616522 9078440894
0756401-0756500	2315087668 7054665275 7932388055 4912666169 3777598953 9255610804 0693811822 4800051350 8093720466 8602003905
0756501-0756600	5009141165 3944819959 4173218719 0340971882 5590726295 8428371977 0085817941 8507010239 2475998828 9613573778
0756601-0756700	7564358854 9634256114 6780783340 5187109513 1257599993 1805190921 9022665615 6950392826 1947901601 7023122433
0756701-0756800	0575443126 0654446625 0086866227 4804386674 4194420153 9426038115 5782754000 0404020712 1819013157 4640109342
0756801-0756900	7335748336 1014694036 8545125644 3203470752 8448389317 5456176463 1572209287 8102799120 2902189223 8282470350
0756901-0757000	5463383094 1944779746 9130882924 5720502922 0624985552 3551056541 6430457629 8864176806 2017411348 0892342272
0757001-0757100	8834745432 0119807266 0689569258 8229327024 5447753472 1765528390 8061743002 5428281598 2876747135 9831392486
0757101-0757200	7754531846 8446083804 8150815663 5419462565 8132963595 5059482907 6330106815 6449665178 8032837772 3442649573
0757201-0757300	4762093975 7595579306 3867100477 7439340064 9834055072 3621811989 4844821271 7277785138 9956849044 7627008613
0757301-0757400	1269781577 5722954647 6033592735 5634301851 5256595829 2013820915 0226200880 0317497285 3899821503 9065355933
0757401-0757500	1282828353 0229104248 4991010409 6008081292 2737134515 8145829596 2514381717 5466341676 3065800124 6761930273
0757501-0757600	9397496828 2716096494 3723113557 5629078101 9612424029 8111767982 6186714048 3954668523 8558072759 4056093297
0757601-0757700	3124055553 7304479929 3256493279 8114831833 2021373111 5623240409 2544419362 1712935732 1551955582 6930703620
0757701-0757800	8693910309 5626257928 8494465718 1752916336 1050844013 8556367920 7115718885 7988513496 2980427561 3855008281
0757801-0757900	6695303908 6989620802 9030355380 0625563214 0366817790 8180211648 4387794827 8512937817 1151953129 2060253499
0757901-0758000	3978761754 6408001885 4911265094 7737794033 8081385165 8217736547 4212231932 8208269808 0401490534 8395503964
0758001-0758100	3892782029 2472373482 7169643746 7813541562 3079293493 0724033675 1699252188 9224056696 1469968147 3878851860
0758101-0758200	3142897635 3797624324 2698191015 9665618186 2939220488 0958915352 3367722568 7364384668 1697674177 3574492402
0758201-0758300	7732442718 5217245824 9037944402 8830673844 5640018536 5607465417 5605371082 5468179256 9364696441 8020722076
0758301-0758400	7950152974 6750838413 5231135616 2549952917 6351416883 8458188793 8427692077 0036330816 6744134057 1715043076
0758401-0758500	4455055708 6201962187 5090213884 9321558849 3146361185 1668192193 3331068710 4157219222 5845136232 2199002670
0758501-0758600	8380222348 7321575797 1191139682 6803848840 4028145926 9592328395 9641886626 7961493051 5982037118 6283109450
0758601-0758700	1976913355 7938815895 1141532725 0422495358 8864505295 2131885000 5467475406 4198964612 5632782259 7017023337
0758701-0758800	5585208862 2218260028 5359281446 3086109070 6741716126 1230022530 6229432694 3978032683 5730088162 4868449638
0758801-0758900	0618338129 0631720666 9825392733 9740049475 8569587351 3934547695 1134818732 2641752631 1905776885 9219802373
0758901-0759000	2093522988 1724959823 2180205141 6465423317 4602677104 7957385695 1746726028 0709681525 0437335898 2055047400
0759001-0759100	8030133017 5581522716 9530967519 7201612009 2056623087 7542871069 6458634713 7428066751 6783193735 1325652214
0759101-0759200	8383317367 2308119816 5342239802 6247437655 8947675692 1634368776 6915649479 9894490895 3335482608 6379823253
0759201-0759300	9491667268 9941674998 3477046990 2146408996 8375824950 5829081453 3142200622 6370265889 0856758926 3050621772
0759301-0759400	5045902749 9099932791 9762378666 6529191863 9558768793 5663877764 7427669516 0789608393 1623525292 7832503641
0759401-0759500	5584678024 6181598805 1429269144 0698965247 1948193396 3231368546 3418650909 2841382717 2521695383 6200632300
0759501-0759600	9210996206 2494250608 1118148675 1298160865 4863784916 8389142024 4074612537 3499118074 4446800456 5780723476
0759601-0759700	2101130684 4607797942 2132044175 1848161601 0190843118 5778373692 3028533939 9275611116 0625500938 3801593115
0759701-0759800	1113590785 2162560485 3869143238 1224590429 9772946964 3222737151 8952580297 3366045356 0070753438 0412669670
0759801-0759900	5867914369 3280921830 4113925179 3786077259 0433010536 9386056453 1228257539 4317372233 5852211681 5430443635
0759901-0760000	8497427720 8363422787 9617830153 6250280185 8578484425 9719867132 8342485127 6948108214 8289899874 5431722097

0760001-0765000

7924036083	2619873253	6158595601	4193841365	1762588232	3166497136	6187149882	0913042815	5101622439	1160452496	0760001-0760100
3384256540	7862054039	6847598413	7295093158	1487773712	4018717977	8380478989	9494365429	7767325701	5705381263	0760101-0760200
7852227469	7246787424	1300793642	3284978184	7838418709	5000920272	3276546498	1769718563	1159468301	2099715472	0760201-0760300
7353173557	0252640974	2948625381	4814007859	4209375626	3839468673	7163244650	0669475670	5315994726	8781125617	0760301-0760400
0460064074	4455807429	0199970126	2105369442	8071409221	6615182130	7934869897	2837001195	2930810736	6672854879	0760401-0760500
8578714822	3531687967	4787357526	6193854236	2400071391	1305675550	3388529014	2377185416	4892294155	6716384588	0760501-0760600
6141110633	3383120411	0852764582	8402610255	5584547225	9375961872	3463643099	3963801234	4489255652	9898272029	0760601-0760700
9003678439	1510418687	4958244295	4626212615	5525198674	5094446529	0221964963	2955400007	0385210563	2196765824	0760701-0760800
8422650733	1253620546	2602686845	2266096888	0438380474	3726232331	6166601591	2793688199	5940502571	9999329176	0760801-0760900
7339310271	0012595360	9469437966	3859680832	6643193164	9658496339	7729194414	5183731667	5736885364	5182023023	0760901-0761000
8148263770	6530113911	2891369134	6249132791	2603253534	5919916323	4527758142	4766602795	4795407043	3050957305	0761001-0761100
8571051219	8291209443	1653359432	4084681380	7488753872	9708537544	1682806609	8849350666	9963728979	4431656792	0761101-0761200
6876367066	0592266495	5035210430	8343571403	3518387756	1742096308	6662250481	5251137848	5882570025	0405158386	0761201-0761300
1836164507	6359197566	4564712150	6198985206	2746107207	7885340900	8974133378	8845290560	6432467837	2378442381	0761301-0761400
1624539607	8973114333	3706096052	5973019965	0937439545	6246686628	1243275277	8817857645	0978686549	1389233961	0761401-0761500
4539387201	6099547277	3168875997	3321677118	4419958948	4861426103	8915187575	3635313900	8447216715	9313610565	0761501-0761600
9055230688	2270163900	6046465423	7193404309	8508250773	5015485199	3174718357	3730449150	6949757248	0079084269	0761601-0761700
3598291438	3093138985	5487549423	2274494916	2792191174	4168176225	8515329230	9062702886	2627327172	7137367472	0761701-0761800
8853638621	2322152156	5981401434	6174420864	1223824870	1842176211	3798480012	8918461150	2913407235	1040099682	0761801-0761900
8163551558	8496259347	0228424529	6564463145	8122087796	4148139740	5213189828	7854284269	6578224348	9218621245	0761901-0762000
3402142291	8738248798	3128365520	8388110223	5045871328	9651197529	7239395600	1142529640	2196067696	7957581479	0762001-0762100
3597999314	1849812041	1115428221	6513239255	9070987481	6323371019	1611397919	8131133436	2875608519	1368235626	0762101-0762200
3775811195	2015928301	0980245617	0110222573	6721118075	3783939970	5619783478	5899801039	5864273294	6843133101	0762201-0762300
0946879646	3429787772	2682194448	0569992455	3685460167	5335399408	6181176225	9294277647	1534124000	0276901027	0762301-0762400
4117619239	9224871721	2932198828	2132145815	5833081032	7676656821	5762232861	0235788886	6495575706	5519767142	0762401-0762500
3095042057	6201061600	9270364200	2340450972	0835648577	1816682415	1192694485	0681518629	3519056117	1280365926	0762501-0762600
7821369850	7508774982	2073193348	6197900725	8977582664	1428063197	5955986314	5370970654	7766476800	7258785006	0762601-0762700
3099401087	8945547097	2063803894	8369303697	0026974582	9254188935	6827697675	9232867767	1016980350	9732769360	0762701-0762800
2728831210	3987040472	9507335731	7572232713	9128868230	8969775881	2579145493	7934298535	9447300616	5593150559	0762801-0762900
0245069290	1802949396	5319372764	1307597943	5030186195	1828494006	8279455659	2773381062	1490164498	8342847501	0762901-0763000
5304083572	1432245892	6520002752	1484688613	5202683202	0123565045	1901911872	3235591670	3723297903	4597875506	0763001-0763100
9469277215	7114718237	9966807463	9072294512	2990853465	3261746797	3382168394	0916461117	6212107568	2647338261	0763101-0763200
4614878022	1208854610	9416072495	0146164718	0175574523	1575725649	1655201696	4627970618	3473704619	6119470719	0763201-0763300
3166112753	7770751989	4464868916	1124640677	9934062221	9650686591	3705310362	3391875928	1965741610	7839829879	0763301-0763400
5138647707	4064514224	4930292524	0762368664	3359498661	1393309682	0043150156	1171744028	4570589293	4250488997	0763401-0763500
2302803590	2438855797	1513154588	3284619046	6314888130	0544616501	0619163392	5396324995	6689188558	1207683296	0763501-0763600
1375023195	4026330963	0469405124	7986849565	8727645287	6970991565	7361774733	9190531248	6844946258	7226912095	0763601-0763700
5020707217	0716218796	7918776070	5580481015	1922950743	2633782002	7861311553	6826437678	8757991198	1167968873	0763701-0763800
9631778145	2995442566	5773092756	7143291248	4702302278	6475224533	5402514079	0949182546	2535291014	3935228966	0763801-0763900
6482429845	5993425575	5917775857	5824235233	8973747484	4633400472	5931357292	6244839848	7770176548	1318806697	0763901-0764000
0615022889	3096106568	8203005792	8247768456	5057591640	1812945586	9688032645	8117051128	8126050608	2220110294	0764001-0764100
8137886762	3478883248	2528250394	6688656047	9147243495	9362408575	3393149412	8559506580	2576280008	9063568814	0764101-0764200
9232095192	1640031880	9729991980	2546703286	3218567448	7704766797	4008052444	9412301925	7706168607	9333377261	0764201-0764300
6679523723	1022560304	5607349457	2063560313	1707037596	2721464901	9425087954	2596683656	7349678477	9640178627	0764301-0764400
7500941708	3925965179	2113718885	0269605808	5928715465	6418538911	5112448280	9575136933	2743829787	8402591292	0764401-0764500
4252701523	8018394282	7764230778	6599800714	9900112718	6267256977	9749355858	5882762078	4419210115	0122755574	0764501-0764600
1779763862	7058527065	4598893783	3296495187	7011526441	4216448752	0863294241	0854193186	1114096827	6285129014	0764601-0764700
3784802343	9124804724	6668281527	7274311548	9646255670	8029122941	0470366544	1279619458	7245160059	1100008959	0764701-0764800
9347648268	5734682460	4969511368	0191131432	1302307246	6341637342	5090192136	1990587934	8610301168	4913670312	0764801-0764900
5159321122	3143289163	2315514863	9038920490	7304675379	0603338481	4622379047	6336372022	3176833541	1432973333	0764901-0765000

0765001-0770000

0765001-0765100	1141893942 4737931987 5513336595 1923692060 5564181536 2927457172 4953820445 7474709743 3811199825 2069390559
0765101-0765200	2573907077 7436069154 4834954645 4394555065 1751304659 3883516308 4824746341 0990519949 6236797103 5899271356
0765201-0765300	2010978505 6162499523 1890502155 8146844677 2463615546 9783168324 8275696313 5717558314 7078970917 2877833718
0765301-0765400	0485198954 5984382859 6699776869 2505943828 0995311638 0964438179 9776035011 3087073944 8519285162 5490589031
0765401-0765500	1087233296 3148825592 0742740143 4402388147 1254559590 7001193665 4709673891 2587270273 5685273077 7519396886
0765501-0765600	2038706430 5373419963 6785940852 1578977244 3560955383 2097371222 3499363623 4092989901 2531960339 9472142957
0765601-0765700	8747514768 5543217321 6712746227 6803323300 0563823270 7227545294 9421725751 9412510539 1672186433 5859445349
0765701-0765800	2687692208 2387331430 0392613546 6300572963 6733155649 0979598048 9924726693 8645643746 2022496833 8000050557
0765801-0765900	8982685667 6967114280 1876726217 7865576649 1577003524 6110093279 4682563677 1615396243 7927712948 3813797234
0765901-0766000	4729096852 2053123318 2015789584 4795748404 9665426250 2039567468 2354733532 5896674648 2118862207 7302441641
0766001-0766100	3964005743 9589934451 2407081002 3107666728 3429860057 5549363747 4986490855 5630488045 7349808974 5784926319
0766101-0766200	7751447359 5857773563 0772546785 2982333254 6870200957 1974896190 0232497446 8772535045 3317273092 4230889057
0766201-0766300	8830620727 2855498567 4679048486 1180492665 3657381113 0031825472 9987787422 6322450523 5417218301 3256341795
0766301-0766400	4396498386 7938294564 1196752277 2180797079 5055644450 8380435789 2004410159 9100871056 2086545753 5861988133
0766401-0766500	7544255212 7302894241 6530758030 3308079636 0397960666 4242815793 2448605287 2495607487 4090361813 6406243020
0766501-0766600	1765226239 5586836828 9209627492 4609118894 2919022126 9876819746 1064344788 9946335490 4936758430 4851434998
0766601-0766700	0646095449 6732887730 0152215440 2956812345 3448946932 5923497985 5786079219 3479042487 3864420679 2284192513
0766701-0766800	2730049639 0538838157 9374791162 9959337347 1044258657 3721918359 1342311892 4681215100 5641755378 3567312752
0766801-0766900	7720339420 8457733093 2293933774 1474629120 4143364237 5845322780 0104181991 7548416469 0798896663 8034903140
0766901-0767000	4208579751 2767023436 9730901782 0412023120 1633237068 1609809619 3762383531 6642814678 0856607220 8949378140
0767001-0767100	5850826582 5612064156 6908039133 0145037873 7470086191 6342078689 6584131327 3363314363 3823725986 9247856701
0767101-0767200	0819887206 1494310116 0093264302 0534519436 6867309888 9365873618 5274628304 6848650865 8931662844 1742815813
0767201-0767300	4399120583 4318479331 4382513612 5768653093 7757477371 9660808241 3879789095 6863192427 8782136534 1453517151
0767301-0767400	2012415632 1455772612 5717115423 7575230435 6111855891 9663144423 0869366705 1199138153 4032262106 2159439742
0767401-0767500	7120765465 2317651989 6642447526 2047151909 6989174455 1184374331 2560411206 0004810628 3417744951 8999061022
0767501-0767600	1341264453 4006534857 6158006336 4046688273 9220226192 1447571115 9414547570 5652435388 6708217499 5562889089
0767601-0767700	0167708239 7310205194 8388718354 9834328808 8860711036 1769033231 0781379630 5572738981 1291277038 6827993216
0767701-0767800	5904053146 8963259863 9194291520 7644121837 4053356689 5819942652 0915206072 2347870111 5078494599 2637942582
0767801-0767900	7381004560 9373403738 4700526043 2400476515 1033974426 2915897859 4216190276 5461243710 0731415331 3395606701
0767901-0768000	2099235705 5893555586 4373324662 3936827338 1376660988 5613860817 5608552575 1881822982 3656205930 3984802684
0768001-0768100	6892564831 5727203819 6342750244 9053813871 2272836538 1381741189 0381862937 0668796552 7401835160 1106777215
0768101-0768200	4427487631 8669385166 5268919096 6932412414 5765251754 7713861679 0707468769 0502863083 6414931896 5595623542
0768201-0768300	7862455158 7599337404 8688880593 6350947640 4640422669 0237394346 9381319809 4553983059 6379527850 0402818801
0768301-0768400	7151896873 1583106825 4147354750 4832093766 8798878682 0162497720 7965462296 5998697092 8634442711 8784043263
0768401-0768500	4846582416 7244160379 0048629063 3522739626 3264368969 5218637458 5547737927 7081083209 9800656037 8549786179
0768501-0768600	2816823801 8443737773 8209662801 1322060125 5392869706 1118030721 0147313999 5137801195 8360408438
0768601-0768700	4586218819 4414978493 7009840275 6006854980 2633573502 7690350133 4915999410 6340615470 7873329600 3707231161
0768701-0768800	2403418705 5078837900 0898176947 0259740812 6346340233 2052347594 9462864772 0279625211 3686448377 8421277547
0768801-0768900	0890607510 2553014546 4807254596 2761137431 6793083227 1444495182 5155320253 0688993058 5319483180 6190976281
0768901-0769000	8016677230 3612166067 8136951717 6487597906 4176720782 7490044745 6671143903 0261848117 0988221888 9166496393
0769001-0769100	8685131934 6911259894 9862477341 9222103929 3185653734 6282447189 8957875867 9611281511 0996593701 0037834603
0769101-0769200	6699083660 5499539314 2099942349 2601951720 0560034985 9404096353 9910547277 3946979904 1357870226 3206920254
0769201-0769300	5498416572 6774279463 9612974391 3685217948 5034061807 7285098742 8122769011 4136816402 8467528875 4276648347
0769301-0769400	1728545123 8985915716 0621106210 3861150414 5324978791 3012138068 8937808878 5741135694 0236010861 1727474907
0769401-0769500	6863458679 6259736100 1991170298 6963967536 0563303585 9850590240 4485705231 4430822798 5585804210 6676069784
0769501-0769600	6685856139 9205325248 7035554585 3701010773 5008864951 9635411914 5399547557 0655262775 8435765745 8461258415
0769601-0769700	6310747495 3677019045 0884604517 8961035630 0964498325 6798030526 3711009034 8336832738 0092585578 3963976978
0769701-0769800	8757455040 9776166609 9027954291 8858930891 7950986812 3115630538 9211681423 3795813108 2941913018 5387664983
0769801-0769900	8432666048 9096880186 0786989969 4639519523 5541223544 4495109149 0427932659 3168916538 4524647612 1029773238
0769901-0770000	0494910269 7206319731 4457687223 0188864547 2310352033 6088032734 5189251460 4283782723 5737381379 9044513964

0770001-0775000

6145877241	5780099182	9452769114	8925644955	4457820811	2585497462	9912272326	4649039750	7964230600	2619452609	0770001-0770100
8123860389	4172852569	7644742742	9289378164	4102259782	7808080938	1188489828	6656450750	4699035503	6823640457	0770101-0770200
0287861926	4007846083	1062566896	7210515107	8759980626	0533102100	1223580899	0878645255	2773927454	4838949424	0770201-0770300
6097730976	8103288181	0483775584	9053575436	9854782487	2097962396	0285646337	0367224447	2560265313	9281324322	0770301-0770400
6027749446	0178011800	6435380465	6177241828	8441537932	7973303165	6426254964	4575247852	2515140333	2921802994	0770401-0770500
3636689200	4502808793	0145836265	5927453036	9320858199	2368582405	8244928679	7047004892	9341036743	2496807871	0770501-0770600
6780528715	5715269795	3873176161	3935613259	3003098518	7458526074	6042807145	3029533444	2483635278	6309151458	0770601-0770700
1116770338	4349810903	4713808687	9895128909	2704710360	3336771077	8140834844	6246860614	7254988365	4767143507	0770701-0770800
8971650144	5276993860	0227922887	3124616118	8868651454	8757124587	5831948668	1960713512	9780973428	9009348299	0770801-0770900
6091613721	7184080568	8912848320	3073780439	9029801197	7674459526	0872450178	7884827582	2031416079	6646845338	0770901-0771000
4013730036	3393522391	3261746422	8397146920	1272934108	0322401486	2978907413	5636204355	1958301512	4060878235	0771001-0771100
7990545993	7055983399	6396427254	2888444321	9350837396	0444126803	4988549867	8014241201	3984799469	4742672513	0771101-0771200
4575043284	1611528318	9343362578	2555576248	6044698920	8108295158	1213080747	2484883173	7971440657	5523709296	0771201-0771300
2046872292	2975057390	4325529358	4811980266	3290934039	8949735809	2902735650	2652096862	8278766926	5416618779	0771301-0771400
3651464999	6335189185	9198281123	7177058085	1290889147	9895022969	8022775369	7818326436	5803065946	0809240080	0771401-0771500
1768907232	5841441297	1928242472	0380048659	0762483298	4326661253	0268510334	9902657657	8579963305	7285781580	0771501-0771600
4481506534	1472910340	1186510752	7575914621	3859575557	9846533174	6524212479	7035629657	6484971699	6877845984	0771601-0771700
1432813641	5062658803	2373537267	2051002039	1872086548	8940491633	3923844805	7175638872	5093012313	7906973034	0771701-0771800
4640283694	8914532187	4796890368	9080091910	7696487522	6793196883	9730831363	2855164428	4854543895	5119235162	0771801-0771900
6705524166	1011619193	9562321215	4044745884	4931776033	2645864833	2699995327	6131156081	9867303179	8777096885	0771901-0772000
4732069736	1110696873	5230086661	3257328235	5451328892	7073584038	1580895934	0954004776	6863373882	2098999477	0772001-0772100
5888725251	3928947102	5761158113	0581373079	2569508911	1060363374	7143004818	0745447071	2358569670	1876163044	0772101-0772200
0248592810	2941244816	5330430019	7678125184	8873242914	6546537476	5308407856	2990904537	3784763916	3410697134	0772201-0772300
9483164149	4317725925	7359898774	1410425852	5650646992	2575333866	7022937999	2990248338	4497963616	5826017703	0772301-0772400
7602404285	4352514689	2938266773	7884010050	4077814980	1065156552	9747650230	2530481848	2902235166	3490708944	0772401-0772500
9876811196	1215106508	0708845289	4029830319	1343694788	6071972309	1087906545	4559290442	6962102412	6508962080	0772501-0772600
0237754863	7921900582	2137541799	4513677375	5029344213	9478343845	4088249683	0055969807	2274271475	2346186384	0772601-0772700
4963300372	0110584884	4426282284	7183566951	0578364180	7090871181	1976341346	7923048279	9919294233	4443433745	0772701-0772800
2657118519	5827581724	2955697536	5547653558	5715371587	8867315582	3731791203	5819433685	9024611689	5493584548	0772801-0772900
4381021820	9805645667	1152278111	1528663148	7979122410	4671503454	1226359174	0231050726	7578156516	9079497535	0772901-0773000
4569546610	2343506351	7892628200	7387671578	4184485323	3126474816	9410054009	3295263939	1072551402	6380073520	0773001-0773100
0742145266	3467912487	9921950424	9506398350	5756316700	2422209788	8845014235	4933264477	0854207329	5642006479	0773101-0773200
9904567282	8827308973	6342401635	5981512716	5585708760	2631934760	3574797113	6732284425	4495461412	4103144112	0773201-0773300
1365329590	7318446626	7811106274	0199008005	7408513360	2171132919	1019148172	3858110359	7632336215	9445906860	0773301-0773400
6885817458	2721066360	7832472110	5539882285	3111623083	0772249320	7187603142	8355497239	9990954386	7479119041	0773401-0773500
2064095816	3503069215	3653952559	3982910836	4440577894	7686559064	2695907855	5889278014	8115312960	5282973963	0773501-0773600
7830522396	5687979329	1341582956	2315501056	1975005747	8825843506	8389480272	0131680054	4924176554	1341553672	0773601-0773700
2967818672	2629752193	5729676215	9745729299	8278457699	9581857012	4704106527	5523470931	6760210887	4620189498	0773701-0773800
3099905626	8035473239	1917438803	5285239451	9685590226	2991234055	6236681684	2026140659	4601661426	8981636489	0773801-0773900
6322670567	1454527615	5208403199	7755218112	2228306946	4028275458	3090788009	5255382670	0117480894	4008582442	0773901-0774000
2344840901	4439309950	7604587499	2960929194	4867872842	4465529426	0355040153	6630485727	8457506789	0334206375	0774001-0774100
4856518026	0586465453	5049231546	3660672149	5597923199	6128389256	6068624538	2196621379	0956141809	4819626802	0774101-0774200
3483737048	6445390985	7960411713	1070124331	4722770694	3816242616	0779174735	8930604032	2161173190	2362901081	0774201-0774300
2414634682	3909101474	7845348126	4736939378	0345086690	2011785409	2269189072	1139084273	6264008402	2560952795	0774301-0774400
3662226878	0363107499	2951896334	9372478078	4246207738	5456462974	6985678187	7946413327	7559594959	1985874191	0774401-0774500
6684478301	8668875825	9850633580	9530473059	2627958788	2662813566	9574185663	5183662967	7963353661	6256900065	0774501-0774600
8834528478	9326123079	4253332120	9343130986	1700139402	2451593986	3015330027	5885744826	1555201163	2165583054	0774601-0774700
0110902479	9131744318	6094788894	4247191765	6585739383	3615293891	6463157877	7520692609	8992237784	2721076226	0774701-0774800
7547136296	7726528338	2604580315	4881842918	3457905620	5585231384	6748688098	7475741829	9514360895	2757114896	0774801-0774900
9698465913	3055157182	4901726406	3469473831	6224845702	9568821347	8321860050	2197579493	2795753714	0194691987	0774901-0775000

0775001-0780000

0775001-0775100	1033919215 0346011748 9549350057 6483118480 0383210704 5510003197 2994606266 9081703284 6523263802 4224858174
0775101-0775200	0354229851 0813693111 6248203781 5682402670 5402650609 2762957413 0039459067 4452791979 9664729933 2750032387
0775201-0775300	8534455218 2030969527 7254118331 3194929837 4542996743 4508349456 9207945583 3089572194 1669742554 4682533864
0775301-0775400	6561066514 1619474027 3233068918 0554887144 2397014824 8814130243 3322116028 2289288031 5913275460 4063931447
0775401-0775500	5650451024 7078478270 0310083062 3983379035 0592085387 8236743848 7469071591 0716613835 2709755851 5843491321
0775501-0775600	0350122255 8659285742 9605107691 4689252902 2359382791 2711007177 9878737897 9020601040 5379271265 5426027857
0775601-0775700	2353850665 4446667038 6663145087 0991655715 3712069207 8442628725 8032345585 6531437854 3259039018 1683860053
0775701-0775800	2754965792 5726069037 9957598881 3473068888 0747447547 1119322401 4850571325 8006452814 8510649450 6217879717
0775801-0775900	3665367581 2418556178 1818650925 6591508967 8588385373 4600693514 9766940200 8541424119 5861577381 9902618019
0775901-0776000	9575558106 2254836164 0410620763 0901758560 7457388473 2645071333 8575654604 1732533711 3028013789 4079385793
0776001-0776100	6433995336 2780923121 0839700233 0283646942 3386202991 0331376974 5072519281 9304481060 5361488981 2723727553
0776101-0776200	4536451517 9843869973 7572972344 7961754122 6385432501 5231780839 7255726878 5022568712 1681353425 3902834781
0776201-0776300	0191915420 3432425934 6091331136 4251073193 9943370384 3238861375 8805682715 6164854936 5380237850 9039348336
0776301-0776400	2248227318 2074099684 5329664200 6626803726 8782026486 7057829851 1928450302 2158150530 3564175689 3775421063
0776401-0776500	1387943008 1690861925 8742869875 4675509234 9447396156 7075925019 1683691129 3037748049 5519909703 9823363826
0776501-0776600	3648913505 8430399648 1957236211 5740772576 8233699070 2374463935 4292702053 4604480383 1023144481 1459137953
0776601-0776700	8474923915 7294312780 7412044060 8030975872 9669731071 8198441066 9334082604 9698415157 7165929551 9486558164
0776701-0776800	8675779423 3936898827 7590035789 4212761604 7047342116 7218792048 8769423319 6384054499 4751115932 5479617623
0776801-0776900	9384985382 4019647708 1852094864 8559242287 7324966873 0030102462 6104466769 0852545609 7605252767 5426097221
0776901-0777000	7580423153 2157673532 9075348153 6411137564 0334493764 4773157010 7441776235 8231865170 0354720537 5940431782
0777001-0777100	4599133598 3391817819 0963298981 5139125754 3191389833 7254405281 5081545703 1022896802 9957722750 8331211659
0777101-0777200	7704221998 2689658324 6941224511 2832949898 7297002528 8692782008 8561271599 4977513562 1524144621 2011857260
0777201-0777300	1525246972 2909151404 6407531921 9928173428 0327618599 6457025802 1156017462 0906358907 5186175753 0000424919
0777301-0777400	6720092148 5676401596 9761597040 5736942590 3568270576 2172698082 6125845805 9616706188 6633284026 3385648286
0777401-0777500	4261038593 0749007326 1464768345 9041578797 9304998205 0590432130 0238863933 0297873873 6196275533 2185958012
0777501-0777600	6622163258 4664077546 4765793633 8085449649 5709655491 9468161205 1155694391 0807968135 3938460597 5006717950
0777601-0777700	6310256122 4795271996 0465708625 3843127219 1945200310 5093191236 9479545856 1223792958 4674483220 8038385192
0777701-0777800	6631532382 8450706222 3554163557 5201604845 8595787727 9643566407 9289773151 7789254324 6016374195 1653324854
0777801-0777900	8662125998 1179724635 7628056178 4916758392 3257722366 8439231390 4636250636 4023028317 2300137855 3839784405
0777901-0778000	9603568332 6842799266 5461606721 1095960638 8342429504 3002336365 1087339459 1424660824 6878679142 2410972599
0778001-0778100	5512135343 9193233952 0885700159 0380446982 6631106954 5853638464 2995474068 0406796096 3340089659 6476123350
0778101-0778200	1181547182 2156520259 3800562590 6215027290 1222426040 4147261584 0342781626 0545987338 5724563714 7779216047
0778201-0778300	4827443344 1112967312 3767611986 2978669863 0802417950 0473099054 8680786839 2900997525 7836056842 3252734512
0778301-0778400	4938846464 2611743784 5901765446 9540965159 4708729976 5071127626 6611757869 6019032897 4286263834 8064602583
0778401-0778500	5183651959 1472871025 4160903417 1076266775 8150465169 4625449579 9382899617 8666609857 2735726068 5506695869
0778501-0778600	0375723054 9955720906 2621713947 0396850395 2363129448 7087415247 6422506065 2166970795 5283041281 0868604973
0778601-0778700	9229536592 4315417259 9393270748 6079566741 4593870684 1232750041 6690860257 6148758879 8762359367 3475462930
0778701-0778800	4596834705 7818243392 3747399924 9931821377 6303837529 9038515104 9213862685 5948622828 9802909860 4098401166
0778801-0778900	5073222899 9532240562 2348477842 6908827773 3330025209 5707163878 9137572836 1113161508 2824058677 4806128378
0778901-0779000	0997658812 2450097507 0984791439 9252401416 2240532859 8517840602 6775338192 2826784952 7886672456 8933375945
0779001-0779100	1607319568 6216856063 5120350246 3099283741 8507807604 2047738430 5325483876 3592412557 5316364522 9316351178
0779101-0779200	6522282328 9644483191 0269247416 3633999280 5353093665 9261798644 2495494884 6174813289 9568137313 9483095949
0779201-0779300	9581124735 5548837387 1125219033 7005154680 4023677832 6154424065 6690622404 3635791995 8919161873 1985304828
0779301-0779400	0061974222 3209883669 3647084018 1232141747 6276732239 4733060040 5172628593 5485411882 4613991225 4599360462
0779401-0779500	8969714134 1652030935 0257355936 1261145139 6476466490 2106275445 7374977144 7155080588 8268603135 9661575978
0779501-0779600	8880825134 0841751240 8423142188 7595702639 6166667684 2178850151 1665029595 5978618415 9605479201 7855481164
0779601-0779700	6541858311 3141209127 8284596904 4480818199 8063143890 3805220749 7099964459 2680426847 3445415578 1033449320
0779701-0779800	5950156320 1963053976 2141807399 0862708480 6430321780 0247609014 3977156423 1200722635 4349327379 9157315518
0779801-0779900	5911006524 7277485199 7101984779 7665568944 9196716486 1686707903 7571706648 3562808032 5964867673 4045842056
0779901-0780000	8650181937 0242695253 6481695581 4590909365 9078076868 1243863993 4256553533 0465056785 0655486555 7128211838

0780001-0785000

1739659983	6335767803	0887104057	2972063848	1947048233	3079352209	0608439862	8018386708	9529794945	5903398039	0780001-0780100
7505682344	9353678374	4414698853	8880452810	0813606255	8329519311	2119347517	7628452066	5192222527	3866969263	0780101-0780200
0025665605	7137987467	7472263219	1103954463	9384612184	5585775692	6921127446	9656540715	7141418197	9492296144	0780201-0780300
6403902152	3936521713	1970168237	9101625390	5630796286	7690370366	9998720101	0551972758	8390490266	6193971648	0780301-0780400
3481149742	3911738704	2271429504	9803918440	9203535350	5646482647	0908831627	1727043914	1214238422	9216009271	0780401-0780500
2912360067	0102952490	4826889528	5813608494	3203538041	3569645159	3092433827	7301069829	0740036378	1910721422	0780501-0780600
0109190692	4187216027	7555804593	2649015215	0594142335	3135286277	8826912685	0570087709	4417670821	1117803391	0780601-0780700
6132310778	8454769589	2356286062	6769063681	1548086194	4886505985	6349824207	8522482102	7355717116	8286043742	0780701-0780800
7930019053	2421473269	8076035933	6634855924	6819120239	4714809212	3328418605	0062585379	1085553950	0693514325	0780801-0780900
7214182173	4241696582	8916871047	7383110597	0509981349	4096939955	3351724534	6454725301	9452500219	7042367256	0780901-0781000
3394199259	5913903004	3726038976	5339723331	0189273199	8036678696	6546139807	5380015007	4994058963	9656960444	0781001-0781100
4634104888	9101877254	0175813648	2992701898	9318743514	7571951190	1643262456	5142006231	0747654521	9553062209	0781101-0781200
4090762265	6396770318	2232859593	6090281625	2306279768	5291067138	8077127464	1902570560	2446123783	0789026485	0781201-0781300
4860064900	8785877722	4582811024	3449387066	1477445356	7937320714	5334080832	4961036860	0316487116	0455763852	0781301-0781400
9640009288	9905659038	8078720153	8168686057	8453602623	9537615843	6587641315	6895420184	5166804253	1125090612	0781401-0781500
8057586051	8512612612	6372701960	4236219016	6991290755	2891484255	0002031663	9433680320	4057114116	0423757980	0781501-0781600
3585659563	1247499469	5698495135	8676171716	1486134211	8764921998	5740236045	2581553140	0876092991	9647446288	0781601-0781700
1338290732	1688226913	1573555149	0184217278	1677852130	3836603763	5612900768	5445315638	8109058718	0694081778	0781701-0781800
1907895745	1433595938	3903513995	9232215815	4787478672	6203342273	0377952548	1013433488	7011269882	5270694572	0781801-0781900
9704429254	7385863958	9403162524	1817680103	3883738925	9782856379	5133490722	5664398213	6040806076	9512299054	0781901-0782000
7942207745	5869779933	0344439044	1999735760	7975028020	3525292863	6562271663	7530104348	1541454332	7065339165	0782001-0782100
0995946735	8711349333	8216698948	5670557380	7822002173	1209391530	0782652612	8684514242	9072659990	5709582548	0782101-0782200
6043035452	3299996515	5578146176	8952857780	5366548948	5926371291	1706262038	2979801608	4121593188	1886962902	0782201-0782300
8287157978	7179368849	0402576691	9694789119	7016642307	9447116300	4796916602	9633665411	6567141292	6658386416	0782301-0782400
7655842583	4662650669	0416995107	9819904156	3897096165	7836067803	4580385887	5490439836	6811079462	5922809484	0782401-0782500
3989003473	5745765722	1278020507	6636124247	4530272832	7791975368	7094602692	1102641285	0520464771	5113195909	0782501-0782600
7597847520	0954067737	2174118439	9590135072	7293059963	6253552751	8365125842	6047228081	3050170163	6458298879	0782601-0782700
5296387473	5239442289	8404127423	0766926575	3891912937	9270227358	7158906780	0740485921	6483963090	8392340398	0782701-0782800
8400951287	3222983061	8530714944	4124552897	4454318958	5611874000	1809527520	9628513711	7256845726	2195438787	0782801-0782900
8592562737	2240011892	8592109735	9177445309	0991376018	5710513365	5268996097	9827966913	0166471364	5669707323	0782901-0783000
7081484653	4938788898	1009948329	8222045461	0020172043	6127512031	5381165829	9101511869	4304911447	5937441511	0783001-0783100
9921482776	9884667239	0919809215	0851582445	6105200887	1854606987	3013725536	3463299564	4554638726	4452326955	0783101-0783200
7824381689	5931346965	3134069842	0412186305	0069053799	0290112965	5602973049	6460548219	6018497714	9958716016	0783201-0783300
0186321879	2857765551	4826098688	9146641786	7435548639	8857672164	0798099307	8464470041	5892529812	1200807754	0783301-0783400
6940444869	0228534770	9395086821	3234073387	3815211764	0444760483	4555293052	9995893020	7165021318	4557608516	0783401-0783500
3782416290	7159794086	6179526322	6509087062	5000097852	9459880341	2110825577	6072014188	7727490710	1283893632	0783501-0783600
4373447553	2766109946	2982029247	8457279595	9958669060	4600010182	5538486745	6565827575	0715858729	6867716751	0783601-0783700
1148726521	2206589305	1470298169	9114593575	9706240523	8204272016	7609089719	3644031047	1427018901	1229197278	0783701-0783800
3281602113	5597563255	4869999224	3388504519	8582826291	0381822612	2655992591	5970829197	8623319316	6881062975	0783801-0783900
2541068411	7108625987	0307144086	0838890816	1734018394	5217867616	9102178400	0705721511	5331818346	3981090485	0783901-0784000
5059841908	0653798403	9319676526	1825490144	9628263813	1368683019	0537277629	0221408228	2532050315	7581449110	0784001-0784100
5214969340	0800591718	4288674742	3281889208	2210987075	1009609422	2717960611	8687523108	6513054879	4073032475	0784101-0784200
5855158572	7129568516	6711502658	5753721524	9702073566	5542874804	8188381689	4380929471	9392497078	3426911981	0784201-0784300
6210471308	3095702791	4404488752	9446522288	0916426932	2120891437	3532634347	0189414186	5498758085	4438978375	0784301-0784400
4276111604	8219449857	3399194641	6345105882	7596415074	9708686870	6533308767	4685517086	3672200413	3550690898	0784401-0784500
2270336380	8724832477	3623842767	1272998279	0004723750	3365691359	6485058948	7117971773	5895375235	1727045329	0784501-0784600
8808976870	6037171689	3813114926	1179907638	6817572277	8250303799	4810530997	1413321067	9111769390	8249785759	0784601-0784700
5017347343	2748633566	8431549974	2555434287	9813872888	5884082866	5550630311	6923034262	4006519246	1820851294	0784701-0784800
0513841094	3833830994	3373235611	8408341561	0952547445	4266787441	5394527438	0854781574	8171805542	9230172577	0784801-0784900
0825421551	4552311689	8159841576	3033104102	4867859344	5139563372	0568858890	6905711908	3999697995	2133448395	0784901-0785000

0785001-0790000

0785001-0785100	2287592283 9778656931 6970545027 5524986037 5938138006 5895257056 5487153992 5942499971 7317167976 2518307807
0785101-0785200	1800651730 5152956338 2632793212 7180626959 4806341649 6910211160 2364643235 8904772434 7766517250 4370188262
0785201-0785300	1158437644 2266662047 5127825235 1887021789 8027267280 2771182277 3152103035 8726420824 5289884331 6831579166
0785301-0785400	6499256821 6114499034 2466951532 4639135704 7807685268 9899848932 0525337210 1246744855 9451168698 2516508631
0785401-0785500	5065590233 5060894613 3259647585 7404743071 6451021988 9646668576 5093083300 4568187275 7241680767 0592160435
0785501-0785600	5468100929 2559395648 9533295027 9715672189 2027325708 1506277090 7173871031 3238424960 0991967666 5726212488
0785601-0785700	7134992056 9723586933 2407381117 7055732346 0902157984 7223452138 2771579580 3472205402 5896644153 9053412137
0785701-0785800	4470050890 3387153834 9390783651 1458079202 7210147906 2979899235 7303403249 9697624060 7889732184 3108824493
0785801-0785900	0826619080 2622049990 1128597492 9556277217 4646114689 9392940105 9494209733 8175943828 7802504440 9968753401
0785901-0786000	9038860177 1701245912 2767688467 5715236965 5212200577 2424503653 9737696902 8517858272 0108433598 3398454456
0786001-0786100	8178406257 4904319170 8774382410 4031867141 4204172036 8114298950 3677256546 0710501286 0183188433 0590267041
0786101-0786200	3591446899 9688471783 3470408291 4681241547 4309300998 1538425850 5632760473 9087689049 2793224924 0953499190
0786201-0786300	3416211544 6082138983 6454362734 5255421371 5789152132 0603765643 4612877334 6423265279 4907883819 2386444755
0786301-0786400	7705950091 1944414225 7604748727 3346424607 9592462981 7046415346 0651330840 9571476487 1552128608 6578470735
0786401-0786500	2955176812 7582320953 3816373144 2904741798 4026893595 1138362336 1903652219 3686948953 9292986105 6065435057
0786501-0786600	9702715511 2426086430 8592728205 7320382452 8633753600 4053715977 6632209913 4912226229 8215524644 1341529456
0786601-0786700	5515770151 9189869240 7298625805 2706984831 2895480796 2543531974 1712858425 7661140282 0095349691 8021677875
0786701-0786800	0906409638 8938910484 5046640865 7503729405 2210411280 0095473196 6004650043 9442168485 9422090144 5242927222
0786801-0786900	5584905936 6382440277 3328362645 0303053353 9930969877 7034309071 2332576249 4149601610 7924287316 6852638845
0786901-0787000	2751267060 3005707641 0952614298 9664881812 0396063873 4084985550 0941732198 7796675327 4996201186 9772569041
0787001-0787100	4469020624 7765655350 6566423759 1469173330 7274891543 4058300807 0722148098 3167748193 0217368453 7002122864
0787101-0787200	9151994480 8643918607 1365067385 2662802901 5686800738 6584826956 7625421052 9864116593 3869248253 8337878752
0787201-0787300	1349222969 8895497703 3420478617 4098071621 0184415161 7722148191 1004373337 1169367430 8773266973 0859901037
0787301-0787400	1973977949 6102842916 1868412757 5699139864 9211424787 8143531088 3070128710 3774766452 4240630432 8370837731
0787401-0787500	5256119447 3055755237 9109846177 3531290644 2410447089 4516690488 0695091460 7318268944 9278788849 3093950009
0787501-0787600	9507022903 5343539213 3255894765 2503280710 5285424124 2946878306 6310827995 1403992648 5381943346 1802956014
0787601-0787700	3112432856 4846965317 1701739125 3878974666 0971453942 2772741011 4423938795 8959878910 5456641042 6814789116
0787701-0787800	2685728035 9967830398 7097866634 4440474495 0237805374 9408916979 1738537209 7470734527 3979460572 4927590824
0787801-0787900	9278258335 0682569083 7808354569 3636681739 5591500548 9117122945 8934250193 9702089639 8720423360 8131092995
0787901-0788000	2781885040 2771287385 7443547058 1971449057 1304159192 5075571511 8568712451 3861708461 3762199481 3881555082
0788001-0788100	9388483756 9145259023 5639700631 1126012211 8004370384 7770706721 5788291447 2504703857 1195085880 9347550637
0788101-0788200	4838293531 7775380885 5894117419 2632937495 4300085072 2248392228 7543944226 2626959819 1189695630 5252790993
0788201-0788300	4629461536 0936163549 4478791750 3777137415 9070623175 9672455836 8532599842 1558810316 2562444276 5549902532
0788301-0788400	7501763136 2943127796 0119164305 0971695953 2112992045 2717744965 4633602651 5365658288 4193638793 3775355221
0788401-0788500	0007523306 2499389170 8860305513 4982454203 3286014988 2251892444 9789713654 3887876073 2583968694 1239838808
0788501-0788600	2043346266 1172204379 9813307423 5136784990 8458648166 6628620111 0167877285 4932272589 7317962900 8389380937
0788601-0788700	8368862243 0928160362 6918073213 5646537153 5050488691 6477877918 5842773790 8188613147 5435737043 8396416108
0788701-0788800	6684544778 6051856988 3643545539 4146744883 6225690758 2297656680 5177777484 8742973152 1740717222 4089962520
0788801-0788900	2713446380 2893843314 5251698363 8073117992 1467836533 3421747888 0597728426 1602035843 0828924451 4390795487
0788901-0789000	4192059946 7031093767 7692734600 1157263547 8653303787 0508825586 2616916954 7527360426 2765242628 0382477111
0789001-0789100	2903565310 9206137550 1041535163 5002947736 0280304265 1560687044 5034565865 3273748883 1388713636 0128083391
0789101-0789200	3126850405 6973058262 3675060661 8539761570 4174217427 5940940477 7662958560 9930464445 3696935713 1235331390
0789201-0789300	1844731016 7028536689 4180350236 1632619326 7872577312 1497249824 5087303034 2047625852 2565871384 4171927986
0789301-0789400	4813496990 0336823663 5925882060 1075142130 5993540511 8239822139 3595842421 2886801556 9496013163 4265883922
0789401-0789500	9035170296 3854931431 2026857517 2092434167 7167595367 3854595891 5630415154 3408885004 1606705334 6654082813
0789501-0789600	0700832897 7614882496 9628924016 0421141615 1036179777 9321029713 4762657997 9402154699 7803877847 9401598816
0789601-0789700	0852142135 3530414979 4348531891 9528301157 5006555852 6423618771 6442360830 7897345825 0523293243 6402643759
0789701-0789800	2459180056 3290872305 0762970364 8435508696 7621331082 8770177163 4937764001 5740770619 2909977311 8327157053
0789801-0789900	7209205365 4029707767 8672665327 7933085996 5800109221 7362389041 3584279519 3350888221 4543651911 3434014342
0789901-0790000	8094289321 4788848307 3872577049 7425332464 6609483535 1665781767 0744653783 6480284709 6926101318 6450293122

0790001-0795000

9616599437	3555820292	8820234450	7282771381	3735310873	8681566684	6805841655	3952406315	1157367921	5491126324
7750126529	8070868653	2078718046	1286792428	8077555706	5292782594	1943007588	4278012095	9101663775	0414014314
4565160939	2042139955	0727498787	2445710941	3555504501	5722897094	7059287154	7857842375	4955553068	8277162786
0681824647	6471999729	8003673328	7720747522	6535910397	5496408864	2547652414	3137886190	6622713920	3374830355
5382843444	7644598243	6340653278	1363195780	8343899184	0207295633	1227424040	6329113697	6226856540	0010623898
6047816686	2977778403	1279489991	7073967230	6752216295	0965287896	3150378284	6767916109	6745584887	3593475491
0866919617	2246037943	3265367175	3266796427	5759439960	4997668066	1204001653	3028504949	9728607042	7542509372
0773858637	0041544102	6059524493	7075850036	3784138186	0779567606	6806461723	4295007523	9776514594	3294896719
0018394508	5350711525	0826284545	3452737577	9691224833	3719234276	1582030801	4628017675	6282502407	1460250971
6056309317	6724593076	0486882487	9005384715	8052075074	4820305264	9668981999	4025157949	4232115902	7841043254
2583533717	7788899239	5174636657	4326137285	1811005292	7573466418	4818518156	9944340408	8180376875	3519740663
6304783372	8440558181	9299431249	2820699574	5614238266	5305098134	4664300969	8835798899	9333648249	6472266767
8660948382	1820069176	4477995154	1006483149	5092340231	3298555020	7601297659	7654825143	2214277265	8066657557
8245211435	1183573372	3773049243	7142595702	9585515871	1563888077	9956709924	0416783945	0785418474	5979089815
8041308296	7546815203	4660396987	8439383081	8392374771	6278977138	2844434051	3409511684	2773409217	6907252476
3108922444	6647891168	7943251322	2007365153	4562311855	0138742152	3354450308	9388539861	0146110690	7489109566
3596629481	5046854675	6229289415	1089237294	3193195614	9182318256	1129060258	3642878172	1949291753	4538823527
9936285889	6363679518	0669943553	9473796067	8838639432	9921827855	6841255867	7995497954	6133028786	2146465157
1399165914	0284587348	7027052610	6981706256	8063586601	2816449797	2466681641	6196987988	6773684747	0963519634
9675767724	1171938898	9116184101	6757249065	2812301639	6816931500	3082520148	9745797388	9001526824	0237779830
9724004631	0850649974	1059120950	1570775841	4148918052	8324673061	8351409517	4913707885	1259753482	4769265004
2368546235	8436015970	7296182804	4309168026	3700578592	1511372201	2165857223	3654137444	4765941395	4964395531
3251616096	5801809920	8779083525	7903757726	7506223225	1858830607	5693231895	6337473318	0715366869	9884986386
9143703937	9137969021	7509625869	2842571691	2905420020	8155469777	7269088469	1552481174	4999365707	2604850439
5080918943	2853044749	3989630060	3185187727	4582105246	5577410812	2548587461	3984102455	2315469728	6056159900
4919730133	8745304316	0232464499	2651250170	4259895981	8255652388	7587795429	1090967219	0883553577	7249868613
6615280495	8762154417	3261930411	7924969971	4236480394	5636309930	7208351692	2495396202	0083881511	9183724445
2275263668	8920992957	6677095667	3835188966	1959616053	7535008602	3233648287	2126727945	7182592717	8717732484
3095828273	5739819410	7946656428	4153735209	7892288900	2103731720	2758664290	1183835024	0103826226	9418554517
4623600553	9053368444	7990378023	1493500910	4335155598	3611865012	6049569602	5913457693	6587622265	5770632075
1802591029	7097449295	1788854202	1192971691	2663104142	0914010786	4252386132	0813476345	4729775317	4408567322
1032254607	3930167741	8956020272	9920316247	9753768627	8078459710	5213268572	6453736242	2553192509	5186171876
0134511243	3762990535	5546195917	5254804303	8904417376	1791316962	7434487853	1155019525	3769280779	3447126384
2488993435	8191719567	2961221652	0534622308	5534104546	1753516028	5303531706	0140881213	6373334586	3747449007
1286834136	2130746643	1499196264	5876623832	4794568554	9526493664	6501737302	5269911908	7348893838	0822049031
3999050562	7544398890	4463472232	5658585987	9118866887	4080697010	3202682039	9164596539	3982763139	7675758675
6306611912	4852892485	6994955452	7475825958	3805926698	0566909315	2791187730	2059789706	3137870893	3883220709
5089767335	3008555615	2945784936	4066391245	2296012669	5960096262	4923623543	5006717356	5750932462	1100978763
8785940003	7811122554	8186286591	9130265466	1216074980	3532560234	4356367631	2411815896	4697385615	0829519318
0065715412	6306228994	2986318094	4708829996	9778236008	3731932759	3124537302	9308031970	8391679211	2382203775
9386912820	5704012577	2444861579	7828970323	7209824314	1995219135	6933990701	3764865723	7940901897	3102677314
6477049154	3124633531	4923116498	2846119122	3204432979	8798865455	0488550281	7224127196	4129621425	5244081433
8331848355	4853164891	5655594728	4549415951	8329931788	5179785723	3334982197	1674522093	9822794703	8948309387
0068880950	0950017601	8651075682	6190182122	5987911067	3576574102	3718866272	4699351075	7585531487	5850606889
2653011018	3871898352	1117215435	3512759382	6432969022	2339493804	5976378558	0907317163	4956875032	7089865704
5091638820	5248079423	5222753568	7082560260	3182812925	7727003799	1853012635	2379901061	9425957035	2197978694
6037934090	9076816903	9374240329	4222448564	9062429240	6904135555	7978176280	9939784678	0875087378	8927217350
5415721686	1062524353	1297175287	0170021713	8926526862	6196686871	2382220018	0819981055	6711287217	8866928665
1408685730	7314203026	0294175800	6147543396	9961445419	5780173471	3074532518	4665024873	9186631226	5912601566
0236378626	6520161741	6091315672	1283704302	3831858011	8360359563	7611440219	6341988517	7735871538	0279808392

0790001-0790100
0790101-0790200
0790201-0790300
0790301-0790400
0790401-0790500
0790501-0790600
0790601-0790700
0790701-0790800
0790801-0790900
0790901-0791000
0791001-0791100
0791101-0791200
0791201-0791300
0791301-0791400
0791401-0791500
0791501-0791600
0791601-0791700
0791701-0791800
0791801-0791900
0791901-0792000
0792001-0792100
0792101-0792200
0792201-0792300
0792301-0792400
0792401-0792500
0792501-0792600
0792601-0792700
0792701-0792800
0792801-0792900
0792901-0793000
0793001-0793100
0793101-0793200
0793201-0793300
0793301-0793400
0793401-0793500
0793501-0793600
0793601-0793700
0793701-0793800
0793801-0793900
0793901-0794000
0794001-0794100
0794101-0794200
0794201-0794300
0794301-0794400
0794401-0794500
0794501-0794600
0794601-0794700
0794701-0794800
0794801-0794900
0794901-0795000

0795001-0795100	3962306959 2894450288 1270771132 6597922053 8364752490 0638650538 4673526547 1279601392 7057425335 7239928439
0795101-0795200	2566821190 0759207612 2827272386 0856213827 6534993392 1722883132 8929444455 4185591185 2332513183 0035127913
0795201-0795300	7925207603 8822932907 6831775728 4347671056 8432799744 7620079687 8545960902 3037060154 7443724261 1467397637
0795301-0795400	6141025089 1819342787 8230418831 1556795804 5412431192 1034413514 9026909550 1799996042 0723226099 4274936196
0795401-0795500	2125944584 7015799426 7384082691 6807034200 3733428173 5882422048 0345776191 8055384418 6706109278 6475446871
0795501-0795600	1090427656 4909613367 8966932061 8650990481 1679659860 5503404920 5961741584 0318373662 4449878891 0350470616
0795601-0795700	5000925499 4233945662 1656246048 6362752367 5719584621 2709710103 5867837376 2859455190 3569480784 1844204611
0795701-0795800	6427432686 0787480844 0542518712 2732222002 6214347989 5429528267 4932403815 0098184804 6570078416 1918386349
0795801-0795900	2574776926 4605691767 5531836754 8227892033 1802726653 1093127116 4367933819 6228009595 4133047870 6842758615
0795901-0796000	7839815966 7863531221 2649107416 2834036375 8489867323 8782661376 9035930136 2324296156 0311663457 9503348069
0796001-0796100	6041468095 9998514167 3315641663 6610638135 9333702910 5580951861 0025965969 3358538133 7026672093 0385742574
0796101-0796200	2167864290 6364254627 7737124516 1425008963 8653859527 5801322289 1865379060 7932844115 3123957194 4333059711
0796201-0796300	1674626649 0238943266 7179611307 9458231044 1191900797 8388171522 3000670094 4002400638 7592269436 2285108398
0796301-0796400	9082522875 5833967504 5354327424 1265645394 8010664801 8793370264 7796786435 6301541959 2850256243 9369802444
0796401-0796500	0700414898 1012850384 7612557665 3219679989 4997511651 6655256803 5436426047 3149980694 1576711495 7179087061
0796501-0796600	9144799725 2271479529 3279630735 3587611207 5829068056 4592707528 7717611731 2662945676 0366335713 3534836225
0796601-0796700	7492316090 8849973395 0008239080 2270834018 4421860239 7156226894 6975901121 1164176352 8196178800 2013550898
0796701-0796800	6069980355 5039550769 6017523557 1734913676 5805036634 8098917662 3747277794 4388920986 7951693893 6159532508
0796801-0796900	1576104264 9807718788 5831916660 2587545585 5802071249 6020356901 4360241160 6765094417 5116399552 5117604635
0796901-0797000	5458354558 6837333273 7835385586 6576517556 5323846658 8986398386 2957934979 8658078391 2028837322 1654180551
0797001-0797100	0150451839 1046892095 0564429261 8713072718 8975971985 2246213142 9519367378 4547251284 1913917280 8431950208
0797101-0797200	1487214486 8180912262 1419507962 4858367872 5120084959 0524925366 3525575397 1301282522 6663193126 7472711708
0797201-0797300	7401687401 9818205300 9569012107 9949369324 0463863410 0522606283 3597847775 0993619741 1021609915 3341241745
0797301-0797400	6322272914 2898453154 6044679324 6316585082 0599008444 3044529235 6835613059 5857276984 9765100357 6373809488
0797401-0797500	9043789814 9713389441 1215534047 8285383410 2515862734 5220929813 7895801512 5267959050 1688381107 9779373785
0797501-0797600	2314075453 6423832677 5372591139 7231685879 2687904119 5675255583 2558943262 4746316959 5932379328 0773972152
0797601-0797700	3413165102 3326955510 0425671347 8165687894 4325901020 3076129931 8706117131 1147244684 7380987616 6132982158
0797701-0797800	9523733673 2356716715 4561417555 1623880797 1200015234 5311199454 1783387246 0867591965 3156964945 9754343526
0797801-0797900	2414717377 0273516235 2186908458 8169433264 9543609630 6903278636 7827217343 3787234212 2012779145 3073615284
0797901-0798000	4291764593 7575452766 5511736166 2493776258 3412326694 7038661801 0995264161 4144694368 6665541214 6535572510
0798001-0798100	8823132604 4430205947 8295706469 6420840506 6397206393 1736507351 3173003880 4452622596 0365484863 6596942695
0798101-0798200	1483721919 4053748866 4822469551 3800141661 7534413109 4397669630 4892594972 3208317530 9962614307 8452993318
0798201-0798300	0165084520 8032363582 6442101627 4310136612 9855870542 2918469185 8535800025 9657093610 6888670740 8368708490
0798301-0798400	7612579947 1641309963 8858977280 6057254383 6777759459 4948790395 9265587631 9211032276 5058387304 3998704354
0798401-0798500	1540772170 8153371228 1697253470 8480460678 4815303398 2742153642 6736133106 2553648078 2351719373 1976382923
0798501-0798600	1976068793 1863997393 9709329235 8465259252 5487847560 6695873672 6025074964 6865932053 4760333026 7022587893
0798601-0798700	9971559384 6707346382 2210871654 3115987110 8323635901 5069170462 5433514220 5615002339 9316362122 6931614164
0798701-0798800	5163467224 8700890857 5597842867 2090870503 5059539110 2855612564 9913517596 4493878468 5362718801 6450215023
0798801-0798900	4656608575 4400621293 2808424563 5478066713 7045656851 9259335922 4746434449 6813893964 0957288030 0774156674
0798901-0799000	0902382614 2450163971 4899267150 5880621404 7363887717 7652091612 5774301134 7519545220 3749089616 3122104904
0799001-0799100	3534651801 9000909935 2151964047 1458864773 5602146512 2479417805 9004235182 0766796507 8580026385 1082616667
0799101-0799200	8848558950 7491586451 2661930983 8305834826 2969071317 0673107171 9728080776 8484805796 5875444137 9929449107
0799201-0799300	0474718297 2801787259 0170340333 0009230392 5380610416 7548466988 9573135068 0386861742 6399244369 0005077832
0799301-0799400	3469824069 2427033122 3442533816 8695545685 4241317436 8857672121 8523392455 1451954366 2928877490 4004394559
0799401-0799500	4665507408 4270251388 1542258012 7799362494 8276125530 1095759410 7015575245 7017401978 8509769995 2595617208
0799501-0799600	6894340915 9725896349 2835929491 7641877073 5118875573 3523909753 3861390461 1744197549 1085823789 4535948817
0799601-0799700	3409788639 4506170092 2735583569 0040585622 7237806491 1621799257 5263587677 1733782545 0819281108 1021590238
0799701-0799800	8311849529 5970302890 4546355239 2776037669 7180464550 0936638939 5271293756 6183649877 2135574322 7583521179
0799801-0799900	6176974028 9374567771 1710209601 9708609988 8919748227 8183406451 4963240191 3419859546 6675186304 3821782298
0799901-0800000	0536476808 5964134878 4882765133 5906070316 1660080738 5645023674 0863265104 7956555552 3905693241 3659061767

0800001-0805000

3191577439	4061383800	8162286942	1478366058	1227966013	7868810364	2239344928	9901558277	5604767214	5288752696	0800001-0800100
5184984097	5725311412	6969799968	3583131116	3623016679	6763740682	0847352207	6481987519	8822986305	2801822887	0800101-0800200
3740084633	5839839835	1191797700	5782448199	5867123744	0728854255	4258820673	3038659351	2348849979	7026231342	0800201-0800300
8093258461	2061873144	9057393342	9526185556	8315864723	4650823356	3111689903	9298074623	7301858961	7512746201	0800301-0800400
1024135025	3016504735	9873912996	6877316578	8793314681	1462093006	8822230887	2061583309	6858364793	8117175872	0800401-0800500
3221188044	0756360456	2665101608	3443677231	3414846187	1266939435	5809447299	2220580954	0034174771	1692494857	0800501-0800600
2249761131	6668715094	9060130424	2787861170	0218095472	3913179444	1841677024	5763014022	9750183193	8044884481	0800601-0800700
6047770140	4081374189	3954547596	5527353961	4603519113	3930122313	3299133292	5650798965	2308090598	5857406951	0800701-0800800
0691920327	9334733972	6614955417	0561661608	1542952178	7924208501	8926158908	4277089990	8154102051	6351796459	0800801-0800900
8157545596	8806942601	8001303557	8554702715	9876006807	3314518161	9407836722	1223851733	1773178365	8569999622	0800901-0801000
1593848758	8392248992	9110687127	7741693137	4725695651	3343006306	5227379245	5105626692	1880807811	8325867313	0801001-0801100
6960112090	7714665794	4366288330	0144081586	3098631726	4190633304	4044508058	2281128154	8891619832	2932731818	0801101-0801200
7999588512	7378387293	8509699050	0690958150	5599686237	7712942317	6197294040	8139418136	0272405148	2082073795	0801201-0801300
1363148433	5422793933	4277653686	1035254077	2583999654	8618746068	1108544159	9378263442	1838393844	8584852903	0801301-0801400
5304569715	1099125044	2313825249	2529540089	6002776538	7386635741	5638827431	4110235995	3392227466	1428089503	0801401-0801500
0235763018	4738996956	9687857964	7614813385	2746260001	7284007661	0353359970	0110742958	8617909344	8568823861	0801501-0801600
4022120262	8100987841	9477855669	5767060208	2972972849	3217283594	7885074785	6268835413	9604520503	2733900115	0801601-0801700
9768997592	3488237896	0037047435	0944012621	8101094815	7151330500	5269673475	0515957930	2414192467	7188377990	0801701-0801800
7897096741	9856206206	0336577626	0662003934	7514589512	1231388967	6805215858	3214858756	2100493982	7433779291	0801801-0801900
0008563459	6084787274	4334605561	8482163033	8722910556	4330934672	1926478665	6314689814	4200381872	1109343897	0801901-0802000
3898630381	7212957909	2991127430	7671977729	1578376748	5462892852	1808203967	1437850793	3637369500	7727664266	0802001-0802100
7558541999	5885697258	8894171885	4732457041	2654538727	9293835554	2304128413	7013213116	3168616764	9503182078	0802101-0802200
1233528078	6703605753	1692611111	4131927428	7790446455	9074531083	0304595611	9947788929	7649507064	6397168145	0802201-0802300
1462945312	4294363555	4886863612	4882656124	0064409327	0462720991	9380249935	3896059744	3351284906	5936304283	0802301-0802400
0104058174	6061232043	9445967861	9943758818	2107887055	2909724031	5088518044	6976720704	9321932642	7327474947	0802401-0802500
4657352706	3140084600	2270606955	9676968769	9358161220	8087614289	0824382822	5082716265	4510150765	0711225487	0802501-0802600
7678312710	4898581258	9031480801	1532348223	5485756250	1636134324	4575548970	8401852562	4878558411	6155906291	0802601-0802700
5706400186	1938267871	9167145422	9784270131	8556353007	5923391743	7150422523	6871430802	8697389723	0659408747	0802701-0802800
2615583200	2885605643	0543675473	0126975992	3912140930	7820516347	3056839443	5766080505	4953912914	5864564189	0802801-0802900
5198421266	7557032614	0401652646	4718191682	5561780500	0436626398	6812632605	1567703737	5763228255	7237224033	0802901-0803000
7326563439	9261010727	7749134762	7176169780	0242024174	5421963354	2368342108	9982050983	9969309009	6683351729	0803001-0803100
1556051800	3291237502	7974138336	3465570545	2783485374	7615770729	7860282642	3169895661	6215364150	6119169118	0803101-0803200
6958507630	8737841951	3314433235	2216108648	0753762756	2795357326	1927680750	5917919753	8220805055	3608592143	0803201-0803300
7064255882	0407949945	6805320998	4521619529	0348747172	9158788043	3789802719	9175755284	1249516455	3897366903	0803301-0803400
6679774585	1060492373	1647493348	5138913107	6704781689	3150928005	6525080740	0336026255	8797465873	3895886504	0803401-0803500
5549105944	1871151078	9894764277	2391413200	8590273134	8230514711	4710862568	4424430556	1264573131	7975946690	0803501-0803600
8304134034	9698418952	6412808130	3923795354	2339551451	6436858329	7176727033	8799660705	0275380884	4666613249	0803601-0803700
5208470595	6236035132	8876356928	3104042351	4230736898	3022576189	3982210451	4711649750	8649579313	3102305164	0803701-0803800
0070274041	8722925525	3125550507	5196263090	1419042881	5837860801	8722688533	0334260324	1887419947	4309487098	0803801-0803900
0900779689	6221521278	2040363871	8498691155	6892852678	8514369208	1119896699	1991759394	4222765985	8529607316	0803901-0804000
1102727719	3039228750	3735276746	0313649872	8601485908	7801089027	6964810178	4192505137	6836394432	7798589783	0804001-0804100
4996707510	6459160807	9978149867	4621295942	9929495103	4556123952	8518996648	3893151341	6634256253	8722904207	0804101-0804200
8570031005	0576672387	8249942293	0433187629	3310759921	6334103488	1853078945	7862130438	4469902259	7151095378	0804201-0804300
4248396404	5195613952	6499409105	4193480278	3338141050	5497503863	2521344166	5253257834	6241054313	7242051343	0804301-0804400
6561007097	5026474975	0601879329	8970049526	3510803848	8001221708	1134423115	9233018250	6552329000	8053296095	0804401-0804500
0529674761	7827764990	3380464927	5642460784	4006224775	1022984090	4464576088	2840084383	9653757251	6330908693	0804501-0804600
6595011316	6805903176	0653994130	4678318604	5006298095	4641179322	2760643945	4509746403	1190004046	1013636375	0804601-0804700
6652514763	3922056408	5394881156	5665156414	4995469997	9896155170	8519238964	1735048616	4401960282	2837023105	0804701-0804800
3195494455	7157779195	6758859753	0366609882	2024968864	9624023737	6974149089	6227826267	1716470905	4545896434	0804801-0804900
2513581072	1550993127	8700181094	7933780019	4288116971	3845597813	0343759117	4498305039	7272005088	3851002048	0804901-0805000

0805001-0810000

0805001-0805100	6452766917 5972913171 5166904145 8699094829 9639788578 8471241582 1518191513 1193646592 6550224699 5225206586
0805101-0805200	1237108617 0777529724 8009628557 3811172643 5043977239 9159135333 7279437121 4939748639 7926247924 5746309268
0805201-0805300	8060161268 3328108013 7307606789 6388530352 4762479577 2962330363 2060797531 3117003215 6315773961 1414172670
0805301-0805400	9684579198 8967823317 4980250090 4092769839 8894869465 8406197088 3711871716 2678950598 0379928186 8790835967
0805401-0805500	6744386739 4110895371 9698618297 6738458954 3924411217 4432607281 4344156833 3778396580 0933241626 5311975886
0805501-0805600	3863145759 6991628226 0607790333 7395378068 6154995433 4396662534 0413723933 6058376135 7136631484 9602284656
0805601-0805700	7534731883 3395976940 6024258503 3382282696 7160251488 2648376703 1393661503 0465569440 3590997958 8086530647
0805701-0805800	7527207618 1214153941 0681855315 1735880056 3179789508 1069982071 2326357146 7145311627 5825250080 6200983530
0805801-0805900	2998598765 3456158772 6559057767 7705235068 0073472116 0449806488 3912344314 9699456629 6883810992 3179375961
0805901-0806000	5151983265 0120598781 4416179328 9005863320 9563904496 7327409677 5615657921 6951256957 5734306501 1177279446
0806001-0806100	7699754846 3963676474 0951978746 9857405002 5666304304 9693037828 6467308890 7406762172 0816291000 9270841088
0806101-0806200	0219803664 6903200660 4898295265 4419736165 0808708999 1399726806 5256227964 1804946454 1564487670 1280058394
0806201-0806300	4430038777 1355707804 6564329913 2187060632 2081514275 0622404635 7396332303 3417129205 3079551861 5942218913
0806301-0806400	4174393464 2698600396 3040050800 2042870415 7295937353 0995771667 7615251624 5240929006 8764840944 5244870829
0806401-0806500	6372347946 6340834676 7889242904 5159840508 6071695341 6892727685 7026100718 9617528775 2516051145 7579234875
0806501-0806600	8289688272 5005829643 4832572501 9488704916 7329327414 4146938616 1100821207 3014894509 4220915611 3531966015
0806601-0806700	0600951530 0421518796 8005009256 7027746169 7526917366 3358847895 3104875162 7925415229 1573647418 4880129370
0806701-0806800	7600826420 0657418502 4170407054 3171728758 4945349675 5969256058 1068000917 3553233924 6553976580 5611506266
0806801-0806900	8571458886 2313687782 5027075077 9389298522 1289837675 7339444061 2389601946 2548014968 6695371667 5692027945
0806901-0807000	0041465728 4567068530 9943119591 0398723702 4927090104 3532552598 0501157121 2263284707 4507459034 0596438552
0807001-0807100	8208729191 1849839551 6680440487 2154753233 9125619945 9302810597 5250334168 5465676518 4945399888 5243277578
0807101-0807200	3503720834 7774127463 8187405458 6392925447 1150555432 2799818208 6818796986 4701046561 3411868005 3965131346
0807201-0807300	7232381249 4414047414 5964713110 0723335520 2812338522 1405072386 1536931660 8946059307 5675862667 9075053701
0807301-0807400	6110407034 0909262826 7488775028 5975237510 2385452677 9620553060 2752777436 7819405779 5338407659 3719123390
0807401-0807500	4161229938 9658775405 0420933165 7806959653 4125892927 6900210583 5347234056 1065145554 2932009170 7450439470
0807501-0807600	1995669836 6277022470 2288304266 5069045512 1943837056 8467083823 5730118163 2285434001 8430494979 8582621768
0807601-0807700	4156199179 1993512415 3094915801 0079374774 0403927636 8882693841 4993758057 1751713447 5581593103 2745774187
0807701-0807800	5763711877 5713224689 2272242493 3777711395 7558484346 9314320561 9352281759 9764563384 4635236679 3269416636
0807801-0807900	5293829299 4731554160 2622781043 4045971282 5822426701 9760969254 2335680025 3834894656 3112495170 1468994004
0807901-0808000	6400911880 7408707732 9964303094 4043581834 0841417580 1847899502 6247389569 0754781926 6522199349 6740541728
0808001-0808100	8191105033 2527900215 8545943175 7345887327 6958639774 1338302654 2251574881 2728581889 2732849776 9691108525
0808101-0808200	9385652172 3918404258 2582314470 3106476046 4814502022 2102865333 0865637440 2259588047 1321869450 1443668175
0808201-0808300	3853073158 9200519065 7548015823 4491548443 1777081767 1252046119 6493945018 8625676374 1453768645 6006014215
0808301-0808400	1261292424 6459673064 2846488510 4976111918 8467204986 6454759999 2680177566 4337900340 0568470375 4475628782
0808401-0808500	4934898408 7140077023 6296504170 7501045403 0069683112 3531729340 3026317221 3170861762 0296043445 4820954348
0808501-0808600	6763695249 3941538476 6753809577 3551214637 4990805038 2956467090 2052304673 9855643558 2380712001 3405179535
0808601-0808700	8177592661 1792974601 4869213202 6306003931 7995648494 4444731611 9372536942 0623475637 4504782675 9397321270
0808701-0808800	3372805781 3431266211 1738722249 2806333639 8345193036 8038925930 9688995209 2520352785 7198099238 0576236122
0808801-0808900	8496065232 7697097076 4790391394 2314021333 6869039480 8687684743 3080122688 6994620347 0823716309 7247047250
0808901-0809000	2810603314 1647014474 1205421382 4030812834 7191009308 6202697490 9153607225 2751286597 7495195070 1446835957
0809001-0809100	0342661460 2530281533 8482727764 4979007768 8980744583 0108058076 2580282652 5398467121 8499044394 2589188021
0809101-0809200	8806297599 5631428163 8485112094 7134995242 2729096625 6213105720 0278602521 3027165243 5730201321 9950531711
0809201-0809300	2041933385 6243218115 9685353143 6428098866 0109585436 8526010852 9344637841 1885371826 2721650745 4141542909
0809301-0809400	2412576342 8168346424 8035818333 9986607357 7309409498 6065706615 8440701673 5064684551 0834483041 0340714330
0809401-0809500	6886135064 8161231335 0084423362 4141744252 2038471620 6858157780 0344074422 4089977379 5250772272 2425221632
0809501-0809600	5270798286 4834239360 3199360077 0157814548 5499732791 4957152420 4777183259 8625574711 7217600047 5918686134
0809601-0809700	6576680074 7913882388 8252605950 3696145637 5550948364 5524943318 4937579583 4470825651 1202977130 5489059858
0809701-0809800	8936049041 9843661556 8028063910 1693150794 1239844261 4146314527 2074906342 1674666562 2082073387 4054410273
0809801-0809900	5527732642 5726662603 2543414164 5180646462 0135910746 3690481409 1394881734 9150190905 8878658865 7560805463
0809901-0810000	3191153957 9519922691 5101752611 3553536548 0449153805 2352430920 9568391339 2366418602 1848657405 6531386585

0810001-0815000

8918038882	9010049544	1053950428	1908521709	5689709852	2266049149	7703442563	4152011335	4359560162	0804833457	0810001-0810100
0567858284	7518288694	3264572847	0941550706	6390042021	8474284148	1507293211	4255525384	8768239840	5964036946	0810101-0810200
7558558706	5077805288	8118437054	3707668539	4020436679	0879472757	6997674271	7439082411	4225151702	3195532601	0810201-0810300
4929205324	8523316443	0336141058	1348081211	8784454016	8004984186	3719537750	7912250981	6883959439	8437434905	0810301-0810400
0092769074	3049721973	2166826907	8681894298	8655432603	9347996027	9152866631	6742452049	9357683219	7598296140	0810401-0810500
9060960027	7500754116	1182341365	9519543647	6826597435	3872503433	5575607603	0942645937	1768443525	6584561894	0810501-0810600
1330436265	8549333964	4881366781	4189940353	7812518636	1809861431	0938046860	8423894176	5717091983	7530273529	0810601-0810700
4605318217	7484980676	4100727806	8935394877	8562080766	0764628864	3497578138	4916754969	4801333616	4585535923	0810701-0810800
4218744439	0487282202	3274827900	0438097437	2224090556	6579827925	4079201827	1917640731	5686878899	0869823443	0810801-0810900
3324298461	7134807794	1579260789	4378693787	9321819276	2383208856	2198256262	0537061570	5336509986	6604373352	0810901-0811000
7800430297	8538582577	7258208143	4930689509	9746902842	1232148054	3625214410	9926584513	2086983569	5037934121	0811001-0811100
9278770154	8376684625	8848514803	5328210057	6225953123	8439549984	5597718366	1774696948	7713373602	9490243201	0811101-0811200
4008936954	3524642846	7039062829	6129253331	7560905458	0152415336	2697046334	1560947714	7038783311	4080455327	0811201-0811300
2026698516	9165505458	0885262347	2270091856	8381152913	2516075575	1473298310	4817451169	0118544738	9050027079	0811301-0811400
6628135737	3328915219	4735131715	0714211819	6223950640	3606625079	3766101141	0909757198	7519506279	0767199208	0811401-0811500
4156183831	2623278705	3677949587	2093480853	1033700370	7967698144	3339865319	4730055395	5036137371	6903540441	0811501-0811600
2274418482	5089725543	4113291414	0992101050	2794060781	3434527454	5748910397	8703959255	7677197303	2662920585	0811601-0811700
0021841243	0561101471	1726658858	8758581109	8013622427	1917836015	0563008450	6126095803	5114622186	8970392656	0811701-0811800
0067677522	7127811508	6918240931	2639832388	9514330730	9208061818	3670533272	2219967122	1382439249	4133845030	0811801-0811900
8553742913	9510060612	1406401527	7299204721	6247469060	1996875361	6129309594	4353196702	1387026224	2747134252	0811901-0812000
9519834641	1502152585	2171907334	3528760508	9694898596	6187372464	7148445754	0042632111	6913066108	0007590199	0812001-0812100
2768527723	1229433845	3753734455	6192707318	4207700352	5188819851	0000910588	6970246361	4133946373	6403629167	0812101-0812200
6485024313	9592226108	9143124584	3108024918	5337663654	7379542810	1980063946	7549165673	8822093720	6795502245	0812201-0812300
3974952793	6043218760	4167371252	9418689041	6787560507	1581918462	8397499517	7618984701	2014172849	2253165997	0812301-0812400
6424913961	5534630455	9673700366	9827139244	7461722405	3775638845	2506057383	1172206330	9952246138	2751543842	0812401-0812500
6248418305	4546161423	9767958075	7579289295	5358231583	7910599881	0001363558	3580253819	3049608748	4840623244	0812501-0812600
2130196731	2857279756	9638089158	9114151062	6829367132	5339044322	0443935122	5627134258	3571937580	7555547099	0812601-0812700
5280586509	2748914856	0615014905	8672218630	1814539552	7154337744	1157484301	4604542104	7237106590	9374589455	0812701-0812800
6018507470	6555125049	6207976349	5262962858	5741910611	9868433743	5959902767	5135124284	2162787382	7040736179	0812801-0812900
0182264211	6190565452	3559821346	5009844346	8474989342	5519419061	2568539471	2155093835	7783997339	8535979920	0812901-0813000
8044091401	4013019692	0588481624	1657792074	3850616592	9884295428	7592676532	5764612786	5813653869	3023064324	0813001-0813100
9514872291	5683419489	3397732577	2383110186	0728599213	8274399553	1670717977	8694631024	1209656299	2515636907	0813101-0813200
0709797657	4622302248	1118369933	7954003728	9040035528	1383879166	9645146305	0174466783	0267733915	6584851313	0813201-0813300
3733221345	5591201694	2819944635	5869119901	0467025724	8863039143	1318926902	7234278807	6559567143	5508100852	0813301-0813400
3328736761	8883314330	6258402854	4613817909	1441586020	4244109694	9303994618	7801336492	5964346932	2592382271	0813401-0813500
5423732556	1865763731	9111383935	0829844737	5787630908	8819066974	8750346261	7067362010	5614764919	5858889526	0813501-0813600
1757302986	6000284492	0883309869	3563896669	3573658315	4321980511	4630291803	0353282391	2512265145	7960451129	0813601-0813700
1362048141	6074263483	6890487253	4774146049	7928968665	4718043110	9637020693	6618003815	6492646017	6322823546	0813701-0813800
7525772510	0634810833	2460496397	4581894856	2507159279	8514006882	3456587664	3286169649	9447028761	7278607401	0813801-0813900
6278793760	0313403053	6537200163	3610673119	7354021657	4274552661	3772464146	7970163423	2210948392	7352053992	0813901-0814000
1618466844	3165780514	8578748738	9956117356	1574229271	0799789378	3041174634	2331723123	6870629887	9939563796	0814001-0814100
9323438140	9307730316	6738558758	3365894879	2192292991	7029253219	5313106313	7516995648	9555627920	7732633443	0814101-0814200
9956069913	4012345566	1866002723	8644091295	7768174567	4556204269	6966397914	9248546317	6155558347	8849112031	0814201-0814300
3298081093	8202001667	0821426195	3839391351	9494332455	8741577258	3694811634	9214048473	3546704852	5276266990	0814301-0814400
9591444857	0908316042	3866343355	2347995241	9332174312	7082642757	1501537381	1447046489	6147792343	2391883659	0814401-0814500
7604173276	0691839647	6067866322	6749291933	2316113187	7673919132	7131564491	3056937058	5515339505	8229226297	0814501-0814600
9366928009	8890127374	4011072991	3075848391	9483725163	8752515268	1209356155	0689661281	5652785043	7743856737	0814601-0814700
0659686571	2904074504	0213967864	0980501628	7163242664	2267337613	8215295623	6522040211	8843091692	4496201670	0814701-0814800
3983772402	2900775191	1990173388	7256549451	6702488423	1446673301	6979564931	3895385861	2398111668	3082572022	0814801-0814900
3337246985	7377872517	6730167468	8527011564	2775820059	3935709812	2586901258	8927727534	7751245969	5452503898	0814901-0815000

0815001-0820000

0815001-0815100	2611668021 2877573805 6368563156 4442199458 1874028106 5680175318 5564565295 5822886169 5528627420 0281964030
0815101-0815200	6143910590 0321537979 5396930218 5194232688 0794685279 1407258771 9484690411 7641691522 7472110682 4390965834
0815201-0815300	9368174072 4391256726 0141392055 3750443877 8509718690 6128308954 2144509045 4534852381 5226121360 9136327962
0815301-0815400	5618713641 4316494221 3935544220 6005338273 4515307986 7230668801 3562930131 6501765553 7704716300 9150624792
0815401-0815500	1237391937 0575413872 6037784409 4217302591 1250492386 1549381900 7039732269 8270844593 3093837163 1480611283
0815501-0815600	4117948631 3084619959 4307896849 6411168708 4337933440 5700795264 7802553242 9988270212 2395890715 7262154491
0815601-0815700	8831198911 7964922556 8725795187 3764372652 1041961886 2359708076 3708251916 0197482234 4820994433 3236500401
0815701-0815800	5103308033 4509873420 8212792141 2004204801 8050107979 8561723216 4735044013 6981148554 1058811972 6087395394
0815801-0815900	2549086287 3783903746 8098832081 7221479683 0743130269 3815436368 4537845761 5575201994 7911774123 3670859357
0815901-0816000	1769209592 8402888000 0629172087 1627379774 1535129580 5029709944 2419138076 2872308506 3578557022 0029013432
0816001-0816100	7092777298 7375157616 6247484047 3928515508 6316421530 2820835265 0155756311 9590836823 0734030439 2715181050
0816101-0816200	0275265003 3708689498 4288132356 8496500724 9398847401 0569473433 8056373384 0238243607 2538873309 1113738840
0816201-0816300	7645000377 3447847091 0018648045 5411711002 5614054087 8369928869 5274139261 9379085138 5229297895 8106283980
0816301-0816400	5904499241 3872737639 8571948291 2844834765 9740140414 3259818850 2453910670 5917683246 2269483973 6115718148
0816401-0816500	9852877065 0237921321 7892695361 1637930446 4677102539 9165684431 4443202029 8116859366 1665925520 6559795684
0816501-0816600	8269167629 9777340317 3737803087 4820811784 8767254586 8373342463 3452419941 4107801536 9212415987 7833997466
0816601-0816700	9973954295 1868182009 0649697610 3678215280 9895298760 6995710356 9096028371 0085997898 9894633487 2095708021
0816701-0816800	7923366574 8707146777 3673609724 6399221575 3219402369 8804256015 0000758404 1175731957 4984167403 3303526039
0816801-0816900	4809737885 6539028866 5909901358 4031964803 7329389860 4594203986 8966162227 5489436550 7600023458 1410708961
0816901-0817000	5093946926 4527739423 5114694011 1277191491 3692543785 8539483527 2648575521 6020872048 1249169101 8527179951
0817001-0817100	8375607328 4426677184 7679540711 1621801535 3987918247 7498161858 3564645228 0308632399 7713849928 3592092705
0817101-0817200	5530786651 5564527689 5916218692 0347015645 5573402876 6926384132 5770360160 5964596904 0322551231 0202955997
0817201-0817300	0989164180 9071291457 4898624430 2977071138 9414628364 8484871576 7856779487 8143125124 3293550247 6872684689
0817301-0817400	4693387893 0968619372 1724524216 8739271859 5032641171 8319813570 8927075601 0792991851 4562750286 6219243697
0817401-0817500	9841781141 4045403196 0916424784 3921439027 8338683726 4171155494 3963041940 5888067523 8187742910 8551788002
0817501-0817600	0788117679 1477877311 3638802772 8566969401 1827275547 5020009359 2740494837 6919641741 7474376430 9935882811
0817601-0817700	4902415856 7172118654 5181954032 7446308508 4900186721 3652717887 4236275133 6854382584 3572609765 7633985935
0817701-0817800	3648790620 2036888810 2701585005 8083028005 2905250059 2040995400 9559933828 1560551578 0805692775 0376405932
0817801-0817900	4228538216 9458924730 8372693348 0345155440 8908180300 0097135903 1387603695 0646295255 8119323319 1042017397
0817901-0818000	6968511078 5451020588 4117474295 6674264086 2762260667 7216076333 8326092443 1171632661 0442814595 8606250699
0818001-0818100	8686074775 4290412444 6463286078 4627920804 1631617188 7736540720 5146931212 1432516923 4294535433 2472824172
0818101-0818200	9604332479 0290635405 7442643551 0165761886 8875755289 2490583073 2266885794 0636107263 4713145128 0390967940
0818201-0818300	9368497933 6814875713 2986978132 1192473059 9496014027 7818648319 5060983999 4902924848 2264519690 7669493668
0818301-0818400	0918529246 5402548007 7219908917 7291960931 5660548678 0271484478 3766043906 0031471464 5229672337 3821018725
0818401-0818500	0391731552 4586995542 3886136497 9298934057 3091186898 2296875692 2198783526 7888481656 2012179932 3557181193
0818501-0818600	3947899729 4113162503 8237716074 7601225078 9091391360 0736981616 4496155077 1156247518 4867186427 4187522209
0818601-0818700	8369926251 1079458767 4427102605 4910183771 4149395384 6017308993 3449360476 9733019287 7913802703 1350707321
0818701-0818800	0981882099 0421774795 8244675990 2008357116 8178448830 4787391475 3449351938 1401175208 8137059843 9846549557
0818801-0818900	0550101894 7463317851 3544780605 0024532228 9869595610 9812744537 2003405068 4331619519 8363031817 0374789862
0818901-0819000	6632707244 0653794392 7775061173 8437739100 3701560450 8542441718 2946223230 9874159926 1379231030 6397975196
0819001-0819100	2906214954 9367514934 8295534255 7326734057 3662545638 7820877247 8017012519 1080613807 6329419104 8376862061
0819101-0819200	5503990171 0577549379 4371981498 6022745743 2768735866 5472119372 4736483688 8473863695 5047230458 6168757789
0819201-0819300	9262417991 9242888086 8466327656 2154894537 7584642693 6601705490 4106967913 9658565047 2314269792 6688920856
0819301-0819400	9296287842 3316515400 8797079484 0446062660 2059142071 5726414911 8427257725 4451851792 2522992289 9892552417
0819401-0819500	9313295561 6293338761 0416084919 9666317442 3087794058 8735083947 8730728309 9169773983 4979436847 7463448015
0819501-0819600	7906910420 8387495354 9261759171 8541229359 7518990089 2226217219 1445930678 8619760356 2218812780 6388132245
0819601-0819700	6355560680 6941525529 7897496905 2102555871 1666880394 6253165815 5902647017 1799000399 0248334019 1847418611
0819701-0819800	1779142508 7957832200 3743133899 9438878790 1749321783 2857091362 2593452398 7992119413 5829648604 2387182406
0819801-0819900	7417098622 8121901857 3336815685 7032359430 9199084131 0032742416 3085607040 1839676454 2197565982 1525834228
0819901-0820000	8679649061 7533288038 3375925188 0213557889 3511916333 6359125653 0761963446 8859555567 9031931342 6753383306

0820001-0825000

6316434060	7697250337	4612045657	8575427494	4560577318	0947349044	6364211529	9853304353	6983846609	8461376693	0820001-0820100
4308461700	0549083610	1239165487	4021552018	0743832046	3746783904	9999351856	7810792289	7258746903	6774957913	0820101-0820200
3853503513	3607550732	1325600291	9103155131	0728317711	6250772551	5312573049	6232722086	0225214648	4022028427	0820201-0820300
9859329283	6688799077	1408192398	8378503562	2052945336	1568028203	7531395403	3176431589	4056325311	2358682394	0820301-0820400
7289210428	1477709045	2957049128	7593524120	5135868760	3284514258	2734694488	5456431933	4456061039	2771958212	0820401-0820500
9219413108	7466667665	9245749138	5391579446	3552398869	0676799695	3556594034	0083926630	9489156370	5155183329	0820501-0820600
3940005032	2641708848	8994601744	9665907668	6847228668	1018342347	3358074816	7860825699	2636145794	1434157737	0820601-0820700
9697276195	3625148160	4750464457	1393528525	9217578395	2785644120	2769631859	5151992537	0647385437	5073484198	0820701-0820800
0458523109	9524566402	6394525671	1483053596	8678311138	0040816192	3406923403	2609897041	0456803793	4836010544	0820801-0820900
9292069273	1323910928	9489416122	5287725417	2588071576	9800290232	7692992653	9672222312	5954237897	8187961729	0820901-0821000
7369231269	8629041329	4069304779	2690340796	0859369695	5308287063	3498853589	8063170379	0655102345	5503598110	0821001-0821100
4722630784	3243788750	2680866528	6661970123	5843107548	7193446996	1351102465	3823076326	3859894685	7435306560	0821101-0821200
5827530017	3591298306	9515639541	9433781212	1118044070	1536153143	8457987316	6672036184	0466592291	4000728615	0821201-0821300
7047092318	3888837125	9011377511	0154672815	6831261731	3584544495	5569340401	6062515912	2144520263	0400731678	0821301-0821400
6242123473	9841566360	6157002295	7579512596	0678909491	8071487219	9201151338	6033420124	9033432690	1903152471	0821401-0821500
1111770537	6749037925	0704771080	0078072437	9721999748	6780512705	4386580977	3836608455	7141592231	3112507699	0821501-0821600
4385057495	7208447061	6176464289	7016734248	5313072653	1131411329	6922449973	2589869379	3362053823	1043046881	0821601-0821700
1672702967	8179353151	4792526227	7150873178	4134720117	5082919918	1400243851	6518729332	1922367139	3302183937	0821701-0821800
1801828431	9234620686	1224877124	8161446437	2623846672	2738716927	0434322667	6282133595	7208657592	5299335704	0821801-0821900
6930167137	7062937231	6184028128	1466540339	3929976479	9450835563	5293134044	8149974608	2157314367	8277060209	0821901-0822000
0362000236	5614794817	9616695338	9820330364	3151976058	9388240313	1045864624	5390394575	6376887059	2794191446	0822001-0822100
3513165656	3853034138	0551160738	3011523496	5016026289	8331175266	5408951427	6454873943	6429000310	4649756341	0822101-0822200
8646706338	3937026404	3271999344	4501765362	1194183980	9140543543	1204661107	1022949147	9572822300	4888150989	0822201-0822300
2880052029	8222195603	1371555319	1807236758	0873515739	4941586386	3465924264	9298271246	8742873788	7107211779	0822301-0822400
6093428528	2218507517	6120316328	7865050956	7859784696	9439706685	7436394417	3341905638	3504407294	3862175261	0822401-0822500
0060673994	4657144525	6508218511	0811234734	9770923533	0607315603	4383366681	2802897283	5529497834	6861207930	0822501-0822600
6536662298	4886844589	7302368695	0573180717	0927104880	2093698860	0525942346	8558242146	6323714836	0334708879	0822601-0822700
0508346751	4163185997	8731821377	1136093379	6792267130	4808400635	7127404476	1901699021	2805036249	5514649375	0822701-0822800
6285725553	4722015529	1627360048	4207174507	8807950761	8459136069	5778824861	8747949602	7948214683	2553636964	0822801-0822900
8055794751	9580422659	6181757545	5372575780	0638500788	2894288015	4045147286	6450769363	6429261656	1464092376	0822901-0823000
0991944230	2530717760	6647646097	4890130071	2832067009	5834441486	7959642884	4265653348	0626985008	9001435859	0823001-0823100
7934320495	4700739790	1976240218	3186450225	1873557681	9538466957	1307006288	8292637561	6032787642	1596559312	0823101-0823200
5292492422	1613295745	0406538220	1672623986	1866164858	1434298883	1519203159	0579600733	6630592644	7801768242	0823201-0823300
8057937751	9254991161	3874081655	5196180080	6191448772	9485116625	6997724515	0821371463	2819036518	0877334737	0823301-0823400
5322139017	9569455469	8558946099	5099448197	6623160582	7389739243	0853104944	4078708472	6990640317	8359352904	0823401-0823500
6138482240	6081401306	7392119403	5926589229	1196901683	0434362279	7153048445	9807315903	7135399085	2305554135	0823501-0823600
8503033059	9426307530	0844749731	2132922813	9004149372	9257315810	3903671573	4392981372	3660967707	0372399756	0823601-0823700
4711313836	5036061040	5488716098	6190396184	9936105390	3230560359	0895271652	1688244120	7600029377	7205420054	0823701-0823800
9345059959	3284765791	4451389480	4179203585	0852529938	7445006490	7705032042	6246039291	3479186052	9641815140	0823801-0823900
7354308345	8770362016	2613635647	5367166760	5974780085	9031429361	3337929331	9175008485	5096043897	1811040988	0823901-0824000
7752004921	2223706955	8581249625	7133144760	6650693367	8827688873	1032445424	3982890773	5107267733	2667843932	0824001-0824100
3322019262	1936564466	3220548552	1963628598	8698212459	0594841453	8983552431	7193424912	9900618146	3959235638	0824101-0824200
2859406169	0297564763	1126229146	6746536626	5823575832	9722166170	9968921215	2632249540	9725300927	6090968909	0824201-0824300
2981539854	7781047546	0397048056	4097019438	6112437832	1613301721	7352016953	8667789380	5184729999	6113301753	0824301-0824400
0953639202	0079729438	4334427132	4196298010	7195951189	4080207607	8542247534	7076597267	9570860437	3801337156	0824401-0824500
1484930232	5710198132	8749438961	4948548783	7329709427	8163362544	3633308269	3990557968	8104948920	3758750785	0824501-0824600
4537640505	3657575719	5557194024	1392108268	7609088769	0522636865	4030187082	2701883547	5847239992	2894034079	0824601-0824700
0795136796	3796350726	3442245541	9128095770	5903158772	5558922077	8969111186	8653692807	2383024038	9236271049	0824701-0824800
8072888312	8755350717	5113342480	9692876972	0158667518	9142171434	2557639048	9594698580	7500609279	8100439092	0824801-0824900
4945240817	6625095274	1727415601	6145431594	5185221718	5574955268	4752772716	7389139029	0147202350	5989549615	0824901-0825000

0825001-0830000

0825001-0825100	7417316989 0428553994 4028302783 8377623650 1085909369 1920154027 6948681440 8826839215 9342531859 6862968867
0825101-0825200	7073556817 8360341970 5184191167 9193966183 3729700019 3822980150 2724830835 0801097177 3091110587 0894894672
0825201-0825300	3054289271 5118246415 4409106645 3295323935 4505193052 7899093172 8114996492 7253060347 0215987196 1345650020
0825301-0825400	6310713361 3651786165 4416497035 7368209762 5837494386 3039224877 3435717559 6671101166 9312791920 4620889828
0825401-0825500	7538871071 5363136881 5546679590 1553145462 3653372771 0941929274 8404169131 4541970017 7540191661 9419279523
0825501-0825600	2601888253 7303377523 3601219617 1161255538 8978356176 7083773878 5260756313 4205865681 9701929804 2050503450
0825601-0825700	9501358373 0270205832 4470696463 9692236906 3859331108 1122013967 7100067477 2455361451 7398246578 7334364145
0825701-0825800	5185212468 5804072880 1878105976 4871776307 9789332546 4580093215 6135484194 8421779175 5933093578 5967194699
0825801-0825900	1950561912 9316799344 1194597294 2434600010 2857975899 4049694365 6661909757 9329566805 4246701383 7449990948
0825901-0826000	8656972175 2978624999 4440386325 6488733167 6004076776 9071769110 2171332461 6671369335 7767751796 6874823798
0826001-0826100	1197416413 8932966510 9832191318 8912306128 8321306175 3473064594 3263123690 2194248765 0442656800 6403723773
0826101-0826200	6520012431 9482373191 1164158611 9940162345 6107055588 0366626031 6221668784 7134896499 7725714436 3570318750
0826201-0826300	0753298600 6333082899 7051279145 8197779206 0780694205 0549492682 0444046342 5629715753 4094927435 5797251601
0826301-0826400	5720797972 6607019969 1870098612 2241889692 2478331223 0698835193 0268001333 5158234809 7469113783 6974486763
0826401-0826500	2078154664 8812639240 8284186516 0249149549 7986442720 9866051820 3571764568 9499356020 4307104892 9581586506
0826501-0826600	3951917305 6385593822 1751430131 4348075986 6933265048 7479903805 6468350956 5616398416 0231551047 9659885931
0826601-0826700	6847452297 8453271156 3022567963 8245805708 7383359848 6159426999 2353031747 2056202203 7261527089 7606684602
0826701-0826800	6088744711 9518675285 2500561782 9728887196 7524660489 5413107910 5130025731 0392626908 8847423715 6518309916
0826801-0826900	3546737457 2399438350 0092516539 1918101842 3706418278 4463199649 0552888569 9393252826 5626282428 6907604695
0826901-0827000	9122933888 8263678905 2588962979 9260043658 3512928591 6601681627 1158503859 5099200450 2382880525 7871607999
0827001-0827100	1485779511 7410714587 8927892859 4455422975 7489266391 4906061225 5901846742 4204898306 9603260992 4160537319
0827101-0827200	8039930958 0318458741 8756119655 1694103025 8842746132 6771528604 1675625997 1668900919 7446205707 8876061938
0827201-0827300	2471443068 2007869995 1582186915 2348094620 5994733672 8416187438 0183762446 8431146227 1997183540 4199085721
0827301-0827400	2670067522 0557081779 0802076422 3877008302 3145963243 7697248430 2281374748 0149945967 8297652451 1116475628
0827401-0827500	4494882391 1265802232 0723393967 2487353483 7968347090 3721727807 1821993045 7961708748 4668322607 5483119464
0827501-0827600	6363162955 0461428918 1870344025 5160661099 6043968227 9760085105 1090393629 1091994211 9388266551 3643110459
0827601-0827700	3773982337 5470223489 7098938238 3349606222 4144588181 5717448698 5800768017 6809831354 4889080730 9801045982
0827701-0827800	9884067101 2861381855 5977913112 6585794627 9763440209 3254046425 6523214487 8549983704 5212678648 6295967723
0827801-0827900	5993867028 7589062826 9927949214 8880889025 9752971774 7890672029 9367123678 7634519865 9570801187 4771798648
0827901-0828000	4510898251 9553391404 5264040275 7528622015 6098390974 3678839234 3368690293 7949023880 6297699255 6920231250
0828001-0828100	4277051089 4350978320 2370260907 8772210288 8386917306 5202970742 6870592354 3037688984 7491331150 8457272408
0828101-0828200	9272768529 3202568303 8229026985 4983092664 2798169621 5482643789 6461283683 8042073209 2446348106 2482376286
0828201-0828300	7848195810 8547337889 1721650337 0931716230 0827835446 0953550001 5708732585 3718296069 7550817043 5834992204
0828301-0828400	3478239737 2708582326 9636237017 6097674845 0494760891 8706331215 9825736569 8136423415 7224925413 6735065969 9997435146
0828401-0828500	8311300047 9043763389 4683811507 5044798362 2497756891 8706331215 9825736569 8136423415 7224925413 6735065969 9997435146
0828501-0828600	4444669225 8358776454 1076542454 4616023777 8278842301 4324148376 0775272286 6645863176 8687572843 6203463872
0828601-0828700	6464703378 1045580384 0869900184 7001329490 6720162910 6732086656 0152720035 7037700877 2363933708 4619152832
0828701-0828800	0488231140 3505825354 1286718497 6918987401 8370111971 1247408166 1540189701 4577602302 3745038112 3110997102
0828801-0828900	6466141404 1857261089 5636960583 1244662510 3344217698 6955312306 9183533005 6188518487 1146756537 4712842537
0828901-0829000	8375360270 0254047815 2676963868 0028149067 0826847143 6627044938 3420886829 7956055915 3091431959 2305379389
0829001-0829100	7090912350 1683175231 5693892208 1723667794 7717971362 7192414555 8888086019 0380407494 6015109518 1573219926
0829101-0829200	3163081536 7277863953 3982650376 9350931962 1749307103 6054682746 3851923840 1085893804 8215379605 7037554136
0829201-0829300	3419453179 1021440277 2440022859 5051052507 8853005636 2548796203 9630514167 5053890281 5483989382 6056184605
0829301-0829400	9692543092 3050118448 2024440573 5333994864 6232469861 6427152552 0414183945 4588339064 5070021120 2816269037
0829401-0829500	6437236786 3270923848 0835704928 5566542256 5700417166 4346794270 5669316946 5903559002 5009811020 4615997069
0829501-0829600	2226960430 3931341501 1238520208 4330783492 7685212802 3229115251 9737913751 7432840567 1719578654 8200968348
0829601-0829700	3949354987 0633410451 0911558023 9978965553 7286716719 9806356218 8229089859 7135945659 9565839007 1990841135
0829701-0829800	2900703212 7984868173 7876376919 7501596503 4762104926 7928002979 8828161442 6247045499 3187358737 9611446122
0829801-0829900	0750417737 6803842330 8899512489 2738217191 1705995177 1345342994 5729725215 2140383430 4607340293 2129297183
0829901-0830000	5990233671 6755190204 8367988934 8578542813 0740917112 1274913518 8966503880 5950364886 6001930517 7479737720

0830001-0835000

0603859479	4431466501	0410771923	5172244725	8169876135	7315539473	6063610226	0817195494	7748733465	7530769762	0830001-0830100
3829299706	6593811303	5566698283	8308327669	5476109668	8653181122	0411325508	8889820627	9798064803	0112172279	0830101-0830200
2334181960	7984129997	2072008841	8393872211	3903472473	1085153277	4836698378	2486796544	8539605467	3324517828	0830201-0830300
2183737129	0684884322	6097503190	6355301794	1264823895	3511473878	6399505486	0224600033	5769136031	8382569522	0830301-0830400
3930439416	2767786502	2636715905	4260821794	1626062786	5341378178	7284203815	6593007446	3640673989	6675492687	0830401-0830500
6493957184	9031321211	3656202390	2615229840	6287309564	8128169303	5018696850	3713109547	2329376747	2224785729	0830501-0830600
6417081985	8940521696	5981052533	7889233503	1987258494	8893728640	7683296645	3384003413	9733684656	6429981296	0830601-0830700
2074532556	5166107548	2537381673	9692277169	5636536682	5813785392	9592804863	9346240680	0456128973	6777656499	0830701-0830800
2644452755	6162223994	3174891109	9786814130	0340878616	0964068909	1934466010	6857817399	6496691929	4071519797	0830801-0830900
7061967355	6327808303	7486762428	1895329937	9935017437	7033041267	8463941074	2390004075	1986059181	5646594775	0830901-0831000
8609699994	1255968962	2869881578	9024265778	9777920452	8945726859	7880151203	9187864497	1604999362	2264612495	0831001-0831100
8687721434	7718177827	2154033157	9087438333	1809450293	5381915728	1454183268	2112481972	3259721432	2349402628	0831101-0831200
9546957476	2101080787	4258476571	4780160883	3404962554	6506324147	4442371159	6789923705	8982776656	8589771945	0831201-0831300
7925992692	9040833893	2723324793	0254203274	1208279443	6936354791	3979579720	3963663957	8210495841	6314403965	0831301-0831400
4240938604	7528332592	4343500781	3065949179	4990770388	1670567144	8564759014	7081936288	4606343870	8308730139	0831401-0831500
9925372529	8366891041	0331359439	4347713254	5251112552	1110927987	2778595138	2708916366	5909520741	7092752512	0831501-0831600
9902620455	4103080348	1032270004	6208199313	4977410339	6993570520	0813490694	2080378722	0379046438	2890249902	0831601-0831700
4012213804	6339798024	2182106839	3468508849	3016791828	9662130425	4933387996	5487438610	9320851491	0533275877	0831701-0831800
3226902672	4129296625	6736459068	7559148963	1205017424	3945263893	9790244232	3703264903	5968525782	1378096515	0831801-0831900
0454498931	8660685590	9756632394	4226182229	5196564215	7254180903	2099804496	6138139531	2098534796	7114699342	0831901-0832000
6949382451	4966747515	9852900475	1805276612	2600719775	7224967081	5150580391	4346182401	2521809293	5634426976	0832001-0832100
9077593665	4520908202	5060278046	7149336326	7787205816	8159702504	8184007645	4284365495	0033719423	3565531706	0832101-0832200
1100284423	0300420530	5295293308	6763760286	4565461103	8275374154	7484910093	1287259564	4205697610	9993020881	0832201-0832300
0403531866	9489262396	0995356572	2335747574	3158786184	5904831966	4295632227	2610527164	8198398546	3379437083	0832301-0832400
6572964093	9488820397	4869606943	3331514579	1639720748	0723433442	7069762865	6850889473	0949815971	9068311061	0832401-0832500
2001028675	2309520111	0639978597	0418919427	8438731917	9548374603	6719035569	3038399401	5483738186	2624892618	0832501-0832600
1581754672	3094662836	2055651216	9174703278	8728457031	5345444858	5223696069	7986889224	9345328209	6934356761	0832601-0832700
6792601084	7238262589	7599052637	9232591641	5032763625	5946077462	7417043325	4493457444	8894772168	7627182772	0832701-0832800
7072947967	9929407037	2568210612	9508999370	2462171998	8989446787	6686273457	9413522640	3349817753	0833993906	0832801-0832900
7029665213	3803469837	2728905324	7600661939	2545820659	2897014152	6129507274	2629227932	4657917043	8371626932	0832901-0833000
0753650111	9601557525	9469406191	8181848737	7713426834	4442405293	0660057334	4588869058	8803931774	8451177410	0833001-0833100
2397358775	2822843859	5867202823	9874374352	9592115562	4322438928	9630027291	0568728872	6816161177	3035695272	0833101-0833200
3169774369	5929142484	4621189894	5750116903	1295742514	8284517441	9871337174	8657674635	3974745761	5954160878	0833201-0833300
1521949380	3821906317	1978546364	8068772488	6181039189	4489750730	5385580490	9207963214	8308935231	8480379090	0833301-0833400
6668134527	1782335322	4661252194	9926765291	4275908909	2262117510	8174670500	0595680931	3519528400	8043900757	0833401-0833500
2617866577	5125745288	4330535531	7484142917	5337424877	3140180021	4373503895	5457882706	3373973912	9226937030	0833501-0833600
1243965689	7123773945	1673185967	0419317393	0742310205	3944927937	2556695143	4978805545	7033059083	4011304552	0833601-0833700
4208837745	3018234714	8368540570	3839803008	3490146661	5756278297	2454384494	7365389473	9985342875	4328227478	0833701-0833800
5381373116	3246992938	3670295832	1529676293	1690157701	6376459707	3115455682	7663490194	8250420327	1623554376	0833801-0833900
1606289610	1031778920	8130071331	3496833865	4865407252	6999424381	8874654827	2867272278	1054698999	2436385383	0833901-0834000
8917100915	9271708230	4906672765	9616237816	8640441085	8757454793	6667543859	6986709554	7499965912	0236471863	0834001-0834100
0251342342	8660312308	3288725426	1484650491	3339140845	5713489742	1213326279	5637514158	8593834370	2328836763	0834101-0834200
6142721091	0916326438	1199307118	0581370532	0521818716	8903404084	2283314956	1397141000	9101715099	3735501625	0834201-0834300
0498698021	2807755241	8620045870	8968444383	0634459894	9555144009	8765192200	4434826887	0127019830	3940692242	0834301-0834400
8539144344	3769252569	0603785633	1636359169	5975636285	5116855631	6245250277	5453761962	9428904366	1945896802	0834401-0834500
3918515806	7914386065	5457630666	5385508979	1671967227	7397520763	5829190576	6479671803	8856453881	8866035064	0834501-0834600
5431683355	1245320523	8283278277	2109259629	7947436508	2733419069	4841174771	3586694162	3551515418	9766502736	0834601-0834700
5243778292	7375010905	1093082586	7898462418	6849472218	7945092867	3056564729	3726572105	5693249737	5301720300	0834701-0834800
3429846293	9903576040	5532964801	9752126003	0669803843	5039953622	4586496757	1735364486	6229608676	6502211476	0834801-0834900
1971906683	6700078786	1952572772	4960774953	0158270401	9156303489	6276315535	9129352170	2092981509	9957118977	0834901-0835000

0835001-0840000

0835001-0835100	7124690854 4676144850 8350541333 3978482613 4395314953 7191502413 2149252570 1145762701 0326835919 7885516410
0835101-0835200	3614737647 5962509762 2302881118 8954047134 8042461791 1538541632 3284005437 1084642690 9503621868 3372877564
0835201-0835300	4555584451 3212607093 6508889689 9626104066 0972714901 5825926516 8477635062 3657335276 7195383297 8920009067
0835301-0835400	2985653235 4522274816 5410194800 7407498391 8823027932 6391449423 6957352889 9527704109 9533947552 8270108194
0835401-0835500	3357336971 8431950816 5751817731 3617892037 2220046232 0225025710 1959975795 2402244477 7321462083 7600834855
0835501-0835600	3877306273 9020918868 3525101963 9767078418 5032783930 3456164014 1876545693 8000416667 2187859830 1833249780
0835601-0835700	4306684137 0878997780 6097087513 1224537331 7921047765 3219632269 2920624441 1860240382 3939582693 8487694386
0835701-0835800	4799215827 5076780160 7506536356 0192478163 2884895067 3931704750 8196646271 9511896879 2595048559 8142253735
0835801-0835900	3491882022 5223225452 7064031100 4505864934 0196268324 3996750270 9419772579 9996211263 1549818066 2935407155
0835901-0836000	8361027497 1906518427 4065659372 5451257474 2135652740 6125514208 7368319535 8915340183 0056437614 7556000750
0836001-0836100	1887559432 4899873423 5441853629 8897724641 4291129851 8495310609 0530703685 2909517474 7046621759 2782127028
0836101-0836200	4427202763 2422188650 0362829327 3448127781 9082473719 7178733122 8262452933 9033105661 2313694376 7215970190
0836201-0836300	5627862510 2314965083 8505178495 4746257928 6335484676 4750561938 9560487127 2476315354 2713060257 3246197073
0836301-0836400	0588914499 5762866108 0519401608 7738399359 4759687934 2063061649 7610162893 8474378762 7083980936 5286890936
0836401-0836500	2413539742 2309740440 1233773452 8350622583 0076819495 3505737271 2472914630 2429342011 8205594285 8754096729
0836501-0836600	9824774332 9952532893 8891028826 2385002918 6860662230 6007695414 5344014154 3780274354 6527798112 4805950108
0836601-0836700	8156886539 0958105517 9251789261 6859476198 9018512885 4853300197 1913658050 9343086513 7339156714 4253106933
0836701-0836800	4558535936 9068057311 1213522090 1489843226 1639643263 0776114024 9595727575 5180179589 4194013197 7457342289
0836801-0836900	2233099739 1962454237 8153163739 9205324766 4553480610 1436730683 2579576051 6674364736 6202346212 0548832579
0836901-0837000	6206777946 5896153466 6628496225 1255998837 3663561545 7380994239 8223413977 8573181185 2669450921 9333400278
0837001-0837100	3956605221 9043439079 5218769528 6295362583 4511428833 7418801389 7668334834 5199235437 2759509972 4884754998
0837101-0837200	5348212875 4160212142 0007167425 2732281865 8471302437 4038012472 1275771551 7354380686 9321781709 8469304772
0837201-0837300	1386934362 3935185177 2094380919 0247679191 2350163419 7498300194 3492514392 2732839989 5275284543 0980061397
0837301-0837400	5570079141 7081678257 9339825803 4505303504 3559971630 1845528168 2926422796 3795173998 2625697213 9310348886
0837401-0837500	9523650338 8767235345 9179213883 1157879766 2440444585 6862661187 6186607785 4423457825 5621751391 5151217506
0837501-0837600	9970282671 2148235376 1675339029 9724794386 9400984398 0337239260 8257591497 1225249699 9091625168 2241883027
0837601-0837700	7064831538 1122368712 7561226085 8402325217 7282389919 7546169668 7100468066 6839513940 5468301470 6632437280
0837701-0837800	9717308526 1750040540 5846357996 4387130602 5046653245 0985137113 5047840666 9674081206 2280849524 7082736778
0837801-0837900	4896750668 6806656952 0461593590 6403278260 2281023655 2083797774 9099988133 9305724930 6686654387 8693836289
0837901-0838000	4312535175 1613853047 6569608483 4268921637 9531764454 1891627305 1752216789 7208041102 2372283886 2096566304
0838001-0838100	3269375053 8126058074 3571556442 5203015360 6598273724 4631942002 7263684000 7290391352 3216097806 8208980025
0838101-0838200	0397115413 5638074184 3338384377 5594568899 3432757328 7635899539 3433301321 5225900120 8386005125 2010931866
0838201-0838300	8826735672 6049987995 3122516864 6076878454 4884183383 4136625422 1969714632 5189211728 2500974121 9838984379
0838301-0838400	9647742461 1182875649 2740080109 5806810716 3190905554 4066376841 9924830303 8244538612 0476391807 8777478409
0838401-0838500	5532936773 1266650623 0463491542 0945503013 1869928385 8704049776 9498762308 6816011982 2506037840 7782933137
0838501-0838600	1486931955 7690412480 9600289428 5901471563 0035995211 8751134960 9284646438 8277636681 6444290872 3542365626
0838601-0838700	2418491311 0970711588 1107599568 4882418627 6594293115 5326435533 6578107862 4936606809 7352567283 2824388047
0838701-0838800	1495336516 3044632204 1993562377 6365923546 9498248612 2240436933 0506445470 8669838194 5613271731 6706287211
0838801-0838900	2922330882 7822876856 6112936704 0431097366 8158215665 2530953192 7357606575 5366338130 8114126150 4182742591
0838901-0839000	9791584686 0975661711 1553592650 4724528901 3979730748 3656845667 6376607503 0008038868 2744809256 0195250182
0839001-0839100	2877867751 1683518513 9009239907 3510597032 7066961915 4073287289 1168466075 0520909200 6071456463 8393565915
0839101-0839200	6554266871 1062586079 9966340457 7588827698 2303474499 1771278741 6589237797 9611704433 0665499088 1949703719
0839201-0839300	9281218530 9204245501 0101872809 7074432904 3394827028 8632007292 9682300716 0613009672 6729562697 9183862541
0839301-0839400	9239274660 3900071210 9973496105 3233558472 5675941583 3536503896 9578883612 2277161020 9908180784 9942356230
0839401-0839500	9210965202 0074968190 9702336820 4647962109 3852321055 8762150886 5676768483 5432116346 9821573876 5508378320
0839501-0839600	3733814319 9007420263 4978428101 1684895754 0102189754 5070983266 5427621469 3339080399 0467531115 2024150248
0839601-0839700	3200566561 5806359792 3618193230 0762882729 4668878379 0788539740 4896953393 1470031131 3244930932 2770532613
0839701-0839800	0028850543 4290778900 6340319100 2285599374 1995905453 4198294838 8657641910 8382166429 9146114191 0541040721
0839801-0839900	7183757715 5061513515 3927714008 7755200122 8409781872 5816627089 3127396454 6477259808 8949046387 4441203383
0839901-0840000	4039847054 7482648434 2166015060 4097870387 1976045332 9681594560 3974179277 0386611691 7540306056 0427594749

0840001-0845000

2737317580	6087531129	6607988071	7230218830	9181631035	5469967899	9676814113	2238405848	7215045110	9777541309	0840001-0840100
2733480856	1399431389	1956459179	1374612961	2274326490	2894505828	6960183976	6326676818	4863672978	4429610824	0840101-0840200
5753273532	3785581012	7991695760	7536616328	4457154796	7757002225	9203947901	2456471885	9527332353	8013204986	0840201-0840300
7071615509	1587828895	6727461343	9615495902	4810526757	8991639561	5629228002	4734147290	9294565424	1442384279	0840301-0840400
7513489457	3060583395	5546620662	7021001410	2767079458	4352116489	0881686243	6979656823	4197708223	3313015802	0840401-0840500
8218768411	6710285191	1373496255	5044156500	3220132187	8072083632	1567275832	8941194293	0094201762	7734310749	0840501-0840600
3222163016	9690371102	1196817814	5961129850	8035678247	1755722595	2337646404	0239924499	4117133227	0648140922	0840601-0840700
0890393406	7741659079	3358224796	1761271957	5790623216	0753334804	4259252472	1663765328	1249173787	9135545453	0840701-0840800
1828388653	8707564763	9734081624	4449879336	1431231856	9653401386	4422093057	4391287276	3381581387	1255067371	0840801-0840900
2242883009	9858186321	0156353494	0227831056	3117033107	6712499040	0513200129	3489702721	3099521549	2391507859	0840901-0841000
0421402689	3130046098	6561523614	0525303927	2543131409	7867037236	7159813508	7041444155	6847409342	4285806826	0841001-0841100
6918870587	0133146463	2050819150	5624847600	4435207080	7540878211	4949462115	0927923356	4167673683	3501642284	0841101-0841200
2786529339	2832792845	3321515289	2040943012	0008170861	8584107504	4157621681	0260608335	6828369738	4319713651	0841201-0841300
0829362124	6800257976	7991155399	9076484038	0499281718	0375653459	5183845950	9934009339	2603110508	7975376413	0841301-0841400
3549052939	5708765991	3428997297	7018161429	4760801328	3728437159	0590628796	8664004706	1491784659	5143380897	0841401-0841500
9790174722	8882213053	1415145267	5047969517	3436233472	6153303000	9304974265	6539457947	4740788563	6678194708	0841501-0841600
7581203460	4862122119	7326839850	3198398806	7512355607	2123142248	3976820693	3579702545	4114267856	8828685762	0841601-0841700
1814616682	4675502952	3775266140	8949262179	4102342151	6354117757	0269072944	3076957090	8960644149	6588167174	0841701-0841800
2121668318	1149637091	4477913934	0867791720	3636047183	3759073820	0996909450	1230844029	7824319898	3074299124	0841801-0841900
7475096595	0540243211	3462983344	1563938684	6663845113	0417168804	6800828350	1799096954	4557428581	3277440301	0841901-0842000
4003363683	7871236116	2753223918	5200931510	8695478540	4060385142	9675337051	4492285816	8231754675	7859933248	0842001-0842100
9704331947	4811631365	6876224420	9211961639	8478074939	9063255065	8610472649	9462785709	1184829307	6400523023	0842101-0842200
9571694045	3022977484	3375344969	3479104278	8046497550	9168928481	1027335593	8094404693	4895784831	9661916191	0842201-0842300
5687678664	7442091767	6961460159	6143007118	7637115981	8435709487	6341973991	3808562861	7818195168	3356605131	0842301-0842400
9780945322	5854265525	1653405256	4189836041	9180987756	4754700933	3545646386	3745881837	0719308992	7774747776	0842401-0842500
5194007121	0016021292	4290428843	7751885569	6937984137	4619594878	6640495288	5179702994	4034170922	5712698364	0842501-0842600
3477923420	0044508972	4019564277	6843574000	4691806885	7882963825	5568576955	2433481059	2353696323	7766541213	0842601-0842700
6136594165	8964893601	2690830391	2189079669	3463878269	9462568989	4323842694	7900195449	1764907992	5967283332	0842701-0842800
0150204055	0563958228	8322986542	1520127390	3857125511	5833894601	4788267961	3070593684	4627140731	7663585074	0842801-0842900
8773515360	8785471059	9450815737	5037687217	5758668974	7637142045	0858593475	5203715928	9414490384	5551888247	0842901-0843000
7822488860	5676817948	4488505424	8271176560	2041275625	1081698730	2947899169	2904177807	3208202945	3912387288	0843001-0843100
5057804711	5027943406	7819720679	8706677346	8991759685	7017096422	1498843862	1317233301	4036484090	6229633661	0843101-0843200
3973120512	6785480197	5140106876	1497867822	3829515530	1447754388	0094209195	8111908455	9317284191	2844754245	0843201-0843300
9302404344	1640546496	0365223207	7039181979	5473902374	4760801328	2875587989	5504346332	7292294265	8198189938	0843301-0843400
4964339039	0174859190	0745498519	4324377468	8971516350	6178404476	5817263836	9808979750	9331606867	0902736269	0843401-0843500
6796736528	2770315463	2011642375	5537799298	4746403323	2739853551	6109777781	0752126229	6894986051	3517165602	0843501-0843600
4102871037	7241294082	7807555891	9925350758	4971547702	1490914683	3655432231	0865474877	7138622887	5760810079	0843601-0843700
2717858979	0259875918	8635196306	0456666333	6319217407	9445303345	9277301240	4904323289	1698863107	2549085903	0843701-0843800
9501306666	5927301170	2603766298	1068329188	8015400774	0068222930	2138595764	5423568417	2436497530	3391034247	0843801-0843900
5954667977	6970800273	7594358006	4715248683	5066819946	2078500178	1035428128	2583528653	4039521232	7966035363	0843901-0844000
2408223180	8982544771	0520475037	0425226479	7228699159	1452243000	7083320007	4295977322	7257950376	5299376768	0844001-0844100
7202659189	3146678879	8396187665	0840897212	0716214708	0505329655	3068382337	5864780997	0173621775	2518266225	0844101-0844200
9448897555	4791079002	9432807377	7695412037	8881938575	3362453555	7555386215	1372157904	8564519552	4782723839	0844201-0844300
0439225555	8608545983	7832420422	4899605866	2215842368	8887828188	7503287720	5784097787	0899101239	7962235928	0844301-0844400
1304154281	4620670946	9072943044	2763735707	9519463824	0638535397	5389325145	5320403986	5813187666	5067180128	0844401-0844500
5529209290	2813884649	4499131489	6215110965	7353827367	1105194612	5607048321	1206288125	9687496905	3325465166	0844501-0844600
0985515328	4705020721	8448979151	3038599618	2707552535	0830941788	1533073713	3334832472	8777479051	8106099400	0844601-0844700
6506218469	5791416090	2586333765	3702695033	6325159012	4006107726	5518504085	7437205040	2869641903	4506015434	0844701-0844800
1482587482	1359489668	0516971622	0412921890	9013651942	6616334910	1517770935	4187823411	5944342573	0184584604	0844801-0844900
7967497734	1123967367	4607693758	4906354299	9397454530	0717430914	9674014521	8588375807	9084100939	5282512399	0844901-0845000

0845001-0850000

0845001-0845100	3941887800 0980008529 8325011797 1552469662 9805239359 4260533425 6683484171 0659646899 6024067593 1818730076
0845101-0845200	0771656964 6002749184 7845392837 5977395610 1054362297 2283307967 1242759581 9133817907 8340962140 8277302609
0845201-0845300	4598302411 6813392425 4021024790 8295842719 2272091231 0498777743 6008228204 0479398238 3576317324 4317194831
0845301-0845400	5697133001 0828525340 1780917584 6522941747 3591973493 7221873348 6503775663 7694545173 4805841274 1929648062
0845401-0845500	3788474696 0032363296 4560718750 0856199400 6290196361 8143276961 0791010248 4774499481 7747303697 5189922813
0845501-0845600	5576935750 1446845470 3817964356 0419274820 2966411484 2647553884 6160928431 7366732609 5117141455 1466420877
0845601-0845700	5937211606 6400571318 7183194037 8249303566 0264211455 5465509638 1561717598 8326306606 3541502910 1213817574
0845701-0845800	0705460347 5894377765 7343347443 3136145706 9549958552 0681596871 9207955264 6702350322 8932588692 6552115837
0845801-0845900	4045717679 2697869830 9365844160 5217539839 7969141646 9213052887 1247348215 2684048633 5441603666 7164545205
0845901-0846000	7287892065 3903968965 7009883303 9278228312 4639883225 9368184889 7300762029 5019139221 7469639190 0812982244
0846001-0846100	7578103017 8407124137 1181333474 2069153806 3731963420 3722700135 3128231561 2820927307 8733360657 3188224330
0846101-0846200	3526775361 6851440128 4814216046 9279280062 6149042372 6475295528 9806723868 9801124635 2617089223 6094195142
0846201-0846300	9831850549 3877642205 5983978423 5496068384 3080444630 9187389828 1103232617 4942490245 9296870542 9095989327
0846301-0846400	7188672788 1814902205 1859424964 9786437220 1915084587 2524151377 3308659016 3437389903 6909618394 1846604804
0846401-0846500	7641285774 8573396024 3288848561 5948165391 3099507843 2615276124 2743730419 8132191310 9713823323 5365219625
0846501-0846600	6565684132 1009977934 6586712530 9809163123 6945456552 4086709902 5795737378 6907357079 5762333041 5204577601
0846601-0846700	5138834558 4741962374 7926673163 9431708110 4616149280 6358838918 9301292776 5043664289 2222952486 5961964742
0846701-0846800	5015639365 1304555422 1841369811 5505602264 5692242688 4427092190 8249138797 4604688426 2153522223 2159695297
0846801-0846900	2046003562 8448018051 4309235146 4906483155 8147073373 9099094033 0635162847 6364524307 0399022890 6910322690
0846901-0847000	6335776036 4860551940 9027826803 1593780882 6592838678 8589283339 8144312107 4324210574 4407797255 3048758075
0847001-0847100	4382718089 7381605829 4605104830 2938386321 1204406323 7985310181 2009680047 8401312104 1931723115 8801989412
0847101-0847200	8999509449 0518235202 8550174784 5472762059 8636970700 9621505367 3678007104 0186618081 4138596278 0769153033
0847201-0847300	0859735979 2227429779 6806443236 8930843822 2161613445 0290924444 2413428682 0459892391 4410058649 4855598206
0847301-0847400	0284922716 2477870269 9558974228 1427014367 2583620201 9104692411 1432481136 5678238853 1661678230 5910130295
0847401-0847500	7723739494 2182206285 3229253296 6281056278 9429374661 5051753207 1023254039 5606954202 4998214315 3977132554
0847501-0847600	3297586855 2527248013 2525920496 2363918642 8240229505 6529171734 9820738772 7486453474 4992666383 3468080472
0847601-0847700	8431021137 8092719503 6693983708 8898079287 3532815339 8474260645 0074080844 3294502104 8660235279 2585313312
0847701-0847800	9653132245 3687733089 5416706614 8363110682 7794190105 2865443855 2547588213 8943087838 7554697438 9267645496
0847801-0847900	6213807228 8425723934 5052083454 2156644577 3935903272 3197581717 6591609149 9223005364 7772838127 3341666225
0847901-0848000	3384147224 2629942411 9246224009 7854472979 8291278440 3926399816 9698249831 9988102820 2402018949 6060671263
0848001-0848100	6566100746 9397089206 4689403357 0492380927 0107051053 5093856117 9427302169 7988253541 6280152727 2038979683
0848101-0848200	5160423690 2381883598 8721040292 0190710560 8751001679 0371111051 7939171375 4662368383 2541447178 5938653029
0848201-0848300	7056462626 0948159605 9731112820 7255718281 1133246076 1042177477 5964548391 1179713618 8734748786 8253984586
0848301-0848400	6897492106 1770350321 7160766570 8216985559 8660531527 2702364292 9621060332 7629512934 9217521429 7488361749
0848401-0848500	8973053872 9795231771 3765169565 6076009410 2572096526 4136722804 7189019484 5365773052 3247184576 4803490735
0848501-0848600	3418091260 2575401390 3941163886 1092776307 3561477104 2982037148 5588099882 8077011820 7688604358 1805556974
0848601-0848700	2895134939 2085027036 0998529136 5667242000 4093406815 6266480004 7750369267 0100671875 6549830267 8403949779
0848701-0848800	0284984080 4112864904 2737318787 3235749233 5157779266 5464058755 2701973317 4152553436 9343335878 1774394766
0848801-0848900	7698653410 9034241828 8560046824 4271735589 1956299625 0797908273 7456067765 3849024226 2424341394 4410514766
0848901-0849000	8328626098 1169869629 9573291894 8031309383 6578772030 5440635688 8087392173 3643168563 0197495882 4077856564
0849001-0849100	6911005844 8506322174 8560278698 7082544923 4350094624 2878114247 9255709287 5881603713 3370498944 4793554135
0849101-0849200	7861767774 2593003501 9948788189 3546457069 9898023884 2859434023 5293957359 0363877995 5485801844 4355982316
0849201-0849300	9084248835 3550065678 4002486228 8539779059 1902101008 3266439140 4237858347 1415392112 5211966441 2719679850
0849301-0849400	0140377737 8161139546 9455626393 4396372291 6983970344 3161802263 8018535077 2747903835 8387760381 3757838647
0849401-0849500	0121363152 0655028504 3820926854 7160480494 4672487705 1115295639 9198461966 0704801990 9225438759 1936048994
0849501-0849600	1776424323 7878245127 5097624575 2855490091 9496634300 5632504215 8247850394 3865657347 0302650698 0027224965
0849601-0849700	3816227554 1258123830 0224668505 5927019280 9527663208 0553239136 0748859854 9525769899 5079276140 7664345764
0849701-0849800	6429097181 8152704084 3411686487 5195291524 2506986869 7209121972 7276416639 9894803529 3815572061 0365285429
0849801-0849900	9804227933 9909846309 2628786791 8884474582 2818384915 4137902575 7617305573 7219098917 3358087060 9521181391
0849901-0850000	3922837017 3304768818 0850991710 9050444013 0249073627 2237452998 1247942216 5881185896 3808812967 8928602717

0850001-0855000

3502479061	3642266669	7096556330	6010179050	5226554257	5044259197	9884309629	2810306578	1734716370	5682133316	0850001-0850100
9546753852	5704127557	0407558625	8683249666	6639996077	1750714245	4243476380	7349935092	5572652501	9287640864	0850101-0850200
9276184971	7304589762	5148716488	5915989512	5537522822	2955357809	2755157717	7349425449	4064636532	8643887343	0850201-0850300
3421753070	2797210788	8439357840	8051947775	6982541739	3212928035	2819043283	0422660811	5277615033	7280932222	0850301-0850400
1614627280	2255172759	4025891404	9567804027	6685368356	0064837512	1195655603	7929089017	4970568828	9249537680	0850401-0850500
0055117044	5147090402	7647709526	6126178911	6435270849	4766333633	0375047626	6818134938	3168469838	6036717861	0850501-0850600
8075709038	4099944166	8188850885	7156733750	8594523816	0582885059	4971914115	7735194691	6382663291	0009363196	0850601-0850700
9376262656	3399714388	5908306240	5002210685	6248393754	5166453897	7952645501	4543848991	7421968312	1931401372	0850701-0850800
9951184100	9750979419	9237468840	9542501321	2364767075	3289568716	4905935102	8968444317	0331513881	4848447542	0850801-0850900
9115655149	5493239860	4734701430	9945309592	9657329964	0696179056	5718915571	3959225222	3779966163	3492924092	0850901-0851000
6900212172	3513543080	9375801321	6123137754	5123487290	3356146091	4816427581	0499520023	6087135985	4964801275	0851001-0851100
9693337261	1487822048	2714165428	6109728738	5314981069	7327536968	5591326889	3124658863	9737786052	7964731457	0851101-0851200
7443870375	5129143836	3101480880	1025549750	1850563438	3742326494	2884038079	8143255578	0016392499	2969085284	0851201-0851300
5898363913	2925179370	6254015022	6681735964	6575985941	6332244151	5757367266	2192304256	9556660186	2213826190	0851301-0851400
8801925812	0372388154	6007760038	5904490388	6176642120	0157127662	4408763052	9283978600	2937708353	1090043918	0851401-0851500
6588120008	7431950741	0289980656	5937988870	1230973100	6970179557	9926044738	6936611607	8651598376	4865016794	0851501-0851600
3285933431	9628128655	5160845291	9059142677	9204939904	1189678877	8786674303	9299757616	7646554681	3424735632	0851601-0851700
5818313412	2662690037	4833698503	1872001174	6032135725	1155487510	2276922014	3344417041	4759365038	9209545499	0851701-0851800
7699002142	8049303569	5458920060	0890881228	9808480549	7614642398	1241706535	7454304376	3040631682	4995543589	0851801-0851900
7677978729	0679404769	4811267909	5135574378	2017524164	6753461329	7580009812	9577909972	7071190393	6380944971	0851901-0852000
3956296258	7268238358	9471854165	6384732924	2758695098	4276737772	1923321752	7653968660	6177282371	5965708211	0852001-0852100
3035581036	3815182791	3256944611	9309158813	3531942734	0665428840	7415997081	9492402918	3884976257	4831533937	0852101-0852200
5254667365	0828439655	4011389663	0167639046	3017835475	3694786523	9365547983	2094346814	7633789840	6578472456	0852201-0852300
1420759944	9897741287	5174494581	4534657383	7899796025	5958626928	0739502699	2775699077	6084920221	5589743467	0852301-0852400
3926377917	5303666438	7053071485	2519470220	9570892828	6369504935	8558489320	9095586866	7023345755	4319254514	0852401-0852500
4251812880	0784991514	1850033013	8018283582	9191679510	1513506325	8915735687	9487674191	8382330615	9137685922	0852501-0852600
3498332250	8319995527	8486255059	0848674550	4695160242	0521525235	6676382666	4320624401	1346246184	8355382319	0852601-0852700
1903078979	0489156492	8816756949	5129760602	2618515957	5090914427	7224633135	6835722350	9941125528	0916228242	0852701-0852800
4069411322	3256899532	0003903020	2196968217	3861309879	6980072131	1638620390	3272971919	9555770591	8946517770	0852801-0852900
9310867334	3597019086	7546375077	7494181642	1366245871	2283625713	0969042522	1424092741	4444286294	6764111157	0852901-0853000
3339026068	9928399591	4207344591	8210129878	9382713047	5037383316	6795787273	9006283488	1721234327	9316790078	0853001-0853100
0179277820	5762794247	4715199578	7750945739	5274438958	6335334736	7966070550	5270121425	4429947908	0491346447	0853101-0853200
3573810923	6893078603	5662366461	1507441594	1923079912	2635805375	2635962493	5883885499	4535786088	8234906479	0853201-0853300
0166624557	2094788231	0387009991	7210865162	7001741277	6478931430	6360703172	6839611668	1796735997	4052437218	0853301-0853400
0120623481	9404677351	5110115013	5753039355	3613503983	8765404636	3031729240	4004439345	4222886650	4375595216	0853401-0853500
7963855990	4741481073	6635762226	9326643306	4224662251	3619647559	9479394475	1674283039	3884953878	6086663136	0853501-0853600
5660876086	7401686825	4243859509	3098390095	0824741461	1518279715	1479253878	2363231160	3910159790	8370532676	0853601-0853700
1335653050	1089255973	6947825669	3522289815	4208014466	2048550197	6532321021	8161662195	3034657184	1288016502	0853701-0853800
6448317775	3037857572	1075721672	7037351922	2403141487	0533281255	6025237909	6528551710	6044744791	1806731970	0853801-0853900
7100206860	3349095233	6928994351	7346016999	1071845070	4909528695	7774131794	1205305663	9315825980	8009454159	0853901-0854000
4568474016	7337619934	4464418595	2484585780	6791846718	2672145793	3027162864	8423325497	0208681474	0691585705	0854001-0854100
2483014262	5134913013	1793189738	3824525493	1717540343	5106305944	1518585179	9332289184	6398568766	1286780829	0854101-0854200
8214112906	6850039256	2077476960	0566532434	8516251485	4282704856	1423339710	6339613269	3140524821	1840228020	0854201-0854300
8764932824	6007079295	1867118770	7464164573	6456342222	6184718124	2843835488	2660565417	5590498795	3693629595	0854301-0854400
6649725411	8371933569	7984699399	8266970823	2831209910	9341255994	8081987322	0386864574	9761500731	5013080359	0854401-0854500
4050406734	0560123257	0978746962	9188299464	9670095532	2993288831	6237622770	2344608416	1786295841	8100330595	0854501-0854600
1772290600	6608958130	3058313139	5588588048	2762259625	1755183942	6498063120	0451271810	0192221949	7057669748	0854601-0854700
8445965926	9299769162	0797266423	4143396980	9608501454	5299116867	8452787722	5801508574	2859764318	0504071622	0854701-0854800
5494651215	2689507976	1409835692	4309417467	6545181719	5667472044	4984286032	6968037184	1082593827	3355849743	0854801-0854900
8685580513	5952284552	8759636138	6027589819	4531001707	6089442733	2474687242	9589116478	2188536209	8458294683	0854901-0855000

0855001-0860000

0855001-0855100	0304075110 0830546676 6121316949 4465638662 3369731490 5363048789 0788328740 4207267338 3396925834 8281353332
0855101-0855200	4626119663 9727672957 6987444036 5471360016 5916747714 2386181991 6453062722 8981557735 6622922661 0897177977
0855201-0855300	1500834627 9464409360 5843157320 6378347619 5170000165 8106021009 2878404435 6820652019 4527028568 2643221760
0855301-0855400	7135816017 5222197346 7223327780 2743989435 9711559780 3812762780 6526046703 8575085560 2556081051 6667781838
0855401-0855500	2636916211 2027595476 3575092735 6103375651 7976994657 7949596114 4911621311 6791600460 7234256813 4822109174
0855501-0855600	7041610254 0842483992 4042350962 1969126368 1209164349 0379266934 9222546351 0174034101 5465437528 3162070610
0855601-0855700	5390821226 6935397141 4467016387 1339195724 5620135139 2040509186 1473232182 9361951891 2364549208 8239049722
0855701-0855800	4882879142 5729913397 7822247818 6521013391 4143716010 7780810007 1612966209 3680467263 3770301940 5918478585
0855801-0855900	9655730889 3645078579 3600087862 8686633807 9763689028 0780619857 0100232244 7725140393 3032211957 2056967186
0855901-0856000	4238802321 8633477611 2599435486 4992447475 1661178360 3166952637 5416043600 6356632387 1059279357 9217568711
0856001-0856100	9998228111 1089142464 6101546553 5659621270 4209994403 1975873515 3439833319 5609894173 0938654745 4651409993
0856101-0856200	8939769355 3922458643 0358876231 5761562586 1587462872 8187813371 1235134587 8837855804 2169776439 8525992789
0856201-0856300	0499624290 6538896215 8212221897 8878116258 3829659073 6324849697 7987612007 1306818833 7251900370 3774034872
0856301-0856400	2504297349 6099347660 7284864000 1631992960 6695437071 4271183192 1409924423 9469582566 5420541914 5120455361
0856401-0856500	4236488414 8160260537 7486614986 4110283759 5162909996 2209123298 1921678339 2396425613 9072775365 7077363937
0856501-0856600	2511982297 3696786924 6891513716 5264869759 6513443576 7122826858 3753144012 6280418404 6228693588 9735824637
0856601-0856700	3787848447 4816412107 3381675877 5922822307 9154982210 8047959043 4831933876 3433073399 4992519424 3372136321
0856701-0856800	1915365810 8725527549 3903497011 7953105652 7436888894 4085474666 4727270780 9098080469 9730940520 2816129582
0856801-0856900	4460656291 6550769680 2356145139 7859995356 1449185685 7949608990 2281540993 1896227352 1074758244 8567245261
0856901-0857000	9510048267 2561527017 2300934394 3029068805 3019264553 5304297709 9978289188 7127297756 7312250801 2156908989
0857001-0857100	2104620610 3032654195 3558830843 4633118423 2432667935 0246989405 7473910493 2355738728 6249786807 5144049873
0857101-0857200	8143435118 3852558258 5965084861 9765348305 1655774653 5484925184 7062358463 6112896123 1063475613 4878291962
0857201-0857300	0808029021 5418895671 6954705784 1263606512 8050970044 8653394569 2126761074 6489021826 0151360021 7640420759
0857301-0857400	3430425154 9604712165 6063826907 2668810603 2814204741 2200888667 3494151799 7246444314 8785230281 9566773009
0857401-0857500	2434525278 0354723713 3249811211 1447527196 0517285263 9093240007 4100850410 1353495340 4377507086 8269290958
0857501-0857600	9645056777 6975505181 6997654774 2490749871 3768970805 4222310307 3699862144 2134449704 8083338862 9036192462
0857601-0857700	0994170065 9527552349 9456084088 8352771199 5125641178 8748775542 6906953789 0166583717 0505976068 8177908491
0857701-0857800	1618570218 7460703920 0411210127 3866342584 5845123645 9384881049 0498891712 4685739269 6221806481 1341034779
0857801-0857900	9910285334 5043363529 3559946999 1079748386 0730938322 2418565543 6504976494 5838570957 5475892418 1079549377
0857901-0858000	6431689626 0734364589 1301527446 5652114578 6141557709 9210493343 7132765485 5020781975 7756130190 2631627312
0858001-0858100	4397224267 4146601694 0435362112 6647620668 9557181471 4997912220 3905936045 3171295309 5554012285 5108112121
0858101-0858200	0265729697 5654697231 7828275358 9325263383 3111069657 6581556117 3594867954 7594241902 9558201244 5750907537
0858201-0858300	3370460353 6226154971 0354431112 9334077832 3908570180 9465456271 6340269965 0631291909 9426969596
0858301-0858400	6225589497 9756287212 8775719854 2419673475 3015874634 7073305073 7845796145 3545425206 4423087824 0841408078
0858401-0858500	4627967368 7388788958 5204470927 9081010712 1198779872 7835924233 9335575561 9371324997 9593876098 4147798982
0858501-0858600	1381826503 4322401306 3857454488 5493589707 0486251427 8724296521 0065664978 7070156838 8386453995 9036508017
0858601-0858700	1114364104 2662786967 2414199832 6547334111 2848793309 3439580866 7890754340 7020267937 8477434553 5265665129
0858701-0858800	2901343372 3462897801 0782011552 2188723937 3120160937 0970406863 2553677092 6191900398 9418841145 9261537011
0858801-0858900	6668658956 3673150522 1633041077 9848867721 1494160046 6211065860 5248504107 9547948381 4251404996 3682497073
0858901-0859000	9689414424 6667174873 6746316851 7045635775 4242310515 0580986476 4641739106 2874599047 3792488810 7274308142
0859001-0859100	6295248909 3198549576 2898324171 9089619983 8410018154 6644378082 3753328402 2544160414 8959931908 7300847247
0859101-0859200	2855748818 3769758189 5347939088 0198458062 8942112361 1333546325 4004046653 5717316673 2386520784 5030801661
0859201-0859300	9577080902 7132411891 6546201980 7089554609 1872385437 2611387496 6299766658 2523147148 1880032379 5003806670
0859301-0859400	1185989421 9599482184 0489226045 8854876888 0233759401 4215791542 9528712356 8227193941 6595000624 3911835934
0859401-0859500	2678164048 3541623849 6792420808 7709963757 3387339727 1385700510 1721639010 2814006199 6402955555 1092051482
0859501-0859600	3727888939 5862250635 8200576235 5860460670 0333545148 8830880320 6990796123 1844923797 3339003311 5058829483
0859601-0859700	8020687671 0240916485 9588883944 3246563446 6757463358 4953224141 6518803282 5488208991 8241029406 8318220651
0859701-0859800	1712210563 5810950805 2676082430 0375506483 3828150365 8350774394 0163080243 7480979848 2956648727 7021341700
0859801-0859900	5589113966 2180093523 0435395488 8255902667 0900065711 8853359523 3013070087 6190428286 5576790762 1690733940
0859901-0860000	8560706158 8936193013 4878025952 4996703159 1436244219 9778519830 0437984441 4548655165 9082820414 1139376731

0860001-0865000

8104087719	5965789360	8900600929	8571878482	4543162180	2453861168	3785858623	4510782849	1821691458	6433097247	0860001-0860100
6771131495	9030827346	1852478922	1595763617	6194158034	1303131918	4160775944	1012157439	4177453130	0010795056	0860101-0860200
4422525109	3067375232	2368854324	2791213530	5575926210	0311221186	2038297502	7538178425	4173117337	5517119681	0860201-0860300
6524092843	6766301402	8433123610	3292345231	8918370223	0344454974	1418863973	9865083728	6068616943	6251316559	0860301-0860400
8064294041	5960955828	1527947448	9407960067	0401560663	5423305660	8882241092	4622558187	3588042827	9346966420	0860401-0860500
6274112459	7521522027	6131826209	6736092737	0341863068	0429620948	0151901121	5646323354	6199496049	7408344435	0860501-0860600
4531421150	0672682516	6877950667	2541821696	4868333082	3372445854	9241292167	3190981802	2915171702	7639539076	0860601-0860700
5960845015	9458745976	0737822363	7182049117	2490303721	7284752147	6818938282	8585241866	4014070914	0991778837	0860701-0860800
1395692161	7076979010	0601923052	6629784219	5100992184	0123220629	1400604821	7819490156	1947902646	6313128750	0860801-0860900
2908324448	3715546624	8494038615	2485353273	6635483810	2400072695	0375367248	1333156495	8131952983	2958248945	0860901-0861000
6994701540	9838635883	7510527445	0387542374	1635053454	8439059129	8010160337	0240650914	1965440640	8930992874	0861001-0861100
5635036122	4915848602	3751328733	7313061777	6438334911	4167974279	5635358264	3265650934	3897438769	7125404890	0861101-0861200
9954397610	3094470122	3017049596	7791613454	6024092072	1494649710	4487480382	5509647557	9233784085	0157046965	0861201-0861300
4092609937	5292970565	7563244547	8640178182	0868997603	5501204605	2898752372	2840965641	5401043048	7466276071	0861301-0861400
9959290035	1813908226	4656278006	9174993818	8975755041	2455262811	8769537357	5052501272	8015922292	7782677371	0861401-0861500
9461371921	6516400180	7111032606	6546576457	2568399041	1126551032	6989847762	0049452573	2076336611	8794668546	0861501-0861600
8075655577	8816168336	5059804799	7528938859	3446218272	7482769757	3534811670	3851100088	1206002684	5121931613	0861601-0861700
4987292279	7354351452	5162066264	4675504351	3009958875	9986591144	3487330276	0578327386	0610819603	2567833536	0861701-0861800
2521398537	2146327137	1437336685	2594289784	0927984778	7866474664	4957883589	6680820451	4776727190	7031262880	0861801-0861900
7710771780	8759446592	8794910582	8127513178	4511939021	9204362173	9992710417	4817473553	0055149680	7137461376	0861901-0862000
6826102458	2297889026	8640706208	7169184080	5906684021	0711797550	7316360971	2321042997	9833192165	9946411876	0862001-0862100
7390473835	8239727102	0669138686	7582223407	6837140251	2878602433	6013754569	5612101211	1866856952	7576098387	0862101-0862200
6242013180	6009730015	1094877041	8647501460	3471909560	0164459132	5816011088	7003424095	1086006596	6824661861	0862201-0862300
3700340454	0305650156	0321089611	1956432794	0113323206	2441296852	7189733900	2930438752	6826413252	3728118187	0862301-0862400
3418377266	8317079822	3668198492	5517311140	4842922636	0049729836	6464717470	3203589251	1190314552	6378203697	0862401-0862500
4827376444	7465796347	0343627745	2109556074	9209997068	5966310831	8811970526	7540760841	8520990745	2641268309	0862501-0862600
0143476734	2985506555	5504958367	1068719038	4924438850	1716241895	9241597064	3895517919	7612480105	1183266210	0862601-0862700
8395180919	1931686471	5007622854	9154633210	0294923138	4348040570	9777013982	7445193483	9221971306	0823701654	0862701-0862800
6337256801	3935034810	1212266051	1497687829	4628586232	0643474121	1262663352	7821577473	2452483124	1354286604	0862801-0862900
4140191905	6371445619	3361673409	9663782714	9600978057	6875416953	4454405994	7939618148	9149477288	3934449386	0862901-0863000
2378544571	0715026668	2904961403	7984996997	9904177314	5349852052	5154680296	7974626481	9668702286	1642312147	0863001-0863100
7629241242	9658312763	6615013215	9956875563	0321383495	7850419502	3669392820	4408381491	1150686568	4280960304	0863101-0863200
4852969738	2538002417	2676987094	5805588238	7667508804	6999123811	3646498178	0323271388	6275399981	4306474612	0863201-0863300
4047754171	7786963338	6139656178	8596483175	6351902365	3894286098	7981324310	5964107502	0220490603	9359870915	0863301-0863400
9547794213	8098641791	3250939151	4302291823	5919452911	5029434493	1341236215	1981821583	1203202948	6003940276	0863401-0863500
6901266322	0706625706	5165460052	7475224010	1992387346	9029975061	1631661928	1850976779	2260931005	1354456493	0863501-0863600
6116459656	6028491128	4552622478	5726874706	1159462623	2730492603	8731909842	7270223022	7936371756	7119268583	0863601-0863700
6471857815	1551335203	4020094255	7325702413	5674979298	3260661689	2374772379	0923156448	3699398221	9062239598	0863701-0863800
3512927748	7404921884	8651486180	0676468364	7476634904	3546852270	4418150329	4734668805	9802599704	5147190867	0863801-0863900
2697542090	9271463724	7939872429	0800146596	0306126644	1660222860	4050721331	8150829460	9888507098	0566227981	0863901-0864000
5499892792	4314053239	9034861738	0802149334	1026331550	5110372233	8875148162	0439881629	6144993711	8414730654	0864001-0864100
3972563580	3732060537	4193767157	2155162520	2628791243	4751769566	2745040518	3387160885	9843704646	7204976925	0864101-0864200
7186263068	1746111178	9650712733	8941343126	4004219002	2842688463	2219249602	6992853768	0961589319	4890230425	0864201-0864300
8339012860	8529021358	5525352287	2936927725	7311248398	0587096220	8930684664	6263634164	7431789867	0004740615	0864301-0864400
6685763785	7107584274	9474296485	7966762548	7697959410	6944926811	6576569257	9106373912	8091743329	3427660082	0864401-0864500
3474451226	4681724479	1345411283	2897445755	1465078695	6589905282	4665349909	3871511116	9679515364	3282615119	0864501-0864600
8278986688	9710931016	9591041784	5024882873	5231923844	8624226362	9734975768	4392822631	1202000471	3218720170	0864601-0864700
1783710975	7566855371	3938247585	3381189805	6805524561	7589253290	1241044606	1386262529	7201449551	8845924861	0864701-0864800
0761575320	1952379210	6931822465	5177285864	2266047786	9383984421	5191391884	9477120401	2480322261	4617113859	0864801-0864900
4797565685	9117457472	4441827556	4366755031	8617371053	1284061591	5488212497	1937173021	2674392008	2041117549	0864901-0865000

Range	Numbers
0865001-0865100	8546836398 4135677460 8838167338 6741710047 0330451223 7269963296 7533503556 8374255932 7885052848 4397099534
0865101-0865200	1517659032 9384028506 9219964260 9108990684 2903712845 2934549490 7934984037 0395015943 6563446313 9951298245
0865201-0865300	8133353138 9648303954 6853777423 8675823879 9595073127 9166633912 1357622930 0823813749 9508804241 4367706341
0865301-0865400	1867945790 2022252519 7702359954 4884292304 6328754923 4967220873 0074226185 3262394415 8468650826 1531865605
0865401-0865500	7785769972 9253351807 4404638289 7304361213 1248741664 9557732058 3031985264 9228400338 2122961982 9400035721
0865501-0865600	8896092227 6076892173 7321375612 8171401278 9476808601 8461734761 3358304779 9555570110 8465899184 6526471602
0865601-0865700	9062432682 3097213791 9999502600 2007677928 4281280102 1890465503 6864494068 5163746947 4009796705 2287174665
0865701-0865800	3346534766 8328529930 5839175291 9256842294 6133303350 2992661474 9035530997 0592944301 7566334383 4322304415
0865801-0865900	4343703476 4664049273 9502658109 1264882415 1780638495 5847321292 5984863914 3378040535 6376028060 6861278168
0865901-0866000	8892152483 5645436191 6584590511 2065370194 4847924254 6205587901 5583333543 2558659101 8391532755 6343253047
0866001-0866100	9137407024 6658885855 1732641557 8510827116 2140919115 0201876161 7581702513 1170079441 4086348631 4831905529
0866101-0866200	6155411318 6777476030 9553999986 0807938437 4976227303 7037169749 1622920021 8300013533 9181299918 2960402359
0866201-0866300	2948162240 3757349964 7898156526 2268246922 4661822660 0334656315 5444069190 9194461335 9229476476 1753098401
0866301-0866400	4456964949 8541787417 2123136077 9557004623 1575740701 6476128273 4096389797 6977401987 6160194157 6015291091
0866401-0866500	0925312276 1838347867 9518524193 7060797916 5590705751 5180512954 2831018535 9173186365 2920291308 4205780739
0866501-0866600	2675741156 3134564106 0048148590 6597772775 5892339730 4760176118 6109466683 9383170513 6767659806 0864546532
0866601-0866700	7538441719 3324821035 4638518407 0064257499 9821742521 8212189204 2469834596 9460171454 1080967173 5478479028
0866701-0866800	9649005709 3695658507 3602799626 6961684643 1118237198 1949954017 5555079372 4878019693 3765045134 7412370232
0866801-0866900	7858171705 2728754067 6808677865 7331919180 6541465070 2346930410 7602604380 7649839841 8776243353 8838135818
0866901-0867000	3139633229 7830451927 3542000124 4347701439 1410202805 8351376152 4868346540 0922414855 5589073720 2921946094
0867001-0867100	9678309380 4725225427 1539715644 6139320717 5620510574 7947382556 3034044998 4090551893 1225258151 7064469135
0867101-0867200	9945494107 8976605283 9379950219 1260261204 7720514588 3687727742 0393934927 4661742316 9661272448 8814202863
0867201-0867300	9142022781 2419353329 7421694509 4679545206 7395697738 2806280091 5341955720 9296208702 1781623595 7315398580
0867301-0867400	4940599130 9645978436 7461688033 2762471313 3218716363 9467180936 6747344033 5755526219 7725484420 2499963393
0867401-0867500	1748616681 1685800241 6101935718 1587639139 3715915310 7634250433 8406774911 0062398885 9795461135 5539755839
0867501-0867600	6530539242 5113385151 9729571507 2567194931 5914454388 6748094127 0092974257 7221170197 6780777554 1153146444
0867601-0867700	1588881354 6404610034 3675463395 4381365737 9417552022 9837046337 8124045276 3115958787 4291541420 4162066248
0867701-0867800	9126162385 0077703928 6348472623 3343506441 7462265548 8896432896 0847169212 3310844633 3350533714 7173330331
0867801-0867900	9017211530 7748181597 5318740320 6520654666 3038340247 2404436419 2958515662 0772019573 1935194885 9162981533
0867901-0868000	0055105279 9525400109 2334656798 5970645405 1429106571 0504302628 4793759359 3880541200 8468120716 5725958968
0868001-0868100	2779436299 3111922904 6287498933 8151616124 1807541838 8765972717 0003193889 6653365652 7359657047 2983705556
0868101-0868200	5100268027 9238516795 0336520665 3091784354 6800532221 1811784568 3243680044 3266590254 6285945991 0385475796
0868201-0868300	5209123438 9503251059 5830284514 5019453098 9232771984 8928078784 5546749643 6275646169 6626183648 6662036715
0868301-0868400	5784981383 9868252876 1956385736 0852041933 2025764108 6585308207 8346093735 4267441745 8791798165 0977606748
0868401-0868500	0342358794 3788166111 9989595666 7944648382 1547715844 5223575130 9630861325 9832304456 6468192097 2502934490
0868501-0868600	3578658988 8840520552 8798468542 0791800791 0986621527 3716175244 9694276522 2285626744 3179067066 0513250331
0868601-0868700	4572067834 4046379514 2601733349 5920626461 8127328737 7940013015 3571573662 3761268528 3211039112 0166194811
0868701-0868800	5587795504 0394086512 2360419497 5793571897 9740811556 3734672074 2742415773 7740444109 1238485558 4519673648
0868801-0868900	3504888683 0993138982 3442124854 9562023391 9819000635 4898518044 0671358033 1408724132 6581558085 6335529235
0868901-0869000	6505562434 0622173863 5871005910 9166690201 1060085192 1062061521 7298898708 3613379458 8258419892 9728135937
0869001-0869100	8463864081 4620973215 7488764585 4545290564 8569347625 4092899106 6919225602 4642545291 0014982009 4514753886
0869101-0869200	9058507821 5749901642 3832582661 2333030842 3601713313 3019740264 3659281051 6974600611 2974134995 4361141507
0869201-0869300	7890155231 6163627582 1160734521 9385511127 2300896003 3993710873 6340084744 5858281169 2917284014 7159292712
0869301-0869400	7197382253 5539639876 4592473836 9326112803 7429940138 7580817617 5069360473 8088259160 7654996602 8549415839
0869401-0869500	7942913044 1789374134 9812851299 4331756758 2440767341 7695102424 4331173208 0541981225 0315547648 2578701650
0869501-0869600	8657667023 0978527121 3432609608 2828084722 2735516127 9802179432 4863898906 0292519154 4808852944 9249132385
0869601-0869700	7532148964 1284456505 8336515343 9839435370 6322369086 8184748916 3408293026 8567197857 9660416012 1522883409
0869701-0869800	8644950300 6136379847 5278879019 5341774348 4446727480 0436348276 1808233991 6100874051 1223516596 7744517830
0869801-0869900	8192167027 5125143549 4699668726 6873708278 4919199168 2025903711 4776598260 6846429716 8288715196 4827056579
0869901-0870000	3794566304 8499534258 2827100202 8745751425 3134878869 8880801239 1825275474 8629359202 5797500281 8219751009

0870001-0875000

9462917837	8511034667	1609157650	7689424057	6434882324	5410625517	1455768523	5574081545	5232660177	6743209479	0870001-0870100
0156452054	6687532565	1052514797	6320111226	6026752483	3213955089	9312683263	4930136851	9242840309	4260238790	0870101-0870200
5323204787	6793848815	7817991207	5883998951	1824201625	4924399375	2925029268	3380891296	5124723281	4990269823	0870201-0870300
0237888614	4353189879	9215072001	7872694765	9321610518	5240507686	3648912351	7516719370	7377421624	3588562940	0870301-0870400
6235947704	3120052660	6256976250	9684217812	1148882988	0026616044	0592223293	3162417612	2908743379	0222878045	0870401-0870500
6170135772	3750619521	6034268628	0629053786	4968871393	3857125624	1696407932	4475831369	8859182729	9927578294	0870501-0870600
9295751304	8250436660	2853237140	2054964473	3807382457	7555825709	2700759153	5821362248	7873951980	6447536509	0870601-0870700
2283387321	9737894509	8948812224	3166650106	9873961667	2989920964	4205968175	6961923183	9866191793	4084742578	0870701-0870800
6815461594	1458938640	6022961329	5003812003	8389767450	2086338557	8266798810	6569036999	0815678277	8516378293	0870801-0870900
4599361943	3669806529	7922152215	3666288839	9402680386	2183878413	8954997920	0722893711	6950775706	1724002344	0870901-0871000
8728986838	0888946932	5821863378	2343569120	7402895687	1885668709	6061273862	1934987326	3224096065	9606991760	0871001-0871100
2005453603	8165896602	1438717712	8755309837	0990207133	0847123039	1797557448	3810050683	2809511893	2927219123	0871101-0871200
1654940906	6402145683	5987446321	6265575739	7928373087	0286061293	9772368385	8149199392	5841574254	9146335154	0871201-0871300
8204141285	0525611641	4384738621	5794850259	0959169401	6701922227	1520515924	4638478673	6844034101	9760225485	0871301-0871400
0585962037	4520210340	1958672160	8171270192	6460704607	9599287131	2107480351	1882506823	3530449698	1265520956	0871401-0871500
7080884541	9410225351	9913136835	2911597222	8197796519	1751091412	5749066752	7198799284	3990372741	0645886716	0871501-0871600
9811835091	0120568349	8176773100	9548469910	0664217037	5101296402	7952668079	2620134649	0826570837	3127308877	0871601-0871700
0349853816	8830180415	9107350878	0278978144	4525165407	7081274884	7379655033	1829893602	6105151709	0092011022	0871701-0871800
2071001669	4799486064	9884160992	5577821033	2925422202	3824316169	3794552445	0771166127	8195720289	9490592371	0871801-0871900
7876307137	9162077328	0519004359	5063027837	2052428607	1686319756	8319944953	5965461758	2379331954	9221835571	0871901-0872000
4063821726	2170118990	6243630164	6834987994	3067324897	4840299006	2675636866	3934498668	7029574632	9559276358	0872001-0872100
2274173904	7673664683	2709872540	0825658274	0793730134	2125015787	2246935933	6023202788	0213344754	7116925472	0872101-0872200
4427882347	8857202047	8481096682	4957325946	5069381839	3289944085	6293295484	5234695473	2470720957	6815500031	0872201-0872300
3628681830	5873597665	5244562923	3370980039	2024465397	0819808809	7516775900	0829452339	3382538737	9751663668	0872301-0872400
4848199061	9171892305	3029327528	2052288738	9977798577	5746443306	6738428466	8342381977	7822394151	5224363898	0872401-0872500
7424951701	0656678530	2676664370	8546240614	5075109823	8265082329	2192311694	6593605521	6243701274	3002394924	0872501-0872600
6000846441	9137134537	3908817105	4329719962	5921785958	3689002275	3546934419	9270563544	9944646484	6356921147	0872601-0872700
3954542342	0930350956	1912596294	2760332314	0283815641	9581239921	6843570592	6115521864	3672939081	1404988429	0872701-0872800
9540135030	4582616685	6151191924	7042480677	7874883871	3189871896	7382619247	3974908922	1696564899	8157671704	0872801-0872900
2890174496	6620596800	8681990919	5664839871	2799600060	6600983366	5085013172	6705066780	7381053625	3324043615	0872901-0873000
6109801108	4767554948	7749423658	5163719465	2793284979	9057701845	1049091701	5335686136	3244389487	9659034367	0873001-0873100
5903495600	2166426558	1524443928	2787227173	5945948307	8938720248	4734203222	9005213360	6846053129	2940974975	0873101-0873200
9889320134	9050155466	3997880699	9170087371	5889175956	7768947270	6181150301	9647289132	5767848161	9091938845	0873201-0873300
9773052888	1739137963	4191013912	2828818689	5766691581	7506640190	6642575911	8576388754	8293436299	2117191271	0873301-0873400
0549773853	7301557783	8101884441	8606578305	9241045272	4319669227	6439468819	0230293660	3689392914	3527900678	0873401-0873500
3454920522	8896117886	0518754083	1049180891	7759260962	5711828832	7086436346	7278181627	4725571485	0253575093	0873501-0873600
5601944533	7057042972	7931651832	4369707363	8748560927	2821695707	5593521798	2829317630	4039885438	9505725017	0873601-0873700
9465534119	6643840611	8328171225	8058093138	6536690163	2341550423	5539488039	7710071250	7041056787	7416202585	0873701-0873800
9908400717	6820989414	4867462299	2276289202	5508580816	2173150838	9755388405	3494279190	5673448766	0483097079	0873801-0873900
1086659225	2931017597	4785382557	1471946452	9629087845	1956517409	5947894396	3376856887	8413363340	7353907274	0873901-0874000
3766372205	2802244591	6053475375	4066183716	9580524217	1800321860	2285837532	2597888350	1880423178	8756894023	0874001-0874100
1975197437	4446133525	9745789740	0554662442	4324975934	4049537626	8236401505	7347269539	8011010025	6582513119	0874101-0874200
5753891584	9382125129	6799677253	6212746607	6391067226	9184411105	9166671823	1748120661	9477228053	5025793861	0874201-0874300
8987107329	3114319621	9558359007	5732545492	6544053448	5876237997	0486963982	1290623046	5260237154	5697463982	0874301-0874400
1850402406	1606472122	4738628536	9145422758	2815893032	5786719200	3815231307	0301231450	0162038355	8559708463	0874401-0874500
6288728568	6618295880	3815141259	7924271222	8006580721	7537599560	9753028168	1324319088	2675811213	9786458977	0874501-0874600
9915670771	2334130061	4050720737	8747754227	1334777231	8791387780	6041160283	3892807322	9462986109	4389948042	0874601-0874700
6877630904	1382820082	4932764378	4456946668	5596913509	7280929656	0296837842	4831906376	6489758940	2297476523	0874701-0874800
3737070759	0295732296	7641074447	7902854220	5710833186	4160628348	3284039376	7133814809	4153081003	8363462098	0874801-0874900
6740923141	6257725926	0164241310	7683838536	0967743938	9645388121	9871847087	8357602846	5758500662	6430131835	0874901-0875000

0875001-0880000

0875001-0875100	6377598343 9423256319 5673889217 8647425115 3914648306 1056176185 2266148498 6211735299 3003941962 6797835115
0875101-0875200	4324719792 1009990235 9950101850 4522633621 3662954175 8790411552 9116300595 0929887093 7205111995 3209519197
0875201-0875300	6119111178 5656856314 5823742527 3363487442 6217894373 4255594438 8272109955 2583440480 7815336301 2318172504
0875301-0875400	7611209858 6213911950 3812768576 8422270602 2880857922 8022789927 0135450268 9828981286 7084694808 5869077368
0875401-0875500	7310488241 3520925337 7992815178 2807224730 4329560570 6622345618 9965692940 7990430103 1800558838 5154956003
0875501-0875600	7101536288 3393296308 3886118375 7251344292 9623743625 6902862399 0818089667 4784072154 1648215364 6698525111
0875601-0875700	8356093769 5388382477 9268205403 5562293103 3982346172 1774992876 1143107112 6186981767 1651010213 2817484322
0875701-0875800	6860492899 9621374426 4891787470 8005217789 9145979368 3257690825 4470499557 3654607383 3295445503 7605455616
0875801-0875900	9384629935 2695559825 4814369522 7451351596 3501284438 1657623878 2190283447 7841943484 9167543322 0898865725
0875901-0876000	1072163801 2574559205 0062613832 3533310017 4635632696 7882997952 2312213359 2295598777 1478425621 5281966009
0876001-0876100	5824803979 6074188068 6481462221 8467350238 4649962094 8290023721 6747151301 7616183486 6485690095 8044527129
0876101-0876200	2413610774 4855016454 0165882100 9469531851 6709496532 0283685563 4394275525 8676230939 9026264688 0252100234
0876201-0876300	8398810810 3139591567 2216752103 6403116827 6980204470 8468275102 1600765291 2859618123 2892391998 9837615465
0876301-0876400	4015288476 4023895640 0800911170 7771686632 5847151888 6521341810 0963097892 4681427776 7444249098 4819462072
0876401-0876500	0991186061 7837882725 6060277489 2025077565 4960922415 3721848981 9139994930 4356168693 6215964291 7710952569
0876501-0876600	5097069900 6323100610 8564855544 8231768169 4918920335 3825938397 9779552017 8060026150 4538466022 3480584280
0876601-0876700	6680800540 9727242488 7098899181 4030172108 3740851971 6844655506 8686682595 7621317618 5347414437 7640981168
0876701-0876800	9746220037 1211318615 0318053481 6370992805 1005793939 5818396053 8157279905 3173564620 4725646756 4657337523
0876801-0876900	2496044286 6627542283 3411947710 1158614822 5132905747 2336964545 9350778630 2813970350 2693355867 2025420653
0876901-0877000	2019113645 6842785222 7113049930 8474015508 3205534502 2071115182 9250378245 8415159542 3857290920 5590931555
0877001-0877100	2709371573 0436507139 1970662707 2083660506 5359257807 5387996624 2782962602 7190863678 5842034261 7942729278
0877101-0877200	3872074227 0392586478 9969888520 1728543732 9638914179 8564954987 1231317421 0781117458 4783471481 0113022006
0877201-0877300	6918811713 9063322377 4639144278 7135013391 0136146547 5823547313 2163877978 5942292590 9287326603 9806170514
0877301-0877400	5105189352 6138463564 9007582348 6329152025 8655103110 3413814049 1015735161 7886075764 3964618834 1017565444
0877401-0877500	1487477439 6958712593 1820683929 2181168088 3559712722 6537119526 7463913547 2889090102 5277774299 0668168005
0877501-0877600	3198706232 4755696316 4794199431 8772899895 8907371744 7913822106 9168303144 3021088327 1873693722 3637159824
0877601-0877700	8511277737 6585439522 0664987630 2769812346 1345369762 1047397548 4439806649 6855150018 2428724139 6293002078
0877701-0877800	4239040770 1717530874 0062110388 6981275161 3311076710 4226560953 4206562796 4803091959 1712222568 6050866069
0877801-0877900	7491958719 5285117201 8630145722 3111255958 0580300595 9045178016 2091560033 9271581356 1939615245 0582940942
0877901-0878000	3830675223 1048760275 6833193139 5370615940 5690082546 7163407688 5281870260 2839376494 1416952247 8976448274
0878001-0878100	1592439389 0738587033 6831106474 8295916563 6319407597 8797738936 8568253656 5679811940 5558294689 0750426088
0878101-0878200	6397051586 2806160495 5380199298 7901072698 8526406869 4896100332 3272842034 0618845421 2897943218 8689707273
0878201-0878300	8273627785 0137270114 9638708846 6407860794 2655552555 4856648253 6726238855 3019570089 9094418141 1968192782
0878301-0878400	2521474367 3023757726 4790630213 6270092943 5193537520 2448246504 4502817747 3530313055 8784042890 5295653616
0878401-0878500	6955757460 3044684002 0130258347 2857878603 4796429662 2856338390 9385040595 9963382052 0131345977 5949549591
0878501-0878600	5282491367 5826557737 0863098534 3103165699 1864774935 2355876985 6167640256 9436794965 0826595164 9361856390
0878601-0878700	6776134086 3449496109 2308528159 5759473244 6929978437 8750695779 6523406627 0348934399 2200393314 2022159640
0878701-0878800	4753079877 2485471928 9903190331 1360675387 4099262658 7614582952 4546296274 4782530607 1370861009 3256561091
0878801-0878900	0629015937 0323457846 5109425415 6584863367 5971714103 6824690682 1364595022 5938235868 9803420521 4584241562
0878901-0879000	1097712594 1988605174 1846098105 2180233091 3491593055 3236402118 0135399382 7390760960 1881270857 0022161499
0879001-0879100	4202352285 3011978515 1482540926 6951856567 6534104044 4548548817 7660629153 3342393558 8304097708 0382629431
0879101-0879200	8944385077 0239040847 5017104093 2368683097 9044978493 2389215598 5002143587 0077134287 1584700693 0247167663
0879201-0879300	1228530283 9112029615 8483322876 2187312702 5440275098 8697775241 8671972580 3984567834 5286723372 6268194259
0879301-0879400	1376892237 3279869636 9957194750 8280574929 9080160929 6385648875 7743668130 5993300301 0651656716 8643311600
0879401-0879500	3817843318 0947698249 2426608263 9256472210 8563028212 2858435912 9114203603 2720601825 2323794629 3109254102
0879501-0879600	5124541700 5166491749 6978501765 8680012863 2544573787 2529326712 7745162433 4360127340 3978593022 2159961775
0879601-0879700	1736148666 7939676563 3221951493 4298376790 3749308251 7016185284 9338344242 5041832303 0264100557 8188318544
0879701-0879800	2893640874 0320396600 8892343871 0023409268 5238849673 2284456687 3657042343 1566989381 1311708549 8055633424
0879801-0879900	1109039029 4020698788 3668650096 4163691705 2815658583 5647747550 4883191164 8430645989 9663270339 8001097062
0879901-0880000	7143154871 7437048112 1700620918 6084162459 6321962758 1891687594 7150823636 8927617174 8516314584 5180705435

0880001-0885000

6379707232	7895745053	8758447100	7564558747	3724567162	6075875582	6316241638	3017589481	2372734658	3284264334	0880001-0880100
9842119906	7903327699	5061878866	7306344903	2827837648	5909168680	6539844039	3171382569	6659592365	7348223568	0880101-0880200
7609504600	2069573673	6953943537	3448928789	4541429944	9242296541	9920687071	7179908202	7511232288	3020637409	0880201-0880300
3324308284	0768023659	9622307450	7239548291	3251001462	3152283856	6996364648	1619930610	8035011934	0985512877	0880301-0880400
3081595450	1549790983	2610070008	4351632209	1409713166	8390509307	7706782579	3848915921	3209928659	8075166477	0880401-0880500
6274042102	2870695803	1691019769	0665849294	1163014490	4175524152	8407985584	1920459422	2472240857	9545248996	0880501-0880600
6149963129	5674599317	8744978341	3501974760	0248558309	3556978815	3697313632	1445251140	8292841812	8045024919	0880601-0880700
9295984561	7297886498	3652967173	7406535027	5757846534	1870784213	0980573575	8509870892	3218338602	7668096878	0880701-0880800
6744587673	9370425061	0529455934	4800003379	4844118691	0343848981	9927217800	4569840882	5618002774	0246971556	0880801-0880900
9634535370	5817713249	6654317079	5487952577	6642112068	5694340740	7369416521	1045301707	7751449502	9664201508	0880901-0881000
0974862799	6089460936	4253067910	4174593571	2831904029	8311315505	9303861120	6192754003	4742996012	9769845672	0881001-0881100
8568007574	7868256852	6558880550	4465028247	2340621226	7230987650	9524679555	1167576075	5189736710	8186648733	0881101-0881200
9135554730	3871771482	5992498209	0655636246	3688874428	1635475973	8020092703	3727972357	5620585201	9488731175	0881201-0881300
7364152085	6887998396	2553950672	0457656370	8667868496	1673992899	0516639547	3480646884	1632161269	6232140430	0881301-0881400
0430349787	9376589552	5591261273	3494431374	9318755851	5220350488	7715420612	8323215542	5010369584	2011777060	0881401-0881500
5811310857	4067217688	4473924121	5189067429	7679952843	4604620851	0422989295	5901538861	7177785962	5965902453	0881501-0881600
7479964480	5737542590	3395571736	9017939751	6001998758	3699094035	3460200600	6114570812	9727286492	4415558859	0881601-0881700
7502427490	1019975278	5695834533	4494325002	5780204344	4408682890	7507743961	7367055383	7615787863	8538700095	0881701-0881800
3573335902	5946681197	5123738983	8726653687	9554300184	1504480720	5276494457	0257994686	8034994929	4168674710	0881801-0881900
4745236313	6504711526	9827810552	0599626500	2245440734	2871399194	9802538333	8505885393	6499417336	3696431899	0881901-0882000
8036953211	4631746171	7020388070	8663490647	8634042245	8469135590	4242451402	8142597209	4336803940	4264695762	0882001-0882100
2035197605	2537466919	6864684057	4852273222	1411263468	2007326809	9128359680	4337124898	6512484713	3386599958	0882101-0882200
1557036241	2843119237	1380520698	5546305223	9628600169	3260924761	8752321257	0099594164	5450175979	1304831585	0882201-0882300
2269009244	0553118658	1531978459	3140513549	6797501971	5913056364	0796787427	4388697431	8121596332	0242453695	0882301-0882400
0908108540	1074867453	2233669488	7417447584	5601897763	9584490217	4934597104	7703154197	9472175590	3104895515	0882401-0882500
0713033750	9226428947	4366150114	6171128540	4898362878	2321775540	3355815130	8900860023	1119089283	1719794615	0882501-0882600
2733963981	4755795610	4816547218	2282092824	1262244086	6173161182	9531462701	1962136619	9594108793	5835643209	0882601-0882700
3296418935	6289507521	8341609495	6286605476	0820233943	9036938294	4107069073	7842159371	1008435508	0993495125	0882701-0882800
8480556142	6027948881	1735778231	4109215630	9775563343	5689280906	2401470430	4068096745	4142850010	5312911014	0882801-0882900
4071931810	6005561952	9375994409	8161264543	7443677397	8928455823	6168065730	5686818893	2905552483	7773886978	0882901-0883000
8338482126	9003385525	5772963294	8503625724	1617945606	8806250567	4398343584	0688586527	9847132056	8203326801	0883001-0883100
5840118612	2537107299	4592972198	3140398249	5464301364	1412093794	4647846329	6730804124	0315791671	4681071721	0883101-0883200
5465797595	0843790654	6392689441	6436702026	7173333214	2868727930	0067525680	8959472460	5400773921	4366237747	0883201-0883300
0366937064	7989280683	4363066623	5735491883	6306740896	9053454196	2549218595	9482963529	9144250681	2421957849	0883301-0883400
3976249362	6997668432	0117178309	4789764534	2821592110	5441925395	6738906802	5874295234	7024625362	7205862445	0883401-0883500
2991614257	8749920154	7834925160	4342385349	2438434103	0380727377	0776570147	4373435807	9845112149	8902138772	0883501-0883600
6113074931	2518484971	2899174590	9500393219	0625680772	3932545455	4691767350	0211427825	1591537139	2247521510	0883601-0883700
2619575181	2555899192	2377560556	2518625777	8715204024	2356430080	1544064737	8686471774	5485337568	5133039577	0883701-0883800
3050554298	4102745208	4882456380	1811743244	1150886669	4172029225	1387140525	9332921890	3930234849	5217837323	0883801-0883900
5334465326	2693777473	2504109205	5082762701	3601076268	8057349283	4106150143	2117912584	1093281226	7491152949	0883901-0884000
6919441405	7983354038	2007949205	2726207312	3858332785	8875647790	5672110416	5441661470	7612883610	0062438413	0884001-0884100
0531050140	0810107987	5557731522	5042463587	2420813465	1707819681	3266473052	6526687009	7539010235	4840054319	0884101-0884200
1030305850	5073284856	6621892307	3610160979	8730109604	5787862725	9697182149	7774593191	2172420855	2038322309	0884201-0884300
7743733627	2600910791	7085415906	5400695404	7576946452	6935273895	8908946566	0935532169	4271294261	1401893368	0884301-0884400
1755821233	6609288093	6868361084	1295931368	9766825463	4161807973	3799311434	9199450619	7674140383	6739591043	0884401-0884500
3250837896	0976546321	6344296844	7504718087	7538796601	1594691058	4698569346	3154671519	6731054018	9434725327	0884501-0884600
3510123305	5566492446	2530897985	5259889634	4445382941	4488382570	9671236053	3891982931	3649034991	3321228421	0884601-0884700
9660873657	5713694328	6363383874	9656941544	7710706138	0343673939	5432994554	8894604432	8621170422	8102975764	0884701-0884800
9010846130	3625809885	2044456528	8925386561	8355437466	9050757948	2110698111	6094362272	7817194688	4422390136	0884801-0884900
										0884901-0885000

0885001-0890000

0885001-0885100	4355582252	2433014093	7115484011	3662138841	0824798090	0542972492	8690877078	6394338356	9758089134	4855483753
0885101-0885200	7677719658	9593658751	5432750294	9340116362	8628419330	6048171093	9239987919	0088420348	7294343721	4946123970
0885201-0885300	1703430337	0791698316	2457660506	1362459054	9183588052	4520307312	9842425880	1870960784	9181635833	7632141776
0885301-0885400	5526484660	8626744947	7751311633	7460985326	1567716821	6013147819	0445605770	8920308018	5215408812	6888224610
0885401-0885500	8542068433	3127975848	0921954444	3889667113	1444617893	1474129366	5128198790	2593291945	6527368734	4836398893
0885501-0885600	3899843612	1168068986	5797567488	5165488863	3769003537	5291987757	6930810573	5517395144	3795272703	8004470490
0885601-0885700	0728573092	5262631673	0990740006	8490459975	8787132093	5334814799	8072978030	6859252749	2154032508	0620629679
0885701-0885800	3680290963	6571196554	5474983265	7557609467	2472292408	9206137105	6217009793	3992793206	6567094589	2120839049
0885801-0885900	8460475864	8011445523	2781360281	4534457954	3873365991	8540295506	0100187896	2582320644	6714509639	8089199675
0885901-0886000	6614659823	7014128736	6468803859	4032665222	4087508860	5288410671	9799914085	4487007293	0220172202	6030478638
0886001-0886100	0710886172	6314153139	2374899477	8191781040	7754525553	6936054590	3637816192	8639420022	6696480397	5868226345
0886101-0886200	3758128535	5079620606	4636202276	3410015625	3911994632	5786788360	8702524372	5262830330	1021044894	3262262753
0886201-0886300	2207366765	2910916281	9988871916	1678669769	8617210689	5009023640	5929175721	8594584763	0689212470	4365027536
0886301-0886400	3283506500	4334618318	9703050828	3915358506	0525172234	4229331896	2943725776	1631522268	7395005813	5915637995
0886401-0886500	0090704572	0072609689	8837387536	9824262186	3149512139	8835716735	6388063005	6290325475	1451996618	1726778207
0886501-0886600	8962727991	6563774802	9910225094	7244094198	0146869018	8625285100	4233665906	6430765016	7100236787	3518980417
0886601-0886700	5086476038	0556088271	1984788639	1169660571	2575811161	4332203162	3986195399	6081064489	1151299038	3218924496
0886701-0886800	7115181985	7985027704	4697851841	6280732953	1875221707	3754278078	3674506060	8436887769	3049830230	4143646891
0886801-0886900	3983700826	9396406069	4562881641	6952916654	4373908475	7281969614	6411957158	0663688131	2484878296	0051923653
0886901-0887000	8166969144	1316437821	2808037745	8223191425	0665372731	8660158555	7631000545	8819146086	3415120134	0660568618
0887001-0887100	3053991092	8422209722	2772766642	0070998758	2315907629	4391295156	3496720838	0989724723	0420387327	8350860147
0887101-0887200	4116048285	2042007439	5960779396	7665745457	4157343814	3762929561	0953115848	2092000199	6834922274	6222332034
0887201-0887300	9229787977	2093259373	4589318530	3632200218	5233292266	0432632777	3869929525	4400374606	5480447629	4982724042
0887301-0887400	2914656005	2904598661	4905305330	3411842327	7471347528	7632417746	8600510351	9680259504	8933541617	7387650238
0887401-0887500	9319108406	6521380466	7466529643	5771960522	8927287905	8233362671	7180104787	0741509786	5327441555	2281550979
0887501-0887600	0153143256	9914109132	9952502769	9164121847	9890353417	3418028880	7859437047	4700374687	1669807291	3698781051
0887601-0887700	9134823174	3199718175	6973247169	3411240421	9323832375	8158340750	5032512102	4232721599	9762255953	6081716396
0887701-0887800	5955459215	2006263493	8327793871	7450987669	5534287878	9774664436	3855170650	2650448577	1475878951	6639052612
0887801-0887900	6187671738	7540459387	7592449369	7246870221	9846805151	9182603434	1533537207	5173543983	4658403665	0078000215
0887901-0888000	3376195811	1253960595	8941718804	7217874636	0466850775	5956087664	6149799759	0725725466	9309501812	2660597563
0888001-0888100	3832045120	8463864464	9947755674	7110488258	1862451811	4821602417	3113511553	3763941801	6198608293	2584828502
0888101-0888200	9721564124	9354354937	0147221837	1490931352	7465161404	2298840347	2587358480	4710030497	1036786199	6903966400
0888201-0888300	3189027014	1021874714	3973930479	6671271469	6745248582	1961590443	5885750474	7116108355	8276186011	5988679925
0888301-0888400	2327767007	7913488062	7067843058	2303768443	2240837285	5777585082	1627326777	5521575385	4931391889	4433113709
0888401-0888500	7187976549	3099063043	7083812107	9727316041	4688741044	2732940307	2777436378	2884423977	5948723462	9173289643
0888501-0888600	2364895042	3030339525	4772328529	2251820978	6329412792	2776106997	6483964461	5498030391	0368747636	7007442072
0888601-0888700	0134868042	0978344656	7078085008	5124892609	1270815723	7896817953	8971471665	3163541792	7413249374	5551049067
0888701-0888800	7088305382	9104660986	1801335492	7364715788	2317517022	9529255747	6729438071	8432352827	8938787305	8507172169
0888801-0888900	8784087093	6084891275	8296731845	0352330091	0082450089	4600016837	2896985534	7815677089	8606637024	3799181871
0888901-0889000	2713748359	4244296364	3209472757	2711041804	4334601305	1070221778	2472919884	0954442915	5924729679	3147664168
0889001-0889100	6467990945	6377046036	9988700796	1285734670	5087176357	9926726419	0775864829	7958015096	1497179864	3932311870
0889101-0889200	5902309745	1683435712	5233587442	5716502513	0783843967	8124895410	2878996867	2155583518	1821976729	2372675088
0889201-0889300	2719132592	8904570539	2169962315	7341359810	1626063438	4197411159	5598712194	8557079154	0409912608	4315344947
0889301-0889400	2936182597	1466635209	4030430179	4361263079	7077809538	7707949828	6453666763	2635334220	6894534303	0626974857
0889401-0889500	2960188084	6564902097	4995525667	3401338028	2307886298	0681870520	5412520401	1999043042	8919912401	5463064896
0889501-0889600	0755234800	1929454875	2880557065	0554523548	7917895598	7440250913	0074164191	8093997294	6822103570	1898118676
0889601-0889700	7215490449	5028446259	9683767825	1688727079	2953349935	5139851172	3804911695	5666124418	8049351821	1954231454
0889701-0889800	5793295497	3290115497	6327970042	5725292885	1676055670	6957888189	1666892649	6278266068	4281788855	1356822010
0889801-0889900	5986486442	6897310404	2064203886	2021415931	3343356506	0797764837	2861174785	4101318195	3882096326	3739781867
0889901-0890000	5015670201	0351613827	6223554990	7816708176	2580063265	1909072309	7311326126	4539480612	7461576397	4697290381

0890001-0895000

9915758063	0745875385	1733483346	8607608896	4622701214	0401657955	9790815513	6431792697	1432781160	0039509295	0890001-0890100
3053015664	0538544014	4681956741	6891439500	5060129899	5325206242	5640256999	7354056335	6851170626	3129378820	0890101-0890200
9655763055	7832675616	1629221703	9451858995	9392779546	3337352050	1688984643	6488820731	4613992856	0157646190	0890201-0890300
6088270052	1838829449	0528350185	6406504336	4175350139	3498570510	0635004423	2775532805	1663250155	5360016855	0890301-0890400
8606321618	0167882288	9859277739	8070823443	0121876498	2988219507	6487937452	7324977571	6467943768	2597865380	0890401-0890500
7770909315	8268698932	1856754102	2181137066	2891505071	9169240557	1751537297	9854679547	7169440460	8728583402	0890501-0890600
0071682558	7850350258	0689802794	3094618467	2580186255	7176999143	6669256776	6247888256	3671023905	0892975798	0890601-0890700
2489522270	9418467443	4146644119	1197624863	0886752269	1737956084	6434163676	3558830851	2954865371	1250744903	0890701-0890800
7322882719	9257271519	9660002166	6938956050	3827951906	6233710710	2964526112	5354820180	8162340593	1612383383	0890801-0890900
2787215450	9090544271	9803200644	2253236001	2498934484	3636759371	9142322778	5159626576	8452530758	4855373583	0890901-0891000
0841651524	7778499835	5609967914	5290553712	8993380417	3580332233	1380434826	0191619102	8053475986	6238541512	0891001-0891100
0389560611	3270055649	6689281316	7555129799	6763366535	5404709079	3988866895	3068578101	7330266056	8853689560	0891101-0891200
2118077216	2258921919	9243117304	8925224971	2553122821	1758822528	2650923582	2912252041	3837008286	3879599408	0891201-0891300
7533142292	0255378831	9259017888	1759789430	7727113160	4891567850	8678373881	2236288755	8552661186	5733674460	0891301-0891400
2261173633	2880225562	0686149584	6722660537	7935752555	8360934098	9163829636	5998007307	8450013699	4588212051	0891401-0891500
9742716629	5188936366	1788724519	3879883914	9850746367	0116146235	5909180891	4648782476	9832377597	8709634559	0891501-0891600
3154570680	0552820706	2946431076	3848171836	4124284488	3222416345	3064177764	9280600316	7897001913	7344145995	0891601-0891700
2908181300	8273571202	4454178146	0612372671	4401875382	2527453515	1552424500	7907975368	7991871156	7102845303	0891701-0891800
1873265631	1281918735	8142050423	0774629722	5403696352	3357483065	6204856108	6409342738	3318334634	3273512715	0891801-0891900
9264239390	0491279730	2888378346	3744236046	4419658158	4384053191	0829032323	9391500637	0525377701	0659429219	0891901-0892000
0766393180	8108787655	7596907078	4073173239	7323550634	4135855674	6002928122	8194482626	3869185813	6721604139	0892001-0892100
5463318790	7256169308	1540996943	7600214768	4823666895	9583386445	8433913973	4195773954	4589473799	6499396501	0892101-0892200
9731801875	8215438818	5804924401	5386570718	8767878906	0589434397	0572439680	6766233077	7502154247	7708237790	0892201-0892300
4412690412	0760661717	5145832906	5681240190	8880652059	2144597223	6876022617	3024555463	7405620748	0813993774	0892301-0892400
6700941252	2215327344	8841706368	1524435825	6118696626	1363834029	2866449700	6603799675	0179376316	7639180694	0892401-0892500
3767843386	2149089623	5618201056	4061401237	7885098835	6670847311	4371688891	3942684794	8538764665	0984117195	0892501-0892600
4337028921	5848350725	8601976515	2460415435	6067627464	1178103795	8055110585	2750942447	2965571294	5889544502	0892601-0892700
0468225672	0106209862	0677182166	7486885596	7781333673	0489413888	3039656612	1918933058	7140477845	5132876728	0892701-0892800
0301432209	9270529021	0617713921	2773759052	6124680357	8323361223	1672451314	3018328278	9876952990	4655069884	0892801-0892900
8503343483	9833599227	4164810683	3596317970	5040480171	6357581169	6110898875	2650503945	5450818904	5782033398	0892901-0893000
8805527336	1740589066	0762567887	6023448996	5581821950	7130679827	9843747014	7130567036	7804002790	8882626096	0893001-0893100
8751798433	0621616836	4975773394	8961813441	8824168865	0228996780	8162797562	5692274980	8740208876	8810359436	0893101-0893200
9299203957	2656130506	8128838761	4411959186	2400223644	5248003947	9994244058	2531726824	6513520948	9596658726	0893201-0893300
9366348840	1509928375	9846446753	4240305615	5906510544	9169124218	6078781176	8003899307	6090690483	5067279512	0893301-0893400
1403003404	5948829208	4535672016	3295012007	1121468376	5449414070	6925962143	3285678745	7468380185	3930454624	0893401-0893500
3136985598	7326420707	3373620952	6825330022	4659565421	1021883163	5555322102	2325835419	8699266649	1353192963	0893501-0893600
1878234901	4915870014	7749921910	8946501280	1726186584	2411995774	7844638088	8179235896	7236549615	8227535354	0893601-0893700
9969841302	9394932056	7962137577	6989665420	9615618393	5754851061	0187366314	0267325061	9956581438	4095884354	0893701-0893800
5927104275	2474485532	0153629002	8879027363	7151170976	1157510447	4448575002	3258581485	6078898512	8350955612	0893801-0893900
2124413532	3878162333	1816561192	9257620999	1851687924	2862423080	1705860076	5585346450	9921222138	6291932006	0893901-0894000
2916671040	5344413253	0994050314	8420160032	8999231910	3284017248	0360326411	7395877373	6439315805	4756344611	0894001-0894100
6674421959	0534169466	5636800499	7460891763	2616393699	7268005671	1919008111	6460002960	0999062976	6649508010	0894101-0894200
8508005158	6703858197	1813055231	7324630173	5287693034	9789853304	6076126706	9151980521	0418792169	3861999113	0894201-0894300
1368284102	5843874830	8631022755	6652408281	4123688895	1950624472	9375224036	6903159218	1864323402	6919293237	0894301-0894400
6887151770	8076749523	8989921492	4574176299	1858043348	6296060893	6311062581	0014138063	0601231494	3627930687	0894401-0894500
3326876877	1474454961	1824196603	7173011732	2672115488	9414471580	7643463644	7645759070	3340858879	3793885511	0894501-0894600
7519467423	5340453941	2252046457	0712144659	0466567348	0924261538	8417502636	4996764039	7964039506	4536033058	0894601-0894700
4671065916	0869493642	7670638418	7525076396	8961560317	3119292686	3383238674	4633518113	3083074391	3035433722	0894701-0894800
7907141030	7952822716	5884110344	4348578821	8090802820	8295544281	2200380195	2660218635	9524610566	6063149576	0894801-0894900
1270251582	3033352249	4707890466	1050788518	6132600708	7053125210	0924188140	3331109803	4325447218	7535643394	0894901-0895000

0895001-0900000

0895001-0895100	3220404659 5402692850 4488556461 4251052654 7958472166 3057299456 3578827156 0772802148 2175044787 0011247793
0895101-0895200	6570705673 0989211387 2193059290 5808649783 9863194346 6325792242 8340202752 0796201076 6746046940 7170560953
0895201-0895300	5133339937 6074927130 1176506022 2240784478 0821493839 6398812005 4778938005 6657803599 0431148710 1637277035
0895301-0895400	2144947284 4806598021 0246296286 3743293337 5005342109 8402485860 9771594603 4626507089 2757684803 2018361905
0895401-0895500	4988522892 8095376821 3151504355 8251720372 8601695960 9587642513 9501382209 8404961222 6242281734 0434028089
0895501-0895600	3997262257 7393303661 0298681992 2133775791 6373560345 3780755018 1325596156 9355010328 3299423849 9747515243
0895601-0895700	3810011519 5012131780 5013879646 5628491543 3248919433 7183269470 1926816767 5960615918 7889763652 6032086512
0895701-0895800	6585226424 5241199590 1898187884 5082876944 3767663184 9223848799 2413740076 7229406807 3105280395 3540236603
0895801-0895900	5209984205 5043059212 0388275565 5930480839 1165973062 4501772525 2787907988 5468508425 8555173838 3833851994
0895901-0896000	3442889159 1225364411 8669644171 2424001358 8796072191 0613494230 8330297896 6344308827 1107467000 5236299743
0896001-0896100	2610231802 7142266222 6187505725 4396907738 1474263522 1552448324 0080437569 6699071029 4726405178 0301516189
0896101-0896200	1026800926 3587698184 1801303452 6647105519 9507316064 3267550404 8745317728 1647974984 9316816351 8881132546
0896201-0896300	1499640318 3140120849 9997545056 5440566511 4835838717 4381071044 4468199573 6346286893 0027137176 4306960414
0896301-0896400	7832273275 6789030508 0957691434 7830867035 4016162028 1849114412 3200843999 2821318184 8433228813 4255124888
0896401-0896500	6686544852 7084230428 4009883138 5549010037 9402648447 6236363753 6465110550 0810294066 0991524814 7926317308
0896501-0896600	7744064207 0953919991 6755639316 7624758908 3224270729 4829544328 1512295290 3164750609 8107151709 4932166168
0896601-0896700	1302220084 8999073351 9284840900 1433236988 6937917599 7792387280 5644858636 3560471696 4436602044 5259704868
0896701-0896800	2215144197 8159123227 4757877216 3986575276 0984089988 9373777508 9374040658 4561154045 3448898263 5679449628
0896801-0896900	6422470716 1326587499 5955834400 8024494005 2564753112 7582945824 5552383399 3886160216 7095409039 5096229843
0896901-0897000	6975360579 4438167782 8156635171 7190156086 7850102297 1066937877 2149098891 9368454386 7259730079 7493811034
0897001-0897100	2945358118 9213029104 8572049967 3562211673 3366350076 4326274058 8295448615 7569614320 4789633059 1725250029
0897101-0897200	6559546804 8765362628 1549757676 5802778755 9023678734 8162504245 3157027418 3539064997 2371430862 3953642833
0897201-0897300	3798525880 9365635808 7875872114 1673582000 2378585791 7146541612 1120260342 7255738422 1551801587 4630577677
0897301-0897400	9395293678 9125329777 0050822625 0081937416 4511416847 3736572522 6777890874 5799682373 4527732736 0629946429
0897401-0897500	2416996715 5086229280 6080316787 7150190204 1616630204 9350758837 7690661867 4616296470 1677056344 1830896762
0897501-0897600	6618874403 2970517788 1452434012 5122267941 0412177617 2182888508 1597216420 8384793333 9829566994 0349593790
0897601-0897700	7282033978 0087960497 0137807029 4014570618 3227529603 4853028371 9222610059 3956449912 4150927787 5461366823
0897701-0897800	1461289469 9816725882 4711898544 7614664135 9747240400 1167264640 3383299904 0150263527 1218579913 8187518382
0897801-0897900	1542253047 9921538890 2846165379 2947236379 6333479312 7084664272 2737043541 0768537912 1319034331 1924506345
0897901-0898000	2076733343 8091681290 3926710929 8757177148 0282227330 7085859022 5913929052 5897400243 7571021699 5532657613
0898001-0898100	3351851876 6386027619 9700398052 3930527428 9337090169 1023675207 4517701696 4047237538 6382876543 1904302903
0898101-0898200	5798193044 6828632045 4301891421 6075051699 6685123364 4518831394 3158140465 2068503559 7675284062 0968648400
0898201-0898300	1463298802 6383254956 2721325827 5734485355 8300022255 1331859622 8864977249 4481966641 5281904070 2879710950
0898301-0898400	5677755838 3647075089 2928012992 1465508984 6527007269 6571688974 0132432879 5719821723 1190281099 0922494210
0898401-0898500	6911519427 0447737225 7275212177 8729973938 0432917832 1634672128 8728433697 9031693485 9245577217 5983301269
0898501-0898600	2291013129 9649345656 9456831267 2848095842 9250935515 6153586820 3373672201 3612851719 5799179067 8887948977
0898601-0898700	8741557950 7858280400 5198795143 7931024097 3513754244 5229106658 7300786546 2514188208 0807307192 6898391350
0898701-0898800	4925377543 7442026570 1651485490 3903784915 3357835239 1950918422 9410079581 7946261304 6216881844 1217468062
0898801-0898900	2072287104 6251493876 4917833389 2585359415 4399135800 5859024298 5408557250 4489429103 1130668410 6105252152
0898901-0899000	9436405894 2822561951 5090298853 4967011852 0896464332 0418793215 3336684750 0909379474 5862440500 9441979525
0899001-0899100	9305808470 5730441714 2280778565 7037127947 5809345629 0877047988 3469716932 3551696059 1551290394 6546491946
0899101-0899200	9769565801 0447721221 1529717885 4242063014 4935999036 4704881686 9639454598 7395664956 8446800827 9740648593
0899201-0899300	9762888615 4206344959 5204778764 7960222248 1404518711 2205762128 2895120964 2426243976 9107779187 5989150916
0899301-0899400	9674884969 0140417814 6248821899 2047215397 8970100410 0445191637 4635484937 7767240489 6305617608 5749019066
0899401-0899500	4199208564 9882441665 9259136411 4979721105 7092004834 6356219112 5920531594 9520772857 2853502277 1786911343
0899501-0899600	1709507474 1774046112 5977105440 6639288875 7183933236 0002445026 0387599951 7421359497 9764940400 0414409398
0899601-0899700	6809319328 6423323138 0731072605 2347022269 9550297533 6413333363 7683830769 9122239114 7770558599 7784287425
0899701-0899800	6964525973 0458979891 6184400911 8754738104 6980438055 9517006296 3032943375 0112437691 6592072295 3015125432
0899801-0899900	1394054433 7789162781 9140621551 6820884736 3453419799 9887951611 7261028410 6323369853 4566227140 8982502069
0899901-0900000	1286704441 1690258204 7965765068 0608338935 4490862114 3873825659 9464349788 0323272175 8292694516 9986312673

0900001-0905000

5875109548	4558784631	4075971720	1962433708	5219967792	8830820417	0836282188	6710429402	4260058440	0437735875	0900001-0900100
3310704188	8142219209	2460714913	3502963690	5846644883	2031947410	1734611287	8673517942	2094145466	0418534030	0900101-0900200
1551815562	3214316574	7332666107	9898031090	6817008268	8732101936	4595617858	5173450547	2858980078	7287211541	0900201-0900300
7256740244	1979028843	2253154101	9214013509	1238671110	3232137314	5940511561	4706721289	5932638196	7580376907	0900301-0900400
2313032161	5824730407	0138858933	4636633597	6771547070	1977324954	8814517149	5615889159	7270403164	4349512185	0900401-0900500
9747041467	1715097311	3294738480	8502107073	0048952123	7484215403	8998185951	3224901441	8572919357	0943752415	0900501-0900600
9215545692	9631150144	9384703394	8930762435	5383423543	9507857917	7058758873	2868726361	3772313179	5763188119	0900601-0900700
1749399736	4582955995	5961684714	4784415189	8543077414	5594300916	2727770640	0678452622	2188606338	1067248472	0900701-0900800
6902440264	2674133907	2193530058	4244062259	4642539483	6856547845	0534349052	9674305897	4864956438	9293525069	0900801-0900900
6872825573	0738865347	9795697379	6373941631	2512211357	2366124201	4026468319	8752349137	5325919651	5806193872	0900901-0901000
6661939160	5104935926	5271321692	2096224639	6992453394	9416814876	9759450227	5693160173	7297825225	9321139227	0901001-0901100
9726446990	7870797211	2927010072	8931641413	2897554051	1298607130	0454244972	1998255923	0173355939	9196662588	0901101-0901200
6284890280	1610297741	4728147217	9960743046	8636839435	8376209663	7059217800	3581516991	2947673154	8326243472	0901201-0901300
2529800380	0959587555	5451363524	8529233660	3666133452	1578492026	8506151949	2034529021	4617851420	3242331042	0901301-0901400
2848635208	9687974218	4540038734	9417283201	1762737822	6479639784	6777136587	3511193020	7072225600	3750749407	0901401-0901500
8103946338	9519984544	1663143229	7316080844	0498281354	3030383363	1635314540	5299148316	4256012510	6820856569	0901501-0901600
0016030297	2916584678	9183221058	6994891004	0780107692	4778257280	6721865866	4493575923	7706601999	7260659525	0901601-0901700
5433273364	2503894798	3366014319	9307308480	9345161508	8048076463	6667529086	6716936206	2492873981	4887990436	0901701-0901800
5333871639	6911672736	9702731265	3742840860	9734869729	3255278854	1993019041	6842823213	9585796602	4873754065	0901801-0901900
4392608495	3186341346	9468678923	5833606803	3944557618	5648701132	5964277558	2026319256	8099715894	4893454073	0901901-0902000
5451669323	8449214991	1855493382	8244577076	6882305254	6979612822	4404159966	8923715929	5093923732	1195478945	0902001-0902100
0740806774	4489003806	2443457522	4611555723	8942268385	9305152775	4976545431	8083490238	7291984674	8693162608	0902101-0902200
8717921512	4829247615	8935141491	4158904235	1050735349	6796948749	1863344304	7936252036	5105567215	6988823952	0902201-0902300
0349805230	1531223852	1251326166	4494737046	1248186099	0143956546	3727101755	6216112211	0472247926	5060881879	0902301-0902400
2187856456	4770201918	7081740982	7426388517	8517823195	2934190481	9315715640	4001782600	8047464154	5364258579	0902401-0902500
6882213147	1202195068	7073703931	2153332239	4296471014	3388176399	1811507421	5554226048	2199024500	8205203155	0902501-0902600
1588031076	7656881219	8575038451	2044736027	9692388489	4398504077	6693919191	7803851311	7904637264	5787280056	0902601-0902700
6499501595	7625302767	3424749035	5778730320	6946697620	6793710953	1408787466	0907190900	5478715022	7573861562	0902701-0902800
2840311999	7936014817	4018140726	8559346424	7081865137	2676127973	4277641240	8940702412	2505759128	3320448767	0902801-0902900
5083824823	3549006224	3196257292	8264805660	0967750928	5325730388	8341824250	4410194438	3749082928	9077044151	0902901-0903000
8151343279	0126318627	0934410280	5833319718	3938084511	2478775779	0528799614	2480968537	5809766676	3701569484	0903001-0903100
3487431747	5748991463	8891633504	3383627398	8511029559	0997268995	5904715112	9179455591	2698359429	3067385743	0903101-0903200
0486989898	5594432619	8964253434	9217117176	1949868813	8115373601	1925283763	4812218777	1094392593	2205737095	0903201-0903300
6269816464	5264593052	5413081768	0476849179	9670945909	7562709945	7464166873	1299851777	1315588620	7655433151	0903301-0903400
0263023608	4922353201	8400246642	6949822020	9388561981	4174120448	8878651762	0477231007	2355773711	0903401-0903500	
7569645402	6773786987	8293238488	4658685482	4307251322	4599718195	1763782065	1677017349	6390729119	7323152110	0903501-0903600
4508388963	6900343634	5649771388	4180568029	8414053230	9783687878	8733235745	8437167785	9623193118	2129965442	0903601-0903700
6422746033	1165621899	5807385709	1407481709	0777072060	1258255372	5598818255	4000170967	9090974133	8551791505	0903701-0903800
0346241362	7962943375	2798039212	1612449422	8573480554	0929961742	2186755267	0663871540	1971649592	5804198284	0903801-0903900
5727233943	5872738491	2980625052	2990823041	4417964201	8632393359	7564085626	4721140987	1027568423	2847105442	0903901-0904000
0476927372	2795869343	2551623728	7061306248	9483176830	0595031627	3539272221	5559603719	1260927056	3209001688	0904001-0904100
4464223997	4599076283	6038614515	6011467908	6719522744	2253415373	5630436368	0765820929	4481681575	6244075835	0904101-0904200
4209445041	4818369400	7247871993	7160807471	4370480527	2412272057	6200148265	5673842585	2761520422	5756167756	0904201-0904300
6344890835	5159040347	5597055278	1149851302	5087412165	5616058542	7292302899	3316547354	9907915612	1786647178	0904301-0904400
1343392824	9941590501	4092363201	6984086805	9967723646	3118003230	9172314490	6596018394	4335732467	9947213636	0904401-0904500
6714309332	2687259227	6995978663	4219848604	7640383312	1515982463	3481575389	1362137470	5062677609	4939156543	0904501-0904600
4449665030	7157560190	5256149343	4123986500	8633497687	7258201426	1603587642	1886575309	1740518241	7491784121	0904601-0904700
5303222383	0041880663	9385455889	1787620068	7881404876	6927605976	2638850841	8767172390	6882151375	3446907420	0904701-0904800
5279687593	8629657498	6544177629	4251870300	9114961352	8443892051	4500715511	0873094664	9594990708	9979305234	0904801-0904900
0129573493	8668817859	2724423081	5215906606	4996075502	7237608127	2387058512	1372745528	8861773544	5449593851	0904901-0905000

0905001-0910000

Range	Numbers
0905001-0905100	5895687751 9518026877 9856482520 2662409444 8618828672 7054207475 0435367998 4584680211 8161245119 1791640838
0905101-0905200	8220977886 4182756810 5850767756 5728648482 8360370249 3287158198 0604355587 9980375757 4763317200 0054495984
0905201-0905300	9872516688 5657063033 5287606809 3081590181 4105937213 7856078810 3151292531 7504110509 6097516542 5371030855
0905301-0905400	1748548992 8079279216 5082670247 7524637499 8378504723 4114872240 3887877968 5621658918 4157356593 9687030319
0905401-0905500	3507502981 3828952996 8303573043 0607120754 6629980584 7951077322 9041914306 8162870295 0900718814 1342145828
0905501-0905600	4156116327 6458979779 4318524467 0333572201 5183008067 7300984342 8145985559 4365738971 9903262861 0071674691
0905601-0905700	1509026594 6427923755 6249374235 1217445080 3121349987 4102105040 2625411576 3114123064 0337384023 0248447393
0905701-0905800	6132777143 1778326487 2278720000 3132437991 1584541073 2008325471 7655335778 8419738811 1987830811 6128253343
0905801-0905900	5001379109 7326458045 6753562692 8483455102 5317569761 3783144368 2524778543 0693706314 3255096407 6224942709
0905901-0906000	6972762106 1679816307 4586477313 6210291691 3190193505 3917363387 7209593077 2880211384 9522530852 3356420091
0906001-0906100	4758211321 5081416345 5937327663 8164620996 4150418142 7926147848 5611225096 9744180739 9401218649 5761708774
0906101-0906200	2985390839 4199011888 5877336373 1131301710 1357779033 4756204439 5262607677 9765685385 0415178002 8622026017
0906201-0906300	3983153578 9490454442 7165705596 4920522231 8835447428 3111934696 0371194121 8609396474 3696835216 3008411309
0906301-0906400	2122137612 3619315550 9118775346 4456042937 3792151668 9620242547 1680377818 2746385907 9682073564 0934299433
0906401-0906500	4271792080 2887522112 5433179011 4149116004 7963896033 1877220471 4551925930 5894869335 0499223357 6520706393
0906501-0906600	3665786108 0859200577 5957357706 0563469345 7603884910 8050669551 6093810694 3662128758 8273316132 2864831431
0906601-0906700	4717672115 7046192356 1465003774 0538721762 7411136601 7823585584 5173100298 2077899936 4681776875 9805771969
0906701-0906800	0442932656 4149288895 0616174327 3954534823 3166639979 1748498402 7478354053 5912002226 0943990531 2070766019
0906801-0906900	6672743214 6673132505 9919615374 9191206109 2648781953 7779061425 3518922346 6139609531 9606252617 8425715869
0906901-0907000	9243782660 9161717464 9716347204 7738961314 8671942948 2490291989 4191675830 8889233973 1174155541 7268094753
0907001-0907100	3102737797 9970981756 5045054736 0227678621 0697540450 5926143883 7781516179 2537901060 6402291673 8026962573
0907101-0907200	4343046453 0042110425 2766230305 5207247573 9306792726 3937131887 2288012695 8554904248 6632283070 2277401555
0907201-0907300	2803422055 7317260915 9292751328 7204433777 2363815466 0224262722 7955242640 4790691285 3466474395 6703901536
0907301-0907400	6644825118 6234027804 0253780886 6611353566 4410691376 9723882365 4053705720 3264851330 7118001886 2177768059
0907401-0907500	7953218065 4367532102 2250428000 4399406185 1812889536 1407337239 5066311517 0700057138 6315302132 9368553801
0907501-0907600	8489869696 3028510893 0120217950 6470724877 5032099948 3675687172 4700290558 1456984051 4467469450 7188717376
0907601-0907700	3680287347 3556196853 1753075661 2015693057 0344309876 1497230689 5286644415 6407483458 8089865256 6166437972
0907701-0907800	0289586844 2203921819 4317151275 6411177614 7563714059 3686400010 3588026389 1259692381 7062276371 6762874806
0907801-0907900	2838160227 5941051146 2692288809 1294330277 6649594724 9738447309 3376327460 0371084359 0785997667 1800558687
0907901-0908000	0287301832 2966729256 6511959261 0059415810 0365089290 6260399978 9107646931 0195227174 4645199443 6169991555
0908001-0908100	6415641215 1087143820 8088680752 2978508148 0228623413 5318439205 6663971152 4608904813 1844519231 4929106328
0908101-0908200	1540279224 8937822825 1545768271 6245961176 3956688646 1742395371 5865744626 6439961554 7890516373 2521825783
0908201-0908300	3325356445 8989290595 1926058659 7986713448 2744782626 6678984191 9627360593 5202214966 8157043655 6904167082
0908301-0908400	5752744588 1757281160 9561481857 2243695464 7505083028 4430753170 7792355713 2934876117 8390813029 1059918453
0908401-0908500	2262237468 6711575705 9377490937 9757938195 2473316322 6423598269 5699804734 3344026168 7965475130 4293461624
0908501-0908600	2661346074 7325269570 3114881469 6916429336 9071948154 5481790829 2910720694 2973187597 1973101542 6199335646
0908601-0908700	1532836182 2870151559 0331070614 6530421700 6688253379 7013234495 0607141683 5268609881 3122722054 0903094604
0908701-0908800	6066185857 9999141539 7814484774 1564082258 9035406449 0646351061 5433719400 4013861603 5071455973 6014278623
0908801-0908900	4514865734 7962179784 6757021898 9951333364 4381929190 5300857739 9504523493 4957189684 6127113768 8957597933
0908901-0909000	2349533208 9538145398 4677028512 4109139999 6240942861 5356154952 0156418899 6212593005 1264420968 6597252899
0909001-0909100	4184350366 8188048075 2910597233 6008365482 3570191986 8550926035 0048765737 8829516292 3741832713 2367686584
0909101-0909200	9464000596 7095067783 4536100367 4425949188 5819559592 6902512393 1107259512 1211563382 4158960673 7480071832
0909201-0909300	4687784130 7809693824 1482915189 5604275501 7542065174 4208813401 4543607071 3556026763 4995975759 6004103616
0909301-0909400	0961213773 6218202235 6398010145 5924936015 6897148979 3336585499 1863497304 1034950079 0550971037 3294892197
0909401-0909500	6405886995 3201896649 3350820431 0048852305 9429848680 1785556564 5389715296 3868713982 3938927886 2831305388
0909501-0909600	9870441633 8748532366 5505625430 2382861317 6831474399 3446156093 1076538494 7584648931 6215158358 8989339195
0909601-0909700	6732944334 7903909096 4500201525 4529742236 0933487377 4857090601 8648070516 9912575593 3251820304 4120573389
0909701-0909800	1169249497 9374444181 7210180048 6952748158 2486075771 2217241382 9852529767 0352688504 2133034637 0320590111
0909801-0909900	2769270842 3122473740 3990344676 1895700102 5917858966 1470456118 8690554318 0001357411 4545384809 1623845601
0909901-0910000	9398214576 9801540367 4473093324 2141647275 5521908773 9691741737 3506414595 1846078512 4018137745 4588376298

0910001-0915000

5179066094	2517996950	3658723513	2911540694	1185580040	5756107804	3579191051	5438952930	1786070568	8578117217	0910001-0910100
4213915509	5320721197	0898415221	5425316479	1930461604	9811760099	9404341319	0991189215	5136512261	1550181311	0910101-0910200
0735194067	4896418609	4028486928	3055022119	9243438663	0966122998	3761658981	2747306690	0407133131	5325819303	0910201-0910300
2028149674	5570289271	1980502308	3429490724	6105491095	7995507893	6602634698	4656628188	0554901043	8789895744	0910301-0910400
0931415296	4143377690	2605064364	0983268217	6336287098	8262723974	3023005506	3851675289	2264837509	5088613721	0910401-0910500
9833353460	6984890685	5685902444	6788863364	3960437818	2364931607	5069795253	6617770448	0786285210	4682093268	0910501-0910600
2668289722	0715910980	0819778019	2649525383	0472463607	9589391737	0036932896	6358022050	6598028533	8702996809	0910601-0910700
2228675427	1291338699	9402663357	7360863754	0472021149	9273339955	9638671394	1415995063	5550381622	7131799287	0910701-0910800
6143298924	5958663210	2280507272	0176632829	0281395136	2463925987	9408411977	4242147849	7488792853	4813292261	0910801-0910900
7580429695	3605684964	1633358836	1246477604	7176630339	8537726717	3732323243	5192979733	4237646067	0072590569	0910901-0911000
7847782259	0102247186	1849551087	0041401552	7634922430	5850649791	7469994122	4701667003	1010443276	2653099301	0911001-0911100
5284206842	4685952359	1053096968	1058431185	5103760808	5368103331	7095349081	3488313117	2235937743	8741462183	0911101-0911200
9265017156	0903279402	8189935612	6944963967	1433207829	0473191666	6780851825	5197717288	0062773545	3991592789	0911201-0911300
0340107862	8896366115	7080757926	3712515753	2125643458	7976758227	9860562178	5390463443	8782602247	6983164473	0911301-0911400
0911677313	7698654394	4139748134	4800381829	8103754950	5885398354	2914632275	3291226062	3917829319	9621398691	0911401-0911500
8817711118	4244196277	1878992305	7350447245	7753831194	3385179322	1285766035	2121687790	1140477658	9767784356	0911501-0911600
9635136532	9151493096	3803910475	4501169967	5878027999	7955389558	5500590455	3329793563	7026407703	3348112055	0911601-0911700
9679109660	8804654458	1991175696	7335381794	0202977420	8446714055	4762538001	6657961957	1991262008	0781668202	0911701-0911800
8859158624	8572361559	9401625547	7707914111	6006764078	2608077107	8947343728	9911567613	0685073224	9631591231	0911801-0911900
6341975884	6276472881	9202367627	1637519476	6953325420	4908916102	4916483733	4965917270	8001471152	7101290890	0911901-0912000
2961211040	4724620656	2282096328	3626670888	9728464849	1945054852	4147558133	9237736269	2127662809	0107039603	0912001-0912100
2994626272	5094714117	6912142913	3539751301	5143177467	1685840290	5968622217	0801110366	6071463020	6206422073	0912101-0912200
9673674027	5444511153	1868035737	1197061263	2143552346	8555443824	5653255194	9622309244	2226276161	8107635327	0912201-0912300
1218486711	0387486332	4167078904	6885223329	2111150197	9009872376	6740155479	1675344748	5891162812	6868673604	0912301-0912400
2229943560	7682697833	1735176394	1137568187	3118531093	9147331613	4714642957	4802588661	2098433336	2644789232	0912401-0912500
7799217189	3811049025	7508983329	5752311385	1163841181	0192449913	2930087784	7253627365	8801679273	2391195667	0912501-0912600
7377346029	2311671472	5275438773	2395409644	0741744930	8810335690	1689944732	6506293568	1240746859	1689254650	0912601-0912700
9211091423	1643396643	4965355399	9052260304	7114871175	0195108603	6214378879	2840744982	5270332425	1691779534	0912701-0912800
3239338053	7534154286	3344920057	2757968191	8742184272	1885884666	2660281339	1591226508	7032955629	7431210060	0912801-0912900
8476462382	4061202097	4088585109	7134502445	3456269674	8452174937	9519983660	1359599598	0442105533	9305799463	0912901-0913000
5412156592	6037395454	8130709002	6816164735	8075309070	0579469859	5121857669	2820433593	1333658021	0439358016	0913001-0913100
1079082794	2664487820	3528015749	8477771875	3666388687	1469284922	3359797020	1859216375	2637064707	2392328071	0913101-0913200
1774975523	6536241706	2631546327	0059026630	4024739804	5335302040	9393130497	3971307917	1815148863	2385160351	0913201-0913300
4091871517	2725963206	0397751818	9877379429	8335489621	4929883065	1687972617	3233429518	6029197912	3542091466	0913301-0913400
1761858081	8126786729	5540518126	2454785358	7142349872	2824507628	0218555416	4393735572	8734131770	7953318264	0913401-0913500
1069580231	8126782729	2621724790	4786733132	3026028790	1476485433	5809993244	3723491884	9958599486	2358067600	0913501-0913600
0122047336	3446686800	3021774428	3089567321	2065731090	9298521268	5308293535	2033162609	6123871927	0474910316	0913601-0913700
9411516483	8847479745	6771234335	5744298126	8446143275	3371060377	0238115873	0688628896	9394132363	0060605042	0913701-0913800
8996520045	1060374867	6961364917	2511721417	1045397236	9837657482	5092862531	9917610379	6050507004	7452751987	0913801-0913900
0692438307	9720813365	1074580862	5339870452	9503657739	4794375194	3255366001	4210556464	1482243606	1646770791	0913901-0914000
7165851176	5610859235	6346094854	9764477962	1165511318	7009699029	1407315148	3903908991	8159185783	3265027795	0914001-0914100
3957841825	1970561524	6751810745	6330457082	9594428891	5066671592	9760412803	3547451551	0043994933	9911357400	0914101-0914200
3681082145	2010037166	3337695212	1337532395	9064451506	5233379074	7504285781	5969527569	6181784704	2381784203	0914201-0914300
1599241711	2157281753	1382552899	0831722270	8031933401	8499746246	6150686413	7178679359	4805932728	5196433573	0914301-0914400
6880274143	1586900765	2087234546	6373639831	8691202096	5620754134	8874115504	3517945705	2021920866	2862157046	0914401-0914500
5012959513	1279374407	2467260419	2266556744	5333444729	6817148735	4493873384	8016654282	6423783384	8317565438	0914501-0914600
3336174408	7321879219	9714309719	3907561528	9979919334	8168456648	6989431576	0143802862	6335331361	8572379316	0914601-0914700
7236606367	5494380052	5296713997	4035099407	1219337375	8571204555	9496028444	5640461306	0336222636	2162934122	0914701-0914800
4576151165	4193879168	4813280962	4695244456	9546212508	7911893539	8322196378	9994987057	5517487718	8610510452	0914801-0914900
5870912001	5502718111	2140083303	3945999772	8658704523	4191667304	0685570047	1728611726	3358849682	7107174500	0914901-0915000

0915001-0920000

0915001-0915100	3538903363 1066658091 1221611227 9535205973 5631542387 8627922117 4002792992 7660272309 1008788964 4867197751
0915101-0915200	0644852854 2367606806 7832870271 6021491220 8907383598 6791677907 9846546847 6544328863 3275459268 9976471361
0915201-0915300	1821919363 7197094309 1897609589 3307419509 1535789981 5945626817 4031091186 2136112387 0326632874 5925123801
0915301-0915400	7221859237 5964203971 7801197330 1354548630 3115628764 5397333010 3535199368 9089171658 2118447202 5394047093
0915401-0915500	1783306012 3964167270 9312163693 7919332391 8425977305 2761479229 3021230131 6365295613 7623330528 4546377449
0915501-0915600	6678385572 4163055532 8610532755 2078438940 4424723308 7001494007 5648539493 8970856366 6247235115 5496842637
0915601-0915700	0742241985 3407218843 3171180862 4785109999 8176232258 0581202049 0727023675 1559960385 5846672839 7347325959
0915701-0915800	6127104496 9489969280 7040872355 6135501883 4860982733 4494211927 9511596389 1421701337 1362540595 9158400657
0915801-0915900	6371033621 8594354090 7214950797 1926424741 6878866135 0962013130 3193981656 4431842319 1036741420 5125568633
0915901-0916000	2809855207 7093239955 7422045837 2892438309 4811084233 0087641536 6308472416 8976375194 1939984808 6392769531
0916001-0916100	7901643727 8029776888 0616249084 1933764103 6450961260 4065127369 4733432136 4751668674 5418754235 3324904525
0916101-0916200	1400126199 1025504942 2060899086 5348912185 1977852080 3538297935 1647361636 3948528497 5628497148 8562703642
0916201-0916300	5437615253 0348567914 2181383415 4676563036 2935943271 5688885113 9645341755 0113555234 2266095177 3817818038
0916301-0916400	9386443090 8305399273 8653198839 2370825144 3497669579 5125406640 5582132495 3476082446 4237959520 4674037169
0916401-0916500	1040228650 6016440118 8212816887 2783923427 3692926062 0640964091 9596145904 3145172341 6161791510 7061776717
0916501-0916600	4151129700 9743626357 1691798097 9131076075 5444007274 8231658536 3917076912 5919005551 1285073280 8167705134
0916601-0916700	7490741450 1195024810 8427677735 7730810360 8450037555 6502686582 7089490664 0961146299 6904292269 8380843496
0916701-0916800	8138914924 7988622487 1671281240 8926279700 6509374129 1428012018 8192206542 1593897363 3819322591 2707130384
0916801-0916900	8942162931 9110049071 4922536282 1862035617 6446854469 9594307641 9072713387 8182633847 9026905141 3488524088
0916901-0917000	3415970409 3166717645 8485165390 4600109634 7293231702 4526860807 8649180077 0245426053 3859200916 6331507927
0917001-0917100	7873248325 9016044217 1566874940 5791518967 7115913189 2750178044 5182499374 3874329932 9143554374 6809468340
0917101-0917200	2608346425 2681707351 3602678441 1711754768 0302578284 3274127129 5550926710 8574023047 4696002644 5711893018
0917201-0917300	0581121892 5757250024 1791066473 0201129469 3754953338 3927107678 3815855808 8756706132 9996499158 9394990408
0917301-0917400	7497782355 0392105136 3016467163 4086226936 5394034567 6951865277 5268560312 8680881568 9169916046 0136793560
0917401-0917500	0028878486 5017387036 1186136616 8233700637 6249017187 0354839165 3008880657 5237376799 0681554788 8893864623
0917501-0917600	3804336788 1447386263 6975144463 5331513645 0336525098 7795413093 9941467601 1222285012 7827345575 5159561984
0917601-0917700	4872672888 6216911391 2786444182 6501071593 4333181605 5288098093 1375760219 5448423668 9181404876 1296983574
0917701-0917800	0368011755 1891330057 2269947591 9228724396 9471072449 7704047329 6751338485 3728989198 5144879126 9339956272
0917801-0917900	7628630157 1782705735 5238450193 6652886942 5030157128 8649098993 0558977451 4806497400 7108137602 0676606100
0917901-0918000	2833539832 0724359456 7205949451 2168440253 0561416115 0472376796 8712526931 5631930981 6082329795 0425898166
0918001-0918100	7480087815 2648677364 1449356958 4287953879 5111120900 4138824350 6999888209 1565554032 8925022880 5141696787
0918101-0918200	9299266268 6222467052 5490667495 3625013269 7003182451 0114073519 2981527091 1682876316 1525453362 3132422680
0918201-0918300	4522288961 4970917397 1135352554 4012360861 8815454147 0853204672 2994693907 1488188603 3268282617 2282696478
0918301-0918400	5169840975 5613280910 9049299420 5890209975 8680270118 2971438113 0616650165 6069405094 1744708413 6593172946
0918401-0918500	0368323148 8637838340 1584666526 2779381103 4718565273 4290112646 8995189732 2043813883 5925408450 8757429340
0918501-0918600	4830480525 7026367468 1999971113 9249943082 3809481473 1925760115 2853824735 7208314910 5271608169 9222814186
0918601-0918700	7532991179 5524477487 9202469824 7835770179 0581768433 7666777689 0217764906 2193699589 6546765996 9428721801
0918701-0918800	0978136921 3674462209 7478300409 2718190513 7635612325 4861272145 2226168051 8029325681 8310931413 9665924531
0918801-0918900	0344236884 3397067352 8726638300 0454195146 4423032623 0190718975 9856124702 3586500542 0759825248 9819907503
0918901-0919000	1653803249 5026016937 2305831481 7314752430 4359424989 1487918906 2802634091 2272673533 4485377798 5327688970
0919001-0919100	4761672615 8528835140 6035252708 8519929217 1330705785 7638749393 7455594009 6761537521 7782801162 6903772652
0919101-0919200	8989620344 1261598810 6321682532 0644381640 6129171172 1200955674 7383916722 2962355574 6124390155 9905448832
0919201-0919300	2626441625 6871268704 8500344921 1415757614 3154878838 2262449382 5719072052 8224356540 3066864339 4952786639
0919301-0919400	1978261966 2128890293 1708091506 9335476093 6306950387 7964838065 0097087712 5842074421 1499716985 5615899897
0919401-0919500	4787651375 0578536272 4536521780 6628977750 7327157034 9854774716 7890295666 3958351111 9977254308 8210830083
0919501-0919600	8719703001 6360375482 3203181103 4519634199 7195708016 2637542560 6969661834 3629726907 0662230614 3131863618
0919601-0919700	1161133168 4184951612 9647994635 4081551662 8864531220 1056179623 8101443846 2014132524 6851026413 7934116621
0919701-0919800	6666044355 5433967260 8390029334 2498560592 3047725430 1604859689 8781615324 2523488947 9927499568 0405750878
0919801-0919900	5961584656 3996882770 5058248080 3752624440 9922842655 8107196531 3962147422 2234153507 7003136186 6522902424
0919901-0920000	2427339752 2322011973 0089596891 0498540544 7427697563 8059626226 9087884764 3676551937 5681951996 3044228090

0920001-0925000

2471965977	9814112299	7611309966	8948406547	0304306161	5428405289	8460555610	5277431670	9454797654	2569994432	0920001-0920100
5615151270	4117768402	4726299051	8468739384	4031749092	2778671374	6504877565	4003526182	3361358220	9691595165	0920101-0920200
3100302994	7026121379	8326995515	4794300452	8250404116	1789922994	7911176412	1739926937	7416582020	2835024261	0920201-0920300
1557953577	1019286950	2646054359	2411800668	0782334174	9833422352	5119403957	8690357868	0997957355	5664634818	0920301-0920400
4109235356	6380532162	5058733961	2730165179	2091526963	0774160353	9343614876	5086569589	4416687593	1028197227	0920401-0920500
0842130060	6989032768	1248136434	0882914506	9353500784	2690028338	9692890036	7663065196	2125691137	0825149526	0920501-0920600
4130730020	5723426006	1434794784	1846620763	3742474019	6523490639	3029662233	7730820640	2287040880	9540394489	0920601-0920700
2602375593	0275783818	6727111955	5903626438	1803694410	2698956099	7022402685	1892905705	6341157634	5663453530	0920701-0920800
9178364491	2706551465	2145274516	0957092696	0198193514	8250423083	0933240208	5693823257	3732465561	9783805079	0920801-0920900
8236783914	8964413212	1190325383	7193051261	2143512054	3467213802	4917208445	7240675607	8389118361	4420617219	0920901-0921000
6093241887	8715390653	1193456242	3143050595	9758138968	0014593272	6803699031	5314858981	7842184140	8627035413	0921001-0921100
2340571406	3724233441	6230520114	6005372433	5454408580	4784915273	8356053700	8329841944	1940878577	2894289429	0921101-0921200
8905564111	8489012798	8174242713	0941732502	2464998977	6184995844	4824319633	3877136064	1700505758	8112062601	0921201-0921300
8903546125	8593451545	6181756840	9731473384	2014951893	7581589960	1208752575	6276033295	0030118318	8095642910	0921301-0921400
8679299364	9140874263	2266721386	8491522412	9903291462	9320268237	3490956625	7903206428	0453385167	5572566335	0921401-0921500
9643282983	6906797154	4894914414	4284457366	1312147165	2577292832	2838722519	1227818503	3318457537	5231181388	0921501-0921600
9104687301	1202533293	4330332281	7674447909	2066563250	1883887499	1783124527	7956878032	5185708787	7108213218	0921601-0921700
1754229913	7029990346	3408243198	2200181814	3016950158	6756477231	8455173516	0193539741	1806816255	4986334692	0921701-0921800
9742793638	3683122862	0901500847	6329602715	4205540923	4721977487	5557737277	1253584379	2997336755	0413539009	0921801-0921900
6260754601	7704783200	9209000043	7030477206	2396931123	6199692306	9451921228	0751280626	1090339608	0855119939	0921901-0922000
3625766456	0584547489	2984566105	1643776323	0204762933	4883313664	5533457348	0473571567	4449977347	1782198157	0922001-0922100
3926294356	6148533256	3525738007	5373424585	6962732264	4329253912	1854835008	4718726153	7611935992	1175544946	0922101-0922200
8751722095	3402171496	7332300854	3031277343	0084421703	9223565805	2374699781	1952384744	4933383738	5774851142	0922201-0922300
7462252203	9346757212	3278506610	5269132797	7306346288	7372622241	9584671667	2022151680	8291000526	7022364151	0922301-0922400
2652274077	6004619794	9668504424	1492903303	7526153247	5565300931	5314557741	5607854888	4372041571	4060087651	0922401-0922500
2807613311	4000215176	0928982489	8629450626	4798639727	8120873344	7929847854	5315123293	3405140684	7255746928	0922501-0922600
4862631503	5477092571	9144201422	1858878025	7279128331	1779822123	3680779311	6875865477	7139994623	9543986001	0922601-0922700
7821714044	5115877933	7645825217	5919910881	9238300516	6331028283	7236134127	2140722462	3795391293	3883641879	0922701-0922800
3155329932	8948798748	6153861391	5230746891	7410066261	8607772267	9134871363	2214751656	8508441991	7806948619	0922801-0922900
5460193408	9370819232	1419263827	7533759194	5703264502	3630434756	8717345295	8399553670	9739473113	7451394332	0922901-0923000
8197791122	2269397254	5912493837	9823126607	0963822259	6701900838	1453286290	4610606586	8563209780	1508542233	0923001-0923100
4848110590	6173852298	6205281789	6049500732	5704272220	2039361363	8247958310	3543259855	0726214034	0985962778	0923101-0923200
6017216895	5987503032	8828176804	0946852093	8864033636	5236494428	5765333810	9795334202	5875230660	9947377791	0923201-0923300
7483409964	0562083733	0431676710	8759298266	6684354670	0959970485	8953748415	1152214502	2499454415	2838657802	0923301-0923400
9285301765	8562910138	8144172669	3837907270	5003419101	2138456283	3490952249	8481407153	8202901919	2351467212	0923401-0923500
6838275100	0173948051	7922357591	0310629411	7826715838	1863781954	6488431229	7363020759	0729496131	3226423551	0923501-0923600
0849102649	9847418870	1812740398	7203067935	8312315482	8787803868	6720763454	9849519911	3445099124	4247310505	0923601-0923700
2272527668	3206603485	3805673485	1263693194	6652992516	2902626465	8941634139	6091509721	8723640275	5002697010	0923701-0923800
8838683249	4142125712	0488696456	5829636160	9865368598	8378839028	0207060702	9639962089	2916924201	1756462921	0923801-0923900
2717841443	8660944484	1530713275	3827418051	2475604700	8456141960	7860495448	5925581307	1615271768	1871096104	0923901-0924000
1702864624	4510638699	2799031329	8023938322	9230786002	4611121256	2537492992	0696236055	4973977933	7090550915	0924001-0924100
0615995807	4626476930	7061465473	3657295388	0108465930	7737092643	9327096173	3589798755	1332985173	5335805761	0924101-0924200
9820375607	1739649512	1026056824	2153539432	2065787806	5433368166	8379183925	4310296299	7862558313	8150842902	0924201-0924300
3460441642	8506331820	7802667408	5750429654	9353954494	8651852756	4708814351	3231959734	9789917141	5169373256	0924301-0924400
8833893316	2833896451	8488703226	3989305568	9451839191	2430829325	1565402367	5385004309	4552275229	8621936349	0924401-0924500
9930799560	6896844661	8745989474	8823413664	0851885321	9367311437	5894635657	0214222303	7174148120	1272628291	0924501-0924600
0573318578	3922733479	5260680041	3122404444	6906957003	4326579109	5617342284	6551383028	7770817092	8004370327	0924601-0924700
5264455762	0090294898	7017264718	2289327617	8823467995	9538966801	1402866870	5263367060	0630426129	9460849499	0924701-0924800
5638275599	0602647776	5219702537	5830641181	4612875438	7609857828	9963422105	9502253415	0439826096	1876098352	0924801-0924900
1652316543	3169772144	1251770038	0390215981	3797489132	0292927755	4387117033	9116322480	7524657249	7296231247	0924901-0925000

0925001-0930000

0925001-0925100	6509351794 3567483811 4315286413 3302908912 3777146612 4690448645 5116492679 9346341556 2118822817 5642302405
0925101-0925200	1694895444 2816831414 0490438057 8860590107 3700671829 8499365040 7494702785 5738627203 2710842602 7326956900
0925201-0925300	6412015558 0946913710 1298425529 0544957645 0645756003 7403149458 7908210547 3559113639 9067278064 8145919170
0925301-0925400	6433870697 1477366524 7784433863 0255698388 1025898793 0950197131 2840708918 7196967493 9400265719 4057221592
0925401-0925500	9586883457 8669810318 1835949381 0271931161 5251530174 0904031945 1723832245 9633052678 6264210007 4573633679
0925501-0925600	7264614352 9714988846 0552919078 2295721345 6926463834 7921759405 7805130367 3488795449 4733446456 0679667691
0925601-0925700	2782679904 9420036288 0699002603 5221665252 6648809722 4672121294 6167822822 4742717834 1053585849 0938180843
0925701-0925800	8207696712 2622155649 2524464101 1600663839 1181830873 0856354226 7215017218 8913491114 4340742316 7201858015
0925801-0925900	4409683941 7218455292 4703066633 1743969920 3209991372 3079392087 0633268149 5027024183 6323739355 7565948355
0925901-0926000	8643427585 2715303647 5346746011 8162312180 8611137993 2483545148 2289863062 5369332793 7473726404 6931267375
0926001-0926100	6534019973 0090761426 2122865011 5856894482 0803714283 6120485831 6174750390 7712876046 5033612361 3522431214
0926101-0926200	2049114096 2045858292 2554357490 0902717114 3100562027 7966427328 2036840883 5142189973 6766128515 4174170155
0926201-0926300	0559669295 4335533849 8868702324 9020610644 5807169228 6334339185 5394434659 7418310331 5453291025 9130360646
0926301-0926400	2266687977 9455734904 5467488232 7531737599 5937232273 1037104452 1133115338 2893042477 3972419572 7440116541
0926401-0926500	8484315564 8940489213 5805570855 7627558495 5348891913 8564379163 8342408939 6022097880 1958750476 1416457873
0926501-0926600	3843443198 0873515751 6674968200 3791537961 0297349443 2109476073 2700463633 4366125907 1179260382 9657765048
0926601-0926700	9833996820 0528464234 2068544946 9930387124 9646642485 8116044200 0466693398 5741685551 7298369829 2635849104
0926701-0926800	4717933844 6832504338 4471758725 2699366862 3375707985 8637995117 6474378774 2210295932 6217388171 7992112564
0926801-0926900	9607665490 5036475301 1284605971 9986422397 2784339196 7774038958 2319175573 2599419379 0085492825 9806607678
0926901-0927000	9498548433 3355330520 4429781468 6422621546 3907056678 0479389131 7765192204 9935761663 8821963223 5722413875
0927001-0927100	8048818728 7554778343 0553371416 2429159181 4407249101 8337360725 8613130585 8393796369 1373160504 6386537876
0927101-0927200	1619976568 3527896039 1654122119 7123163706 4638435087 5058804657 5531967200 8048106320 8311821537 9561380098
0927201-0927300	3535595260 9363700064 5317080644 2028883772 6690826800 9424750615 7736530695 3699946473 4442641799 0880723658
0927301-0927400	5691623899 6365175780 7623731861 3662803000 6775952545 6983035935 0209310340 1066548823 8760590630 9667152580
0927401-0927500	3190270180 5651077417 9659964177 8895066406 0278847170 6807792755 5703510222 3714730679 5006509607 5380534263
0927501-0927600	9820261540 7127213785 6032274328 8616802417 3389459790 5050321379 7484661490 3095301740 2300954957 5261795889
0927601-0927700	6983609703 1429140848 0458384201 7705933308 7278988292 1065398608 5497841770 2268001994 3172312560 7279669350
0927701-0927800	9378461673 8081453471 0813293763 4521964744 1631933117 8690649982 4823727616 2056150244 4394472323 3791069608
0927801-0927900	3968856032 6743659447 6132436686 2391058343 5263725870 2655272723 5468109736 1367537998 8543402247 8297321958
0927901-0928000	6473847079 8498514172 8538675277 9230658409 1743206050 1099102238 9298189386 4572160416 8949234020 8559404805
0928001-0928100	9798887199 0753899448 3624575918 1795872647 8548243687 1784280511 8165701035 9994896167 5645814411 7743599941
0928101-0928200	5574156405 4198094077 7060781817 8732780883 9235166527 2981172947 0451824894 8869402539 7849704040 1257850170
0928201-0928300	8525229480 0326448553 9829339541 0250493410 5444614356 1304537123 6961682202 4270875468 0322577722 4676453869
0928301-0928400	0691735846 3290996597 8927085724 1360685294 7228418998 8811197694 9257775673 4731492045 4188249935 3860754485
0928401-0928500	3832734931 6024944583 4180265001 1005971211 2248874170 4840939089 0584301410 5055980718 8444154763 3560933892
0928501-0928600	9558270335 6383918920 7244115662 4136346793 7554167389 0893091868 6080312637 8923091291 6007550098 9808404308
0928601-0928700	7717386876 8493062385 3335091504 1060003830 6016394885 3687921061 2389410574 3940346062 4016371854 8425217716
0928701-0928800	7545163976 0025505022 6439611525 9942943086 9349869074 6297837599 7016129503 0843803660 6600589226 5852930563
0928801-0928900	7886695846 6784875726 0025329183 9307185472 6101201435 3181230082 6282453907 5652638481 6628430671 2414091535
0928901-0929000	3230173735 7772231705 4545331857 3303986361 1629092807 9651400076 2580295868 3252113035 6252134998 5400678329
0929001-0929100	0579810026 2663767805 1720624754 0163537025 2168218735 5287204019 9635961887 3606934730 6728409608 1288649892
0929101-0929200	2816545218 5240832827 9128184938 6363527220 3008598275 4459989899 9583511157 4368787888 1270485571 7381485740
0929201-0929300	3078036294 2048594206 4433415790 1693839596 8153358527 7508781574 3971924322 7798831706 0546340053 3096961159
0929301-0929400	9543732039 4129955177 1974092493 7281938691 0424719168 0745755805 4131728168 3365537965 2759510402 5829376600
0929401-0929500	6937948476 3050243686 6930874986 1291151557 9029908914 7511471436 1655097781 0891689159 3890432286 1163098089
0929501-0929600	6160154365 4239707131 7339876255 6138393349 2789060574 7145381691 5692648820 1510262147 2183250340 9165624542
0929601-0929700	9353117328 3968374175 5506978877 2460439855 6261085337 3740287709 9728804761 1491577857 6510475290 8911381780
0929701-0929800	6546922207 2171325415 9467978055 5957405449 5325587792 8432324750 4820257296 1072119305 4272034454 3111901843
0929801-0929900	2651599832 9511924254 9956886629 2451206155 4435485187 7843376022 8457318552 5530203857 8067996423 3347394328
0929901-0930000	3255079768 1431749352 9036535523 5708336227 2954029760 3622459678 7022467961 0872900653 6915811032 9772411271

0930001-0935000

```
9687184631 7120153108 7202282912 1678513683 2868288998 4100630830 5969973295 1240183437 9280807586 6877889849   0930001-0930100
6043772754 0275895229 2936685392 2675139928 2371615964 4737329827 0175090837 5680274466 6915911114 9779944667   0930101-0930200
1135691088 9243791993 0942472130 8073081984 2625931443 4796579085 6700825628 8588361144 6330706901 9106360685   0930201-0930300
9951853870 4171062385 6804324112 2994069976 9765217189 4899349718 8045038643 2175982864 3313402327 3173503448   0930301-0930400
7552793783 4864131041 9949659552 5770669045 6718435502 1562018967 2793973426 8216256860 8592248811 3166647341   0930401-0930500
4298910138 7571275704 8305145943 6636099246 6106272011 2440987239 9971042075 6543915068 6310201357 5984601467   0930501-0930600
3026511990 3429865063 9676000696 6879582828 9243397825 9058748567 8262692633 0346837233 2124066157 7602951565   0930601-0930700
3722610682 2903836613 3683415049 9989593428 0932018654 2470360735 9076560816 2195997593 4382017246 1807695817   0930701-0930800
8347221271 5039912393 7330805981 6434946231 3671749599 9946304211 7638181478 3019102133 4473569265 6258805710   0930801-0930900
1644687984 5566172037 5874281490 9984339304 6523931220 0035644248 6502802002 2103872381 5085543608 0610859538   0930901-0931000
1742785324 6549792311 0151018126 6741384662 9462674003 4072909243 0677564917 8579342775 1652950984 6000986282   0931001-0931100
1986519350 1486314131 1338234081 8641810195 9888722959 3585603437 2242367239 6015146278 9656548533 5331740074   0931101-0931200
1984242601 3606673552 9840754402 5731777149 5402192754 8762566366 3209795134 8389232398 4730934282 7299390954   0931201-0931300
9226286852 5828037625 7104081404 1407092153 3779824712 1933464825 2071838785 3744500723 8525936056 7659576220   0931301-0931400
4021945192 4792912413 0758546485 9181278455 5951253394 8537732743 9546532520 1686225053 7285001304 5372400046   0931401-0931500
4744479074 5978251029 4447904759 7268994937 5374692808 9331155435 5051420516 1236368344 1007349842 9947070865   0931501-0931600
3487282616 8261194995 4445988885 0359607914 3671119639 1393209112 0095413351 2885508992 4933928537 9476656164   0931601-0931700
1592545275 8853479068 0348593042 1014317785 7711724511 3741846243 2155337224 0565412149 4232234673 4100328640   0931701-0931800
9237227571 4731703809 3058466611 4105286653 4929215704 3843719387 5825489184 9894465897 4892112398 0435592536   0931801-0931900
4919086589 0669173908 0886750091 3233054266 5482077157 3640252081 6248301658 9873036086 5980837961 5767364117   0931901-0932000
7362734669 7615666539 2134829345 6423991292 8078599798 7881520429 2215190914 1690785497 3618725169 3099991322   0932001-0932100
7000674997 2335155765 7951436647 4702374876 6149644049 2613486082 9976097836 2604927823 1738894979 2246852097   0932101-0932200
7599508049 8826972392 4957659872 2306469511 8767799160 5495672699 6908515258 2265295227 3858854393 0217342747   0932201-0932300
5574391874 4113766339 9412859483 1234384848 8127945760 1367100667 6165974395 8963255453 0670816842 9451211409   0932301-0932400
1221200910 8666989989 1500102055 6924848523 7225542131 0716613919 8282765742 9818829175 1833720841 7523869676   0932401-0932500
8280591023 1519925312 8014453772 2164743682 5950860888 6364434672 0804079957 4561042901 0196560880 8393098287   0932501-0932600
1606160491 2163604586 9086222897 3756455741 3574307159 1089367242 3316644773 3282968241 8831492171 6494972514   0932601-0932700
0119493690 5670952961 5270432919 6175641010 1851405960 8395422101 1253004320 3244772904 5095686728 6869283797   0932701-0932800
8994453347 3254078320 0542835488 0451308874 1363193695 5816828746 0790465669 4590040744 2884187381 2325676996   0932801-0932900
7164692679 9869558860 5208063729 8383211238 6246812028 8170434815 5814062949 8830626345 9334499888 4038652605   0932901-0933000
7374223073 8578664000 2377415312 8859094551 2575353933 6940869444 2939407522 1828471001 0776658095 1275670201   0933001-0933100
4775408298 2594365539 0077790618 0300371040 3019109218 5293284782 4116551890 9228702901 2404160045 2149317093   0933101-0933200
5775360816 3420856552 3320144384 5388958342 2068417138 8239953227 0635638724 2611330217 2360887531 9692482011   0933201-0933300
7906522275 0848154653 6063468432 0835251951 0833216068 4317334365 8468059130 1574087870 1822959876 5822830020   0933301-0933400
4252835566 9320450198 1988171458 2611715984 0001172323 2484622368 0233784983 9057195842 0833941883 3025000410   0933401-0933500
0260037883 4221148367 3054749609 6779242970 4499983799 4790440543 4971089626 5896766913 0028499096 0386063046   0933501-0933600
2400933379 7909203575 5162551666 4005711218 7717239030 0150396095 4051845816 9993864304 4980401039 9161286593   0933601-0933700
4744955827 6066834824 8909337338 6292669896 4697053174 1560892296 6624289143 8192737235 6726030305 0110341597   0933701-0933800
0150390759 4115991561 7925116562 2892441767 5577202639 2710897852 6059947131 5335700459 0483012453 5860224570   0933801-0933900
7716058212 3321852958 7582203051 9372890200 1773432061 9428734214 7523788608 3007029979 6531556810 3011287992   0933901-0934000
5893918338 7796470067 5202703688 7724058406 6436919090 2874387633 8820971458 0101749510 1346458402 8127801131   0934001-0934100
6813989780 6509007407 6746422096 3899804533 2620765149 6082597745 2275842390 4134502684 6186168145 7953371759   0934101-0934200
4622683030 6366614536 5992082030 0843252851 4981788177 1272573867 5355028513 3836792305 6743243686 9620272756   0934201-0934300
9049569472 1422424679 8843604119 2263169155 6788276484 2223911962 7403671459 8974144543 1800616886 2933763562   0934301-0934400
3975254816 1092018062 8944206508 6508865174 3884451744 0293615708 9106653051 8191344083 5241738539 0895294733   0934401-0934500
1269090022 8814761735 9240547275 5741008722 1186024807 0655273478 5464670810 0332528804 9487281884 6476645138   0934501-0934600
7194846470 0273983663 9678691108 7224906894 4525449930 1361359823 0210096649 6626582497 9074179330 2604479616   0934601-0934700
4678961217 6304735470 9410590547 6778743627 6981114648 1959467653 9533132602 1604518805 6852012381 8538359935   0934701-0934800
2509055867 3048169589 3931266888 8710724516 3758078691 8529804644 3759849390 1498640886 7291215615 1469350544   0934801-0934900
6800392775 3771628002 8444617088 7283461332 0160278469 3514171037 1898135928 5654440473 8893533643 4225299535   0934901-0935000
```

0935001-0940000

0935001-0935100	6306714864 3575822661 5070847224 2121395749 0588123647 2608079566 5391821078 0697591919 6272996137 6825052719
0935101-0935200	0168013501 8259365039 0431489237 4222182997 2943591050 4766510198 4354967715 8363903560 5090274409 4547376200
0935201-0935300	0866255189 5379897398 6955249442 0945283689 3729162255 8644588185 7232200509 7340211242 0242701338 1380975063
0935301-0935400	8707368786 2241346162 6607614186 5890367575 6728049468 5139294924 6947497670 4482862785 0379939428 3278791220
0935401-0935500	3329713975 4384364472 2779419524 8300533133 0832659412 6816548143 1836724185 1907164537 1183945618 8537671861
0935501-0935600	1463451009 8763556103 9688240346 9322743163 8685638936 6920782628 7866646316 2305865623 2080344670 3322414896
0935601-0935700	5844290862 0119179775 1836078981 1784708762 6296153194 0034781546 4050634565 9858453959 3367839204 7177816196
0935701-0935800	1151978159 9153348323 9756111621 2221045289 6830871383 5459988065 8578013548 5937490426 3956020172 9578681154
0935801-0935900	9407988789 9895278594 4953129124 7582481713 7108859096 9140706193 3036180030 3323891913 2168402423 7117855941
0935901-0936000	4793817512 2615373552 9282048462 0119087835 5782410767 9589872826 4838018836 3060516258 7458132380 7170212707
0936001-0936100	0311601599 3195665321 1055908684 4637230112 1939352882 9932843569 5606597198 9301484189 4192469651 4195047131
0936101-0936200	0036209138 4684087143 6786883238 1248718738 0582217796 9166872677 0528694917 2329692975 7412937157 6503104861
0936201-0936300	4982649963 9425425153 5522789265 5817659328 1228135199 0499862833 8917695098 6498709388 5286522464 1624149800
0936301-0936400	9133604809 4161672069 3342425001 7253335902 4122452069 6627428380 6079157097 4610193234 3274422842 7903009219
0936401-0936500	7167819796 5979059549 1272105538 6447240760 0831000588 0818190724 4787034365 7454279475 0466602116 8615328207
0936501-0936600	9367042283 1576774109 7870656528 8995809215 1207900910 6248893864 6517486033 6630488088 3858583654 7541959063
0936601-0936700	5290169607 9598667197 9195154726 7539998847 7621888478 5107366055 6792237455 1580096127 3463703729 5470996414
0936701-0936800	4895440357 0700509795 9712497079 1498940575 0420165030 7392100837 5739413281 6578085719 8028511304 2479613451
0936801-0936900	4504277763 6660548705 7390164979 9638800674 9276335699 9017421424 7086042763 3687015388 9542554486 0519661560
0936901-0937000	1145707431 1012678360 6189763376 5408595584 4167396998 9899171468 6664840902 4190014931 1117346206 2958230778
0937001-0937100	7057948676 4638556758 7210995136 4683099777 1609454655 7201681228 5393776737 4099428303 9515574945 3169206582
0937101-0937200	0371452045 8277535783 3798271161 5753554754 7595988090 2888250015 1326903062 1837535588 1522800804 9946219926
0937201-0937300	3139514759 0076715044 4120102864 0422323467 5721465222 5543337464 5407695544 2963733651 8329440811 4816553112
0937301-0937400	3178885685 3449362565 1092338223 2508875197 0064021785 6262405043 9203931155 1274241981 2786611804 5752037903
0937401-0937500	1352263821 5002107721 3050240662 4183002862 4776559111 1413089474 9764170442 7632877747 3666951415 2962797298
0937501-0937600	4736229019 6362231543 6319141841 7996968962 8035927750 6155139875 5785367266 3537814008 1715318318 7933147980
0937601-0937700	3166307354 1838249854 7746143475 8212203503 3039491346 2672508437 3973133134 6134971878 6522154847 9521132806
0937701-0937800	5589745100 2032487297 9223925269 2753749027 0425986685 6149040537 5284504662 6144264259 9122957699 4984595616
0937801-0937900	8866129342 7415216860 4536950858 2771055380 6842470639 6860778132 8993106285 5112879954 3943367009 9191520888
0937901-0938000	6144555645 7442279253 3094751032 7863999828 6086647782 4697766936 4695968209 3306304832 5230272861 6288409185
0938001-0938100	4021075857 5059523354 9174517563 5055894316 7491291170 8620738469 6004878978 2639109056 2573959948 7492495979
0938101-0938200	0110901916 1465908020 7484962639 3582792650 5836476767 0838301196 8855505051 8615798097 2185298078 2027546790
0938201-0938300	7773528459 4885548642 0957184809 5773550264 1837966220 1056062017 6724101647 5961823177 1444198810 0961027947
0938301-0938400	7760819625 6246820854 5749937593 9175577255 5043901644 2709090994 0333682021 0181891880 9431446872 5119448839
0938401-0938500	7607261064 2894763770 5083816809 2847287045 3085471610 7278666310 1220366887 5829064624 9653294421 5040426089
0938501-0938600	6079559602 8483768115 8331065639 8188715410 2229185636 3755468086 1467680606 2617591254 7513262658 9633416570
0938601-0938700	6265117268 1705493010 9406586302 6692204229 8948302376 4432367142 1946364900 3200189102 9510553731 9742039399
0938701-0938800	3038094287 0786655291 4769288138 5645878149 6647798082 3314826640 2166554846 7134062401 8597141217 5424409787
0938801-0938900	1277182877 8534134383 7382580995 3777455566 8639030970 0061492840 7730247009 1720199524 6206245391 9858592371
0938901-0939000	3450742399 9851718224 9542889513 2343503182 3344837883 1929595533 4879010992 1171899225 3652942936 5336258259
0939001-0939100	5390946552 9635813744 9729369974 6511875338 5374870942 1770808174 5701742251 6040904388 4612157412 4452850202
0939101-0939200	3798390369 9911389696 7347788049 7042088863 9312843891 5798686149 9535720637 6948214920 9306281251 3122808049
0939201-0939300	9666262553 2242838399 1735202566 7452522990 8409946325 8646834111 3042084589 8803241428 7824148608 2621057749
0939301-0939400	4753300377 0602151682 5542168588 8255205289 1371938772 4986908202 5393362940 4730475050 0997044070 9469358919
0939401-0939500	6990053347 8304463581 1964910483 1638160680 7432397475 1887377450 4853932080 1189209217 6200325412 8590019212
0939501-0939600	8507800878 0108096121 8699721567 2787878360 3783428505 0223359104 7386100379 0033681958 2153479531 2420332192
0939601-0939700	3791186979 7381093285 0103678278 8060812745 2828831039 1831570441 4803727152 6911195891 3827350206 2661678813
0939701-0939800	6738930058 9434987192 6275421758 6783775861 6929115641 9695497805 0050271744 1482142253 1771664564 8976255943
0939801-0939900	7582676430 9491260552 9285775355 6527311492 9560879110 8215961940 1757024920 4462620779 4680537769 5544163790
0939901-0940000	2384442862 7076001335 8829372290 5895613531 0992448792 3773970012 6380103906 2103629710 0540090233 2662052868

0940001-0945000

5512923889	3654007663	9663983925	7245082449	6898926245	9924394384	5087655789	0902818985	6834334510	9961963840	0940001-0940100
9116437670	5960548419	5253505687	8723052067	9162057973	9800869587	5004656119	6154504016	2976777009	6547018528	0940101-0940200
4334977644	6794960280	3722422923	1209258155	2380645150	7317582639	7848971659	5610762944	9587379456	8519845906	0940201-0940300
0936913497	3227024282	3829358483	4762009727	9573203973	9082440490	2652459373	9625729544	9117729608	5988591097	0940301-0940400
9831916191	9237155743	1477730561	3275865030	1867128792	2333999409	2210626790	9462585081	1692827966	9238172379	0940401-0940500
8551276299	3523860883	1771468972	8571559104	7969113529	0085367737	5489955124	7186890395	7446600048	4795401447	0940501-0940600
8028822320	8242567018	4511475458	3859463997	7604121232	1829451207	2077908176	8233151618	4554219598	7497445589	0940601-0940700
0151199270	6236051896	3407353934	8756409531	5603407069	3595825760	8166769558	7492098240	4806665275	6245519232	0940701-0940800
2003251452	9417553964	6827190235	2195763796	3789759417	5052158675	4201928536	5596662014	5045633855	2783571256	0940801-0940900
7120512822	7519609295	3909245784	1885540127	1282860622	0318403041	6252304573	3499198620	3368394185	4919174431	0940901-0941000
2814170274	6834805331	2363654640	8009522798	6799808167	8614387670	2299176420	4219357703	0302889240	6338233711	0941001-0941100
8831666892	3472566531	4715426197	3692488185	6774442368	3067628580	8035577667	0852493943	2726759182	7130580282	0941101-0941200
0474498683	1092388451	8396569291	2826914135	8022850879	2026381557	5944588577	8391763041	5382477745	0273630047	0941201-0941300
9676856895	9057429077	5328240318	3887419532	8472505758	2369989841	8557360973	7934792621	0756480012	7606600568	0941301-0941400
4856289529	6270365033	4072849924	5707682166	0600430851	9214499399	4615927401	8679067024	9250918808	4254975382	0941401-0941500
5000573641	1527656278	8206831683	7456136116	4661059452	9609876478	7617810657	3256994413	0069604044	1275748480	0941501-0941600
5908154315	2521914759	3078104140	9918043677	0663956672	6344353562	4561935640	7513565467	2716790941	1879488480	0941601-0941700
8680923093	8328738225	0042851308	6155646738	2313448911	9765303305	9034948850	7090436408	5511708968	1596818853	0941701-0941800
5559683677	6708287592	6959001222	6813063407	9052180831	4175342883	8750131652	9218766333	3574314371	0101634779	0941801-0941900
6658883618	8698834998	3289811640	0702596550	2047611990	6884593064	1188013743	3528093795	1098305220	5865755190	0941901-0942000
2553313247	3935518421	5726088231	0168318176	4097241796	6428217053	3923573318	2359972105	5914675809	9096015712	0942001-0942100
5453625914	6573583451	0808497696	7080717266	9437183081	2496641392	8529324205	8148352262	7446937585	8569571687	0942101-0942200
0345022377	5777783598	1585809545	6674554627	2979473079	7569320508	5626405035	2830255672	2866775444	8284086209	0942201-0942300
9813897930	3709253264	2596403853	4996170546	3860837230	3148948100	1371999013	1970126280	1084969868	3279080599	0942301-0942400
5250749377	5423599997	8783744657	7837123753	5757852677	7106381435	6136789079	4737247924	2618159928	0191554236	0942401-0942500
3584092241	0926951949	8675837014	0080691259	4594455592	5467047320	3928004701	1160015595	4170202879	5035929201	0942501-0942600
7703968601	1345630444	9233397743	5455716545	7271495173	5345290462	2158776693	2103972565	4053386823	9130580966	0942601-0942700
0021212324	8311387049	0726163498	8177752506	3398803735	2830441378	8504053529	1419573448	6262214803	3294954488	0942701-0942800
8908545079	2480542683	7419406691	8855516757	2166221109	2089973185	2667678293	5266132904	2761712071	7343300234	0942801-0942900
5258919537	3557475092	6874315293	6342844964	0771785673	9958438148	9421046285	1810384964	3427735519	2443854011	0942901-0943000
0560036409	1860906598	3002337368	4591499584	0144499012	9369372589	3952889834	8115564558	1061030794	5458047566	0943001-0943100
4650489357	6785275211	1834079945	9874420567	5506984616	2829748169	2743403195	7448112126	9219891324	3550319837	0943101-0943200
0546644424	9609636337	4848655811	4369342400	4842683069	4642683069	8216054307	6055555157	1130105499	6369421412	0943201-0943300
0145286056	7154928145	0356360885	7935420449	8831255719	5995587078	5833653305	5121083928	4998411268	4790571297	0943301-0943400
2202465501	3870820524	4749272341	9195036030	3939460347	6770851534	7254338076	9135430210	3233118270	9941052543	0943401-0943500
7316371791	8996081338	4440367350	9209111063	1733765874	0160001869	7304252984	2024488852	7033172514	6924974753	0943501-0943600
9319823503	5252261761	6094384809	7053512457	0875131868	9267370050	7442774120	7097904073	4631226205	2900063918	0943601-0943700
9290990331	9643533353	3778277303	3800956435	5202372811	8934142222	1316384124	6621876265	6292621316	5374744095	0943701-0943800
2305454016	9190591210	2983325487	3844314996	9008179176	6624445625	7105500140	6036680013	3249580906	4102834877	0943801-0943900
1641935647	1430409550	5763803857	3852209871	6167959104	8522208070	8395443816	6529535008	7746068113	6027308248	0943901-0944000
8566261392	8667728371	7030323783	2334671640	6418651059	9162481767	0706345653	1467640744	9265899040	0249294338	0944001-0944100
2034766548	2730341522	6579042351	0131092975	6783048481	3632976397	6322746732	7299098939	2744963857	2144129084	0944101-0944200
8706448070	4661630671	8326269730	1895505226	1750367044	3765606386	0897547480	9199526394	4035360465	4399823773	0944201-0944300
5619024650	2693129589	1402221059	8873408816	3222562586	8617445324	4115894930	3555099774	8247415150	7373411947	0944301-0944400
5733373556	5276274185	1916424514	6201049878	2629453689	5088446232	1176358003	5118418359	2675986429	7128139853	0944401-0944500
8414469096	9171907995	1674046781	8935875027	4435035511	8079967776	2498706284	7592913272	6168844888	4939141128	0944501-0944600
7453205724	8359162360	6741616344	6388013123	5116126332	1415735073	5873789089	8646033191	0104790495	1088053276	0944601-0944700
2436343801	9532053136	4134355459	3647041984	3997327319	2818302576	0085767530	2583216967	1464683435	8840039142	0944701-0944800
0370724267	0826017616	2533902989	8671526756	2219813060	3529594844	6464040396	8856006481	7661090330	5607906503	0944801-0944900
8768968446	7316948543	4389183689	3537933416	8987646104	0506024109	3598555326	6431299975	9390263679	6969251376	0944901-0945000

0945001-0950000

0945001-0945100	9369261591	0228511721	6541488921	5726223597	7366770146	3984585521	0470747638	8972254902	2179557834	7385363008
0945101-0945200	1933437898	8748156802	7697599949	5121254415	7027137649	0277515078	7799491095	6148957426	2273987940	3322128257
0945201-0945300	5324578456	1955271497	1773748923	1107175800	4485261087	5339714409	3342364167	0007394747	6053387663	8025429586
0945301-0945400	3552936913	0347698689	9061333624	5908473538	0529991695	2374065057	6570393490	1547390655	6528925808	1944696284
0945401-0945500	0122139245	5111987603	8074056609	9410523116	4360192568	4722053285	1072587588	3708878783	5407461779	7601531730
0945501-0945600	4950058293	8124750525	0302170023	6109573670	9078402235	1162225972	3813014440	7984791813	3032105443	2443110271
0945601-0945700	9791005913	7380934837	7586361399	7719436720	0655924569	9381470276	1918466612	1180429617	1866528310	6957766092
0945701-0945800	4377161598	3151245936	1728010390	1636552046	6193709252	5125363139	6559201177	8214276801	9428047658	6534858158
0945801-0945900	7470311992	6770979133	5049110720	5165243246	2312538315	7448751295	4156035527	5026367961	4546109344	4168535781
0945901-0946000	0273138996	9995468673	4351810344	3255259516	9300233005	0592572799	7815904820	2235890526	0479203482	5075042171
0946001-0946100	7345546642	5312528525	9478440684	2133378979	7245599838	1452902491	3412772434	2450971795	1186446150	6281528392
0946101-0946200	8650237212	9264368408	1326894231	6931518881	8953852681	8004763103	0778038992	4412151871	9858272225	4498999677
0946201-0946300	8751458791	6023970766	6604413330	5940017725	1968288276	1813890254	0142141154	0322218807	5221493138	7303943894
0946301-0946400	8386348804	8858725731	2960544022	6754011944	4344271239	5569023790	7150071386	1064198583	8887956880	5486335172
0946401-0946500	8084446447	2481327723	8595610521	3013091015	1062642932	7631624722	2859852571	0263715946	2999401322	6550518804
0946501-0946600	4657398980	0377544218	4629979193	3040060517	6161879860	2655576076	8914956796	2403302092	0353382300	6419857512
0946601-0946700	1280549087	6812649998	6629682021	6008393577	4256923900	1450967655	1896830011	4985803950	0662463386	1680225506
0946701-0946800	6870759127	4831975300	0145540601	5411980784	1134948294	6568060170	7418219448	2694202914	5919311797	2944253523
0946801-0946900	5139331011	2186883167	8002326637	6919519389	8930495655	9636443049	9826362332	2221317379	5863375272	9015980267
0946901-0947000	6243820849	0894364283	1249679621	6250016352	9966893044	6258458041	6724907109	0414279544	7432277640	5586064497
0947001-0947100	9937748159	7906129222	0293061983	3526180042	6117966549	6758054829	0181068947	3722161202	6571626304	3635302282
0947101-0947200	1293372450	8394353437	0967854324	3805831288	9505278663	5657171288	0369852845	4871495079	8562466555	7793170507
0947201-0947300	9028998685	9714364593	0779735070	1401522754	4766934198	2392638989	2945353431	9021801693	8758502877	8687970204
0947301-0947400	6168231973	5199280766	9758651276	0646823839	1696014867	1115009603	8459388200	5106152664	6256272708	6373994715
0947401-0947500	0257718107	2308962043	6264155255	7152127904	5835429590	5910120518	5086051998	3358295202	7644524251	2357735153
0947501-0947600	6145132912	2133578341	1967187075	8566063500	0297664587	2189965684	6809835422	5556797699	7861529583	1620657432
0947601-0947700	0737210996	8440619460	8527521399	7207746028	3796182940	6778265980	9969835866	0897438651	0365624255	6250842354
0947701-0947800	3545630151	2197111167	3283365507	0583247917	2735651427	6941098498	6357066618	8025284345	3611977423	4900016041
0947801-0947900	0913598065	8253251047	7723487375	8588466697	8580299992	2419736650	4115511962	8160047321	5765070051	6628984539
0947901-0948000	9637919414	4719612753	6849638484	1840783539	2194951607	6075298476	7084138274	6044030177	0757999666	7675686125
0948001-0948100	3610514003	9171681725	6780501389	7837186583	7968976150	1720984806	0227215120	8763671116	3552935619	6130402092
0948101-0948200	7396418528	6936047265	1396687556	3040087535	8568683131	4128686092	2825551242	2695956799	3035024901	1366770936
0948201-0948300	4034990374	8458741989	1089018945	7051985781	2478440357	5786713931	9708554989	3809997065	4105791690	2095988974
0948301-0948400	9873844727	2613724351	8065616499	3163897351	1197033103	9397804092	8094799734	3377265021	2249714340	9823782365
0948401-0948500	1965892886	2792232779	9039418205	0685698376	7116623772	1514412022	7663379491	7374373422	8317972794	0119374539
0948501-0948600	0490579714	4617183602	5673221405	5219462186	2859145438	9656234024	8945379811	9559649687	0707302186	0780513193
0948601-0948700	0946785284	8444202128	4324993071	5413564423	0793862725	2658520849	2269484399	3948530535	2727068233	5863948608
0948701-0948800	1705774075	1697385212	0210628959	4177160792	5413069913	4608143824	6328669352	3126590734	3036680953	8595608450
0948801-0948900	1673932290	9654282885	4097863778	7221825907	2743419564	6611659593	4087134481	2029957960	4000576414	6848563841
0948901-0949000	9208402583	2685521237	9549624891	1586260094	0098765413	5858706192	5113653719	4814860857	1077083760	2097237465
0949001-0949100	9553114403	0733949423	4844861525	2372266625	3172090816	2269400021	1227591834	2552982816	8997196876	1014385191
0949101-0949200	9012898807	4242805283	5555332523	2571548587	5614477520	1194680111	5509440542	9657310193	6215959187	5821948220
0949201-0949300	7475615307	8334803008	5499433087	3982134027	0700031128	5887927967	3962736609	2071269711	5138195377	1554641063
0949301-0949400	3745558491	9631691755	2555991892	2408979783	3124273545	3841796027	8459589864	7060095284	1808664677	1109464159
0949401-0949500	8431500095	9749470220	7595874936	9609348923	5131553087	9522675319	2288751932	6905699269	5901124280	0843780897
0949501-0949600	5802237272	1112814277	1580921578	6190314382	3282221584	3119736386	7972722768	4958136328	1470182765	2361699870
0949601-0949700	3831654805	7146175201	7797801074	9005200986	2225386713	4378987984	8810445030	2717738606	8210671823	4856661032
0949701-0949800	8159840918	5714908477	0741257737	2152962362	8951428193	9493449231	0024755294	6876881422	8268826338	1992107050
0949801-0949900	0314822969	0781270685	0236096795	2456156317	6253784439	0868388545	4717662505	4868861453	8858940190	6509184101
0949901-0950000	5885208833	6961298773	1672752691	9756238642	7609513694	5838426185	2183389570	5186413263	2025229313	9134838082

0950001-0955000

1287964338	8136298455	3904237312	8573855900	6232871979	1590912181	7103349208	8287365725	9600675103	4516917303	0950001-0950100
4840664773	1247285364	9869703225	5058028512	1031458139	7165500540	2199912584	6712475229	6233047947	6204174835	0950101-0950200
7339651293	3884625986	0546690206	8727431079	8920093600	8629962585	2649556926	3422443490	7588987120	7540557239	0950201-0950300
1778889837	4740062831	1035989363	9753683143	1637915535	0844599499	8151790357	1916645957	9726405356	3579622852	0950301-0950400
2323209995	6252907295	6596862566	6476118217	4368893655	2658420973	5880483823	5632703846	2917410427	4634032764	0950401-0950500
0442472179	1963389233	3004523529	2002875730	1356303821	1172897133	1694363722	0617508581	5202908497	2463690556	0950501-0950600
6762892184	2626517819	7651953852	4643036425	6203212959	1608958533	5981540706	5024525216	5708822643	8896955320	0950601-0950700
0330712386	0177199426	9799874271	1966035304	8528358184	4146085491	3450444431	7130866665	6732474479	4322805473	0950701-0950800
3913760627	5818904283	6565865989	5466488561	7098590233	5718936471	1022191554	4801416081	0863286526	5720250373	0950801-0950900
4779658698	0289697568	7596956655	1715729978	1741491255	1945083377	9497446698	0602686431	8152342292	4316776326	0950901-0951000
5101550537	4677709204	1564764624	7512496723	0114288483	9539706060	5607246531	4227321889	5838355013	9850224798	0951001-0951100
0616382349	4536612899	4040935591	7809265868	2360641984	9478639492	7392551467	5962185564	8434028716	3998424165	0951101-0951200
6407922432	0499215193	5270942749	2550972098	3764055479	9507636962	3700896158	5314208285	4978064406	5756946107	0951201-0951300
4012428301	1677091754	0880488062	6657504874	4970010064	4817281703	3718571687	6990520504	3126912675	8942354642	0951301-0951400
4263219268	1612607135	2559377998	4687684876	6637463737	0848309130	2303187597	5519252439	9178262640	2799661636	0951401-0951500
7094369112	5300862843	5029788667	1483877355	7009540850	9510925426	7237087162	8508720499	1001466660	6934352543	0951501-0951600
9681324227	7505204120	8431177836	2086425913	7414037018	9390584913	0885307671	8033777597	7981545040	6004508428	0951601-0951700
1692653954	9424241734	3968257979	4296332233	1213218107	8012932197	9360275038	8852631045	8725788790	4993301724	0951701-0951800
9371699290	3363545290	7496514640	5609127548	7528815748	7485046656	4788157133	6432427015	7712065088	2647257091	0951801-0951900
1545293554	1510645510	3509471072	0178800179	2464135972	1384299487	1045977552	7984274506	9774265641	4883406830	0951901-0952000
0809230546	4626038948	3267223960	4062464659	4574202522	1084288128	2668896752	7898024346	8265578962	6562663797	0952001-0952100
4536891092	9346892092	4841097023	5713162753	3023890207	6986731432	5842760948	1838812458	5758734014	0970686718	0952101-0952200
9561813112	2294700219	7844824158	1544509819	8891529424	2896693466	0562607956	5664394339	3427998358	8235711675	0952201-0952300
7511632925	5621499470	9518352233	1245810913	1586557735	9175847036	9414848815	0386326409	8660524416	0899442142	0952301-0952400
3724467318	5768540526	1645960803	5904616045	9477472320	5628789108	8699234201	9575526455	5491518628	8103709855	0952401-0952500
6289818492	0845362817	6074175578	2246663879	0726046775	5483451744	3481890496	8805637650	3250353592	6271374514	0952501-0952600
9886240548	2956247369	3334496233	0902739113	7081058407	1237265540	3944406661	6546669812	7940161174	3803144254	0952601-0952700
5836113138	7001800510	6422250474	2126749539	9707590971	5271031416	5536334773	2005496354	9146671949	9256643771	0952701-0952800
1135196471	2248442133	8334482991	4740191692	9709782733	0482096570	2365744166	2164041385	9757199401	1075505481	0952801-0952900
3835675097	5367702086	2148022476	9057593128	4579612052	0106065272	2159599745	5895639292	7416101354	4777148660	0952901-0953000
2722228078	7891903104	9330486064	2348889412	6536509198	0468047266	7929079707	7022905020	2576713844	3684581563	0953001-0953100
4829002226	6587224538	9242075867	8126480742	5984310372	3144835073	9349163285	6870879893	5308983035	5384383950	0953101-0953200
0797078015	0899316677	2121535578	5047682448	0668120600	8160925249	0055065606	8820053943	9752940429	7779977739	0953201-0953300
0954812182	3388281599	7862843934	4893791861	5556384584	7942592989	4905438450	3736976473	5201201-0951905	2402160195	0953301-0953400
9044724019	3994449258	9154522209	4738197285	7356081416	2944201208	2969234213	6751905692	1053373592	3778160066	0953401-0953500
5668763641	4636657904	3573782443	6651668510	4935195776	5790791933	5490054245	3748362582	6410516843	7864450295	0953501-0953600
9183589839	6440568593	6888263686	3710502768	7838531277	7705665995	6030015723	5823714715	4721905671	4260143368	0953601-0953700
7966468436	4914394999	5727221505	8042899218	1009895079	9344944214	1990214468	9255392867	6917510398	2467582463	0953701-0953800
7343805239	7350830280	6871873446	0641876299	3203121704	0704830461	2916426319	8208628507	8695172901	8997001434	0953801-0953900
2896826244	1780781916	2644171950	4450757666	8563242456	7458175518	5913604359	9958574598	8250355384	6674132820	0953901-0954000
4525370108	0509023511	4840481953	0588806416	0408235523	5129412814	0484544881	0370856942	6260002716	3923010086	0954001-0954100
0372142424	8429126495	7195698732	1905242756	3394901622	4645462593	4745670300	5672837508	4672498252	7983673495	0954101-0954200
6177089836	5165478278	8942618610	5183276920	8503603621	7800339152	4933714844	4550141579	1162505068	9091071382	0954201-0954300
7580224465	0509860986	8832767797	1183257939	1871621676	7883562241	9886753868	3931575658	9776865201	6394528273	0954301-0954400
8867440651	7875660068	9498217355	7480744432	5577590692	7363784818	0513357096	2701897152	0589097081	1986200522	0954401-0954500
7679349913	3040582845	6720358566	4724105889	4553087522	3646183843	9640259601	1254852876	6088662848	3076360128	0954501-0954600
7006667228	0267000361	4942302612	5416550458	2961699316	3843705829	6750705322	9269109161	1967493612	7372916312	0954601-0954700
0586368847	9052509527	3515438062	2219327300	2895992407	9390744385	7366909352	9492586894	4010734221	7802437077	0954701-0954800
1528161242	5319088227	1732715433	8237401474	5436218433	3256802959	9407713014	9833237045	1096996545	3202745335	0954801-0954900
0702177037	0706113819	1051635880	3074747708	1980826531	9510552403	4346189080	4087728558	8710261912	9910922959	0954901-0955000

0955001-0960000

0955001-0955100	5088225181 9205851887 4419863486 2518824566 5450780329 5363481026 3484330308 3724181136 5562783019 3910161835
0955101-0955200	1740322384 5097914687 5216238771 4423922323 2455763641 0797470012 5539832471 2260190530 4886666493 3322848632
0955201-0955300	9053808683 5170964354 0440256866 7911688444 3421694025 1772691672 0054236587 9524586487 2919319419 6398370591
0955301-0955400	0834659556 5457374554 2747225256 3872049196 4846804561 2163467555 7800183911 4580507202 9104091774 6197882965
0955401-0955500	0486123555 2872697552 0004238203 8183207642 5536409632 0893392454 4967598152 3092151894 7305019785 3510015299
0955501-0955600	5735305428 1128364842 3659474359 5960959569 8016202753 0239594199 5334462820 8264979236 0794218868 0411060241
0955601-0955700	5874150857 5194580615 6888083430 1854125378 1954596974 1423677874 1870667215 8427522319 3527707018 8776280303
0955701-0955800	2337402862 6604207305 0523785203 5421042577 2442559140 4270087490 7643524826 9386810716 3766930730 3727237417
0955801-0955900	1754245852 2477357582 7029599664 9854102311 5101387432 3704799159 1787902994 4855016825 5865451538 8125485742
0955901-0956000	5414604291 2012322855 6148895327 1771724012 2627994410 8268691399 7298743825 5681581112 6238732626 1042642491
0956001-0956100	9146730313 9324078996 7378614329 0414208441 1467415351 6742689733 7032190690 2874770602 0088422190 3212516552
0956101-0956200	8911717385 6747773113 6615373439 1751962707 9549216170 9378005434 0457873789 6895794065 8402609222 6706663974
0956201-0956300	7064746191 4851144652 4438074152 0552128686 2020067172 3263684717 9672315491 5335949245 3428928874 8593176642
0956301-0956400	6993620967 3407497745 0530705684 3141013326 3287775921 3057623147 0087437384 5076260305 8757749787 3242071406
0956401-0956500	6513617994 9569456010 8192843193 7367328417 9893518959 5423519702 2893472976 9771049753 5864995673 1850469509
0956501-0956600	8739662801 3953152473 3606745957 4653673422 5096595010 9876696237 3414060683 9350348198 3827182118 6844060176
0956601-0956700	1576560254 7011395373 5726783452 6945596079 1770944971 7272346947 3343678038 7223775747 9168689555 2041362153
0956701-0956800	8014282548 6737769528 3703841427 9340044001 3056897835 5622798607 1360705966 0446853343 3322470819 9605172761
0956801-0956900	5220108066 7106523795 0190709749 3741821633 5299386518 9170077889 8834763609 2361880526 9060064082 8079713434
0956901-0957000	9789427595 9288720261 0785155541 1239737304 6097592317 8834688072 5383510590 8002186604 4902897911 8967259367
0957001-0957100	5521396472 9068579735 0736757182 1697403667 0698961345 7874506109 7120350147 9565375164 1661531216 4732544167
0957101-0957200	8927750724 5943628192 3825623362 9810375653 2891328239 2322272506 7941709469 1318566996 2267630084 7493329492
0957201-0957300	3772482025 1680550666 3161990345 7800502962 1609509712 7831349754 9748497080 7501469286 1779720539 2087735573
0957301-0957400	5426344654 0469175078 7836297830 3712221263 4499537604 5870682546 6567329277 5397228603 6781924732 6075875375
0957401-0957500	0363960555 7551524704 4790468927 9007417440 8099162153 5352379551 5931682503 9170841157 3389472148 3377058789
0957501-0957600	3695415348 2731607170 3023202492 9094546655 3120552501 2632253174 1427372940 8935823231 3041403596 7091049257
0957601-0957700	1838352019 5357751110 3030189373 8736672956 8834759002 8046690150 2804156922 0627941078 9768280962 6966101213
0957701-0957800	7488119556 3119677798 0468124930 6478374053 1627476062 8345868471 6459438243 6775342760 8269557653 2344276053
0957801-0957900	3997129870 8052089898 5614420659 3472215753 5135731353 1509643256 8632699760 1181676887 2330904784 7387826108
0957901-0958000	8300271876 5026082629 2523319447 6909940416 7002640065 5559713699 1814669791 1356778065 7451057296 4711963826
0958001-0958100	4380698960 2338811353 0721498585 3687086285 8717892687 9629780160 8941639363 0120941635 5230277734 2996301526
0958101-0958200	3435775125 0413519834 1187362058 3345473118 5380745726 8433720690 5220856255 0105061009 3794285614 0474184559
0958201-0958300	2117933927 2708597251 5328860569 4028053614 1144924020 2480536494 8741836224 8544537016 7347935902 0150069908
0958301-0958400	9471119500 9547716996 0645156934 0980957608 7230611679 8593054474 2494585592 7637542655 0790985078 2622745241
0958401-0958500	4280564196 1957947016 1814101885 9396702928 8408817507 1326949126 4514792458 7138834722 0957012545 3762871154
0958501-0958600	6135844710 1311323201 4954909446 4014760003 0237632857 1713953654 7149001355 5869633069 2581126404 7920053172
0958601-0958700	8092117912 8700967881 3893732959 4906876916 2309178222 8643533340 5933967916 0242893274 8444663155 9457485611
0958701-0958800	3204517830 6464916622 4181324629 5767509185 9029883332 3065514502 3629404347 4054925561 1764221609 3884711734
0958801-0958900	1895740719 9850352736 6986933866 9851702573 9380660230 2791062808 5352549353 1661945852 9388540134 7619818297
0958901-0959000	9019270269 9755397627 0972133207 7521428883 1363827940 3779548104 3639684621 6952494822 9844322968 9692085335
0959001-0959100	5530853174 0953971002 7448732528 3527573624 7945801278 0445503610 6064558578 0357362625 2556360647 7349056863
0959101-0959200	8324600588 2645729967 2867064706 8819718804 8995918209 5387698672 4126105812 3133718832 8153873053 2406351716
0959201-0959300	0488373186 3483194487 8552453402 1310596054 3269787362 7899027362 3581526866 7728648413 7632175406 6899897348
0959301-0959400	8261186018 0029360022 3626158849 5903893818 3834781502 1647310891 3836953738 0868316436 9908798085 9301283735
0959401-0959500	2876220600 5362275872 8767946579 1680576358 1432409253 0550238865 4829492572 5127609771 0430841424 1327149223
0959501-0959600	0145550249 1538011651 5701072599 1966088910 3344587780 2018420198 6872557983 4858927941 1579165489 8418079655
0959601-0959700	9816529244 0028600089 2833089959 8461251541 3473641247 5537056580 7249607337 2896863956 5510344975 8583001718
0959701-0959800	8013929340 8159346577 4074916873 1401990382 8427712262 3332446058 8756739838 5935007695 1311855631 6845738386
0959801-0959900	5551229294 0803068422 0362567245 9181138606 3504801552 2616706356 4964286732 3459656693 7992435872 9329116688
0959901-0960000	4983936420 6979703901 9159319455 9703612592 6270637083 7171360797 2229244838 9736599492 6322185943 0952934455

0960001-0965000

1705400945	9274870328	4351993881	4026708591	5289496359	5076363807	3234705346	2309324415	0957569185	0480891957	0960001-0960100
1739191653	1000241571	4293566869	0970675538	4850261080	4074340645	7426342832	5221102071	0345037453	8340721719	0960101-0960200
2728609307	9709087864	0274037560	3419620326	0951802333	1944660470	4393480054	0635869102	9418314381	9807662636	0960201-0960300
9229201519	6267454788	9054873008	5334220881	5974032892	5356782478	0457234485	5566388429	9365178593	8154287147	0960301-0960400
3470540776	2504079807	1086832571	2720965952	4702809312	9849059790	3061967508	0599444217	9885069831	6109638043	0960401-0960500
1857573493	2089702792	1443393913	4282900983	8902927600	9981034971	6753400553	5026657548	5135820698	1718943173	0960501-0960600
6521873727	2703866524	3420592696	8399585877	1658075362	9304917458	2102753301	2670236222	7330521370	9274757549	0960601-0960700
2754032248	6653632392	8428878807	1811943447	7544394315	7463373774	2190514462	6384014838	4522306013	2636502788	0960701-0960800
4514717047	9058318058	3489408569	4942499441	5155483863	3423772040	6996019335	8031375344	9760284449	9515410901	0960801-0960900
1381560664	1323294310	5354035663	3498250090	0534136214	9597475298	0282398461	9728367006	2105846139	7781582746	0960901-0961000
7657982601	7847296576	4639589418	7742496331	6958842283	9119159056	5640228193	4968017581	6384013942	9208142088	0961001-0961100
2045469029	9463765205	9988197831	7544801271	1996556221	3173244271	6080219316	6446071845	0670245160	4612011797	0961101-0961200
6382723921	1348339438	7989629058	4017968636	0943255300	6506288897	3239251361	6327023907	5239598265	3489399468	0961201-0961300
0658059487	6864627514	1094064993	1153419873	2172991431	2591009777	1886869455	7124444935	8286138125	9764637551	0961301-0961400
1342798457	3762023435	6256898312	2530420590	2149070999	6741603215	4670753881	6502965863	9915531513	4290551333	0961401-0961500
1653248308	8503470195	4905567448	4101032187	6589956758	3945582382	8688310814	1862835473	1947552527	4711575402	0961501-0961600
5434804661	7748038786	8598378715	6949134278	5308294728	8735412043	1902320905	9529543286	1066132697	6076266926	0961601-0961700
6113521146	6252769841	2773408524	1913826858	2809550758	3757875182	9441953816	6996475933	8058109744	1970408876	0961701-0961800
8832525737	4385618259	1108975019	6431479372	5720708094	0589605539	7098285800	4455630785	9986110829	7845198039	0961801-0961900
9882309416	2509868026	3516282280	7560816507	0483489644	1683618365	9463297691	9733266450	4433270265	2964407332	0961901-0962000
6083594871	2972056368	0362999226	9220555502	1936131309	4392925616	8982589380	9531154348	1328951849	1654287254	0962001-0962100
6286351978	1030237300	3490379917	9307688612	2045326513	1810138168	9879195678	4667866144	3310580143	8125991279	0962101-0962200
1415887667	1702906759	9907122292	8172745278	5443191763	7751864885	4469055214	1829475460	7553734560	6085563464	0962201-0962300
2039617667	0957528745	4949012046	6035196463	6873577292	9742823475	0549678654	4592736062	7608989246	9782418907	0962301-0962400
1366910300	9266781913	0305591951	1695693178	3197540796	2403384211	0466446524	0458186863	9326096463	5303347112	0962401-0962500
9213154369	5714422067	2372701903	2161283163	6606835353	5914027988	5260953147	4419767057	6401090753	0604721386	0962501-0962600
5706766549	9726561399	5625908185	0853030455	5928407614	1246522180	9965435307	1631850748	8647893313	7159804019	0962601-0962700
1058010242	5541713566	1896120601	1069761203	3871217695	3627748147	0240462879	5944796568	9291666561	5162911773	0962701-0962800
6946184946	1776831663	5945285117	1641400879	6109655867	1942116381	6545789355	9437474165	9601910402	6506996537	0962801-0962900
6089108849	0540908807	6624223624	4525313285	2178568721	1710750728	7258024370	2749583566	4624563513	9772059647	0962901-0963000
7873476721	3709697787	4372222228	5444150516	2581475900	1600103498	7342164287	3794152091	7280874385	2870687452	0963001-0963100
9967585063	4623615656	8380656846	8586659128	8392993987	4919280450	9759935762	1915303453	3964024162	8163756457	0963101-0963200
3379859690	1282927418	7962762503	8064030579	9822393935	0958921995	2785102916	4638047832	9362091927	8040771504	0963201-0963300
1873006891	7857381782	5379312653	2269564298	4805750570	4338593699	3433934560	4496232593	7243304357	6671477116	0963301-0963400
6426205667	1619377737	5770182049	3615978206	5517750604	4557427140	1595850624	2086143202	2102794700	3264038100	0963401-0963500
9853119493	3972205256	0172438067	8398080630	1980330387	1401082373	7020217802	3999196594	8474208100	4162463139	0963501-0963600
9989387267	8129698371	3965334369	7806394667	6428600241	5282487378	5639412927	9353836077	0760830075	0085468836	0963601-0963700
6849683447	3813800019	4809994639	2793972548	0926175571	2323072287	9914729499	6278293181	2117999531	1913933682	0963701-0963800
9142170800	3917108392	0399625324	6571242671	1480762187	3238886630	2732632605	1022748558	7685824829	9627378563	0963801-0963900
0375020526	2948831696	0894901291	6313726348	8580498192	4875455352	4887326239	4393675045	0165476893	4020682145	0963901-0964000
8565566171	0507751194	3738058941	3425696041	3139475819	1970668230	2632423409	0244505409	5883410876	8898805836	0964001-0964100
0019058008	5619949103	3238845013	3139604194	5468828359	0614806279	1702742550	5698363038	6819040807	6986074650	0964101-0964200
8844236776	1705462260	8454397222	1940355420	2652033104	4552690070	4688277458	2145696636	6744699942	8841734711	0964201-0964300
4807023479	5179430778	3615275740	0116754238	1049782265	1699679327	0179099132	5359692564	1310212031	7675960263	0964301-0964400
6795510869	2598919360	5152931611	6399937906	0522162182	6257344736	3342026307	5057264252	2552550069	6250372133	0964401-0964500
8053244844	6537714971	7057771217	3855502140	3641091178	3897214179	7635473176	4860997323	7020876571	6623286273	0964501-0964600
6406666652	5224448442	3704743126	0270194052	9325392038	8124561167	8392260714	7800119571	8475045561	1615250384	0964601-0964700
4822082691	8667452950	0194547955	4742670311	9533884633	6750475341	1924305172	8905583063	9606427300	9317899033	0964701-0964800
9713439315	8405916100	8586393822	1382022717	0819247577	8210015039	1638486660	1709081390	9135953340	6190146269	0964801-0964900
0424095680	5262401070	5647776618	4073651996	5983120159	1486191247	9104532820	8490037696	2357904520	4928147481	0964901-0965000

0965001-0970000

0965001-0965100	4484658172	6874291601	1125678009	8117726912	2209070237	8514866112	4371445919	8466857630	9473751209	4243352004
0965101-0965200	4650532973	9125167083	0182554297	1302260674	6609800526	0391962755	7983895090	6924319004	7375640183	6074549348
0965201-0965300	5910179447	5577162863	1505548876	1028672918	1867586476	6444786596	2782729403	9993209905	3354969138	4757430422
0965301-0965400	0358026682	0050183524	8565151703	4209943110	7260374750	8216434958	8541432104	5735574198	0118294006	5163845907
0965401-0965500	7831309473	0099299395	4182718180	5997731995	5225376562	3522616879	8804828472	0314958906	2569689442	4278407617
0965501-0965600	1974785212	1117086752	9446036705	3355570333	6195269940	6435233081	9095743708	0465607841	2350061934	1564951004
0965601-0965700	9733173836	2040042273	4437891578	9653495861	1591918135	8972444956	0707032232	2782801579	1485580886	6326700924
0965701-0965800	0423420313	9271646896	3013705622	1855039903	4622946791	7697832970	1524127573	5845801308	9759525863	9855021546
0965801-0965900	3677050900	7033290797	5583265256	9733099251	9942335234	2674324526	2878343487	8039320990	1478697413	1728112549
0965901-0966000	6445904277	7973691266	8770753379	3810529597	9219560094	5196472452	1456644781	1294088842	5973995022	8931567320
0966001-0966100	4890035956	5314881818	1335248844	8698694800	6125364742	7755000504	2040462103	4425555880	8662144252	3793246458
0966101-0966200	6130867091	5261439688	7816336773	4969512409	0077391672	6414094124	2164561853	6462085838	0521948089	8873774634
0966201-0966300	2851400043	9792350670	2424670667	0697307923	5532297655	6684570476	2902563225	9783196183	3397249154	6952552514
0966301-0966400	3514347973	0725058985	3935034414	3010372769	3308287010	7555261221	3237948915	3242485015	4784570097	7456836739
0966401-0966500	5706462453	2316783427	1605995132	5335038447	6461804529	8891008925	7614236456	8920937121	6233577791	9010169852
0966501-0966600	7465074331	3394038605	5838356051	2529911464	7525104974	0083923818	8040952466	5697821906	7500774512	7340413746
0966601-0966700	9485989032	4303842177	3757608092	5883639849	4285249166	1239742134	0306639968	3994573153	1459218956	1854297369
0966701-0966800	4163929127	4586602149	1932560629	0835478894	5387058909	9102877684	2634490924	2758195382	2771544550	7550828207
0966801-0966900	8488360093	8857504071	3380643144	6435106635	7725420010	7215128214	8738012783	2552194772	6666964351	9639951388
0966901-0967000	0976645324	3327235576	8426415313	8097822980	4632131537	7462523540	4290603580	1705619274	4688484775	9849178086
0967001-0967100	7455498329	6585195346	1620010812	5422426766	7244659198	5003737246	7000945314	1832851380	2244338672	6425015956
0967101-0967200	7592114147	4962451849	1204720646	7560940593	3598879179	7905900136	7488538645	0686962065	6149908349	6822578568
0967201-0967300	1134556483	9572728890	3768564734	8587027874	7092443784	1701540033	7456982748	2324692217	7670738059	9850755861
0967301-0967400	6687137871	8683096809	6765583702	1661114077	2207852210	6402682698	8873072896	0516843783	5203674022	5003301294
0967401-0967500	2208799728	0733552033	2084982518	7947636617	4290552837	5912856416	4974137281	9365114332	5413215966	5447975088
0967501-0967600	9663784405	8341384482	4557338593	1223675087	7569174580	7770666376	1431383703	3604334586	7465015719	9994935709
0967601-0967700	2631498313	5394760109	9746000005	3765814494	5733267458	6106330493	2150297383	9393544273	7099386415	0604817313
0967701-0967800	3810760582	5309439419	8785753236	5723323047	9592495750	5802346554	8576017407	8300407648	9467682586	4095103880
0967801-0967900	4374399269	5534150692	6095520996	6849636219	6097541990	2566892730	0183039884	1155263548	7584101918	6258565195
0967901-0968000	8949917543	6701377526	2962123556	2608907598	1447245106	3453168437	4203926963	4125122549	4255324466	0392238541
0968001-0968100	4921802547	4882876575	3640669566	5685449904	9481491528	0503825352	8556467200	4425228943	1463574597	0560541321
0968101-0968200	1134776183	4591435006	8040975165	7893967117	8548516522	9206778357	1075255139	5314528231	2224607743	2648578021
0968201-0968300	4710696712	5824905495	3226320980	1187432980	3856098208	4749878105	1624257385	3621749468	3456079440	1386804272
0968301-0968400	5973721779	9597613484	9268369259	0494544728	5453485554	7672855092	6269663335	1543953191	9926209022	2901179165
0968401-0968500	0354053205	3541557323	9628658778	8501001210	5094483643	6935545656	5298702510	4273373112	7036864327	0185393046
0968501-0968600	2298639018	4984977908	5270466381	0074106064	1993467683	4879214901	8237926231	5357767600	4525398309	4883499531
0968601-0968700	2973156738	1103576713	8095060268	9881032606	6044317643	5502995330	7435121783	5363742263	0730894118	9098334119
0968701-0968800	6386055152	2024968443	9394253053	1427282384	5197724460	1660403995	8354727913	7257994876	9056309963	8920470629
0968801-0968900	3760505652	1820542134	5799773554	8935383680	3365282076	0812514894	3624690017	4250148369	4891032497	8639419114
0968901-0969000	6005402306	2161855699	0861024673	1548646098	8020278107	3473737770	4918834398	1529606960	6171715477	0915580453
0969001-0969100	9147213794	4886307027	5106259100	7953739995	1394861744	9030229789	2181523395	5882101576	4964020945	9194090016
0969101-0969200	0611658741	1111980734	3351033819	0204012029	9293240314	4329877164	7219418758	9256763459	2321990022	9015572393
0969201-0969300	3728886071	3694061776	1645093456	7152280499	8274750927	8302635993	1981639916	8556260449	5679935194	8320384470
0969301-0969400	3965009899	8538011265	8613333794	7755213032	8891619787	9337327684	4741328316	2153821350	5022329824	7951985584
0969401-0969500	2530644062	7327567040	4854215795	3717334383	0136579227	1697658152	5422725319	0269172158	3563479065	5014339322
0969501-0969600	2118454577	4337318654	5271855941	0210622948	8252043473	0878381222	2983168723	5778373373	4451559948	2329233926
0969601-0969700	9578929447	9982420094	9392664270	7394323274	7132009716	0347570744	1072850307	9630390757	2702838050	2095916175
0969701-0969800	5070005016	6277924293	1812450523	8672399685	8519317795	9038840467	5565133255	7582149431	5351795949	8790175939
0969801-0969900	9540186995	8616206697	1538933325	7560018092	0779578501	2715852501	3243702679	8381532168	3151058802	7374558939
0969901-0970000	8225165079	6556806740	5529335804	1645869285	2316528925	0624410345	0725475174	6696957664	7599120655	6847983177

0970001-0975000

8838624441	6469541919	1341166383	1359509426	9840789705	5494658072	9459831838	6546217752	1063114551	0433633536	0970001-0970100
6177573050	3740634292	0891277502	2362094183	0938203794	2049430183	2564881514	6217473149	5312272496	6519403326	0970101-0970200
6694654817	4825341725	2291247497	0511461616	0054281880	5403541989	4723457255	9079014198	5182981481	4599027140	0970201-0970300
5143266071	0262296349	1948125934	2145337898	7245830976	0486188866	9585130390	7291733920	7722568960	9836520912	0970301-0970400
7931148217	9747506446	5597613403	8757592240	2239603473	5708491833	7811214989	2582953233	5444378531	8333610174	0970401-0970500
3721712707	5561619143	8053272660	2449486684	7503438075	2518392245	9239571783	0234714190	2235035038	0794112727	0970501-0970600
7487289504	0023080474	0722455600	1247620731	5992125045	7886191338	6499033912	6851472433	0910608559	4366056248	0970601-0970700
4867647533	0103363659	8577489631	5464134652	8176374126	1581100781	7367012495	4479654116	0122490093	9460349933	0970701-0970800
0999402392	7494381350	4008029448	9916879393	6676108675	5035469238	6570894147	0394616477	8455893070	1189503601	0970801-0970900
6968430078	1588665329	1356205568	9169725157	8127543955	4162151952	1053001313	3622187193	8145719744	3546784636	0970901-0971000
7988318741	3333055129	2210015747	3047822274	7354362338	0608200983	3664536855	8689256331	5746920243	1516831234	0971001-0971100
0672977314	1705079853	6830021146	5536273578	1206338697	3246879064	8595875816	7228676488	7437654650	4490483805	0971101-0971200
6518022973	2111795405	6543794461	5042021563	4066456080	6217490834	4929657888	8295379303	5047260862	1682320154	0971201-0971300
9849336065	8850369596	0666607613	6341254667	7142657669	6693825333	3538296866	7780185547	6375874137	5614974085	0971301-0971400
1683629386	4444543728	2528212759	6573341880	6978040386	3756243213	5935333827	6914364031	8722051944	4882699899	0971401-0971500
8678043790	5031726519	5333242884	7616800651	6298029907	5023247883	4434240656	7828812886	0769637406	4960256307	0971501-0971600
1565676750	5203705308	3913616628	3921641845	0982844674	3051228444	2398334641	3015302739	2175042011	9266145727	0971601-0971700
5082813903	7673363576	3925446052	9716017653	7577389894	6913977067	1718421230	2966812872	0497136453	2552899308	0971701-0971800
6401233052	3226054081	6113878892	5319487861	7232763152	7480204769	9701084142	2239979291	1010289569	1963294280	0971801-0971900
3327708353	5253890351	4318588286	3193742926	5422212927	6285260042	2545397998	1005955366	7839998923	9291809150	0971901-0972000
3877736140	0928153081	9407860664	7484238225	9576352851	7849241474	4484368434	2520668215	6596691976	9728805736	0972001-0972100
6703621563	5512499443	6122668933	0580394804	5462775097	8873567271	6123758257	1383913941	0872431955	1951605337	0972101-0972200
6515555892	5355182697	9714756066	8931735310	5319152122	9835917302	3026758392	7416493142	2439389744	3100874491	0972201-0972300
1962224480	7371585249	4755275828	4137168733	8856845139	7193571743	5137665104	8952390290	1706309271	2264684066	0972301-0972400
9278348399	8862859594	2396793645	6417355871	8401990187	5725463460	6762070626	2789623220	3480537183	6351794691	0972401-0972500
0877638519	9110783793	6690226478	9614265281	9899498944	0958364692	6514431656	5821247179	2078920335	1405936678	0972501-0972600
2849401779	8965297981	5054754358	0317758562	2558690610	1230234010	9361295535	3576358432	9974630792	8840816702	0972601-0972700
3366788970	1281459588	4742819942	8749866143	7711859701	0460786118	3122285674	9469131900	4482564302	8262007248	0972701-0972800
7875253943	9790125220	3517990670	1088644441	7333294270	3850477762	9594843814	9909989126	2534888002	2470112685	0972801-0972900
3866059437	6622270365	0826722123	2223515725	5037650385	4095253101	7575868733	8353119969	3602416600	3965092807	0972901-0973000
2743807137	5470484844	5688684891	9687212310	9819909873	0747953205	4140103959	7361969675	2305244216	4056190052	0973001-0973100
6742759939	7913726868	6278535430	5517912575	0471576601	8492371822	3934849391	9692953944	9988380196	5726625036	0973101-0973200
5175749403	3119695979	4117212576	2371383165	1147962605	5791784402	7818812255	3834089639	8270497890	7257430443	0973201-0973300
0334117910	8109059950	5417122077	3737974775	0303681258	2030995844	1194867999	8579401117	1393342239	5262703619	0973301-0973400
9270637724	7103397811	1333238271	5682773420	1479054726	1654340193	2267144218	0196105337	0502633374	2731904551	0973401-0973500
8794871348	5249862668	2222111113	1891445576	2210422898	3473903499	8125977811	0809013186	4256708891	0367429803	0973501-0973600
0491363651	4213249820	3398923826	2331145775	4007631638	2512686668	4850315841	1111411558	8642679072	1346040922	0973601-0973700
1705074598	2472070245	5243140352	0119565313	9245833100	9142536349	5878979074	3937136597	0955272555	6666007024	0973701-0973800
2028391007	4594624663	1307454467	5113059937	7751204119	2805564972	9151234915	0553278102	2986430608	4053764409	0973801-0973900
8917444310	7699871727	6003815163	4428606521	8306921009	1799279417	0931936294	2477458068	1733533597	0175989328	0973901-0974000
6031485320	1568769791	5652124189	6700403095	9172775708	1603018694	5971407998	2443633328	7543192214	0735996952	0974001-0974100
6268303856	5958452089	5655497781	0132745394	3408643865	2695414066	0420525015	1308378086	6457299749	2569037617	0974101-0974200
0930028161	6225031870	0303273714	4860512516	4072390070	0882382390	6811473995	8043555903	5124122182	3298274366	0974201-0974300
7778903853	8586239181	4781588353	2581378931	9130516472	3901590515	0073292582	7462042891	4392667534	9521549429	0974301-0974400
2409278561	2941425869	3729514689	3142705444	2270009324	1610933444	7817626188	8491644169	2560813590	7757944738	0974401-0974500
6206015924	0401206337	4998954252	9116340952	4485314231	8247458686	7921351026	9662875170	5210646078	4704974666	0974501-0974600
1545188141	5103516734	9815783088	8050629025	2472784913	2883585857	1968770316	3300975539	0490488456	6448974688	0974601-0974700
8824842250	4227410769	0691547824	1586198518	4219579094	5913926945	5393497074	1708260129	9136137293	3199089961	0974701-0974800
2447611270	2770438892	7170172348	8617631963	6850246720	8266987608	4819752651	5117846839	7433083172	6048785403	0974801-0974900
0332942786	4436091148	9762879741	3020336753	9268931859	4580161832	9179440100	9583249805	8750645836	6412769529	0974901-0975000

0975001-0980000

0975001-0975100	2859826577 0333006234 5826549555 3231665323 0563737351 2195284921 4896392942 3810595598 2270927599 7303299473
0975101-0975200	7505687449 8728129347 0260662447 7615834666 1704916269 7571797587 2429291141 8797507487 8217153341 9974526805
0975201-0975300	5732256003 1417046342 2031897578 2077302373 8624697850 4165097975 8445271645 8522043551 3975928752 9508954652
0975301-0975400	2806626969 4344990148 8020041811 8642039774 2204042702 6695544603 2990925495 9435202527 9648873458 0054345846
0975401-0975500	8494529753 5391583792 9113057037 6177366337 5795239771 0873933795 4733211854 8790619268 5422400839 5361036877
0975501-0975600	8991522104 5210650200 3800518083 4770931615 1054412972 6850899664 2282464489 7764232319 4767560243 8097694631
0975601-0975700	0016887760 5725679893 6928008650 2487446760 8245459575 0132838100 0122974730 5653999137 6611276067 8583451295
0975701-0975800	8030384050 2530416631 1739822211 3792207474 3939663003 4070496076 4328821987 3398773338 0285979360 9821535465
0975801-0975900	5910072431 7097157060 9710596868 8690664790 6795150810 1151970513 6357516361 1207596373 8637573858 4999837864
0975901-0976000	5305790304 4394301295 0410974378 3727473215 8210702226 7675703966 1418608774 4396909624 7776142982 6812572551
0976001-0976100	8207382106 2914291792 8982577970 0233074929 8885823539 9319356394 2526806194 8642067083 3245104681 7067040554
0976101-0976200	2134187651 6419219776 1886802958 9218724367 3912979296 7021700260 4707954075 9988069653 8294706826 2947500799
0976201-0976300	2091780545 0108721318 3671030214 0341239939 8867410140 4729131764 4420908011 0919803524 4321133365 3582852718
0976301-0976400	2843262367 2503700241 1625948225 5974488083 1760673701 5485628911 8665446550 4563052137 7904505732 8185120197
0976401-0976500	9665409430 2700497446 3254612122 4141128329 3664379403 2198447927 6656109271 7076355940 1220553590 2446730707
0976501-0976600	3784068108 9160484022 6316131653 7882261306 2347649322 8155229195 2234092518 3960171495 5706253393 0191906745
0976601-0976700	9718990077 6543585394 5373057085 8767339377 5225561887 5908626655 7260714813 6026843048 0946337810 8948705332
0976701-0976800	5334693152 8652281848 5015039938 0033663878 9733893411 2884345773 5233219997 6257543876 1947829060 8410492317
0976801-0976900	0869792726 6856501771 7845357601 4440687171 6869009528 0680343189 3356304270 9727787065 0886333372 9703100159
0976901-0977000	3202232479 7004101814 9467646133 6968844790 9453611490 1744629897 4932300375 8025319176 9550524162 5006552842
0977001-0977100	6114373076 2265420826 8221345946 7537033662 1842181656 6443477572 0963001368 8515145967 9472036012 1393994632
0977101-0977200	6114541444 6827526486 6158675668 1602323921 7047451257 0134865906 1643086005 8855687920 8478336062 4630419584
0977201-0977300	6417470830 3366065330 0534206204 2836863188 8832426681 6035175214 0074640269 0075876108 9479463515 0844959617
0977301-0977400	0005018277 0896682426 3274755293 9134464826 8756009627 6222425072 9627218837 8746955853 9680869873 1268923748
0977401-0977500	1269813501 2870259485 2987093853 7227129950 5563015937 1662858218 8659160520 7403805726 0330451319 7216792914
0977501-0977600	7718675630 5293557276 8823902922 6621973058 0487311401 1753081338 9217011861 8011733725 1436635308 7565734208
0977601-0977700	9417048072 1933598874 7973642686 1987941028 5421295294 1043654806 1666466560 9535068126 7986083772 3426852206
0977701-0977800	1587747745 0454408597 2412357281 3629395024 8772132291 8144746035 2824090500 4010177366 2698641702 1816703518
0977801-0977900	1897467051 2042796054 3666279452 1749414856 4864034233 7595905490 6013609693 0916841062 9163679468 9232189120
0977901-0978000	9127401951 7061803872 1228430708 7960773113 7254413060 5417298995 0548378827 7270466638 6419113779 8869740632
0978001-0978100	7767999608 1032755656 2870906770 1614858118 5167152557 2067310925 9432660248 5559388718 4124304225 6167746151
0978101-0978200	0838972883 4242258914 8505084729 0517606189 9777583007 0656525208 4740820884 2173373910 7673981148 8077333220
0978201-0978300	1658891141 0051585422 3884063672 8656725089 7128850384 5294031629 1883714453 7878661305 4000917050 1111547185
0978301-0978400	4363558310 3320721198 1334858631 1534236019 2029371830 4352616908 4401955004 8145065893 7687152384 7124185820
0978401-0978500	7056441353 0487420515 6145120866 6809688655 3647307014 5171155583 9964583567 8003490949 0393274451 4411779916
0978501-0978600	3796310338 2544506126 7296629820 7689283473 8348275637 6171383960 7939250893 8287519388 9083742482 8395334225
0978601-0978700	6640130058 8877665791 7835977404 0670750177 1087193911 4578468254 2500121104 0115678138 1295662572 5510917646
0978701-0978800	0365967780 5799613086 2820011501 2516792484 9476048498 8420373339 3954346866 8590235457 5230954073 8153041167
0978801-0978900	5919196403 3950082322 1212203194 8582192443 4755293375 3017393518 1814669205 3006768354 9832608976 2673603011
0978901-0979000	7845855487 5270307322 0035324122 3910296706 6481671955 9254532213 4782497402 5002702748 0599816837 6214118183
0979001-0979100	3876083487 9258098138 1516616041 4642080752 0205374549 5801305135 5297538783 1795560660 9534527502 8999528430
0979101-0979200	5259958631 4977990312 5995926852 3867599757 6441360225 7604706511 9871932352 6264910813 0193591599 6762477542
0979201-0979300	0054683329 1360809332 3184530910 3266426957 0273636886 1586841986 3558986966 2161263694 2346269870 6529516460
0979301-0979400	3659088977 6309436953 2892149718 0259712631 0791986342 3433683379 8542781592 4375361059 5231367670 5884251472
0979401-0979500	6866925962 2556233388 2544491533 8951480780 3531600962 3627236262 9321093838 1213442925 9616897760 7129610965
0979501-0979600	3285812638 5635284069 1870726909 5087199084 8758805976 8061543438 4983307862 2373299505 3859544652 8725800917
0979601-0979700	3848216395 2476186691 9428440920 2032528586 3597342736 5210841779 2406533769 9487091904 0065362840 0265799102
0979701-0979800	7808588169 4281124198 6780321267 6611908212 0687694390 2568983185 5029507358 1362833258 8132934978 7561199657
0979801-0979900	0647703233 5460135933 0157371869 9852759527 8840155231 3044666467 0070445701 6737473029 4477842583 7971339579
0979901-0980000	8102341927 4301141663 3563104720 0206230346 6720043473 6336209186 0740637938 7410837798 3726591022 6226628166

0980001-0985000

8368174614	5088810586	7940209169	6237070267	2270785567	0246696621	5235923248	9065565411	4232165300	1230668315	0980001-0980100
8137095011	7516497474	1770771047	8671144231	2703082596	4970280652	3097265225	9535026093	7603204641	8104012825	0980101-0980200
7029715290	9966301797	2874967160	7818738643	4604365603	1260091308	0199055913	4496982430	5981044812	1422323919	0980201-0980300
8832330517	4876177610	6038024224	8693360782	6983487990	5318712019	3656571881	1379882854	7000366180	3376461641	0980301-0980400
8080056211	0656657135	4457380355	7216270206	6987066596	1163026692	8133512859	7234227347	4043550450	3018436615	0980401-0980500
7059758602	5918972971	7629378207	5851521436	6300584413	7543530152	8736386393	7559202494	0199122961	4783120533	0980501-0980600
9020402152	4957162375	1771392074	0481216320	6956168783	7440675142	7661181935	7040926225	4428125724	4674793566	0980601-0980700
9902240001	6162793569	9977379362	2293288995	1096671881	4725472447	4423324508	3281611358	8506261778	1347522637	0980701-0980800
7416689306	7961890698	1738542620	7116834520	2086617225	5402151315	2030142615	3635292417	6248872401	9384328470	0980801-0980900
3145335685	5321163460	3241191096	9004980661	6365370483	0044010118	1291865610	8974698069	5576919135	8515559383	0980901-0981000
3791589067	9818785736	9687334916	6531702934	8327448262	3496789367	1344072677	2268408403	9078504473	3709169016	0981001-0981100
1948341749	2844768576	6055823894	9976266570	7260959172	8102611237	0882204240	4896741798	1761059712	1652434189	0981101-0981200
8769732540	5183576390	6896752464	3049459814	0399601983	3681862821	7058607337	2014699356	9728500023	1851541357	0981201-0981300
6999413002	8979845463	8720609259	9165675004	2574557721	3855821606	6238188184	3260855908	6488423057	7290245837	0981301-0981400
5483327194	6592218906	0822557719	3031024428	4508802380	4118245874	5459540599	1187938986	6524346777	6067162411	0981401-0981500
1861001010	4090734913	0306713696	9073215943	4848129745	4532146506	1611701587	0792378267	7675224366	3566391919	0981501-0981600
6042731264	2890214401	8734759285	4707425670	3449969176	7523359847	8138865565	7058999833	1860123461	5036475938	0981601-0981700
1711586038	5697047892	4993590444	1279760418	8982091303	4833021495	3067826196	9030240608	2509918409	4962411171	0981701-0981800
4750193668	2547196684	4473398515	3038785005	1106979020	0649735354	5593857570	7883336768	8924611079	3462714441	0981801-0981900
9802729030	5966709465	4269466800	0365572482	5053853726	5700346455	2984375485	6057664365	4846895919	8703255509	0981901-0982000
0859093742	0980486241	3099267432	3728635611	7618097163	6873658852	5875429289	9868407066	7409131052	3331169139	0982001-0982100
0175906117	7908405550	4104097301	2675087716	7686004326	4047173173	0874894457	9536828065	1668288418	8097638768	0982101-0982200
7751677225	4015070039	3369379883	7135823136	7550158528	7524033755	3986870947	8397561579	4630852599	1462120723	0982201-0982300
8560952292	2010241942	2643655009	6437281621	2365929564	9212034193	1085580480	5792520705	6097073311	0036108725	0982301-0982400
7336551244	3639741726	8775153220	6542256393	3914249879	1922029924	3040151353	2618304251	6398217599	8799403271	0982401-0982500
7706306529	6019659466	0331660919	3225213978	5174202756	0453282255	8009110705	5701608519	7780657101	4316301211	0982501-0982600
8809125580	6498603094	8049146676	1077207455	0263450695	6158153283	0704419644	6264440197	8953041673	8083329238	0982601-0982700
4654515372	5133316840	3315256389	6589471100	8798811829	5323646800	4613394537	6701491217	7042821942	8285050662	0982701-0982800
2188463050	8804097835	7011532665	4916255249	5263850962	7579674947	5771063492	3473596280	1761556267	4390623303	0982801-0982900
4700445381	1940952869	7550938580	6797026611	4568484484	6308991494	3151524881	7802441697	4099890603	9084394418	0982901-0983000
5025304735	7246937305	6161853793	4068829460	1425402211	4233731397	2408574494	5862377619	3225518556	8911036463	0983001-0983100
7684070516	0036061406	4357081184	7797770405	9956412001	0460141300	0890788089	3775952957	4504765503	9053183599	0983101-0983200
1468545540	7570254194	4535881728	2302171840	8734015606	5947706698	2172966386	5913212771	6519251666	2912421600	0983201-0983300
2608240455	6418182824	2071555930	4141284792	1238148595	1448399656	7150576460	2713610407	3454888170	7227180083	0983301-0983400
2968140120	3966223752	4091762593	0501190457	4375389928	4461890218	7410750169	4155173074	8796555794	3412213401	0983401-0983500
8619457111	1414514347	6791105087	3858437954	3228146239	2510321525	1780610220	0298506117	1511522924	6844062336	0983501-0983600
7092708922	6453241078	1786234930	0203648615	2993070136	8469705066	3695876213	0387191849	6736262861	2877313530	0983601-0983700
7721316622	0888069011	7845223199	4936532272	4431774790	4408052101	2426828275	7760576852	0721103235	3363551733	0983701-0983800
2228465853	8557907259	2997658497	8688690119	3452927464	2275255585	0487824174	1596277439	2726950863	0037391972	0983801-0983900
3243280964	2332098580	6746974551	1572367038	7955932445	7584531226	0023956451	8634241370	0109861502	6519509650	0983901-0984000
1276333828	1967365976	4355940000	8983705072	1922683756	2534245796	4215208141	5381403528	3423274574	5282188653	0984001-0984100
9984540277	4412225452	2942265414	5010246288	3885257064	6391990412	7385863747	2377197018	1661501559	3065525804	0984101-0984200
0244909298	2449535013	2778095325	6426342626	3432798995	1686692296	9197876946	2307638213	4287918534	0166382658	0984201-0984300
6138981055	6650674010	6342082853	9478180020	4536422696	7901634799	1779681426	9701962431	4183701793	3239208206	0984301-0984400
9639114568	6534357517	8937024664	2695952596	0065432609	1604270903	2773341248	7937622089	7854569431	8474194345	0984401-0984500
1062039746	6555147205	6170610194	6122268668	1596904838	3942904309	9283167735	4144429372	2192576392	1777923422	0984501-0984600
3773397148	4881819101	6998201827	8621131812	8453632639	8438621565	5096776531	9885417831	8558674158	2390043053	0984601-0984700
4511707373	7286728018	8233545785	3069599677	8806741796	4300979384	1325405448	1238083190	3058654085	1532278542	0984701-0984800
3135428374	2353758721	6882363220	5507065270	6495251356	9636752121	0463206418	4322393563	7795209989	6545472001	0984801-0984900
6968351074	3077019398	8419787070	9476949874	8642008554	7074572670	6021712740	9566926654	3143833776	9024013142	0984901-0985000

0985001-0990000

0985001-0985100	7899977567 7872417957 1357223060 6323052385 6351476313 2557264467 5977337769 8628417509 4033938121 6921426735
0985101-0985200	6386462354 3402066943 0635075139 4027442889 7658237003 0756493010 6573451869 8212694757 8850411919 6136104609
0985201-0985300	3431644074 1533743957 7243588525 6502313780 9475431957 7305451878 5207209863 8611622730 4334532958 7547485512
0985301-0985400	7338327972 2191850350 4787189788 4249287106 8961821089 9417158677 6120838015 1618886514 5400128585 9716463013
0985401-0985500	6449651605 5149382279 2834449083 7674328198 9211429104 3106111086 8692165527 9207982016 4932937458 1342150765
0985501-0985600	5118784892 7673825487 9351178323 5161120855 1784108376 2117528150 0785185477 8186076794 2864148432 3323319109
0985601-0985700	7266850032 9341289140 4585820443 1557610778 7857625774 2383848993 1572373959 8381106078 1246778635 8556899652
0985701-0985800	7368845240 9425287045 9643592076 0579346684 3241453255 9635624874 8821179120 8183970347 8464175492 9142248619
0985801-0985900	8816983583 6819129231 9024071712 9570007687 4633450585 4605361897 4136529114 8748788266 7012766317 5041210072
0985901-0986000	0315781088 9243766403 6773091175 5309040928 1711961362 1053923413 8733422593 7678768526 2571351224 3413482449
0986001-0986100	2437863318 8527682753 7431049035 4455242143 5713693138 5640290400 0656993625 3681779918 7855871844 7307705825
0986101-0986200	2974350574 8664127084 6544260384 7274453318 3529848936 8389889780 8289018623 0744840470 8449085284 9403039434
0986201-0986300	2955463852 7408547590 1526881600 0374772522 8117811611 5742371398 1950740674 1753431841 4635054434 2438357451
0986301-0986400	9248611580 8800396066 8343940190 8987378192 4404002198 3228452076 5154792113 6925507478 7416583660 2422185462
0986401-0986500	1946430775 1521861355 8151988754 0463551761 4095905437 3857005250 1358093904 8596721620 2160698441 6156907877
0986501-0986600	1684068127 4143766140 9111813963 1085599151 6614810795 4451532495 9921366825 4996327123 7356256841 4745414312
0986601-0986700	3120604881 9565493502 8235797994 3767775718 3566590069 0204179933 6909172824 1049062313 2712442494 1601428516
0986701-0986800	0962807790 6360383358 4141992709 1542276842 5817749922 1993057258 0325951237 7120129944 2484070122 7968679444
0986801-0986900	7341806792 5826579349 5891476788 8378915440 9326316567 0060889473 1093256105 6198803086 0548652087 7456454524
0986901-0987000	7485353154 0501116812 4284749579 0437215941 5539436702 9071257786 5368975422 8949640116 1850244371 3140843463
0987001-0987100	0354358064 7721271143 5043136254 8438660924 3615500319 6510855005 0907158337 0415025568 8910245840 0418193352
0987101-0987200	0252124498 4571676792 5568221802 3266396231 5709645890 7968699494 1373432621 1814954738 9785624882 1720105582
0987201-0987300	7898453333 3136548489 4508887856 7519040445 9592653195 2158119244 8981135290 2213455038 3565982719 3694931765
0987301-0987400	6578186760 0470077316 9181645503 4194766774 3801815903 3309930256 6595666806 0102509265 3011515016 0622468616
0987401-0987500	3897193090 2143214170 4002191457 7268584078 6520972216 8098063403 4097430869 0729882230 9751951983 1002986126
0987501-0987600	7048908177 8827687757 9611783302 2329018460 0190716087 4768423152 2405077436 0779330699 7142082661 8840794046
0987601-0987700	9258063274 2472750415 6574254671 4723309962 6039572865 3859055288 8005911222 5774689762 1928238904 0655521371
0987701-0987800	9749452232 1276833845 1551457684 6611277668 8207883475 8858600648 8657357631 6527556999 4119108346 6144561867
0987801-0987900	0681274946 3392864273 6615115589 1224086859 7078927007 5033942198 7583653597 3430041069 5592267610 3553305993
0987901-0988000	1059176312 7935116297 1407960650 1253293619 4013665063 0794157005 0211188043 5814945337 9132085873 2548430463
0988001-0988100	6596357544 5347023689 5764075477 0441557149 3176867930 2277753119 8821848373 0191178628 9306940111 5893599512
0988101-0988200	7482991205 3068129551 9298249382 7214779554 1012944377 3451756425 1171652621 6166999185 8356468746 4935792409
0988201-0988300	7724551332 8023629366 7570990769 7852514226 6411911935 8543450137 4096079376 0050865528 3422806572 6478022042
0988301-0988400	0613079516 9963953324 7616622891 5466846940 9691451525 2563415426 9767270965 4289236696 8403192535 0949067384
0988401-0988500	5090202972 4318091231 2701825519 5138346002 9378821762 0776766147 0179105698 7095327706 0320864161 8105920658
0988501-0988600	7486560051 4839521848 2499254325 4856132508 5851974364 1707255380 3196406928 0715632213 2217334545 1876615575
0988601-0988700	5263903183 3939656842 0029460701 1191290037 4032234397 6701062591 8954941108 1661777562 1921623121 1370903139
0988701-0988800	7199510930 0060103007 1533334529 0159788935 8798595884 7841800525 3796008798 3471109265 7875489541 9075386106
0988801-0988900	6220189959 7895405934 3787394706 3842367677 5021833692 8872866052 7834544522 0240580571 1362960075 9746651977
0988901-0989000	7111126309 6946950342 3846510531 4336670951 1076068629 0587829078 8220871334 6420036439 0366332980 9885008513
0989001-0989100	3781496316 6188577108 0663125580 4432420769 8647512216 5823616208 3468148414 0831525275 3960506270 6669652630
0989101-0989200	1902593848 7440341266 0635747377 1924725215 1652293940 6695524534 2248129991 8326565944 2375912055 9882004728
0989201-0989300	6420420670 7422287275 9074097139 8215723796 3214549916 7296730802 8648644840 6832219033 6849026989 9297102009
0989301-0989400	2041186578 7025178591 8357505527 0334768877 5638585462 7396075099 7614740057 2192898182 9667262012 0311458260
0989401-0989500	8158553826 9222510138 2561102542 9443067962 4364008997 8100544006 7802134276 7076425499 2593671010 2284674866
0989501-0989600	2259411752 9405166755 5818626941 7505939971 1537675399 6650983301 6157369709 2270055730 9695955649 2723851825
0989601-0989700	7578755341 7888752639 7885559646 2447492326 4074821628 5423380363 3594937489 9526806016 7541421978 8350902373
0989701-0989800	1057687503 2819182590 5212533184 9318306100 7022026785 8052785156 3024324195 5539385657 1133062252 2462341479
0989801-0989900	7114479325 7899373626 5220222845 7992303460 1177104157 4409412468 1972950029 1141398676 1550352599 8194807352
0989901-0990000	3915452858 1118222981 8156494479 2756355332 2350629049 6237602188 8577294081 8935145056 3943338935 3397765545

0990001-0995000

6340866555	2826581360	0081646333	4525449484	5059555667	0516310770	8872505206	6260225605	7362921445	1674721138	0990001-0990100
8601691629	3005420512	4206415555	2724019455	8735950975	2625533729	0938999075	2880852423	4255268789	6232612745	0990101-0990200
3557578081	7153091024	5963535539	4814762771	9691641984	2611182758	8625890580	4366154875	6206816374	3408004760	0990201-0990300
0164419843	8029373414	6828677717	6160414285	4126064256	4158093743	9615912924	2713631367	3177612445	8993385917	0990301-0990400
7730611332	9884665524	5748283492	5231194587	0699891238	1060083820	2270265985	6257633391	9033672940	0012642906	0990401-0990500
9966838423	8179436127	4698665931	8961904532	2223293603	1663296014	9436871828	0932743049	1523893225	6255191114	0990501-0990600
7300753148	1288072064	2684222698	1136185520	1544798087	6010728760	9450269249	4540614879	5259778098	6360069669	0990601-0990700
1013778141	2349002068	6919838926	4153767225	5176874951	5204014883	0312041130	2022780645	9645894805	8713779967	0990701-0990800
6887349391	8703798214	3916720645	9086965189	7225691698	5099903102	0309665736	3301877215	7910787814	2644572561	0990801-0990900
7411584185	8776996356	3529157661	1517161175	5619121463	7721380113	6522636271	2785035214	5333065842	4042719346	0990901-0991000
5708056180	5642862699	8831932727	3724685080	8063725345	8677431435	6471343299	1361084587	1145670176	8060241563	0991001-0991100
9874524038	5833637939	8356339349	4459503071	4427694213	9216593351	5161002806	8260018621	7108027589	9091634546	0991101-0991200
2460226985	8671745423	1097729730	6019504557	5021217866	7292686336	6512580710	5050017472	1336920726	9807192779	0991201-0991300
0633012919	0334291822	0130117130	2068612463	7361536176	3948055611	2267903595	9983458207	3680303215	6050836640	0991301-0991400
1669154640	2608726050	6651984907	5749621296	3311920460	8642470105	9966275204	0679908521	1118873939	5262221717	0991401-0991500
1839456743	5843662502	5940756778	7455206883	1770210182	2639289293	3319946189	5562143393	9875377741	8233490776	0991501-0991600
3855993540	0871935321	5578106343	4926469216	6801973069	5877934717	2225448079	1181111963	9263927648	0012351772	0991601-0991700
5719274788	3057839711	3669060645	5254331919	0322289193	6095497184	3249100904	5406627292	3850274056	3383854859	0991701-0991800
0188268149	4358436458	4398026261	1116171765	8428160979	5765250678	7611795116	3239926351	7003261953	4150929750	0991801-0991900
0553404886	6409658351	9165979491	9350863488	2192615981	4484369243	7545565112	2041948055	2682307533	2476974088	0991901-0992000
4727787435	4523592721	0880405262	5835368689	1993198446	0989716084	4674263673	5916800552	8478634062	6912717217	0992001-0992100
3171756061	6771714634	7556161980	7884390311	3584777164	2605104747	4576616143	8320854993	6721974573	9979786652	0992101-0992200
2775035398	0618914088	8838590932	1374375272	0336230257	8779561047	2928563860	8513091577	8464960008	7363339203	0992201-0992300
1048977816	9199045483	7211576932	6147221016	9373395677	0865691376	1110869153	2783540556	8948605071	0822954248	0992301-0992400
0918055808	0958528406	6735287814	8038653802	1466467571	4389654758	0860434512	9553935513	0958693211	0862993111	0992401-0992500
0605839939	4249657601	0657495240	2644946365	5244424073	0599036528	4908966648	0404679455	1760568902	7631717191	0992501-0992600
8768727725	7489033656	7177856382	3216530569	2129115050	3264128157	3270750113	8355197893	0940891074	8803426109	0992601-0992700
0882741413	7119409123	0943716786	9613636072	4776571046	2348615040	6068547046	4577187891	6603821401	4347509730	0992701-0992800
5369103110	8440796955	0456237753	8119827552	1595213650	1877563397	0735439580	1204719660	1951288251	0545033173	0992801-0992900
0516216341	0905181922	6052554631	2264355322	5929574757	2882001626	2708082360	4244459035	8136199045	9604491675	0992901-0993000
4037553727	2061819889	9951477716	1493276079	7999354053	2317930374	3527584995	4268171872	1374730002	5933561536	0993001-0993100
1921111292	6163891621	8469566956	2033564970	5965093323	7168855187	8420333041	8075030665	0556062517	4160505262	0993101-0993200
3316640919	2522382588	7095521890	2881295750	5217116559	7917130825	3404608433	0797746547	6881666919	6814476897	0993201-0993300
3284839179	2177677642	7103215174	5244795073	5880763289	0541673160	3181192610	2417003817	7565961182	5654152518	0993301-0993400
0967987602	6163430172	7837032796	1732925081	3470476548	5765605901	0727673521	3854598276	8929873329	7583299446	0993401-0993500
8536565991	9272027231	2841968966	6325935947	7266722350	0113719502	6467308449	2628609598	5262052240	9521822359	0993501-0993600
2003147069	8269779266	7225042365	5929192492	0543503544	4239094088	0576201050	4653092697	7313494108	5727997638	0993601-0993700
0113049279	7398655841	9898876583	3201593343	9610468750	7963520178	4729873173	0440842726	6965840609	6180546546	0993701-0993800
5631930250	5014959888	4019250855	9631880923	3280147303	8791291957	9582510129	2043776533	4741089180	7580724712	0993801-0993900
7240276166	6296862622	2223166070	4487522921	4715071461	5960773351	2382721669	1545527291	3078876136	7040033447	0993901-0994000
7105207700	5942899727	1177365919	2429913212	0809706489	6312558843	9119442642	4834555020	7274615226	7209925644	0994001-0994100
5652834679	8994906603	4174136847	6155773134	4073469800	3798042141	2267132037	2465321073	2173573760	4919320627	0994101-0994200
5564676654	9039130286	8997801527	7912027247	5105329245	9552739864	2066245295	7180086809	1573355539	7019651293	0994201-0994300
1004832314	7041350494	2935965118	2657240498	2044313975	6703147053	7098506131	4615599154	5967908038	2063327112	0994301-0994400
7053976438	9461306833	5246691567	6444805847	9053185626	4957839354	5468362970	9750886407	2557823669	2990650812	0994401-0994500
7064320767	4253904368	8571381094	0745855659	6741811348	1026729780	1287659770	5816267284	5756159328	1266064575	0994501-0994600
3286983567	5416943733	5171869154	4942980395	3280956253	2967176474	2784192171	0549638534	1428321986	2148618952	0994601-0994700
6791483040	0454230243	7244624942	7695881885	1304787948	0515092402	2184727268	7432602896	2048598568	3180743752	0994701-0994800
1486290992	1339139921	8069538074	4363471106	2302102023	9908016642	8312197903	9310889890	2868127744	9139877816	0994801-0994900
0123696349	3538379048	3373886164	9739886424	0856403886	0012173560	3712566302	8241932844	1393715260	3550255365	0994901-0995000

0995001-1000000

0995001-0995100	0068469137 9951253301 5708816931 7619805957 6609611328 1453624863 8143747081 3760997339 2793407138 7102183560
0995101-0995200	4437946559 5763210859 7263805611 3173862779 9618662828 1065800063 6060566965 1605002754 6320006428 3833990047
0995201-0995300	0686106215 8978013591 8708023883 7576895579 1117132702 1871913861 2446092285 0946621788 0091235664 6714252845
0995301-0995400	8131688323 3438617026 3454531063 5732686171 4173268252 1099271958 3249078323 2192898048 5122982303 3793785926
0995401-0995500	9722693195 8950333541 2606776368 4519202799 0112943513 2900852589 6049061348 1768461244 8185863452 6732494412
0995501-0995600	3950337024 2895528566 7455763776 5483130391 5449072417 4469903334 8963010326 9608512640 5368878222 1214621521
0995601-0995700	9423825090 7818894026 4353675156 8910448856 8329212836 0258157480 0998458320 5487653084 0824256135 0893597229
0995701-0995800	6031858838 8580383581 8566441215 3867087676 0124831010 4630844744 3218801447 9093367474 6884478564 1481744590
0995801-0995900	9124539810 3230088592 0637101563 5875651643 0959611273 9640158617 6978131408 7950737142 8831776043 6689819626
0995901-0996000	4134750069 7194056519 5045505167 7423979401 9689986252 7890085237 4458073288 6706974177 3963572545 0609854234
0996001-0996100	5678985204 2507322860 7094202639 4841828669 2566061665 4440720457 7568393932 3122654078 1247831666 8801803018
0996101-0996200	4225045200 5355186868 4850558453 0852538497 5426120579 4305353308 0747750826 4960885294 4557278500 3441395589
0996201-0996300	3793350511 8403022529 8706162915 0596422599 9600585648 9572336531 7986913669 6994427866 5789125256 8462604147
0996301-0996400	9811086568 5571739072 1330789331 0852590333 3113718587 7287034926 2790271567 3291686627 1667490819 9318258316
0996401-0996500	6832828500 1575707801 6119316922 1931514754 9377551598 0465409283 9991094937 4201037170 8560860588 1785449005
0996501-0996600	7041041360 4043513764 2468998152 6806092554 0112346532 9504349180 5374773561 6666710469 2983095678 9203164820
0996601-0996700	6393173922 1248405512 0347806321 1131681337 3224063216 4554155882 3784609194 2738088502 8383123622 6654974430
0996701-0996800	0558099898 2995742584 3235376429 8631465635 0552835604 7709075747 3282636770 4396309792 3465629794 9344566413
0996801-0996900	9608514643 7130393213 6774212470 9044527215 4068792154 2630642597 2602920189 9465529811 5142612604 9007638671
0996901-0997000	4173023572 7276839041 5597234506 6669386646 0588292012 4711441788 3178223482 1533891876 0583632761 8181943322
0997001-0997100	7695553112 5819048475 1746290562 0013468996 4407161982 3205434718 4611020511 3155509302 2682510749 1990149608
0997101-0997200	1785626051 0885903658 4745150376 3849151340 0032951639 9106219240 5572830081 0352176197 9616832213 9816924083
0997201-0997300	5763955621 1657126112 1929050871 6325525855 8649616638 2541935914 8218187619 5923292056 9955063764 5818268557
0997301-0997400	5221152787 0118029943 3546741536 2762077497 8540541333 0313633542 3682410108 4647637490 6388527984 1490076464
0997401-0997500	6976485400 9479635895 4975461448 1376369705 9163569983 6811987525 0547930693 5320757076 6780148447 7014247162
0997501-0997600	4190816682 2490074207 1118648815 4772891718 6535967765 3957993350 3342728214 6054169649 6009847069 7958559264
0997601-0997700	3042870363 6647130713 1478233061 1576419913 2224206460 9989883076 2685836055 5274099047 8467610760 4241784215
0997701-0997800	0628517557 3529996478 6255295428 3674298706 6457943375 8010140740 2116186144 8432976574 4263428528 7047785563
0997801-0997900	0830963143 5278783041 9450197029 4657577773 2816746858 0874539316 0393725331 5899280579 4346314087 3586086177
0997901-0998000	8826334927 7461511849 1165513068 1846713677 3488233410 8513640394 7939208876 8863363394 6138235834 4794081569
0998001-0998100	6109142938 7734713893 4237736191 0964605642 4447477908 2076049660 2713561689 5410644483 2136598082 9389097296
0998101-0998200	1891211834 2914906163 8963861069 3752089534 6883983344 4671898212 4307807238 7407457697 5545074368 4674713502
0998201-0998300	4858818399 6655681963 4452881194 1833172636 8250506118 6490084912 5520574571 2036035578 0251419043 5267183721
0998301-0998400	9213848299 0580322469 5842432315 8984432510 3965443535 0535432292 1674704077 8614684859 7625574461 5351188003
0998401-0998500	1430659954 9278471674 5449726976 1283933251 8381972223 2836070752 2781292813 0106569412 6294873063 4268837338
0998501-0998600	1817421706 0864754827 6394242391 4027532180 4295190341 1635170469 8074233515 5605785756 2450999253 2017874996
0998601-0998700	3664047347 7038985587 3065076038 7099773184 3128109897 8988208543 5595509432 5390237189 5216820233 4424557257
0998701-0998800	5307879263 3985509016 4559423733 9662522335 1648750589 5569421729 7244895998 8250892321 1203479589 4154654603
0998801-0998900	0378786175 9157166139 8869326873 7496847305 4965329378 2147564810 5793808285 3005324470 8050656929 4223400109
0998901-0999000	5934829461 4539078890 6616264021 5013073533 0033192074 5637263770 7709993999 2288621224 3248802062 6348508885
0999001-0999100	3036010723 4368901360 6427581425 2839878594 9179979611 2196379757 6519245218 6709608809 2137111977 5000878159
0999101-0999200	3043072934 4883930957 5741592413 7528597779 7291893453 8505080383 1986774590 0251865791 7237080857 4164297153
0999201-0999300	8078840607 1306868036 1982419715 7747638950 7253468404 5691927595 3193722370 2229015580 0656076047 3854735990
0999301-0999400	4477996748 7499697694 2713766869 5533195125 3377640985 8709668386 3263926164 9456086841 4037456842 0719405950
0999401-0999500	7017430354 6918215090 0466493998 5517413893 8519757312 1568261622 8622318810 9672974760 6013028331 1937161140
0999501-0999600	8747270676 2558567775 1199566674 8615196491 2970193318 0849941096 1813929649 2789360902 1253544332 7375064260
0999601-0999700	6242994120 3273625582 4417498345 0947309453 4366159072 8416319368 3075719798 0682315357 3715557181 6122156787
0999701-0999800	9364250138 8711702327 5555779302 2667858031 9993081083 0576307652 3320507400 1393909580 7901637717 6292592837
0999801-0999900	6487479017 7274125678 1905555621 8050487674 6991140839 9779193765 4232062337 4717324703 3697633579 2589151526
0999901-1000000	0315614033 3212728491 9441843715 0696552087 5424505989 5678796130 3311646283 9963464604 2209010610 5779458151

100,000,000

1,000,000,000

파이(π)
원주율 소수점 아래 1,000,000자리

초판 1쇄 발행 2024년 1월 15일

펴낸이 황윤정
펴낸곳 이은북
출판등록 2015년 12월 14일 제2015-000363호
주소 서울 마포구 동교로12안길 16, 삼성빌딩2 4층, 5층
전화 02-338-1201 / 팩스 02-338-1401
이메일 book@eeuncontents.com
홈페이지 www.eeuncontents.com

책임편집 하준현

ISBN 979-11-91053-29-6 (13410)